Cepheid

세페이드

3F 생명과학(상) 개정판

사람은 누구나 창의적이랍니다.

창의력 과학의 세계로 오심을 환영합니다!

세페이드 시리즈의 구성

이제 편안하게 과학공부를 즐길 수 있습니다.

1F 중등과학 기초

2F 중등과학 완성

3F 고등과학 Ⅰ

4F 고등과학 Ⅱ

5F 실전 문제 풀이

세페이드 모의고사

세페이드 고등 통합과학

세페이드 고등학교 물리학 Ⅰ

https://sangsangedu.ac

창의력과학의 대표 브랜드

과학 학습의 지평을 넓히다!

특목고 | 영재학교 대비

창의력과학 세페이드 시리즈!

imagine

Infinite!

무한 상상하는 법

1. 고개를 숙인다.
2. 고개를 든다.
3. 뛰어간다.
4. 무한상상한다.

창의력과학

세페이드

3F. 생명과학(상)
개정판

Structure

단원별 내용 구성

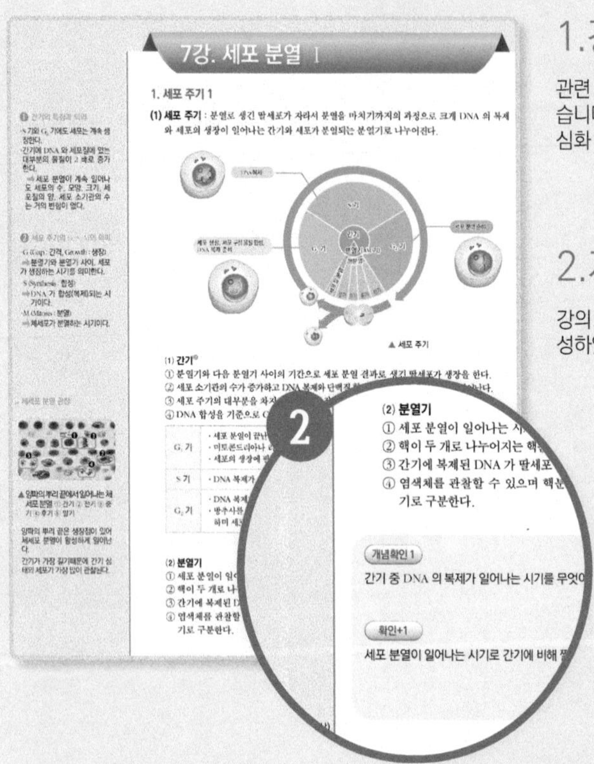

1.강의

관련 소단원 내용을 4~6편으로 나누어 강의용/학습용으로 구성했습니다. 개념에 대한 이해를 돕기 위해 보조단에는 풍부한 자료와 심화 내용을 수록했습니다.

2.개념확인, 확인+,

강의 내용을 이용하여 쉽게 풀고 내용을 정리할 수 있는 문제로 구성하였습니다.

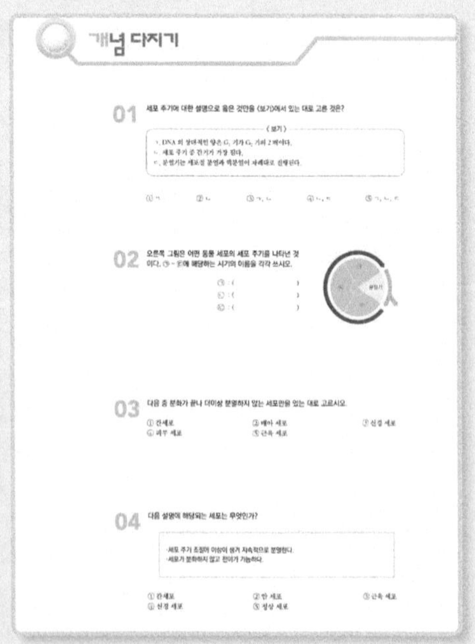

3.개념 다지기

관련 소단원 내용을 전반적으로 이해하고 있는지 테스트합니다. 내용에 국한하여 쉽게 해결할 수 있는 문제로 구성하였습니다.

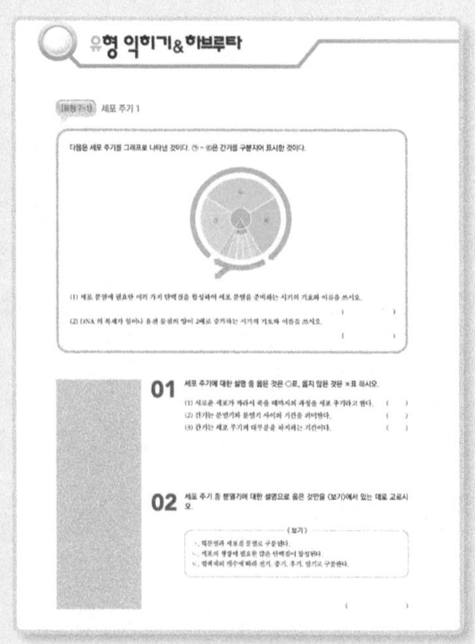

4. 유형 익히기 & 하브루타

관련 소단원 내용을 유형별로 나누어서 각 유형에 따른 대표 문제를 구성하였고, 연습문제를 제시하였습니다.

이론 - 유형 - 창의력 - 과제

단계별 학습으로 가장 효과적인 자기주도학습이 가능합니다. 새로운 문제에 도전해 보세요!

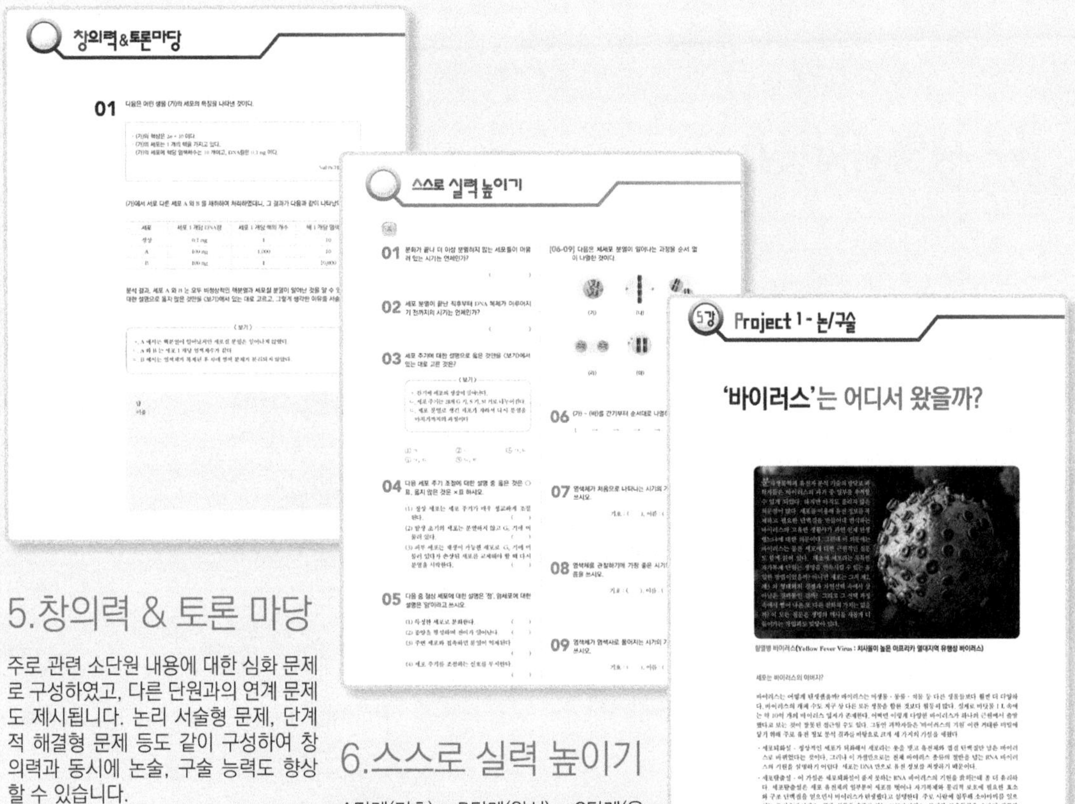

5.창의력 & 토론 마당

주로 관련 소단원 내용에 대한 심화 문제로 구성하였고, 다른 단원과의 연계 문제도 제시됩니다. 논리 서술형 문제, 단계적 해결형 문제 등도 같이 구성하여 창의력과 동시에 논술, 구술 능력도 향상할 수 있습니다.

6.스스로 실력 높이기

A단계(기초) - B단계(완성) - C단계(응용) - D단계(심화)로 구성하여 단계적으로 자기주도 학습이 가능하도록 하였습니다.

7.Project

대단원이 마무리될 때마다 읽기 자료, 실험 자료 등을 제시하여 서술형/논술형 답안을 작성하도록 하였고, 단원의 주요 실험을 자기주도 적으로 실시하여 실험보고서 작성을 할 수 있도록 하였습니다.

〈온라인 문제풀이〉

「스스 로 실력 높이기」는
동영상 문제풀이를 합니다.
http://cafe.naver.com/creativeini

▶ 

배너 아무 곳이나 클릭하세요 .

CONTENTS | 목차

3F 생명과학(상)

01 생명 과학의 이해

02 세포와 생명의 연속성

3F 생명과학(하)

03 항상성과 건강

04 생태계의 구성과 기능

01
생명 과학의 이해

생명 현상은 어떠한 특성을 가질까?

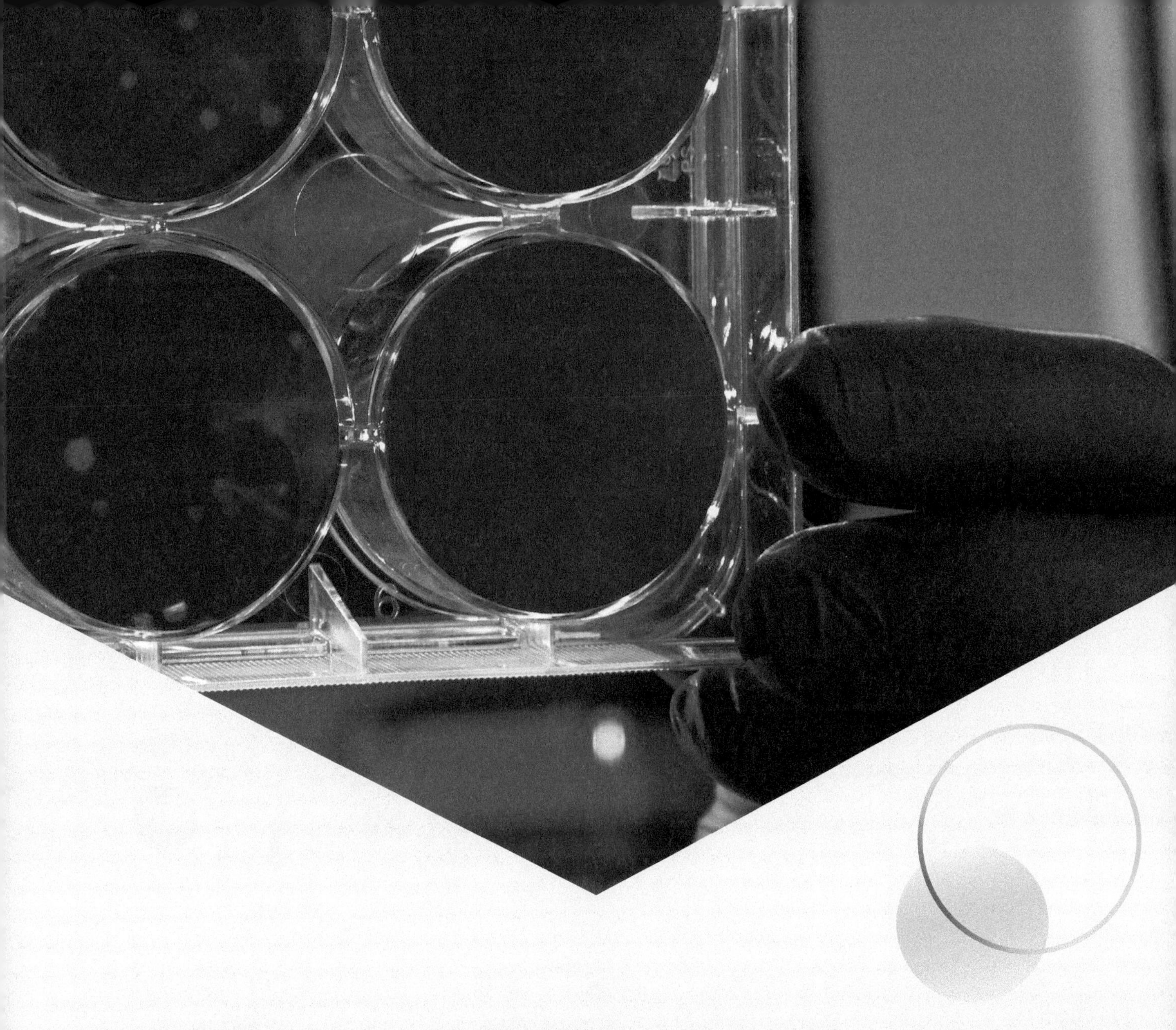

1강. 생명 현상의 특성

❶ 생물체의 구조적·기능적 단위인 세포

·구조적 단위 : 모든 생물의 몸은 세포로 구성되어 있다.

·기능적 단위 : 세포 안에서 생물이 살아가는데 필요한 물질과 에너지를 만드는 생명 활동이 일어난다.

❷ 다세포 생물의 구성 단계

세포 → 조직 → 기관 → 개체

·모양과 기능이 비슷한 세포가 모여 조직을 이루고, 여러 조직이 모여 기관을 이루고, 기관이 모여 생명 활동이 가능한 독립적인 개체가 된다.

❸ 물질대사의 특징

·물질대사 과정은 효소 미니 에 의해 진행된다.

·물질대사가 일어날 때에는 에너지의 출입이 반드시 함께 일어나며, 이는 생명 활동을 유지하는데 필수적이다.

❹ 물질대사 과정에서 에너지의 출입

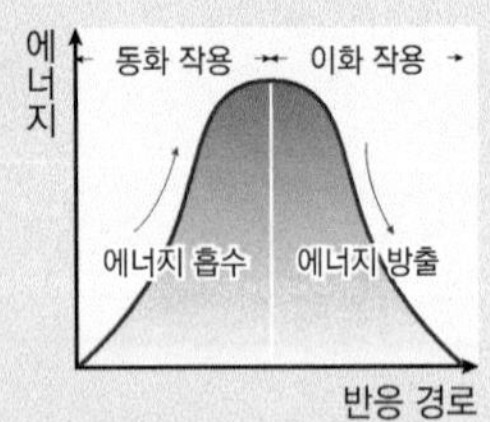

·동화 작용에서 에너지 양 : 반응물 < 생성물

·이화 작용에서 에너지 양 : 반응물 > 생성물

미니사전

효소 [酵 삭히다 素 바탕] 생물체 내 화학 반응을 촉매하는 역할을 하는 물질로, 주로 단백질로 이루어져 있다.

1. 생명 현상의 특성

생명체에서 나타나는 공통적인 특성은 세포로 구성되며, 물질대사를 하고, 자극에 대한 반응을 하며, 항상성을 유지하고, 발생과 생장을 하며, 생식과 유전을 하고, 환경에 대해 적응하고 진화한다는 것이다.

(1) 세포로 구성 : 모든 생물은 세포로 이루어져 있다.

① **세포**[❶] : 생물체의 구조적 · 기능적 단위

② **단세포 생물** : 하나의 세포로 몸이 구성된 생물 ㉮ 아메바, 짚신벌레, 유글레나 등

③ **다세포 생물**[❷] : 여러 개의 세포가 각각의 역할을 분담하여 조직적 · 유기적으로 몸을 구성하는 생물 ㉮ 물벼룩, 백합, 비둘기, 사람 등

(2) 물질대사 : 물질대사를 통해 생물체를 구성하는 성분을 만들고 에너지를 얻는다.

① **물질대사**[❸] : 생물체 내에서 생명을 유지하기 위해 일어나는 모든 화학 반응

② **종류**

구분	동화 작용	이화 작용
모식도	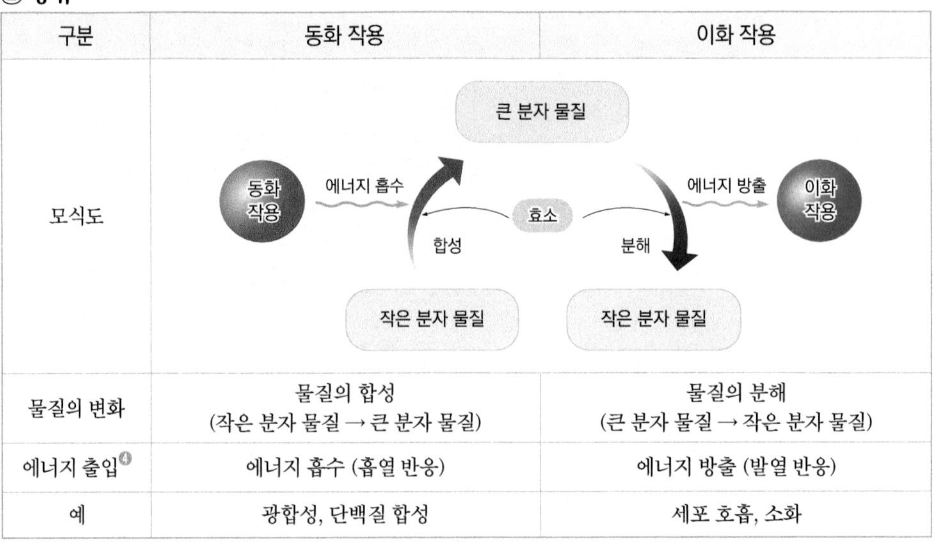	
물질의 변화	물질의 합성 (작은 분자 물질 → 큰 분자 물질)	물질의 분해 (큰 분자 물질 → 작은 분자 물질)
에너지 출입[❹]	에너지 흡수 (흡열 반응)	에너지 방출 (발열 반응)
예	광합성, 단백질 합성	세포 호흡, 소화

(3) 자극과 반응 : 생물은 빛, 온도, 소리, 접촉 등의 환경 변화를 받아들이고 이에 대해 반응한다.

- **자극** : 생물의 생명 활동에 영향을 미치는 체내외의 환경 변화

㉮

▲ 빛에 대한 식물의 반응
식물의 줄기는 빛을 향해 자란다.

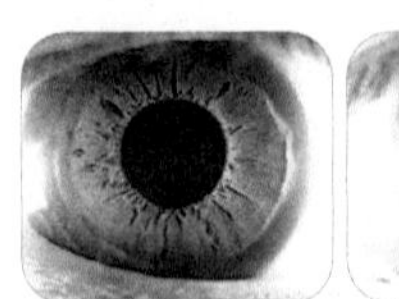

▲ 빛에 대한 홍채의 반응
밝은 곳에서는 동공이 작아진다.

▲ 접촉에 대한 반응
미모사의 잎은 자극을 받으면 오므라든다.

개념확인 1

물질대사와 관련된 다음의 물음에 답하시오.

(1) 작은 분자 물질을 큰 분자 물질로 합성하는 과정을 무엇이라고 하는가? ( )

(2) 반응 과정에서 에너지가 방출되는 물질대사는 무엇인가? ( )

확인+1

생물의 생명 활동에 영향을 미치는 체내외의 환경 변화를 무엇이라고 하는가?

( )

(4) 항상성미니 유지 : 생물은 외부 환경이 변하더라도 체내 환경을 일정하게 유지한다.

예 체온 조절(더울 때 땀을 흘려 체온을 유지한다.), 삼투압 조절(물을 많이 마시면 오줌량이 증가한다.), 혈당량 조절(식사 후 혈당을 낮추는 호르몬인 인슐린이 분비된다.) 등

(5) 발생과 생장 : 생물은 발생과 생장을 통해 몸의 크기가 커지고 구조와 기능이 다양해진다.

① **발생** : 수정란이 세포 분열을 통해 세포의 수가 증가하고 세포의 구조와 기능이 다양해지면서 완전한 하나의 개체가 되는 과정

② **생장**[5] : 발생 과정을 통해 생겨난 어린 개체가 세포 분열을 통해 세포의 수가 증가하여 몸집이 커지고 무게가 증가하여 성체가 되는 과정

예

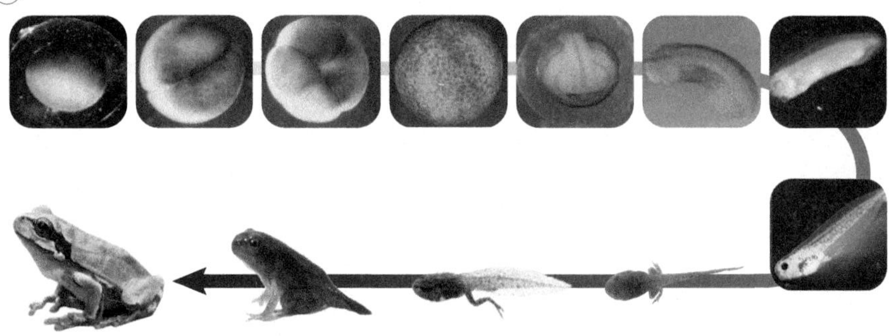

▲ 개구리의 발생과 생장
개구리의 수정란은 발생 과정을 거쳐 어린 개체인 올챙이가 된다. 올챙이는 세포 분열을 통해 성체 개구리가 된다. 발생과 생장은 모두 세포 분열을 통해 일어난다.

(6) 생식과 유전 : 생물은 자신과 닮은 자손을 남겨 종족을 유지한다.

① **생식**[6] : 생물이 자신과 닮은 자손을 남겨 종족을 보존하는 현상 .
예 세균은 대부분 이분법적인 분열법으로 수를 늘린다.

② **유전** : 생식 과정에서 어버이의 형질이 자손에게 전해지는 현상. 어버이의 유전 물질이 자손에게 전달되기 때문에 나타난다. 예 A 군은 어머니를 닮아 눈이 쌍꺼풀이다.

(7) 적응과 진화 : 환경의 변화에 적응하고 진화하여 다양한 생물 종이 나타나게 되었다.

① **적응** : 생물이 환경에 알맞게 몸의 형태, 기능, 생활 습성 등을 변화시키는 현상

② **진화** : 생물이 여러 세대를 거쳐 다른 환경에 적응하는 과정에서 유전자가 다양하게 변하여 새로운 종으로 분화되는 현상

예

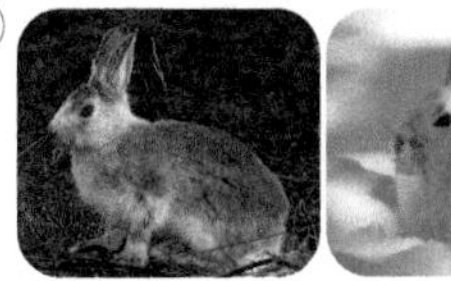

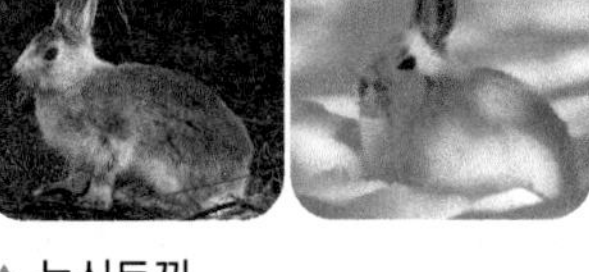

▲ 눈신토끼
눈신토끼의 털 색은 겨울이 되면 갈색에서 흰색으로 변하여 천적으로부터 몸을 보호한다.

▲ 선인장 가시
선인장은 잎이 가시로 변하여 수분의 증발을 막는다.

▲ 사막여우
사막여우는 온대 지방의 여우보다 귀가 크고 몸집이 작다.

▲ 캥거루쥐
캥거루쥐는 콩팥의 기능을 발달시켜 수분 손실이 적어지도록 적응,진화 하였다.

개념확인 2

정답 및 해설 02쪽

다음 생명 현상의 특성에 대한 설명으로 옳은 것은 ○표, 옳지 않은 것은 ×표 하시오.

(1) 외부 환경이 변하면 생명체의 체내 환경도 외부 환경과 같아지려고 한다. ( )

(2) 생물이 자신과 닮은 자손을 남겨 종족을 보존하는 현상을 유전이라고 한다. ( )

확인+2

생물이 환경 조건에 따라 구조와 기능, 생활 습성 등을 변화시키는 현상을 무엇이라고 하는가?

( )

5 죽순의 생장과 석순의 크기 증가

▲ 죽순

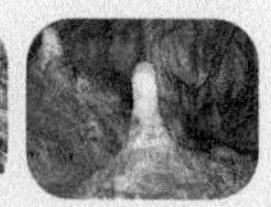

▲ 석순

·죽순 : 세포 분열과 물질대사를 통한 생장을 한다.

·석순 : 외부로부터 물질이 첨가되어 구성 물질의 양이 많아져 크기가 커지므로 생장이 아님.

6 무성 생식과 유성 생식

·무성 생식 : 암수의 생식 세포가 결합하지 않고 성체의 일부가 분리되어 새로운 개체를 만드는 생식 방법
예 분열법, 출아법, 포자법, 영양생식

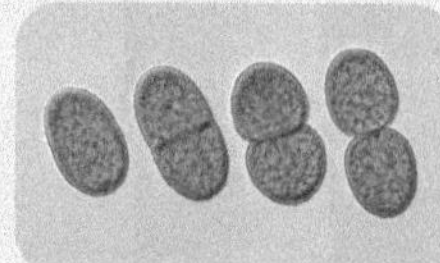

▲ 이분법

·유성 생식 : 암수의 생식 세포의 결합으로 새로운 개체를 만드는 생식 방법
예 수정

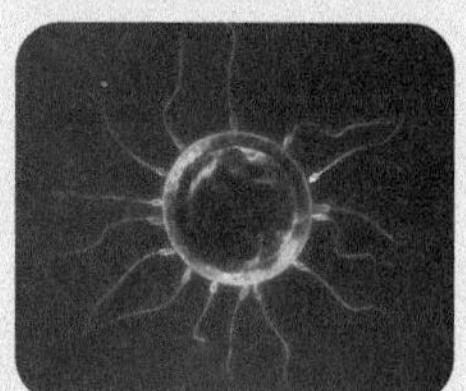

▲ 정자와 난자의 수정

미니사전

항상성 [恒 항상 常 항상 性 성질] 여러 가지 환경 변화에 대응하여 체내 환경을 일정하게 유지하려는 성질

❶ 바이러스의 종류

❶ DNA 바이러스

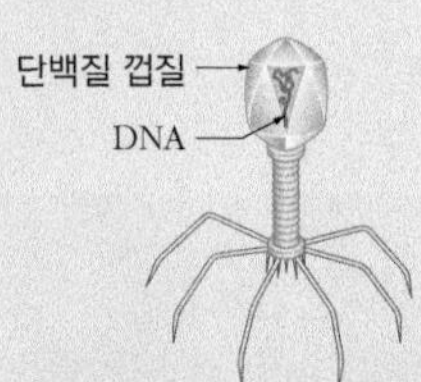

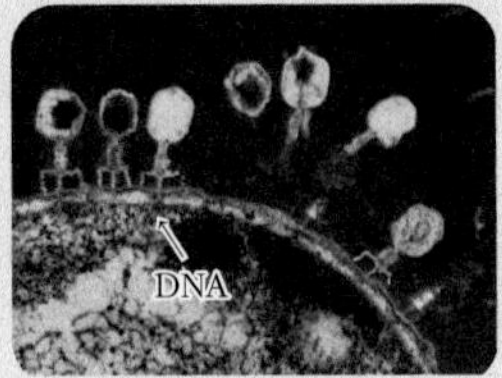

▲ 박테리오파지

❷ RNA 바이러스

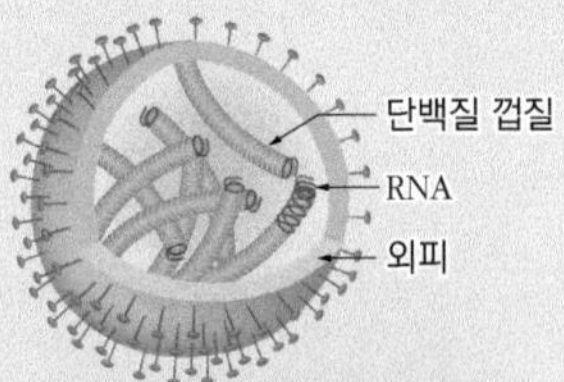

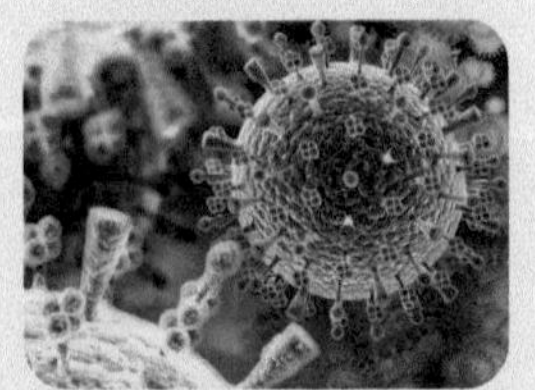

▲ HIV
(사람 면역 결핍 바이러스)

❷ 담배 모자이크 바이러스 (TMV)

최초로 발견된 바이러스로 세계적으로 퍼져있으며 담배, 토마토 등에 감염하여 병을 일으키고 수확에 큰 피해를 주는 RNA 바이러스이다.

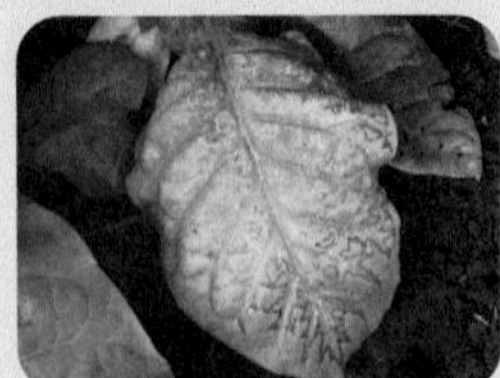

▲ 담배 모자이크병에 걸린 담뱃잎

미니사전

핵산 [核 씨 酸 시다] 당, 인산, 염기로 구성된 고분자 물질로 유전이나 단백질 합성에 중요한 작용을 한다. RNA와 DNA로 나뉜다.

숙주 [宿 잠을 자다 主 주인] 기생하는 생물에게 영양을 공급하는 생물

2. 바이러스

(1) 바이러스(Virus) ❶ : 살아있는 생물체에 기생하여 증식하며 여러 가지 질병을 일으키는 병원체이다.

① 세균보다 크기가 훨씬 작은 0.02 ~ 0.2 ㎛ 정도이다.
② 세포막으로 싸여있지 않고 세포 소기관도 없어 세포의 구조를 갖추지 못하고 있다.
③ 단백질로 이루어진 껍질과 유전 물질인 핵산 미니 으로 구성되어 있다.

(2) 바이러스의 발견

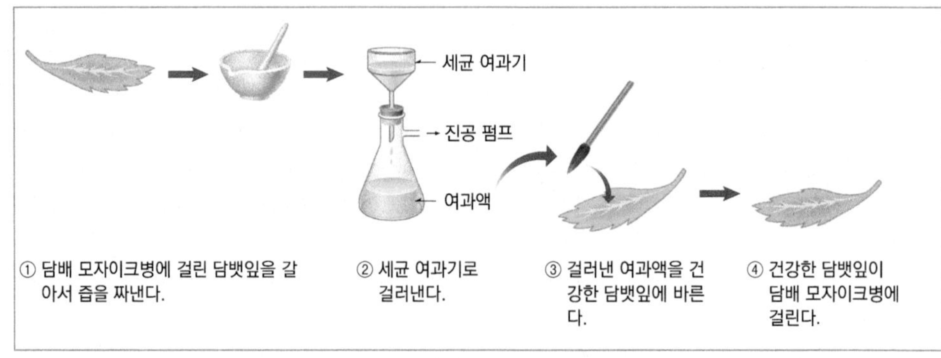

① 담배 모자이크병에 걸린 담뱃잎을 갈아서 즙을 짜낸다.
② 세균 여과기로 걸러낸다.
③ 걸러낸 여과액을 건강한 담뱃잎에 바른다.
④ 건강한 담뱃잎이 담배 모자이크병에 걸린다.

⇒ 담배 모자이크 바이러스(TMV)❷는 세균이 통과하지 못하는 세균 여과기를 통과하여 건강한 담뱃잎을 감염시키므로 세균보다 작은 병원체임을 발견하였다.

(3) 바이러스의 특징 : 바이러스는 생물적 특징과 무생물적 특징이 모두 나타난다.

생물적 특징	무생물적 특징
· 유전 물질인 핵산을 가지고 있으며 생물체 공통 성분인 단백질로 구성되어 있다. · 숙주 세포 내에서 물질대사와 증식이 가능하다. · 증식 과정에서 자신의 유전 물질이 전달되는 유전 현상이 일어난다. · 돌연변이가 나타나고, 다양한 종류로 진화한다.	· 세포막으로 싸여있지 않고, 세포의 구조를 갖추지 못하였다. · 효소가 없어 스스로 물질대사를 할 수 없다. · 숙주 세포 밖에서는 핵산과 단백질이 뭉쳐진 결정 형태로 존재한다.

(4) 바이러스의 증식 과정 : 바이러스는 숙주 미니 세포 내에서 증식을 한다.

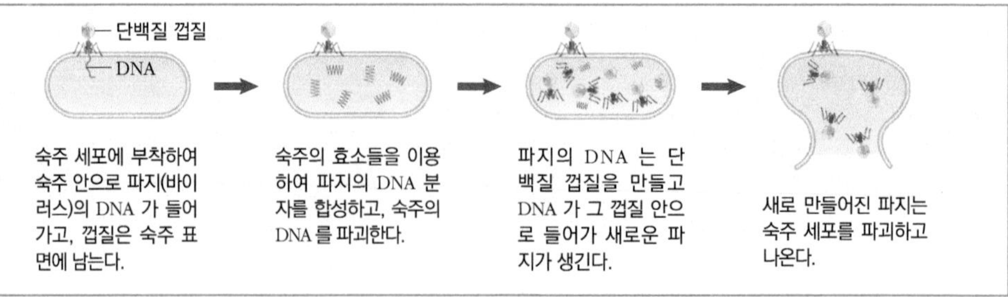

숙주 세포에 부착하여 숙주 안으로 파지(바이러스)의 DNA 가 들어가고, 껍질은 숙주 표면에 남는다.

숙주의 효소들을 이용하여 파지의 DNA 분자를 합성하고, 숙주의 DNA 를 파괴한다.

파지의 DNA 는 단백질 껍질을 만들고 DNA 가 그 껍질 안으로 들어가 새로운 파지가 생긴다.

새로 만들어진 파지는 숙주 세포를 파괴하고 나온다.

개념확인3

살아있는 생물에 기생하여 증식하며 여러가지 질병을 일으키는 병원체를 무엇이라고 하는가?

( )

확인+3

바이러스에 대한 설명으로 옳은 것은 O표, 옳지 않은 것은 X표 하시오.

(1) 유전 물질을 가지고 있지 않아 증식할 수 없다. ( )
(2) 스스로 물질대사를 할 수 없지만 숙주 세포 내에서는 물질대사가 일어난다. ( )

3. 화성 생명체 탐사 실험[1]

(1) 동화 작용 확인 실험[2] : 화성에 광합성을 하는 생명체가 있는지 알아보기 위한 실험

① **실험 방법** : 화성 토양이 든 실험 용기에 방사성[미니] 기체($^{14}CO_2$)를 넣고 빛을 비춘다. 며칠 후 방사성 기체를 제거하고 토양 시료를 가열하여 방사성 기체의 발생 여부를 확인한다.
② **실험 가설** : 토양 속에 광합성을 하는 생명체가 있었다면 ^{14}C 를 포함한 유기물[미니]이 합성되었을 것이고, 가열 과정에 의해 방사성 기체가 발생하였을 것이다.
③ **실험 결과** : 방사성 기체가 검출되지 않았다.

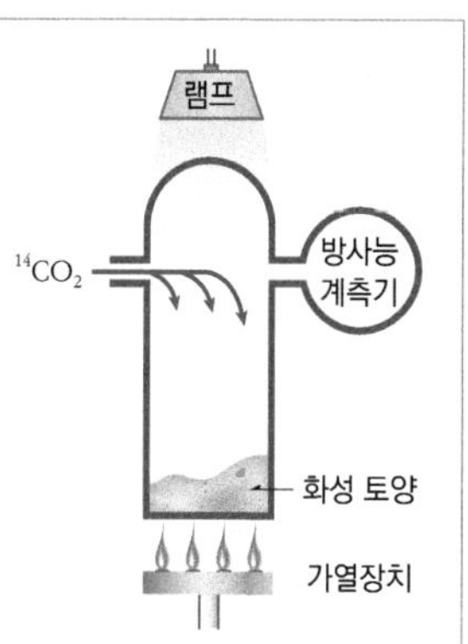

(2) 이화 작용 확인 실험[2] : 화성에 호흡을 하는 생명체가 있는지 알아보기 위한 실험

① **실험 방법** : 화성 토양이 든 실험 용기에 방사성을 띠는 영양분(^{14}C)을 넣고 며칠 동안 용기 내의 공기에 방사성 기체($^{14}CO_2$)가 발생하는지를 조사한다.
② **실험 가설** : 호흡을 하는 생명체가 있었다면 ^{14}C를 함유한 유기물(방사성 영양분)이 분해되어 방사성 기체($^{14}CO_2$)가 발생하였을 것이다.
③ **실험 결과** : 방사성 기체가 검출되지 않았다.

(3) 기체 교환 확인 실험[3] : 화성에 호흡을 하여 기체 교환을 하는 생명체가 있는지 알아보기 위한 실험

① **실험 방법** : 화성 토양이 든 실험 용기에 일정한 조성을 가진 혼합 기체와 영양분을 넣고 용기 내부의 기체 조성비가 변하는지 기체 분석기를 이용하여 조사한다.
② **실험 가설** : 호흡을 하는 생명체가 있었다면 기체 교환을 하여 용기 내부의 기체 조성비가 변했을 것이다.
③ **실험 결과** : 용기 속 혼합 기체의 조성에 변화가 없었다.

(4) 실험 결과로부터 알 수 있는 사실 : 화성 토양에는 광합성이나 호흡 등 물질대사를 하는 생명체가 존재하지 않는다.

❶ 화성 탐사선에서의 실험

바이킹호에서 실시되었던 실험은 '모든 생물은 물질대사를 한다'는 사실을 전제로 하여 화성 토양에서 물질대사가 일어나는지를 확인하는 것이었다.
⇒ 동화 작용 확인 실험, 이화 작용 확인 실험.

▲ 화성 탐사선 바이킹 1호

❷ 실험에서 방사능 원소 $^{14}CO_2$, ^{14}C 를 사용한 이유

· 자연계에서 탄소의 질량은 대부분 12(^{12}C)로 존재한다.
· 탄소의 질량이 14(^{14}C)인 경우 방사선을 방출하여 방사능 계측기로 쉽게 추적할 수 있다.
⇒ 방사능 원소를 넣음으로써 실험 결과로 생긴 유기물이 제공한 원인 물질에서 왔는지를 쉽게 추적할 수 있다.

❸ 기체 교환 확인 실험에서 방사성이 함유된 영양분을 사용하지 않은 이유

방사성 물질에 의한 영향을 제거하고 기체 조성비의 변화만을 알아보기 위해서이다. 방사능 계측기가 아닌 기체 분석기를 사용한다.

개념확인4 정답 및 해설 02쪽

다음 중 호흡을 하는 생명체가 있는지 알아보기 위한 실험으로 옳은 것을 〈보기〉에서 있는 대로 골라 기호로 답하시오.

〈 보기 〉

ㄱ. 동화 작용 확인 실험　　ㄴ. 이화 작용 확인 실험　　ㄷ. 기체 교환 확인 실험

(　　　　　)

확인+4

광합성을 하는 생명체의 존재를 확인하기 위한 실험에서 실험 용기에 넣어주는 기체는 어떤것인가?

① $^{12}CO_2$　② $^{12}O_2$　③ $^{14}CO_2$　④ $^{14}O_2$　⑤ $^{14}C_6H_{12}O_6$

미니사전

유기물 [有 있다 機 기틀 物 물질] 생체를 이루고, 생체 안에서 만들어지는 물질
방사성 [放 내놓다 射 쏘다 性 성질] 원자핵이 붕괴하면서 입자가 튀어나오는 성질

개념 다지기

01 다음 중 생명 현상의 특성으로 옳지 않은 것은?

① 죽순이 대나무로 자란다.
② 석순의 크기가 점점 커진다.
③ 밝은 곳에서 동공이 작아진다.
④ 미토콘드리아에서 세포 호흡이 일어난다.
⑤ 미모사의 잎은 자극을 받으면 오므라든다.

02 다음 물질대사에 대한 설명으로 옳지 않은 것은?

① 단백질을 합성하는 것은 동화 작용이다.
② 세포 호흡, 광합성, 소화 등은 이화 작용의 예이다.
③ 큰 분자 물질을 작은 분자 물질로 분해하는 것을 이화 작용이라고 한다.
④ 생물체 내에서 생명을 유지하기 위해 일어나는 모든 화학 반응을 뜻한다.
⑤ 물질대사 과정은 효소에 의해 진행되므로 효소가 없는 바이러스는 스스로 물질대사를 할 수 없다.

03 다음 중 발생과 생장에 대한 설명 중 옳은 것은 ○표, 옳지 않은 것은 ×표 하시오.

(1) 발생과 생장이 일어날 때에는 물질대사가 일어나지 않는다. (　　)
(2) 수정란이 완전한 하나의 개체가 되는 과정을 발생이라고 한다. (　　)
(3) 발생 과정 후 어린 개체가 몸집이 커져 성체가 되는 과정을 생장이라고 한다. (　　)
(4) 발생은 세포 분열을 통해 세포의 수가 증가하는 것이고, 생장은 세포의 크기가 커져 성체가 되는 것이다. (　　)

04 다음 중 적응에 해당하는 특성은 무엇인가?

① 식물의 줄기는 빛을 향해 자란다.
② 물을 많이 마시면 오줌량이 많아진다.
③ 식물이 빛에너지를 이용하여 광합성을 한다.
④ 눈신토끼의 털 색은 겨울이 되면 흰색으로 변한다.
⑤ 개구리의 수정란이 세포 분열을 통해 어린 개체인 올챙이가 된다.

정답 및 해설 02쪽

05

다음 중 바이러스의 무생물적 특징에 해당하지 않는 것은?

① 돌연변이가 나타난다.
② 세포막으로 싸여있지 않다.
③ 세포의 구조를 갖추지 못한다.
④ 숙주 세포 밖에서는 결정 형태로 존재한다.
⑤ 효소가 없어 스스로 물질대사를 할 수 없다.

06

다음은 담배 모자이크 바이러스(TMV)의 발견 과정을 차례대로 나타낸 것이다. 이에 대한 설명으로 옳지 않은 것은?

① 담배 모자이크병에 걸린 담뱃잎을 갈아서 즙을 낸다.
② 세균 여과기로 즙을 걸러낸다.
③ 여과기 위에 남은 물질을 건강한 담뱃잎에 바른다.
④ 건강한 담뱃잎이 모자이크병에 걸린다.
⑤ 이 실험 결과로 바이러스가 세균보다 크기가 작다는 것을 알 수 있다.

[07~08]

다음 그림은 화성 토양에 생명체가 있는지 알아보기 위해 화성 탐사선에서 실시한 세 가지 실험을 나타낸 것이다. 다음 물음에 답하시오.

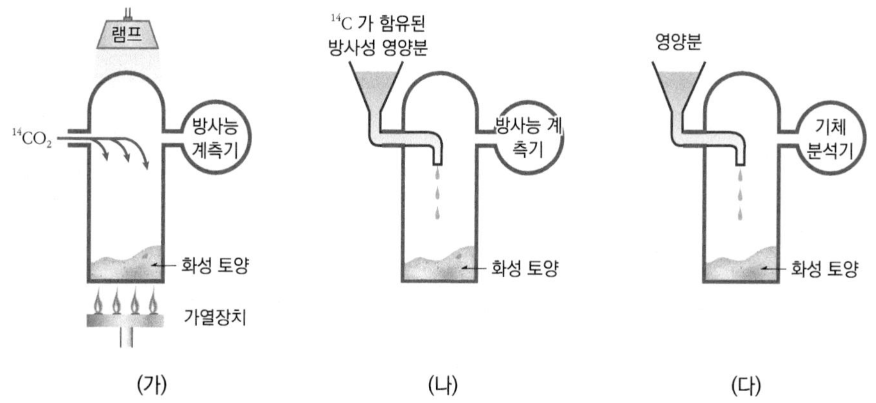

07

화성 생명체 탐사 실험에서 전제하고 있는 생명 현상의 특성은 무엇인가?

① 자극
② 반응
③ 진화
④ 물질대사
⑤ 항상성 유지

08

이 실험에 대한 설명으로 옳은 것만을 있는 대로 고르시오.

① (가), (나), (다) 모두 방사성이 함유된 물질을 사용한다.
② 호흡을 하는 생명체가 있다면 (나)에서 방사성 기체가 발생하였을 것이다.
③ (가)는 호흡, (나)와 (다)는 광합성을 하는 생명체가 있는지 알아보기 위한 실험이다.
④ (가)는 동화 작용, (나)는 이화 작용을 하는 생명체가 있는지 알아보기 위한 실험이다.
⑤ 위 실험의 결과로 화성 토양에는 광합성이나 호흡을 하는 생명체가 존재하지 않는다는 것을 알 수 있다.

유형 익히기&하브루타

[유형 1-1] 생명 현상의 특성 1

다음 그림은 두 종류의 물질대사를 나타낸 모식도이다.

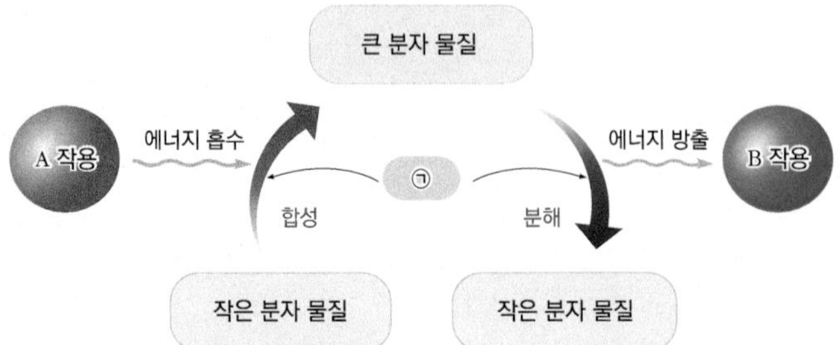

(1) A 와 B 에 해당하는 물질대사의 종류를 각각 쓰시오.

A : (　　　　　)작용　B : (　　　　　) 작용

(2) 물질대사 과정에서 반드시 필요한 물질인 ㉠의 이름과 그 역할을 바르게 짝지은 것은?

① 효소, 물질의 합성　② 효소, 화학 반응 촉매　③ 세포, 에너지 흡수
④ 에너지, 단백질 합성　⑤ 에너지, 물질의 분해

01 다음 설명문에 들어갈 알맞은 단어를 쓰시오.

(1) 모든 생물은 (　　　)로 이루어져 있다.

(2) 하나의 세포로 몸이 구성된 생물을 (　　　) 생물이라고 하며 아메바, 짚신벌레, 유글레나 등이 이에 속한다.

(3) 여러 개의 세포가 각각 역할을 분담하여 조직적, 유기적으로 몸을 구성하는 생물을 (　　　) 생물이라고 한다.

02 다음 생명 현상의 특성 중 자극과 반응에 대한 특성은?

① 물이 묻은 쇠못에 녹이 슬었다.
② 식물의 줄기는 빛을 향해 자란다.
③ 막걸리에서 효모의 수가 증가한다.
④ 식물은 빛을 이용해 광합성을 한다.
⑤ 선인장의 가시는 잎이 변형된 것이다.

정답 및 해설 03쪽

[유형 1-2] 생명 현상의 특성 2

다음 그림은 수정란으로부터 성체 개구리가 되는 과정을 간략하게 나타낸 것이다.

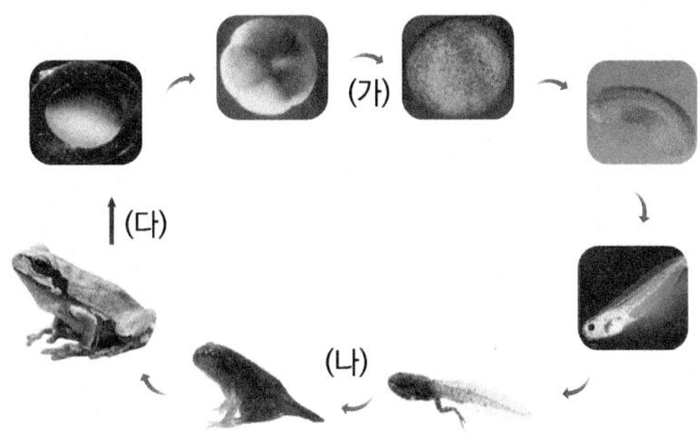

(1) (가)와 같이 수정란이 세포 분열을 통해 몸의 크기가 커지고 구조와 기능이 다양해 지면서 하나의 완전한 개체가 되는 과정을 무엇이라고 하는가? (　　　　　　)

(2) (나)와 같이 어린 개체가 몸집이 커지고 무게가 증가하여 성체가 되는 과정을 무엇이라고 하는가?

(　　　　　　)

(3) (다)와 같이 개구리가 알을 낳아 자신과 닮은 자손을 남겨 종족을 보존하는 현상을 무엇이라고 하는가?

(　　　　　　)

03 다음 그림 (가)는 여름의 눈신토끼, (나)는 겨울의 눈신토끼의 모습을 나타낸 것이다. 눈신토끼의 모습 변화와 가장 관련이 깊은 생물의 특성 현상은?

(가)　　　　(나)

① 히드라는 출아법으로 생식한다.
② 더울 때 땀을 흘려 체온을 유지한다.
③ 어머니가 색맹이면 아들도 색맹이다.
④ 바이러스는 숙주 세포 안에서 증식한다.
⑤ 캥거루쥐는 콩팥의 기능이 발달되어 수분 손실이 적다.

04 다음 중 생명 현상의 특성이 아닌 것은?

① 세포로 이루어져 있다.
② 환경 변화에 적응하고 진화한다.
③ 물질대사를 통해 에너지를 얻는다.
④ 환경 변화를 받아들이고 이에 반응한다
⑤ 세포의 크기가 커져 구성 물질의 양이 많아진다.

유형 익히기 & 하브루타

[유형 1-3] 바이러스

다음 그림은 DNA 바이러스인 박테리오파지의 증식 과정을 나타낸 것이다.

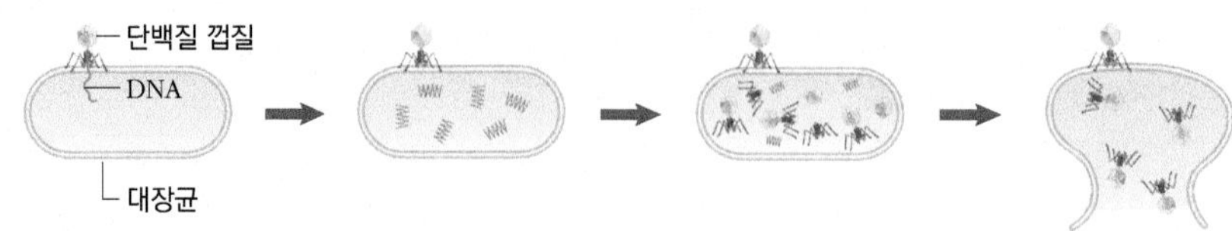

위 자료에 대한 설명으로 옳은 것은 ○표, 옳지 않은 것은 ×표 하시오.

(1) 박테리오파지는 세포막으로 싸여있다. ( )

(2) 바이러스는 숙주 세포 안에서 증식을 한다. ( )

(3) 박테리오파지는 숙주의 효소들을 이용하여 DNA 를 합성한다. ( )

(4) 숙주의 DNA 가 변형되어 박테리오파지의 단백질 껍질을 만든다. ( )

(5) 새로 만들어진 박테리오파지는 숙주(대장균)의 유전 물질을 가지고 있다. ( )

(6) 박테리오파지는 유전 물질을 가지고 증식이 가능하므로 스스로 물질대사를 할 수 있다. ( )

05 다음 중 바이러스의 특징으로 옳은 것만을 〈보기〉에서 있는 대로 골라 기호로 답하시오.

〈 보기 〉

ㄱ. 크기가 세균과 비슷하다.
ㄴ. 세포의 구조를 갖추지 못하고 있다.
ㄷ. 살아있는 생물에 기생하여 증식한다.
ㄹ. RNA 바이러스와 DNA 바이러스가 있다.

( )

06 바이러스에 대한 다음 설명 중 생물적 특징에 해당하는 것은 '생', 무생물적 특징에 해당하는 것은 '무' 라고 쓰시오.

(1) 스스로 물질대사를 할 수 없다. ( )

(2) 유전 물질인 핵산을 가지고 있다. ( )

(3) 숙주 세포 밖에서 핵산과 단백질이 뭉쳐진 결정 형태로 존재한다. ( )

(4) 증식 과정에서 자신의 유전 물질이 전달되는 유전 현상이 일어난다. ( )

정답 및 해설 03쪽

[유형 1-4] 화성 생명체 탐사 실험

다음 그림은 화성의 토양을 재료로 한 실험을 나타낸 것이다.

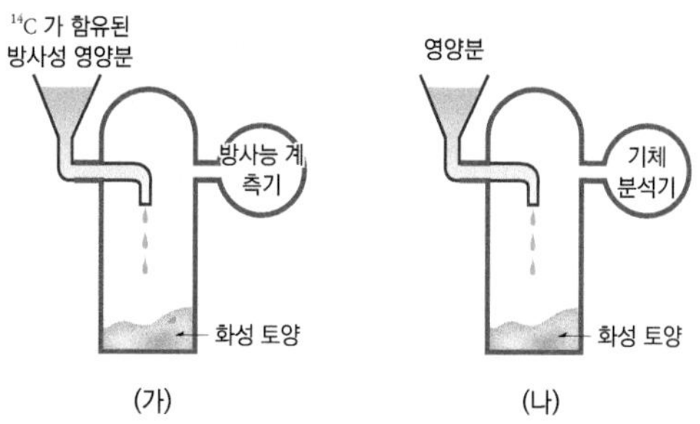

(1) 위 실험은 무엇을 알아보기 위한 것이며, 이 실험에서 필요한 전제 조건은 무엇인가?

( )

(2) 화성 토양에 생명체가 존재한다면 (가)에서는 어떤 변화가 일어나겠는가?

( )

(3) 화성 토양에 생명체가 존재한다면 (나) 에서는 어떤 변화가 일어나겠는가?

( )

[07~08] 오른쪽 그림은 화성 토양에 생명체가 존재하는지 알아보기 위한 실험을 나타낸 것이다.

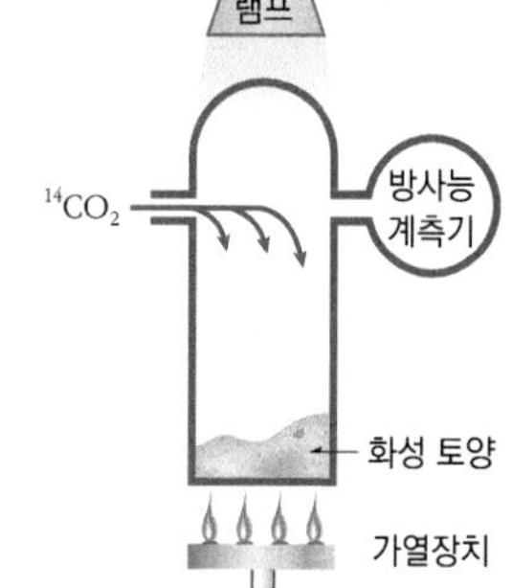

07

이 실험에서 가열을 하는 이유로 옳은 것은?

① 화성 토양을 소독, 살균하기 위해서
② 화성과 같은 온도를 맞춰주기 위해서
③ 물질대사의 속도를 증가시키기 위해서
④ 생성된 유기물을 태워 기체를 발생시키기 위해서
⑤ 방사능을 확인하려면 충분한 열이 필요하기 때문에

08

이 실험의 결과로 옳은 것은?

① $^{14}O_2$가 검출된다.
② $^{14}CO_2$가 검출된다.
③ $^{12}CO_2$가 검출된다.
④ 기체 조성의 변화가 생긴다.
⑤ 방사성 기체가 검출되지 않는다.

창의력&토론마당

01 생명 현상은 크게 두 가지의 특성으로 구분할 수 있다. 하나의 생물이 살아 있는 상태를 유지하기 위한 특성인 개체 유지 현상과, 한 종의 종족을 보존하는데 관여하는 종족 유지 현상이 있다.

다음 그림은 대나무의 어린 싹인 죽순과 석회 동굴에서 볼 수 있는 석순을 나타낸 것이다. 죽순과 석순은 모두 시간이 지남에 따라 크기가 커지지만 석순을 생물이라고 하지 않는다. 죽순과 석순의 크기가 자라는 방법에 어떤 차이가 있는지 생물의 특성을 비교하여 쓰시오.

▲ 죽순

▲ 석순

정답 및 해설 04쪽

02 다음은 중동호흡기증후군을 일으키는 메르스 코로나바이러스(MERS corona virus)의 구조와 설명을 나타낸 것이다.

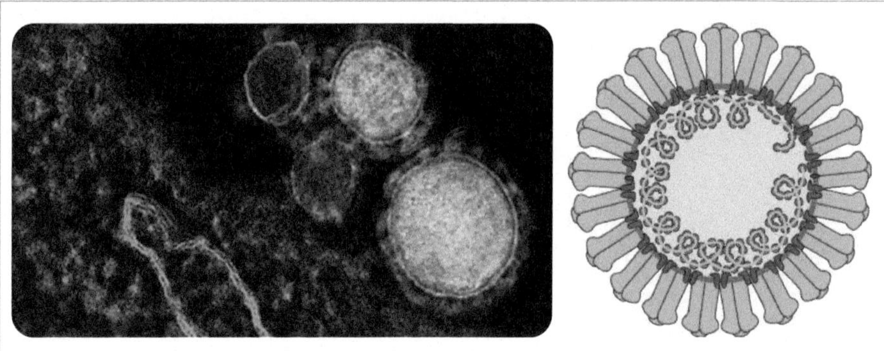

▲ 메르스 바이러스(좌)와 메르스 바이러스의 구조(우)

· 2012 년 사우디아라비아에서 처음 발견된 뒤 중동 지역에서 집중적으로 발생한 바이러스로, 2002 년 아시아에서 발생한 뒤 전 세계로 확산되며 8000 명 가까운 사망자를 낸 사스(중증급성호흡기증후군)와 유사한 바이러스다.

· 잠복기가 1 주일 가량이며 사스와 마찬가지로 고열, 기침, 호흡 곤란 등 심한 호흡기 증상을 일으킨다. 다만 사스와는 달리 급성 신부전증을 동반하는 것이 특징으로 사스보다 치사율이 6 배가량 높다는 조사 결과가 나오기도 하는 등 더 치명적인 양상을 보이고 있다.

(1) 메르스 바이러스는 인간의 몸을 숙주로 삼아 기생한다. 메르스와 같은 바이러스가 스스로 물질대사를 하지 못하고 기생하는 이유는 무엇일까?

(2) 생물과 무생물의 중간형인 바이러스를 지구상에 출현한 최초의 생물체로 보지 않는다. 그 이유를 서술하시오.

창의력&토론마당

03

다음은 아메바와 플라나리아에 대한 설명이다.

아메바는 세포 내에 수축포가 있다. 수축포는 원생동물의 세포질에 존재하는 액포의 일종으로 수축기와 이완기를 주기적으로 되풀이하는 세포소기관이다. 수축포에서는 체내에 생긴 여분의 수분을 체외로 방출하여 삼투를 조절한다. 담수에 서식하는 아메바를 농도가 높은 고장액에 넣으면 외액의 삼투압이 증가하여 외액의 배출량이 감소하고, 해수에 서식하는 아메바를 해수의 희석액으로 옮기면 배출 속도가 증가하는 것을 관찰할 수 있다.

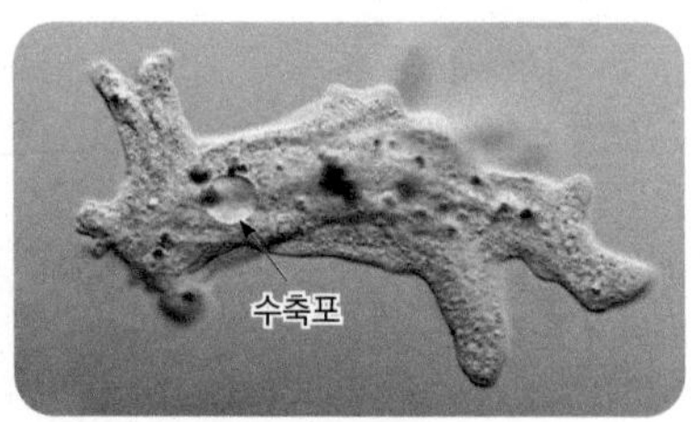

▲ 아메바와 아메바의 수축포

플라나리아에는 불꽃모양의 세포인 불꽃세포를 가지고 있다. 불꽃세포는 편형동물·유형동물 등에서 볼 수 있는 세포로 원시적인 배설 기관인 원신관에서 관찰이 가능하다. 몸의 좌우로 뻗어 있는 원신관의 주된 관에서 나뭇가지 모양의 가는 관이 몸의 곳곳에 분포하고 있다. 그 관의 끝에 불꽃세포가 있는데, 이곳에서 노폐물을 걸러 가는 관(외신관)과 이어지는 배설공으로 배출한다. 불꽃세포는 깔때기 모양으로 퍼진 큰 세포로, 신축성이 있는 편모 다발이 있다. 이 편모 다발이 운동을 할때 마치 불꽃이 흔들리는 것처럼 보인다고 하여 불꽃세포라고 불린다.

▲ 플라나리아

▲ 플라나리아의 불꽃세포

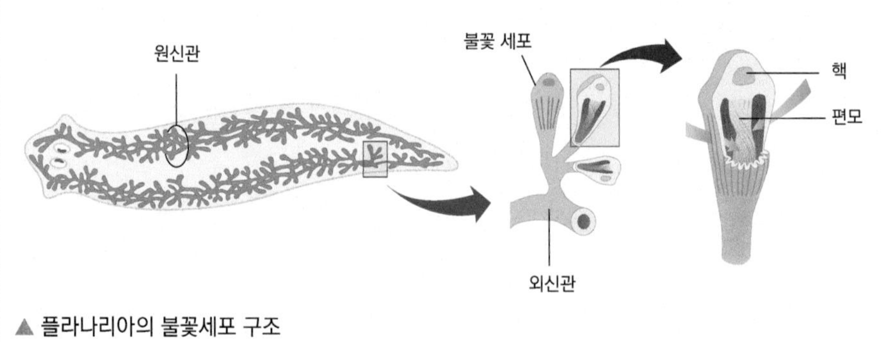

▲ 플라나리아의 불꽃세포 구조

위 설명을 읽고 아메바의 수축포와 플라나리아의 불꽃세포가 생명의 특성 가운데 어느 것에 해당하는지 그렇게 생각한 이유와 함께 서술하시오.

정답 및 해설 05쪽

04

아래는 애완 로봇의 기능을 나타낸 것이다.

풍부한 감정 표현
이모티콘, 효과음, 동작으로 감정 표현

감정 표현 (눈 LED)
기쁨, 슬픔, 화남 등 표현

영상 인식 (카메라)
외부 영상 인식, 사진 촬영

장애물 감지 (PSD 센서)
낭떠러지와 장애물 감지

다양한 동작(15개 관절)
1,000가지 이상의 세밀한 움직임 표현

터치 센서 (등, 머리, 옆구리)
쓰다듬기, 때리기에 다양한 반응

음성 인식 (마이크)
약 100단어 인식 및 반응

소리 재생 (스피커)
동요, 동화, 동시, 효과음, 안내 멘트(인사 등), 녹음 재생

귀여운 강아지를 로봇으로 재현한 제니보는 마치 놀이 친구처럼 스스로 걷고 돌아다닌다. 터치 센서를 탑재하여 등이나 머리, 옆구리 같은 곳을 만져주는 빈도에 따라 감정레벨이 조절되고, 이에 따른 반응을 나타내며, 주인의 말도 알아듣는다. 또한 땅 긁기, 물구나무서기, 춤추기, 태권도 등 못하는 동작이 없으며 제니보의 눈은 1200 여 가지의 다양한 감정 상태를 표현한다. 제니보는 코에 있는 카메라를 통해 사람의 얼굴을 알아보고 주인의 얼굴까지 구별할 수 있다. 주인과 친해져서 기분이 좋을수록 주인을 찾고 따르는 영리한 애완견 로봇이다.

[출처 : DST로봇(www.dstrobot.com)]

(1) 살아 있는 강아지와 애완 로봇의 공통점과 차이점은 각각 어떤것이 있을까?

(2) 이 애완 로봇을 하나의 생명체라고 할 수 있는지 생명체의 특성과 관련하여 서술하시오.

스스로 실력 높이기

A

01 다음 글에서 설명하는 것이 무엇인지 쓰시오.

> 생명 현상의 특성으로 모든 생물체를 구성하는 구조적·기능적 단위이다.

(　　　　　)

02 다음은 생명 현상의 특성 중 하나인 물질대사에 대한 설명이다. 괄호 안에 알맞은 말을 고르시오.

(1) (동화 , 이화) 작용은 작은 분자 물질을 큰 분자 물질로 합성하는 과정으로 반응 과정에서 에너지가 (방출 , 흡수) 된다.

(2) (동화 , 이화) 작용은 큰 분자 물질을 작은 분자 물질로 분해하는 과정으로 반응 과정에서 에너지가 (방출 , 흡수) 된다.

03 다음 중 이화 작용에 해당하는 예를 〈보기〉에서 있는 대로 골라 기호로 쓰시오.

〈 보기 〉

ㄱ. 광합성　　ㄴ. 세포 호흡
ㄷ. 단백질 합성　　ㄹ. 항상성 유지

(　　　　　)

04 생명 현상의 특성에 대한 설명으로 옳은 것은 ○표, 옳지 않은 것은 ×표 하시오.

(1) 생물은 물질대사가 일어나지 않으면 생존할 수 없다. (　　)

(2) 발생과 생장은 모두 세포 분열이 수반되어 일어난다. (　　)

(3) 생물은 생식을 통해 자신과 닮은 자손을 남겨 종족을 보존한다. (　　)

[05-08] 다음 〈보기〉는 여러 가지 생명 현상의 특성을 나열한 것이다. 다음 물음에 해당하는 생명 현상의 특성으로 옳은 것만을 있는 대로 골라 기호로 쓰시오.

〈 보기 〉

ㄱ. 발생　　ㄴ. 유전　　ㄷ. 진화
ㄹ. 생장　　ㅁ. 적응　　ㅂ. 반응

05 추운 바다에 사는 물개와 고래는 피하 지방층이 두껍다.

(　　　　　)

06 나팔꽃 줄기는 접촉 물체를 감고 자란다.

(　　　　　)

07 항생제에 대한 내성을 가진 슈퍼 박테리아가 출현하였다.

(　　　　　)

08 어머니가 색맹이면 아들도 색맹이다.

(　　　　　)

정답 및 해설 05쪽

09 다음 그림은 사람에게 독감을 일으키는 인플루엔자 바이러스를 나타낸 것이다.

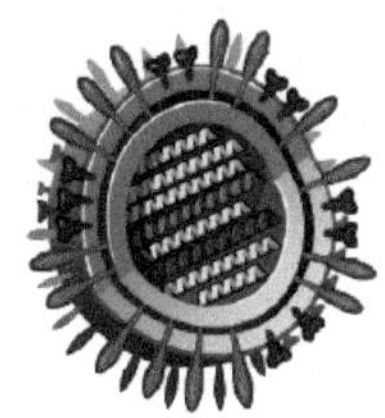

▲ 인플루엔자 바이러스 (H1N1)

이와 관련된 설명 중 옳은 것은 ○표, 옳지 않은 것은 ×표 하시오.

(1) 세포의 구조를 하고 있다. ( )

(2) 세균보다 크기가 더 크다. ( )

(3) 핵산을 가지고 있어 독립적으로 물질대사를 할 수 있다. ( )

10 다음 그림은 화성 토양에 생명체가 있는지 알아보기 위해 화성 탐사선에서 실시한 세 가지 실험을 나타낸 것이다. 화성 생명체 탐사 실험에서 전제하고 있는 생명 현상의 특성은 무엇인가?

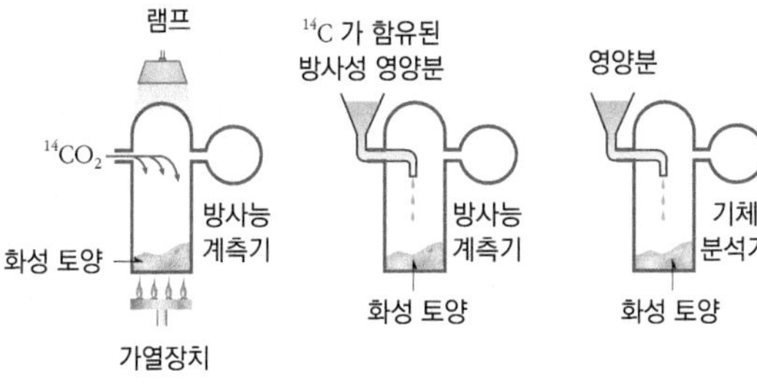

① 자극 ② 반응 ③ 진화
④ 물질대사 ⑤ 항상성 유지

11 다음은 생명 현상의 특성 중 하나인 세포에 대한 설명이다. 괄호 안에 알맞은 말을 고르시오.

(1) 모든 생물의 몸은 세포로 구성되어 있는데 이것은 생물체의 (구조적 , 기능적) 단위에 해당한다.

(2) 세포 안에서 생물이 살아가는데 필요한 물질과 에너지를 만드는 생명 활동이 일어나는데 이것은 생물체의 (구조적 , 기능적) 단위에 해당한다.

12 다음 중 물질대사의 특징으로 옳지 않은 것은?

① 물질대사 과정은 효소에 의해 진행된다.
② 동화 작용에서는 반응물의 에너지가 생성물의 에너지보다 작다.
③ 이화 작용에서는 반응물의 에너지가 생성물의 에너지보다 크다.
④ 물질대사가 일어날 때에는 에너지의 출입이 반드시 함께 일어난다.
⑤ 동화 작용에서는 발열 반응이, 이화 작용에서는 흡열 반응이 일어난다.

13 다음 그림은 갈라파고스 군도의 각 섬에 살고 있는 핀치새가 먹이에 따라 각각 다른 부리 모양을 가지고 있는 것을 나타낸 것이다. 이와 관련된 생명 현상의 특성과 가장 관련이 깊은 것은?

① 물을 많이 마시면 오줌량이 증가한다.
② 운동을 하면 근육에서 포도당이 분해된다.
③ 나비의 애벌레는 변태와 탈피를 거쳐 나비가 된다.
④ 아메바는 몸의 일부가 분리되어 새로운 개체가 된다.
⑤ 부레옥잠의 잎자루에는 공기가 차 있어 물에 쉽게 뜬다.

14 다음 중 생명 현상의 특성이 아닌 것은?

① 식빵에 곰팡이가 피었다.
② 쇠로 만든 못이 녹슬었다.
③ 아메바는 분열법으로 증식한다.
④ 색맹인 어머니의 아들은 모두 색맹이다.
⑤ 지렁이에게 빛을 비추면 어두운 곳으로 이동한다.

스스로 실력 높이기

15 다음은 파리지옥에 대한 설명이다.

> 파리지옥은 끈끈이귀개과의 여러해살이 식물로 곤충을 잡아먹는 식충식물이다. 곤충이 잎에 닿으면 잎을 접어 가둔 뒤, <u>안쪽의 분비샘에서 소화액을 분비하여 소화시킨다.</u>
>
> 

위 설명에서 밑줄 친 부분에 나타난 파리지옥의 생명 현상의 특성과 가장 관련이 깊은 것은?

① 물질대사 ② 항상성 유지
③ 발생과 생장 ④ 생식과 유전
⑤ 적응과 진화

16 다음 그림 (가)는 더울 때, (나)는 추울 때 체온 조절 과정에서 일어나는 모세혈관과 입모근의 변화를 나타낸 것이다.

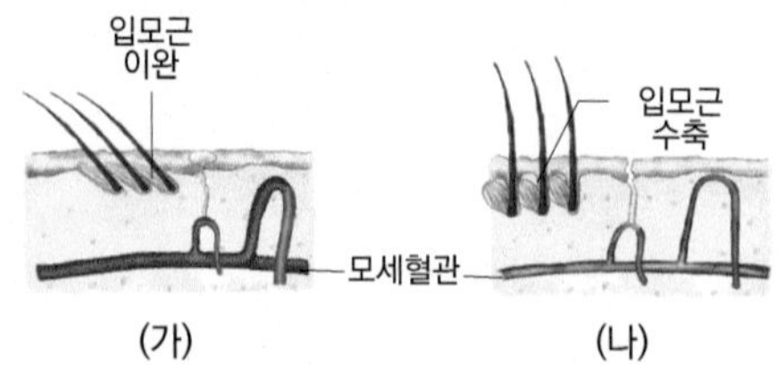

위 그림과 관련된 생명 현상의 특성과 가장 관련있는 것은?

① 심해어는 시각이 퇴화되었다.
② B 형 부모 사이에서 O 형의 자녀가 태어났다.
③ 나비 애벌레는 변태와 탈피 과정을 거치면서 성충이 된다.
④ 연어는 민물과 바다에서 서로 다른 농도의 오줌을 배출한다.
⑤ 식충 식물인 파리지옥이 소화액을 분비하여 곤충을 소화시킨다.

17 다음 표는 사람 면역 결핍 바이러스(HIV), 아메바, 꽃가루에 대해 미지의 특성 (가) ~ (다)의 유무를 표시한 것이다.

종류 \ 특성	(가)	(나)	(다)
HIV	×	×	○
아메바	○	○	○
꽃가루	○	×	×

이에 대한 설명으로 옳은 것은 ○표, 옳지 않은 것은 ×표 하시오.

(1) '세포막으로 싸여있음' 은 (가)에 해당한다. ( )
(2) '분열을 통해 증식함' 은 (나)에 해당한다. ( )
(3) '유전 물질이 있음' 은 (다)에 해당한다. ( )

18 오른쪽 그림은 DNA 바이러스인 박테리오파지가 대장균에 부착한 모습이다. 박테리오파지의 증식 과정에 대한 설명 중 옳은 것은?

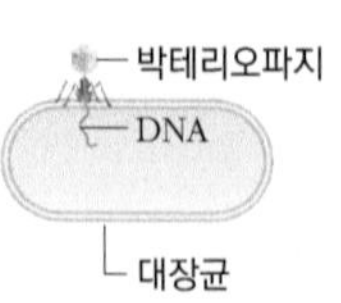

① 파지의 효소를 이용하여 숙주의 DNA를 파괴한다.
② 새로 만들어진 파지는 숙주 세포를 파괴하고 나온다.
③ 유전자가 변형된 숙주의 DNA 가 파지의 단백질 껍질을 만든다.
④ 숙주 세포에 부착한 파지는 DNA 와 껍질 모두 숙주 세포 안으로 들어간다.
⑤ 바이러스는 숙주의 DNA 를 이용하여 숙주 세포 밖에서도 물질대사를 할 수 있게 된다.

정답 및 해설 05쪽

19

다음 그림은 사람의 생식 세포 A, 대장균 C, 대장균과 결합한 박테리오파지 B를 각각 나타낸 것이다.

A ~ C에 대한 설명으로 옳은 것은?

① A와 C는 스스로 물질대사를 한다.
② A와 C는 같은 방법으로 증식한다.
③ B와 C는 같은 방법으로 증식한다.
④ A, B, C는 모두 독립적인 개체이다.
⑤ A와 C는 유전 물질을 가지지만 B는 유전 물질이 없다.

20

다음 그림은 화성 토양에 생명체가 존재하는지 알아보기 위한 실험 장치를 나타낸 것이다.

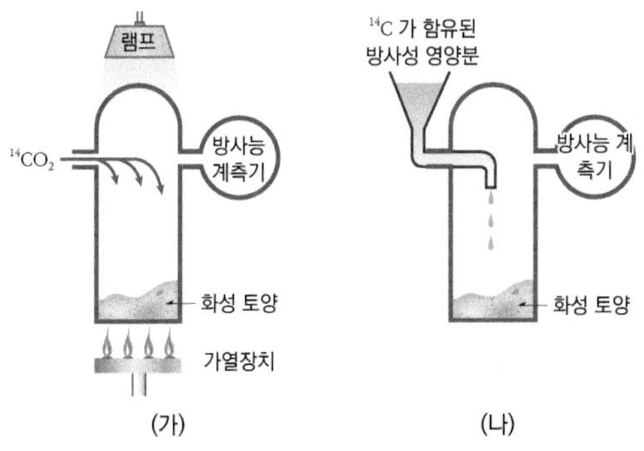

이에 대한 설명으로 옳은 것만을 〈보기〉에서 있는 대로 고른 것은?

〈보기〉

ㄱ. (가)에서 물질대사의 속도를 증가시키기 위해 가열 장치를 설치하였다.
ㄴ. (가)와 (나)는 화성 토양에서 호흡을 하는 생물이 있는지 알아보기 위한 실험 장치이다.
ㄷ. (나)는 이화 작용을 하는 생물이 있는지 알아보기 위한 실험 장치이다.

① ㄱ ② ㄴ ③ ㄷ
④ ㄴ, ㄷ ⑤ ㄱ, ㄴ, ㄷ

C

21

다음은 콩을 이용한 실험이다.

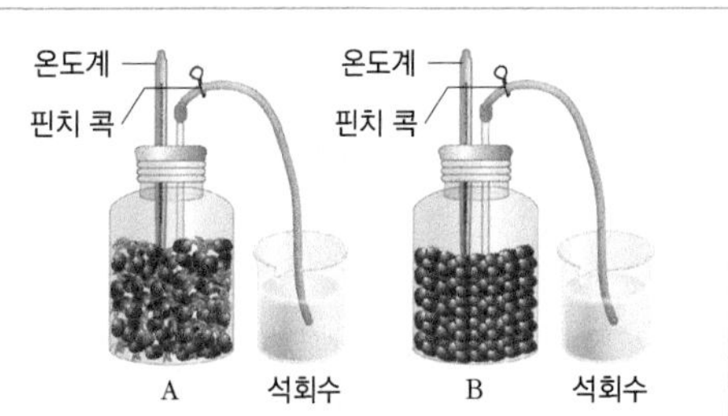

1. 병 A에는 싹튼 콩을, 병 B에는 삶은 콩을 넣어 그림과 같이 장치한 뒤, 2 ~ 3 시간 후 온도를 측정한다.
2. 두 병의 온도를 측정한 결과 병 A의 온도가 더 높았다.
3. 핀치 콕을 열어 내부 기체를 석회수에 통과시킨 결과 병 A에서 발생한 기체로 인해 석회수가 뿌옇게 흐려졌다.

위 실험 결과가 나타내는 생명 현상의 특성과 가장 관련이 깊은 현상은 무엇인가?

① 히드라는 출아법으로 번식한다.
② 아버지의 형질이 아들에서 나타난다.
③ 효모가 포도당을 분해하여 에너지를 생성한다.
④ 메뚜기는 탈피와 탈바꿈을 하면서 성충이 된다.
⑤ 플라나리아는 빛을 받으면 어두운 곳으로 이동한다.

22

오른쪽 그림은 독감을 유발하는 바이러스 A와 결핵을 유발하는 세균 B의 공통점과 차이점을 나타낸 것이다. 이에 대한 설명으로 옳은 것만을 〈보기〉에서 있는 대로 고른 것은?

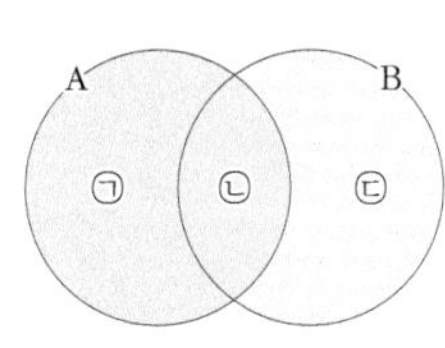

〈보기〉

ㄱ. '세포로 되어 있다.'는 ㉠에 해당한다.
ㄴ. '유전 물질을 가지고 있다.'는 ㉡에 해당한다.
ㄷ. '분열에 의해 스스로 증식한다.'는 ㉢에 해당한다.

① ㄱ ② ㄴ ③ ㄱ, ㄷ
④ ㄴ, ㄷ ⑤ ㄱ, ㄴ, ㄷ

스스로 실력 높이기

[23-24] 다음 그림은 담뱃잎에 담배 모자이크병을 일으키는 담배 모자이크 바이러스(TMV)과 관련된 실험이다.

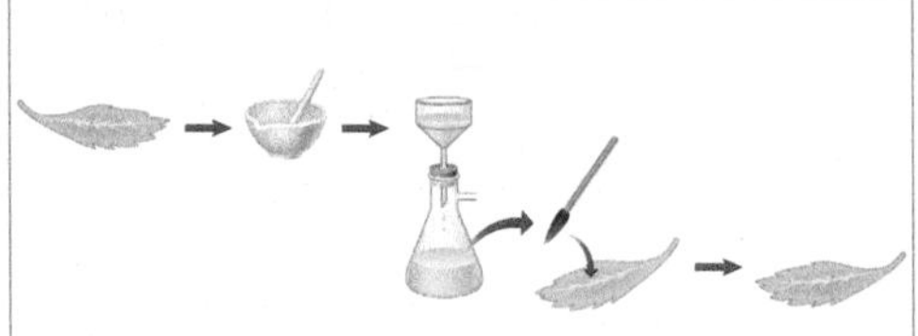

1. 담배 모자이크병에 걸린 담뱃잎을 갈아서 즙을 짜낸 후 세균 여과기로 걸러낸다.
2. 걸러낸 여과액을 건강한 담뱃잎에 발랐더니 건강한 담뱃잎이 담배 모자이크병에 걸렸다.
3. 여과액에서 TMV 를 분리하여 농축시켜 결정 형태의 바이러스를 얻었다.
4. TMV 결정 1 ㎍ 을 물에 녹여 건강한 담뱃잎에 바르고 며칠 후 다시 잎에서 TMV 를 추출하였더니 그 양이 10 ㎍ 이었다.

23 위 실험에서 바이러스의 무생물적 특징이 잘 나타나는 것을 <보기>에서 있는 대로 골라 기호로 쓰시오.

〈 보기 〉

ㄱ. 세균 여과기로 걸러진다.
ㄴ. 건강한 담뱃잎에 담배 모자이크병에 걸렸다.
ㄷ. 여과액으로부터 TMV 를 결정 형태로 얻었다.
ㄹ. 1 ㎍ 의 바이러스가 10 ㎍ 으로 증식하였다.

( )

24 위 실험을 통해 알 수 있는 담배 모자이크 바이러스의 특성으로 옳은 것만을 있는 대로 고르시오.

① 세균보다 크기가 작다.
② RNA 바이러스에 해당한다.
③ 살아 있는 세포 내에서 증식한다.
④ 생명체 밖에서 결정 형태로 존재한다.
⑤ 숙주의 효소들을 이용하여 핵산을 합성하고, 숙주의 DNA 를 파괴한다.

25 다음은 병원체 A 와 B 에 대한 설명이다.

- 병원체 A 는 유전 물질과 단백질을 가지고 있다. 영양 물질만 제공된 배지와 동물 세포가 함께 있는 배지에서 모두 증식을 한다.
- 병원체 B 는 유전 물질과 단백질을 가지고 있다. 영양 물질만 제공된 배지에서는 증식 하지 않지만, 동물 세포가 함께 있는 배지에서는 증식을 한다.

위의 설명을 읽고, 병원체 A 와 B 에 대한 옳은 것만을 <보기>에서 있는 대로 고른 것은?

〈 보기 〉

ㄱ. A 는 세포로 이루어져 있다.
ㄴ. A 는 이화 작용을 한다.
ㄷ. B 는 동물 세포가 있는 배지에서 생식과 유전 현상이 일어난다.

① ㄱ ② ㄴ ③ ㄷ
④ ㄱ, ㄷ ⑤ ㄱ, ㄴ, ㄷ

26 다음은 대장균 배지에 항생제를 투여한 후 시간이 지남에 따라 대장균 개체수의 변화를 그래프로 나타낸 것이다.

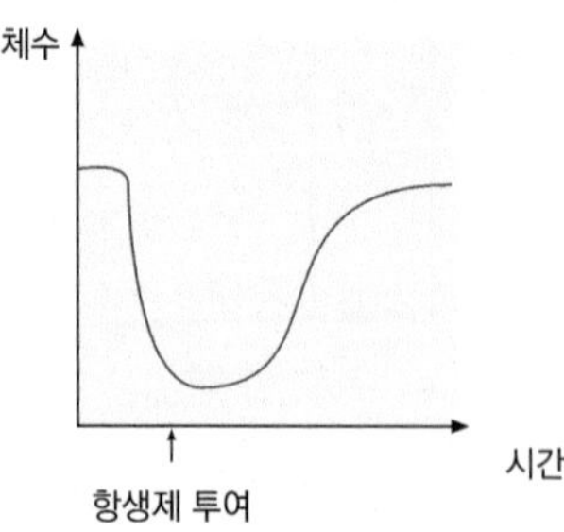

그래프에서 나타나는 결과로 알 수 있는 생명 현상의 특성에 대한 설명으로 옳은 것은?

① 식사 후에는 인슐린의 분비량이 증가한다.
② 왕달맞이꽃은 달맞이꽃의 돌연변이에 의해 분화하였다.
③ 바이러스는 유전 물질을 가지고 있어 증식 과정에서 유전 현상이 일어난다.
④ 말라리아가 번성하는 아프리카에서는 낫 모양 적혈구 유전자를 가진 사람이 많다.
⑤ 잎의 공변세포는 광합성의 결과로 포도당을 생성한 후 주변 세포로부터 물을 흡수한다.

정답 및 해설 05쪽

심화

27 다음은 대장균을 이용한 실험이다.

1. 녹말을 포함한 배지를 만들어 대장균을 배양하였더니 여러 군데 흰색 군체를 형성하였다.
2. 대장균을 배양한 배지에 아이오딘-아이오딘화 칼륨 용액을 떨어뜨렸더니 대장균 군체 주변에서는 아이오딘 반응이 나타나지 않았다.

이에 대한 설명으로 옳은 것만을 〈보기〉에서 있는 대로 고른 것은?

〈 보기 〉

ㄱ. 대장균이 군체를 형성하여 조직을 이루었다.
ㄴ. 흰색 군체는 대장균이 분열하여 수가 증가한 것으로 생식이 일어난 것을 알 수 있다.
ㄷ. 아이오딘 반응이 나타나지 않은 것은 대장균이 배지의 환경에 적응하여 진화를 한 것과 관련있다.

① ㄱ ② ㄴ ③ ㄷ
④ ㄱ, ㄴ ⑤ ㄱ, ㄴ, ㄷ

28 다음 그림은 광합성과 세포 호흡에서의 에너지와 물질의 이동을 나타낸 것이다. (가)와 (나)는 각각 광합성과 세포 호흡 중 하나이다.

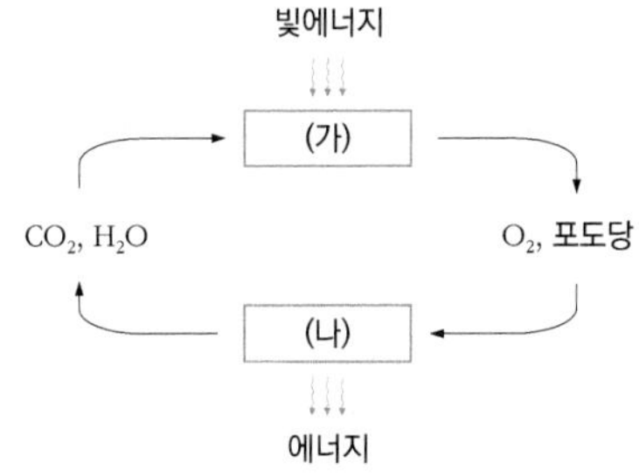

이에 대한 설명으로 옳은 것만을 〈보기〉에서 있는 대로 고른 것은?

〈 보기 〉

ㄱ. (가)에서 동화 작용이 일어난다.
ㄴ. (나)에서 에너지가 합성된다.
ㄷ. 식물에서 (나)가 일어난다.

① ㄱ ② ㄷ ③ ㄱ, ㄴ
④ ㄴ, ㄷ ⑤ ㄱ, ㄴ, ㄷ

29 다음 그림은 혈당이 낮을 때 체내에서 일어나는 현상을 모식적으로 나타낸 것이다.

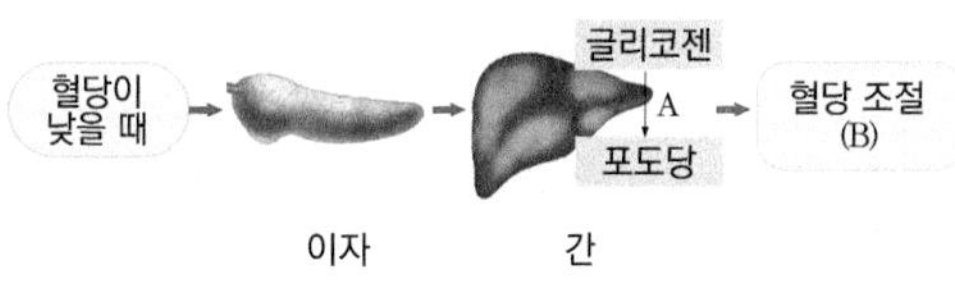

A, B 에서 나타나는 생명 현상의 특성에 대한 설명으로 옳은 것만을 〈보기〉에서 있는 대로 고른 것은?

〈 보기 〉

ㄱ. A 는 동화 작용이다.
ㄴ. 녹말이 아밀레이스에 의해 엿당으로 분해되는 것은 A 와 같은 생명 현상의 예이다.
ㄷ. 밝은 곳에서 동공이 작아지는 것은 B 와 같은 생명 현상의 예이다.

① ㄱ ② ㄴ ③ ㄷ
④ ㄱ, ㄴ ⑤ ㄱ, ㄴ, ㄷ

30 다음 그림 (가)는 세포에서 일어나는 물질대사 과정을, (나)는 화성 토양에서 생명체가 있는지 알아보기 위한 실험 장치를 나타낸 것이다.

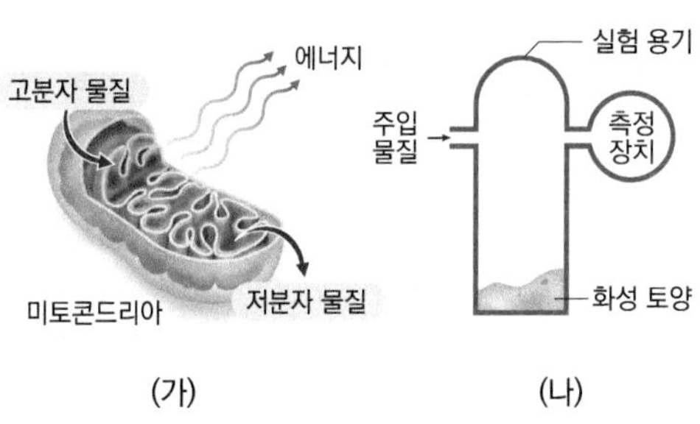

(나)에서 (가)의 과정이 일어나는 것을 확인하기 위한 실험 내용으로 옳은 것을 〈보기〉에서 있는 대로 골라 기호로 쓰시오.

〈 보기 〉

ㄱ. 실험 용기에 $^{14}CO_2$ 를 넣는다.
ㄴ. ^{14}C 가 함유된 영양분을 넣어준다.
ㄷ. 방사성 기체를 제거한 뒤 가열한다.
ㄹ. 방사성 계측기로 $^{14}CO_2$ 의 유무를 측정한다.

(　　　　)

2강. 생물의 구성 물질

1. 물, 무기 염류

(1) 물 : 생명체를 구성하는 성분[1] 중 가장 많은 양을 차지하는 물질이다.

❶ 사람을 구성하는 성분

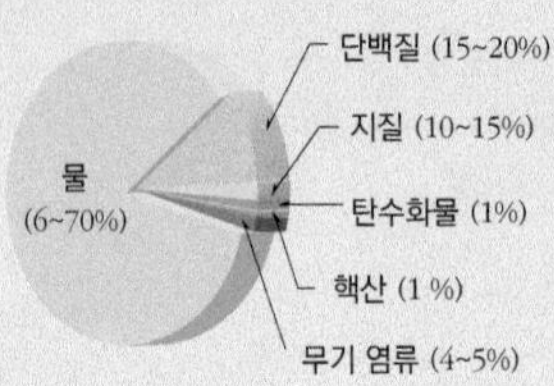

⑴ 물 분자의 구조 : 산소 원자 1 개와 수소 원자 2 개가 공유 결합을 하고 있다.

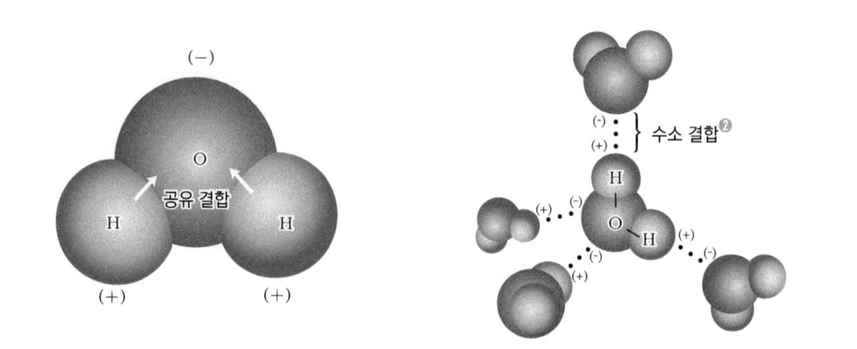

▲ 물 분자의 극성[미니] 산소가 수소보다 공유 전자쌍을 더 세게 끌어당겨서 전자가 산소 원자쪽으로 끌려가 산소는 약한 음(−)전하를 띠고, 수소는 약한 양(+)전하를 띠는 극성을 가진다.

▲ 물 분자 사이의 수소 결합 한 물 분자의 산소와 인접한 다른 물 분자의 수소 사이에 인력이 작용하여 수소 결합이 일어난다.

❷ 수소 결합

플루오린, 산소, 질소 등 전자를 끌어당기는 힘이 큰 원자와 공유 결합을 하고 있는 '수소 원자'와 이웃한 분자의 '플루오린, 산소, 질소 원자' 사이에 작용하는 분자 사이의 인력

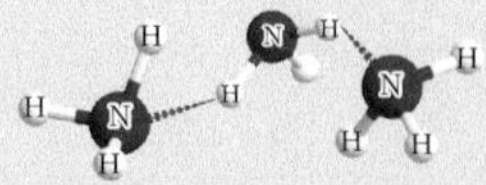

▲ 암모니아의 수소 결합

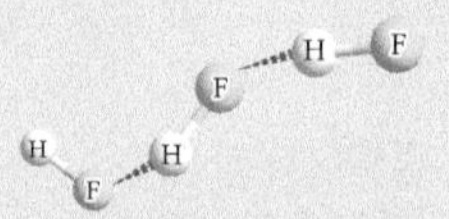

▲ 플루오린화 수소의 수소 결합

⑵ 물 분자의 특성과 기능

① 수소 결합으로 인해 비열[미니]과 기화열[미니]이 크다.

⇨ 비열이 커서 체온이 쉽게 올라가거나 내려가는 것을 막아준다.

⇨ 기화열이 커서 증산 작용과 땀 분비를 통해 물이 증발할 때 몸의 열을 빼앗아 체온 유지를 돕는다.

② 극성 분자이기 때문에 극성 물질과 잘 섞이고, 이온성 물질을 잘 녹이며 용해성이 크다.

⇨ 각종 물질을 녹여 물질의 흡수와 이동을 쉽게 하고, 화학 반응의 매개체가 되어 물질대사가 원활하게 일어나도록 돕는다.

(2) 무기 염류 : 여러 가지 무기물이 세포액과 혈액에서 이온의 상태로, 뼈와 이에서는 염을 이루어 존재하며, 생리 기능을 조절하는 물질이다.

① 유기물과 결합하여 몸을 구성하거나 생리 작용을 조절하는데 관여한다.

② 대부분 이온 상태로 흡수되며, 에너지원으로 사용되지 않는다.

종류	주요 작용	결핍증
나트륨 (Na)	삼투압 · pH 조절	신경통
칼륨 (K)		근수축 장애
칼슘 (Ca)	뼈 · 이 · 혈장의 성분, 혈액 응고 및 근육 수축에 관여	골다공증
철 (Fe)	헤모글로빈의 성분	빈혈, 두통
아이오딘 (I)	갑상샘 호르몬(티록신)의 성분	갑상샘 부종
인 (P)	뼈 · 이 · 단백질 · 핵산 · ATP 의 성분	구루병

바이타민

·몸을 구성하지는 않지만 생리 기능 조절에 꼭 필요한 물질

·지용성 바이타민 : 바이타민 A, D, E, K 등

·수용성 바이타민 : 바이타민 B 복합체, 바이타민 C 등

미니사전

극성 [極 극 性 성질] 전자가 고르게 분포되어 있지 않아 (+) 극 또는 (-) 극을 띠는 성질

비열 [比 견주다 熱 열] 어떤 물질 1 g 을 1 ℃ 높이는 데 필요한 열량으로 비열이 작을수록 물질의 온도가 쉽게 변한다.

기화열 [氣 공기 化 되다 熱 열] 액체 상태에서 기체 상태로 될 때 주변으로부터 흡수하는 열량

개념확인 1

물과 관련된 다음의 물음에 답하시오.

⑴ 물 분자에서 산소 원자 1 개와 수소 원자 2 개는 무슨 결합을 하고 있는가? (   )

⑵ 물 한 분자의 산소와 인접한 다른 물 분자의 수소 사이에 만들어지는 결합을 무엇이라고 하는가? (   )

확인+1

헤모글로빈의 주 성분으로 결핍 시 빈혈이나 두통을 일으키는 무기 염류는 무엇인가?

(   )

2. 단백질

(1) 단백질 : 생물체를 구성하는 성분 중 물 다음으로 많은 양을 차지하는 물질로 탄소(C), 수소(H), 산소(O), 질소(N)로 구성되며 황(S)을 포함하는 것도 있다.

(2) 단백질의 특징

① 단백질의 구성 단위는 **아미노산**[1] 으로, 아미노산의 배열 순서에 따라 단백질의 구조가 결정되고, 단백질의 구조에 따라 단백질의 기능이 결정된다.

② 아미노산은 펩타이드 결합에 의해 서로 연결되어 있으며, 아미노산이 여러 개 연결된 것을 폴리펩타이드라고 한다.

〈펩타이드 결합〉

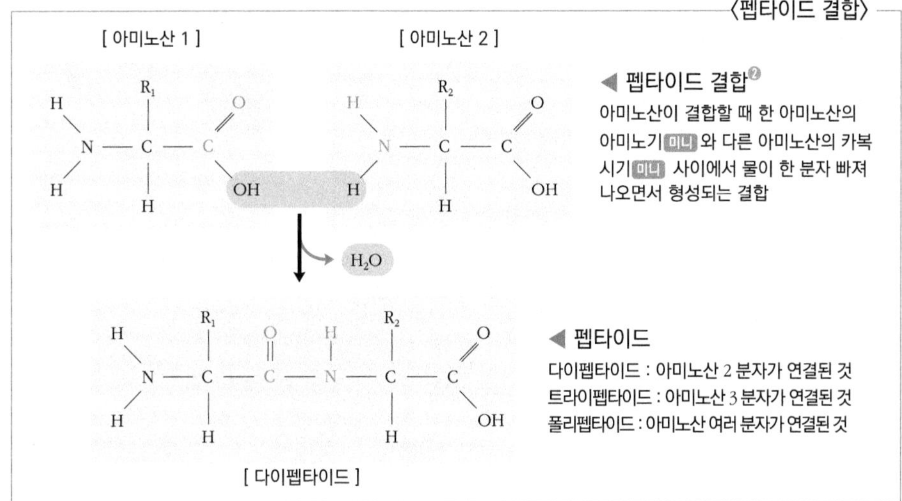

[아미노산 1]
[아미노산 2]
H_2O
◀ 펩타이드 결합[2]
아미노산이 결합할 때 한 아미노산의 아미노기 미니 와 다른 아미노산의 카복시기 미니 사이에서 물이 한 분자 빠져나오면서 형성되는 결합
◀ 펩타이드
다이펩타이드 : 아미노산 2 분자가 연결된 것
트라이펩타이드 : 아미노산 3 분자가 연결된 것
폴리펩타이드 : 아미노산 여러 분자가 연결된 것
[다이펩타이드]

〈단백질 입체 구조 형성[3]〉

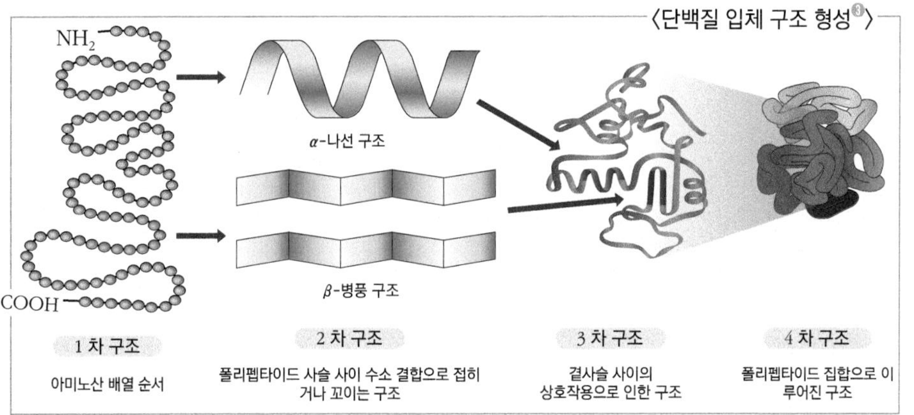

(3) 단백질의 기능

① 1 g 당 4 kcal 의 열량을 내는 에너지원으로 사용된다.

② 생체 내 화학 반응과 생리 기능을 조절한다. ㉠ 효소, 호르몬의 성분

③ 병원체에 대항하는 방어 작용을 한다 ㉠ 항체 미니

④ 운반 작용을 한다 ㉠ 헤모글로빈, 세포막의 운반 단백질

⑤ (기타) 근육 · 뼈 · 연골 · 머리카락 등을 구성한다.

개념확인2

정답 및 해설 **08쪽**

아미노기, 카복시기, 곁사슬, 수소 원자가 결합한 구조로 이루어진 단백질의 기본 단위는 무엇인가?

( )

확인+2

단백질의 기본 단위들이 결합할 때 물이 한 분자 빠져나오면서 일어나는 결합을 무엇이라고 하는가?

( )

❶ 아미노산의 구조

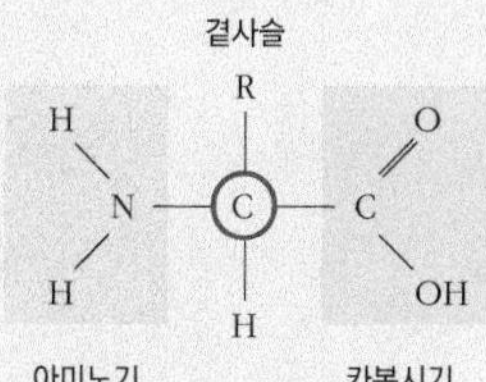

탄소 원자에 아미노기, 카복시기, 곁사슬(R) 미니, 수소 원자가 결합한 구조이다. 곁사슬의 종류에 따라 20 여 종류로 구분된다.

❷ 탈수 축합 반응

두 개 이상의 분자가 결합할 때 물 분자가 빠져나가고 길이가 짧아지는 결합을 탈수 축합 반응이라고 한다.

㉠ 펩타이드 결합, 글리코사이드 결합

❸ 단백질의 입체 구조와 기능

· 단백질의 기능적 특성은 단백질의 입체 구조에서 비롯되며, 입체 구조는 그 단백질을 구성하는 아미노산의 배열에 의해 결정된다.

· 단백질의 입체 구조가 열이나 pH 에 의해 파괴되면 단백질의 기능적 특성도 없어진다.

미니사전

아미노기 ($-NH_2$) 암모니아(NH_3)에서 수소가 1 개 떨어져 나간 형태의 작용기

카복시기 (-COOH) 탄소, 산소, 수소로 이루어진 작용기의 하나

곁사슬 유기 화합물의 주된 골격에 몇 개 원자가 결합하여 가지처럼 붙어있는 부분

작용기 [作 작용하다 用 사용 基 터] 유기 화합물에서 그 특성의 원인이 되는 원자단

항체 [抗 대항하다 體 몸] 면역계에서 항원에 대응하여 만들어지는 물질

❶ 염기의 종류

염기의 고리 구조에 따라 퓨린계 염기와 피리미딘계 염기로 구분된다.

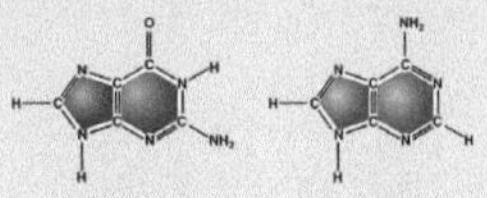

구아닌(G) 아데닌(A)

▲ 퓨린계 염기
이중 고리 구조를 가진다.

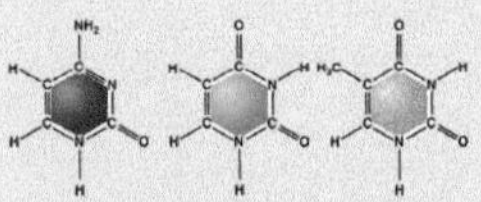

사이토신(C) 유라실(U) 티민(T)

▲ 피리미딘계 염기
단일 고리 구조를 가진다.

❷ DNA에서 뉴클레오타이드의 연결

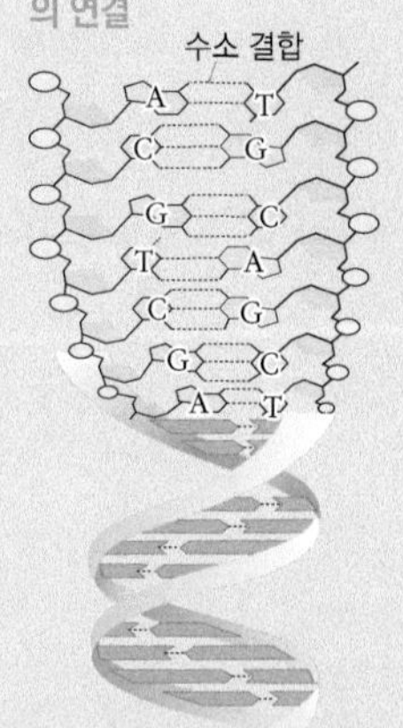

·두 가닥의 폴리뉴클레오타이드는 염기 사이의 수소 결합으로 2중 나선 구조를 형성한다.
·아데닌(A)은 티민(T)과만 구아닌(G)은 사이토신(C)과만 상보적 결합을 한다.
(A = T, G ≡ C)

❸ 폴리클레오타이드

·뉴클레오시드 : 당 + 염기
·뉴클레오타이드 : 인산 + 당 + 염기
·폴리뉴클레오타이드 : 뉴클레오타이드가 여러 개 중합된 고분자 물질

❹ 리보스와 디옥시리보스

·5탄당인 리보스(ribose)에 산소(oxygen)가 하나 부족한(de-) 당을 디옥시리보스(deoxyribose)라고 한다.
·당이 리보스인 핵산을 RNA (리보핵산 : RiboNucleicAcid)라고 하고, 당이 디옥시리보스인 핵산을 DNA (디옥시리보핵산 : DeoxyriboNucleicAcid)이라고 한다.

3. 핵산

(1) 핵산 : 유전 정보를 저장하고 단백질 합성에 관여하는 물질로 탄소(C), 수소(H), 산소(O), 질소(N), 인(P)으로 구성된다.

(2) 핵산의 특징 : 핵산의 구성 단위는 뉴클레오타이드이며, 뉴클레오타이드는 당, 인산, 염기가 1 : 1 : 1 로 결합되어 있다.

·인산 : 중앙에 인(P)을 가지며 산성을 띠기 때문에 핵산이라고 한다.
·당 : 탄소 5 개를 함유하는 5탄당으로 인산과 염기를 연결시키는 역할을 한다. 디옥시리보스와 리보스가 있으며, 디옥시리보스는 리보스와 비교하여 산소가 하나 적다.
·염기[1] : 질소 원자를 가지고 있는 탄소 화합물로 퓨린계 염기와 피리미딘계 염기로 나누어진다.
⇒ 퓨린계 염기 : 아데닌(A), 구아닌(G), 피리미딘계 염기 : 사이토신(C), 티민(T), 유라실(U)

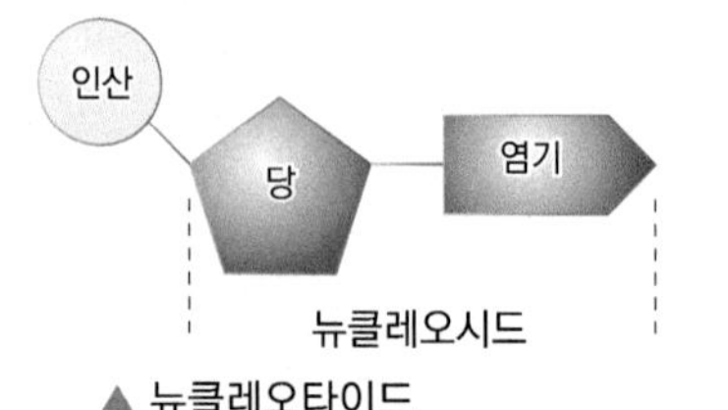

▲ 뉴클레오타이드

(3) 종류 : 핵산을 구성하는 당의 종류에 따라 DNA 와 RNA 로 나누어진다.

DNA[2]	구분	RNA
폴리뉴클레오타이드[3] 2 가닥이 꼬여있는 2중 나선 구조	구조	한 가닥의 폴리뉴클레오타이드로 구성된 단일 가닥 구조
HO-CH$_2$, O, OH, C, H, H, H, H, C, C, OH, H 디옥시리보스[4]	당	HO-CH$_2$, O, OH, C, H, H, H, H, C, C, OH, OH 리보스[4]
아데닌(A), 구아닌(G), 사이토신(C), 티민(T)	염기 종류	아데닌(A), 구아닌(G), 사이토신(C), 유라실(U)
유전자의 본체로 유전 정보를 저장	기능	유전 정보의 전달, 단백질 합성에 관여

개념확인3

핵산의 기본 단위로 당, 인산, 염기가 1 : 1 : 1 로 결합되어있는 것을 무엇이라고 하는가?

( )

확인+3

DNA 와 RNA 를 구성하는 5탄당의 종류와 염기 종류를 모두 쓰시오.

(1) DNA 의 당 : ( ) (2) RNA 의 당 : ( )
(3) DNA 의 염기 : ( ) (4) RNA 의 염기 : ( )

4. 탄수화물, 지질

(1) 탄수화물 : 생물의 주요 에너지원으로 1 g 당 4 kcal 의 열량을 내며, 식물의 경우 몸을 구성하는 물질로도 이용되며 탄소(C), 수소(H), 산소(O)로 구성된다.

· 탄수화물의 종류와 기능

종류	단당류	이당류	다당류
구조		글리코사이드 결합	
특징 및 기능	· 탄수화물의 기본 단위이다. · 물에 잘 녹고 단맛이 난다. · 탄소의 수에 따라 3탄당, 4탄당, 5탄당 등으로 분류된다. (예) 포도당, 과당, 갈락토스, 리보스, 디옥시리보스 등	· 단당류 2개가 결합된 것이다. · 물에 잘 녹고 단맛이 난다. · 단당류 사이 글리코사이드 결합[1]으로 연결되어 있다. (예) 엿당, 설탕, 젖당 등	· 수백에서 수천 개의 단당류가 글리코사이드 결합으로 연결된 물질이다. · 대체로 물에 잘 녹지 않으며 단맛이 없다. (예) 녹말, 글리코젠, 셀룰로스 등
	· 사람의 신체에서 여분의 탄수화물은 중성 지방으로 전환되어 간이나 근육에 저장된다.		

(2) 지질 : 물에 녹지 않고 유기 용매(미니)에 잘 녹는 화합물로 탄소(C), 수소(H), 산소(O)로 구성된다.

·지질의 종류와 기능

종류	중성 지방	인지질[3]	스테로이드
구조	글리세롤 / 지방산[2]	콜린 / 인산 / 글리세롤 — 머리 (친수성) 지방산 — 꼬리 (소수성)	
특징 및 기능	· C, H, O 로 구성된다. · 글리세롤 1 분자와 지방산 3 분자가 결합한 화합물이다. · 주요 에너지원으로 1 g 당 9 kcal 의 열량을 낸다. · 여분의 에너지를 중성 지방으로 저장하며, 피하 지방은 체온 유지에 중요한 역할을 한다.	· C, H, O, P 로 구성된다. · 친수성(미니) 머리와 소수성(미니) 꼬리로 구성된다. · 세포막, 핵막 등 생체막을 이루는 주요 구성 성분이다.	· 4 개의 탄소 고리 구조를 갖는 화합물이다. · 콜레스테롤, 성호르몬, 부신 겉질 호르몬 등의 구성 성분이다. · 세포막의 성분으로 중요하지만 동맥 경화를 일으키는 원인이 되기도 한다.

개념확인4 　　　　정답 및 해설 08쪽

탄수화물에서 단당류 사이에서 일어나는 결합은 무엇인가?

(　　　　　　　)

확인+4

지질과 관련된 다음의 물음에 답하시오.

(1) 지질의 한 종류로 세포막, 핵막 등 생체막을 이루는 주요 구성 성분은 무엇인가? (　　　　　)

(2) 중성 지방을 이루는 두 분자를 각각 쓰시오. (　　　　　)

❶ 글리코사이드 결합

단당류가 결합할 때 물이 한 분자 빠지면서 산소를 사이에 두고 형성되는 결합이다.

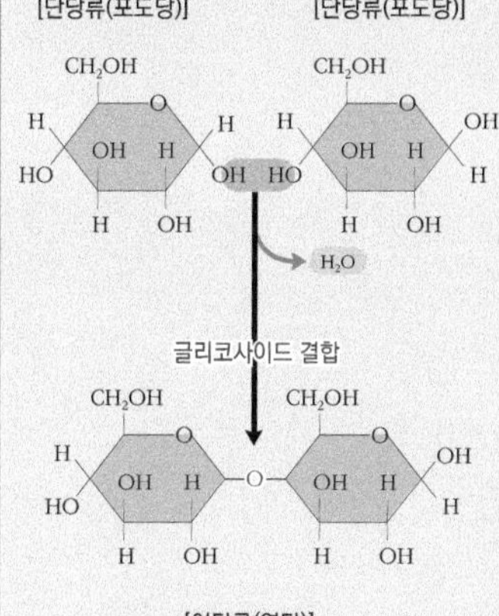

❷ 지방산의 종류

·포화 지방산 : 상온에서 고체 상태인 동물성 지방에 많이 포함되어 있으며 혈액 내 콜레스테롤 수치를 높여 여러 질병을 일으킬 수 있다.

·불포화 지방산 : 상온에서 액체 상태인 식물성 지방과 생선 기름에 많이 포함되어 있으며 콜레스테롤 수치를 낮추는 데 도움이 된다.

지질과 중합체

중합체는 여러 개의 구성 물질이 공유 결합으로 연결된 큰 분자이다. 중합체는 기본 단위의 작은 분자를 가진다. 하지만 지질은 중합체를 포함하지 않으며 일반적으로 고분자라고 여길 만큼 크지 않다.

❸ 인지질 2중층

세포 안팎은 물이 풍부하기 때문에 인지질의 머리 부분은 물 쪽을 향하고 꼬리 부분은 안쪽을 향하는 2중층을 이루고 있다.

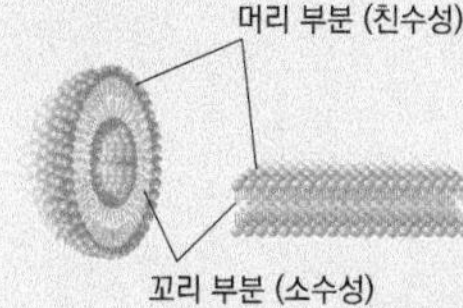

▲ 인지질 2중층의 형태

미니사전

유기용매 [有 있다 機 틀 溶 녹이다 媒 매개] 고체, 액체, 기체를 녹일 수 있는 액체 유기 화합물

친수성 [親 친하다 水 물 性 성질] 물과 친화력이 강한 성질

소수성 [疏 사이가 멀다 水 물 性 성질] 물과 친화력이 약한 성질

개념 다지기

01

다음 중 물이 생명체를 구성함으로써 생기는 기능으로 옳지 않은 것은?

① 각종 물질을 녹여 운반을 쉽게 한다.
② 비열이 커서 체온이 쉽게 변하는 것을 막아준다.
③ 1 g 당 4 kcal 의 열량을 내는 에너지원으로 사용된다.
④ 화학 반응의 매개체가 되어 물질대사를 원활하게 한다.
⑤ 기화열이 커서 땀이 증발할 때 열을 빼앗아 체온 유지를 돕는다.

02

다음 중 삼투압과 pH 를 조절하는 작용을 하며 결핍 시 근수축 장애가 일어나는 무기 염류는 무엇인가?

① K ② Ca ③ Fe ④ I ⑤ P

03

다음 〈보기〉는 단백질의 구성 단위인 아미노산에 대한 설명이다. 옳은 것만을 있는 대로 고른 것은?

〈 보기 〉

ㄱ. C, H, O, N 등의 원소로 이루어져 있다.
ㄴ. 탄소 원자에 아미노기와 카복시기 등이 결합한 구조이다.
ㄷ. 아미노산은 펩타이드 결합에 의해 연결되어 있으며, 펩타이드 결합 과정에서 수소 분자가 형성된다.

① ㄱ ② ㄴ ③ ㄱ, ㄴ ④ ㄴ, ㄷ ⑤ ㄱ, ㄴ, ㄷ

04

다음 중 단백질의 기능으로 옳지 않은 것은?

① 운반 작용을 한다.
② 뼈, 연골, 머리카락 등을 구성한다.
③ 병원체에 대항하는 방어 작용을 한다.
④ 생체 내 화학 반응과 생리 기능을 조절한다.
⑤ 1 g 당 9 kcal 의 열량을 내는 주요 에너지원이다.

정답 및 해설 08쪽

05

다음 중 DNA 와 RNA 에 대한 설명으로 옳지 않은 것은?

① RNA 는 단일 가닥 구조이다.
② DNA 는 유전 정보를 저장한다.
③ DNA 를 구성하는 당은 리보스이다.
④ DNA 와 RNA 의 구성 단위는 모두 뉴클레오타이드이다.
⑤ RNA 를 구성하는 염기는 아데닌, 구아닌, 사이토신, 유라실이다.

06

다음 핵산의 구성 단위에 대한 설명 중 옳은 것은 ○표, 옳지 않은 것은 ×표 하시오.

(1) 구성 단위는 뉴클레오타이드이며 당, 인산, 염기가 1 : 1 : 1 로 결합된 구조이다. (　　)
(2) DNA 를 구성하는 당은 RNA 를 구성하는 당과 다르다. (　　)
(3) 염기는 질소 원자를 가지고 있는 탄소 화합물로 총 4 가지이다. (　　)

07

다음 중 단당류끼리 결합할때 형성되는 결합은 무엇인가?

① 공유 결합　② 수소 결합　③ 상보적 결합
④ 펩타이드 결합　⑤ 글리코사이드 결합

08

다음 설명에 해당하는 생물의 구성 물질은 무엇인가?

·C, H, O, P 로 구성된다.
·친수성 머리와 소수성 꼬리로 구성된다.
·세포막, 핵막 등 생체막을 이루는 주요 구성 성분이다.

① 핵산　② 단백질　③ 인지질　④ 중성 지방　⑤ 스테로이드

유형 익히기 & 하브루타

[유형 2-1] 물, 무기 염류

다음 그림은 물의 구조를 나타낸 것이다.

(1) (가)에 해당하는 결합은 무엇인가?

( )

(2) (나)에 해당하는 결합은 무엇인가?

( )

(3) (가)의 결합으로 인해 생기는 물의 특성에는 어떤것이 있는가?

( )

01

다음 물에 대한 설명 중 옳은 것은 ○표, 옳지 않은 것은 ×표 하시오.

(1) 생명체를 구성하는 성분 중 가장 많은 양을 차지하는 물질이다. ( )

(2) 산소는 약한 양(+)전하를 띠고, 수소는 강한 음(-)전하를 띤다. ( )

(3) 각종 물질을 녹여 물질의 흡수와 이동이 쉬운 것은 물이 극성 분자이기 때문이다. ( )

02

다음 중 무기 염류에 대한 설명으로 옳은 것만을 있는 대로 고르시오.

① 에너지원으로 사용된다.
② 대부분 이온의 상태로 흡수된다.
③ 뼈와 이에서 이온의 상태로 존재한다.
④ 세포액과 혈액에서 염을 이루어 존재한다.
⑤ 유기물과 결합하여 몸을 구성하거나 생리 작용을 조절하는데 관여한다.

정답 및 해설 09쪽

[유형 2-2] 단백질

다음 그림 (가)는 단백질의 구조, (나)는 단백질이 합성되는 과정을 나타낸 것이다.

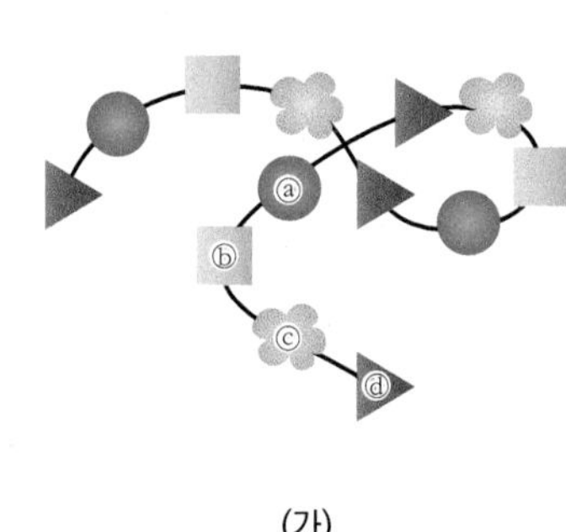

(가)

H–N–C–C–OH H–N–C–C–OH (㉠: H–N, ㉡: C(=O)–OH, ㉢: C 위의 R기)

↓ H_2O

H–N–C–C(=O)–N(H)–C–C(=O)–OH

(나)

(1) (가)에서 단백질을 구성하는 ⓐ ~ ⓓ를 무엇이라고 하는가? (　　　　　)

(2) (나)에서 ㉠ ~ ㉢을 각각 무엇이라고 하는가?

㉠ (　　　　　), ㉡ (　　　　　), ㉢ (　　　　　)

(3) (나)에서 형성되는 결합을 무엇이라고 하는가?

(　　　　　)

03

다음 중 단백질의 특징만을 〈보기〉에서 있는 대로 골라 기호로 쓰시오.

〈 보기 〉

ㄱ. 1 g 당 4 kcal 의 열량을 내는 에너지원으로 사용된다.
ㄴ. 항체의 주 성분으로 병원체에 대항하는 방어작용을 한다.
ㄷ. 단백질의 기능적 특성은 단백질의 입체 구조에서 비롯된다.
ㄹ. 세포막, 핵막 등 생체막을 이루는 주요 구성 성분으로 물에 잘 녹지 않는다.

(　　　　　)

04

다음 설명을 읽고 빈칸에 들어갈 알맞은 말을 써 넣으시오.

아미노산 2 분자가 연결된 것을 ㉠(　　　　　), 아미노산 3 분자가 연결된 것을 ㉡(　　　　　), 아미노산 여러 분자가 연결된 것을 ㉢(　　　　　)라고 한다.

㉠ (　　　　　), ㉡ (　　　　　), ㉢ (　　　　　)

유형 익히기 & 하브루타

[유형 2-3] 핵산

다음 그림은 두 종류의 핵산을 모식적으로 나타낸 것이다. 자료에 대한 설명으로 옳은 것은 ○표, 옳지 않은 것은 ×표 하시오.

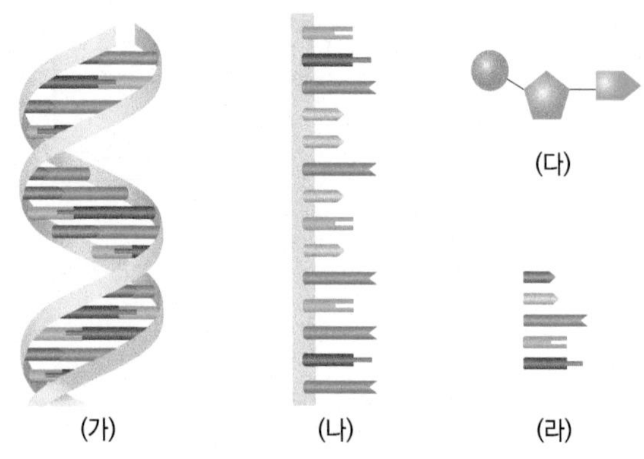

(1) (가)는 RNA, (나)는 DNA 이다. ( )

(2) (다)는 (가)와 (나)의 구성 단위이다. ( )

(3) (다)는 뉴클레오시드로 당, 인산, 염기가 1 : 1 : 1 의 비율로 결합되어 있다. ( )

(4) (라)는 핵산을 구성하는 염기로 염기의 종류에 따라 DNA와 RNA로 나누어진다. ( )

05 다음 그림은 핵산을 구성하는 두 종류의 5탄당을 나타낸 것이다. 다음 설명을 읽고 빈칸에 알맞은 말을 고르시오.

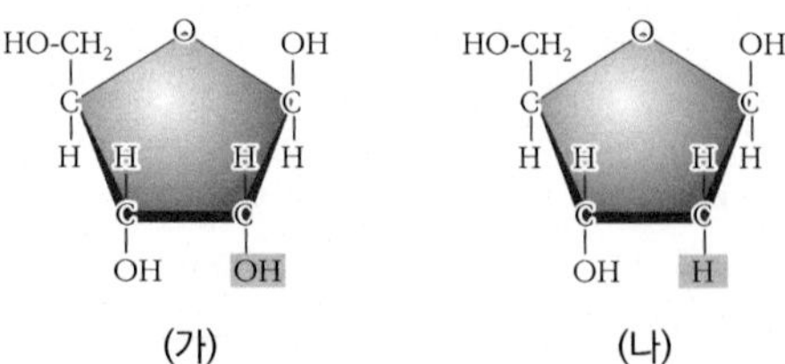

(가) 는 ㉠ (DNA , RNA)를 구성하는 ㉡ (리보스 , 디옥시리보스)이고,
(나) 는 ㉢ (DNA , RNA)를 구성하는 ㉣ (리보스 , 디옥시리보스)이다.

06 핵산과 관련된 다음 물음에 답하시오.

(1) 핵산을 구성하는 5 가지 구성 원소의 기호를 모두 쓰시오.
( )

(2) DNA 를 구성하는 4 가지의 염기를 모두 쓰시오.
( )

(3) RNA 를 구성하는 4 가지의 염기를 모두 쓰시오.
( )

정답 및 해설 09쪽

[유형 2-4] 탄수화물, 지질

다음 그림은 생물의 구성물질과 관련 있는 분자들을 나타낸 것이다. 이에 대한 설명으로 옳은 것만을 〈보기〉에서 있는 대로 골라 기호로 쓰시오.

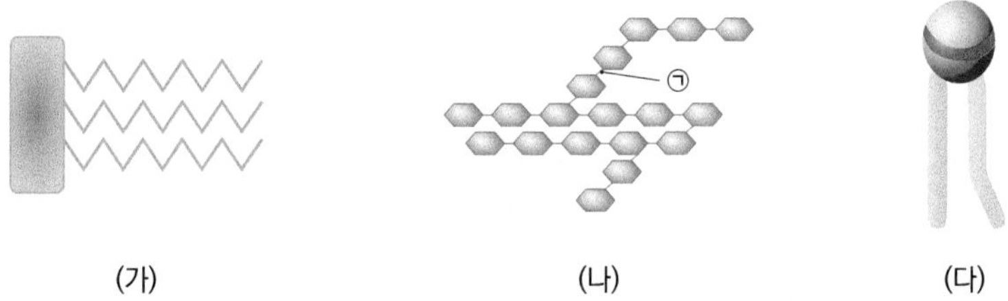

(가) (나) (다)

〈 보기 〉

ㄱ. (가)는 중성 지방으로 지방산 1분자와 글리세롤 3 분자가 결합한 화합물이다.
ㄴ. (나)는 탄수화물의 한 종류인 다당류로 ㉠은 단당류끼리 연결된 글리코사이드 결합을 나타낸 것이다.
ㄷ. (다)는 인지질로 탄소, 수소, 산소, 인 등으로 구성되며 소수성 머리와 친수성 꼬리를 가지고 있다.

( )

07 다음 설명에 해당되는 생물의 구성 물질을 각각 쓰시오.

(1) 주요 에너지원으로 1 g 당 9 kcal의 열량을 낸다.
( )

(2) 탄수화물 중 탄소 수가 적고 분자 구조가 가장 단순한 것으로 탄소의 수에 따라 3탄당, 4탄당, 5탄당 등으로 분류된다.
( )

(3) 세포막의 성분으로 중요하지만 동맥경화를 일으키는 원인이 되기도 한다.
( )

(4) 수백에서 수천 개의 단당류가 연결된 것으로 대체로 물에 잘 녹지 않으며 단맛이 없으며 녹말, 글리코젠, 셀룰로스 등이 이에 속한다.
( )

08 탄수화물과 지질을 이루는 공통적인 구성 원소 3 가지를 모두 쓰시오.

( )

창의력&토론마당

01 그림 (가)는 주영양소 A ~ C 의 1 일 권장 섭취량 비율을 나타낸 것이고, 그림 (나)는 주영양소 A ~ C 만을 기준으로 하여 인체 구성 비율을 재구성한 것이다. 표는 A ~ C 에 대한 영양소 검출 반응 결과를 나타낸 것이다. (A ~ C 는 탄수화물, 단백질, 지질 중 하나이다.)

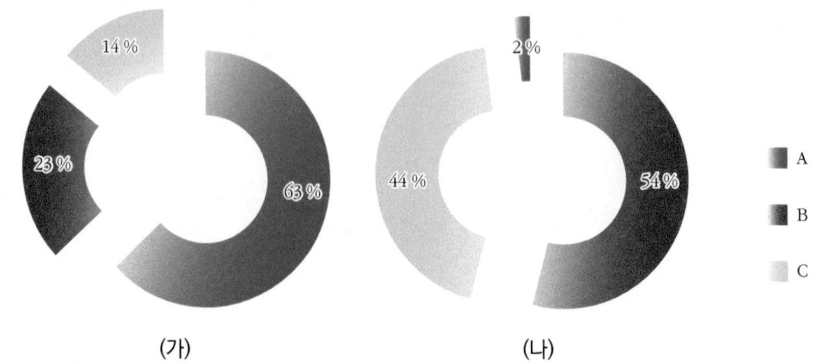

구분	수단 Ⅲ 반응
A	반응 안함
B	반응 안함
C	반응함

A ~ C 에 대한 대한 설명 중 옳은 것만을 〈보기〉에서 있는 대로 골라 기호로 적고 그렇게 생각한 이유를 쓰시오.

〈 보기 〉

ㄱ. A 의 섭취량이 증가하면 인체를 구성하는 C 의 비율이 증가할 것이다.
ㄴ. A 를 이루는 기본 단위들이 결합할 때 탄소를 사이에 두고 물이 한 분자 빠지면서 형성된다.
ㄷ. B 를 이루는 기본 단위는 곁사슬의 종류에 따라 20 여 종류로 구분된다.
ㄹ. C 는 수소 결합으로 인해 나타나는 특징들로 체온을 유지하는데 큰 역할을 한다.

02 물 분자는 실제로 그림 (가)와 같이 굽은형 구조를 가지고 있다. 만약 물 분자의 구조가 그림 (나)와 같이 직선형 구조라고 가정할 때 예상되는 생명 현상의 변화를 서술하시오.

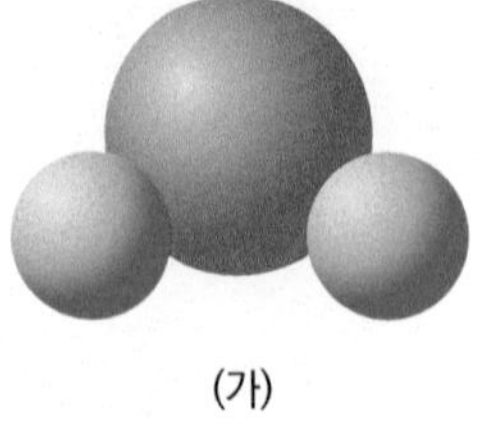
(가)

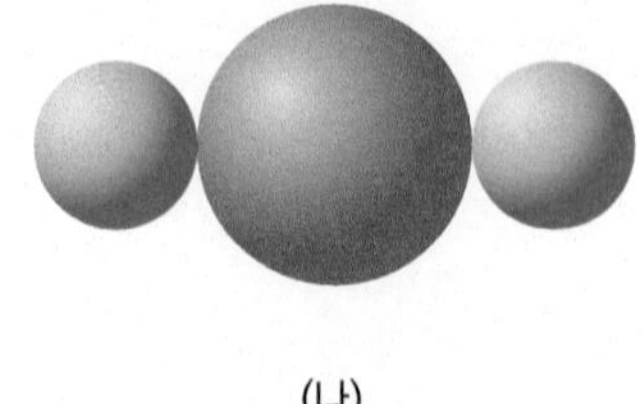
(나)

정답 및 해설 11쪽

03 생물을 구성하는 여러 고분자 물질들은 화학적으로 다양하게 결합하고 있다. 다음 〈보기〉의 결합들의 특징을 각각 서술하시오.

〈 보기 〉

수소 결합　　　펩타이드 결합　　　글리코사이드 결합

04 아래의 그림과 같이 단백질은 매우 다양한 형태를 하고 있으며 동시에 다양한 특징을 가진다. 아래의 자료들을 참고하여 단백질이 다양한 특징을 나타내는 이유를 서술하시오.

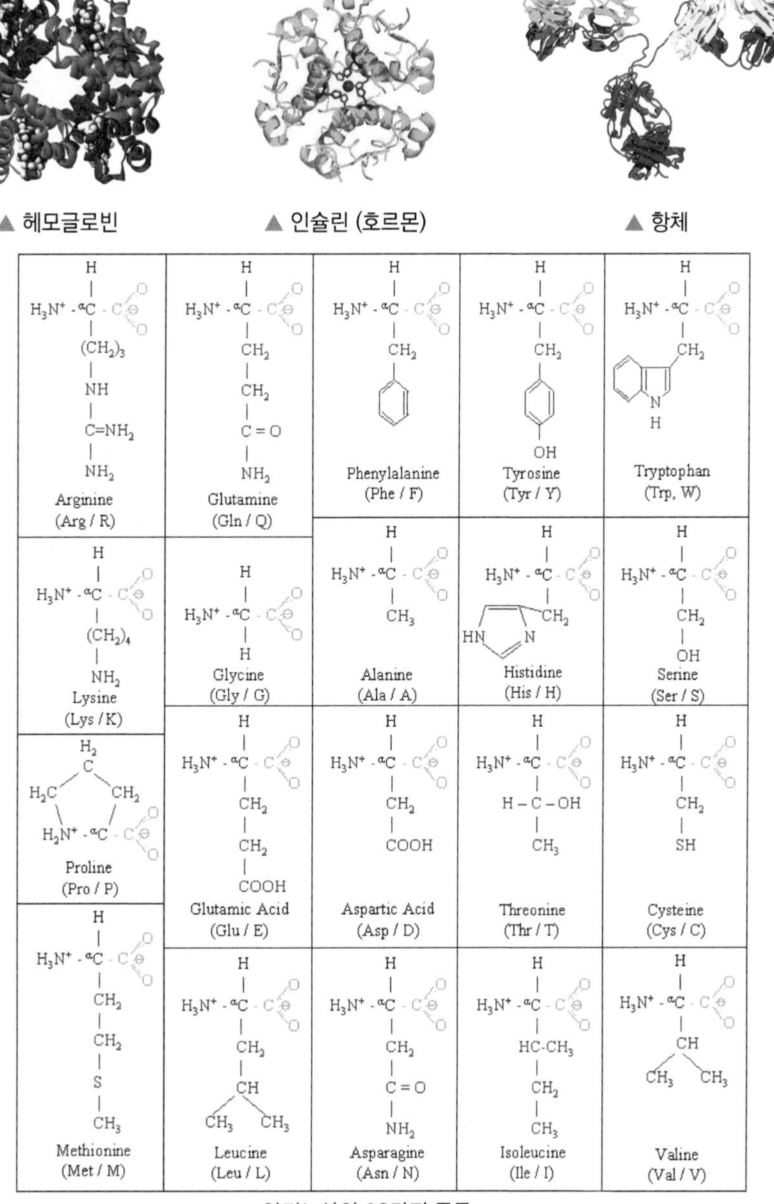

▲ 헤모글로빈　▲ 인슐린 (호르몬)　▲ 항체

▲ 아미노산의 20가지 종류

스스로 실력 높이기

A

01 다음은 물의 특성과 기능에 대한 설명이다. 괄호안에 알맞은 말을 써 넣으시오.

> ·물은 ㉠(　　　　)이 커서 외부 온도가 변하더라도 체온이 급격하게 변하는 것을 막아준다.
> ·물은 ㉡(　　　　)이 커서 증발할 때 몸의 열을 빼앗아 체온 유지를 돕는다.

02 다음은 사람의 간을 구성하는 물질의 성분비를 나타낸 것이다. ㉠과 ㉡에 해당하는 물질의 종류를 각각 쓰시오.

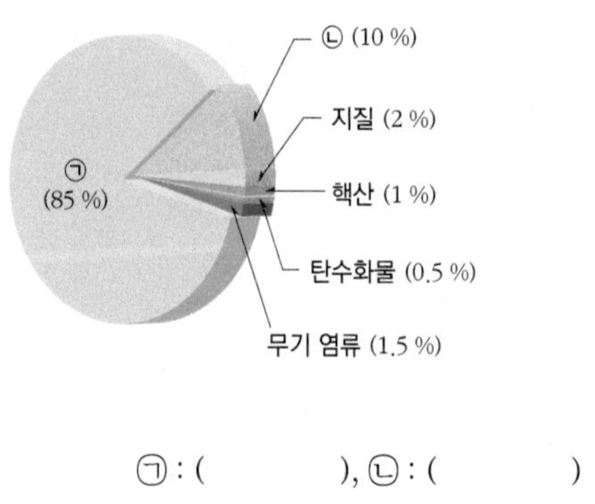

㉠ : (　　　　), ㉡ : (　　　　)

03 다음 물의 특징에 대한 설명 중 옳은 것은 ○표, 옳지 않은 것은 ×표 하시오.

(1) 물 분자는 극성을 띤다. (　　)
(2) 산소 원자 1 개와 수소 원자 2 개가 수소 결합을 하고 있다. (　　)
(3) 물의 수소 결합은 체온 유지와 관련이 없다. (　　)

04 다음 무기 염류에 대한 설명 중 옳은 것은 ○표, 옳지 않은 것은 ×표 하시오.

(1) 대부분 염의 상태로 흡수된다. (　　)
(2) 뼈와 이에서 염을 이루어 존재한다. (　　)
(3) 세포액과 혈액에서 이온의 상태로 존재한다. (　　)
(4) 생리 작용을 조절하지는 않지만, 중요한 에너지원으로 사용된다. (　　)

05 무기 염류의 종류와 그 기능을 잘못 짝지은 것만을 〈보기〉에서 있는 대로 고른 것은?

〈 보기 〉

ㄱ. 나트륨(Na) - 삼투압과 pH 조절
ㄴ. 아이오딘(I) - 뼈, 이, 혈장의 성분
ㄷ. 칼슘(Ca) - 혈액 응고 및 근육 수축에 관여

① ㄱ　② ㄴ　③ ㄷ
④ ㄱ, ㄴ　⑤ ㄴ, ㄷ

06 다음은 핵산의 특성과 기능에 대한 설명이다. 괄호 안에 알맞은 말을 써 넣으시오.

> 핵산은 유전 정보를 저장하고 단백질 합성에 관여하는 물질로 구성 원소는 (　　　), (　　　), (　　　), (　　　), (　　　)이다.

07 핵산을 구성하는 염기의 종류를 모두 쓰시오.

(　　　　　　　　　　)

08 탄수화물에 대한 설명 중 옳은 것만을 〈보기〉에서 있는 대로 고른 것은?

〈 보기 〉

ㄱ. 다당류는 단맛이 없다.
ㄴ. 단당류는 물에 잘 녹지만 다당류는 물에 잘 녹지 않는다.
ㄷ. 탄수화물을 구성하는 수소의 수에 따라 3탄당, 4탄당, 5탄당으로 분류한다.

① ㄱ　② ㄴ　③ ㄷ
④ ㄱ, ㄴ　⑤ ㄴ, ㄷ

정답 및 해설 12쪽

09 생명체를 구성하는 기본 물질의 단위체를 쓰시오.

(1) 단백질의 기본 단위 ( )
(2) 핵산의 기본 단위 ( )
(3) 탄수화물의 기본 단위 ( )

10 다음 중 지질에 대한 설명으로 옳지 않은 것은?

① 스테로이드는 호르몬의 구성 성분이다.
② 피하 지방은 체온 유지에 중요한 역할을 한다.
③ 1 g 당 9 kcal의 열량을 내는 주요 에너지원이다.
④ 물에 녹지 않고 유기 용매에 잘 녹는 화합물이다.
⑤ 중성 지방은 생체막을 이루는 주요 구성 성분이다.

11 생명의 기본 요소가 되는 물질에 대한 설명으로 옳지 않은 것은?

① 탄수화물은 구성 단위가 아미노산이다.
② 핵산의 구성 단위는 뉴클레오타이드이다.
③ 인지질은 세포막 등 생체막의 주성분이다.
④ DNA 는 유전 정보를 저장하는 유전 물질이다.
⑤ 단백질은 각종 물질대사를 촉진하는 효소의 주성분이다.

12 단백질에 대한 설명 중 옳은 것만을 〈보기〉에서 있는 대로 고른 것은?

〈 보기 〉
ㄱ. 항체의 주성분이다.
ㄴ. 세포와 세포막의 구성 성분이다.
ㄷ. 효소의 주성분으로 효소는 물질대사를 촉진한다.
ㄹ. 탄소(C), 수소(H), 산소(O)로만 구성되어 있다.

① ㄱ, ㄴ ② ㄴ, ㄷ ③ ㄱ, ㄴ, ㄷ
④ ㄴ, ㄷ, ㄹ ⑤ ㄱ, ㄴ, ㄷ, ㄹ

13 단백질을 형성하는 아미노산끼리의 결합에 대한 설명 중 옳은 것은 ○표, 옳지 않은 것은 ×표 하시오.

(1) 곁사슬에 의해 아미노산 종류가 결정된다. ( )
(2) 아미노기와 카복시기 사이에서 일어나는 펩타이드 결합이다. ( )
(3) 50 개의 아미노산으로 이루어진 폴리펩타이드에는 이 결합이 50 개 존재한다. ( )

14 다음 그림은 핵산의 한 종류의 일부를 도식화하여 나타낸 것이다.

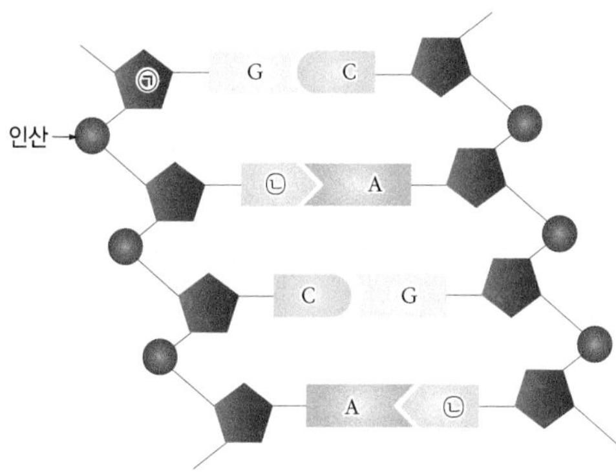

이에 대한 설명으로 옳은 것만을 〈보기〉에서 있는 대로 고른 것은?

〈 보기 〉
ㄱ. ㉠은 5탄당으로 리보스이다.
ㄴ. ㉡은 유라실(U)이다.
ㄷ. 염기 사이에 존재하는 결합은 수소 결합이다.

① ㄱ ② ㄴ ③ ㄷ
④ ㄱ, ㄴ ⑤ ㄴ, ㄷ

15 DNA 와 RNA 에 대한 설명 중 옳은 것만을 〈보기〉에서 있는 대로 고른 것은?

〈 보기 〉
ㄱ. RNA 를 구성하는 염기는 A, G, T, C, U 이다.
ㄴ. DNA 를 구성하는 당은 RNA 를 구성하는 당보다 산소가 하나 더 많다.
ㄷ. DNA 는 폴리뉴클레오타이드 2 가닥이 꼬여 있는 구조이다.

① ㄱ ② ㄴ ③ ㄷ
④ ㄱ, ㄴ ⑤ ㄴ, ㄷ

스스로 실력 높이기

16 그림 (가)와 (나)는 세포에 존재하는 두 가지 종류의 핵산을 나타낸 것이다.

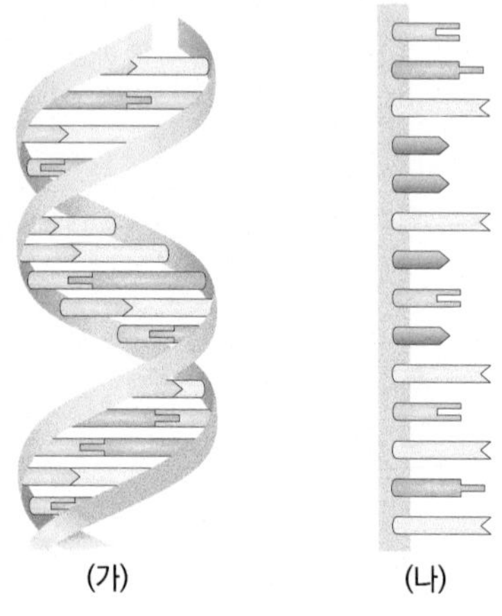

(가)와 (나)에 대한 설명 중 옳지 않은 것은?

① (가)는 DNA 이고, (나)는 RNA 이다.
② (가)는 유전 정보를 저장하는 기능을 한다.
③ (가)와 (나)를 구성하는 당은 서로 다르다.
④ (나)는 단백질 합성에 관여하는 기능을 한다.
⑤ (가)를 구성하는 염기와 (나)를 구성하는 염기는 50 % 만 같다.

17 오른쪽 그림 (가)와 (나)는 두 종류의 핵산의 구조를 나타낸 것이다. 이에 대한 설명으로 옳은 것만을 〈보기〉에서 있는 대로 고른 것은?

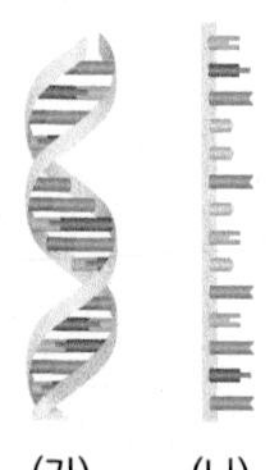

〈 보기 〉

ㄱ. (가)는 DNA, (나)는 RNA 를 나타낸 것이다.
ㄴ. 구성 단위는 당, 인산, 염기가 1 : 1 : 1 로 결합된 뉴클레오타이드이다.
ㄷ. (가)를 구성하는 염기의 종류는 A, C, G, U 이다.
ㄹ. (가)와 (나)의 염기 사이 결합은 공유 결합이다.

① ㄱ, ㄴ ② ㄴ, ㄷ ③ ㄱ, ㄴ, ㄷ
④ ㄴ, ㄷ, ㄹ ⑤ ㄱ, ㄴ, ㄷ, ㄹ

18 다음 그림은 어떤 물질의 기본 입체 구조를 나타낸 것이다.

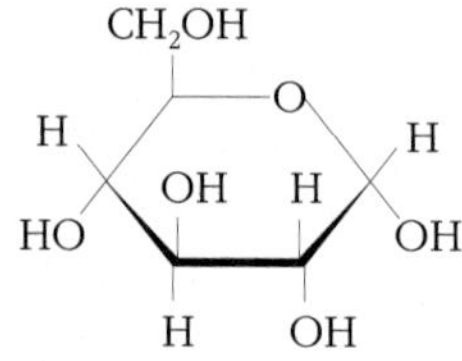

이에 대한 설명으로 옳지 않은 것은?

① 식물의 잎에서 생성될 수 있다.
② 물에 녹지 않고 유기 용매에 잘 녹는다.
③ 단당류에 속하는 탄수화물의 구성 단위이다.
④ 이 물질의 화학식은 $C_6H_{12}O_6$ 로 나타낼 수 있다.
⑤ 이 물질의 수많은 결합으로 셀룰로스가 만들어진다.

19 다음 그림 (가) ~ (다)는 생물체를 구성하는 고분자들의 기본 단위가 되는 분자들의 구조를 나타낸 것이다.

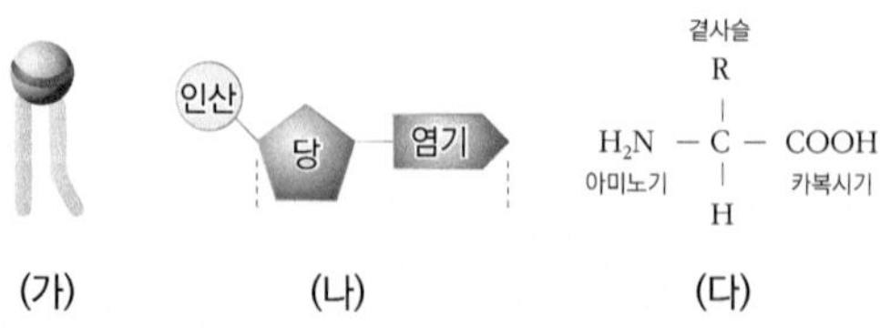

이에 대한 설명으로 옳은 것만을 〈보기〉에서 있는 대로 고른 것은?

〈 보기 〉

ㄱ. (가)는 친수성 물질이다.
ㄴ. (나)는 핵산의 기본 구성 단위이다.
ㄷ. (다)끼리 결합할 때 탈수 축합 반응이 일어난다.

① ㄱ ② ㄴ ③ ㄷ
④ ㄱ, ㄴ ⑤ ㄴ, ㄷ

정답 및 해설 12 쪽

20 다음 〈보기〉는 생명체를 구성하는 물질이다. 이 물질들의 공통점으로 옳은 것을 고르시오.

〈 보기 〉

단백질　　　핵산　　　지질

① 세포막을 구성한다.
② 생명체의 주 에너지원이다.
③ 탄소를 포함하는 고분자 화합물이다.
④ 고리 모양의 탄소 결합을 갖지 않는다.
⑤ 구성 원소로 탄소, 산소, 수소를 포함한다.

[21-22] 다음 (나)의 그림은 (가)의 일부를 도식화하여 나타낸 것이다. (단, 제시된 그림에서 나타난 염기는 모두 다른 종류이다.)

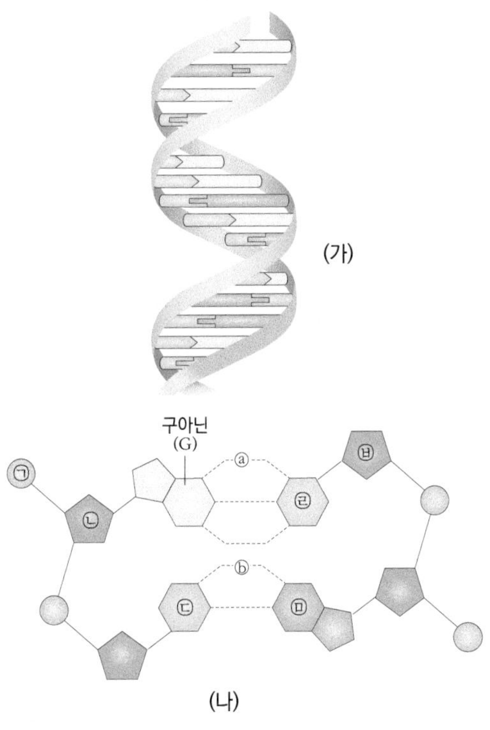

(나)

21 위 그림에 대한 설명으로 옳은 것은 ○표, 옳지 않은 것은 ×표 하시오.

(1) ㉠은 당, ㉡은 인산, ㉢은 염기이다. (　　)
(2) ㉡은 5탄당인 디옥시리보스이고, ㉥은 5탄당인 리보스이다. (　　)
(3) ㉣에 해당하는 염기가 무엇인지 알 수 없다. (　　)
(4) ㉢은 RNA 에서 볼 수 없는 염기이다. (　　)

22 위 그림에서 나타난 결합 ⓐ와 ⓑ에 대한 설명으로 옳은 것만을 〈보기〉에서 있는 대로 고른 것은?

〈 보기 〉

ㄱ. ⓐ와 ⓑ는 탈수 축합 반응을 나타낸 것이다.
ㄴ. ⓐ에 해당하는 결합은 펩타이드 결합이다.
ㄷ. ⓑ의 결합은 물 분자 사이에서도 일어나는 결합이다.

① ㄱ　　② ㄴ　　③ ㄷ
④ ㄱ, ㄴ　　⑤ ㄴ, ㄷ

23 다음 그림은 주영양소의 분해 전과 분해 후 최종 산물을 도식화한 것이다.

영양소	분해 전	최종 산물
단백질	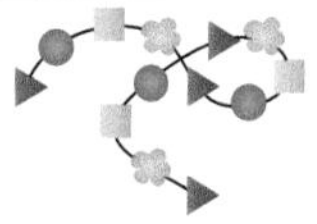	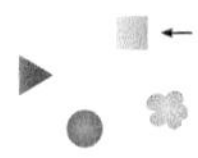 ← ㉠
중성 지방	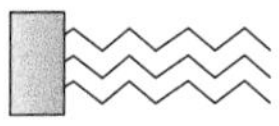	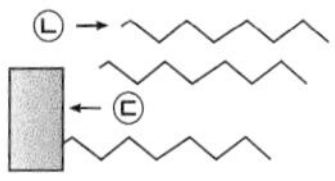 ㉡ →, ← ㉢
탄수화물	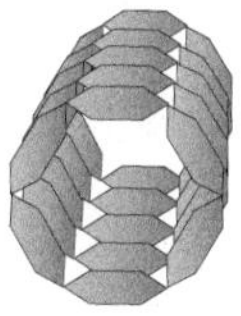	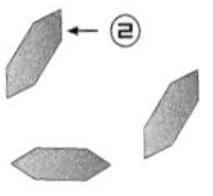 ← ㉣

이에 대한 설명 중 옳은 것만을 〈보기〉에서 있는 대로 고른 것은?

〈 보기 〉

ㄱ. ㉠은 아미노산으로 아미노기, 카복시기, 곁사슬, 수소, 탄소 등으로 구성된다.
ㄴ. ㉡은 물에 잘 녹지만 ㉢과 ㉣은 물에 잘 녹지 않는다.
ㄷ. ㉣에서 글리코사이드 결합을 볼 수 있다.

① ㄱ　　② ㄴ　　③ ㄷ
④ ㄱ, ㄴ　　⑤ ㄴ, ㄷ

스스로 실력 높이기

24 다음 그림 (가)는 아미노산과 아미노산의 결합 과정을 나타낸 것이고, (나)는 아미노산의 구조를 나타낸 것이다.

```
      R                 R
 H    |    O       H    |    O
 |    |    ‖       |    |    ‖
H-N — C — C-OH  H-N — C — C-OH
      |                 |
      H                 H
           ↓ → H2O
      R                 R
 H    |    O  H         |    O
 |    |    ‖  |         |    ‖
H-N — C — C - N — C — C-OH
      |                 |
      H                 H
```

(가)

```
 H        R        O
  \       |       //
   N  —  C  —  C
  /       |        \
 H        H        OH
```

(나)

이에 대한 설명으로 옳은 것만을 〈보기〉에서 있는 대로 고른 것은?

〈 보기 〉

ㄱ. (가)는 폴리펩타이드 모형이다.
ㄴ. (가)에서 일어나는 결합은 펩타이드 결합이다.
ㄷ. 아미노산 2 개가 결합하는 과정에서 물이 빠져 나온다.
ㄹ. (나)의 곁사슬(R)에 따라 아미노산의 종류가 달라진다.

① ㄱ, ㄴ　② ㄴ, ㄷ　③ ㄱ, ㄴ, ㄷ
④ ㄴ, ㄷ, ㄹ　⑤ ㄱ, ㄴ, ㄷ, ㄹ

25 다음 그림은 51 개의 아미노산으로 이루어진 인슐린 분자를 나타낸 것이다. (단, S - S 결합은 황을 이용한 결합을 의미한다.)

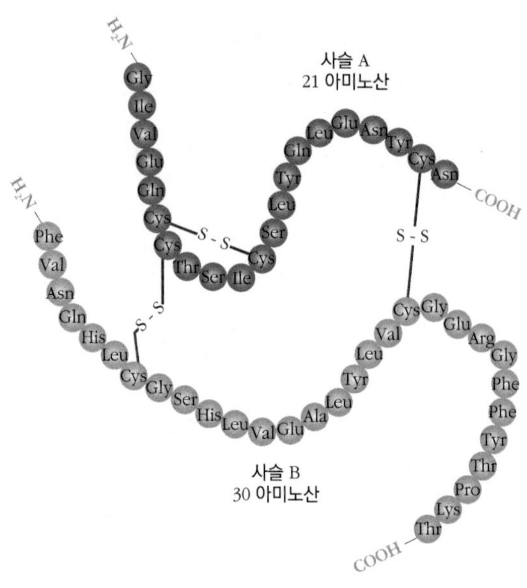

이에 대한 설명으로 옳은 것만을 〈보기〉에서 있는 대로 고른 것은?

〈 보기 〉

ㄱ. 아미노산 사이 결합 과정은 이화 작용이다.
ㄴ. 아미노산 사이에 탈수 축합 반응이 일어난다.
ㄷ. 인슐린 한 분자에는 펩타이드 결합이 50 개 존재한다.

① ㄱ　② ㄴ　③ ㄷ
④ ㄱ, ㄴ　⑤ ㄱ, ㄴ, ㄷ

정답 및 해설 12 쪽

26 아래의 표 (가)는 생명체를 구성하는 물질 A ~ C 에 특성 ㉠과 ㉡의 유무를 나타낸 것이고, 표 (나)는 ㉠과 ㉡을 순서 없이 나타낸 것이다. A ~ C 는 각각 RNA, 단백질, 물 중 하나이다.

물질 \ 특성	㉠	㉡
A	×	×
B	○	×
C	○	○

(○:있음, ×:없음)

(가)

특성 (㉠, ㉡)
· 세포막의 구성 성분이다. · 탄소가 구성 원소에 포함된다.

(나)

이에 대한 설명으로 옳은 것만을 〈보기〉에서 있는 대로 고른 것은?

〈 보기 〉

ㄱ. 호르몬의 주성분은 A 이다.
ㄴ. B 의 기본 단위는 뉴클레오타이드이다.
ㄷ. 인체에서 차지하는 비율은 C > B > A 순이다.

① ㄱ ② ㄴ ③ ㄷ
④ ㄱ, ㄴ ⑤ ㄱ, ㄴ, ㄷ

심화

27 엿당은 포도당으로만 구성된 이당류이다. 포도당의 구조를 참고하여 엿당의 구조를 그리고, 분자식을 쓰시오.

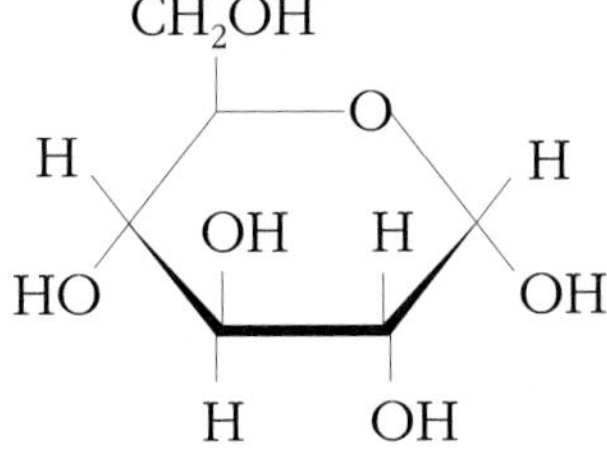

▲ 포도당($C_6H_{12}O_6$)

28 단백질의 기본 단위끼리 연결될 때 형성되는 결합과, 탄수화물의 기본 단위끼리 연결될 때 형성되는 결합의 공통점을 쓰시오.

29 탄수화물, 단백질, 핵산은 모두 탄소, 수소, 산소로 구성되지만 구조와 기능에는 큰 차이가 있다. 탄수화물, 단백질, 핵산 사이의 차이는 기본적으로 무엇 때문에 나타나는 것인지 서술하시오.

30 핵산은 DNA 와 RNA 2 종류가 있다. DNA 와 RNA 의 차이점을 다음의 관점에서 서술하시오.

구성 물질	분자의 구조	기능

3강. 세포의 구조와 기능

1. 세포

(1) 세포[1] : 생물을 구성하는 구조적 단위이며, 생명 활동이 일어나는 기능적 단위이다.

〈세포설의 정립 과정〉

영국의 훅(Hooke, R)은 현미경을 이용하여 코르크 조각에서 세포벽을 발견하고, 세포라는 이름을 처음으로 사용하였다.

⇨ 독일의 슐라이덴(Schleiden, M. J.)은 '식물은 세포로 이루어져 있다.' 는 식물 세포설을 제시하였다.

⇨ 독일의 슈반(Schwann T.)은 '동물은 세포로 이루어져 있다.' 는 동물 세포설을 제시하였다.

⇨ 독일의 피르호(Virchow, R.)는 '세포는 이미 존재하는 세포로부터 만들어진다'는 개념을 덧붙여 세포설이 확립되었다.

〈세포설〉

1. 모든 생물은 세포로 구성되어 있다. → 세포는 생물의 구조적 단위이다.
2. 세포는 생명 현상의 기본 단위이다. → 세포는 생물의 기능적 단위이다.
3. 모든 세포는 이미 존재하고, 살아있는 세포로부터 나온다. → 세포 분열을 통해 수를 늘린다.

(2) 세포의 구조 : 세포막으로 둘러싸여 있으며, 세포막의 안쪽은 핵과 세포질로 구분되며, 세포질에 다양한 세포 소기관을 포함하고 있다.[2]

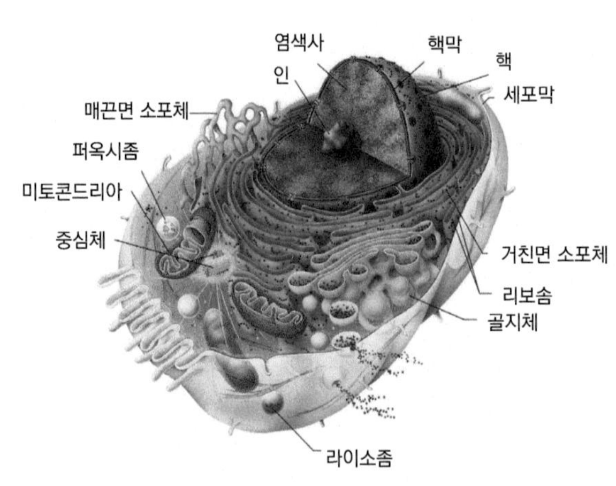

▲ 동물 세포[3][4]

식물 세포에는 볼 수 없는 중심립이 있는 중심체와 라이소좀을 관찰할 수 있다.

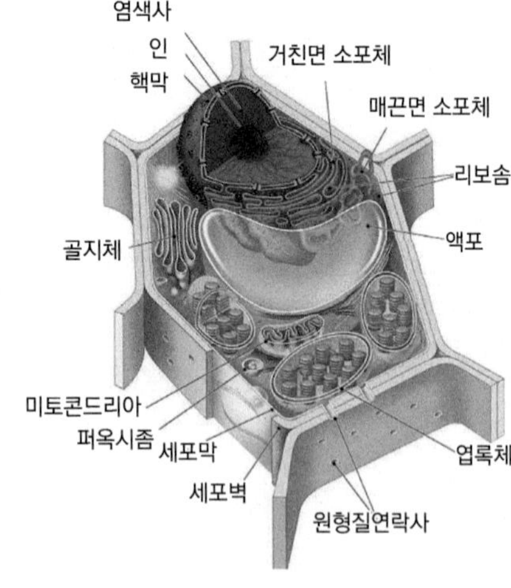

▲ 식물 세포 [4]

엽록체와 세포벽이 있고, 액포가 발달되어있다.

개념확인 1

생물을 구성하는 구조적·기능적 단위를 무엇이라고 하는가?

( )

확인+1

다음 빈칸에 알맞은 말을 써 넣으시오.

세포는 ㉠( )으로 둘러싸여 있으며, 그 안쪽은 ㉡( )과 ㉢( )로 구분된다.

---

[1] 세포의 구분 (핵막의 유무) – 원핵 세포와 진핵 세포

· 원핵 세포 : 핵막이 없어서 DNA 가 세포질에 분포하며, 막으로 싸인 세포 소기관이 없는 세포

예 원핵생물계 생물들 (염주말, 대장균, 폐렴균 등)

· 진핵 세포 : 핵막으로 둘러싸인 핵을 가지며 막성 세포 소기관이 발달되어 있는 세포.

예 원생생물계, 균계, 식물계, 동물계 생물들

[2] 원형질과 후형질

· 원형질 : 세포의 살아 있는 부분으로 생명 활동이 일어난다.

예 세포막, 핵, 세포질

· 후형질 : 세포의 생명 활동 결과 생긴 물질이다.

예 액포, 세포벽

[3] 다양한 사람 세포의 모습

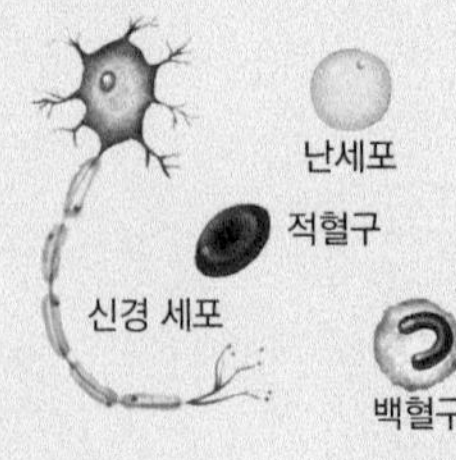

[4] 동물 세포와 식물 세포의 모습

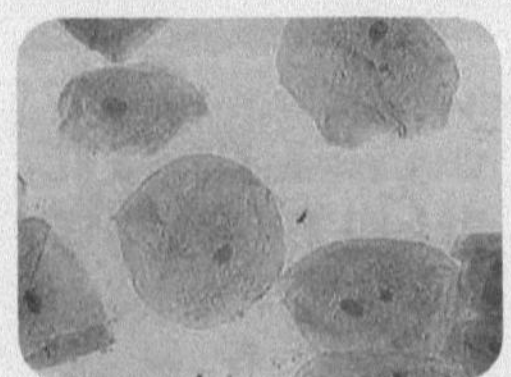

▲ 구강 상피 세포

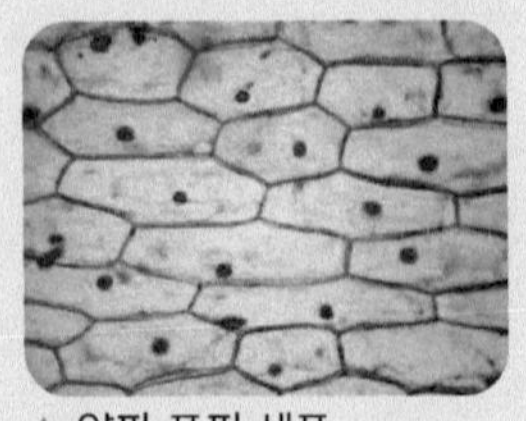

▲ 양파 표피 세포

2. 세포 소기관 1

(1) 핵 : 세포의 구조와 기능을 조절하는 세포의 생명 활동의 중심으로 가장 크고 뚜렷하게 관찰된다. 핵막으로 싸여있으며 그 안에 염색사와 인이 있다.

① **핵막** : 핵을 둘러싸는 2중 막이며, 핵공에 의해 구멍이 뚫려 있고 세포질과 핵 사이 여러가지 물질 교환이 일어난다.

② **염색사** : DNA 가 히스톤 단백질을 감고있는 모양의 복합체로 세포 분열시 염색체로 응축된다.

③ **인** : RNA 와 단백질로 구성된 물질로 막으로 둘러싸여 있지 않으며 리보솜이 만들어지는 장소이다.

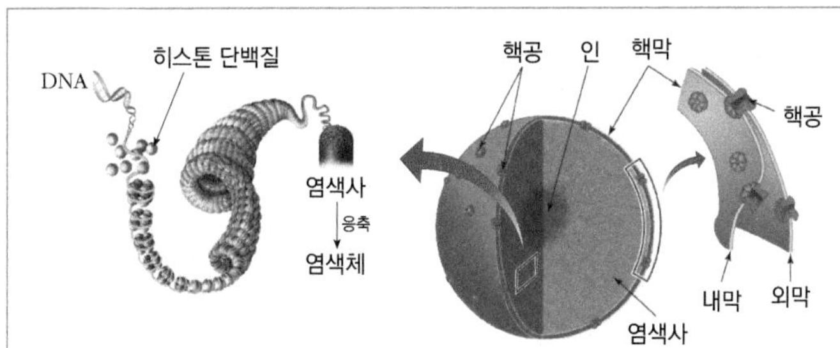

◀ 핵의 구조

2중 막으로 되어있는 핵막의 핵공을 통해 물질 교환이 일어나며, 분열 중이 아닌 세포에서는 DNA 가 단백질을 감고 있는 복합체 형태로 존재한다.

(2) 미토콘드리아[2,3]

① 둥근 막대 모양으로 외막과 내막의 2중막으로 되어 있다.

② 세포 호흡이 일어나는 장소로 유기물을 분해하여 생명 활동에 필요한 ATP[1] 를 만든다.

③ 에너지가 많이 필요한 세포일수록 미토콘드리아의 수가 많다. 예 근육 세포, 간세포 등

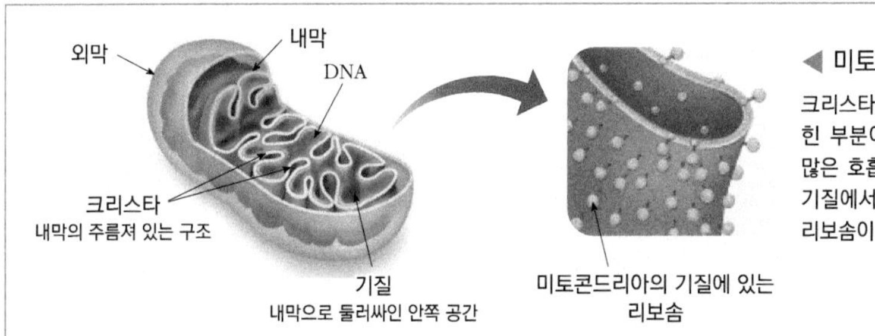

◀ 미토콘드리아의 구조

크리스타는 내막이 안쪽으로 접힌 부분이다. 내막과 기질에서 많은 호흡 효소들을 볼 수 있고 기질에서는 자유롭게 움직이는 리보솜이 발견된다.

(3) 엽록체[2,3]

① 식물 세포에 존재하는 원반 모양 소기관으로 외막과 내막의 2중 막으로 되어있다.

② 광합성이 일어나는 장소로 빛 에너지를 이용하여 포도당과 같은 유기물을 합성하며, 엽록소와 같이 광합성에 관여하는 여러 가지 색소가 들어있다.

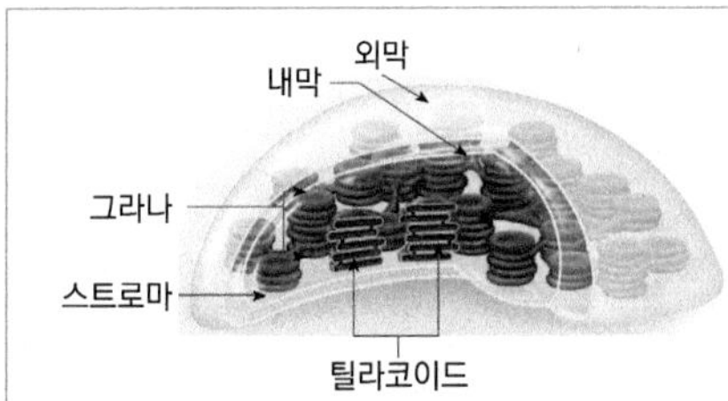

◀ 엽록체의 구조

엽록체 내부의 또 다른 막구조를 틸라코이드라고 하며, 이것이 동전처럼 쌓인 것 같은 구조를 그라나라고 한다. 틸라코이드 밖 액체로 된 부분을 스트로마라고 하며, 이곳에 많은 효소와 DNA, 리보솜이 있다.

개념확인 2 정답 및 해설 14 쪽

광합성이 일어나며 이산화 탄소가 소모되고 산소가 발생하는 세포 소기관은 무엇인가?

( )

확인+2

세포 호흡을 통해 유기물을 분해하여 에너지를 생성하는 세포 소기관은 무엇인가?

( )

---

❶ ATP (adenosine triphosphate) – 아데노신 삼인산

·아데노신(리보스+아데닌)에 인산기가 3 개 결합한 화합물로 미토콘드리아에서 세포 호흡 결과로 생성되는 에너지 저장 물질이다.

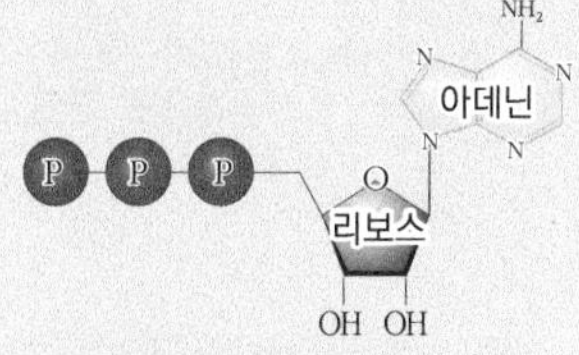

·ATP 가 가수 분해를 통해 방출하는 에너지는 생명 활동에 사용된다.

❷ DNA와 리보솜을 가지는 세포 소기관

미토콘드리아와 엽록체는 핵과는 별도로 자체 DNA 와 리보솜을 가지고 있어 핵의 도움없이 독자적으로 증식하며 단백질을 합성할 수 있다.

❸ 미토콘드리아와 엽록체의 에너지 전환

·엽록체 : 빛에너지를 흡수하여 ATP 의 화학 에너지로 바꾼 후 ATP 를 이용하여 물과 이산화 탄소로부터 포도당과 같은 유기물을 만든다.

빛 에너지 → 화학 에너지 (포도당)

·미토콘드리아 : 탄수화물, 지방 등의 유기물 영양소를 산소를 이용하여 분해하여 ATP를 만들어 저장하고, 열로 방출한다.

화학 에너지 (유기물) → 화학 에너지 (ATP)

3. 세포 소기관 2

(4) 리보솜 (ribosome)

① RNA 와 단백질로 이루어져 있는 막이 없는 기관으로 DNA 의 유전 정보에 따라 단백질이 합성되는 장소이다.

② 세포질에서 떠돌아다니는 것(자유 리보솜)과 소포체(미니)나 핵막의 바깥쪽에 붙어있는 것(부착 리보솜)이 있다.

③ 단백질을 분비하는데 특성화된 세포에 많이 분포하고 있다.

(5) 소포체 : 막의 합성과 다른 물질의 합성 및 물질대사 과정이 활발하게 일어나는 세포 소기관

① 진핵 세포에 있는 단일막으로 된 거대한 연결망으로 핵막과 연결되어 있고 소포체 내부도 서로 연결되어 있다.

② 세포 내 물질의 이동 통로로 리보솜에서 합성된 단백질이 소포체를 통해 골지체(미니)로 이동한다.

③ 막의 바깥에 리보솜이 붙어 있는 거친면 소포체와 리보솜이 없는 매끈면 소포체 두 종류가 있다.

- 거친면 소포체 : 단백질 분비와 수송, 세포에 필요한 막을 만든다.[1]
- 매끈면 소포체 : 지질 합성, 탄수화물의 대사, 해독작용, 칼슘 이온을 저장한다.[1]

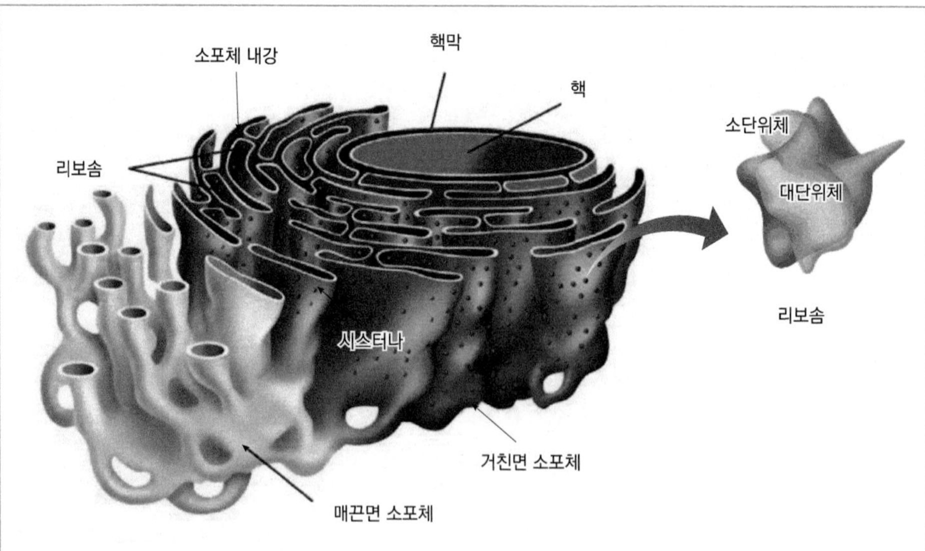

▲ 소포체와 리보솜의 구조 (절단면)

소포체는 서로 연결된 관들과 시스터나(미니)라고 불리는 납작한 주머니로 이루어진 막 구조로 일부가 핵막과 연결되어 있다. 소포체에서 단백질을 운반하는 소낭을 분비한다. 리보솜은 대단위체와 소단위체로 구분되며 RNA 와 단백질로 이루어져 있다.

퍼옥시좀
- 하나의 막으로 둘러싸여 있는 소기관
- 다양한 물질에서 수소를 제거하여 산소를 전달해 주는 효소를 가지고 있으며 부산물로 과산화 수소를 만든다.
- 과산화 수소를 분해하는 효소도 있어 과산화 수소를 물로 전환시킨다.

① 거친면 소포체와 매끈면 소포체

거친면 소포체는 분비 기능이 활발한 이자 세포 등에 많이 분포하고, 매끈면 소포체는 스테로이드계 호르몬이 합성되는 정소와 난소, 해독 작용이 활발하게 일어나는 간세포, 칼슘 이온을 저장하는 근육 세포 등에 많이 존재한다.

미니사전

소포체 [小 작다 胞 주머니 體 물질] 세포 내에 있는 작은 주머니 모양의 구조물로 액포, 소낭, 세관 등으로 그물 구조를 이루고 있는 세포 소기관.

골지체 [golgi 體 물질] 이탈리아의 골지(Camillo Golgi)가 처음으로 발견한 세포 소기관으로 분비 작용을 하는 기관

시스터나 [cisterna] 세포 내 막이 3 차원적으로 닫혀 자루 모양을 이루는 구조물로 편평하고 넓은 모양을 주로 일컫는다.

개념확인 3

다음에 해당하는 세포 소기관을 각각 쓰시오.

(1) 단일막으로 된 주머니 모양으로 가수 분해 효소가 들어 있어 세포 내 소화를 담당한다. (　　　　　)

(2) RNA와 단백질로 이루어져 있으며 막이 없는 기관으로 단백질을 합성한다. (　　　　　)

(6) 골지체

① 단일막으로 된 납작한 주머니가 여러 겹으로 포개져 있는 모양으로 소포체의 일부가 떨어져 나와 생긴 것이다.
② 소포체를 통해 전달된 단백질과 지질을 저장하고 변형한 후 막으로 싸서 분비한다.
③ 분비 작용이 활발한 세포에 발달되어 있다. 예 소화샘 세포, 내분비샘 세포

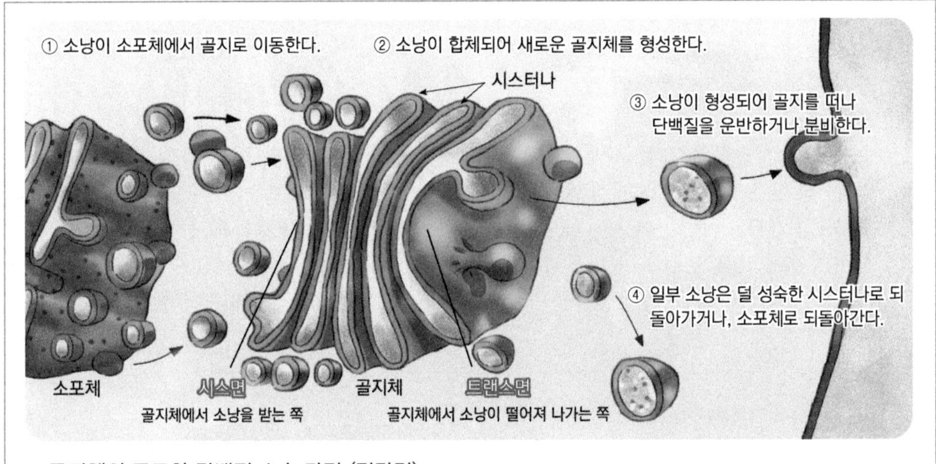

▲ 골지체의 구조와 단백질 수송 과정 (절단면)

골지체는 시스터나로 되어있는데 소포체와 달리 서로 연결되어 있지 않다. 소포체에서 떨어져 나온 소낭 미니 이 골지체의 막과 결합하여 단백질을 전달한다. 시스터나가 단백질을 운반할 때 시스면에서 트랜스면으로 이동하면서 성숙한다.

(7) 라이소좀 (lysosome)

① 단일막으로 된 주머니 모양으로 골지체의 일부가 떨어져 나와 생긴 것이다.
② 여러 종류의 가수 분해 효소 미니 가 들어 있어 세포 내 소화를 담당하여 세포 내로 들어온 외부 물질이나 세포 내 노폐물, 노후한 세포 소기관 등을 분해한다.

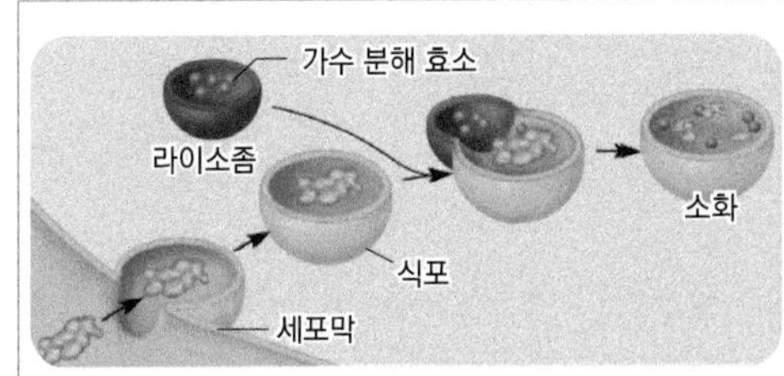

▲ 라이소좀의 식세포 작용❷

가수 분해 효소를 포함한 라이소좀이 식포 미니 와 융합하여 식포가 흡수한 영양분이나 세균을 소화하고, 소화 산물은 세포를 위한 영양분이 되거나 세포 밖으로 배출한다.

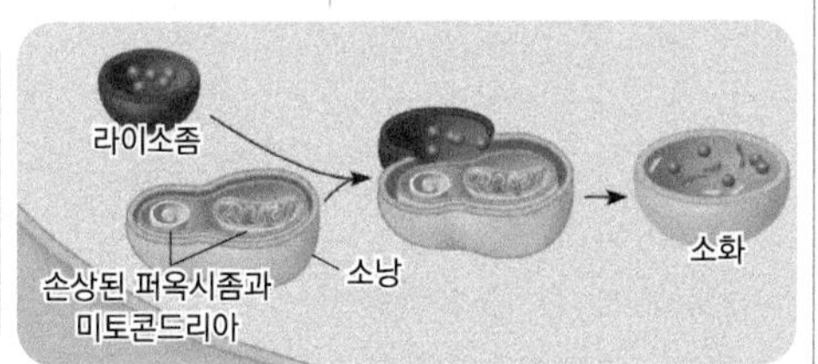

▲ 라이소좀의 자기소화 작용

라이소좀이 손상된 소기관을 갖는 소낭과 융합하여 가수 분해 효소를 이용하여 손상된 소기관 성분을 소화하여 재활용하는데 이를 자기소화 작용이라고 한다.

확인+3 정답 및 해설 14 쪽

다음 세포 소기관에 대한 설명 중 옳은 것은 ○표, 옳지 않은 것은 ×표 하시오.

(1) 소포체에서만 시스터나를 관찰할 수 있다. ( )
(2) 골지체는 소포체의 일부가, 라이소좀은 골지체의 일부가 떨어져 나와 생긴 것이다. ( )

❷ 식세포 작용

① 거친면 소포체의 리보솜에서 합성된 가수 분해 효소가 막으로 싸여 골지체로 이동한다. (수송낭/수송 소포)
② 골지체로부터 막에 싸인 채 떨어져 라이소좀이 된다.
③ 영양분이나 세균을 막으로 싸서 들어온 식포와 라이소좀이 합쳐진 후 가수 분해 효소에 의해 영양분이나 세균이 소화된다.
④ 소화 산물은 세포를 위한 영양분이 되거나 세포 밖으로 배출된다.

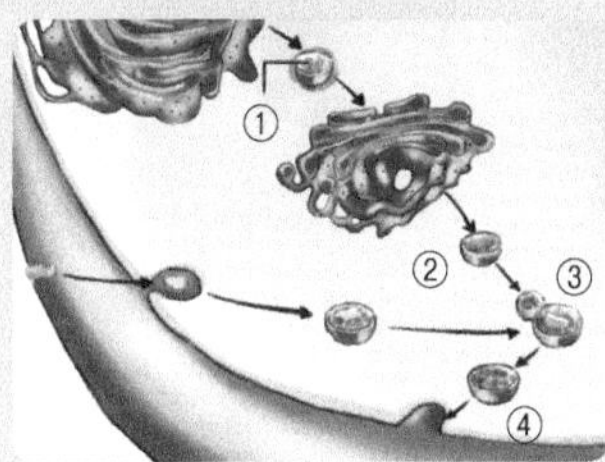

▲ 세포 밖으로 배출되는 식세포 작용

미니사전

소낭 [小 작다 囊 주머니] 세포 내에 있으며 막으로 둘러싸인 작은 자루 모양의 구조물로 소포체-골지체 사이, 골지체-ㄴ골지체 사이 등의 수송을 중개한다.

가수 분해 효소 [加 더하다 水 물 分 나누다 解 풀다 -효소] 화학반응을 할 때 물이 필요한 효소 집단의 통틀어 말하는 명칭

식포 [食 먹다 胞 세포] 먹이로 잡아들인 고형물을 막으로 둘러싸서 세포 내 소화를 하기 위하여 일시적으로 만들어지는 세포 기관

4. 세포 소기관 3

(8) 중심체 : 방추사 형성에 관여하는 세포 소기관

① 2 개의 중심립이 직각으로 배열되어 있는 구조이다.

② 세포 분열 시 양극으로 이동하여 성상체[1]를 형성하고 방추사[1]를 내어 염색체 이동에 관여하며 동물 세포에서 발견할 수 있다.

(9) 액포 : 노폐물의 저장 및 분해, 가수분해가 일어나는 세포 소기관

① 소포체와 골지체로부터 만들어진 주머니 모양의 소기관으로 세포의 종류에 따라 여러 가지 다른 일들을 수행한다.

② 액포의 종류

- 중심 액포 : 성숙한 식물 세포에서 주로 발견되는 소기관으로 여러 가지 유기산과 유기 염류, 색소, 노폐물 등을 저장하며 성숙한 식물 세포일수록 그 크기가 크다.
- 수축포 : 세포 밖으로 여분의 물을 내보내어 염분과 다른 분자들의 농도를 적절하게 유지시켜 삼투압을 조절하는 민물 원생생물들에게 나타나는 소기관이다.
- 식포 : 아메바와 같은 원생동물들의 식세포 작용으로 형성된 소기관이다.

❶ 성상체와 방추사

·성상체 : 중심립 주변에서 미세소관이 별 모양으로 퍼져나온 섬유 구조로 중심립이 복제되어 2 개로 나눠지며 방추사로 둘러싸일 때 볼 수 있다.

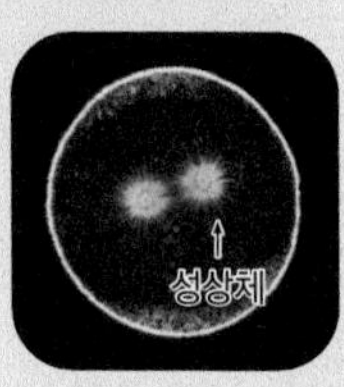

·방추사 : 세포 분열을 할 때 중심체에서 형성되는 실 모양의 단백질로 분열 과정에서 염색체를 양쪽으로 끌어당기는 역할을 한다.

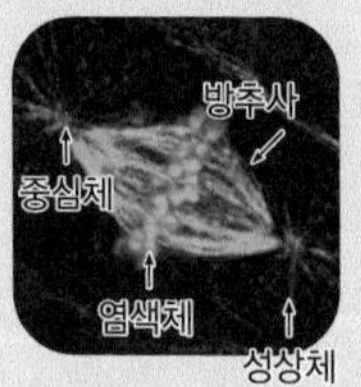

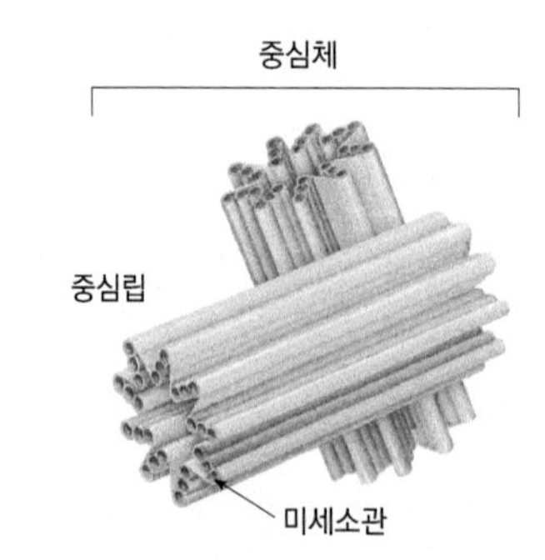

▲ 중심체의 구조

중심체는 한 쌍의 중심립을 가지고 있으며, 모두 핵 근처에 있다. 중심립은 3 개의 미세소관이 한 단위가 되어 9 세트가 둥글게 배열된 구조이며 두 중심립은 서로 직각 방향으로 놓여 있다.

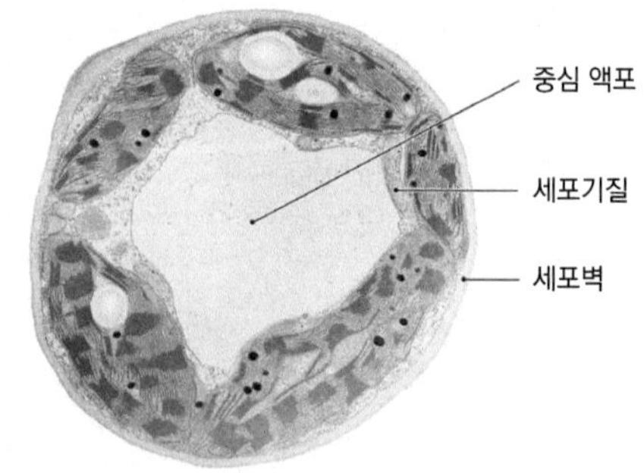

▲ 액포 구조

중심 액포는 보통 식물체에서 가장 큰 부분을 차지하며, 액포막으로 둘러싸여있다. 중심 액포는 소포체나 골지체에서 만들어진 액포들이 합쳐져 발달하며 식물 세포의 성장에 주요 역할을 한다.

(10) 세포막 : 세포 전체를 둘러싸고 있는 막으로 세포의 형태를 유지하고, 세포 안팎으로의 물질 출입을 조절한다.

① 세포막의 주성분은 인지질과 단백질이다.

- 인지질 : 지질의 일종으로 친수성 부분과 소수성 부분으로 이루어져 두 층으로 배열되며, 유동성을 가지고 있어서 단백질의 위치가 변한다.
- 단백질 : 인지질 2중층에 파묻혀 있거나 관통하고 있는데 세포막의 각 부분에 따라 종류와 수가 달라진다.

세포 소기관의 막 구조

2중막	핵, 미토콘드리아, 엽록체
단일막	소포체, 골지체, 라이소좀, 액포, 세포막
막 구조 없음	인, 중심체, 리보솜

개념확인 4

다음 빈칸에 알맞은 말을 써 넣으시오.

㉠(　　　　)은(는) 세포 분열을 할 때 염색체를 이동시키는 ㉡(　　　　)의 형성에 관여한다.

② **유동 모자이크 모형** : 인지질의 2중층에 단백질들[2]이 모자이크처럼 묻혀있으며, 인지질의 유동성에 따라 단백질의 위치가 이동하는 세포막 구조를 유동 모자이크 모형이라고 한다.

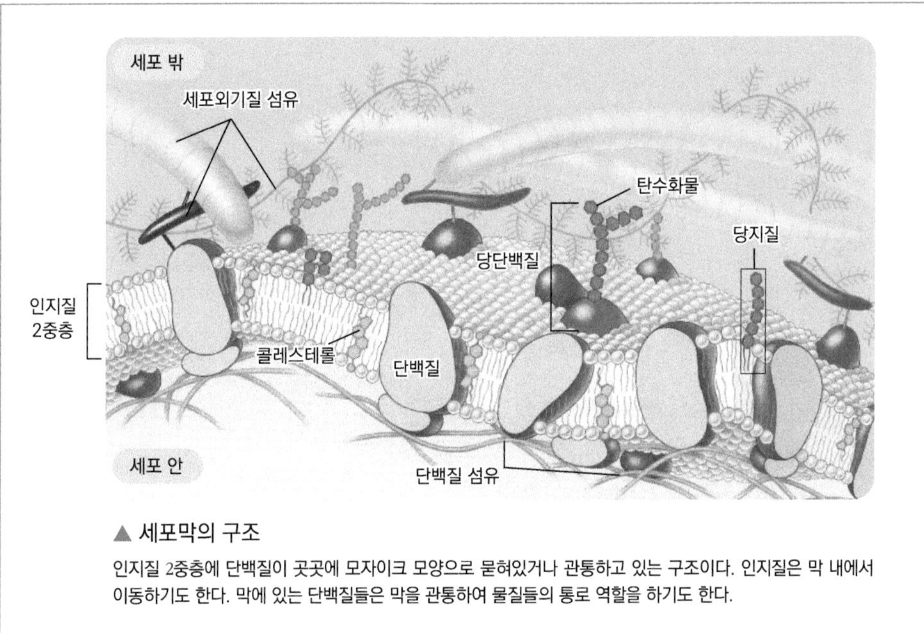

▲ 세포막의 구조

인지질 2중층에 단백질이 곳곳에 모자이크 모양으로 묻혀있거나 관통하고 있는 구조이다. 인지질은 막 내에서 이동하기도 한다. 막에 있는 단백질들은 막을 관통하여 물질들의 통로 역할을 하기도 한다.

(11) 세포벽 : 식물 세포의 세포막 바깥을 싸서 세포의 형태를 유지하는 막

① 다당류인 셀룰로스로 구성되어 있으며 식물 세포를 보호하고 형태를 유지하며 지나친 물의 흡수를 막아준다.

② 세포벽에 원형질연락사[3]라 불리는 통로를 통해 물이나 세포질이 인접한 다른 세포로 이동할 수 있다.

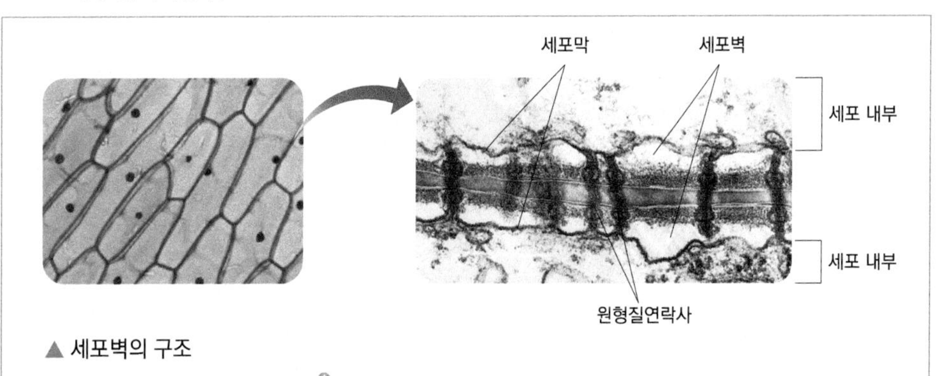

▲ 세포벽의 구조

세포벽은 식물 세포에서만 볼 수 있으며[4] 주성분은 셀룰로스이다. 식물 세포의 세포질은 세포벽을 가로지르는 통로인 원형질 연락사를 통해 이웃한 세포의 세포질과 연결되어있다.

확인+4

정답 및 해설 14 쪽

다음 세포 소기관에 대한 설명 중 옳은 것은 ○표, 옳지 않은 것은 ×표 하시오.

(1) 성숙한 동물 세포일수록 중심 액포의 크기가 크다. ( )

(2) 세포벽은 셀룰로스가 주성분이며 동물 세포에서는 관찰할 수 없다. ( )

[2] 세포막 단백질의 종류와 기능

- 수송 : 막을 관통하여 뻗은 단백질은 친수성 물질의 통로 역할을 한다.
- 효소 활성 : 막에 있는 단백질이 효소인 경우 물질 대사를 수행한다.
- 신호 전달 : 호르몬과 같이 외부의 화학적 신호를 세포 내부로 전달한다.
- 세포 인식 : 세포 사이의 특이적인 인식표의 역할을 한다.
- 세포 사이 결합 : 인접한 세포들의 연접을 하여 결합한다.
- 세포 골격과 세포 외 기질에 부착 : 세포 골격의 미세섬유 등에 붙어 있음으로써 세포 모양을 유지하고 막단백질의 위치를 고정한다.

[3] 원형질연락사

인접한 세포에서 세포벽을 통과해 세포질을 연결하는 통로

[4] 동물 세포와 식물 세포 각각에만 있는 구조

- 동물 세포에만 있는 구조 : 라이소좀, 중심립이 있는 중심체, 편모
- 식물 세포에만 있는 구조 : 엽록체, 세포벽, 원형질연락사

개념 다지기

01

아래의 글이 설명하는 이론은 무엇인가?

·모든 생물은 세포로 구성되어 있다.
·세포는 생명 현상의 기본 단위이다.
·모든 세포는 이미 존재하고, 살아있는 세포로부터 나온다.

( )

02

다음 중 핵을 구성하는 물질만을 있는 대로 고르시오.

① 핵막 ② 핵공 ③ 그라나
④ 스트로마 ⑤ 염색사

03

아래의 글이 설명하는 세포 소기관은 무엇인가?

·둥근 막대 모양으로 2중막 구조이다.
·세포 호흡이 일어나는 장소로 ATP 를 만든다.
·근육 세포, 간세포 등 에너지가 많이 필요한 세포에 그 수가 많다.

( )

04

다음 중 이산화 탄소가 소모되고, 산소가 발생하는 작용이 일어나는 세포 소기관은?

① 핵 ② 중심체 ③ 엽록체
④ 소포체 ⑤ 미토콘드리아

정답 및 해설 14 쪽

05

다음 중 리보솜에 대한 설명으로 옳은 것만을 〈보기〉에서 있는 대로 고른 것은?

〈 보기 〉

ㄱ. 단일막으로 된 동그란 주머니 모양이다.
ㄴ. DNA 의 유전 정보에 따라 단백질이 합성되는 장소이다.
ㄷ. 세포질에 떠돌아 다니는 것과 소포체나 핵막에 붙어있는 것이 있다.

① ㄱ ② ㄴ ③ ㄱ, ㄴ ④ ㄴ, ㄷ ⑤ ㄱ, ㄴ, ㄷ

[06~07]

다음 그림은 몇 가지 세포 소기관을 나타낸 것이다. 아래의 물음에 답하시오.

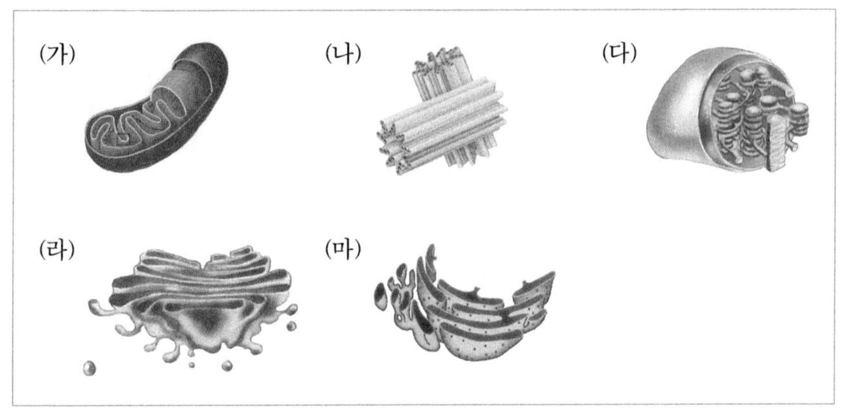

06

(가) ~ (마) 중 골지체는 무엇인가?

① (가) ② (나) ③ (다) ④ (라) ⑤ (마)

07

(가) ~ (마) 중 성상체를 형성하고 방추사를 내어 염색체 이동에 관여하는 세포 소기관은 무엇인가?

① (가) ② (나) ③ (다) ④ (라) ⑤ (마)

08

세포막과 세포벽에 대한 설명 중 옳은 것은 ○표, 옳지 않은 것은 ×표 하시오.

(1) 세포막과 세포벽은 식물 세포에서만 볼 수 있다. ( )
(2) 세포막의 주성분은 인지질과 단백질로 단백질이 인지질 2중층에 파묻혀 있다. ( )
(3) 세포벽의 주성분은 셀룰로스로 식물 세포의 형태를 유지한다. ( )

유형 익히기&하브루타

[유형 3-1] 세포

다음 그림은 식물 세포의 구조를 나타낸 것이다.

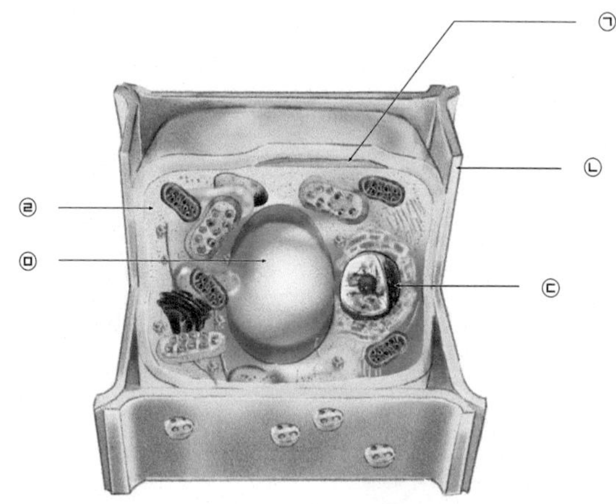

(1) 세포의 살아 있는 부분으로 생명 활동이 일어나는 곳을 무엇이라고 하는지 쓰고, ㉠ ~ ㉤ 중 이에 해당하는 것을 모두 고르시오. (,)

(2) 세포의 생명 활동 결과로 생긴 물질을 무엇이라고 하는지 쓰고, ㉠ ~ ㉤ 중 이에 해당하는 것을 모두 고르시오.

(,)

01 다음 세포설에 대한 설명 중 옳은 것은 ○표, 옳지 않은 것은 ×표 하시오.

(1) 영국의 과학자 훅이 현미경을 이용하여 코르크 조각에서 처음으로 핵을 발견하였다. ( )

(2) 세포라는 이름을 처음으로 사용한 학자는 독일의 피르호이다. ( )

(3) 세포설에 따르면 모든 세포는 살아있는 세포로부터 나온다. ( )

02 다음 중 세포의 구조에 대한 설명으로 옳은 것만을 〈보기〉에서 있는 대로 골라 기호로 쓰시오.

〈 보기 〉

ㄱ. 세포는 세포막으로 둘러싸여 있다.
ㄴ. 세포의 안쪽은 핵과 세포질로 구분된다.
ㄷ. 핵의 안쪽에 다양한 세포 소기관이 분포하고 있다.
ㄹ. 동물 세포에서는 식물 세포에서 볼 수 없는 세포벽과 잘 발달된 액포를 볼 수 있다.

( )

정답 및 해설 15 쪽

[유형 3-2] 세포 소기관 1

다음 그림은 핵의 구조를 나타낸 것이다.

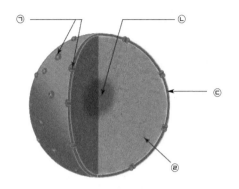

(1) RNA 와 단백질로 구성된 물질의 기호와 이름을 쓰시오. (　　　　)

(2) 세포질과 핵 사이의 물질 교환이 일어날 수 있는 것은 어떤 구조에 의한 것인지 기호와 이름을 쓰시오. (　　　　)

(3) 다음은 ㉣에 대한 설명이다. ⓐ와 ⓑ의 빈칸에 들어갈 알맞은 말을 써 넣으시오.

ⓐ(　　)가 ⓑ(　　　　)을 감고 있는 모양의 복합체로 세포 분열 시 응축된다.

03

다음 중 미토콘드리아의 특징만을 〈보기〉에서 있는 대로 골라 기호로 쓰시오.

〈 보기 〉

ㄱ. 둥근 막대 모양으로 단일막 구조이다.
ㄴ. 세포 호흡이 일어나는 장소로 유기물을 분해하여 ATP 를 만든다.
ㄷ. 자체 DNA 와 리보솜을 가지고 있어 핵의 도움없이 독자적으로 증식하며 단백질을 합성할 수 있다.

(　　　　)

04

다음은 엽록체의 구조이다. 빈칸에 들어갈 알맞은 말을 써 넣으시오.

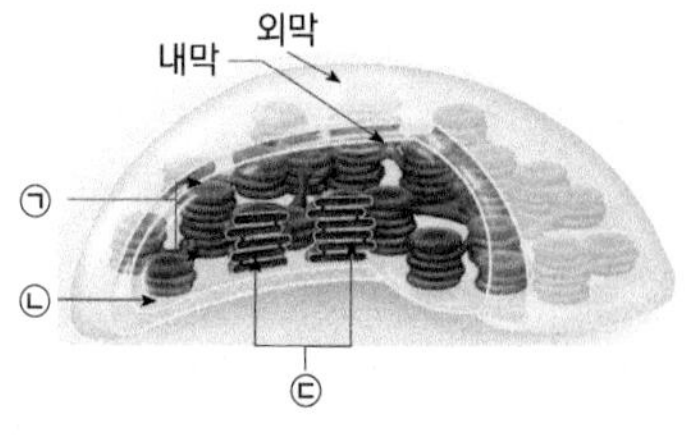

㉠ (　　　　), ㉡ (　　　　), ㉢ (　　　　)

유형 익히기&하브루타

[유형 3-3] 세포 소기관 2

아래의 그림 (가)와 (나)는 어떤 세포 소기관의 작용을 도식화한 것이다.

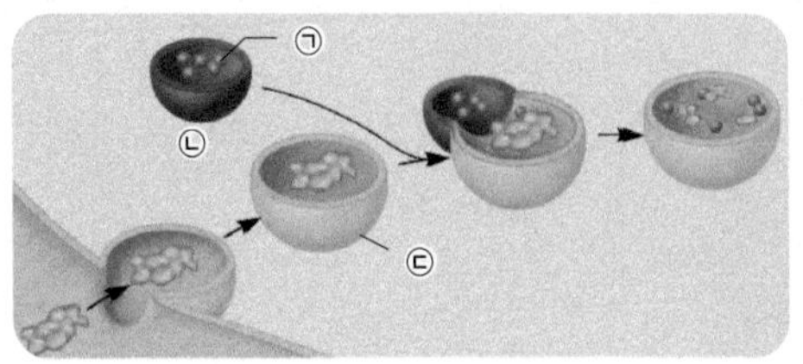

(가)

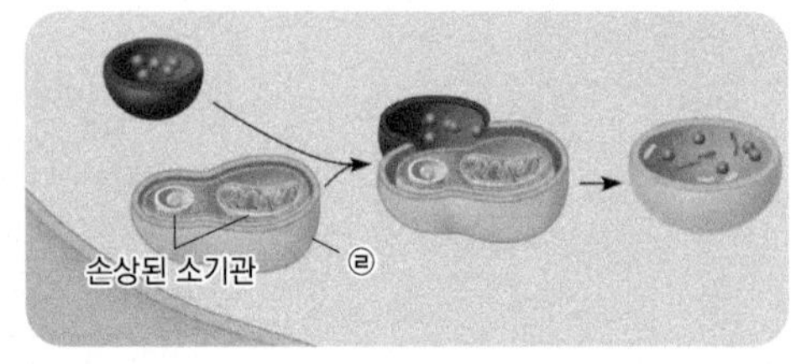

(나)

(1) 위의 그림은 어떤 세포 소기관의 작용을 나타낸 것인가? ( )

(2) 위와 같은 작용들이 일어날 때 ㉠ ~ ㉣ 중 화학 반응에서 촉매 역할을 하는 것의 기호와 그 이름을 쓰시오.

( )

(3) (가) 와 (나) 에서 일어나는 작용을 각각 쓰시오.

(가) : ( ) 작용, (나) : ( ) 작용

05 다음 설명에 해당되는 세포 소기관을 각각 쓰시오.

(1) 골지체의 일부가 떨어져 나와 생긴 것으로 단일막 주머니 구조이다.
( )

(2) 소포체의 일부가 떨어져 나와 생긴 것으로 분비 작용에 관여한다.
( )

(3) DNA 의 유전 정보에 따라 단백질이 합성되는 장소이다.
( )

06 다음 〈보기〉는 세포 소기관의 특징에 대한 설명이다. 다음 중 소포체와 골지체의 공통점만을 있는 대로 골라 기호로 나타내시오.

〈 보기 〉

ㄱ. 단일막으로 구성되어있다.
ㄴ. 물질의 합성과 물질대사 과정이 활발하게 일어난다.
ㄷ. 리보솜이 붙어 있는 것과 붙어있지 않는 것 두 종류로 구분된다.

( )

정답 및 해설 15쪽

[유형 3-4] 세포 소기관 3

다음 그림은 세포막을 나타낸 것이다.

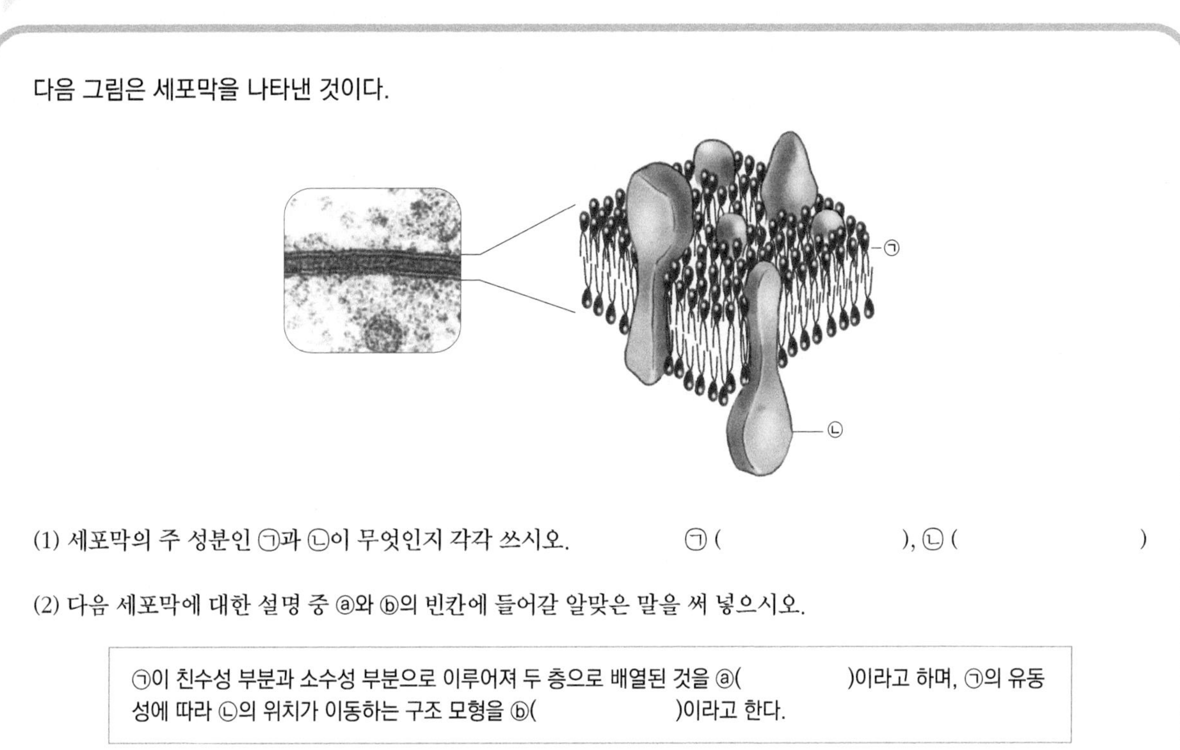

(1) 세포막의 주 성분인 ㉠과 ㉡이 무엇인지 각각 쓰시오. ㉠ (　　　　　　), ㉡ (　　　　　　)

(2) 다음 세포막에 대한 설명 중 ⓐ와 ⓑ의 빈칸에 들어갈 알맞은 말을 써 넣으시오.

> ㉠이 친수성 부분과 소수성 부분으로 이루어져 두 층으로 배열된 것을 ⓐ(　　　　　)이라고 하며, ㉠의 유동성에 따라 ㉡의 위치가 이동하는 구조 모형을 ⓑ(　　　　　)이라고 한다.

07

아래의 글이 설명하는 세포 소기관은 무엇인가?

> ·노폐물의 저장 및 분해, 가수분해가 일어나는 세포 소기관이다.
> ·동물 세포에서는 크게 발달하지 않고, 식물 세포에서는 쉽게 볼 수 있다.
> ·성숙한 식물 세포일수록 그 크기가 크며 여러 가지 유기산과 색소를 포함하고 있다.

(　　　　　　)

08

세포벽에 있는 구조로 인접한 세포에서 세포벽을 통과해 세포질을 연결하는 통로를 무엇이라고 하는가?

(　　　　　　)

창의력&토론마당

01 세포막은 세포 전체를 둘러싸고 있는 막으로 세포와 외부 환경의 경계를 이루며, 세포로 드나드는 물질의 출입을 통제한다. 이 밖에도 세포 소기관을 이루는 막 역시 세포막과 비슷한 구조로 되어 있으므로 세포를 구성하는 기본적인 막구조를 총칭하여 생체막이라고 한다. 다음 물음에 답하시오.

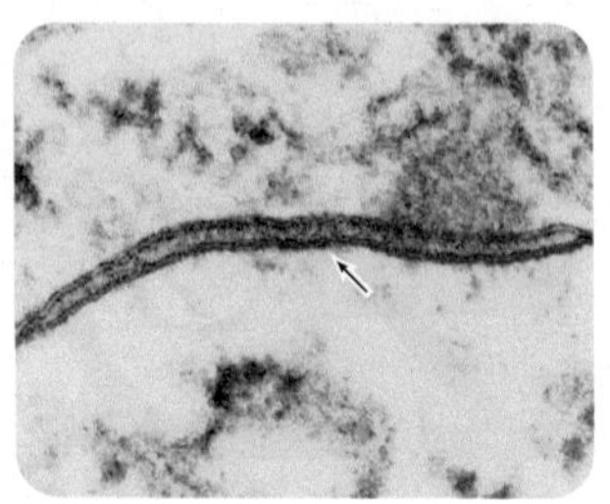

▲ 세포막의 구조

(1) 인지질의 구조적 특징을 참고하여 인지질이 물과 공기 사이에서 분포할 때 모습과, 물 속에 넣었을 때 모습을 각각 그려보시오.

공기

물속

물속

(2) 세포와 외부 환경의 경계를 이루는 얇은 막으로 세포 내외의 물질 출입을 조절하는 기능을 가지는 세포막은 인지질 2중층 구조로 이루어져 있다. 이 세포막의 구조를 설명한 이론으로 단위막 모형과 유동 모자이크 모형의 두 가지가 있는데 이들 중 세포막 구조를 설명하는데 가장 적합하다고 생각하는 것을 고르고 그렇게 생각한 이유를 쓰시오.

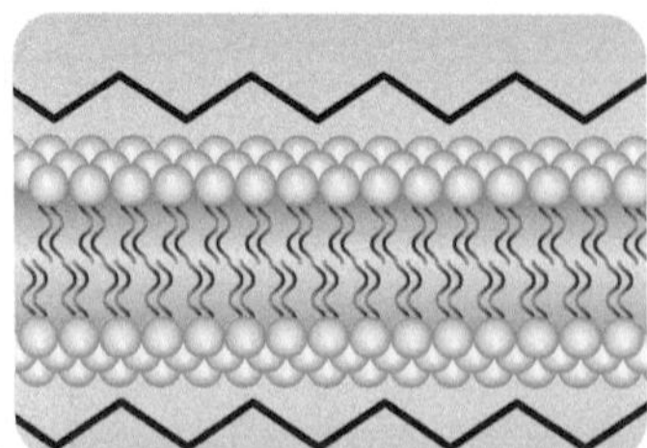

▲ 단위막 구조 모형

인지질 2중층의 외부에 단백질이 고정되어 감싸고 있는 구조

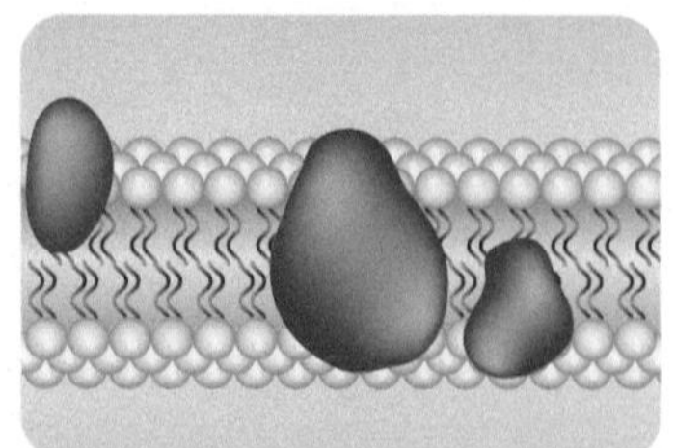

▲ 유동 모자이크 모형

인지질 속에 묻힌 단백질이 유동적으로 움직이는 구조

정답 및 해설 17 쪽

02

다음은 혈액을 이루는 세포들의 기능을 나타낸 것이다. 이를 참고하여 세포의 소기관 중 라이소좀이 발달되어 있을 것으로 생각되는 세포를 찾고 그 이유를 쓰시오.

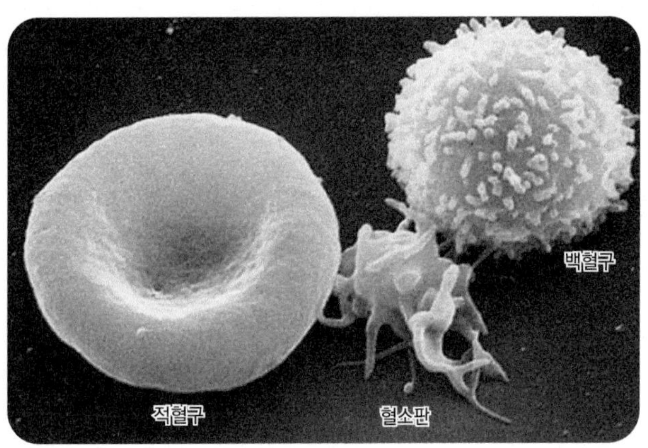

▲ 혈구

구분	기능
적혈구	적혈구는 가운데가 오목한 원반형으로 철 성분을 가진 헤모글로빈 색소가 있어 붉은 색을 띠며 산소를 운반한다.
백혈구	세균이 침입하면 수가 늘어나 세균을 잡아먹어 우리 몸을 보호한다.
혈소판	상처가 났을 때 혈액을 굳게 하여 출혈을 막고, 상처난 조직을 덮어 보호한다.

03 세포 소기관이 파괴되지 않을 정도로 동물 세포의 세포막을 파쇄한 후, 그림과 같이 단계별로 원심 분리하여 세포 소기관이 들어 있는 침전물의 성분을 분석하였다.

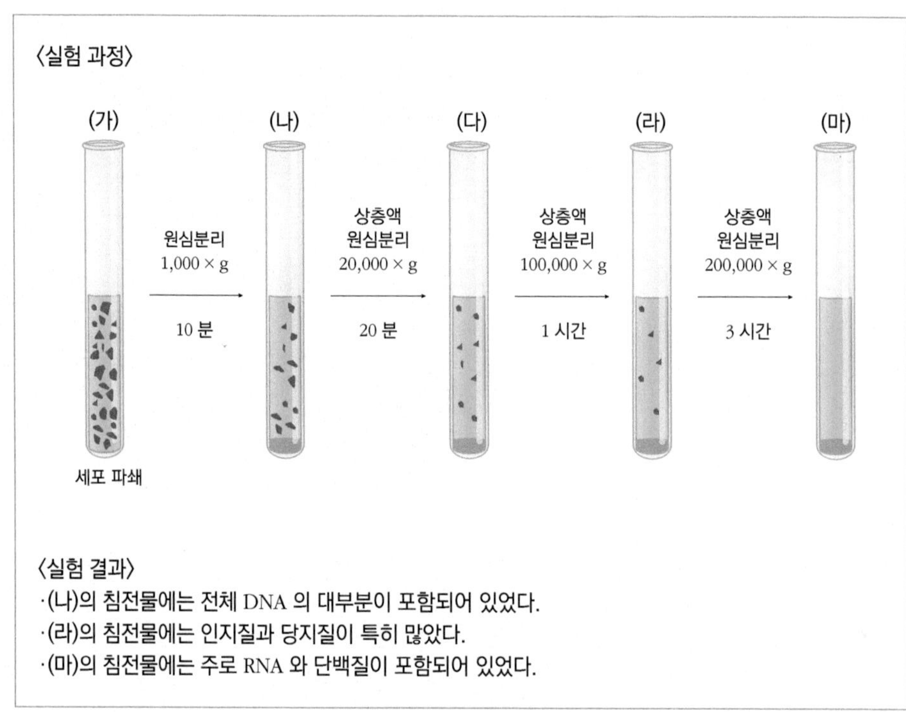

〈실험 결과〉
- (나)의 침전물에는 전체 DNA 의 대부분이 포함되어 있었다.
- (라)의 침전물에는 인지질과 당지질이 특히 많았다.
- (마)의 침전물에는 주로 RNA 와 단백질이 포함되어 있었다.

위의 실험에서 각 시험관의 침전물에 주로 들어 있는 세포 소기관에 대한 설명으로 옳은 것을 고르고' 그 이유를 쓰시오. (단, 세포 소기관은 미토콘드리아, 소포체, 리보솜, 핵 중 하나이다.)

① (나)의 시험관 안의 침전물은 세포 내에서 관찰하기가 어렵다.
② (다)의 시험관 안의 침전물은 세포 내에서 산소 소비량이 가장 많은 세포 소기관이다.
③ (라)의 시험관 안의 침전물은 막으로 싸여 있지 않은 세포 소기관이다.
④ (마)의 시험관 안의 침전물은 단일막으로 이루어진 세포 소기관이다.

답 :
이유 :

정답 및 해설 17 쪽

04 아미노산을 방사성 동위 원소로 표지한 다음 세포에 투입시킨 후 시간에 따라 각 세포 소기관에서 발생하는 방사능 양을 측정하여 다음 표와 같은 결과를 얻었다.

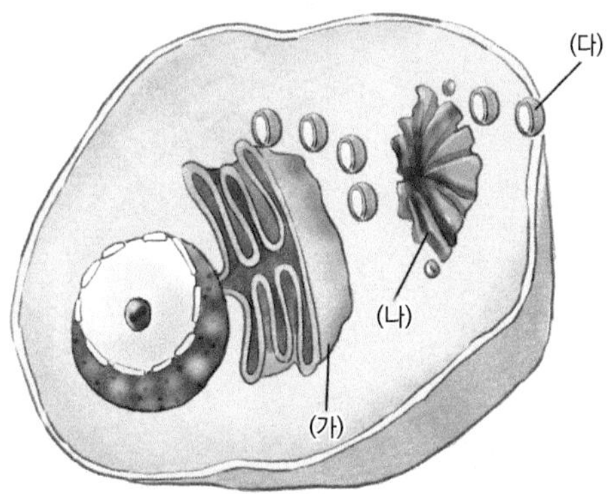

경과 시간 (분)	3	10	20	40
(가)	90	44	34	24
(나)	3	43	40	15
(다)	4	9	21	59

위 자료를 통해 내릴 수 있는 결론으로 가장 타당한 것은?

① 단백질은 (다)에서 합성된다.
② (가)에서 단백질이 분해된다.
③ 단백질은 (가) → (나) → (다)로 이동한다.
④ 시간이 지날수록 (나)에 단백질이 축적된다.
⑤ (나)에서 가장 많은 종류의 단백질이 합성된다.

스스로 실력 높이기

01 세포에 대한 설명 중 옳은 것은 ○표, 옳지 않은 것은 ×표 하시오.

(1) 모든 생물은 세포로 구성되어 있다. ( )
(2) 생명 현상의 기본 단위는 조직이다. ( )
(3) 영국의 과학자 로버트 훅이 처음으로 세포벽을 발견하였다. ( )
(4) 일부 세포는 이미 존재하고 있는 세포에서 분화되고, 일부 세포는 세포의 합성 작용으로 새로 만들어진다 . ( )

[02-04] 다음은 동물 세포의 모형이다.

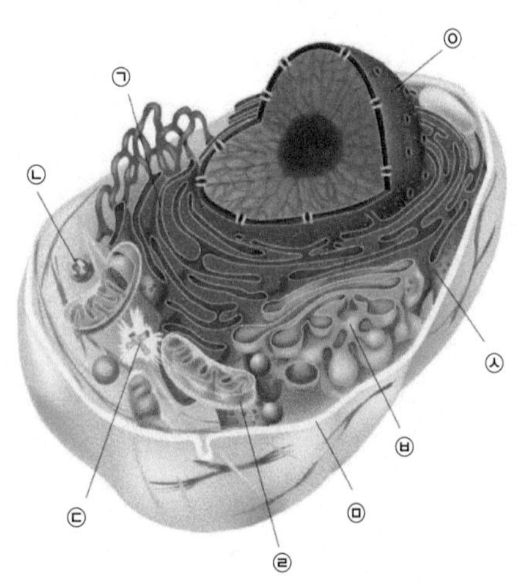

02 세포 호흡이 일어나면서 유기물을 분해하여 생명 활동에 필요한 에너지를 만드는 세포 소기관의 기호와 이름을 쓰시오.

( )

03 RNA 와 단백질로 이루어진 기관으로 단백질이 합성되는 세포 소기관의 기호와 이름을 쓰시오.

( )

04 납작한 주머니를 여러 겹 쌓은 모양으로 전달 받은 단백질과 지질을 저장하고 변형한 후 막으로 싸서 분비하는 세포 소기관의 기호와 이름을 쓰시오.

( )

05 다음 중 DNA 를 포함하고 있는 세포 소기관만을 있는 대로 고르시오.

① 핵 ② 골지체 ③ 엽록체
④ 소포체 ⑤ 미토콘드리아

06 동물 세포에는 없고 식물 세포에만 있는 세포 소기관만을 있는 대로 고르시오.

① 중심체 ② 세포막 ③ 세포벽
④ 엽록체 ⑤ 라이소좀

07 식물 세포에는 없고 동물 세포에만 있는 세포 소기관만을 있는 대로 고르시오.

① 중심체 ② 세포막 ③ 세포벽
④ 엽록체 ⑤ 라이소좀

08 식물 세포에서 세포의 생명 활동의 결과로 형성되는 세포 소기관 2 가지를 각각 쓰시오.

( )

정답 및 해설 18 쪽

09 다음은 몇 가지 세포 소기관을 나타낸 그림이다. 다음 설명에 해당하는 세포 소기관의 기호와 이름을 쓰시오.

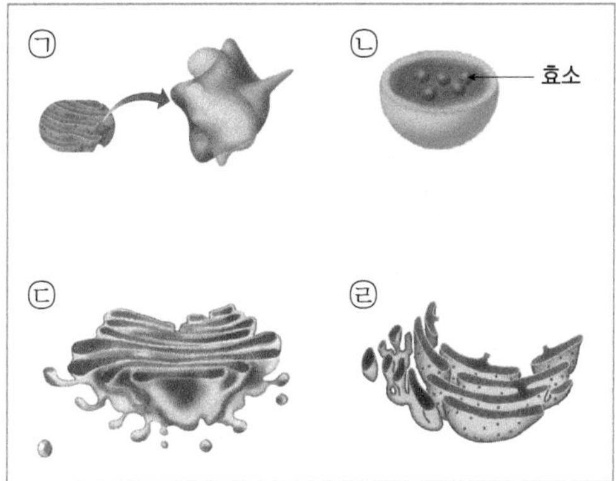

(1) 단일막 구조로 세포 내 소화를 담당하는 소기관 ( )

(2) 단일막 구조로 분비 작용을 담당하는 소기관 ( )

(3) 단일막 구조로 세포 내 물질의 이동 통로 역할을 하는 소기관 ( )

(4) 막이 없는 기관으로 단백질을 합성하는 소기관 ( )

10 생체막은 아래의 그림과 같이 인지질 2중층 구조로 되어있다. 다음 중 인지질 2중층이 두 겹으로 된 2중막 구조를 가지는 세포 소기관만을 있는 대로 고르시오.

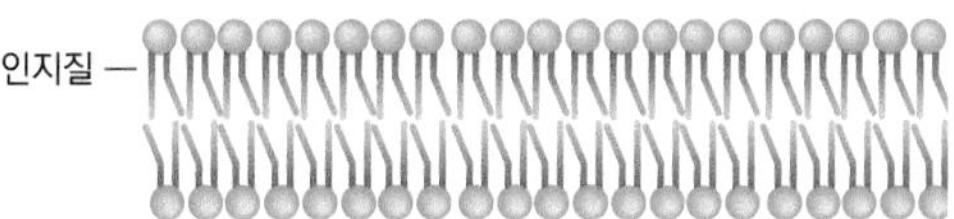

① 핵 ② 골지체 ③ 엽록체
④ 소포체 ⑤ 미토콘드리아

11 미토콘드리아에서 세포 호흡 결과로 생성되는 에너지 저장 물질로 다음과 같은 구조를 가지며, 이 물질의 가수 분해를 통해 방출하는 에너지가 생명 활동에 사용되는 화합물을 무엇이라고 하는가?

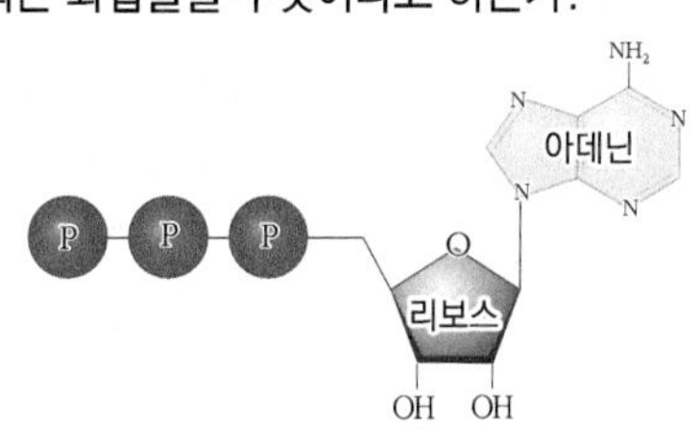

( )

B

12 다음은 세포설이 확립되는 과정을 나타낸 글이다. 이 글을 읽고 세포설에 관하여 바르게 설명한 것만을 있는 대로 고르시오.

> 세포를 처음으로 관찰한 사람은 영국의 과학자 로버트 훅(Robert Hooke)이다. 훅은 자신이 만든 현미경으로 코르크를 얇게 자른 조각을 관찰한 결과, 코르크의 얇은 조각이 수많은 벌집 모양으로 구성되어 있음을 발견하고는 이를 세포(cell)라고 이름지었다. 하지만 훅이 코르크에서 관찰한 벌집 모양의 구조는 살아있는 세포가 아니라 코르크 세포를 둘러싸는 세포벽이었다. 200년 후 슐라이덴(Schleiden)과 슈반(Schwann)은 많은 종류의 식물과 동물을 연구한 결과, 모두 세포로 구성되어 있음을 발견하였다. 그 이후 브라운(Brown)은 핵을 발견하고 피르호(Virchow)는 분열 과정에 의해 새로운 세포가 만들어지는 것을 발견하였다. 이러한 과정을 통해 오늘날의 세포설이 확립되었다.

① 세포는 생명 현상의 기본 단위이다.
② 모든 생물체는 세포로 이루어져 있다.
③ 세포는 전자 현미경으로만 관찰할 수 있다.
④ 세포의 모양은 생물의 종류에 따라 정해져 있다.
⑤ 모든 세포는 이미 존재하는 세포로부터 만들어진다.

13 다음 그림은 동물 세포와 식물 세포의 구조를 비교하여 나타낸 것이다. 각각의 세포 소기관 A ~ E 의 특징을 바르게 설명한 것만을 있는 대로 고르시오.

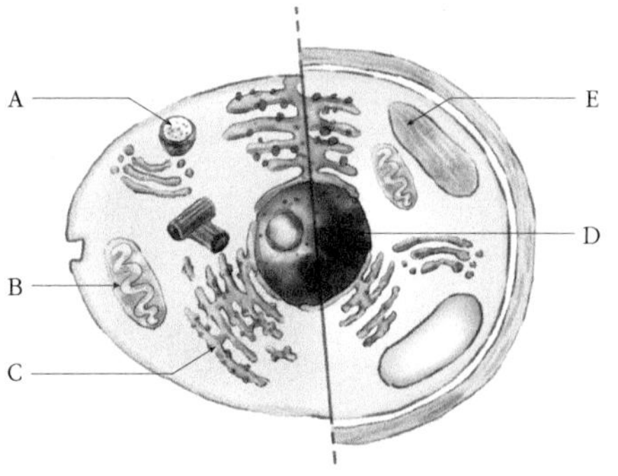

① A : 막이 없는 기관으로 단백질이 합성되는 장소이다.
② B : 이화 작용이 일어나며 에너지를 생성한다.
③ C : 물질을 분해하는 효소가 있어 세균과 같은 이물질이 침입했을 때 이를 분해시킨다.
④ D : 생명 활동의 중심이며, 단일막으로 이루어져 있다.
⑤ E : 동화 작용이 일어나며 빛에너지를 화학 에너지로 전환하여 저장한다.

스스로 실력 높이기

14 다음 그림은 동물 세포의 모습을 나타낸 것이다. A ~ D 에 대한 설명으로 옳은 것은?

① A는 세포 내 물질 수송의 통로가 된다.
② B에서 세포 호흡이 일어난다.
③ C는 단백질과 지질을 저장한다.
④ D에서 단백질이 합성된다.
⑤ B와 C는 자기 복제가 가능하다.

[15-16] 다음 자료를 읽고 물음에 답하시오.

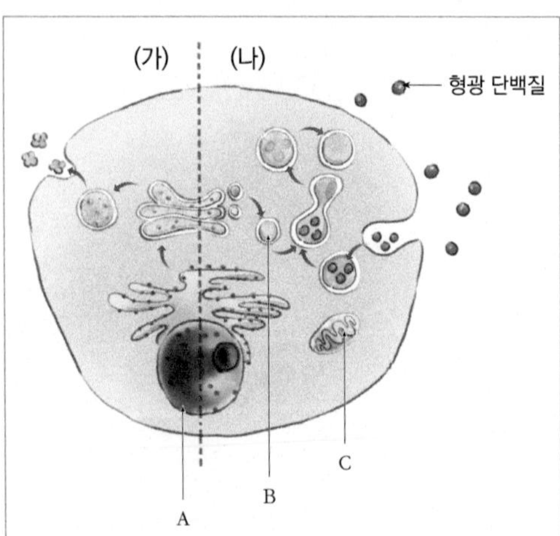

(가)는 세포에서 물질이 합성되어 이동하는 과정을, (나)는 세포 배양액에 첨가한 형광 단백질이 세포 안으로 들어가 변화되는 과정을 나타낸 것이다. (단, 형광 단백질이 짙을수록 농도가 높다.)

15 (가)와 같이 이동하는 물질로 옳은 것은?

① 녹말 ② 지질 ③ DNA
④ 호르몬 ⑤ 리보솜

16 (나) 과정과 세포 소기관에 대한 설명으로 옳은 것만을 〈보기〉에서 있는 대로 고른 것은?

〈 보기 〉

ㄱ. B 는 라이소좀이며 단백질을 합성한다.
ㄴ. A 와 C 는 이중막을 가지고 있는 세포 소기관이다.
ㄷ. (나) 과정과 같이 세포에서는 세균 등의 이물질이 침입했을 때 이를 분해시킨다.

① ㄱ ② ㄴ ③ ㄱ, ㄷ
④ ㄴ, ㄷ ⑤ ㄱ, ㄴ, ㄷ

17 한 생물학자가 식물 조직을 갈아서 생긴 혼합물을 원심분리하여 시험관 내의 침전물에서 어떤 세포 소기관을 얻었다. 이 세포 소기관은 이산화 탄소를 흡수하고 산소를 방출하였다. 이 세포 소기관은 무엇인가?

[국제 생물 올림피아드(IBO) 출제 문제]

( )

18 다음 표는 동물 세포에 있는 세포 소기관 A ~ C 의 특징을 나타낸 것이다. (단, A ~ C 는 각각 중심체, 라이소좀, 미토콘드리아 중 하나이다.)

세포 소기관	특징
A	세포 호흡이 일어나는 장소이다.
B	세포 내 소화를 담당한다.
C	방추사를 형성하여 염색체 이동에 관여한다.

이에 대한 설명으로 옳은 것만을 〈보기〉에서 있는 대로 고른 것은?

〈 보기 〉

ㄱ. A 에서 이화 작용이 일어난다.
ㄴ. B 에는 효소가 있다.
ㄷ. 식물 세포에는 C 가 없다.

① ㄱ ② ㄴ ③ ㄱ, ㄴ
④ ㄴ, ㄷ ⑤ ㄱ, ㄴ, ㄷ

정답 및 해설 18 쪽

19 다음 그림은 세포막의 구조를 나타낸 것이다. 이에 대한 설명으로 옳은 것만을 〈보기〉에서 있는 대로 고른 것은?

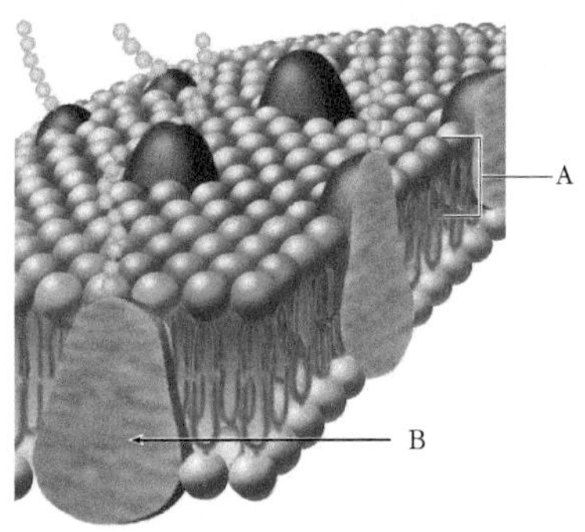

〈 보기 〉

ㄱ. A 는 물에 잘 녹는다.
ㄴ. B 는 세포막에 고정되어 있어 움직이지 않는다.
ㄷ. 세포막은 세포 안팎으로의 물질 출입을 조절한다.

① ㄱ ② ㄴ ③ ㄷ
④ ㄱ, ㄴ ⑤ ㄴ, ㄷ

20 다음 그림은 식물 세포의 내부 구조를 모식적으로 나타낸 것이다. A ~ D의 특징을 바르게 설명한 것만을 있는 대로 고르시오. [특목고 기출 유형]

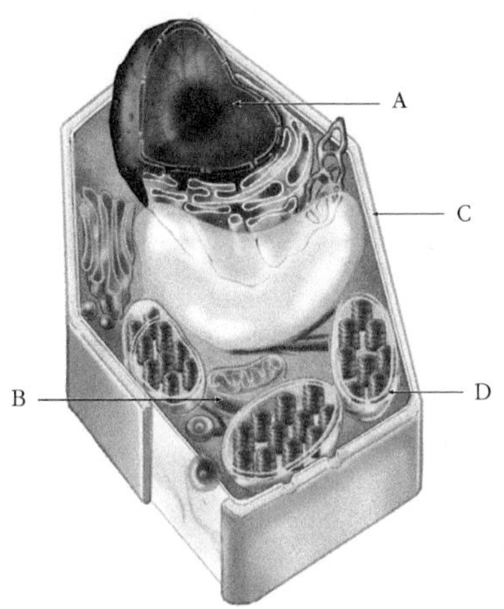

① A - 세포에서 양분을 이용하여 에너지를 생산하는 역할을 한다.
② A - 유전 정보를 간직하고 있으며, 세포 내에서 가장 크고 뚜렷하게 관찰된다.
③ B - 식물 세포에서만 관찰되며, 빛 에너지를 이용하며 포도당을 만드는 역할을 한다.
④ C - 식물 세포에서만 관찰되며, 세포의 모양을 단단하게 유지하는 역할을 한다.
⑤ D - 동물 세포와 식물 세포에서 빛 에너지를 화학 에너지로 전환시키는 역할을 한다.

C

21 다음 글에서 설명하는 세포 소기관이 발달해 있는 세포는 무엇인가?

> 물질의 저장 및 분비에 관여하는 기관으로 거친면 소포체에 부착된 리보솜에서 단백질이 합성된 후 소포체를 통해 이동하여 이 소기관에 저장된다. 또 단백질이 소낭에 안전하게 싸여 이동을 한 후 내용물을 세포 밖으로 방출한다.

① 뼈를 구성하는 골세포
② 소화샘을 구성하는 세포
③ 피부를 구성하는 표피 세포
④ 근육을 구성하는 근육 세포
⑤ 자극을 전달해 주는 신경 세포

22 다음은 (가)와 (나)는 각각 세포 내에 존재하는 세포 소기관의 단면을 나타낸 투과 전자 현미경 사진이다.

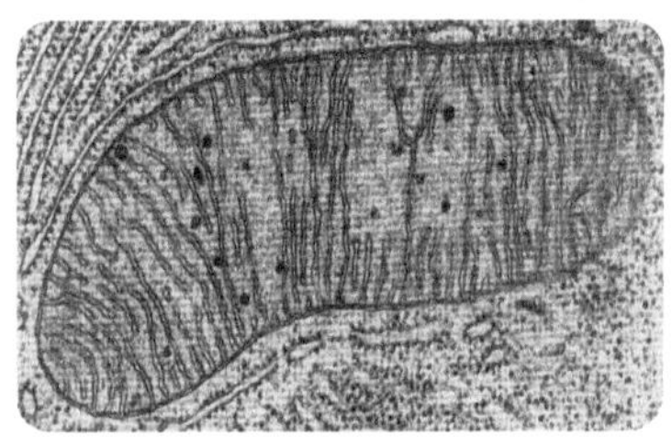

(가)

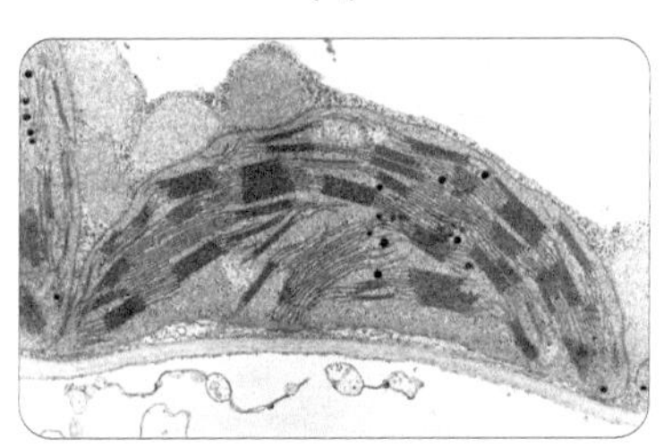

(나)

다음 중 (가)와 (나)에 대한 설명으로 옳은 것은?

① (가)와 (나) 모두 DNA 를 가지고 있다.
② (나)는 주로 동물 세포에서 관찰할 수 있다.
③ (가)는 단일막 구조이며, (나)는 2중막 구조이다.
④ (가)는 물질을 분해하는 효소가 있어 손상된 세포 소기관을 분해하는 역할을 한다.
⑤ (가)는 에너지를 많이 소모하는 근육 세포에 많으며, (나)는 오래된 식물 세포일수록 크다.

스스로 실력 높이기

23 중심 액포와 소낭의 중요한 차이점은 무엇인가?

[국제 생물 올림피아드(IBO) 출제 문제]

① 액포의 막은 두껍고 소낭의 막은 얇다.
② 액포는 저장 기관, 소낭은 수송 기관이다.
③ 액포는 핵 가까이 있고, 소낭은 골지체 가까이 있다.
④ 액포막은 탄수화물이 풍부하고 소낭막은 단백질이 풍부하다.
⑤ 소낭은 오직 세포막으로부터 방출되지만 액포는 골지체로부터 방출된다.

24 다음 그림은 세포 내에서 단백질이 합성되어 분비되기까지의 과정의 일부를 나타낸 것이다.

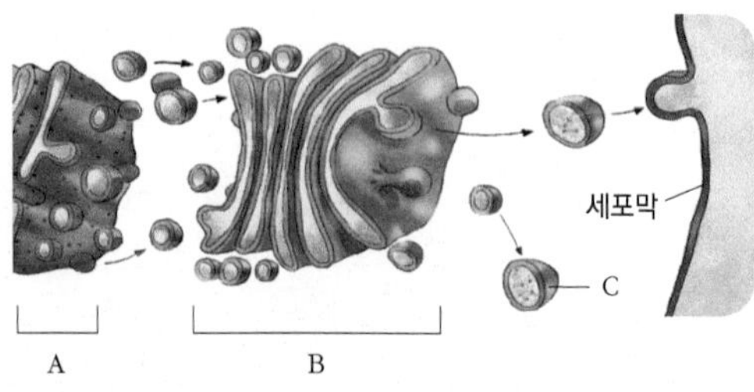

이에 대한 설명으로 옳은 것은 ○표, 옳지 않은 것은 ×표 하시오.

(1) A의 일부는 핵막과 연결되어 있다. ( )
(2) B는 A의 일부가 떨어져 나와 생성된 것이다. ( )
(3) C는 리보솜으로 여러 가지 가수 분해 효소가 들어 있다. ( )
(4) 단백질이 합성되어 분비되기까지 관여하는 세포내 소기관을 순서대로 나열하면 핵 - 소포체 - 리보솜 - 골지체이다. ( )

25 많은 수의 리보솜을 관찰할 수 있는 세포에서 특히 많이 생산되는 물질은 무엇인가?

[국제 생물 올림피아드(IBO) 출제 문제]

① 지질 ② 포도당 ③ 다당류
④ 단백질 ⑤ 탄수화물

26 다음 중 라이소좀을 연구하기에 가장 좋은 세포의 형태는 무엇인가?

[국제 생물 올림피아드(IBO) 출제 문제]

① 백혈구 ② 피부 세포
③ 근육 세포 ④ 신경 세포
⑤ 식물의 잎세포

심화

27 다음은 세포의 특성을 알아보기 위한 실험이다.

〈실험 과정〉
① 운동을 시키지 않은 쥐와 운동을 시킨 쥐의 근육 세포를 각각 채취한다.
② 각각의 근육 세포에 DNA 와 결합하는 형광 물질을 처리한 후 현미경으로 관찰한다.

〈실험 결과〉

- 강한 형광
- 약한 형광

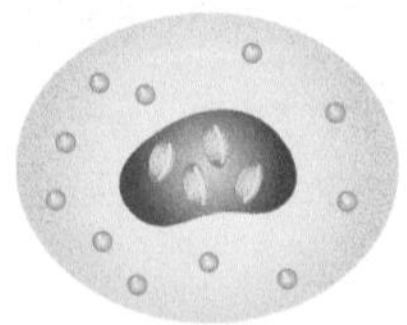
(가) 운동을 하지 않은 쥐의 근육 세포

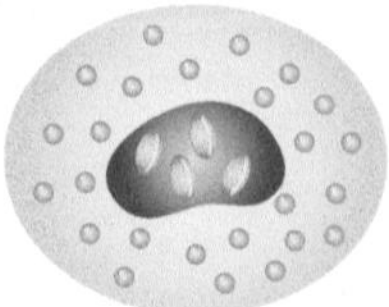
(나) 운동을 한 쥐의 근육 세포

이 실험에 대한 결론으로 가장 적절한 것은?

① 핵의 DNA 는 세포질에서 합성된다.
② 운동을 하면 핵의 염색체 수가 증가한다.
③ 운동을 하면 근육 단백질의 합성이 증가한다.
④ 세포 내 단백질 합성은 리보솜에서 일어난다.
⑤ 운동을 하면 근육 세포의 미토콘드리아 수가 증가한다.

정답 및 해설 18 쪽

28 다음 그림은 동물 세포의 소기관의 일부를 확대하여 나타낸 것이다.

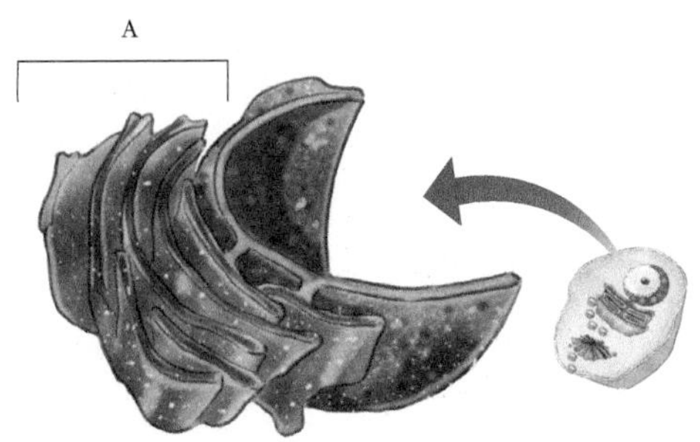

A에 대한 설명으로 옳은 것만을 <보기>에서 있는 대로 고른 것은?

〈 보기 〉

ㄱ. 핵막과 연결되어 있다.
ㄴ. 식물 세포에서는 발견되지 않는다.
ㄷ. 주된 기능은 탄수화물과 지질의 합성이다.
ㄹ. 세포 밖으로 분비되는 단백질을 합성하는 세포에 발달되어 있다.

① ㄱ, ㄹ ② ㄴ, ㄷ ③ ㄱ, ㄴ, ㄷ
④ ㄱ, ㄴ, ㄹ ⑤ ㄴ, ㄷ, ㄹ

29 다음은 형질 세포와 간 세포의 전자 현미경 사진이다. 두 세포를 구성하는 세포 소기관을 비교하여 차이점을 쓰고, 이러한 차이점이 생기는 이유를 서술하시오.

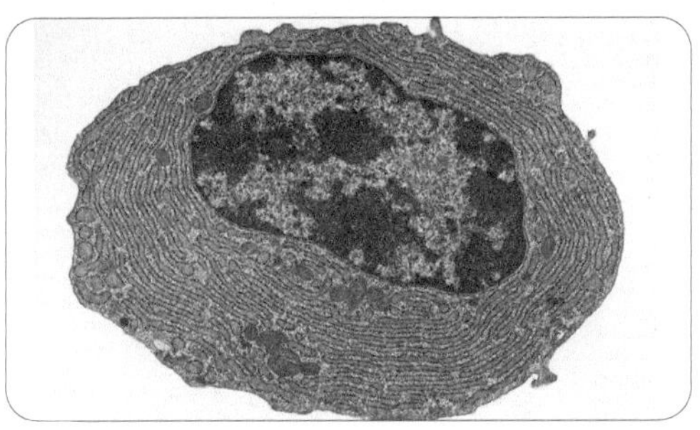

▲ **형질 세포** 림프샘에 많이 분포하는 세포로 림프구가 변형되어 면역 항체를 분비하는 세포이다.

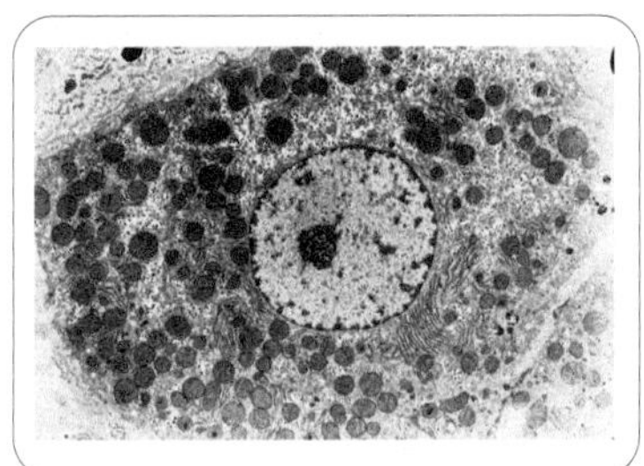

▲ **간 세포** 간에서는 물질 대사, 해독, 면역, 쓸개즙 생성 등 여러 가지 많은 일을 한다.

30 다음 표는 시금치 잎을 원심분리하여 얻은 세 가지 세포 소기관의 산소와 이산화 탄소 소비량 및 DNA 함량을 조사한 것이다.

침전액	A	B	C
산소 소비량 (%)	5	10	85
이산화 탄소 소비량 (%)	5	91	4
DNA 함량	93	4	3

아래의 그림은 A ~ C 에 해당하는 세포 소기관을 나타낸 것이다. 다음 물음에 답하시오.

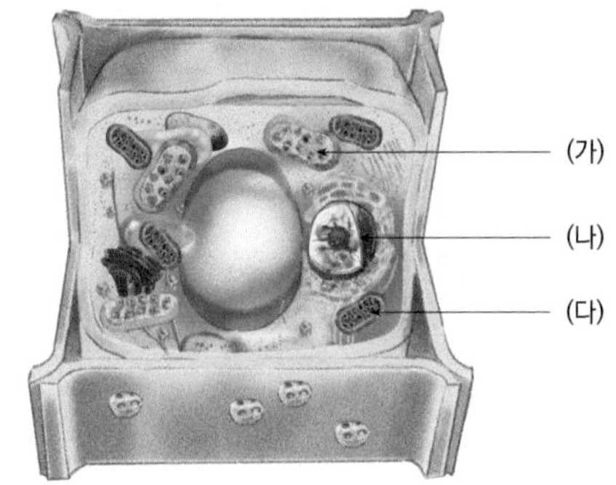

(1) 원심 분리를 통해 세포 소기관을 분리할 때 가장 먼저 분리되는 세포 소기관은 무엇인지 기호와 이름을 쓰고 그 이유를 함께 쓰시오.

(2) A ~ C 는 각각 어떤 세포 소기관인지 그림에서 찾아 기호로 나타내시오.

4강. 생물체의 구성 단계

❶ 근육 조직의 구분

· 근육 세포의 모양에 따라
- 가로무늬근 : 근육 세포에 가로무늬가 있는 근육
- 민무늬근 : 근육 세포에 가로무늬가 없는 근육

· 근육의 움직임에 따라
- 수의근 : 자신의 의지대로 움직일 수 있는 근육
- 불수의근 : 의지와 관계없이 움직이는 근육

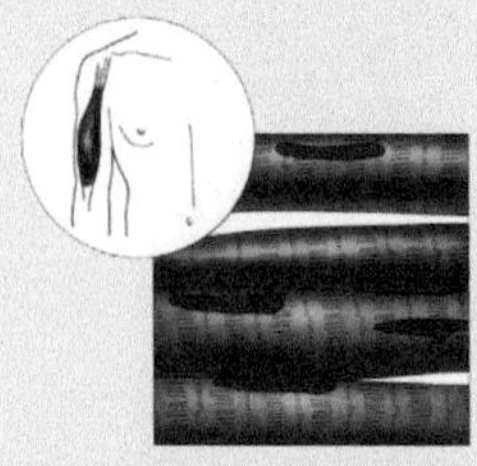

▲ 골격근 뼈에 붙어 운동을 할 수 있는 근육으로 가로무늬근, 수의근이다.

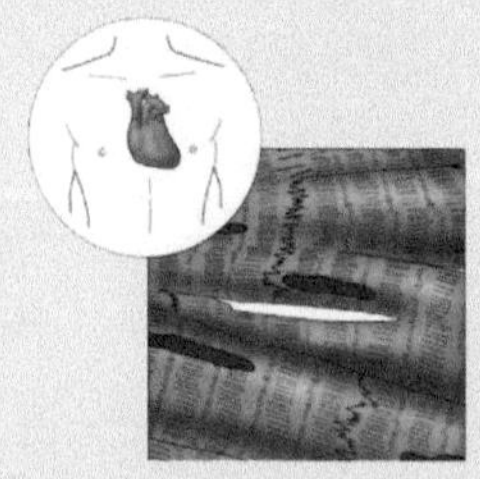

▲ 심장근 심장을 이루고 있는 근육으로 가로무늬근, 불수의근이다.

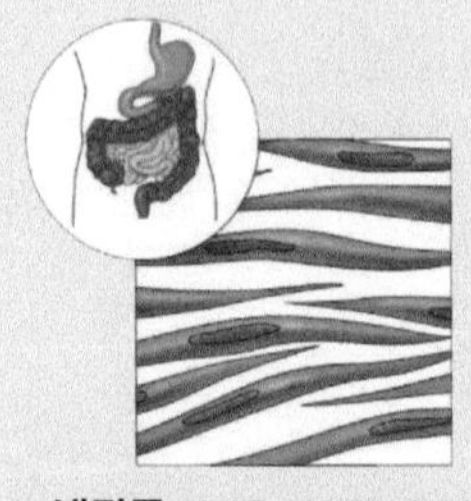

▲ 내장근 심장을 제외한 내장을 이루고 있는 근육으로 민무늬근, 불수의근이다.

1. 동물의 구성 단계

(1) 생물의 구성 체제 : 다세포 생물의 경우 다양한 모양과 기능을 가진 세포들이 모여 조직을 형성하고, 조직이 모여 고유한 기능을 하는 기관을 형성하며 비슷한 기관이 체계적으로 모여 하나의 개체가 된다.

(2) 동물의 구성 단계❷ : 세포 → 조직 → 기관 →기관계 → 개체

① **세포** : 생물체를 구성하는 구조적 · 기능적 단위로 동물의 몸에는 다양한 기능을 가진 세포들이 있다.

② **조직** : 모양과 기능이 비슷한 세포들의 모임으로 기능에 따라 상피 조직, 근육 조직, 신경 조직, 결합 조직으로 구분된다.

상피 조직	근육 조직❶
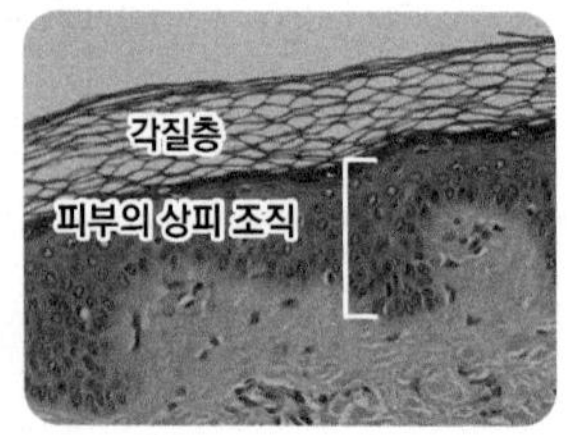	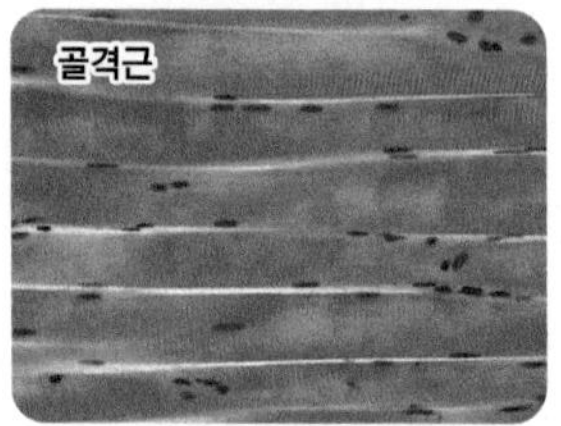
· 몸의 표면이나 기관의 내벽을 구성하는 조직 · 몸의 물리적, 화학적 보호, 물질의 통로, 외분비샘 형성 · 빽빽한 층 구조이며 세포 간 물질 미니 이 적음 예 보호 상피(피부), 감각 상피(눈의 망막), 샘 상피(침샘), 흡수 상피(소장 내벽) 등	· 몸의 근육이나 내장 기관을 구성하는 조직 · 골격 운동과 내장 운동을 담당 · 신축성이 있는 가늘고 긴 근육 세포(근육 섬유)로 구성됨 예 골격근(혀, 횡격막, 괄약근), 심장근(심장 근육), 내장근(소화관, 혈관 내벽근)
신경 조직	**결합 조직**
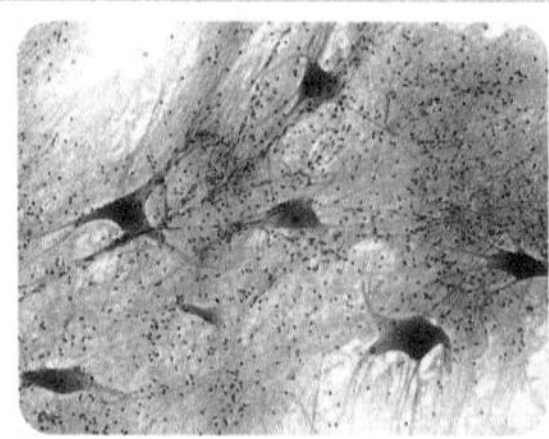	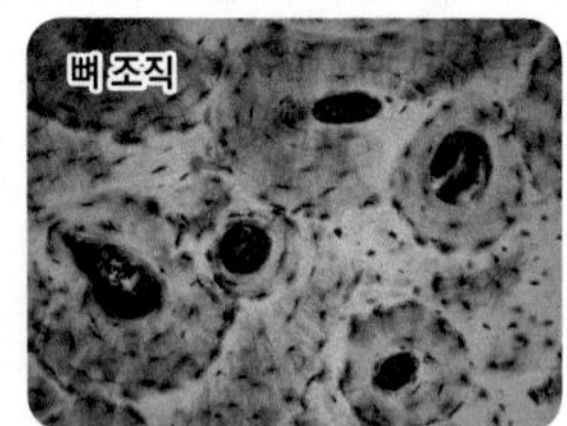
· 뉴런(신경 세포)으로 구성된 조직 · 자극에 대한 감각 및 반응에 관여하고 신호를 전달하는 조직 예 감각 뉴런, 연합 뉴런, 운동 뉴런, 교세포 미니	· 세포 외 바탕질 미니 을 분비하는 세포들로 구성된 조직으로 세포 간 물질이 채워져 있음 · 세포들이 낱개로 흩어져 있음 · 조직이나 기관을 서로 연결하고 지지하는 기능 예 인대, 힘줄, 림프, 혈액, 연골, 뼈 등

미니사전

교세포 [膠 접착하다 -세포] 뉴런을 지지하는 세포

세포 외 바탕질 세포에 의해 합성되고 분비되는 물질로 주요 구성 성분은 콜라겐과 같은 당단백질과 탄수화물을 포함한 분자들이다.

세포 간 물질 세포 간극(세포 사이 생장으로 생긴 틈)을 채우고 있는 물질

개념확인 1

세포 외 바탕질을 분비하는 세포들로 구성된 조직으로, 다른 조직을 연결하고 지지하는 기능을 하는 조직은 무엇인가?

( )

확인+1

골격과 내장 운동을 담당하며, 몸의 근육이나 내장 기관을 구성하는 조직은 무엇인가?

( )

③ **기관** : 여러 조직이 모여 일정한 형태와 고유의 기능을 하는 단계로 감각 기관, 호흡 기관, 배설 기관, 순환 기관, 소화 기관 등으로 구분된다.

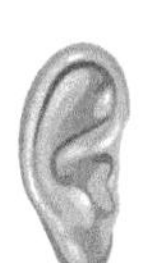
▲ 귀 (감각 기관)

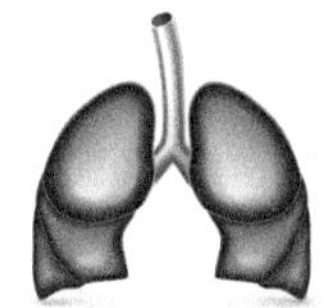
▲ 폐 (호흡 기관)

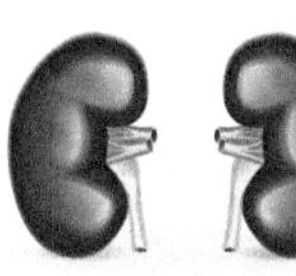
▲ 콩팥 (배설 기관)

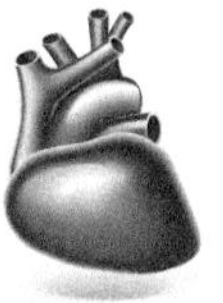
▲ 심장 (순환 기관)

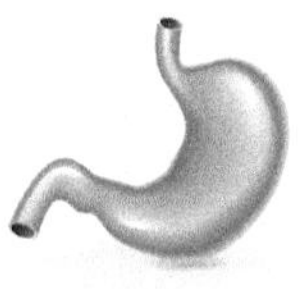
▲ 위 (소화 기관)

④ **기관계** : 여러 기관들이 서로 공통된 일을 담당하는 단계로 동물에만 있는 구성 단계이다.

기관계	기관	기능
소화계	입, 식도, 위, 소장, 대장, 간, 이자 등	음식물의 소화와 흡수
순환계	심장, 혈관 등	영양소, 기체, 노폐물의 운반
호흡계	폐, 기관, 기관지 등	기체 교환
배설계	콩팥, 오줌관, 방관, 요도 등	노폐물의 배설
신경계	뇌, 척수 등	흥분의 전달, 기관의 작용 조절
면역계	골수, 가슴샘 등	질병으로부터 인체 방어
내분비계	뇌하수체, 갑상샘, 부신, 생식샘 등	호르몬의 생성과 분비, 항상성 유지
골격계	두개골, 갈비뼈, 척주[3], 어깨뼈 등	몸통 지지, 장기 보호, 무기질 저장
근육계	근육, 근막, 힘줄 등	수축 · 이완으로 운동 조절
생식계	정소, 난소, 자궁, 수정관, 수란관 등	생식 세포 형성, 수정과 발생

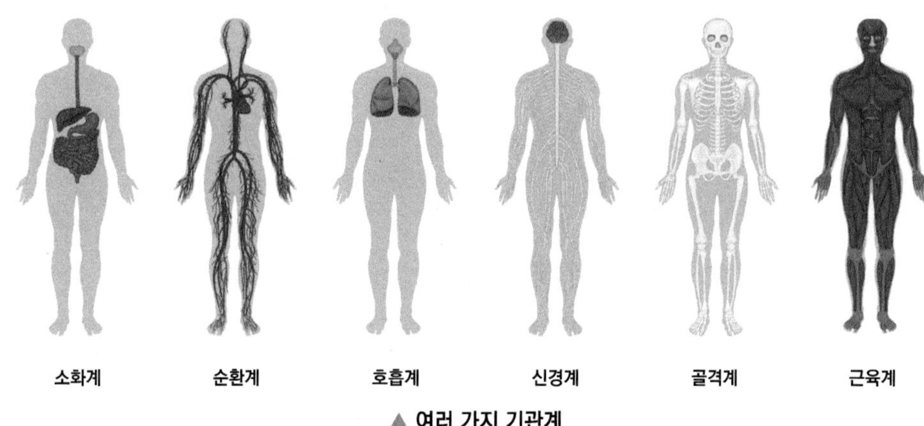

▲ 여러 가지 기관계

개념확인 2

정답 및 해설 21쪽

동물에게만 있는 구성 단계는 무엇인가?

( )

확인+2

동물의 구성 단계를 차례대로 쓰시오.

(→ → → →)

❷ 동물의 구성 단계

세포
생물체의 기본 단위

조직
모양과 기능이 비슷한 세포들의 모임

기관
여러 조직이 모여 특정한 형태를 이루고 고유한 기능을 수행하는 단계

기관계
기관들이 모여 공통의 기능을 담당하는 단계

개체

여러 기관이 모여 독립된 구조와 기능을 가지고 생활하는 생물체

❸ 척주

척추뼈와 척추사이원반(척추뼈와 척추뼈 사이를 이어주는 연골 구조물)이 모여 기둥을 이룬 상태를 말한다. 머리뼈부터 골반뼈까지 인대와 근육을 통해 신체를 지지하고 척수를 보호한다.

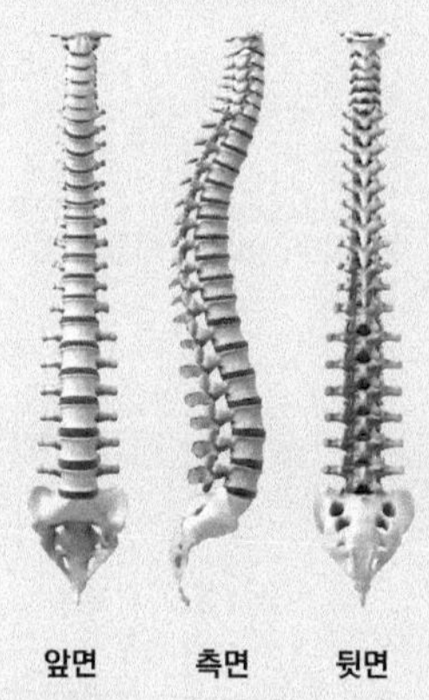

▲ 척주

3. 식물의 구성 단계

(1) 식물의 구성 단계[4] : 세포 → 조직 → 조직계 →기관 → 개체

① **세포** : 식물은 표피 세포, 물관 세포 등 다양한 모양과 기능을 가진 세포들이 있다.

② **조직** : 모양과 기능이 비슷한 세포들의 모임으로 세포 분열의 여부에 따라 분열 조직과 영구 조직으로 나뉜다.

분열 조직 : 세포 분열이 왕성하게 일어나는 조직

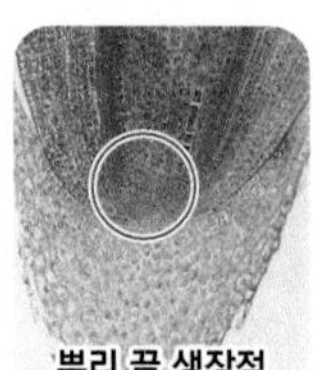

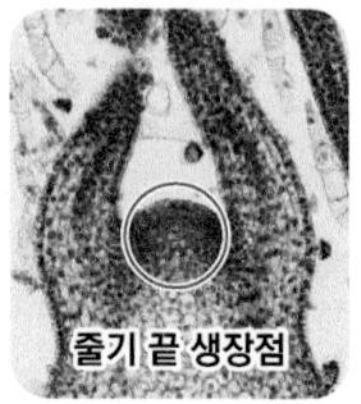

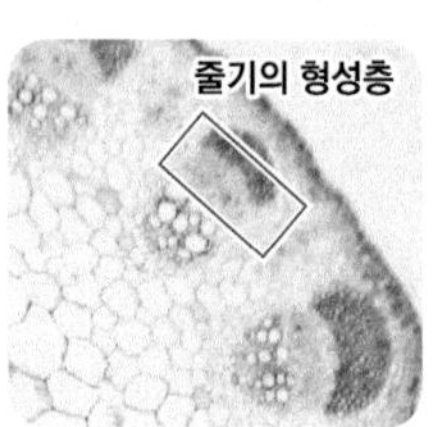

· 새로운 세포를 만들어 내며 세포의 크기와 액포가 작고, 세포벽이 얇다.

㉠ 생장점(식물의 뿌리와 줄기 끝에 있는 조직으로 길이 생장이 일어난다.), 형성층(쌍떡잎식물과 겉씨식물의 줄기와 뿌리에 있는 조직으로 물관부와 체관부 사이에 있으며 부피 생장이 일어난다.)

영구 조직 : 분열 조직에서 만들어진 세포들이 분화한 조직으로 세포 분열 능력이 없는 조직

표피 조직	유조직[2]	기계 조직 미니	통도 조직[3]
공변세포	울타리 조직 해면 조직	후각 조직 후벽 조직	물관
· 식물체의 표면을 덮는 조직 예 표피[1], 뿌리털, 공변세포, 잎의 털 등	· 광합성, 호흡, 저장, 분비 작용 등 생명 활동이 활발한 살아있는 세포로 구성 · 식물체의 대부분을 차지한다. 예 울타리 조직, 해면 조직, 선인장 줄기의 저수 조직 등	· 식물체를 튼튼하게 유지하는 조직으로 세포벽이 두껍다. 예 섬유 조직, 후각 조직 미니, 후벽 조직 미니 등	· 물과 양분의 이동 통로가 되는 조직 · 뿌리와 줄기의 관다발, 잎맥에 존재 예 물관, 헛물관, 체관 등

개념확인3

동물의 구성 단계에는 없고 식물의 구성 단계에서만 나타나는 것은 무엇인가?

( )

확인+3

식물체의 조직에 대한 설명 중 옳은 것은 ○표, 옳지 않은 것은 ×표 하시오.

(1) 분열 조직과 기계 조직으로 구분된다. ( )

(2) 유조직에는 표피, 공변세포, 뿌리털 등이 속한다. ( )

(3) 세포 분열 능력이 없는 조직에는 표피 조직, 유조직, 기계 조직, 통도 조직이 있다. ( )

---

1 표피와 상피
- 표피 : 식물의 표면을 둘러싸는 조직
- 상피 : 동물의 표면을 둘러싸는 조직

2 유조직의 종류
- 동화 조직 : 세포 내 엽록체를 갖고 있어 양분을 합성하는 동화 작용이 일어나는 조직
- 저장 조직 : 양분을 저장하는 조직
- 저수 조직 : 줄기나 잎의 표피에 수분을 저장하는 조직
- 분비 조직 : 분비물을 가지고 있는 조직

3 통도 조직

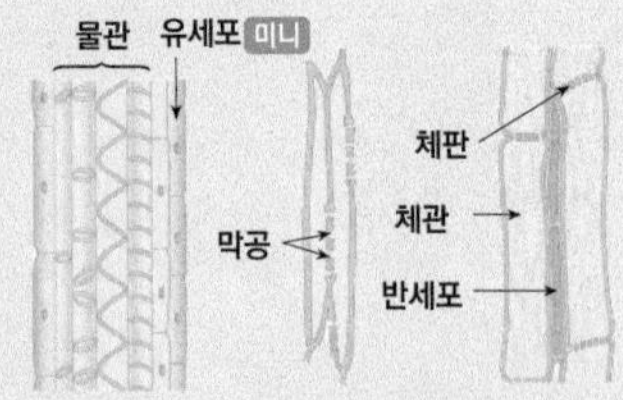

▲ 물관 ▲ 헛물관 ▲ 체관

물관	· 물과 무기 양분의 통로 · 죽은 세포로 이루어짐 · 세포 위아래의 세포벽이 소실되어 긴 관을 이룸
헛물관	· 물과 무기 양분의 통로 · 죽은 세포로 이루어짐 · 세포 위아래 세포벽이 남아있어 막공을 통해 물질 이동
체관	· 유기 양분의 이동 통로 · 살아 있는 세포로 이루어짐 · 세포 위아래 뚫린 구멍을 통해 양분 이동 · 체관의 기능을 돕는 반세포가 있음

미니사전

기계 조직 [機 틀 械 기계 -조직] 식물체를 기계적으로 떠받치는 세포 무리로 뿌리 중심부, 줄기나 잎의 주변부에 발달하며 대부분 목질화하여 두껍다.

유세포 [柔 연하다 -세포] 세포벽이 얇고 유연한 세포로 식물의 물질대사 기능을 거의 전담한다.

후각 조직 [厚 두껍다 角 뿔 -조직] 식물체를 지지하는 조직으로 세포벽의 일부가 두꺼워진 후각세포들이 모여서 이루어진 조직으로 비교적 부드럽고 유연하다.

후벽 조직 [厚 두껍다 壁 벽 -조직] 후벽 세포로 이루어진 조직으로 두껍고 목질화된 세포벽을 갖는 식물 조직이다.

③ **조직계** : 식물에만 있는 구성 단계로, 여러 조직들이 모여 통합적으로 기능을 수행하는 단계이다. 식물체 전체에 연속적으로 연결되어 있으며 표피 조직계, 관다발 조직계, 기본 조직계로 구분한다.

표피 조직계	관다발 조직계	기본 조직계
· 표피 조직으로 구성 · 표피, 공변세포, 큐티클층, 뿌리털 등으로 구성 · 식물체 내부를 보호하는 역할	· 물관부와 체관부[5]로 구성되며, 그 사이에 형성층이 있는 경우도 있다. · 물과 양분이 이동하는 통로	· 표피 조직계와 관다발 조직계를 제외한 식물체의 대부분 · 대부분의 유조직과 일부 기계 조직으로 구성 · 양분의 합성과 저장 등의 기능

◀ 잎의 단면

④ **기관** : 식물의 기관은 영양 기관과 생식 기관으로 구분한다.

영양 기관	생식 기관
뿌리 줄기 잎	꽃 열매 종자
· 양분의 합성, 흡수, 저장을 담당 · 식물체의 생존에 직접적으로 관여 예 뿌리, 줄기, 잎	· 개체를 증식시켜 식물의 번식과 종족 보존에 관여 예 꽃, 열매, 종자

개념확인 4

정답 및 해설 21 쪽

다음 물음에 답하시오.

(1) 식물의 기관 중 양분의 합성, 흡수, 저장을 담당하는 기관을 무엇이라고 하는가?

( )

(2) 생식 기관에 속하는 식물의 기관을 쓰시오.

( )

확인+4

식물의 구성 단계를 차례대로 쓰시오.

(→ → → →)

④ 식물의 구성 단계

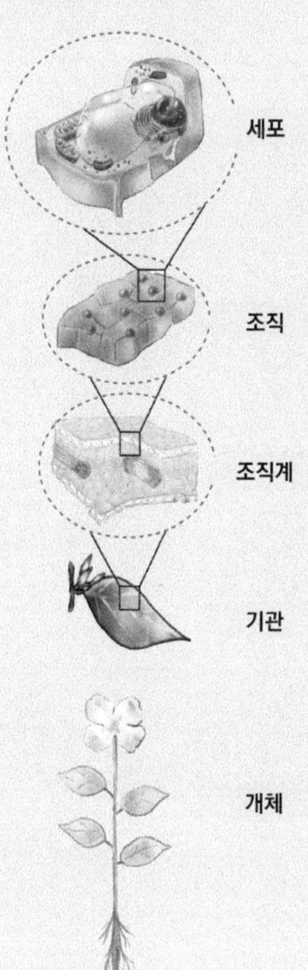

⑤ 물관부와 체관부

·물관부 : 물관 요소, 헛물관, 물관부 섬유 등으로 구성된다. 물관 요소의 끝과 끝이 맞닿아 연결되어 길고 미세한 물관을 형성한다.
·체관부 : 체관 요소, 반세포, 섬유 세포 등으로 구성된다. 체관 요소가 연결되어 체관을 형성한다.

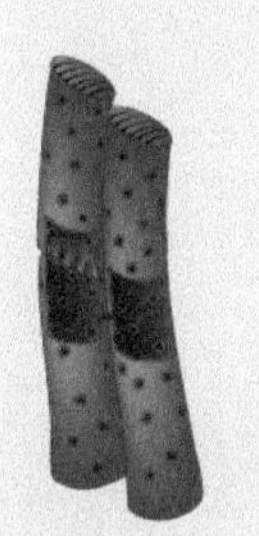
▲ 물관 요소

▲ 체관 요소

개념 다지기

01 동물의 구성 단계 중 조직에 대한 설명이다. 이에 대한 설명으로 옳은 것만을 〈보기〉에서 있는 대로 고른 것은?

〈 보기 〉

ㄱ. 교세포, 횡격막, 눈의 망막은 모두결합 조직에 속한다.
ㄴ. 세포 외 바탕질을 분비하는 세포들은 결합 조직을 구성한다.
ㄷ. 몸의 표면이나 기관의 내벽을 구성하는 조직은 상피 조직이다.

① ㄱ　② ㄴ　③ ㄱ, ㄴ　④ ㄴ, ㄷ　⑤ ㄱ, ㄴ, ㄷ

02 다음 근육에 대한 설명 중 옳은 것은 ○표, 옳지 않은 것은 ×표 하시오.

(1) 근육 세포의 모양에 따라 가로무늬근과 세로무늬근으로 구분한다. (　　)
(2) 근육의 움직임에 따라 수의근과 불수의근으로 구분한다. (　　)
(3) 심장을 이루는 근육은 가로무늬근, 수의근이다. (　　)

03 다음 중 내분비계에 해당하는 기관은 무엇인가?

① 뇌　② 근육　③ 척주
④ 심장　⑤ 뇌하수체

04 다음 설명에 해당되는 기관계는 무엇인가?

·노폐물의 배설의 기능을 담당한다.
·콩팥, 오줌관, 방관, 요도 등이 이에 해당하는 기관이다.

① 소화계　② 순환계　③ 배설계
④ 골격계　⑤ 내분비계

정답 및 해설 21쪽

05

다음 중 분열 조직에 해당하는 것만을 있는 대로 고르시오.

① 표피 ② 뿌리털 ③ 생장점
④ 형성층 ⑤ 해면 조직

06

다음 조직에 포함되는 것을 〈보기〉에서 찾아 기호로 쓰시오.

〈 보기 〉

ㄱ. 표피 ㄴ. 섬유 조직 ㄷ. 저수 조직 ㄹ. 헛물관

(1) 광합성, 호흡, 저장, 분비 작용 등 생명 활동이 활발한 세포로 이루어진 조직 (　　)
(2) 식물체를 튼튼하게 유지하는 조직 (　　)
(3) 물과 양분의 이동 통로가 되는 조직 (　　)

07

다음이 설명하는 구성 단계는 무엇인가?

·식물에서만 나타나는 구성 단계이다.
·여러 조직들이 모여 통합적으로 기능을 수행하는 단계이다
·식물체 전체에 연속적으로 연결되어 있다.

① 세포 ② 조직 ③ 조직계 ④ 기관 ⑤ 기관계

08

식물의 조직과 이에 속하는 예를 옳게 짝지은 것은?

① 유조직 - 저수 조직, 형성층
② 표피 조직 - 공변세포, 형성층
③ 기계 조직 - 섬유 조직, 후각 조직
④ 분열 조직 - 공변세포, 해면 조직
⑤ 통도 조직 - 해면 조직, 울타리 조직

유형 익히기 & 하브루타

[유형 4-1] 동물의 구성 단계 1

다음은 사람의 신체의 각 부분을 현미경 사진으로 나타낸 것이다.

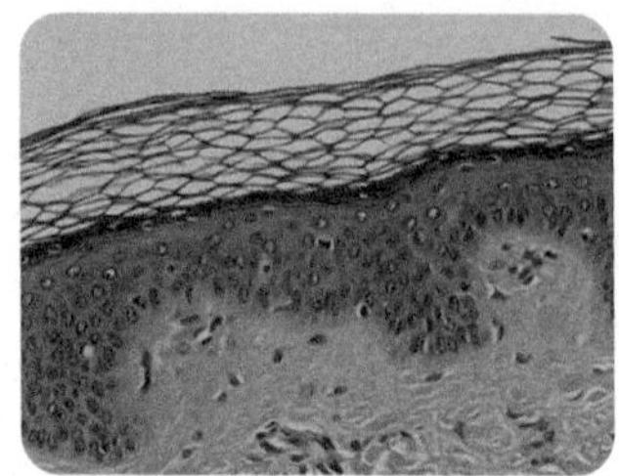

(가) 피부 상피

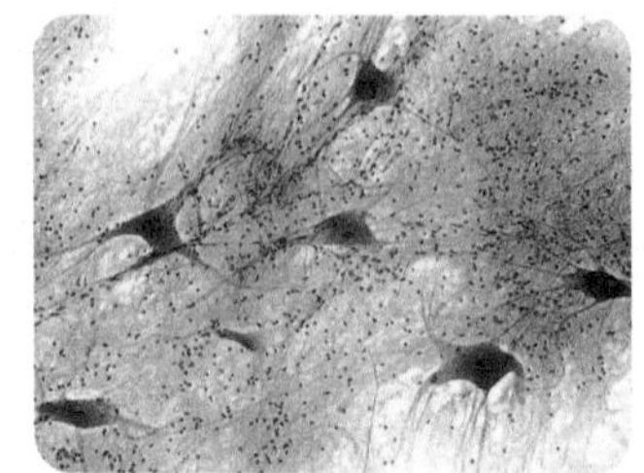

(나) 신경

(1) (가)와 같이 몸의 표면이나 기관의 내벽을 구성하는 조직을 무엇이라고 하는가?

( )

(2) (나)가 해당되는 조직을 구성하는 세포를 3 종류 이상 쓰시오.

( )

(3) (가)와 (나)를 구분 짓는 기준은 무엇인가?

( )

01 다음 설명을 읽고 빈칸에 들어갈 알맞은 말을 써 넣으시오.

> 다세포 생물의 경우 다양한 모양과 기능을 가진 ㉠( )(이)가 모여 조직을 형성하고, 조직이 모여 고유한 기능을 하는 ㉡( )(을)를 형성하며, 이들이 체계적으로 모여 하나의 ㉢( )(이)가 된다.

㉠ ( ), ㉡ ( ), ㉢ ( )

02 다음 중 조직에 대한 설명으로 옳은 것만을 〈보기〉에서 있는 대로 골라 기호로 쓰시오.

〈 보기 〉

ㄱ. 모양과 기능이 비슷한 세포들의 모임이다.
ㄴ. 동물의 조직은 크게 6 가지의 조직으로 구분된다.
ㄷ. 인대, 힘줄, 림프, 혈액, 뼈 등은 결합 조직에 해당된다.

( )

정답 및 해설 21쪽

[유형 4-2] 동물의 구성 단계 2

다음은 동물의 구성 단계에 해당하는 그림을 순서 없이 나타낸 것이다.

(가) (나) (다) (라) (마)

(1) (가) ~ (마) 중 여러 기관들이 서로 공통된 일을 담당하는 단계는 무엇인가? (　　　　)

(2) (가) ~ (마) 중 여러 조직이 모여 일정한 형태와 고유의 기능을 하는 단계는 무엇인가? (　　　　)

(3) (가) ~ (마) 를 생물의 구성 단계 중 가장 작은 단계에 해당하는 것부터 차례대로 쓰시오.

(　　　　→　　　　→　　　　→　　　　→　　　　)

03

다음 동물의 기관과 기관계에 대한 설명 중 옳은 것은 ○표, 옳지 않은 것은 ×표 하시오.

(1) 감각 기관에는 눈, 코, 입, 귀 등이 있다. (　　)

(2) 골수, 가슴샘 등은 면역계에 속한다. (　　)

(3) 뇌하수체, 갑상샘, 부신, 생식샘 등은 신경계에 속한다. (　　)

04

오른쪽 그림은 사람의 한 기관계를 나타낸 것이다. 이 기관계의 기능에 대한 설명으로 옳은 것은?

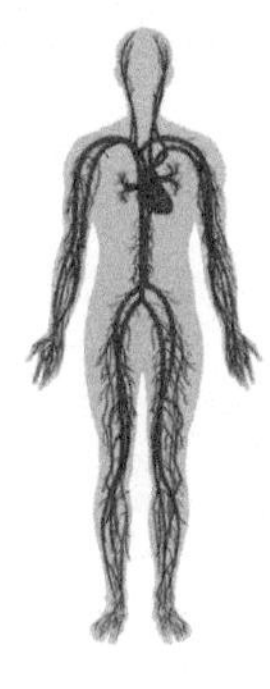

① 홍분을 전달하는 기관들의 모임이다.
② 노폐물을 배설하는 기관들의 모임이다.
③ 생식 세포를 형성하는 기관들의 모임이다.
④ 영양소와 노폐물을 운반하는 기관들의 모임이다.
⑤ 질병으로부터 인체를 방어하는 기관들의 모임이다.

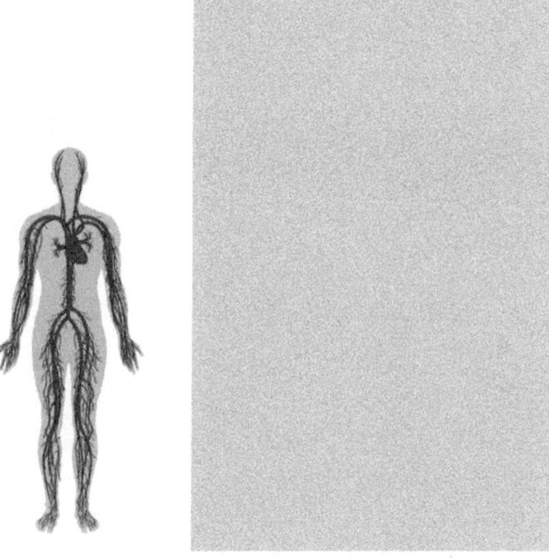

유형 익히기 & 하브루타

[유형 4-3] 식물의 구성 단계 1

다음은 식물의 각 조직을 현미경 사진으로 나타낸 것이다.

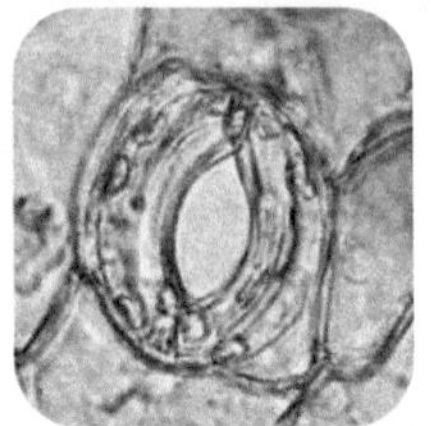

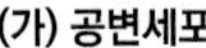

(가) 공변세포

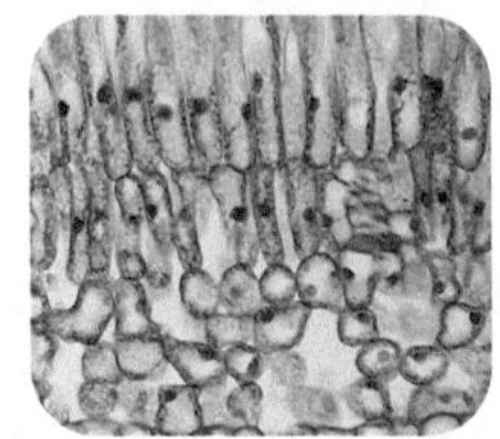

(나) 울타리 조직과 해면 조직

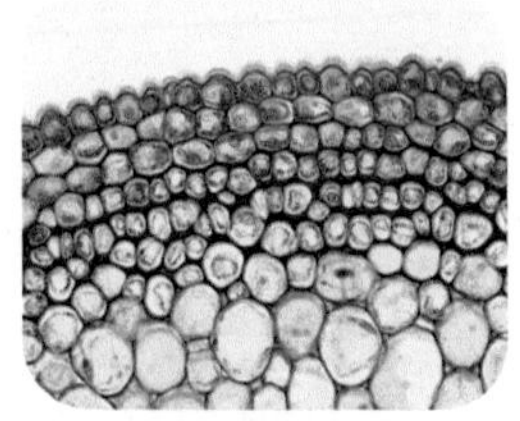

(다) 후각 조직

(라) 물관

(1) (가) ~ (라) 중 식물체를 튼튼하게 유지하는 조직에 해당하는 것의 기호를 쓰고, 조직의 이름을 쓰시오.

(,)

(2) (가) ~ (라) 중 광합성, 호흡, 저장, 분비 작용 등 생명 활동이 활발하게 일어나며 식물체의 대부분을 차지하는 조직에 해당하는 것의 기호를 쓰고, 조직의 이름을 쓰시오.

(,)

(3) (가) ~ (라) 의 공통점은 무엇인가?

( )

[05~06] 다음은 식물의 줄기에서 나타나는 특정한 조직을 표시한 것이다.

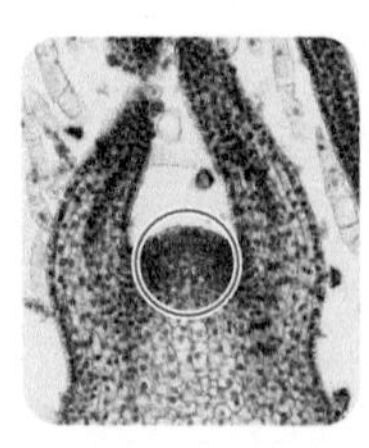

(가)

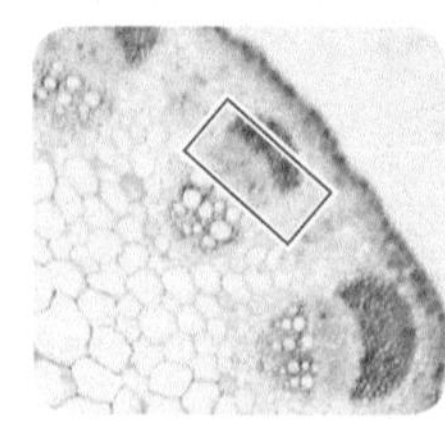

(나)

05 다음 설명의 빈칸에 알맞은 말을 고르시오.

(가)는 줄기의 ㉠(생장점 , 형성층)으로 식물의 ㉡(길이 생장 , 부피 생장)이 일어나고,
(나)는 줄기의 ㉢(생장점 , 형성층)으로 식물의 ㉣(길이 생장 , 부피 생장)이 일어난다.

06 (가), (나)와 같이 세포 분열이 왕성하게 일어나는 조직을 무엇이라고 하는가?

( )

정답 및 해설 21쪽

[유형 4-4] 식물의 구성 단계 2

다음은 식물의 잎의 단면을 나타낸 현미경 사진이다. 이에 대한 설명으로 옳은 것을 〈보기〉에서 있는 대로 골라 기호로 쓰시오.

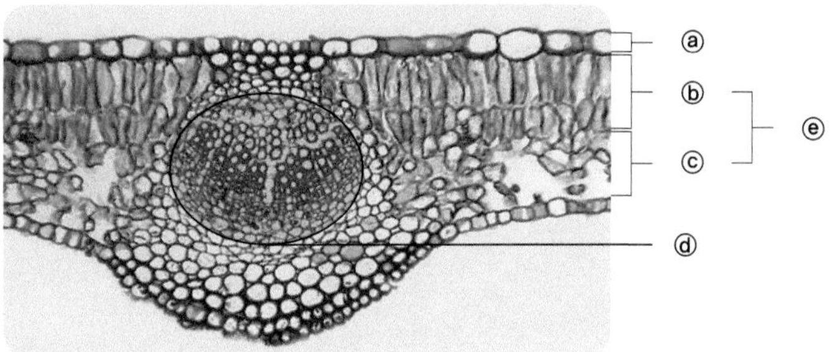

〈 보기 〉

ㄱ. ⓓ는 물관부와 체관부로 구성된다.
ㄴ. ⓐ ~ ⓔ 중 조직계에 해당하는 것은 ⓐ, ⓑ, ⓒ, ⓓ이다.
ㄷ. ⓔ는 식물체의 대부분을 차지하며 양분의 합성과 저장 등의 기능을 담당한다.

( )

07

다음 설명에 해당되는 조직계를 각각 쓰시오.

(1) 식물체 내부를 보호하는 역할을 하며 큐티클층, 뿌리털, 공변세포 등으로 구성된다.

( )

(2) 표피 조직계와 관다발 조직계를 제외한 식물체의 대부분을 차지하는 조직계로 양분의 합성과 기능을 담당한다.

( )

(3) 물관부와 체관부로 구성되며 그 사이 형성층이 있는 경우도 있는 기관계로 물과 양분이 이동하는 통로가 된다.

( )

08

식물체의 기관의 기능과 그 예를 바르게 연결하시오.

(1) 영양 기관 ·	· ⓐ 양분의 합성, 흡수, 저장 ·	· ㉠ 꽃, 열매
(2) 생식 기관 ·	· ⓑ 번식과 종족 보존 ·	· ㉡ 뿌리, 줄기

창의력&토론마당

01 생물의 기본 단위는 세포이다. 세포가 모여 조직이 되고, 조직이 모여 기관이 되며, 기관이 모여 생물의 개체가 된다. 그림 (가)는 식물의 한 조직인 표피 조직이고, (나)는 동물의 한 조직인 혈액의 모습이다.

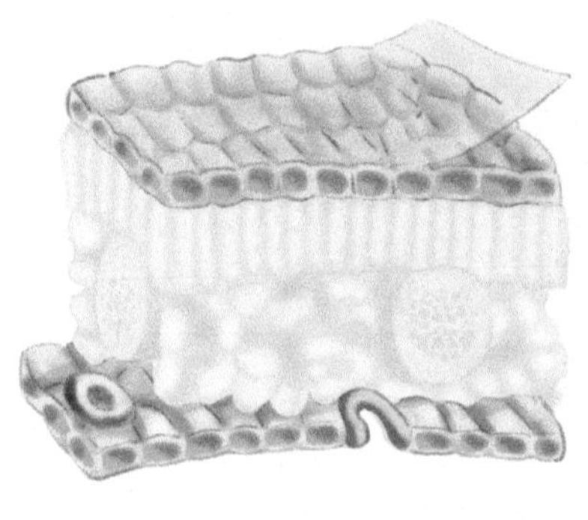

(가)

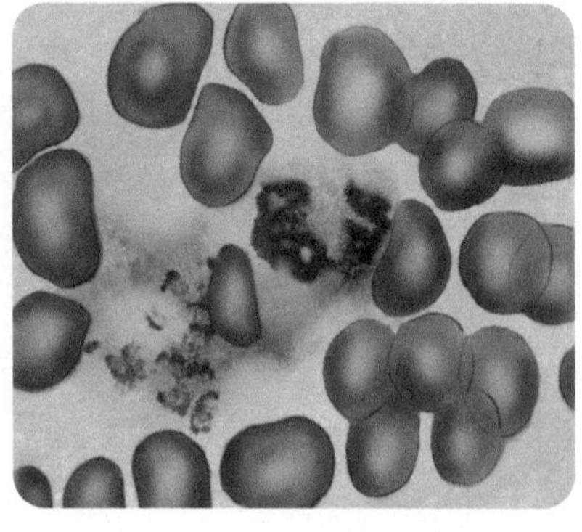

(나)

아래의 설명 중 옳은 것만을 있는 대로 고르고, 옳지 않은 것의 이유를 각각 설명하시오.

[창의력 대회 유형]

① 표피 조직은 잎에서 관찰이 가능하며, 혈액은 혈관계를 구성한다.
② 표피 조직과 혈액은 각각 크기가 비슷한 세포로 이루어져 있다.
③ 표피 조직과 혈액은 둘 다 동일한 내용물로 채워져 있다.
④ 표피 조직과 혈액이 하는 일은 같다.

답 :
이유 :

정답 및 해설 23쪽

02

상피 조직은 동물의 체표면이나 내벽을 구성하고 있다. 상피 조직 세포들은 빽빽하게 쌓여 있어 외부의 영향으로부터 물리, 화학적 방어를 하고 물질의 통로 등의 역할을 수행하며 외분비샘을 구성한다. 다음은 여러 가지 상피 조직의 종류와 특성을 나타낸 것이다. 다음 물음에 답하시오.

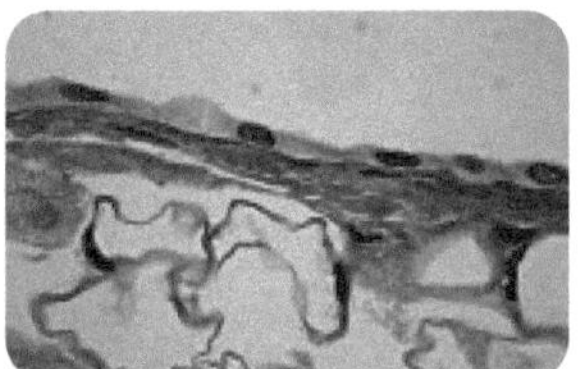

▲ 단층 편평상피

편평한 세포들이 단층으로 배열되어 확산에 의한 물질 교환과 여과 기능을 수행한다.

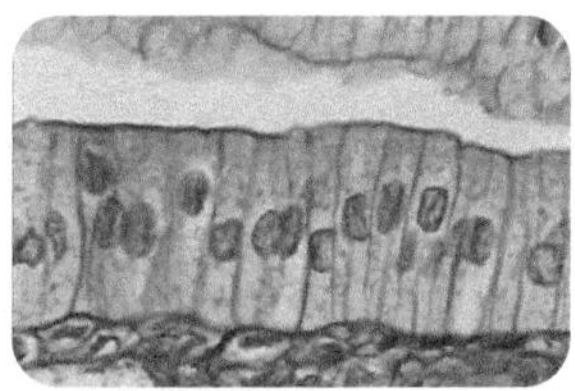

▲ 단층 원주상피

원기둥 모양의 세포들이 단층으로 배열되어 흡수와 분비 기능을 수행한다.

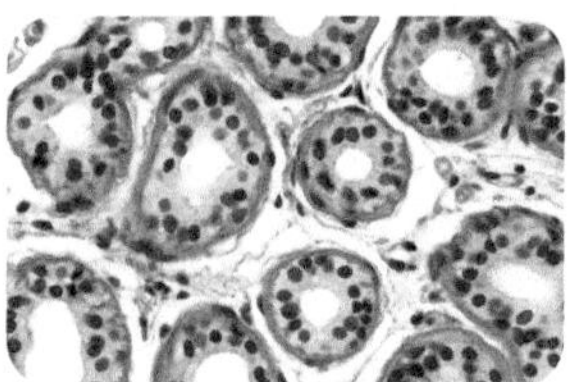

▲ 입방상피

구형의 세포들이 단층으로 배열되어 분비를 위해서 특수화된 세포이다.

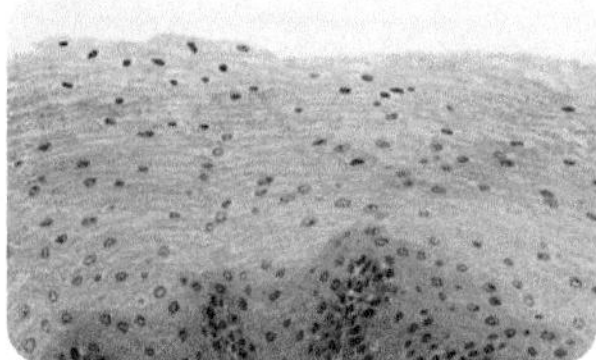

▲ 다층 편평상피

노출된 체표면을 덮고 있으며 편평한 세포들이 여러 층으로 배열되어 있다. 세포들은 계속 탈락하지만, 기저막 부근에서 형성된 새로운 세포들이 바깥쪽으로 밀고 있어 탈락한 세포들을 보충한다.

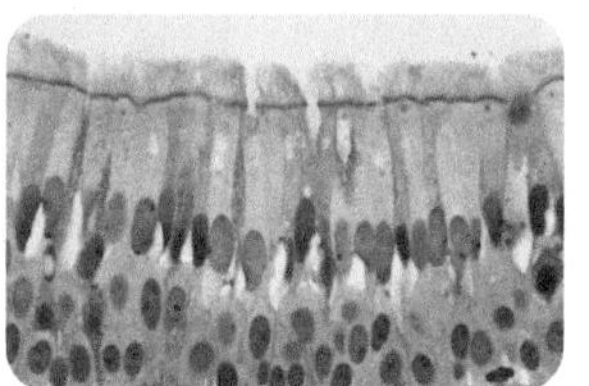

▲ 거짓 다층 섬모원주상피

원기둥 모양의 세포들이 단층으로 배열된 것인데, 서로 비틀어져 다층으로 보인다. 섬모가 있어 외부로부터 침입한 미생물 같은 이물질을 걸러준다.

(1) 모든 유형의 상피 조직들은 공통적으로 어떠한 특징을 갖고있는가?

(2) 다음 〈보기〉 중 각각의 상피 조직에 해당하는 예를 골라 기호로 나타내시오.

〈보기〉

ㄱ. 침샘　　ㄴ. 소화관 내면　　ㄷ. 콩팥의 사구체　　ㄹ. 피부　　ㅁ. 기도 상단부

① 단층 편평상피 :
② 단층 원주상피 :
③ 입방상피 :
④ 다층 편평상피 :
⑤ 거짓 다층 섬모원주상피 :

03 사람의 피부 아래에 있는 세포는 분열하여 표면의 탈락한 죽은 세포를 대체한다. 식물의 분열 조직은 세포 분열이 왕성하게 일어나는 조직으로 생장점과 형성층이 있다. 사람의 상피 세포의 분열과 식물의 분열 조직에서 일어나는 분열의 차이점이 무엇인지 서술하시오.

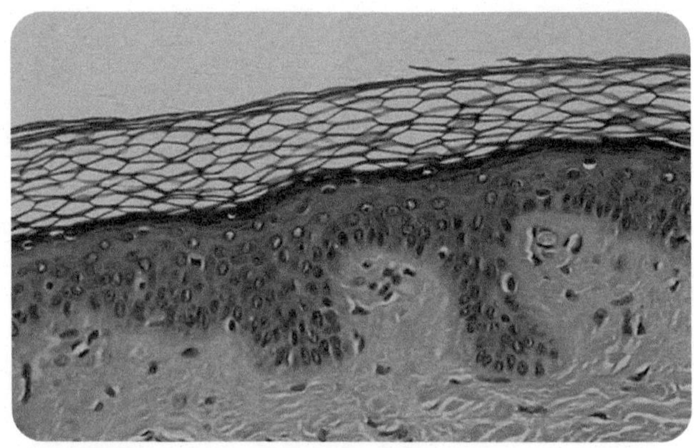
▲ 상피 조직

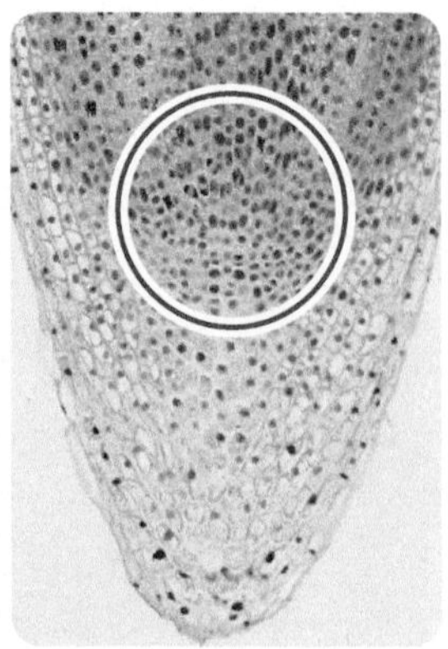
▲ 분열 조직 (생장점)

정답 및 해설 23쪽

04 다음 그림에 식물의 조직계를 구분지어 색칠하고, 각 조직계에 대한 특징을 서술하시오.

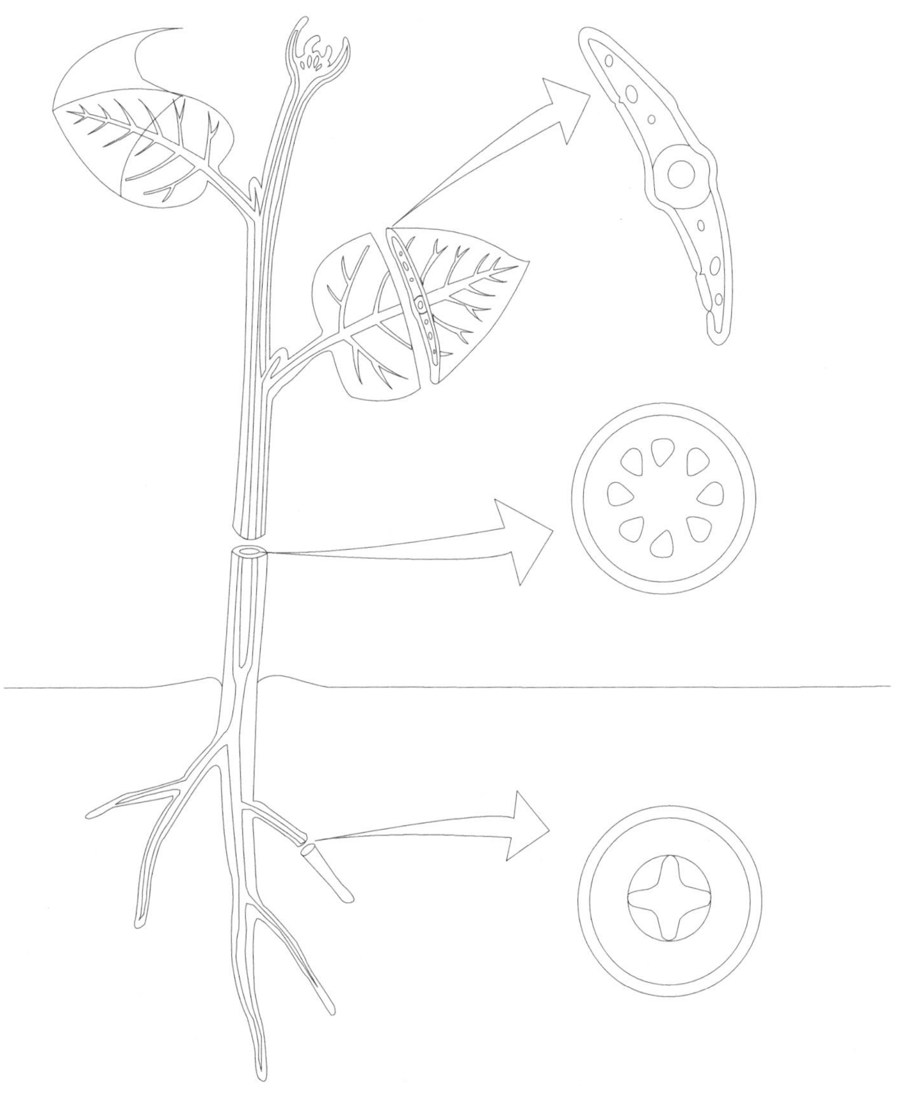

[조직계의 특징]

스스로 실력 높이기

A

[01-04] 다음 그림은 사람의 구성 단계를 순서 없이 나타낸 것이다.

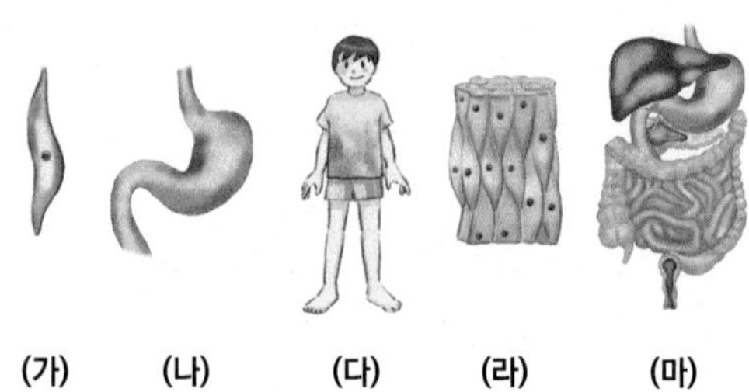

01 (가) ~ (마)를 동물의 구성 단계에서 가장 작은 단계에서부터 차례대로 나열하시오.

(　　) → (　　) → (　　) → (　　) → (　　)

02 (가) ~ (마) 중 식물에는 없고 동물에만 있는 구성 단계의 기호와 이름을 쓰시오.

기호 : (　　　) 이름 : (　　　　　　)

03 위 그림에 대한 설명 중 옳은 것은 ○표, 옳지 않은 것은 ×표 하시오.

(1) (라)는 신경 조직을 나타낸 것이다. (　　)

(2) (마)는 식물의 줄기와 같은 구성 단계이다. (　　)

(3) (나)와 같은 단계에 뇌, 귀, 근육 등이 포함된다. (　　)

04 식물의 구성 단계 중 (나) 단계에 해당하는 것은?

① 물관 ② 줄기 ③ 형성층
④ 공변세포 ⑤ 기본 조직계

05 동물의 구성 단계에서 조직에 대한 설명으로 옳지 <u>않은</u> 것은?

① 근육 조직은 골격 운동과 내장 운동을 담당한다.
② 신경 조직은 자극에 대한 감각과 반응에 관여한다.
③ 상피 조직에는 피부, 눈의 망막, 침샘 등이 포함된다.
④ 결합 조직은 빽빽한 층 구조로 세포 간 물질이 적다.
⑤ 모양과 기능이 비슷한 세포들의 모임으로 기능에 따라 4 가지 조직으로 구분된다.

06 식물체의 각 조직에 포함되는 예를 바르게 연결하시오.

(1) 분열 조직 · · ⓐ 헛물관

(2) 표피 조직 · · ⓑ 후각 조직

(3) 기계 조직 · · ⓒ 뿌리털

(4) 통도 조직 · · ⓓ 형성층

[07-08] 다음 그림은 식물의 구성 단계를 차례대로 나타낸 것이다. 아래의 물음에 답하시오.

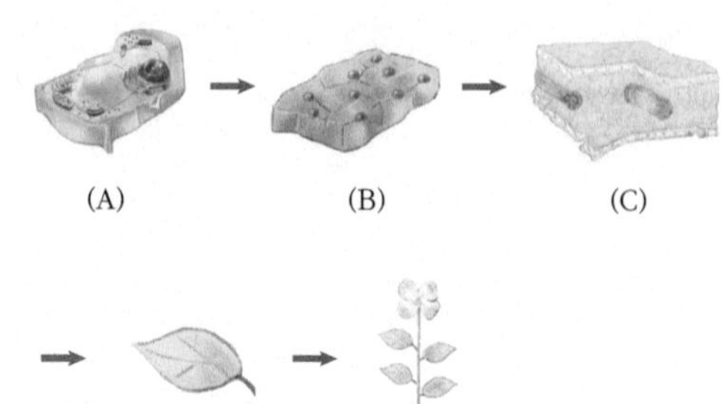

정답 및 해설 24쪽

07 (A) ~ (E) 중 동물에는 없고 식물에만 있는 구성 단계의 기호와 이름을 쓰시오.

기호 : (　　　) 이름 : (　　　　　　　)

08 다음 중 (D) 단계에 해당하지 <u>않는</u> 것은?

① 잎　② 꽃　③ 물관
④ 줄기　⑤ 열매

09 다음이 설명하는 식물의 구성 요소를 쓰시오.

- 표피 조직으로 구성된다.
- 식물체 내부를 보호하는 역할을 한다.
- 표피, 큐티클층, 공변세포 등으로 구성된다.

(　　　　　　　)

10 다음 설명에 해당하는 조직 또는 조직계의 이름을 쓰시오.

(1) 식물체의 표면을 덮는 조직 (　　　　)
(2) 식물체를 튼튼하게 유지하는 조직 (　　　　)
(3) 물관부와 체관부로 구성된 조직계 (　　　　)
(4) 유조직과 일부 기계 조직으로 구성된 조직계 (　　　　)

B

11 다음은 여러 가지 동물 조직들을 나타낸 것이다.

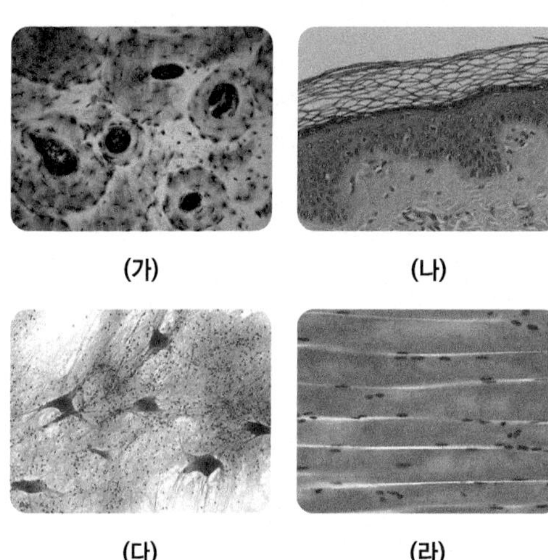

이에 대한 설명으로 옳은 것만을 〈보기〉에서 있는 대로 고른 것은?

〈 보기 〉

ㄱ. (가)는 뼈조직, (나)는 상피조직이다.
ㄴ. (다)는 뉴런으로 구성되어 있다.
ㄷ. (라)는 민무늬근이다.

① ㄱ　② ㄴ　③ ㄱ, ㄴ
④ ㄴ, ㄷ　⑤ ㄱ, ㄴ, ㄷ

12 다음 중 기관계와 그 기관계를 구성하는 기관을 바르게 짝지은 것은?

① 면역계 - 뇌, 척수
② 골격계 - 근육, 근막, 힘줄
③ 생식계 - 정소, 난소, 자궁
④ 소화계 - 폐, 기관, 기관지
⑤ 순환계 - 콩팥, 오줌관, 방광

스스로 실력 높이기

13 다음은 근육 세포의 모양에 따라 두 가지로 구분한 것이다.

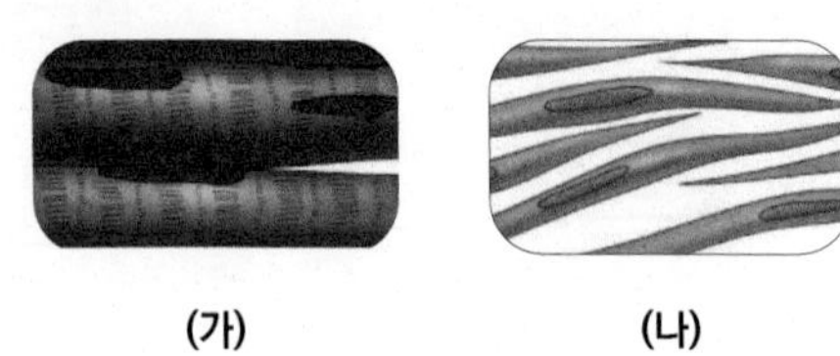

이에 대한 설명으로 옳은 것만을 〈보기〉에서 있는 대로 고른 것은?

〈보기〉

ㄱ. (가)는 근육 세포에 가로무늬가 있는 가로무늬근이다.
ㄴ. (나)는 결합 조직이다.
ㄷ. (가)는 골격근에서 관찰할 수 있다.

① ㄱ ② ㄴ ③ ㄱ, ㄴ
④ ㄱ, ㄷ ⑤ ㄴ, ㄷ

14 다음 그림은 세포에서 개체까지의 구성 단계를 차례대로 나열한 것이다.

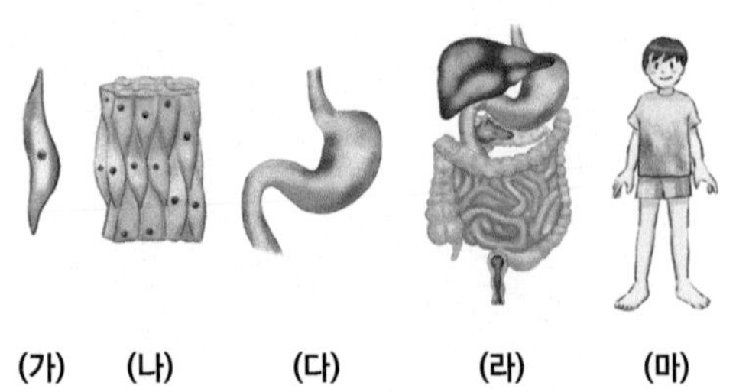

위 그림에 대한 설명 중 옳은 것은 ○표, 옳지 않은 것은 ×표 하시오.

(1) (나)는 근육 조직으로 신축성이 있는 가늘고 긴 근육 세포들의 모임이다. ( )
(2) (다)는 식물에는 없는 구성 단계이다. ( )
(3) (라)는 식물의 뿌리에 해당하는 구성 단계이다. ( )

15 사람의 몸을 구성하는 단계에 대한 설명으로 옳은 것만을 〈보기〉에서 있는 대로 고른 것은?

〈보기〉

ㄱ. 콩팥은 기관에 해당한다.
ㄴ. 심장과 혈관은 근육계에 속하는 기관이다.
ㄷ. 몸통을 지지하고 장기를 보호하며 무기질을 저장하는 기능을 하는 기관계는 근육계이다.

① ㄱ ② ㄴ ③ ㄱ, ㄴ
④ ㄴ, ㄷ ⑤ ㄱ, ㄴ, ㄷ

16 식물의 조직과 그 세포를 짝지은 것 중 옳지 않은 것은?

[국제 생물 올림피아드(IBO) 출제 문제]

① 뿌리털 - 표피 조직 ② 헛물관 - 통도 조직
③ 반세포 - 배설 조직 ④ 공변세포 - 표피 조직
⑤ 울타리 조직 - 유조직

17 유조직에 대한 설명 중 옳은 것은 ○표, 옳지 않은 것은 ×표 하시오.

(1) 식물체의 대부분을 차지한다. ( )
(2) 선인장 줄기의 저수 조직은 수분을 저장하는 조직이다. ( )
(3) 생명 활동이 활발한 살아 있는 세포로 세포 분열이 왕성하게 일어나는 조직이다. ( )
(4) 동화 조직은 엽록체를 갖고 있어 양분을 합성하는 동화 작용이 일어나는 조직이다. ( )

정답 및 해설 24쪽

18 식물의 구성 단계에 대한 설명으로 옳은 것만을 〈보기〉에서 있는 대로 고른 것은?

〈 보기 〉

ㄱ. 공변세포는 표피 조직에 해당한다.
ㄴ. 해면 조직은 기본 조직계에 해당한다.
ㄷ. 관다발 조직계는 물관부와 체관부로 구성된다.

① ㄱ ② ㄴ ③ ㄱ, ㄴ
④ ㄴ, ㄷ ⑤ ㄱ, ㄴ, ㄷ

19 다음은 식물의 잎의 단면을 나타낸 것이다.

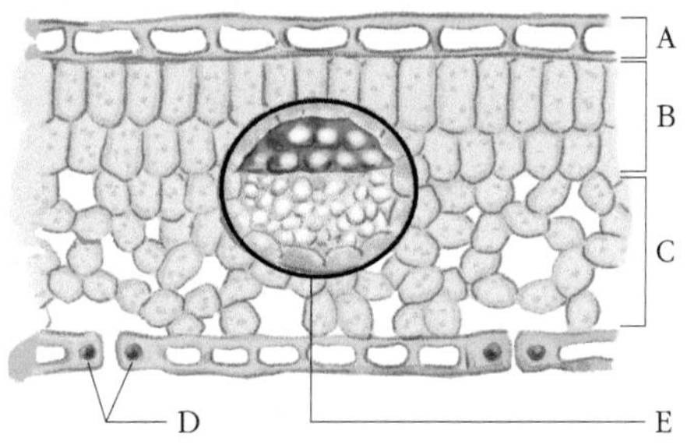

이에 대한 설명으로 옳은 것만을 〈보기〉에서 있는 대로 고른 것은?

〈 보기 〉

ㄱ. A와 B는 표피 조직계에 속한다.
ㄴ. E는 관다발 조직계에 속한다.
ㄷ. C는 유조직으로 기본 조직계에 속한다.

① ㄱ ② ㄴ ③ ㄷ
④ ㄱ, ㄴ ⑤ ㄴ, ㄷ

20 다음 식물의 구성 단계에 대한 설명 중 옳은 것은 ○표, 옳지 않은 것은 ×표 하시오.

(1) 식물의 조직계는 표피 조직계, 관다발 조직계, 기본 조직계로 구분된다. ( )

(2) 식물의 영양 기관에는 꽃, 열매, 종자가 해당된다. ( )

(3) 식물의 뿌리, 줄기, 잎을 개체라고 한다. ( )

21 (가) ~ (다)는 동물 조직을 나타낸 것으로 각각 상피 조직, 결합 조직, 신경 조직 중 하나이다.

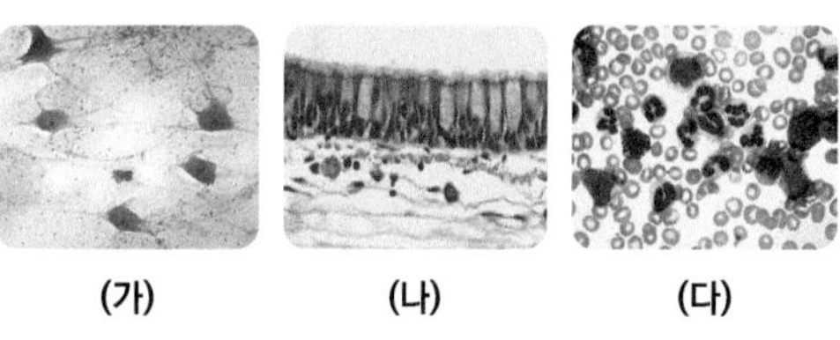

(가) (나) (다)

이에 대한 설명으로 옳은 것만을 〈보기〉에서 있는 대로 고른 것은?

〈 보기 〉

ㄱ. (가)는 결합 조직이다.
ㄴ. (나)는 몸의 표면이나 내장 기관의 내벽을 구성한다.
ㄷ. 소화 기관인 위에는 (가) ~ (다)가 모두 있다.

① ㄱ ② ㄴ ③ ㄱ, ㄴ
④ ㄴ, ㄷ ⑤ ㄱ, ㄴ, ㄷ

22 그림 (가)는 세포 소기관을, (나)와 (다)는 사람의 기관계를 나타낸 것이다.

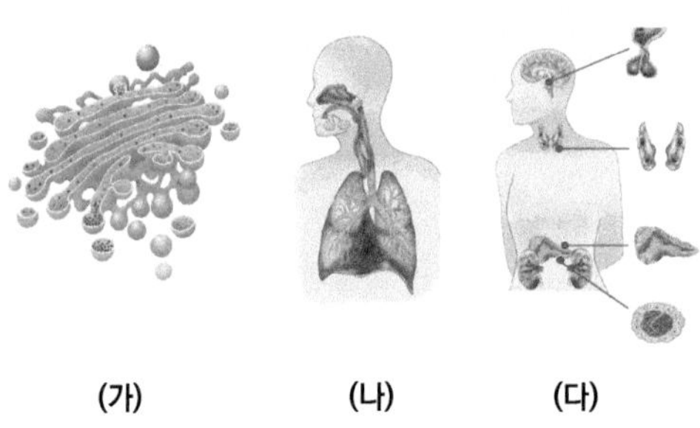

(가) (나) (다)

이에 대한 설명으로 옳은 것만을 〈보기〉에서 있는 대로 고른 것은?

〈 보기 〉

ㄱ. (가)는 (다) 기관계에 많이 존재한다.
ㄴ. (나)는 기체 교환을 담당하는 호흡계이다.
ㄷ. (다)는 항상성을 유지하는데 관여한다.

① ㄱ ② ㄴ ③ ㄱ, ㄴ
④ ㄴ, ㄷ ⑤ ㄱ, ㄴ, ㄷ

스스로 실력 높이기

23 다음은 사람 몸에 있는 각 기관계의 통합적인 작용을 나타낸 것이다. A ~ C 는 각각 소화계, 배설계, 호흡계 중 하나이다.

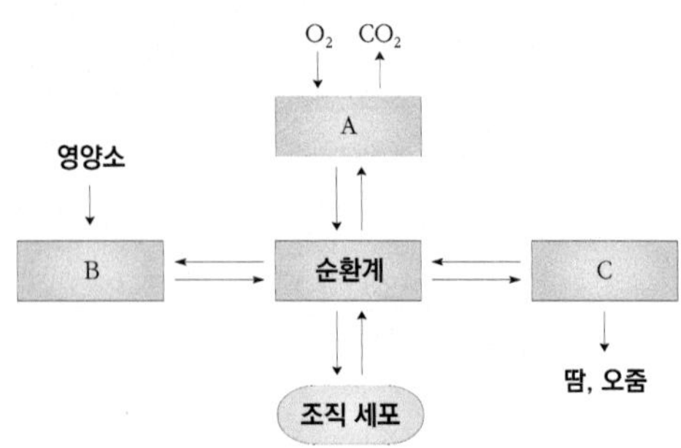

이에 대한 설명으로 옳은 것만을 〈보기〉에서 있는 대로 고른 것은?

〈 보기 〉

ㄱ. A 에는 폐, 기관, 기관지 등의 기관이 속한다.
ㄴ. B 에서는 영양소, 기체의 운반 작용을 한다.
ㄷ. C 는 독립적으로 작용하는 기관계이다.

① ㄱ ② ㄴ ③ ㄱ, ㄴ
④ ㄴ, ㄷ ⑤ ㄱ, ㄴ, ㄷ

24 다음 그림은 식물의 구성 단계를 순서 없이 나열한 것이다.

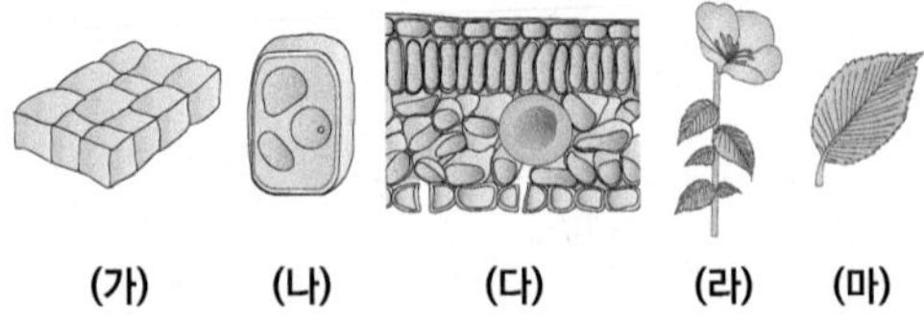

(가) (나) (다) (라) (마)

이에 대한 설명으로 옳은 것은?

① (가)는 세포 분열 여부에 따라 2가지로 나눌 수 있다.
② (나)는 모양과 기능이 비슷한 세포들의 모임이다.
③ (다)에 해당하는 동물의 구성 단계에는 위, 간, 심장, 눈 등이 있다.
④ (라)는 영양기관을 나타낸 것이다.
⑤ (마)는 관다발 조직계에 해당한다.

25 다음은 통도 조직에 포함된 조직들을 나타낸 것이다.

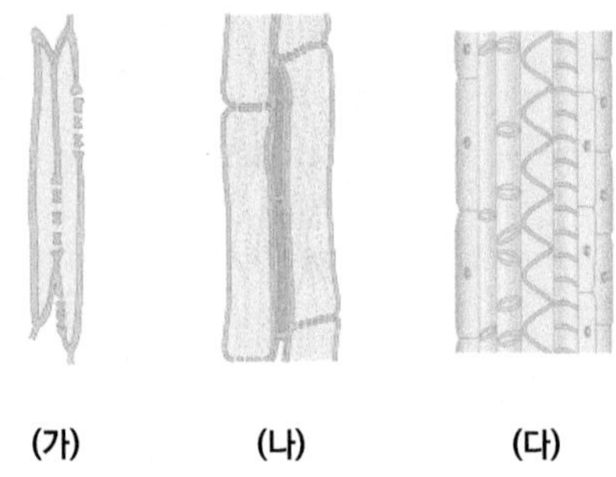

(가) (나) (다)

이에 대한 설명으로 옳은 것만을 〈보기〉에서 있는 대로 고른 것은?

〈 보기 〉

ㄱ. (가)는 물관으로 막공을 통해 물질이 이동한다.
ㄴ. (나)는 죽은 세포로 이루어져 있다.
ㄷ. (다)는 물관 요소의 끝과 끝이 맞닿아 연결되어 긴 관을 형성한다.

① ㄱ ② ㄴ ③ ㄷ
④ ㄱ, ㄴ ⑤ ㄴ, ㄷ

26 (가)와 (나)는 각각 동물과 식물의 구성 단계에 해당하는 예를 나타낸 것이다.

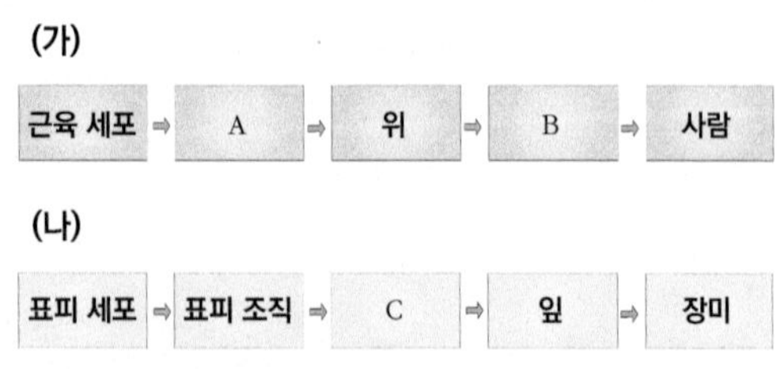

이에 대한 설명으로 옳은 것만을 〈보기〉에서 있는 대로 고른 것은?

〈 보기 〉

ㄱ. 혈관은 A에 해당한다.
ㄴ. 소화계는 B에 해당한다.
ㄷ. C는 동물에는 없는 단계이다.

① ㄱ ② ㄴ ③ ㄱ, ㄴ
④ ㄴ, ㄷ ⑤ ㄱ, ㄴ, ㄷ

정답 및 해설 24쪽

심화

27 다음은 여러 종류의 조직이다. 이 조직들의 공통점을 서술하시오.

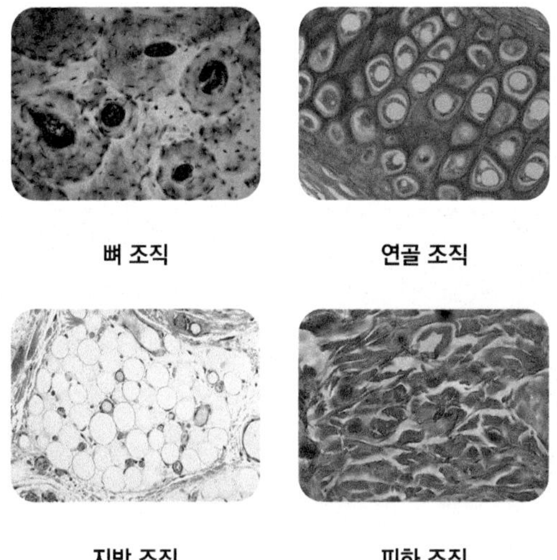

28 다음은 사람의 기관계의 한 종류를 나타낸 것이다. 이 기관계에 해당하는 구성 단계의 예를 쓰시오.

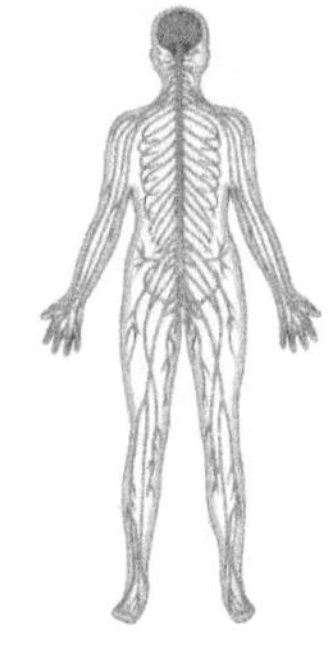

(1) 세포 : (   )
(2) 조직 : (   )
(3) 기관 : (   )
(4) 기관계 : (   )

29 다음 그림 (가)와 (나)에서 표시된 부분의 명칭과 특징을 쓰고, (가)와 (나)의 공통점을 서술하시오.

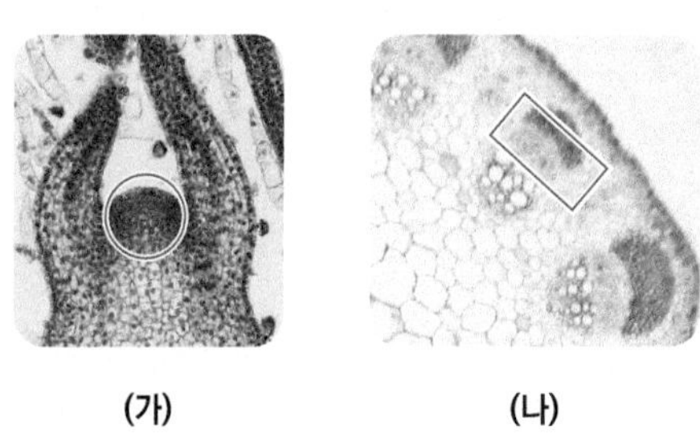

30 식물에서만 나타나는 구성 단계를 쓰고, 그 구성 단계의 종류 3 가지와 특징을 서술하시오.

'바이러스'는 어디서 왔을까?

분자생물학과 유전자 분석 기술의 발달로 과학자들은 바이러스의 과거 중 일부를 추적할 수 있게 되었다. 하지만 아직도 풀리지 않은 의문점이 많다. 세포를 이용해 유전 정보를 복제하고 필요한 단백질을 만들어내 번식하는 바이러스의 고유한 생활사가 과연 언제 탄생했느냐에 대한 의문이다. 그런데 이 의문에는 바이러스는 물론 세포에 대한 근원적인 질문도 함께 얽혀 있다. 태초에 세포라는 독특한 자가복제 단위는 생명을 연속시킬 수 있는 유일한 방법이었을까? 아니면 세포는 그저 제2, 제3 의 형태와의 경쟁과 자연선택 속에서 살아남은 결과물인 걸까? 그리고 그 선택 과정 속에서 뻗어 나온 또 다른 진화의 가치는 없을까? 이 모든 질문은 생명의 역사를 새롭게 더듬어가는 작업과도 맞닿아 있다.

황열병 바이러스(Yellow Fever Virus : 치사율이 높은 아프리카 열대지역 유행성 바이러스)

세포는 바이러스의 아버지?

바이러스는 어떻게 탄생했을까? 바이러스는 미생물 · 동물 · 식물 등 다른 생물들보다 훨씬 더 다양하다. 바이러스의 개체 수도 지구 상 다른 모든 생물을 합한 것보다 월등히 많다. 실제로 바닷물 1 L 속에는 약 10억 개의 바이러스 입자가 존재한다. 어쩌면 이렇게 다양한 바이러스가 하나의 근원에서 출발했다고 보는 것이 잘못된 접근일 수도 있다. 그동안 과학자들은 '바이러스의 기원' 이란 거대한 비밀에 닿기 위해 주로 유전 정보 분석 결과를 바탕으로 크게 세 가지의 가설을 세웠다.

· 세포퇴화설 - 정상적인 세포가 퇴화해서 세포라는 옷을 벗고 유전체와 껍질 단백질만 남은 바이러스로 바뀌었다는 것이다. 그러나 이 가설만으로는 전체 바이러스 종류의 절반을 넘는 RNA 바이러스의 기원을 설명하기 어렵다. 세포는 DNA 만으로 유전 정보를 저장하기 때문이다.

· 세포탈출설 - 이 가설은 세포퇴화설이 풀지 못하는 RNA 바이러스의 기원을 밝히는데 좀 더 유리하다. 세포탈출설은 세포 유전체의 일부분이 세포를 벗어나 자기복제와 물리적 보호에 필요한 효소와 구조 단백질을 얻으면서 바이러스가 탄생했다고 설명한다. 주로 사람에 침투해 소아마비를 일으키는 폴리오바이러스, 콩과 식물을 숙주로 하는 코모바이러스, 모기와 포유동물을 오가며 생활하는 신드비스바이러스 등은 숙주와 활동 영역이 완전히 달라 보이지만 이들 모두 '피코나-수퍼패밀리' 의 구성원으로서 각각의 유전체는 세포 속에 있는 전령 RNA(mRNA)와 구조가 매우 닮았다. 또,

이 바이러스들은 RNA 유전체를 복제하기 위해 특별한 효소 유전자를 갖고 있는데, 세포에도 비슷한 유전자가 있어 탈출가설을 뒷받침한다. 더욱이 세포퇴화설로 설명하기엔 이들의 유전체 구성이 너무나 단순하고 간결하다.

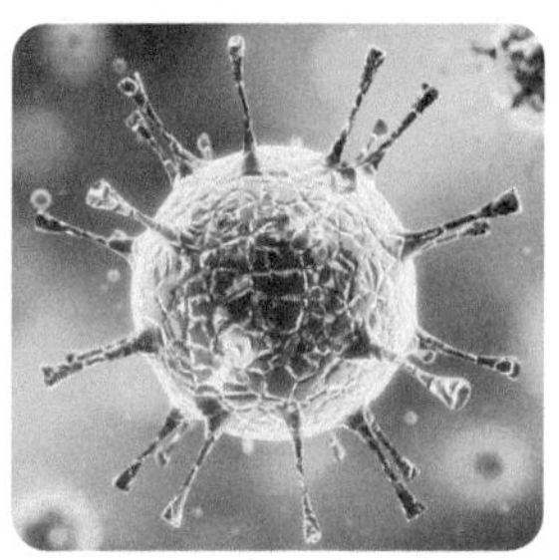
▲'피코나-수퍼패밀리' 에 속하는 엔테로바이러스 D68

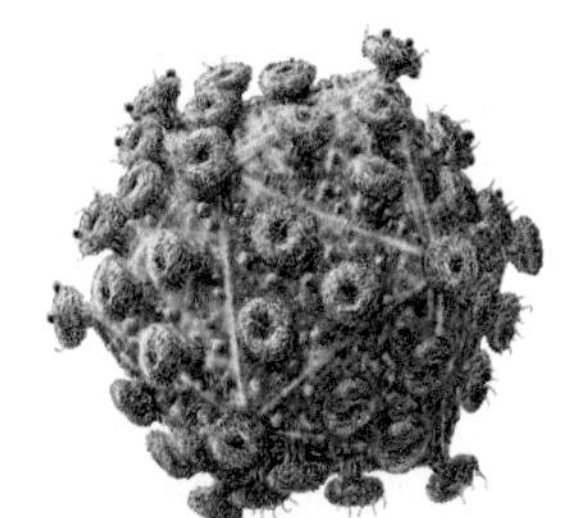
▲'레트로바이러스' 의 일종인 인간 면역 결핍 바이러스(HIV)

· 독립기원설 - 바이러스와 세포가 각각 독립적으로 출발해 서로의 진화에 영향을 주며 오늘에 이르렀을 것으로 보는 가설이다. 이 가설을 뒷받침하는 일례로 레트로바이러스가 자주 등장한다. 레트로바이러스는 모두 '역전사 효소' 유전자를 갖고 있다. 역전사 효소는 RNA 의 유전자 정보를 DNA 로 옮겨 담는 매우 특별한 효소다.

그러나 세 가지의 기원 가설이 모든 바이러스의 탄생을 설명할 수는 없다. 예를 들어 홍역이나 광견병을 유발하는 바이러스는 음성가닥 RNA 라는 또 다른 형태의 유전체를 가지고 있으며, 숙주의 종류가 그리 많지 않은 것으로 볼 때, 진화 역사상 비교적 '젊은' 바이러스로 추측할 수 있다. 결국 현존하는 바이러스들의 기원은 한 가지 가설만 맞는 것이 아니라 앞서 소개한 가설들이 모두 합해진 형태이거나 아직까지 생각하지 못한 가설까지 포함해 여러 계통의 기원이 각각 존재했을 가능성이 가장 크다.

인간 DNA 의 8 % 는 바이러스의 것

과학자들은 이런 가설을 어떻게 생각하게 됐을까. 바이러스는 생활사 특성상 숙주와 떨어져 살아갈 수 없다. 그렇다면 바이러스는 그들의 집인 세포 속에 어떤 흔적들을 남겨놓지 않았을까? 몇몇 바이러스와 세포는 서로에게 흔적을 남겨왔다. 인간의 유전체 정보가 대부분 밝혀진 2000 년 이후 과학자들은 이 흔적을 추적하기 시작했다.

먼저 바이러스와 세포는 같은 유전 정보 언어를 쓴다. 핵산은 바이러스와 세포 모두가 정보의 저장매체로 쓰는 물질이다. 세포 생명체가 DNA 만을 쓴다면, 바이러스는 DNA 외에 RNA 도 사용하고 때로는 둘 모두를 쓰기도 한다. 핵산 세 개의 배열이 특정 아미노산을 지정하는 시스템 또한 똑같다. 바이러스의 탄생 역시 같은 유전 정보 언어를 쓰는 세포성 생물과 큰 연관이 있다고 추측해 볼 수 있다. 세포퇴화설, 세포탈출설 등은 이런 추측에서 나온 가설들이다.

하지만 다른 추정도 가능하다. 태초에 다양한 유전 정보 언어를 쓰는 무수히 많은 '자가복제 단위' 들이 있었다고 가정해 보자. 과정은 알 수 없지만 세포는 자가복제 능력의 결정판으로서 현재의 당당한 위치를 차지할 수 있었다. 바이러스의 유전 정보와 그들이 숙주로 삼는 세포 속 유전 정보의 교집합을 찾는 것도 서로에게 남긴 흔적을 찾는 방법이다. 실제로 바이러스와 숙주 생물은 많은 유전 정보를 공유하고 있다. 인간의 DNA 만 해도 전체의 8 % 가 레트로바이러스와 관련된 유전 정보이다. 인간이 생명 활동에 활용하는 유전 정보 전부를 합쳐도 불과 5 % 정도라고 할 때 이는 실로 놀라운 양이다.

생물(숙주)의 유전체는 결국 바이러스 유전체의 '썩지 않는 무덤' 이라고 할 수 있다. 이를 분석하면 과거의 바이러스가 어떤 유전 정보를 가졌는지 알 수 있다. 또 여러 생물들의 유전 정보를 분석하면 바이러스가 어떤 숙주들을 감염시키며 진화해 왔는지도 추적할 수 있다.

Q1 **바이러스는 한 때 최초의 생물이라고 추측되던 때가 있었지만, 그 가설은 곧 기각될 수 밖에 없었다. 그 이유가 무엇인지 바이러스의 특징과 연관 지어 서술하시오.**

Project - 탐구

[탐구-1] 자극에 대한 플라나리아의 반응

준비물 **플라나리아, 알루미늄 호일, 흰 종이, 해부침, 손전등, 시험관, 고무 마개, 유성펜, 페트리 접시**

탐구과정

(1) 빛에 대한 반응

① 실험실의 불빛을 어둡게 하고, 시험관 길이의 절반 정도의 덮개를 알루미늄 호일로 만든다.
② 플라나리아가 들어있는 시험관을 마개로 닫은 뒤, 흰 종이 위에 수평으로 놓는다.
③ 플라나리아가 시험관의 중앙에 위치했을 때 알루미늄 호일로 만든 덮개로 시험관 하단부를 덮는다.
④ 손전등으로 시험관에 불빛을 비추면서 플라나리아의 움직임을 관찰한다.

(2) 중력에 대한 반응

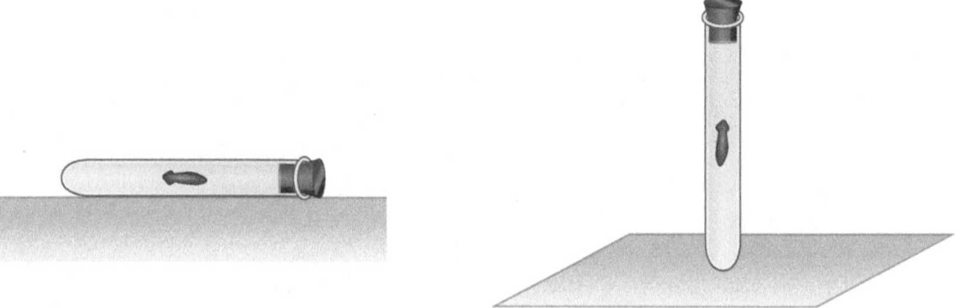

① 유성펜으로 시험관의 중앙을 표시한다.
② 플라나리아를 배양하고 있는 용액으로 시험관을 가득 채운 뒤, 플라나리아 한 마리를 시험관으로 옮긴 후 고무 마개로 막는다.
③ 시험관을 수평으로 놓고, 플라나리아가 가운데에 오도록 시험관을 좌우로 움직인다.
④ 플라나리아가 가운데 오면 시험관을 수직으로 세우고, 플라나리아의 움직임을 관찰한다.

(3) 자극에 대한 반응

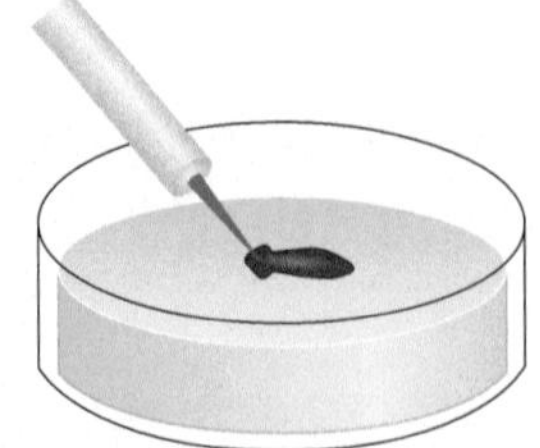

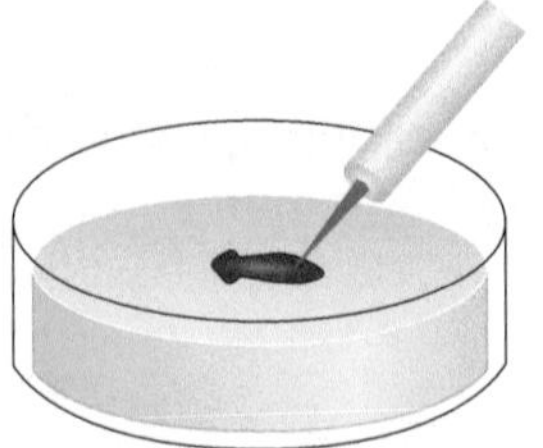

① 해부침을 이용해서 플라나리아의 머리 부분을 가볍게 자극한 뒤, 플라나리아의 반응을 관찰한다.
② 해부침을 이용해서 플라나리아의 꼬리 부분을 가볍게 자극한 뒤, 플라나리아의 반응을 관찰한다.

탐구 결과

1. 플라나리아가 빛에 대해 어떻게 반응하는지 쓰시오.

2. 플라나리아가 중력에 대해 어떻게 반응하는지 쓰시오.

3. 플라나리아가 자극에 대해 어떻게 반응하는지 쓰시오.

탐구 문제

1. 오른쪽 그림과 같이 플라나리아는 모든 종류의 세포로 분화할 수 있는 줄기세포가 있어 한 마리를 여러 부분으로 잘라도 모두 재생이 된다. 분리된 플라나리아가 재생될 때 뇌가 형성되고 있다는 것을 어떻게 알 수 있는지 실험 방법과 그렇게 생각한 이유를 함께 쓰시오.

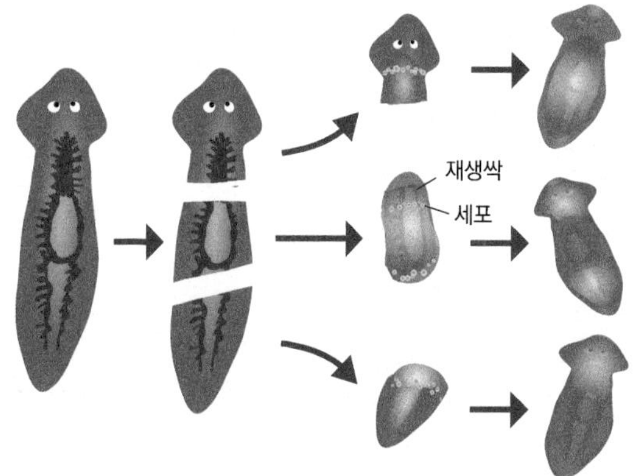

2. 플라나리아의 생활사를 통해 알 수 있는 생명 현상의 특성은 무엇이 있는가?

Project - 탐구

[탐구-2] 세포 분획법(원심 분획법)

준비물 원심 분리기, 식물 조직 세포, 등장액, 얼음, 균질기, 현미경

탐구과정

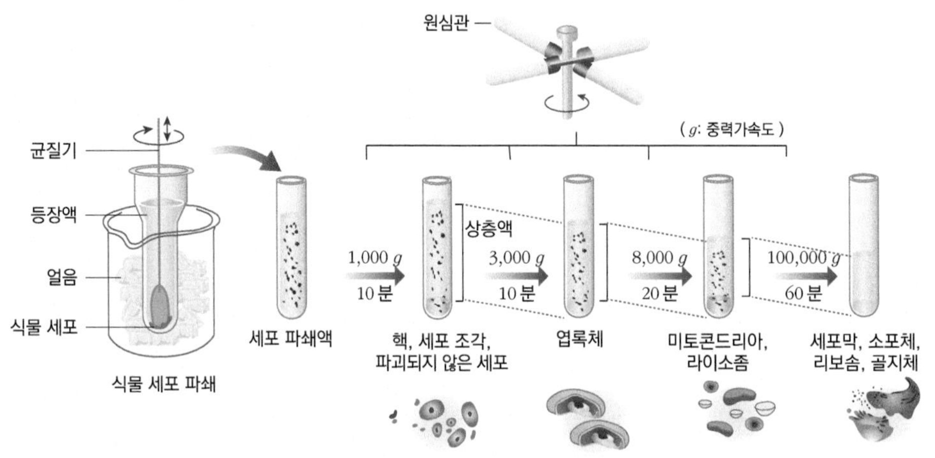

① 조직 세포를 세포와 농도가 같은 등장액에 넣는다.
② 조직 세포가 담긴 시험관을 얼음이 담긴 비커에 담아 차게 한 다음, 균질기를 이용하여 조직 세포를 파쇄한다.
③ 세포 파쇄액을 원심 분리기에 넣고 1,000 g로 10분간 원심분리하여 핵을 추출한다.
④ 핵을 제외한 상층액을 3,000 g로 10분간 원심분리하여 엽록체를 추출한다.
⑤ 엽록체를 제외한 상층액을 8,000 g로 20분간 원심분리하여 미토콘드리아를 추출한다.
⑥ 미토콘드리아를 제외한 상층액을 100,000 g로 60분간 원심분리하여 리보솜과 소포체를 추출한다.
⑦ 세포 분획한 결과로 추출한 세포 소기관들을 현미경으로 관찰한다.

원심 분리기

- 원심력을 이용하여 성분이나 비중이 다른 물질들을 분리하는데 이용되는 기계로, 분리할 시료를 시험관에 넣고 원심 분리기를 고속으로 회전시키면 입자의 크기와 밀도에 따라 물질을 분리할 수 있다.
- 중력의 1,000 배에 해당하는 원심력을 1,000 g 으로 표시한다. (g : 중력 가속도)
- 고속 원심 분리기는 최고속도가 20,000 ~ 25,000 rpm(60,000 g)으로 냉각장치를 갖추고 있으며 주로 세포, 핵, 세포 소기관 등의 분리에 이용된다.

균질기

- 기계적으로 조직이나 세포를 파괴하는 장치나 기구를 균질기라고 한다.
- 위 실험에서는 균질기를 이용하여 세포 소기관이 파괴되지 않을 정도로 세포막만을 파쇄한다.

실험 과정 이해하기

1. 조직 세포를 등장액에 넣는 이유는 무엇일까?

2. 조직 세포를 얼음에 넣어 저온 처리를 하는 이유는 무엇일까?

3. 균질기로 조직 세포를 파쇄하는 이유는 무엇인가?

탐구 결과

1. 식물 세포를 원심 분리기로 분리했을 때, 세포 분획의 결과를 쓰시오.

2. 세포를 분획할 때, 가장 먼저 얻을 수 있는 세포 소기관의 특징은 무엇인가?

탐구 문제

1. 다음 그림 (가)는 세포벽을 제거한 식물 세포를 균질기로 파쇄한 다음 회전 속도와 시간을 증가시키면서 단계적으로 원심 분리하는 과정을 나타낸 것이고, (나)는 (가)에서 얻은 침전물 A ~ D의 산소와 이산화 탄소 소비량 및 DNA 함량을 조사한 결과이다.

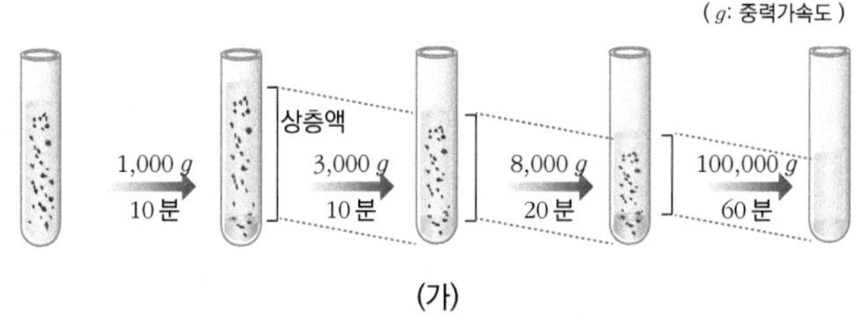

(가)

침전물	A	B	C	D
산소 소비량(%)	2	10	85	3
이산화 탄소 소비량(%)	5	92	3	0
DNA 함량	95	3	2	0

(나)

이 자료에 대한 설명으로 옳지 않은 것은?

① A에 주로 들어 있는 세포 소기관은 세포의 생명 활동의 중심이다.
② B에 주로 들어 있는 세포 소기관은 식물 세포에만 존재한다.
③ 세포 호흡이 일어나는 세포 소기관은 C에 들어 있다.
④ D에 들어 있는 세포 소기관은 모두 막으로 둘러싸여 있다.
⑤ 세포 소기관을 분리하기 전에 ^{14}C로 표지한 아미노산을 공급하였다면, 방사성은 D에서 가장 많이 검출될 것이다.

02
세포와 생명의 연속성

생물이 어떻게 자신과 닮은 자손을 만들어낼까?

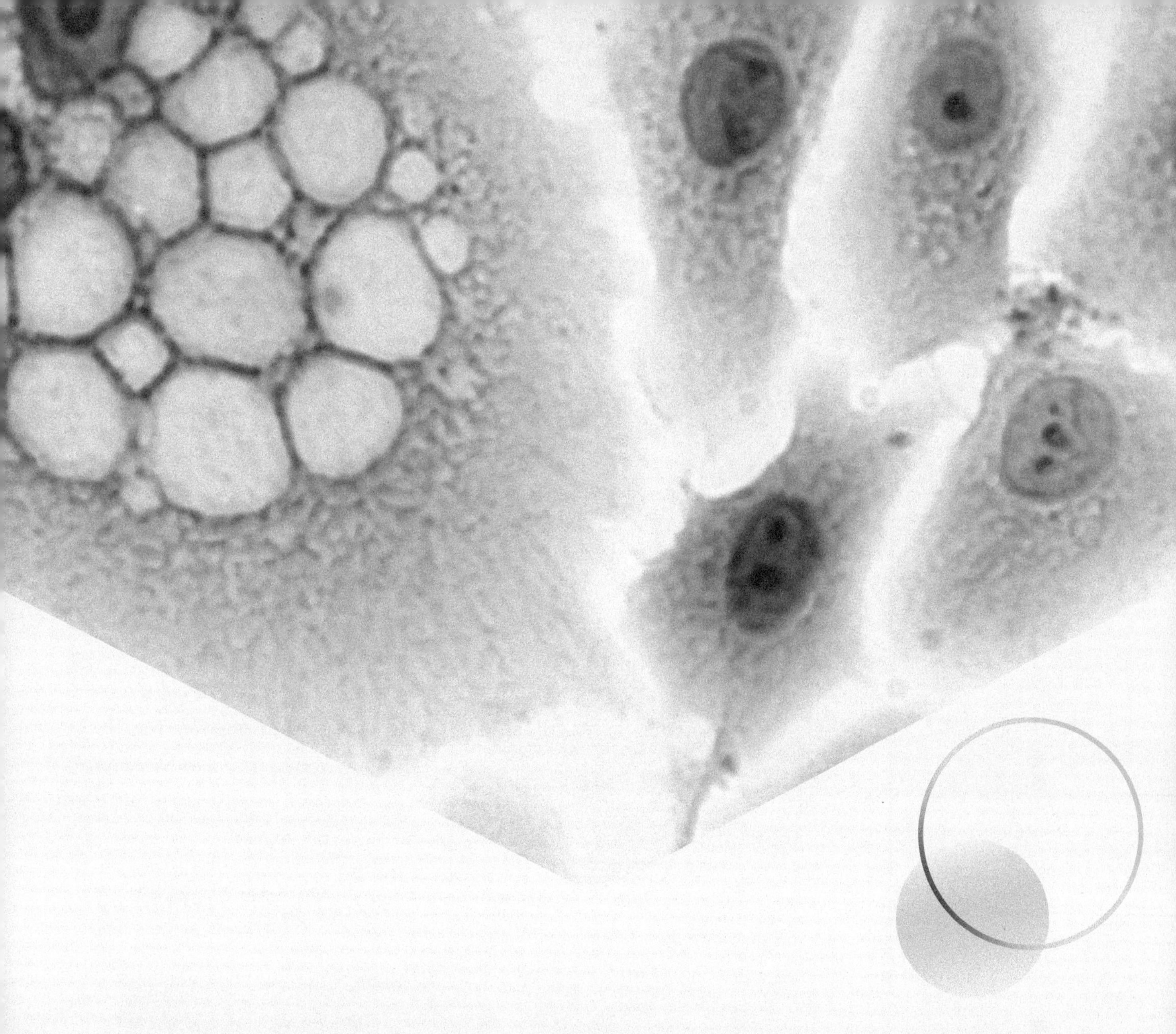

6강. DNA, 유전자, 염색체

1. DNA와 유전자

(1) DNA[1]

① 핵산의 일종으로 생명체의 유전에 관한 정보를 담고 있는 유전 물질이다.

② DNA 를 구성하는 기본 단위는 뉴클레오타이드이다.

· 인산 : 인(P)을 가지며 산성을 띰
· 당 : 디옥시리보스 (5탄당)
· 염기 : 질소 원자를 가지고 있는 탄소 화합물로 아데닌(A), 구아닌(G), 사이토신(C), 티민(T)으로 구성되며 염기의 서열에 따라 유전 정보가 달라진다.

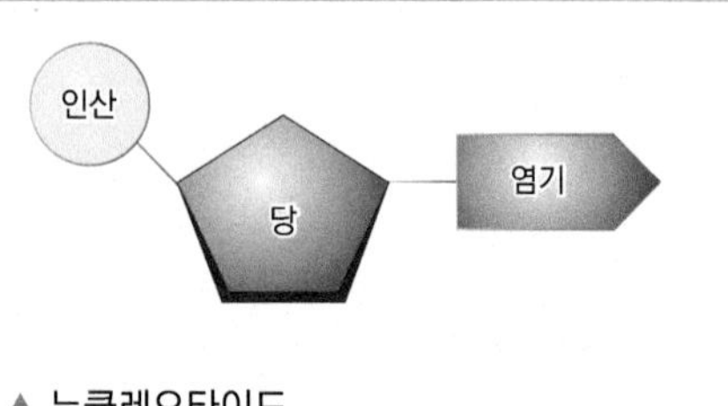

▲ 뉴클레오타이드

③ 왓슨(James Watson)과 크릭(Francis Crick)은 DNA의 2중 나선 모형을 제시하고 염기들이 특이적으로 결합[2]한다는 것을 추론하였다. (아데닌과 티민은 2 개의 수소 결합, 구아닌과 사이토신은 3 개의 수소 결합을 한다.)

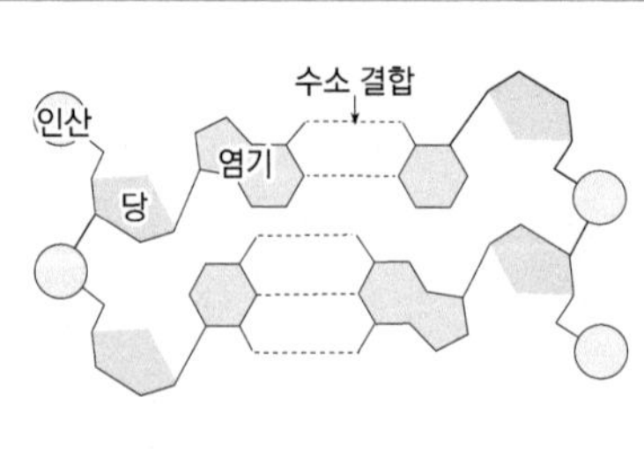

◀ 뉴클레오타이드의 결합
뉴클레오타이드의 염기들은 수소 결합에 의해 2중 나선 안쪽에 쌍을 이루고 있으며 이 결합으로 DNA 가닥이 서로 결합되어 있다.

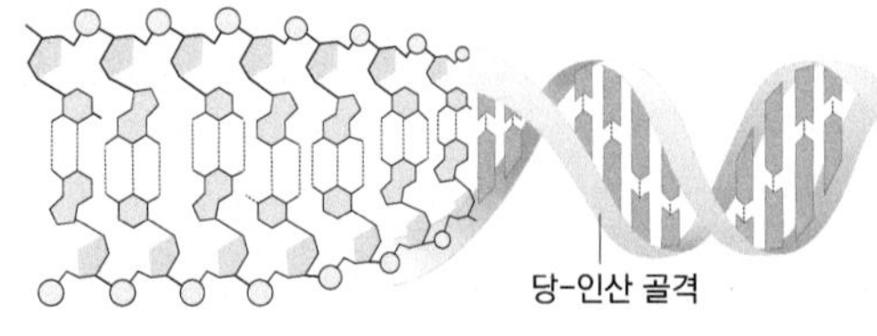

▲ DNA 2중 나선 구조
DNA 의 바깥쪽은 당-인산 골격이 있고, 안쪽은 염기가 서로 마주 보는 구조이다.

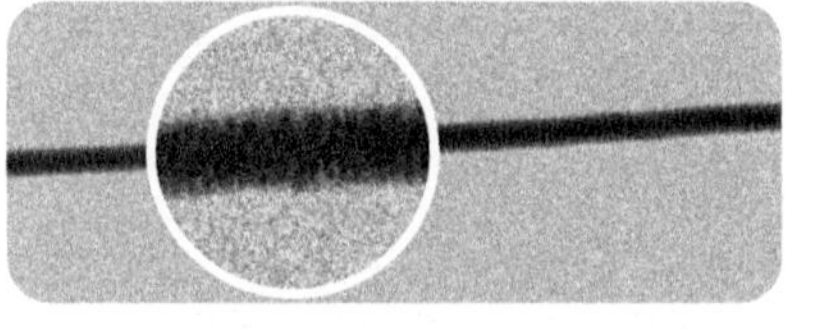
▲ DNA 의 투과 전자 현미경 사진
DNA 의 나선 모양을 관찰할 수 있다.

(2) 유전자

① **유전 형질** : 생물이 표현형으로 나타내는 각종 유전적 성질을 뜻한다.
(예) 눈동자 색, 곱슬머리, 키, 혀말기, 쌍꺼풀, 피부 색 등

② **유전자** : 특정 염기서열로 이루어져 있는 유전 형질을 발현하는 단위로, DNA에서 생물의 형질에 대한 유전 정보가 있는 특정한 부분을 뜻한다.[3]
⇒ DNA의 한 부분으로 유전 형질을 결정한다.

개념확인 1

핵산의 일종으로 생명체의 유전에 관한 정보를 담고 있는 유전 물질은 무엇인가?
( )

확인+1

특정 염기 서열로 이루어져 있는 유전 형질을 발현하는 단위로, DNA 에서 유전 정보가 있는 특정한 부분을 뜻하는 것은 무엇인가? ( )

---

❶ DNA와 유전자

·DNA : 유전자를 포함하고 있는 핵 속의 산성 물질
·유전자 : 생물의 형질 발현 정보를 담고 있는 DNA 의 일부분

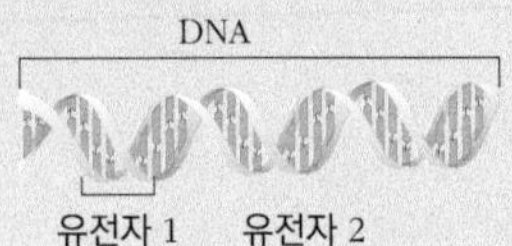

❷ 두 염기 의 특이적 결합 - 상보적 결합

아데닌(A)은 티민(T)과만 구아닌(G)은 사이토신(C)과만 상보적 결합을 한다.

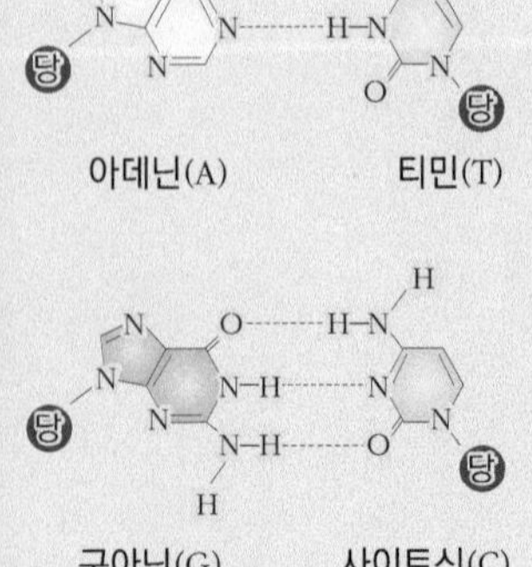

❸ 유전자 지도

염색체 안에 어떤 유전자가 어느 위치에 있는지 나타낸 것이다.

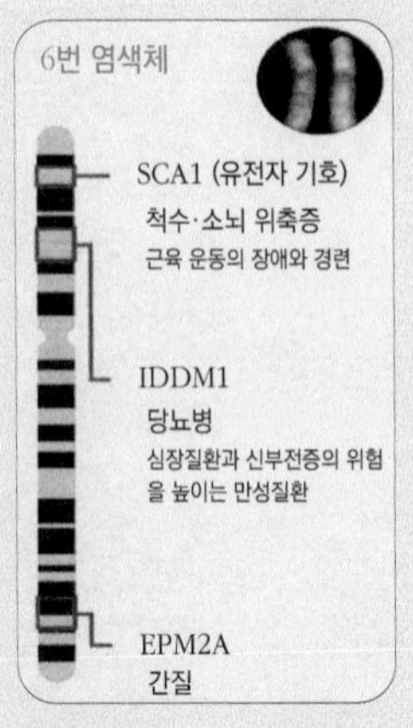

▲ 사람의 6 번 염색체의 유전자 지도 각 위치에 존재하는 유전자가 변질되면 질병이 발병한다.

2. 염색체

(1) 염색체의 구조 : DNA와 히스톤 단백질[1]로 구성되어 있다.

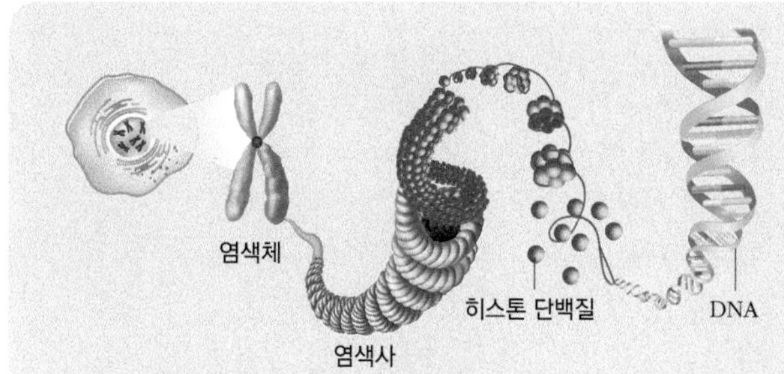

◀ 염색체의 구조 DNA가 히스톤 단백질과 함께 여러 단계에 걸쳐 꼬이고 응축되어 염색체를 형성한다.

① **뉴클레오솜** : 염색사(염색체)의 기본 단위로 2중 나선 구조의 DNA가 히스톤 단백질을 휘감은 형태이다. 뉴클레오솜과 뉴클레오솜 사이는 DNA로 연결되어 줄에 꿰어진 구슬 모양의 구조가 된다.

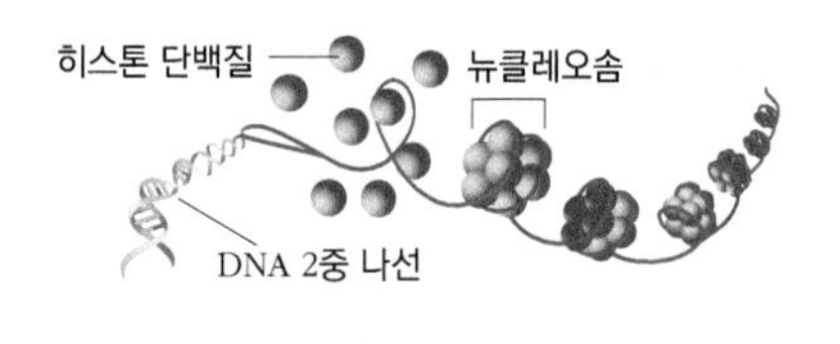

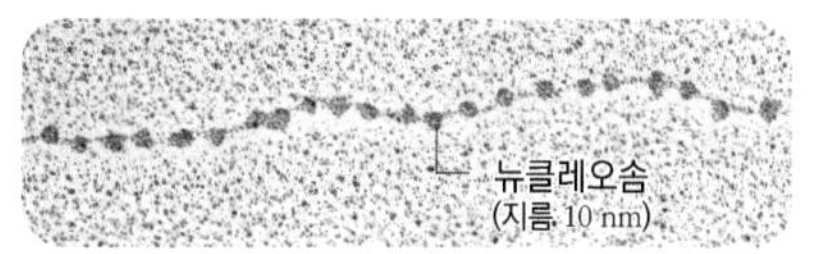

▲ 뉴클레오솜의 구조

② **염색사** : 수백만 개의 뉴클레오솜이 서로 연결되어 있는 실 모양의 구조물로 간기 상태의 세포의 핵 속에서 발견된다.

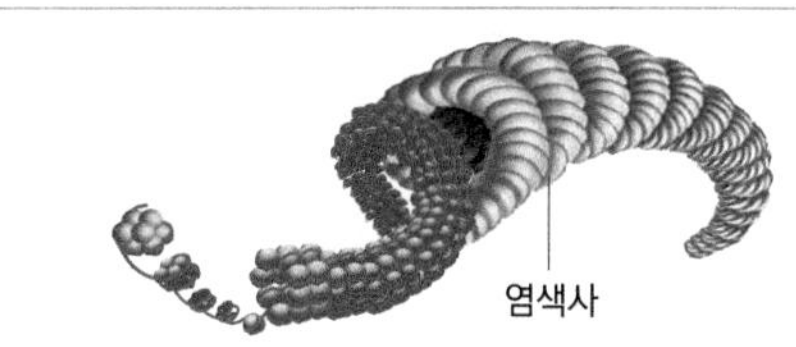

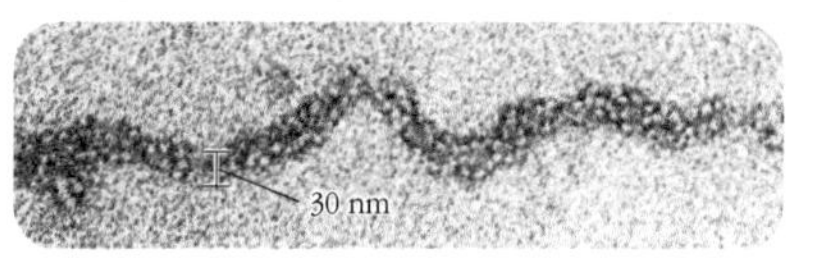

▲ 염색사의 구조

③ **염색체**미니 : 세포 분열 시 염색사가 꼬이고 응축되어 형성[2]된 것으로 유전 정보를 담아 전달하며 분열 중인 세포에서만 관찰 가능하다. 체세포 분열 전기와 중기의 염색체는 유전자 구성이 동일한 2개의 염색 분체미니로 이루어져 있다.

④ **염색 분체**[3] : 염색체의 동원체미니에 서로 연결되어 있는 각각의 가닥으로, 유전자 구성이 동일하며 두 염색 분체는 분열 과정에서 분리되어 서로 다른 딸세포로 들어간다.

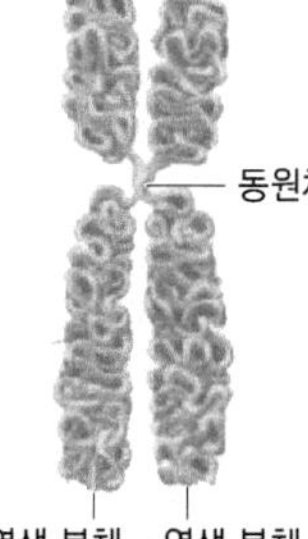
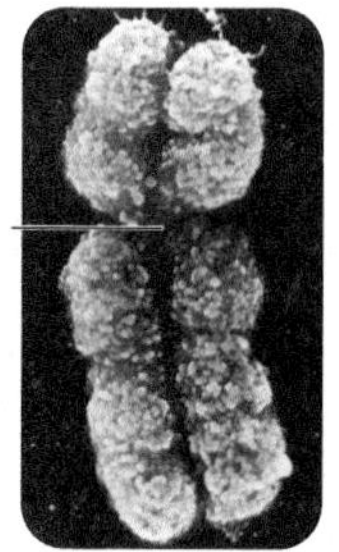

개념확인 2

정답 및 해설 27쪽

염색체 또는 염색사의 기본 단위를 무엇이라고 하는가?

( )

확인+2

세포 분열 시 염색사가 꼬이고 응축되어 형성된 것으로 분열 중인 세포에서만 관찰 가능한 것은 무엇인가?

( )

---

1 히스톤 단백질

DNA가 실이라면 히스톤 단백질은 실패의 역할을 한다. 히스톤 단백질은 매우 긴 DNA 분자(총 길이 약 2 m)가 응축하는 데 도움을 준다.

약 2 m / 2 nm / 0.2 ~ 20 ㎛ / 1400 nm

2 염색체 형성

- 세포가 분열을 하지 않는 시기 : DNA의 유전 정보를 쉽게 이용할 수 있도록 풀어진 형태로 존재한다.
- 세포 분열 시기 : 길게 풀어진 DNA에서 유전자의 손상과 손실을 막고, 딸세포에 같은 양의 유전자를 분배하기 위해 응축되어 염색체를 형성한다.

3 염색 분체

- 세포 분열 간기에 DNA가 복제되어 DNA 양은 2 배가 된다. 복제된 DNA는 각각 독자적으로 응축하여 염색 분체를 형성한다.
- 하나의 염색체를 구성하는 2개의 염색 분체는 유전자 구성이 동일하여 자매 염색 분체라고도 한다.

미니사전

염색체 [染 물들다 色 색깔 體 몸] 세포 분열을 할 때 유전 물질을 포함하는 구조물로, 염기성 색소에 염색이 잘 되어 붙여진 이름이다.

염색 분체 [染 물들다 色 색깔 分 나누다 體 몸] 염색체를 구성하는 두 가닥 중 각각의 한 가닥을 이르는 말

동원체 [動 움직이다 原 근원 體 몸] 두 개의 염색 분체를 이어주는 역할을 하는 염색체의 한 부분으로 세포 분열 중 방추사가 붙는 부분이다. 세포 분열 시 염색체의 운동과 분배의 제어에 중요한 역할을 한다.

3. 핵형과 핵상

(1) 핵형 : 세포에 들어 있는 염색체 수❶ · 모양 · 크기에 대한 특징을 뜻한다.

① 생물의 종류에 따라 다르며, 동일한 종은 성별이 같으면 핵형이 같다.
② 한 개체에서 생식 세포를 제외한 어떤 조직 세포에서도 핵형이 같다.
③ **핵형 분석** : 어떤 생물의 핵형을 조사하는 작업으로, 성별이나 염색체 수 · 모양 · 크기의 이상 등을 알 수 있지만 유전자 수준의 이상은 알 수 없다.

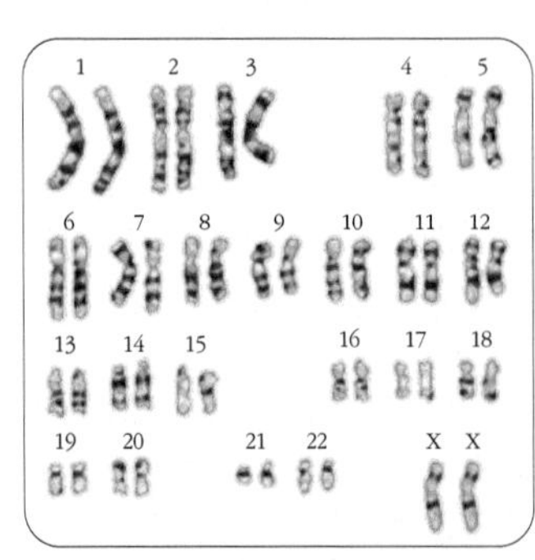

▲ 정상인 여자의 핵형

▲ 정상인 남자의 핵형

① 세포 분열 중기에 있는 세포의 염색체를 이용하여 핵형 분석을 한다.
⇒ 염색체가 최대로 응축하는 시기로 염색체의 모양이 가장 뚜렷하게 나타나기 때문이다.
② 상염색체 쌍은 동원체의 위치에 따라 분류하여 크기가 큰 것을 1 번으로 하여 순서대로 번호를 매기고, 성염색체는 맨 끝에 오도록 배열한다.
③ 핵형 분석을 통해 성별, 염색체의 구조나 수의 이상 등을 알 수 있다.
⇒ 왼쪽은 정상인 여자의 핵형이고, 오른쪽은 정상인 남자의 핵형이다.
④ 핵형 분석으로 유전 형질이나 유전자 돌연변이는 알 수 없다.

(2) 핵상❷ : 하나의 세포 속에 들어 있는 염색체의 조합 상태를 표시한 것이다.

① 서로 다른 종류의 염색체들을 한 조로 묶어서 n 이라고 표기한다.
② 대부분 다세포 생물은 부계와 모계로부터 염색체를 한 조씩 물려받아 짝수 개의 염색체를 갖는다. ⇒ 체세포의 핵상은 $2n$ 이고, 생식 세포의 핵상은 n 이다.
예 사람의 체세포의 핵상❸ : $2n = 46$, 정자 · 난자의 핵상 : $n = 23$

개념확인 3

세포에 들어 있는 염색체의 수, 모양, 크기에 대한 특징을 무엇이라고 하는가?

( )

확인+3

핵형과 핵상에 대한 설명 중 옳은 것은 ○표, 옳지 않은 것은 ×표 하시오.

(1) 생물의 종에 따라 핵형이 다르다. ( )
(2) 핵형은 세포 분열 중기에 관찰할 수 있다. ( )
(3) 사람의 체세포의 핵상은 $n = 46$이다. ( )
(4) 한 쌍의 상동 염색체가 있으면 $2n$, 상동 염색체가 없으면 n 으로 표시한다. ( )

❶ 생물 종에 따른 염색체 수

식물		동물	
완두	14	초파리	8
양파	16	생쥐	40
무	18	고릴라	48
벼	24	사람	46
감자	48	누에	56

· 핵형이 같으면 같은 종의 생물이다.
· 생물 종이 같으면 염색체의 수가 같지만, 염색체의 수가 같다고 해서 같은 종은 아니다.
· 염색체 수가 많다고 고등 생물인 것은 아니다.

❷ 핵상

핵상은 상동 염색체의 여부와, 세포 안의 총 염색체 수로 표시한다. 한 쌍의 상동 염색체가 있으면 $2n$, 상동 염색체가 없으면 n 으로 표시한다.

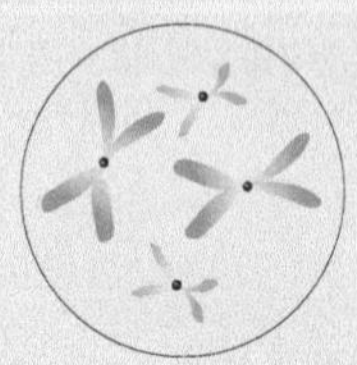

$2n = 4$(복제된 상태)

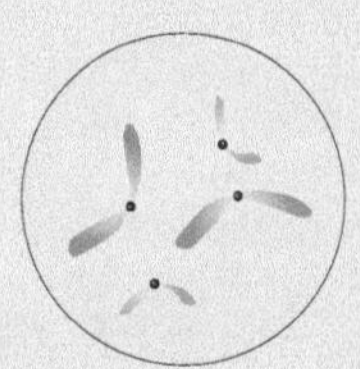

$2n = 4$

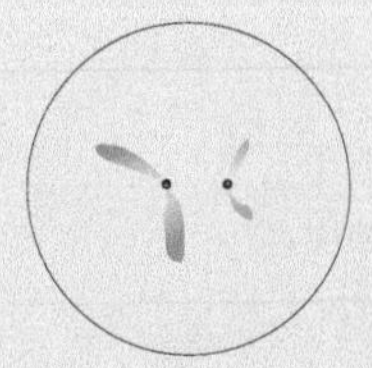

$n = 2$

❸ 성별에 따른 핵상 표현

· 여성 : $2n = 44 + XX$
· 남성 : $2n = 44 + XY$
· 난자 : $n = 22 + X$
· 정자 : $n = 22 + X$, $n = 22 + Y$

4. 사람의 염색체[1]

(1) 상염색체 : 암수가 공통으로 가지고 있고 성 결정과 관련이 없는 염색체이다.

① 사람의 체세포[미니]에는 1 번부터 22 번까지 총 44 개(22 쌍)의 염색체가 상염색체에 해당한다.
② 모양과 크기가 같은 염색체가 쌍으로 존재하며, 44 개의 상염색체 중 22 개는 모계로부터, 나머지 22 개는 부계로부터 물려받은 것이다.

(2) 성염색체[2] : 성별에 따라 모양이 서로 다르고 성 결정에 관여하는 한 쌍의 염색체이다.

① 남성은 모계로부터 X 염색체를, 부계로부터 Y 염색체를 물려받았다. (XY)
② 여성은 모계와 부계에서 X 염색체를 하나씩 물려받았다. (XX)

(3) 상동 염색체 : 체세포에 들어 있는 모양과 크기가 같은 한 쌍의 염색체이다.

① 상동 염색체는 부계와 모계로부터 하나씩 물려받은 것이다.
➡ 염색체를 구성하는 염색 분체는 생식 세포가 형성될 때 분리되어 각각 다른 생식 세포로 들어간다.
② 사람은 46 개의 염색체를 가지므로 23 쌍의 상동 염색체를 갖는다.
➡ 남성의 성염색체 1 쌍(X 염색체와 Y 염색체)은 모양과 크기가 다르지만 모계와 부계로부터 각각 물려받은 것이고 염색체의 끝 부분에 서로 상동인 부분이 존재하므로 상동 염색체로 간주한다.
③ **대립 유전자** : 상동 염색체의 같은 위치에 있는 동일한 형질을 결정하는 유전자이다.

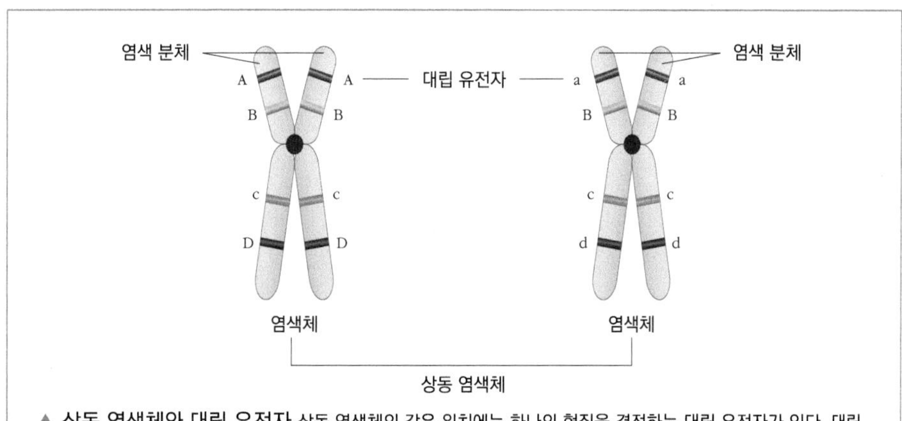

▲ **상동 염색체와 대립 유전자** 상동 염색체의 같은 위치에는 하나의 형질을 결정하는 대립 유전자가 있다. 대립 유전자는 동일한 형질을 결정하지만 형질의 특성은 서로 다를 수 있다. 그러므로 대립 유전자는 서로 같을 수도 있고(BB), 서로 다를 수도 있다(Dd). (혀말기를 결정하는 대립 유전자 중 하나는 혀말기가 가능한 것, 다른 하나는 혀말기가 불가능한 것을 나타낼 수 있다.)

개념확인 4

정답 및 해설 27쪽

다음 물음에 답하시오.

(1) 암수가 공통으로 가지고 있는 염색체로 성 결정과 관련이 없는 염색체는 무엇인가?
( )

(2) 성별에 따라 모양이 서로 다르고 성 결정에 관여하는 한 쌍의 염색체는 무엇인가?
( )

확인+4

다음 물음에 답하시오.

(1) 부계와 모계로부터 하나씩 물려받은 염색체로 체세포에 들어 있는 모양과 크기가 같은 한 쌍의 염색체는 무엇인가? ( )
(2) 상동 염색체의 같은 위치에 있는 동일한 형질을 결정하는 유전자를 무엇이라고 하는가?
( )

---

[1] 사람의 염색체 수와 유전자 수

- 사람의 염색체 수 : 23 쌍
- 사람의 유전자 수 : 약 25,000 개

➡ 하나의 염색체에는 수많은 유전자가 존재한다.
➡ 하나의 염색체에 여러 개의 유전자가 함께 있는 현상을 **연관** 이라고 한다.
➡ DNA 상에서 유전자를 제외한 부분으로 특정 정보를 담고 있지 않은 부분을 폐품 DNA(junk DNA)라고 한다.

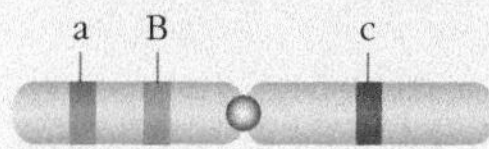

▲ 연관
유전자 a, B, c 가 연관되어 있다.

[2] 성염색체

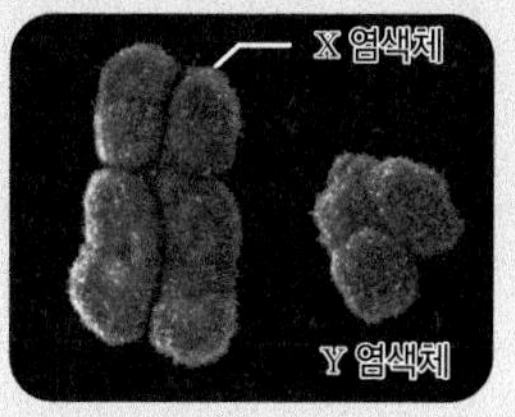

- X 염색체와 Y 염색체는 모양과 크기가 다르지만, 염색체의 끝 부분에 서로 상동인 부분이 존재하여 감수 1분열 전기에 서로 접합하게 된다.
- X 염색체에는 약 1,100 개의 유전자가, Y 염색체에는 약 80 개의 유전자가 들어 있다.

세포 분열

- 체세포 분열 : 생물의 생장, 재생 등을 위하여 몸을 이루는 세포가 둘로 나누어지는 과정으로 2 개의 딸세포가 생성된다.
- 감수 분열 (생식 세포 분열) : 생식 기관에서 생식 세포[미니]가 만들어질 때 일어나는 세포 분열로 상동 염색체가 분리되어 염색체 수가 절반으로 줄어들며 4 개의 딸세포가 생성된다.

미니사전

체세포 [體 몸 -세포] 생식 세포를 제외한 동식물을 구성하는 모든 세포
생식 세포 [生 나다 殖 번식하다 -세포] 생식 과정에서 유전 물질을 자손에게 전달하는 역할을 하는 세포

개념 다지기

01 다음 〈보기〉는 DNA 에 대한 설명이다. 이에 대한 설명으로 옳은 것만을 〈보기〉에서 있는 대로 고른 것은?

〈 보기 〉

ㄱ. 핵산의 일종으로 생명체의 유전 정보를 담고 있는 유전 물질이다.
ㄴ. 기본 단위는 뉴클레오타이드로 당, 인산, 염기가 1 : 1 : 1 로 결합한 물질이다.
ㄷ. 세포 분열을 할 때에만 2중 나선 구조를 관찰할 수 있다.

① ㄱ　② ㄴ　③ ㄱ, ㄴ　④ ㄴ, ㄷ　⑤ ㄱ, ㄴ, ㄷ

02 다음 유전자에 대한 설명 중 옳은 것은 ○표, 옳지 않은 것은 ×표 하시오.

(1) 유전자의 일부를 DNA 라고 한다. (　　)
(2) 생물이 표현형으로 나타내는 각종 유전적 성질을 유전 형질이라고 한다. (　　)
(3) 특정 염기서열로 이루어져 유전 형질을 발현하는 단위이다. (　　)

03 다음 중 염색사와 염색체의 기본 단위는 무엇인가?

① 유전자　② DNA　③ 뉴클레오솜
④ 뉴클레오시드　⑤ 뉴클레오타이드

04 다음 설명에 해당되는 것은 무엇인가?

·염색체의 동원체에 서로 연결되어 있는 각각의 가닥을 뜻한다.
·간기에 DNA 가 복제된 것이 각각 응축하여 형성된 것으로 각각의 가닥은 유전자 구성이 동일하다.

① DNA　② 유전자　③ 염색체
④ 염색 분체　⑤ 상동 염색체

정답 및 해설 27쪽

05

다음 핵형에 대한 설명 중 옳은 것은 ○표, 옳지 않은 것은 ×표 하시오.

(1) 핵형이 같으면 같은 종의 생물이다. ( )
(2) 염색체 수가 같으면 같은 종의 생물이다. ( )
(3) 염색체 수가 많다고 고등 생물인 것은 아니다. ( )

06

다음은 어떤 동물의 세포에 들어 있는 염색체를 나타낸 것이다. 이 동물의 핵상을 바르게 나타낸 것은?

① $n = 6$ ② $n = 12$ ③ $2n = 3$ ④ $2n = 6$ ⑤ $2n = 12$

07

다음 〈보기〉 중 상염색체의 특징에 해당하는 것을 있는 대로 고른 것은?

〈 보기 〉

ㄱ. 성 결정에 관여하는 한 쌍의 염색체이다.
ㄴ. 사람은 44 개(22 쌍)의 염색체가 해당된다.
ㄷ. 암수가 공통으로 가지고 있는 염색체이다.

① ㄱ ② ㄴ ③ ㄱ, ㄴ ④ ㄴ, ㄷ ⑤ ㄱ, ㄴ, ㄷ

08

다음 중 상동 염색체에 대한 설명으로 옳지 않은 것은?

① 사람은 23 쌍의 상동 염색체를 갖는다.
② 부계와 모계로부터 하나씩 물려받은 것이다.
③ X 염색체와 Y 염색체는 상동 염색체로 간주한다.
④ 상동 염색체의 같은 위치에는 대립 유전자가 존재한다.
⑤ 생식 세포에 들어 있는 모양과 크기가 같은 한 쌍의 염색체이다.

유형 익히기 & 하브루타

[유형6-1] DNA와 유전자

다음은 DNA 의 2중 나선 구조를 나타낸 것이다.

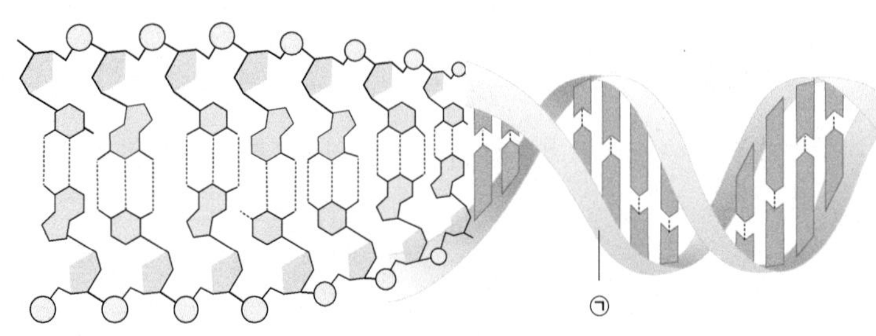

(1) DNA 를 구성하는 기본 단위는 무엇인가?

( )

(2) DNA 2중 나선 구조에서 골격에 해당하는 ㉠은 무엇으로 이루어져 있는가?

( ), ( )

(3) DNA 2중 나선 구조의 안쪽은 무엇으로 이루어져 있는가?

( )

01 다음 설명에 해당하는 단어를 쓰시오.

(1) 생물이 표현형으로 나타내는 유전적 성질 ( )

(2) 생명체의 유전에 관한 정보를 담고 있는 유전 물질 ( )

(3) 특정 염기서열로 이루어진 유전 형질을 발현하는 단위 ( )

02 다음 〈보기〉 중 DNA 와 유전자에 대한 설명으로 옳은 것만을 〈보기〉에서 있는 대로 골라 기호로 쓰시오.

〈 보기 〉

ㄱ. 왓슨과 크릭은 DNA 의 2중 나선 모형을 제시하였다.

ㄴ. DNA 의 염기는 4 종류로 16 가지 경우의 수로 결합을 한다.

ㄷ. 염색체 안에 어떤 유전자가 어느 위치에 있는지 나타낸 것을 유전자 지도라고 한다.

( )

정답 및 해설 28쪽

[유형6-2] 염색체

다음 그림은 염색체의 구조를 나타낸 것이다.

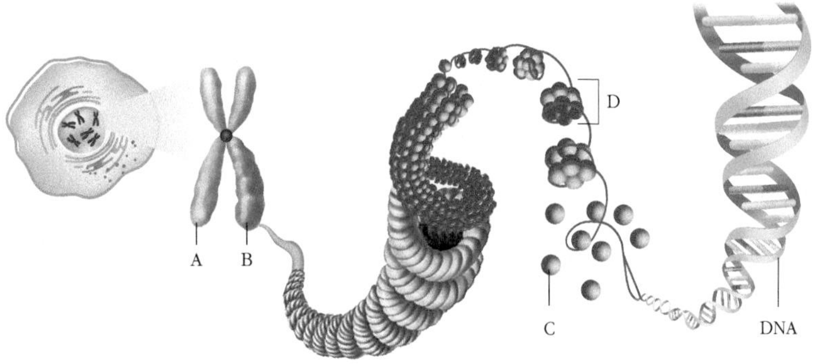

(1) A ~ D 중 염색사의 기본 단위의 기호와 이름을 쓰시오. (　　　　　　　)

(2) A와 B에 대한 설명 중 옳은 것은 ○표, 옳지 않은 것은 ×표 하시오.

① A와 B는 서로 유전자 구성이 동일하다. (　　)

② A와 B를 각각 염색체라고 한다. (　　)

③ A와 B는 세포 분열 과정에서 분리되어 서로 다른 딸세포로 들어간다. (　　)

03

염색체의 구조에 대한 다음 설명을 읽고 빈칸에 들어갈 알맞은 말을 써 넣으시오.

> ㉠(　　　　　)(이)가 ㉡(　　　　　)(을)를 휘감은 형태로, 여러 단계에 걸쳐 꼬이고 응축되어 형성된 구조로 세포 분열의 간기 상태에서는 실 모양의 구조물인 ㉢(　　　　)의 형태로 발견된다.

㉠ (　　　　　　　　), ㉡ (　　　　　　　　), ㉢ (　　　　　　　　)

04

다음 물음에 답하시오.

(1) 염색체의 동원체에 서로 연결되어 있는 각각의 가닥을 무엇이라고 하는가?

(　　　　　　)

(2) 염색사 또는 염색체의 기본 단위에서 매우 긴 DNA 분자가 응축하는 데 도움을 주는 것은 무엇인가?

(　　　　　　)

유형 익히기&하브루타

[유형6-3] 핵형과 핵상

다음은 정상인 남녀의 핵형을 조사하여 나타낸 것이다.

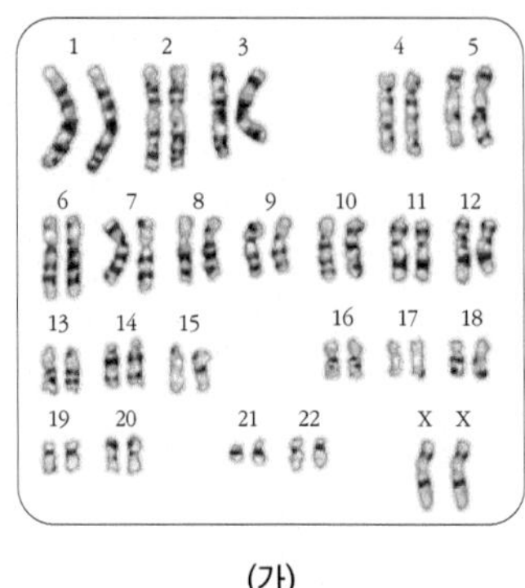

(가) (나)

(1) 위와 같이 생물의 핵형을 조사하는 작업을 무엇이라고 하는가?

( )

(2) 위와 같은 조사 작업은 세포 분열 중 어느 시기에 하는 것이 가장 좋은가?

( )

(3) 위와 같은 조사 작업을 통해 알 수 있는 사실은 무엇인가?

( )

05 다음 중 생물의 종에 따른 염색체 수에 대한 설명으로 옳은 것을 〈보기〉에서 있는 대로 골라 기호로 쓰시오.

〈 보기 〉

ㄱ. 핵형이 같으면 같은 종의 생물이다.
ㄴ. 염색체 수가 같으면 같은 종의 생물이다.
ㄷ. 고등 생물일수록 염색체의 수가 많다.

( )

06 다음은 서로 다른 동물의 세포에 들어 있는 염색체를 나타낸 것이다. 이 동물의 핵상을 쓰시오.

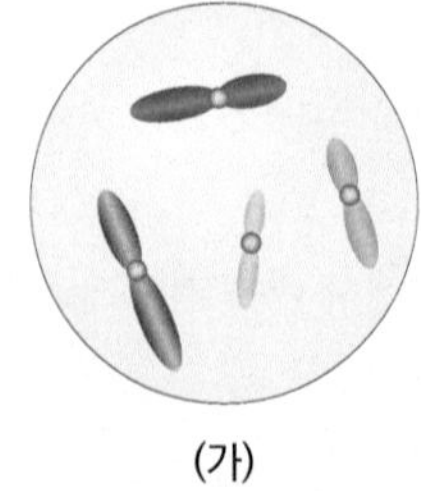

(가)

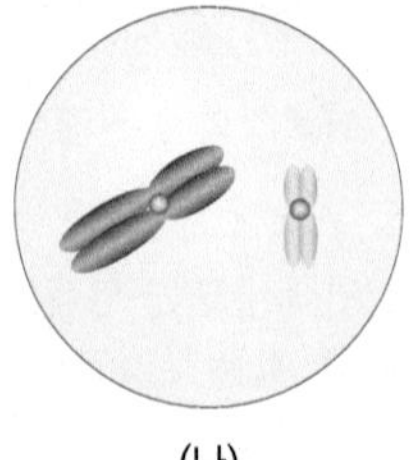

(나)

(1) (가) : ( ) (2) (나) : ( )

정답 및 해설 28쪽

[유형6-4] 사람의 염색체

다음은 정상인 남성의 핵형을 분석한 결과이다.

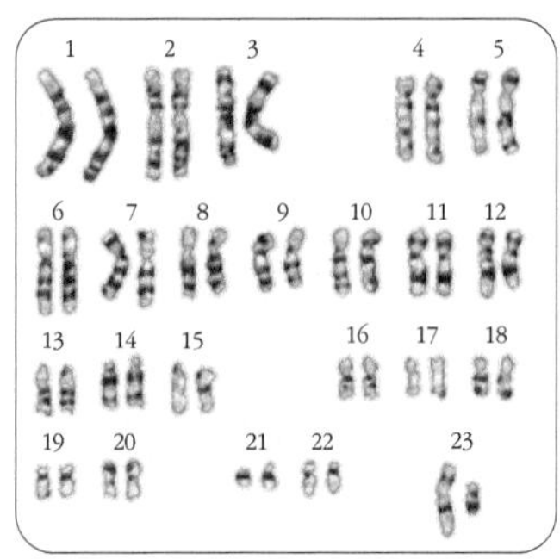

(1) 1 ~ 23 번의 염색체 중에서 상염색체에 해당하는 번호를 쓰시오.

( )

(2) 1 ~ 23 번의 염색체 중에서 성염색체에 해당하는 번호를 쓰시오.

( )

(3) 23 번 염색체는 모양과 크기가 서로 다르다. 이 염색체를 상동 염색체라고 할 수 있는가? 그 이유와 함께 서술하시오.

( )

07 다음 중 상염색체와 성염색체의 공통점으로 옳은 것은 〈보기〉에서 있는 대로 골라 기호로 쓰시오.

〈 보기 〉

ㄱ. 1 번부터 22 번까지가 해당된다.
ㄴ. 한 조는 부계로부터, 한 조는 모계로부터 물려받은 것이다.
ㄷ. 암수가 공통으로 가지고 있고 성 결정에 관여하는 한 쌍의 염색체이다.

( )

08 다음 (가)와 (나)는 어떤 동물의 염색체를 나타낸 것이다. (가)에 표시된 ㉠의 대립 유전자를 찾아 기호로 나타내시오. (단, (가)와 (나)는 상동 염색체이다.)

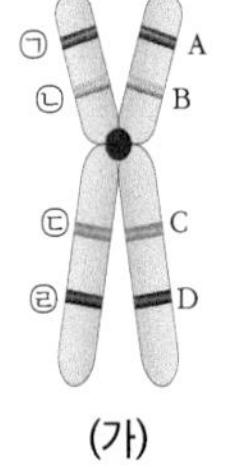

(가)

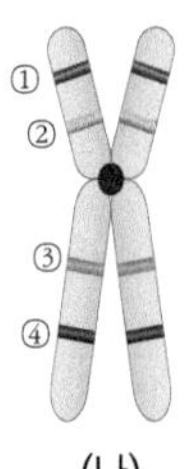

(나)

( )

창의력&토론마당

01 다음 그림 (가)와 (나)는 정상인 남녀의 염색체를 나타낸 것이다.

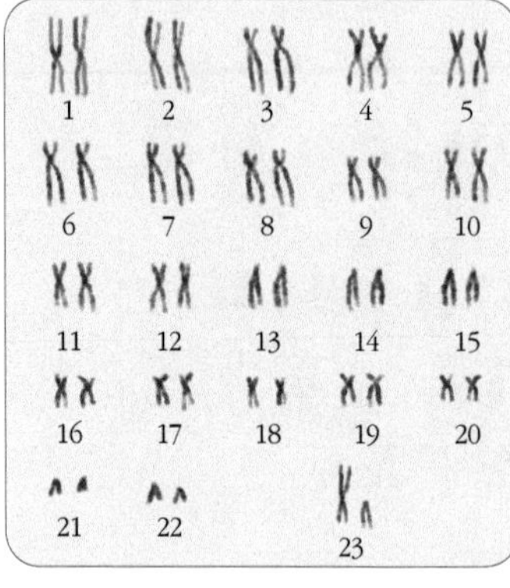

(가)

(나)

위 자료에 대한 설명으로 옳지 <u>않은</u> 것을 고르고, 그렇게 생각한 이유를 설명하시오.

[특목고 기출 유형]

① 사람의 체세포에는 46 개의 염색체가 있다.
② 그림 (가) 는 남성의 염색체를 나타낸 것이다.
③ 그림 (나) 는 여성의 염색체를 나타낸 것이다.
④ 여자의 난소에서는 22+X 의 생식 세포만 만들어진다.
⑤ 남자의 정소에서는 22+Y 의 생식 세포만 만들어진다.

답 :
이유 :

정답 및 해설 29쪽

02

다음 그림 (가)는 정상인 여자의 핵형을 나타낸 것이고, (나) ~ (라)는 염색체 이상이 있는 세 사람의 핵형을 나타낸 것이다.

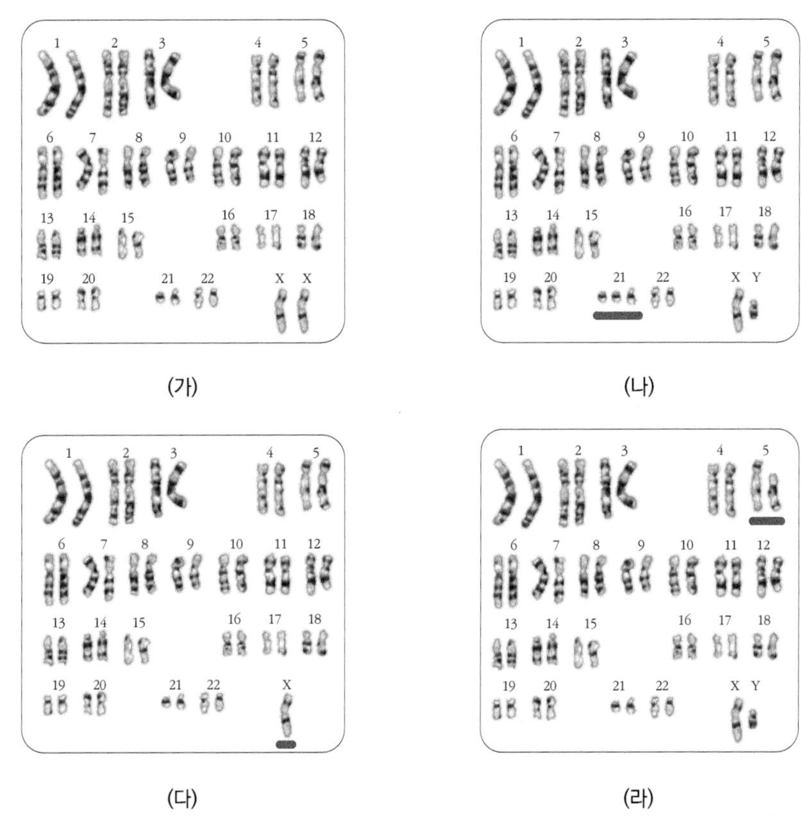

(1) (나) ~ (라)의 핵형을 아래 (가)의 예시와 같이 쓰시오.

· (가) : $2n = 44 + XX$ · (나) : (　　　　　　)

· (다) : (　　　　　　) · (라) : (　　　　　　)

(2) (다)의 성별은 무엇인지 그 이유와 함께 쓰시오.

(3) (나) ~ (라)의 염색체 이상이 무엇인지 각각 쓰시오.

· (나) :

· (다) :

· (라) :

창의력&토론마당

03 다음 그래프는 서로 같은 종인 동물($2n = 6$) (가)와 (나)의 세포 ㉠ ~ ㉣이 가지는 유전자 A, a, B, b 의 DNA 상대량을 나타낸 것이다. A 와 a 는 대립 유전자이며, B 는 b 와 대립 유전자이다. ㉠은 (가)의 세포이고, ㉡은 (나)의 세포이다. ㉢과 ㉣은 각각 (가)와 (나)의 세포 중 하나이다. (가)와 (나)의 성염색체는 암컷이 XX, 수컷이 XY 이다.

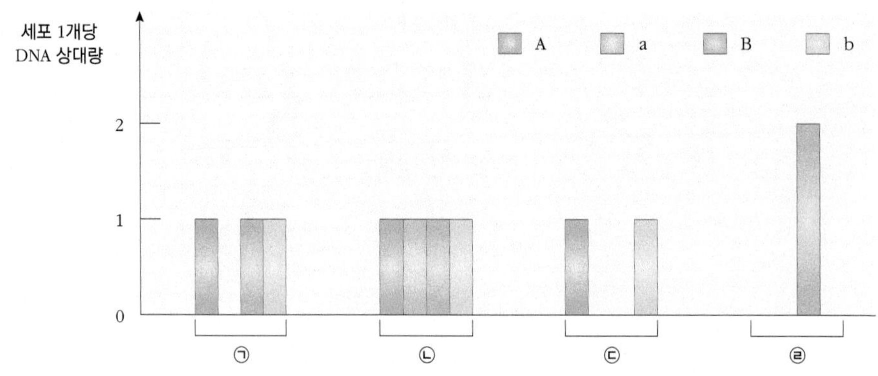

다음 중 위 자료에 대한 설명으로 옳지 <u>않은</u> 것을 고르고, 그렇게 생각한 이유를 설명하시오. (단, 돌연변이는 고려하지 않는다.)

[수능 유형]

① ㉣은 (가)의 세포이다.
② ㉢의 성별은 알 수 없다.
③ A 와 a 는 성염색체에 존재하는 유전자이다.
④ B 와 b 는 상염색체에 존재하는 유전자이다.
⑤ ㉣로부터 형성된 생식 세포가 다른 생식 세포와 수정되어 태어난 자손은 항상 수컷이다.

정답 및 해설 30쪽

04

그림은 세포 (가) ~ (마) 각각에 들어 있는 모든 염색체를 나타낸 것이다.

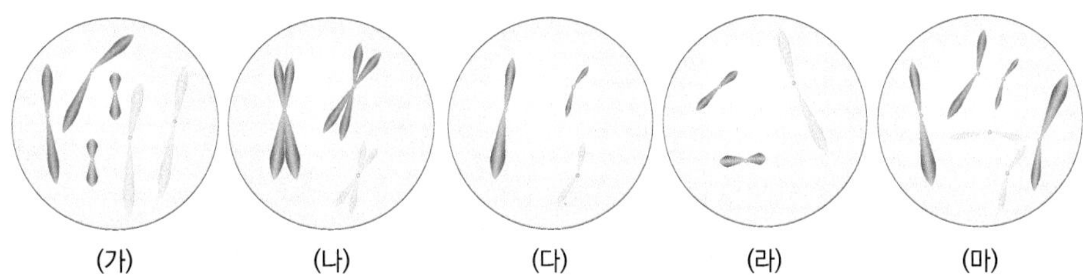

(가) (나) (다) (라) (마)

다음은 (가) ~ (마)에 대한 설명이다.

- ·서로 다른 개체 A, B, C 는 2 가지 종으로 구분되며, 모두 $2n = 6$ 이다.
- ·(가)는 A 의 세포이고 (나)는 B 의 세포이며, (다), (라), (마) 각각은 B 와 C 의 세포 중 하나이다.
- ·A ~ C 의 성염색체는 암컷이 XX, 수컷이 XY 이다.

위 자료를 보고 아래의 물음에 답하시오. (단, 돌연변이는 고려하지 않는다.)

[수능 유형]

(1) (나) ~ (라) 중 (가)와 같은 종의 세포는 무엇인지 그 이유와 함께 쓰시오.

(2) (다), (라), (마)가 A ~ C 중 어떤 개체인지 쓰시오.

(2) (가) ~ (마)의 성별을 구분하시오.

- 암컷 :
- 수컷 :

스스로 실력 높이기

A

01 핵산의 일종이며, 생물의 형질에 관한 유전 정보를 담고 있는 분자를 무엇이라고 하는가?

( )

02 DNA 를 구성하는 기본 단위는 무엇인가?

( )

03 DNA 를 구성하는 염기 사이에 특이적 결합이 형성되는 것끼리 연결하시오.

(1) 아데닌(A) · · ⓐ 사이토신(C)

(2) 구아닌 (G) · · ⓑ 티민 (T)

[04-05] 다음 그림은 DNA 의 구조를 나타낸 것이다.

04 DNA 의 바깥쪽 구조로 골격을 형성하는 ㉠을 무엇이라고 하는가?

( )

05 DNA 안쪽을 구성하는 물질 (가)가 무엇인지, (가)에서 일어나는 결합의 종류 (나)를 각각 쓰시오.

(가) : ( ) (나) : ( )

06 염색체와 염색사의 기본 단위는 무엇인가?

( )

07 다음 중 DNA 분자가 응축하는데 도움을 주는 물질은?

① 유전자 ② 염색체 ③ 동원체
④ 염색 분체 ⑤ 히스톤 단백질

08 다음 중 핵형 분석으로 알 수 없는 것은?

① 성별 ② 눈동자의 색
③ 염색체 수 이상 ④ 염색체 모양 이상
⑤ 염색체 크기 이상

09 다음은 어떤 동물의 세포에 들어 있는 염색체를 나타낸 것이다. 이 동물의 핵상을 바르게 나타낸 것은?

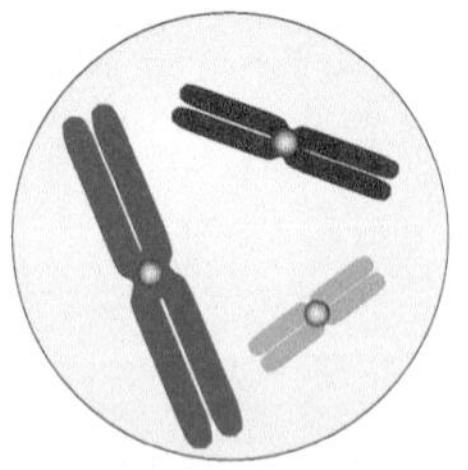

① $n = 3$ ② $n = 6$ ③ $n = 12$
④ $2n = 3$ ⑤ $2n = 6$

10 다음 중 상염색체의 특징에는 '상', 성염색체의 특징에는 '성', 상염색체와 성염색체의 공통점은 '공' 이라고 쓰시오.

(1) 암수가 공통으로 가지고 있다. ( )
(2) 성별에 따라 모양이 서로 다르다. ( )
(3) 부계와 모계로부터 하나씩 물려받았다. ( )

정답 및 해설 31쪽

B

11 다음은 세포의 핵 속에 있는 염색체의 구조를 나타낸 것이다.

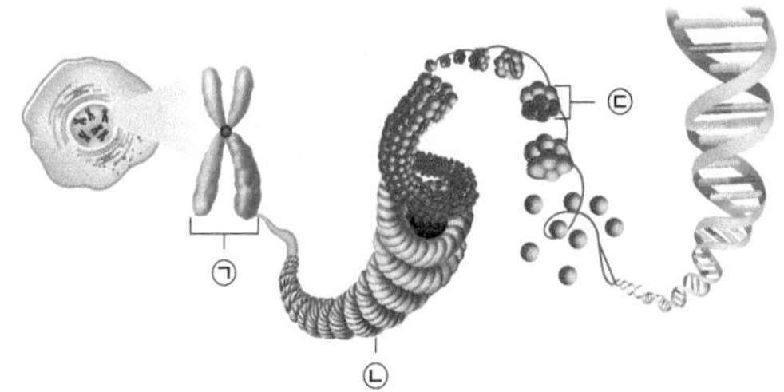

이에 대한 설명으로 옳은 것만을 <보기>에서 있는 대로 고른 것은?

〈 보기 〉

ㄱ. ㉠은 유전자 구성이 동일한 상동 염색체로 이루어져 있다.
ㄴ. ㉡은 수백만 개의 ㉢이 서로 연결되어 있는 실 모양의 구조물이다.
ㄷ. ㉢은 ㉠과 ㉡의 기본 단위이다.

① ㄱ　② ㄴ　③ ㄷ　④ ㄱ, ㄴ　⑤ ㄴ, ㄷ

12 다음은 염색체의 구조를 나타낸 것이다.

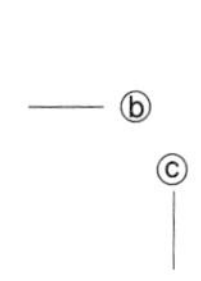

이에 대한 설명으로 옳은 것만을 <보기>에서 있는 대로 고른 것은?

〈 보기 〉

ㄱ. ⓐ의 기본 단위는 뉴클레오솜이다.
ㄴ. ⓑ는 간기 상태의 핵 속에서 관찰할 수 있다.
ㄷ. ⓒ는 두 개의 염색 분체를 이어주는 역할을 한다.

① ㄱ　② ㄴ　③ ㄷ　④ ㄱ, ㄴ　⑤ ㄴ, ㄷ

13 다음은 어떤 사람의 핵형 분석 결과를 나타낸 것이다.

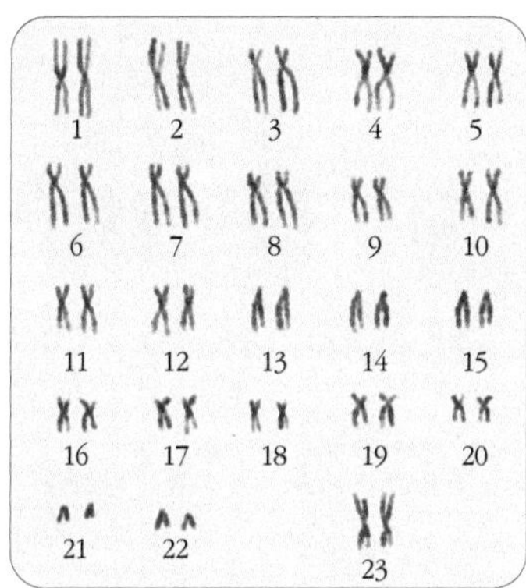

이에 대한 설명으로 옳은 것은? (단, 돌연변이는 고려하지 않는다.)

① 이 사람은 남성이다.
② 이 사람은 곱슬머리이다.
③ 이 사람은 23 쌍의 대립 유전자를 가지고 있다.
④ 생식 세포에서 관찰한 핵형도 같은 결과를 나타낸다.
⑤ 이 사람의 어머니의 피부 세포에서 관찰한 핵형과 같은 결과를 나타낸다.

14 다음 표는 다양한 식물과 동물의 체세포 염색체 수를 나타낸 것이다. 이에 대한 설명으로 옳은 것만을 있는 대로 고르시오.

식물		동물	
완두	14	초파리	8
양파	16	생쥐	40
무	18	고릴라	48
벼	24	사람	46
감자	48	누에	56

① 고등 생물일수록 염색체 수가 많다.
② 모든 체세포 염색체 수는 짝수이다.
③ 몸집이 큰 생물일수록 염색체 수가 많다.
④ 염색체 수가 같다고 해서 같은 종은 아니다.
⑤ 식물의 염색체 수가 동물의 염색체 수보다 많다.

스스로 실력 높이기

[15-16] 다음은 어떤 사람의 핵형을 분석한 결과를 나타낸 것이다.

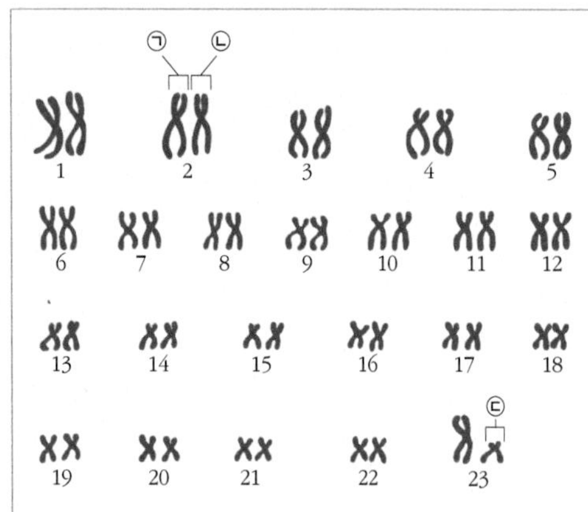

15 ㉠ ~ ㉢ 에 대한 설명으로 옳은 것만을 〈보기〉에서 있는 대로 고른 것은? (단, 돌연변이는 고려하지 않는다.)

〈 보기 〉

ㄱ. ㉠은 유전자 구성이 동일한 2개의 가닥으로 이루어져 있다.
ㄴ. ㉡은 ㉠에서 복제된 것이다.
ㄷ. ㉢은 부계로부터 물려받은 것이다.

① ㄱ ② ㄴ ③ ㄷ
④ ㄱ, ㄴ ⑤ ㄱ, ㄷ

16 핵형 분석을 하기 가장 좋은 시기는?

① 세포 분열 간기 ② 세포 분열 전기
③ 세포 분열 중기 ④ 세포 분열 후기
⑤ 세포 분열을 하지 않을 때

17 다음 그림은 어떤 동물의 핵형 분석 결과를 나타낸 것이다.

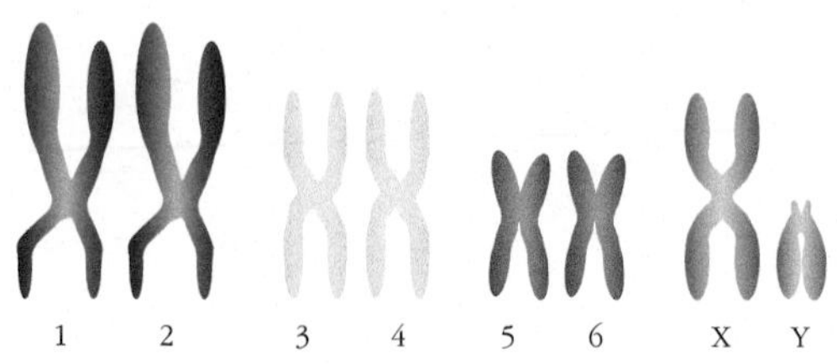

이에 대한 설명으로 옳은 것만을 〈보기〉에서 있는 대로 고른 것은? (단, 돌연변이는 고려하지 않는다.)

〈 보기 〉

ㄱ. 이 동물의 핵상은 $2n = 8$ 이다.
ㄴ. 4 번과 5 번의 동일한 위치에 대립 유전자가 있다.
ㄷ. 감수 분열 시 X 와 Y 염색체는 서로 접합한다.

① ㄱ ② ㄱ, ㄴ ③ ㄱ, ㄷ
④ ㄴ, ㄷ ⑤ ㄱ, ㄴ, ㄷ

18 다음 그림은 핵상이 $2n = 4$ 인 어떤 생물의 체세포에 존재하는 염색체를 배열한 것이다.

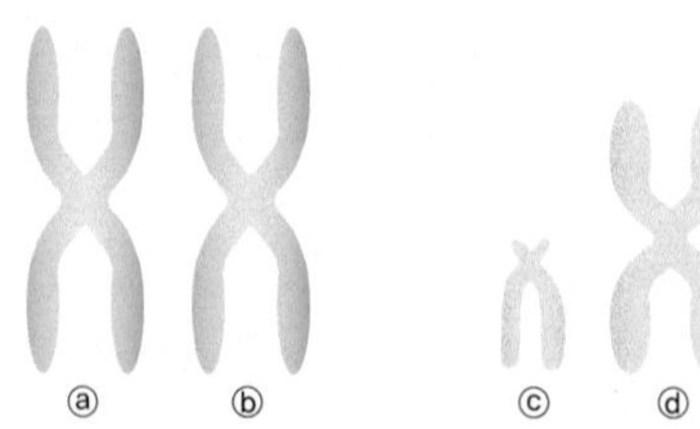

이에 대한 설명으로 옳은 것만을 〈보기〉에서 있는 대로 고른 것은? (단, 돌연변이는 고려하지 않는다.)

〈 보기 〉

ㄱ. ⓐ와 ⓑ에 포함된 유전자의 배열 순서는 같다.
ㄴ. ⓐ와 ⓑ는 생식 세포가 형성될 때 분리된다.
ㄷ. ⓒ와 ⓓ는 성염색체이다.

① ㄱ ② ㄴ ③ ㄱ, ㄴ
④ ㄴ, ㄷ ⑤ ㄱ, ㄴ, ㄷ

정답 및 해설 31쪽

19 다음은 어떤 동물의 염색체 상에 존재하는 여러 종류의 유전자들을 나타낸 것이다.

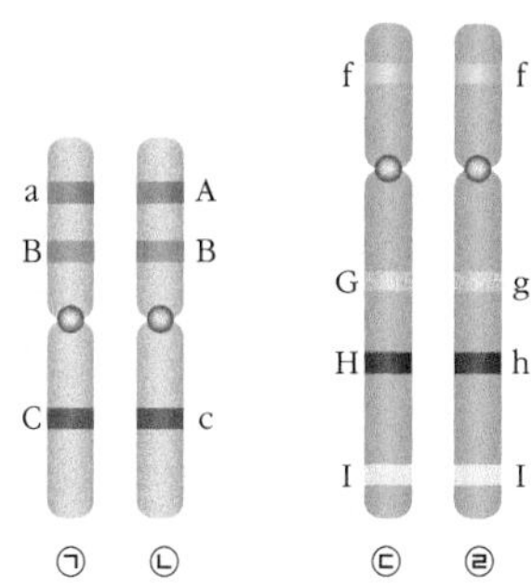

이에 대한 설명으로 옳은 것만을 〈보기〉에서 있는 대로 고른 것은?

〈 보기 〉

ㄱ. ㉠과 ㉡은 상동 염색체이다.
ㄴ. C와 c는 대립 유전자이다.
ㄷ. 유전자 f, G, h, I는 연관되어 있다.

① ㄱ ② ㄴ ③ ㄷ
④ ㄱ, ㄴ ⑤ ㄴ, ㄷ

20 다음 그림은 어떤 세포에 있는 한 쌍의 상동 염색체와 유전자를 나타낸 것이다.

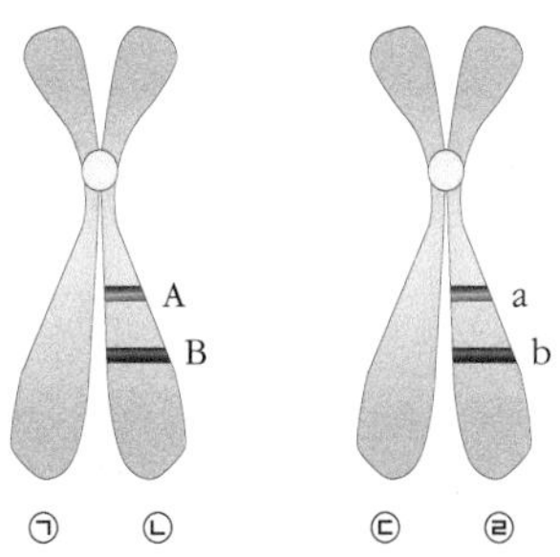

이에 대한 설명으로 옳은 것만을 〈보기〉에서 있는 대로 고른 것은? (단, 돌연변이는 고려하지 않는다.)

〈 보기 〉

ㄱ. A와 a는 대립 유전자이다.
ㄴ. ㉠과 ㉡은 유전자 구성이 100 % 일치한다.
ㄷ. 체세포 분열 시 ㉢과 ㉣은 각각 분리된다.

① ㄱ ② ㄴ ③ ㄱ, ㄴ
④ ㄴ, ㄷ ⑤ ㄱ, ㄴ, ㄷ

21 다음은 염색체를 구성하는 물질들의 모습의 일부를 나타낸 것이다.

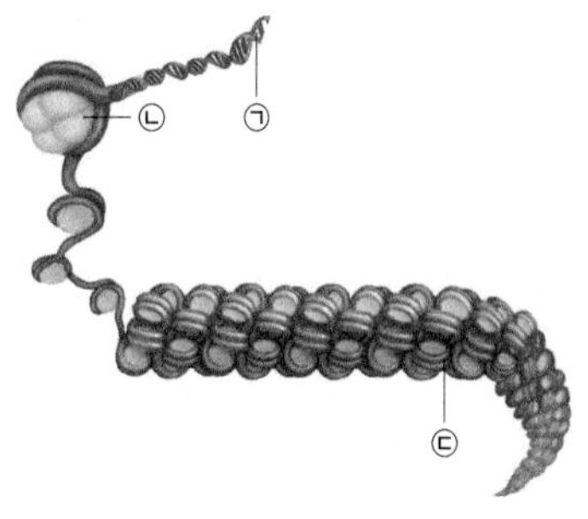

이에 대한 설명으로 옳은 것만을 〈보기〉에서 있는 대로 고른 것은?

〈 보기 〉

ㄱ. ㉠의 기본 단위를 구성하는 당은 리보스이다.
ㄴ. ㉡의 합성에 리보솜이 관여한다.
ㄷ. ㉢은 분열 중인 세포에서만 관찰 가능하다.

① ㄱ ② ㄴ ③ ㄷ
④ ㄱ, ㄴ ⑤ ㄴ, ㄷ

22 다음은 어떤 동물의 상동 염색체 2 쌍을 나타낸 것이다.

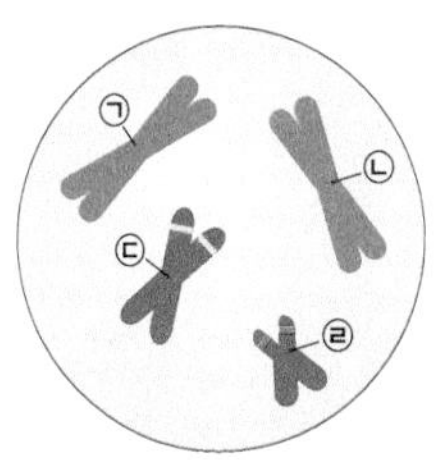

이에 대한 설명으로 옳은 것만을 〈보기〉에서 있는 대로 고른 것은? (단, 이 동물은 사람과 성 결정 방식이 동일하며 돌연변이는 고려하지 않는다.)

〈 보기 〉

ㄱ. ㉠과 ㉣은 부계로부터 물려받은 것이다.
ㄴ. ㉢에 표시된 유전자는 이 동물의 딸에게 100 % 전달된다.
ㄷ. ㉣에 표시된 유전자가 이 동물의 아들에게 전달될 확률은 50 % 이다.

① ㄱ ② ㄴ ③ ㄷ
④ ㄱ, ㄴ ⑤ ㄴ, ㄷ

스스로 실력 높이기

[23-24] 다음은 사람의 성 결정 과정을 모식적으로 나타낸 것이다. ㉠과 ㉡은 정자, ㉢과 ㉣은 난자를 나타낸 것이다. (가)와 (나)는 수정 결과로 발생한 자녀의 성염색체만을 표시한 것이다. (단, 돌연변이는 고려하지 않는다.)

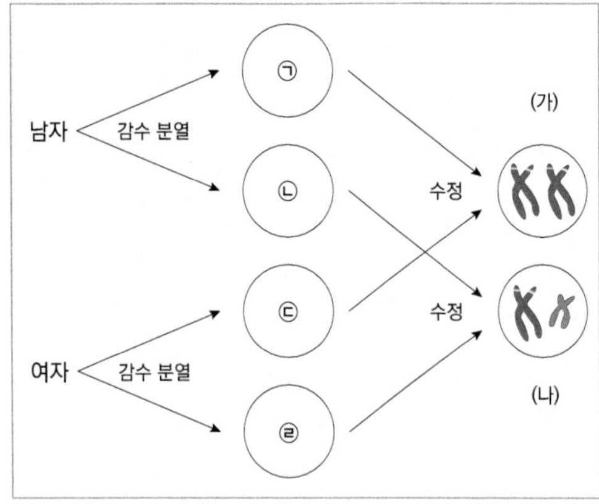

23 ㉡과 ㉣의 핵상을 다음과 같이 성염색체를 이용하여 각각 쓰시오.

$2n = 44 + XY$

㉡ : (　　　　　)
㉣ : (　　　　　)

24 위 그림에 대한 설명으로 옳은 것만을 〈보기〉에서 있는 대로 고른 것은?

〈보기〉

ㄱ. ㉠과 ㉢의 핵상은 같다.
ㄴ. ㉡과 ㉣이 수정하면 여자가 태어난다.
ㄷ. ㉠~㉣은 모양과 크기가 같은 염색체가 쌍을 이루고 있다.

① ㄱ　② ㄴ　③ ㄷ
④ ㄱ, ㄴ　⑤ ㄴ, ㄷ

[25-26] 다음은 어떤 동물 (가)와 (나)의 세포에 있는 모든 염색체를 모식적으로 나타낸 것이다.

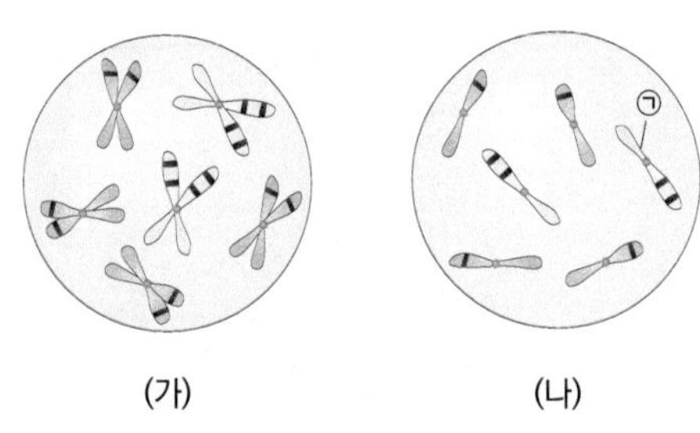

(가)　(나)

25 (가)와 (나)의 핵상을 각각 쓰시오.

(가) : (　　　　　)
(나) : (　　　　　)

26 (가)와 (나)에 대한 설명으로 옳은 것만을 〈보기〉에서 있는 대로 고른 것은? (단, 돌연변이는 고려하지 않는다.)

〈보기〉

ㄱ. (가)의 염색체는 2 개의 염색 분체로 구성되어 있다.
ㄴ. (나)는 생식 세포의 모습이다.
ㄷ. ㉠은 유전자가 연관되어 있다.

① ㄱ　② ㄴ　③ ㄷ
④ ㄱ, ㄴ　⑤ ㄱ, ㄷ

정답 및 해설 31쪽

심화

27 다음 그림은 DNA 의 2중 나선 구조를 나타낸 것이다. ㉠과 ㉡이 의미하는 것이 무엇인지를 쓰고, 각각의 특징을 서술하시오.

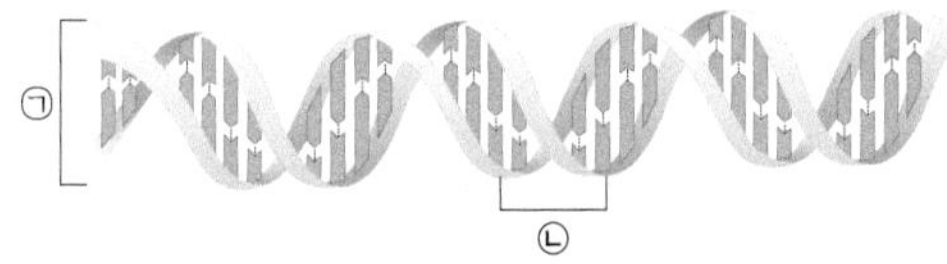

28 다음은 염색체의 구조를 나타낸 것이다.

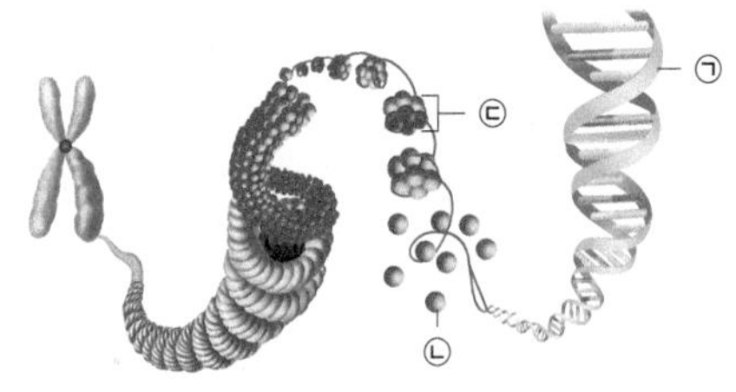

㉠ ~ ㉢을 이용하여 염색체가 형성되는 과정을 서술하시오.

29 염색사는 수백만 개의 뉴클레오솜이 서로 연결되어 있는 실 모양의 구조물이다. 세포가 분열을 하지 않을 때는 DNA의 유전 정보를 이용하기 쉽게 풀어진 형태로 존재하지만, 세포 분열 시기에는 염색체로 응축한다. 이와 같이 DNA가 염색체로 응축하는 이유가 무엇인지 서술하시오.

30 다음은 X 염색체와 Y 염색체의 전자 현미경 사진이다. X 염색체와 Y 염색체는 모양과 크기가 다르지만 상동 염색체로 간주하는데 그 이유가 무엇인지 서술하시오.

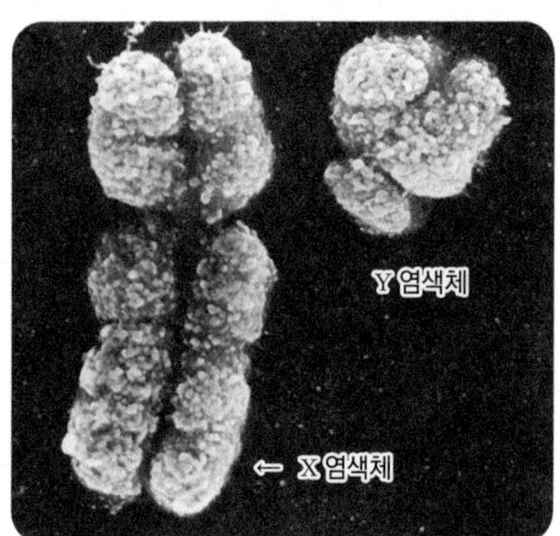

7강. 세포 분열 Ⅰ

1. 세포 주기 1

(1) 세포 주기 : 분열로 생긴 딸세포가 자라서 분열을 마치기까지의 과정으로 크게 DNA 의 복제와 세포의 생장이 일어나는 간기와 세포가 분열되는 분열기로 나누어진다.

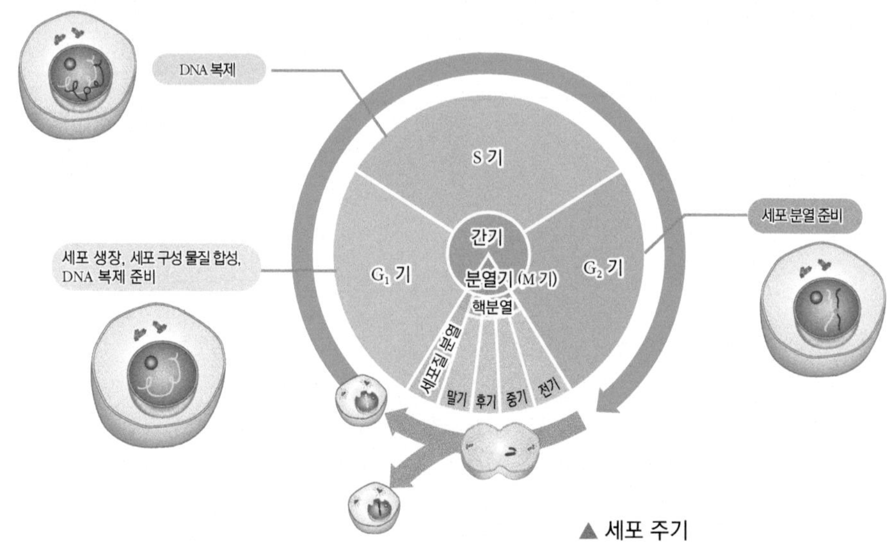

▲ 세포 주기

(1) 간기[1]

① 분열기와 다음 분열기 사이의 기간으로 세포 분열 결과로 생긴 딸세포가 생장을 한다.
② 세포 소기관의 수가 증가하고 DNA 복제와 단백질 합성 등 물질대사가 활발하게 일어난다.
③ 세포 주기의 대부분을 차지하며 유전 물질은 염색사 형태로 존재한다.
④ DNA 합성을 기준으로 G_1 기, S 기, G_2 기로 구분한다.[2]

G_1 기	· 세포 분열이 끝난 직후부터 DNA 복제가 이루어지기 전까지의 시기로 세포가 생장하는 시기 · 미토콘드리아나 리보솜과 같은 세포 소기관의 수가 증가하며 세포의 크기가 커짐 · 세포의 생장에 필요한 많은 단백질이 합성됨 ⇒ 물질대사가 매우 활발한 시기
S 기	· DNA 복제가 일어나 핵 속의 유전 물질의 양이 2 배로 증가하는 시기
G_2 기	· DNA 복제가 끝난 뒤 분열기 전까지의 시기 · 방추사를 구성하는 단백질, 세포 분열에 필요한 여러 가지 단백질을 합성하여 세포가 생장하며 세포 분열을 준비하는 시기

(2) 분열기

① 세포 분열이 일어나는 시기로 간기에 비해 짧다.
② 핵이 두 개로 나누어지는 핵분열과, 세포가 2 개로 나누어지는 세포질 분열로 구분된다.
③ 간기에 복제된 DNA 가 딸세포에 고르게 분배된다.
④ 염색체를 관찰할 수 있으며 핵분열 시기에는 염색체의 특징에 따라 전기, 중기, 후기, 말기로 구분한다.

개념확인 1

간기 중 DNA 의 복제가 일어나는 시기를 무엇이라 하는가?

( )

확인+1

세포 분열이 일어나는 시기로 간기에 비해 짧은 시기를 무엇이라 하는가?

( )

---

❶ 간기의 특징과 의의

· S 기와 G_2 기에도 세포는 계속 생장한다.
· 간기에 DNA 와 세포질에 있는 대부분의 물질이 2 배로 증가한다.
⇒ 세포 분열이 계속 일어나도 세포의 수, 모양, 크기, 세포질의 양, 세포 소기관의 수는 거의 변함이 없다.

❷ 세포 주기의 G, S, M의 의미

· G (Gap : 간격, Growth : 생장)
⇒ 분열기와 분열기 사이, 세포가 생장하는 시기를 의미한다.
· S (Synthesis : 합성)
⇒ DNA 가 합성(복제)되는 시기이다.
· M (Mitosis : 분열)
⇒ 체세포가 분열하는 시기이다.

체세포 분열 관찰

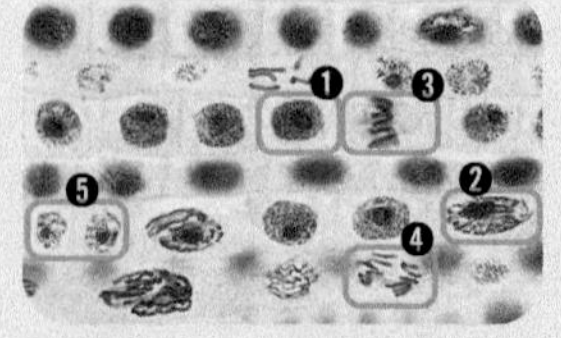

▲ 양파의 뿌리 끝에서 일어나는 체세포 분열 ① 간기 ② 전기 ③ 중기 ④ 후기 ⑤ 말기

양파의 뿌리 끝은 생장점이 있어 체세포 분열이 왕성하게 일어난다.
간기가 가장 길기때문에 간기 상태의 세포가 가장 많이 관찰된다.

2. 세포 주기 2

(2) 세포 주기의 조절 : 세포의 주기는 세포의 종류, 세포의 생장 상태, 세포의 환경, DNA 의 손상 여부와 복제 상태에 따라 다르게 나타난다.

(1) 발생 초기 세포(배아 세포)

① G_1 기와 G_2 기가 거의 없고 S 기와 분열기가 반복된다.
② 세포 주기가 짧아 빠르게 분열한다.
③ 세포 분열을 거듭할수록 세포 1 개의 크기가 점점 작아진다. (난할)

(2) 완전히 분화된 세포(신경 세포, 근육 세포 등)

① 분화[3]가 끝나 더 이상 분열하지 않는 세포로 세포 분열 시 G_1 기에서 S 기로 진행되지 않고 멈춰 있다. ⇒ G_1 기에서 멈춰 있는 시기를 G_0 기라고 한다.
② 인체 대부분의 세포가 이처럼 분열하지 않고 G_0 기에 머물러 있다.

(3) 재생이 가능한 세포(피부 세포, 간세포)

① 손상되거나 죽어서 손실된 세포를 교체할 필요가 있을 때 다시 분열을 시작한다.
② G_0 기에서 다시 정상 세포 주기로 돌아와 분열한다.

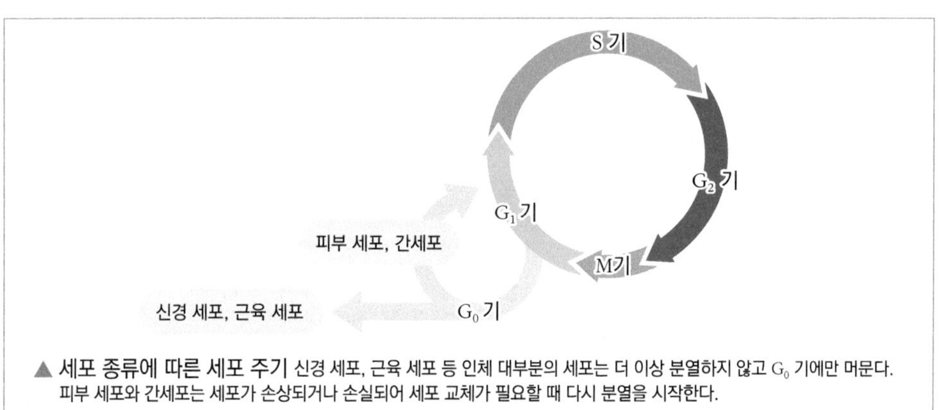

▲ 세포 종류에 따른 세포 주기 신경 세포, 근육 세포 등 인체 대부분의 세포는 더 이상 분열하지 않고 G_0 기에만 머문다. 피부 세포와 간세포는 세포가 손상되거나 손실되어 세포 교체가 필요할 때 다시 분열을 시작한다.

(3) 세포 주기 조절의 이상 : 세포 주기를 조절하는 기능에 이상이 생기면 비정상적으로 분열을 반복하게 된다.

① **정상 세포** : 세포 주기가 매우 정교하게 조절된다.
② **암세포**[4] : 세포 주기 조절에 이상이 생겨 지속적으로 분열하여 종양(미니)을 형성하고 다른 기관으로 전이(미니)되어 생명에 치명적인 영향을 미친다.

	정상 세포	암세포
세포 배양 결과	주변 세포와 접촉하면 분열이 억제되어 한 층을 이룰 때까지만 분열한다.	주변 세포와 접촉해도 분열이 억제되지 않아 세포가 여러 층으로 쌓인다.
세포 특성	· 특정한 세포로 분화한다. · 전이가 일어나지 않는다.	· 세포가 분화하지 않는다. · 전이가 가능하다

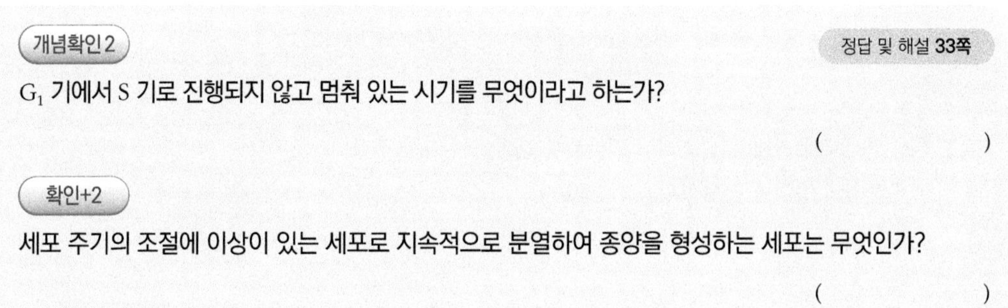

개념확인 2 정답 및 해설 33쪽

G_1 기에서 S 기로 진행되지 않고 멈춰 있는 시기를 무엇이라고 하는가?

( )

확인+2

세포 주기의 조절에 이상이 있는 세포로 지속적으로 분열하여 종양을 형성하는 세포는 무엇인가?

( )

[3] 분화

· 세포가 분열하여 성장하는 동안 구조나 기능이 특수화하여 조직으로서의 특성을 가지게 되는 과정이다.
· 분화되지 않았지만 여러 종류의 세포로 분화할 수 있는 세포를 줄기 세포라고 한다.

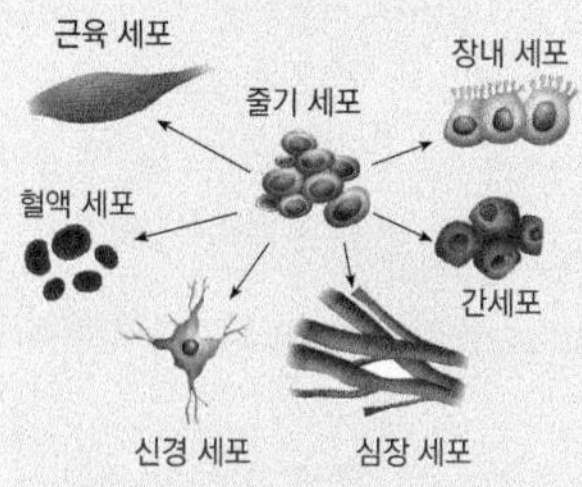

▲ 줄기 세포의 분화

[4] 암세포의 특성

암세포의 특성은 세포 주기를 조절하는 신호를 무시하기 때문에 나타난다.
① 혈관이나 림프관을 통해 다른 기관으로 전이한다.
② 분화되지 않고 분열이 억제되지 않아 종양을 형성한다.
③ 주변 조직이나 기관에 침투하여 기능을 손상시킨다.

미니사전

종양 [腫 종기 瘍 헐다] 세포가 병적으로 증식하여 형성된 세포 덩어리

전이 [轉 옮기다 移 옮기다] 악성 종양이나 병원체가 처음 발생 부위로부터 혈관이나 림프관을 통해 다른 부위로 퍼져나가는 현상

3. 체세포 분열 1

(1) 체세포 분열 : 몸을 구성하는 체세포가 분열하여 동일한 유전 물질을 가진 2 개의 딸세포를 형성하는 과정으로 분열기(M 기)에 일어난다.

① **핵분열** : 모세포의 핵이 분열하여 분열 결과로 2 개의 딸핵이 만들어진다.

· 염색체의 모양과 움직임에 따라 전기, 중기, 후기, 말기로 구분한다.

· S 기에 DNA 양이 2 배가 되지만 분열기에 염색 분체가 분리되어 각각 딸세포로 나누어 들어가므로 DNA 의 상대적인 양과 염색체 수는 변하지 않는다.

⇒ $2n \rightarrow 2n$ (핵상 변화 없음)

시기		모식도	특징
간기 (G_2 기)		중심체, 인, 핵막, 세포막	· S 기에 DNA 가 복제된다. · 핵막과 인이 관찰된다. · 중심체가 복제되어 2 개가 된다. · 유전 물질이 염색사 형태로 존재한다.
핵분열기	전기[1]	방추사, 염색 분체	· 핵막과 인이 사라진다. · 염색사는 2 개의 염색 분체로 이루어진 염색체로 응축된다. · 동물 세포의 경우 중심체에서 방추사가 형성된다.
	중기[2]		· 중심체는 각각 세포의 극에 위치한다. · 염색체가 방추사에 끌려 세포의 중앙(적도면)[3]에 배열된다. · 염색체가 최대로 응축되어 염색체를 관찰하기 가장 좋은 시기이다.
	후기		· 동원체에 붙은 방추사가 짧아지면서 염색 분체가 분리되어 세포의 양극으로 이동한다. · 분리된 염색 분체는 각각 하나의 염색체가 된다. · 핵분열 중 가장 짧은 시기이다.
	말기		· 염색체가 염색사로 풀어진다. · 핵막과 인이 다시 나타나며 2 개의 딸핵이 만들어진다. · 방추사가 사라진다. · 세포질 분열이 시작된다.

개념확인3

모세포와 동일한 유전 물질을 가진 2 개의 딸세포를 형성하는 과정을 무엇이라고 하는가?

( )

확인+3

체세포 분열에 대한 설명 중 옳은 것은 ○표, 옳지 않은 것은 ×표 하시오.

(1) 전기에 DNA 가 복제된다. ( )

(2) 중기에 염색체가 최대로 응축되어 염색체를 관찰하기 가장 좋다. ( )

(3) 체세포 분열이 일어나도 핵상의 변화는 없다. ( )

❶ 핵분열 전기의 핵막과 인

· 핵분열기에 염색체의 분리가 일어나기 위해 염색체를 둘러싸고 있던 핵막이 사라진다.

· 인은 핵 내부에서 리보솜을 합성하는 곳으로, 분열기에는 인이 사라지므로 단백질 합성이 일어나지 않는다는 것을 알 수 있다.

❷ 성상체와 방추사

· 중심체 : 2 개의 중심립이 직각으로 배열된 구조로, 동물 세포와 일부 하등 식물 세포에 존재한다. 중심체는 간기에 복제된 후 전기에 양극으로 이동하면서 방추사를 형성한다.

· 방추사 : 세포 분열을 할 때 중심체에서 형성되는 실 모양의 단백질로, 분열 과정에서 염색체를 양쪽으로 끌어당기는 역할을 한다.

· 성상체 : 중심립 주변에서 미세소관(미니)이 별 모양으로 퍼져 나온 섬유 구조로, 중심립이 복제되어 2 개로 나눠지며 방추사로 둘러싸일 때 볼 수 있다.

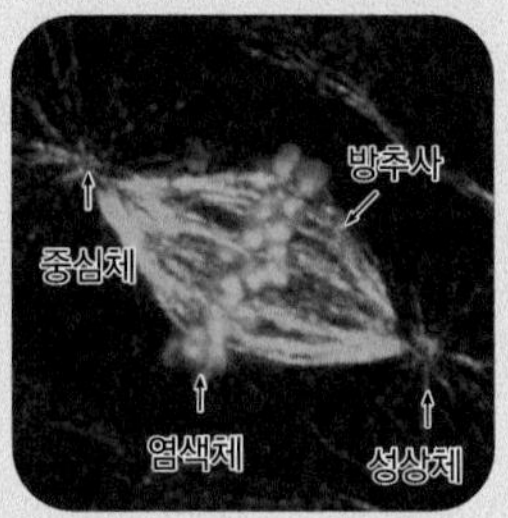

▲ 세포 분열 중기의 모습

❸ 세포의 적도면과 세포의 극

· 세포의 적도면 : 세포의 정 가운데에 있는 가상의 평면으로, 실제로 존재하는 세포 구조는 아니다.

· 세포의 극 : 세포의 양 끝 부분

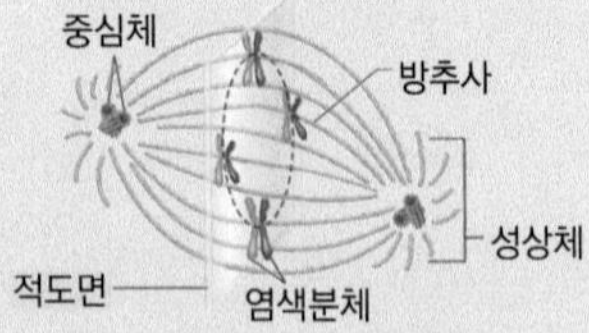

▲ 세포 분열 중기의 도식

미니사전

미세소관 단백질로 이루어진 속이 빈 막대 모양의 관. 세포 골격의 구성 성분

4. 체세포 분열 2

② **세포질 분열** : 세포질이 나누어져 2개의 딸세포가 만들어지는 과정으로 핵분열 말기가 끝날 무렵에 시작된다.

식물 세포 (세포판 형성)	동물 세포 (세포질 만입[4], 세포막 함입)
모세포의 세포벽 / 딸세포 / 세포벽 물질을 포함한 소낭 / 세포판 형성 / 새로운 세포벽	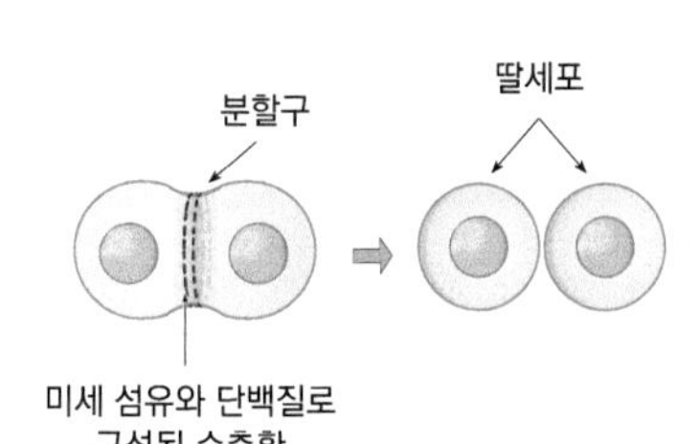
i. 세포 분열 말기 때 소낭들은 세포벽을 만드는 데 필요한 물질들을 골지체로부터 세포의 중앙으로 이동시킨다. ii. 섬유소와 단백질을 포함한 소낭들이 합쳐지면서 세포판이 형성된다. iii. 세포판은 세포를 가로질러 자라서 모세포의 세포벽과 연결되어 새로운 세포벽이 만들어지고, 소낭의 막은 세포막을 형성한다.	i. 미세 섬유와 단백질이 결합한 수축환이 적도판에서 세포를 둘러싼다. ii. 수축환이 수축하여 세포막을 조여 세포막을 안쪽으로 함입시켜 세포질을 분리한다.

(2) 체세포 분열[5]의 특징

① 1 번의 분열로 1 개의 모세포에서 2 개의 딸세포가 생성된다.

② 핵상의 변화가 없다. ($2n \rightarrow 2n$)

③ 세포 분열 결과로 생성된 딸세포의 DNA 량은 모세포와 같다.

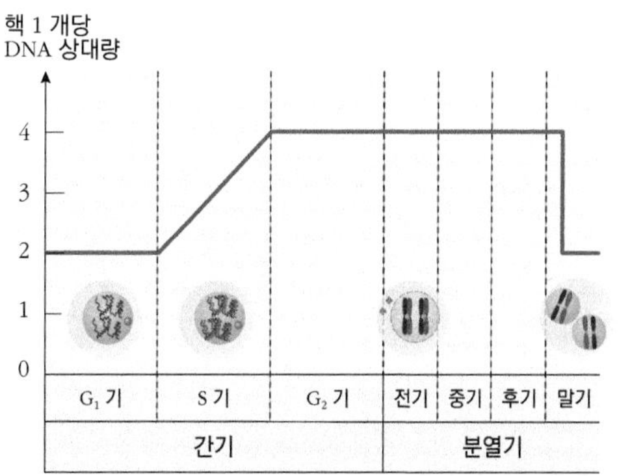

▲ 핵 1 개당 DNA 상대량 변화

개념확인 4

정답 및 해설 33쪽

다음 물음에 답하시오.

(1) 동물 세포와 식물 세포 중 세포질 만입이 일어나는 것은 무엇인가? (　　　)

(2) 동물 세포와 식물 세포 중 세포판 형성이 일어나는 것은 무엇인가? (　　　)

확인+4

체세포 분열의 특징에 대한 설명 중 옳은 것은 ○표, 옳지 않은 것은 ×표 하시오.

(1) 1 번의 분열로 2 개의 딸세포가 생성된다. (　　)

(2) 세포질 분열은 핵분열 말기가 끝날 무렵에 시작된다. (　　)

(3) 세포질 분열 과정에서 동물 세포와 식물 세포를 구분할 수 없다. (　　)

4 세포질 만입 미니

- 동물 세포의 세포질 분열은 적도면 근처에 있는 세포의 표면에 분할구라는 얇은 틈이 나타날 때부터 시작된다.
- 미세섬유 미니 와 마이오신 단백질이 결합되어 있는 고리 모양의 수축환은 세포를 감아 분리한다.
- 세포질 분열이 일어날 때 세포막을 함입 미니 시켜 세포질 분열이 일어난다. 이때 세포는 끈으로 졸라매는 것과 같은 모습이다.

▲ 분할구(왼쪽)와 분할구를 확대한 모습(오른쪽)

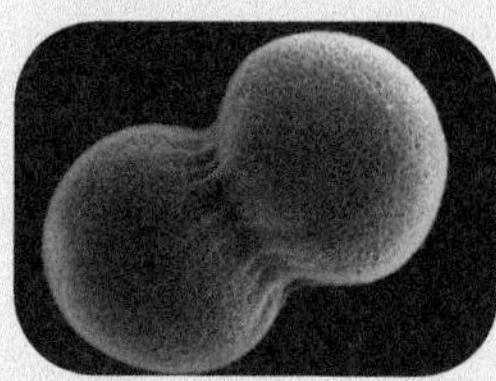

▲ 동물 세포의 세포질 분열

5 체세포 분열의 의의

- 발생 : 수정란이 어린 개체로 발생한다.
- 생장 : 몸을 구성하는 세포의 수가 증가하여 몸집이 커진다.
- 재생 : 손상된 상처 부위가 재생된다
- 기관의 기능 유지 : 기관의 기능을 유지하기 위해 필요한 세포를 만든다.
- 생식 : 단세포 생물은 체세포 분열을 통해 무성 생식을 한다.

미니사전

미세 섬유 근 수축에 관여하며 세포 골격을 구성하는 가장 얇은 섬유

만입 [灣 물이 굽다 入 들어오다] 물이 활등처럼 뭍으로 휘어들어오는 현상으로, 동물 세포의 세포막이 안쪽으로 오므라들어 세포질이 둘로 나누어지는 현상을 뜻한다.

함입 [陷 움푹 파이다 入 들어오다] 표면에 있는 세포층의 일부가 안쪽으로 들어가 새로운 층을 만드는 현상

개념 다지기

01 세포 주기에 대한 설명으로 옳은 것만을 〈보기〉에서 있는 대로 고른 것은?

〈 보기 〉

ㄱ. DNA 의 상대적인 양은 G_1 기가 G_2 기의 2 배이다.
ㄴ. 세포 주기 중 간기가 가장 길다.
ㄷ. 분열기는 세포질 분열과 핵분열이 차례대로 진행된다.

① ㄱ ② ㄴ ③ ㄱ, ㄴ ④ ㄴ, ㄷ ⑤ ㄱ, ㄴ, ㄷ

02 오른쪽 그림은 어떤 동물 세포의 세포 주기를 나타낸 것이다. ㉠ ~ ㉢에 해당하는 시기의 이름을 각각 쓰시오.

㉠ : (   )
㉡ : (   )
㉢ : (   )

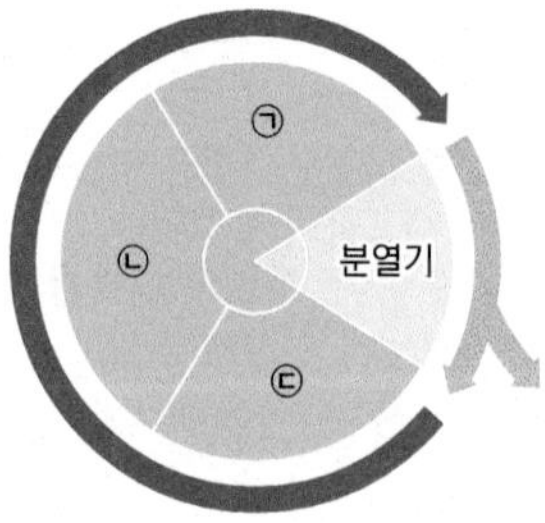

㉠
㉡
㉢
분열기

03 다음 중 분화가 끝나 더이상 분열하지 않는 세포만을 있는 대로 고르시오.

① 간세포 ② 배아 세포 ③ 신경 세포
④ 피부 세포 ⑤ 근육 세포

04 다음 설명에 해당되는 세포는 무엇인가?

·세포 주기 조절에 이상이 생겨 지속적으로 분열한다.
·세포가 분화하지 않고 전이가 가능하다.

① 간세포 ② 암 세포 ③ 근육 세포
④ 신경 세포 ⑤ 정상 세포

정답 및 해설 34쪽

05

다음 중 체세포 분열에 대한 설명으로 옳지 않은 것은?

① 핵상의 변화는 없다.
② 몸을 구성하는 세포가 분열하는 것이다.
③ 모세포와 동일한 유전 물질을 가진 딸세포가 2 개 생성된다.
④ 염색체의 모양과 움직임에 따라 전기, 중기, 후기, 말기로 구분한다.
⑤ 염색 분체가 분리되어 세포 분열 결과 DNA 의 양이 모세포의 절반으로 줄어든다.

06

다음 중 핵 분열기 말기에 해당되는 설명은?

① DNA 가 복제된다.
② 염색체가 염색사로 풀어진다.
③ 염색사가 염색체로 응축된다.
④ 핵분열 중 가장 짧은 시기이다.
⑤ 염색체가 세포의 중앙에 배열된다.

07

세포질 분열에 대한 설명으로 옳은 것만을 〈보기〉에서 있는 대로 고른 것은?

〈 보기 〉

ㄱ. 식물 세포는 세포질 만입이 된다.
ㄴ. 동물 세포에서는 분할구를 관찰할 수 있다.
ㄷ. 세포질 분열의 결과로 2 개의 딸세포가 형성된다.

① ㄱ ② ㄴ ③ ㄱ, ㄴ ④ ㄴ, ㄷ ⑤ ㄱ, ㄴ, ㄷ

08

체세포 분열의 특징에 대한 설명 중 옳은 것은 ○표, 옳지 않은 것은 ×표 하시오.

(1) 체세포 분열의 결과로 핵상은 반으로 줄어든다. ( )
(2) 단세포 생물은 체세포 분열을 통해 생식을 한다. ( )
(3) 세포 분열 결과로 생성된 딸세포의 DNA량은 모세포와 같다. ( )

유형 익히기 & 하브루타

[유형 7-1] 세포 주기 1

다음은 세포 주기를 그래프로 나타낸 것이다. ㉠ ~ ㉢은 간기를 구분지어 표시한 것이다.

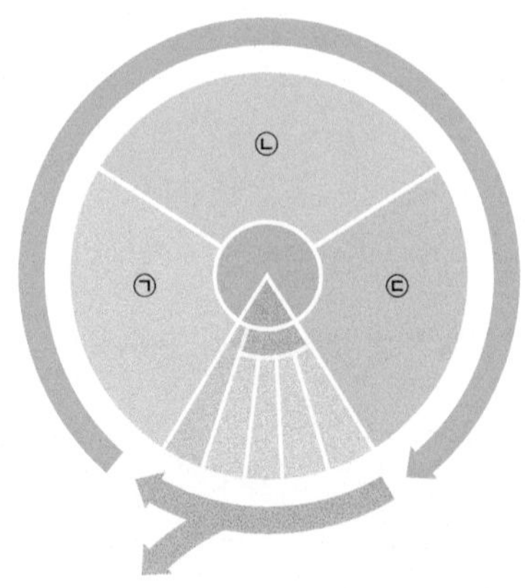

(1) 세포 분열에 필요한 여러 가지 단백질을 합성하여 세포 분열을 준비하는 시기의 기호와 이름을 쓰시오.

( )

(2) DNA 의 복제가 일어나 유전 물질의 양이 2배로 증가하는 시기의 기호와 이름을 쓰시오.

( )

01 세포 주기에 대한 설명 중 옳은 것은 ○표, 옳지 않은 것은 ×표 하시오.

(1) 새로운 세포가 자라서 죽을 때까지의 과정을 세포 주기라고 한다. ( )
(2) 간기는 분열기와 분열기 사이의 기간을 의미한다. ( )
(3) 간기는 세포 주기의 대부분을 차지하는 기간이다. ( )

02 세포 주기 중 분열기에 대한 설명으로 옳은 것만을 〈보기〉에서 있는 대로 고르시오.

〈 보기 〉

ㄱ. 핵분열과 세포질 분열로 구분된다.
ㄴ. 세포의 생장에 필요한 많은 단백질이 합성된다.
ㄷ. 염색체의 개수에 따라 전기, 중기, 후기, 말기로 구분한다.

( )

정답 및 해설 34쪽

[유형 7-2] 세포 주기 2

다음 그림은 정상 세포와 암세포를 배양한 결과를 나타낸 것이다.

(가) (나)

(1) (가)와 (나)가 정상 세포와 암세포 중 어느 것에 해당하는지 각각 쓰시오.

(가) : ( ), (나) : ( )

(2) 다음 설명 중 암세포에 대한 설명으로 옳은 것만을 〈보기〉에서 있는 대로 고르시오.

〈 보기 〉

ㄱ. 세포가 특정한 세포로 분화한다.
ㄴ. 주변 세포와 접촉하면 분열이 억제된다.
ㄷ. 혈관이나 림프관을 통해 퍼져나갈 수 있다.

( )

03

세포 주기에 대한 설명 중 옳은 것은 ○표, 옳지 않은 것은 ×표 하시오.

(1) 근육 세포는 S 기와 분열기가 반복된다. ( )
(2) 신경 세포는 더이상 분열하지 않는 세포로 G_0 시기에 멈춰있다. ( )
(3) G_2 기에서 다음 세포 분열을 하지 않고 멈춰있는 시기를 G_0 기라고 한다. ( )
(4) 세포의 종류와 환경 등의 요인에 따라 세포 주기가 다르게 나타난다. ( )

04

다음 설명을 읽고 빈칸에 들어갈 알맞은 말을 써 넣으시오.

세포 주기 조절에 이상이 생겨 지속적으로 분열하여 종양을 형성하고 다른 기관으로 전이되어 생명에 치명적인 영향을 끼치는 것을 ㉠( )라고 한다.

㉠ ( )

유형 익히기 & 하브루타

[유형 7-3] 체세포 분열 1

다음은 체세포 분열 과정을 순서 없이 나열한 것이다.

(가) (나) (다)

(라) (마) (바)

(1) 분열 과정을 G_1 기부터 순서대로 나열하시오.

(→ → → → →)

(2) (가)의 핵상과 이 세포의 분열 결과로 생성된 딸세포의 핵상을 각각 쓰시오.

(,)

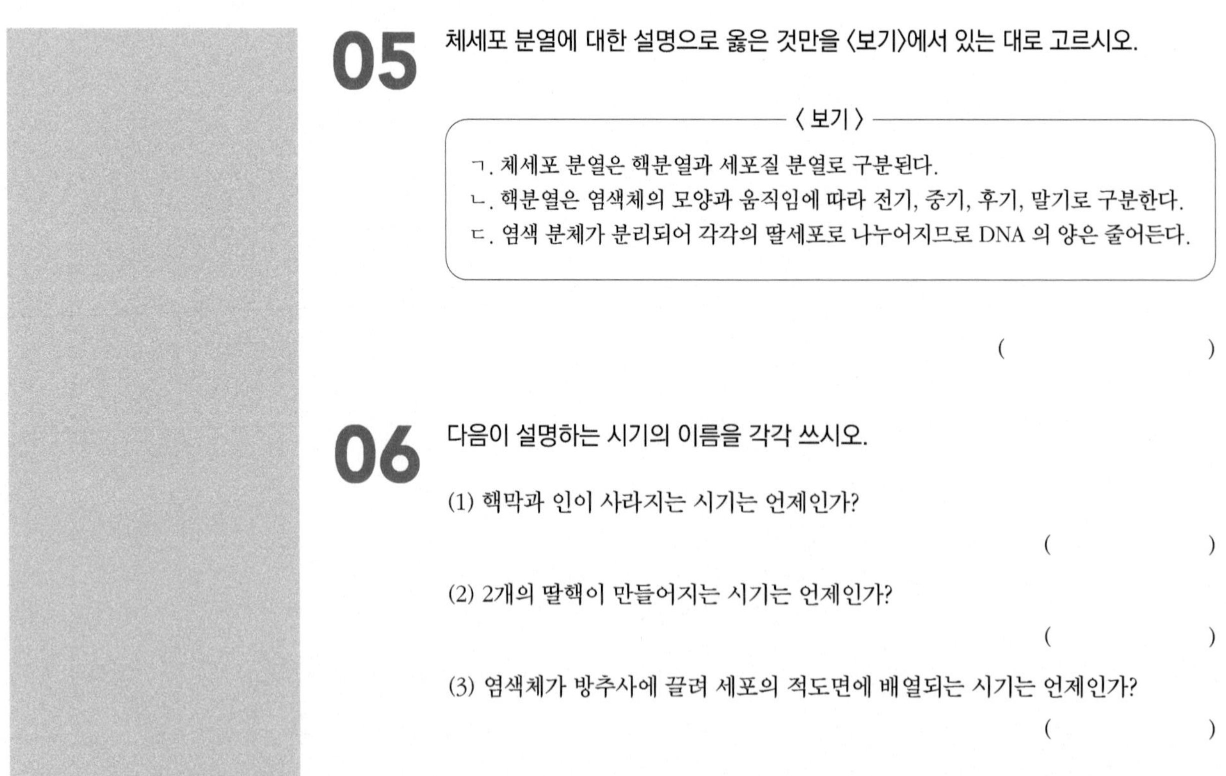

05 체세포 분열에 대한 설명으로 옳은 것만을 〈보기〉에서 있는 대로 고르시오.

〈 보기 〉

ㄱ. 체세포 분열은 핵분열과 세포질 분열로 구분된다.
ㄴ. 핵분열은 염색체의 모양과 움직임에 따라 전기, 중기, 후기, 말기로 구분한다.
ㄷ. 염색 분체가 분리되어 각각의 딸세포로 나누어지므로 DNA 의 양은 줄어든다.

( )

06 다음이 설명하는 시기의 이름을 각각 쓰시오.

(1) 핵막과 인이 사라지는 시기는 언제인가?

( )

(2) 2개의 딸핵이 만들어지는 시기는 언제인가?

( )

(3) 염색체가 방추사에 끌려 세포의 적도면에 배열되는 시기는 언제인가?

( )

정답 및 해설 34쪽

[유형 7-4] 체세포 분열 2

다음은 체세포 분열이 일어날 때 핵 1 개당 DNA 상대량의 변화를 나타낸 그래프이다.

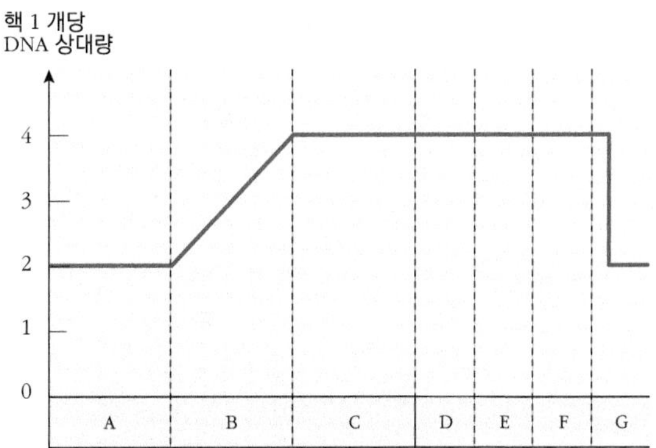

(1) S 기에 해당하는 시기의 기호를 쓰시오.

( )

(2) 염색체가 최대로 응축되어 관찰하기 가장 좋은 시기의 기호와 이름을 쓰시오.

( )

07

다음은 식물 세포와 동물 세포에서 세포질 분열이 일어나는 모습을 순서 없이 나타낸 것이다. (가)와 (나)는 각각 식물 세포와 동물 세포 중 어떤 것인지 쓰시오.

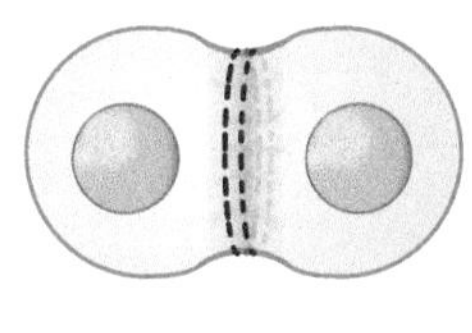
(가)

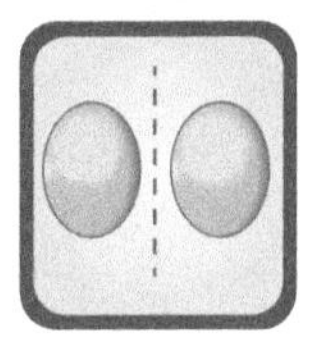
(나)

(가) ( ), (나) ( )

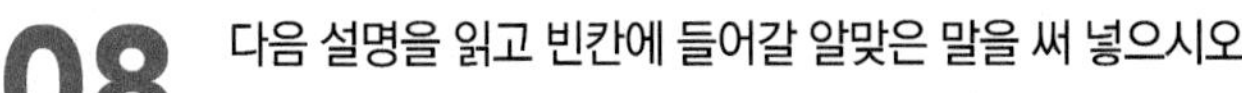

08

다음 설명을 읽고 빈칸에 들어갈 알맞은 말을 써 넣으시오.

> 식물 세포는 단백질을 포함한 소낭들이 합쳐지면서 ㉠( )을 형성한다. 동물 세포는 ㉡( )이 수축하여 세포막을 조여 세포막을 안쪽으로 함입시킨다.

㉠ ( ), ㉡ ( )

창의력&토론마당

01

다음은 어떤 생물 (가)의 세포의 특징을 나타낸 것이다.

· (가)의 핵상은 $2n = 10$ 이다.
· (가)의 세포는 1 개의 핵을 가지고 있다.
· (가)의 세포에 핵당 염색체수는 10 개이고, DNA량은 0.1 ng 이다.

*ng(나노그램) = 10^{-9} g

(가)에서 서로 다른 세포 A 와 B 를 채취하여 처리하였더니, 그 결과가 다음과 같이 나타났다.

세포	세포 1 개당 DNA량	세포 1 개당 핵의 개수	핵 1 개당 염색체수
정상	0.1 ng	1	10
A	100 ng	1,000	10
B	100 ng	1	10,000

분석 결과, 세포 A 와 B 는 모두 비정상적인 핵분열과 세포질 분열이 일어난 것을 알 수 있다. 이에 대한 설명으로 옳지 않은 것만을 〈보기〉에서 있는 대로 고르고, 그렇게 생각한 이유를 서술하시오.

〈 보기 〉

ㄱ. A 에서는 핵분열이 일어났지만 세포질 분열은 일어나지 않았다.
ㄴ. A 와 B 는 세포 1 개당 염색체수가 같다.
ㄷ. B 에서는 염색체가 복제된 후 자매 염색 분체가 분리되지 않았다.

답 :
이유 :

정답 및 해설 36쪽

02

콜로라도대학교의 연구팀은 세포 주기의 진행이 세포질 내의 물질에 의해 조절되는지 알아보기 위해 다음과 같은 실험을 하였다.

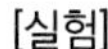

[실험]
서로 다른 세포 주기에 있는 배양된 포유동물의 세포의 융합을 유도하였다.

[실험 결과]

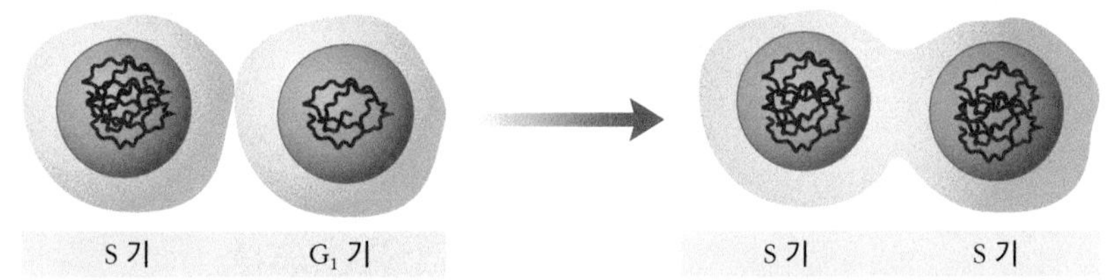

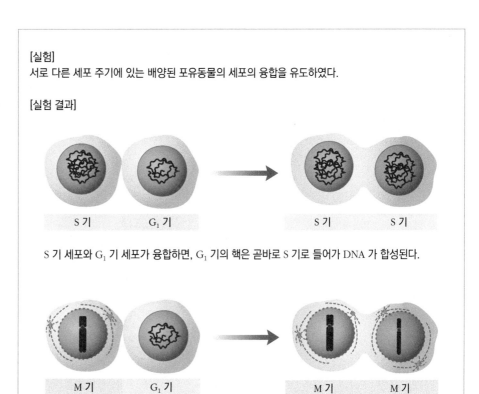

S 기 세포와 G_1 기 세포가 융합하면, G_1 기의 핵은 곧바로 S 기로 들어가 DNA 가 합성된다.

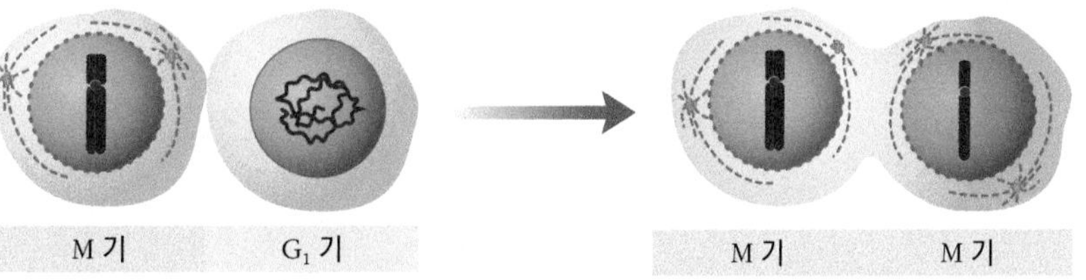

M 기 세포와 G_1 기 세포가 융합하면, G_1 기의 핵은 유전 물질이 복제되지 않았음에도 불구하고 방추사가 형성되고 염색사가 응축된다.

[결론]
S 기나 M 기 세포의 세포질에 존재하는 어떤 물질이 S 기나 M 기로의 진행을 조절한다는 것을 알 수 있다.

참고 문헌 | R. T. Johnason and P, N. Rao. Mannalian cell fusion

만약 세포 주기의 진행이 세포질에 있는 조절 물질에 의해서가 아니라 세포 주기의 한 단계가 완전히 끝나고 다음 단계가 시작된다면 위 실험 결과는 어떻게 달라졌을지 서술하시오.

창의력&토론마당

03

다음은 세포 주기 조절 시스템의 작동 원리에 대한 설명이다.

· 세포 주기 조절 시스템은 세포 주기에서 다음 단계로 넘어갈 수 있는지를 점검하여 적절하지 않은 상태에서는 다음 단계로 넘어가지 않도록 방지하는 시스템이다.

· 세포 주기에는 다음과 같은 3 곳의 확인 지점이 있어 각각 다음 단계로 진입하기 적당한지를 점검한다.

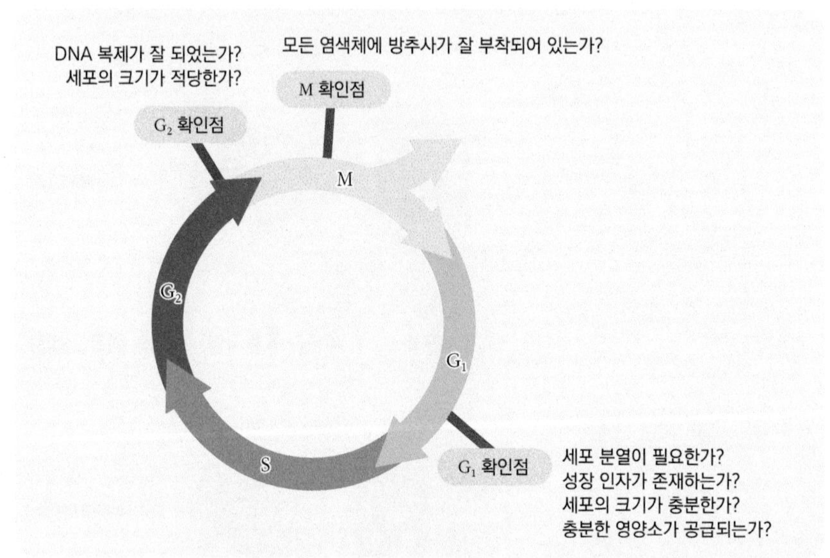

· 세포 주기 조절 시스템은 Cdk 라는 단백질 인산화효소의 주기적인 변화에 의하여 시간이 조절된다. Cdk 는 사이클린(cyclin)이라는 단백질이 결합되어야 활성이 된다. M 기를 유도하여 분열기를 조절하는 과정은 다음과 같다.

① S 기 말기부터 G_2 기 동안 사이클린이 합성되어 축적된다.
② 축적된 사이클린 분자는 Cdk 와 결합하여 G_2 기 확인점을 통과하고 M 기를 유도하는 물질(MPF, M기 유도인자)을 만든다.
③ MPF 는 다양한 단백질을 인산화 하여 세포 분열을 촉진하며, 중기에 최고치에 달한다.
④ MPF 가 분해되어 M 기가 끝나고 세포는 G_1 기로 들어간다.
⑤ G_1 기 동안 사이클린이 분해되고 Cdk 는 재사용된다.

(1) 어떤 동물에서 오른쪽 그림과 같은 세포가 발견되었다면 어떤 확인점에서의 문제가 일어난 것인지 그 이유와 함께 서술하시오.

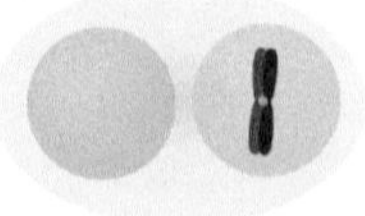

(2) 포유동물 세포에서 가장 중요한 확인점은 무엇인지 그 이유와 함께 서술하시오.

(3) 만일 세포가 확인점을 무시하고 계속 세포 주기를 진행한다면 어떤 결과가 생겨날지 서술하시오.

정답 및 해설 36쪽

04

다음 그래프 (가)는 어떤 동물의 체세포를 배양하면서 시간의 흐름에 따라 DNA 의 양에 따른 세포의 수를 측정한 결과를 나타낸 것이다. 그래프 (나)는 배양액에 미지의 약품 X 를 첨가한 후 같은 방법으로 세포 수를 측정한 결과를 나타낸 것이다.

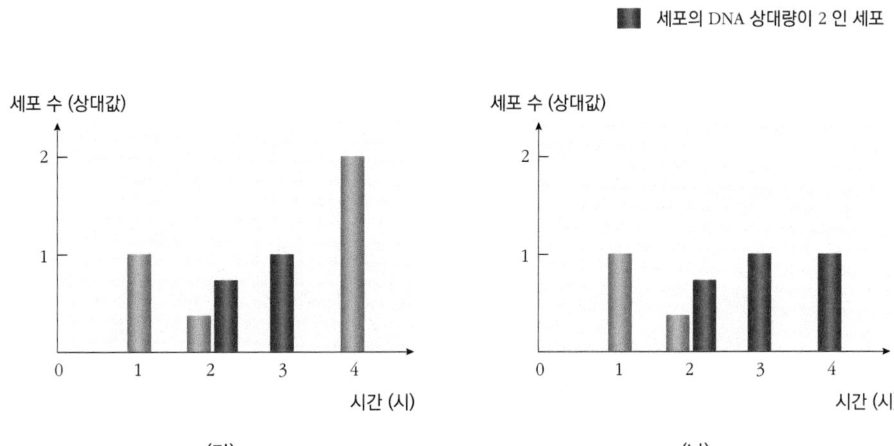

(가) (나)

(1) 이 세포의 세포 주기는 대략적으로 얼마나 되는지 이유와 함께 서술하시오.

(2) 미지의 약품 X 는 어떤 작용을 하는지 서술하시오.

스스로 실력 높이기

A

01 분화가 끝나 더 이상 분열하지 않는 세포들이 머물러 있는 시기는 언제인가?

( )

02 세포 분열이 끝난 직후부터 DNA 복제가 이루어지기 전까지의 시기는 언제인가?

( )

03 세포 주기에 대한 설명으로 옳은 것만을 〈보기〉에서 있는 대로 고른 것은?

〈 보기 〉

ㄱ. 간기에 세포의 생장이 일어난다.
ㄴ. 세포 주기는 크게 G 기, S 기, M 기로 나누어진다.
ㄷ. 세포 분열로 생긴 세포가 자라서 다시 분열을 마치기까지의 과정이다.

① ㄱ ② ㄴ ③ ㄱ, ㄴ
④ ㄱ, ㄷ ⑤ ㄴ, ㄷ

04 다음 세포 주기 조절에 대한 설명 중 옳은 것은 ○표, 옳지 않은 것은 ×표 하시오.

(1) 정상 세포는 세포 주기가 매우 정교하게 조절된다. ( )
(2) 발생 초기의 세포는 분열하지 않고 G_0 기에 머물러 있다. ( )
(3) 피부 세포는 재생이 가능한 세포로 G_0 기에 머물러 있다가 손상된 세포를 교체해야 할 때 다시 분열을 시작한다. ( )

05 다음 중 정상 세포에 대한 설명은 '정', 암세포에 대한 설명은 '암'이라고 쓰시오.

(1) 특정한 세포로 분화한다. ( )
(2) 종양을 형성하며 전이가 일어난다. ( )
(3) 주변 세포와 접촉하면 분열이 억제된다. ( )
(4) 세포 주기를 조절하는 신호를 무시한다. ( )

[06-09] 다음은 체세포 분열이 일어나는 과정을 순서 없이 나열한 것이다.

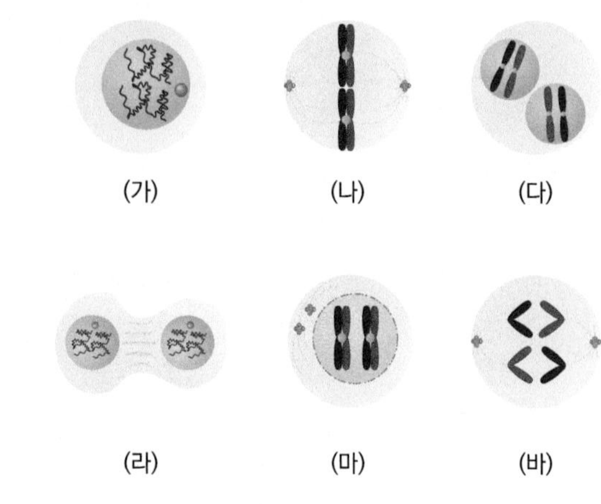

06 (가) ~ (바)를 간기부터 순서대로 나열하시오.

(→ → → → →)

07 염색체가 처음으로 나타나는 시기의 기호와 이름을 쓰시오.

기호 : ( ), 이름 : ( )

08 염색체를 관찰하기에 가장 좋은 시기의 기호와 이름을 쓰시오.

기호 : ( ), 이름 : ( )

09 염색체가 염색사로 풀어지는 시기의 기호와 이름을 쓰시오.

기호 : ( ), 이름 : ( )

정답 및 해설 37쪽

10 다음 그림과 같이 식물 세포에서 세포질 분열이 일어날 때 세포질에 형성되는 구조물을 무엇이라고 하는가?

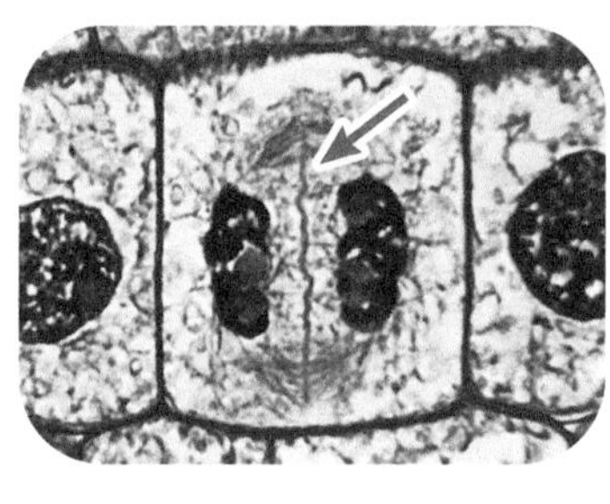

( )

B

11 세포 주기에 대한 설명으로 옳은 것은?

① G_2 기에 핵막이 사라진다.
② M 기에 DNA 가 복제된다.
③ S 기에 방추사를 관찰할 수 없다.
④ G_1 기에 세포에서 중심체를 볼 수 없다.
⑤ G_2 기에 인이 사라져 단백질 합성을 하지 않는다.

[12-13] 다음은 어떤 동물의 체세포의 세포 주기를 모식적으로 나타낸 것이다.

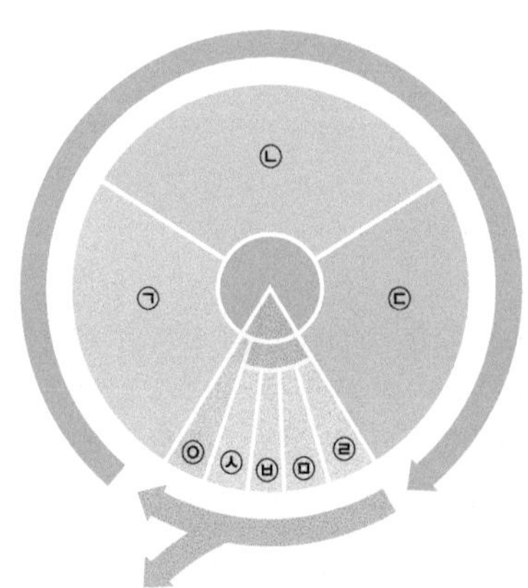

12 ㉠ ~ ㉧ 중 유전 물질이 응축되었다가 다시 실 모양의 구조물로 풀어지는 시기의 기호를 쓰시오.

( )

13 아래와 같은 과정이 처음으로 일어나는 시기와 가장 활발하게 일어나는 시기의 기호를 차례대로 쓰시오.

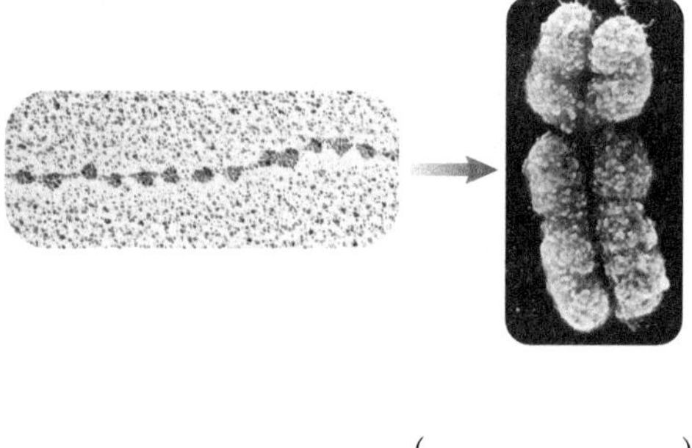

( )

14 다음 표는 세포 A 와 세포 B 가 세포 주기에 소요되는 시간을 나타낸 것이다.

세포 주기 \ 세포	세포 A	세포 B
G_1 기	5	7
S 기	3	9
G_2 기	2	6
M 기	2	2
합계	12	24

이에 대한 설명 중 옳은 것은 ○표, 옳지 않은 것은 ×표 하시오.

(1) 동일한 시간 동안 세포가 분열을 할 때 세포 A 는 B 의 두 배로 분열한다. ( )
(2) 두 세포 모두 DNA 를 복제하는데 가장 많은 시간이 필요하다. ( )
(3) 염색체를 관찰할 수 있는 시간은 세포 B 가 세포 A 보다 더 길다. ( )

스스로 실력 높이기

15 세포 주기에서 G_1 기의 핵과 G_2 기의 핵의 다른 점은?

[한국 생물 올림피아드 기출 유형]

① 세포의 종류마다 다르다.
② 단백질량과 DNA 의 양이 모두 같다.
③ 단백질량과 DNA 의 양이 모두 다르다.
④ 단백질량은 같지만 DNA 의 양은 다르다.
⑤ 단백질량은 다르지만 DNA 의 양은 같다.

16 다음은 세포 주기를 나타낸 것이다.

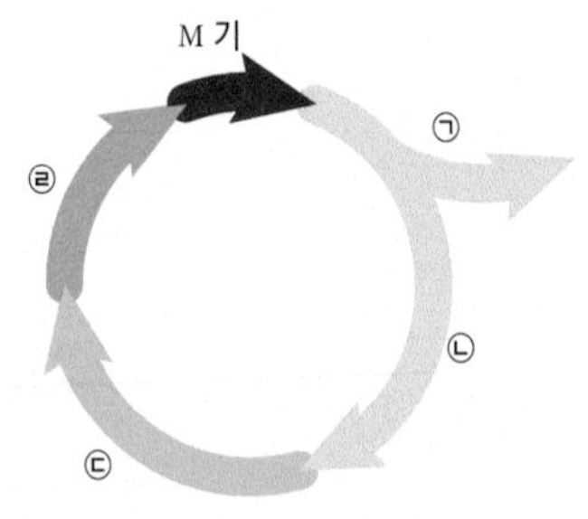

이에 대한 설명으로 옳은 것만을 〈보기〉에서 있는 대로 고른 것은?

〈 보기 〉

ㄱ. 신경 세포는 ㉠ 시기에 머물러 있다.
ㄴ. 피부 세포는 ㉠ 시기에 머무르지 않고 분열한다.
ㄷ. 배아 세포는 ㉡과 ㉢ 시기가 반복되는 주기를 가진다.

① ㄱ　② ㄴ　③ ㄷ
④ ㄱ, ㄴ　⑤ ㄴ, ㄷ

[17-18] 다음은 체세포 분열이 일어나는 과정을 순서 없이 나열한 것이다.

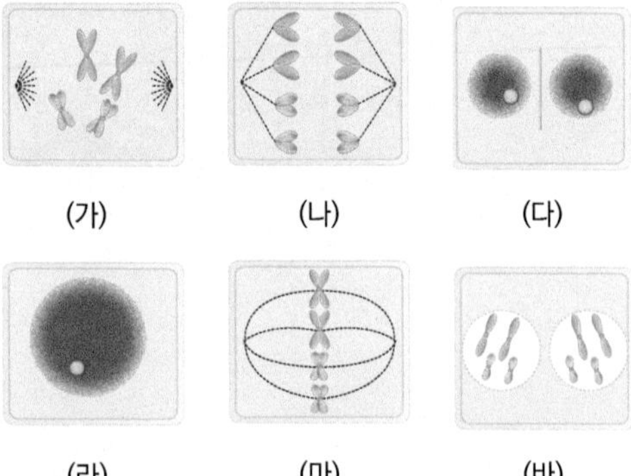

17 위 분열 과정에 대한 설명 중 옳은 것은 ○표, 옳지 않은 것은 ×표 하시오.

(1) (가) 시기에 염색체가 최대로 응축된다.(　　)
(2) (다) 시기에 DNA 가 복제된다.　(　　)
(3) 위 자료만을 가지고는 이 세포가 동물 세포인지 식물 세포인지 알 수 없다.　(　　)

18 (가) ~ (바)를 각각 간기, 핵 분열기, 세포질 분열기로 나누어 구분하시오.

(1) 간기 : (　　　　　　)
(2) 핵 분열기 : (　　　　　　)
(3) 세포질 분열기 : (　　　　　　)

19 오른쪽 그림은 어떤 생물의 체세포 분열 과정 중 일부를 나타낸 것이다. 이에 대한 설명으로 옳지 <u>않은</u> 것은?

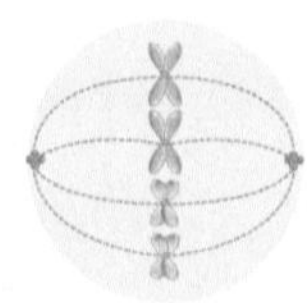

① 이 생물은 동물일 가능성이 크다.
② 체세포 분열 중 중기에 해당된다.
③ 염색체는 세포의 적도면에 배열된다.
④ 이 시기에 염색체가 최대로 응축된다.
⑤ 이 시기 이후 방추사가 점점 길어지면서 유전 물질이 염색사로 풀어지게 된다.

정답 및 해설 37쪽

20 다음은 식물 세포의 세포질 분열 과정을 순서 없이 나열한 것이다. 이 과정을 차례대로 기호로 나열하시오.

> ㄱ. 세포판이 모세포의 세포벽과 연결된다.
> ㄴ. 소낭들이 합쳐지면서 세포판을 형성한다.
> ㄷ. 섬유소와 단백질을 포함한 소낭들이 중앙으로 이동한다.

(　　　　) → (　　　　) → (　　　　)

21 다음은 어떤 식물의 형성층의 세포 주기를 나타낸 것이다.

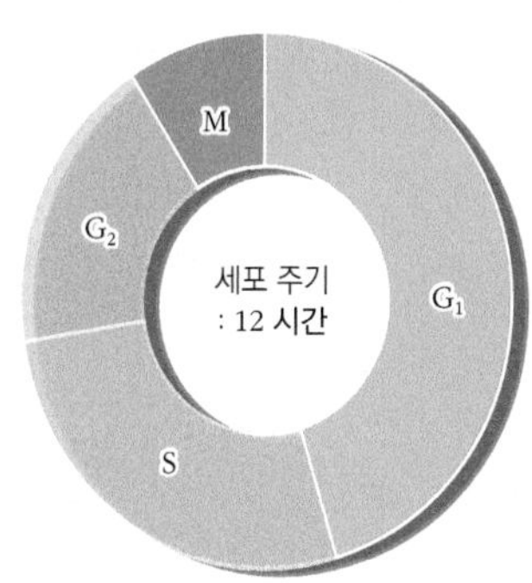

이에 대한 설명으로 옳은 것만을 <보기>에서 있는 대로 고른 것은?

〈 보기 〉

ㄱ. 하루 동안 염색체가 풀어지는 과정이 2 번 진행된다.
ㄴ. 세포 1 개를 3 일 동안 배양하면 16 개의 세포를 관찰할 수 있다.
ㄷ. 식물의 표피 조직에서 채취한 세포로 관찰해도 비슷한 주기가 나온다.

① ㄱ　② ㄴ　③ ㄱ, ㄴ　④ ㄱ, ㄷ　⑤ ㄴ, ㄷ

22 다음은 어떤 동물의 표피 세포를 채취하여 세포가 분열하는 것을 관찰한 결과를 그래프로 나타낸 것이다. 위의 그래프는 시간에 따른 세포 1개의 세포질의 양의 변화를 나타낸 것이고, 아래의 그래프는 세포 1 개의 핵에 들어 있는 DNA 의 양의 변화를 나타낸 것이다.

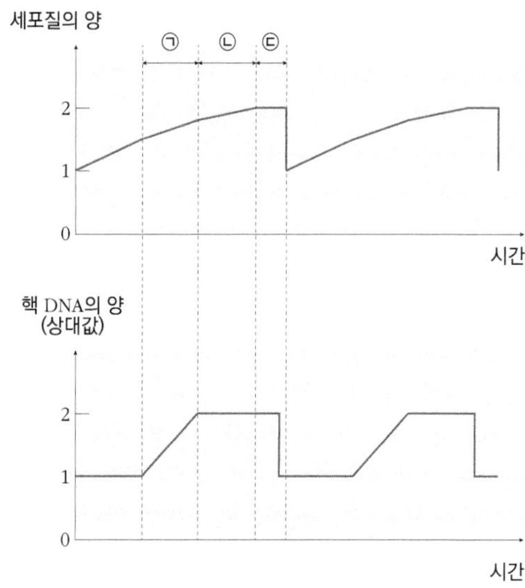

이에 대한 설명으로 옳은 것만을 <보기>에서 있는 대로 고른 것은? (단, 돌연변이는 고려하지 않는다.)

〈 보기 〉

ㄱ. ㉠ 구간에서 핵막과 인이 사라진다.
ㄴ. ㉡ 구간에서 중심립은 4개가 된다.
ㄷ. ㉢ 구간에서 식물 세포와 동물 세포는 서로 다른 형태로 진행된다.

① ㄱ　② ㄴ　③ ㄱ, ㄴ　④ ㄴ, ㄷ　⑤ ㄱ, ㄴ, ㄷ

스스로 실력 높이기

23 다음은 분열하는 어떤 동물의 세포 집단에서 세포 1 개당 DNA 상대량에 따른 세포 수를 나타낸 것이다.

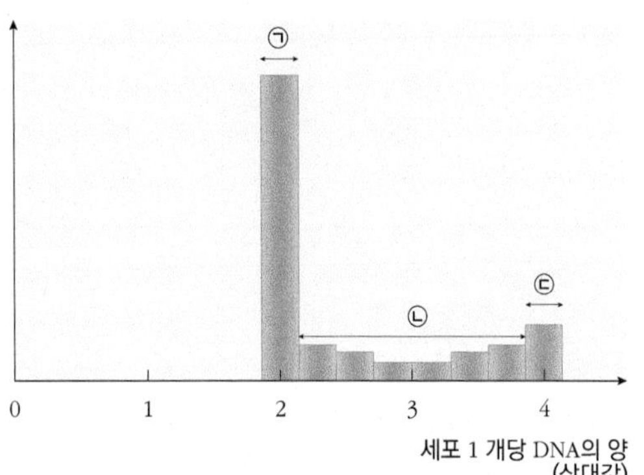

이에 대한 설명 중 옳지 않은 것은?

① ㉠ 구간의 세포에서 핵막과 인을 관찰할 수 있다.
② ㉠ 구간의 세포의 유전 물질은 염색사의 형태로 존재한다.
③ ㉡ 구간에 포함된 세포는 DNA 가 복제된다.
④ ㉢ 구간에는 S 기의 세포가 포함된다.
⑤ 세포 주기의 각 시기에 걸리는 시간은 세포 수가 차지하는 비율과 비례한다.

24 다음 식물에서 볼 수 있는 세포 분열에 대한 설명으로 옳은 것만을 <보기>에서 있는 대로 고른 것은? (단, 이 생물은 G_1 기의 DNA 상대량이 1 이다.)

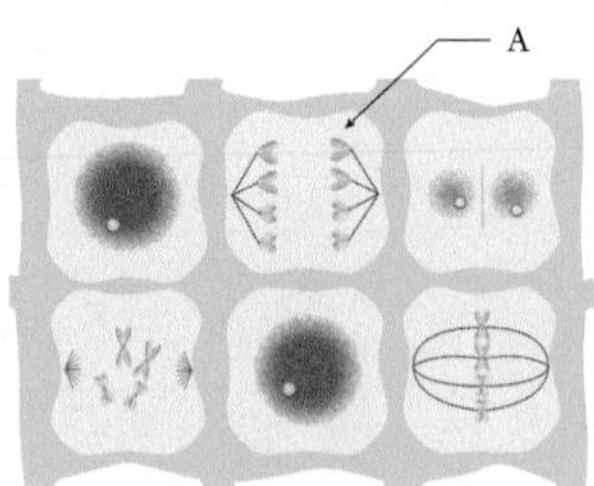

〈 보기 〉

ㄱ. A 시기의 핵상은 $2n = 2$ 이다.
ㄴ. 식물의 살아있는 모든 세포에서 관찰이 가능하다.
ㄷ. 체세포 분열 결과로 생성되는 딸세포는 2 개이고, 딸세포의 DNA 상대량은 1 이다.

① ㄱ ② ㄴ ③ ㄷ
④ ㄱ, ㄴ ⑤ ㄴ, ㄷ

25 다음 그래프는 세포 1 개의 핵에 들어있는 DNA 의 양의 변화를 시간의 흐름에 따라 나타낸 것이다. (가)는 사람의 체세포 분열, (나)는 발생 초기의 세포 분열에 해당된다.

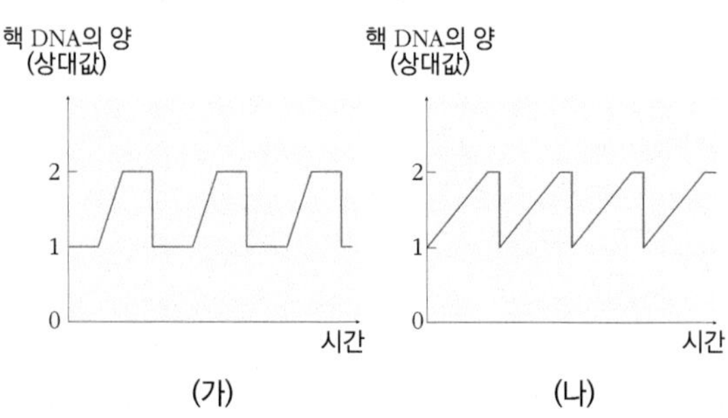

이에 대한 설명 중 옳은 것은 ○표, 옳지 않은 것은 ×표 하시오.

(1) (나)는 S 기와 분열기가 반복된다. ( )
(2) 신경 세포의 세포 주기를 나타내면 (가)와 같은 모습이다. ( )
(3) (가)의 분열 결과로 생성된 딸세포의 DNA량은 모세포와 같다. ( )
(4) (가)와 같이 세포 분열을 거듭하면 세포 1 개의 크기는 점점 작아진다. ( )
(5) (가)는 DNA 복제가 일어나지만 (나)는 DNA의 복제가 일어나지 않는다. ( )

정답 및 해설 37쪽

26 다음은 체세포 분열 중인 세포 집단에서 세포 당 DNA의 상대량에 따른 세포의 수를 나타낸 것이다.

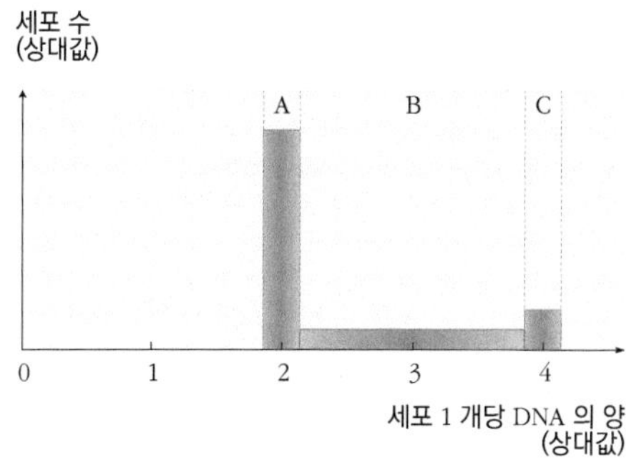

이에 대한 설명으로 옳은 것만을 〈보기〉에서 있는 대로 고른 것은?

〈 보기 〉

ㄱ. 세포의 생장은 A 구간에서만 일어난다.
ㄴ. 배아 세포는 B 구간이 거의 없다.
ㄷ. G_2 기는 C 구간에 해당된다.

① ㄱ ② ㄴ ③ ㄷ
④ ㄱ, ㄴ ⑤ ㄴ, ㄷ

심화

27 다음 중 암세포를 배지에 배양하였을 때 나타나는 결과로 옳은 것을 고르고 그렇게 생각한 이유와 함께 서술하시오.

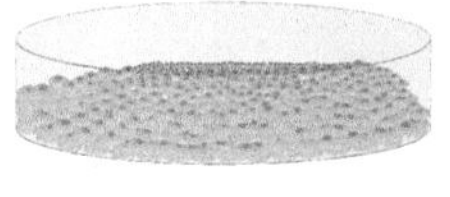

(가) (나)

[28-29] 다음은 양파의 뿌리 끝을 이용하여 체세포 분열 과정을 관찰한 결과이다.

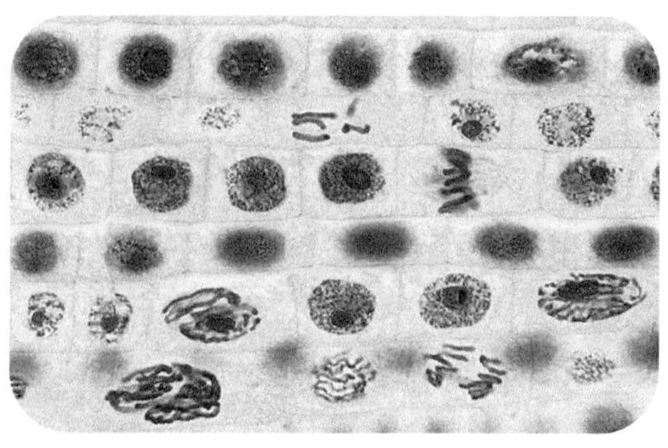

28 체세포 분열을 관찰하기 위해 양파의 뿌리 끝을 재료로 이용한 이유는 무엇인가?

29 위 실험의 결과로 가장 많이 관찰되는 세포 주기는 언제이며, 그 이유는 무엇인지 서술하시오.

30 동물 세포의 세포질 분열의 특징을 세포질 분열이 일어나는 시기와 관련지어 서술하시오.

8강. 세포 분열 II

1. 생식 세포 분열 1

(1) 생식 세포 분열(감수 분열) : 생식 세포를 만들기 위해 일어나는 세포 분열로 염색체 수가 체세포의 반으로 줄어들기 때문에 감수 분열이라고한다.[1]

(2) 생식 세포 분열의 과정 : 1 번의 DNA 복제 후 2 번의 분열이 연속적으로 일어난다.[2]

① **감수 1 분열 (이형 분열)** : 간기의 S 기에 DNA 가 복제된 후 상동 염색체가 분리되어 염색체 수가 반으로 줄어든다. ⇒ $2n \rightarrow n$

시기		모식도	특징
감수 1 분열	전기 I	2가 염색체	· 핵막과 인이 사라지고 염색사는 염색체로 응축된다. · 상동 염색체끼리 결합하여 2가 염색체[3]가 형성된다. · 동물 세포의 경우 중심체에서 방추사가 형성된다. · 상동 염색체의 일부가 교환되는 교차[4]가 일어나기도 한다.
	중기 I	방추사	· 2가 염색체가 방추사에 끌려 세포의 중앙(적도면)에 배열된다. · 2가 염색체를 구성하는 각각의 염색체는 서로 반대 극의 중심체에서 뻗어나온 방추사에 연결되어 있다.
	후기 I		· 동원체에 붙은 방추사가 짧아지면서 2가 염색체를 구성하는 상동 염색체 쌍이 분리되어 각각 세포의 양극으로 이동한다. · 자매 염색 분체는 동원체로 인해 분리되지 않고 같은 극으로 이동한다.
	말기 I		· 2 개의 딸핵이 만들어진다. · 방추사가 사라진다. · 감수 1 분열에서 세포질 분열은 일반적으로 말기 I 과 동시에 이루어져 두 개의 딸세포를 형성한다. · 일부 생물에서는 염색체가 풀리고 핵막과 인이 다시 형성되는 생물도 있다.

개념확인 1

감수 1 분열 전기에 형성되는 염색체로 상동 염색체가 접합한 상태의 염색체를 무엇이라고 하는가?

( )

확인+1

다음 글을 읽고 빈칸에 들어갈 알맞은 단어를 써넣으시오.

> 생식 세포 분열은 염색체의 수가 체세포의 반으로 줄어들기 때문에 ㉠( )이라고도 한다. 생식 세포 분열은 ㉡( )번의 DNA 가 복제된 후 ㉢( )번의 분열이 연속적으로 일어난다.

㉠ : ( ), ㉡ : ( ), ㉢ : ( )

---

❶ 생식 세포 분열이 일어나는 장소

· 동물의 생식 기관 : 정소, 난소

· 식물의 생식 기관 : 꽃밥, 밑씨, 포자낭

❷ 생식 세포 분열과 생식 세포 형성

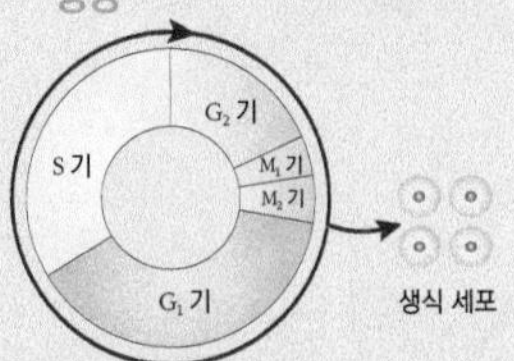

2회 연속 분열이 일어나 (M_1 기 → M_2 기) 생식 세포가 형성된다.

❸ 2가 염색체

· 상동 염색체가 접합한 상태의 염색체로 4 개의 염색 분체로 구성되어 4분 염색체라고도 한다.

· 2가 염색체는 2 개의 염색체로 이루어져 있으므로 염색체 수를 셀 때에는 2 개로 간주한다.

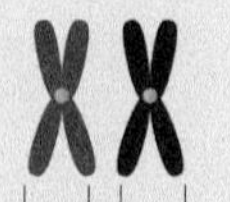

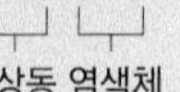

상동 염색체 → 2가 염색체

❹ 교차

염색 분체

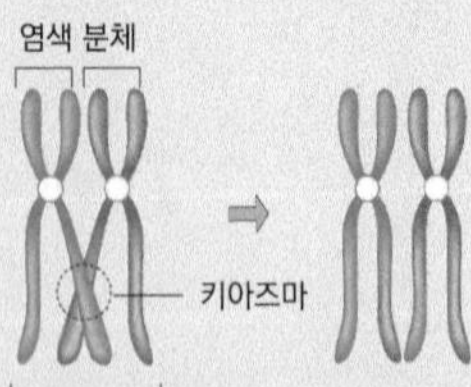

2가 염색체

· 2가 염색체를 형성할 때, 상동 염색체의 일부가 꼬이면서 대립 유전자가 교환되는 경우를 교차라고 한다.

· 상동 염색체가 교차된 부분을 키아즈마라고 한다.

· 교차는 생식 세포의 유전자 조합이 더욱 다양해지는 중요한 과정이다.

⇒ 교차가 한 번 일어날 때마다 염색체를 구성하는 유전자 조합의 종류가 2 배씩 증가한다.

2. 생식 세포 분열 2

② **감수 2 분열**[5] **(동형 분열)** : 감수 1 분열 이후 간기가 없어 DNA 복제와 세포질의 증가가 일어나지 않으며 염색 분체만 분리되므로 염색체 수에는 변화가 없다. ⇒ $n \rightarrow n$

시기		모식도	특징
감수 2 분열	전기 II		· 유전 물질의 복제 없이 감수 2 분열이 진행된다. · 방추사가 형성된다.
	중기 II		· 2 개의 염색 분체로 구성된 염색체가 세포의 중앙(적도면)에 배열된다. · 감수 1 분열에서 교차가 일어났다면 두 개의 자매 염색 분체는 유전적으로 동일하지 않다.
	후기 II		· 동원체에 붙은 방추사가 짧아지면서 염색체를 구성하는 염색 분체가 분리되어 각각 세포의 양극으로 이동한다.
	말기 II		· 핵막과 인이 나타나 4 개의 딸핵이 형성된다. · 염색체가 풀어지기 시작하면서 세포질 분열이 일어난다.
	분열기		· 4 개의 딸세포가 생성된다.

(3) 생식 세포 분열의 특징[6][7]

① **염색체 수 변화**

· 감수 1 분열 : 염색체 수가 반감된다. ($2n \rightarrow n$)

· 감수 2 분열 : 염색체 수의 변화가 없다. ($n \rightarrow n$)

② **DNA 양 변화** : 간기의 S 기에 DNA 가 복제되어 2 배가 된 후, 감수 1 분열과 2 분열 말기에 각각 반감되어 4 개의 딸세포에 DNA 가 균등하게 나뉜다.

개념확인 2

정답 및 해설 39쪽

다음 글을 읽고 빈 칸에 들어갈 알맞은 단어를 써 넣으시오.

> 감수 1 분열은 ㉠(　　　)의 분리가 일어나고, 감수 2 분열은 ㉡(　　　)의 분리가 일어난다.

㉠ : (　　　　　　　　), ㉡ : (　　　　　　　　)

확인+2

다음 생식 세포 분열에 대한 설명 중 옳은 것은 ○표, 옳지 않은 것은 ×표 하시오.

(1) 감수 1 분열에서는 염색체 수의 변화가 없다. (　　)

(2) 감수 1 분열과 2 분열에서 모두 DNA 양이 반감되어 4 개의 딸세포가 생성된다. (　　)

⑤ 감수 1 분열과 감수 2 분열

· 감수 1 분열 ($2n \rightarrow n$)
⇒ 상동 염색체의 분리

· 감수 2 분열 ($n \rightarrow n$)
⇒ 자매 염색 분체의 분리

⑥ 세포 당 염색체 수와 DNA 상대량의 변화

(1) DNA가 복제되는 경우

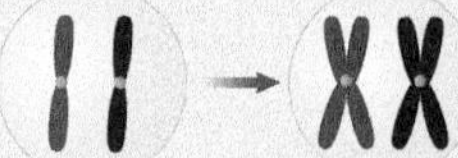

염색체 수	2 개 → 2 개
DNA 상대량	2 → 4

(2) 2가 염색체가 형성되는 경우

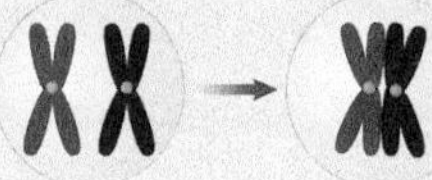

염색체 수	2 개 → 2 개
DNA 상대량	4 → 4

(3) 2가 염색체가 분리되는 경우

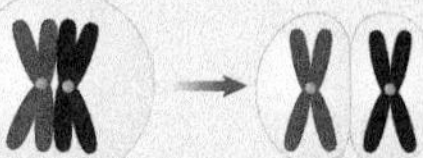

(세포 당) 염색체 수	2 개 → 1 개
(세포 당) DNA 상대량	4 → 2

⑦ 생식 세포 분열에서 DNA 상대량의 변화

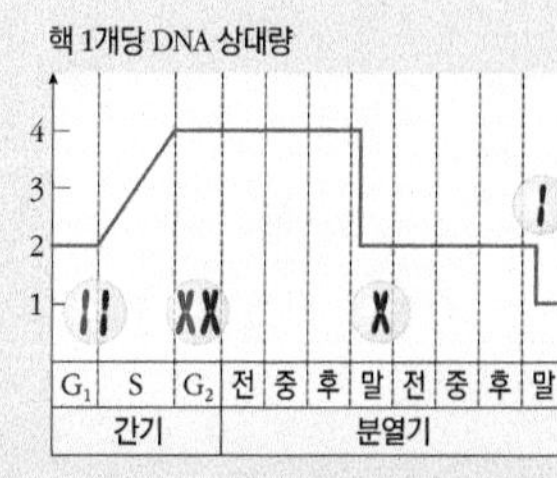

3. 생식 세포 분열의 의의

(1) 생식 세포 분열의 의의 : 염색체 수가 반감된 생식 세포를 형성하여 세대를 거듭하더라도 생물의 염색체 수와 DNA 양이 일정하게 유지되고❶, 자손의 유전적 다양성이 증가할 수 있게 된다.

(2) 유전적 다양성의 증가 : 생식 세포 분열에 의해 다양한 유전자 조합을 가진 생식 세포가 만들어지고, 수정을 통해 다양한 유전자 조합을 가진 자손이 태어난다.

구분	시기	비고
교차	감수 1 분열 전기	A A a a / B B b b / 교차 / 염색 분체 / 2가 염색체 / 유전자가 재조합된 염색체 ▲ 교차에 의한 유전자 재조합 교차가 일어나지 않은 경우에는 AB 와 ab 의 두 가지 종류의 생식 세포가 만들어지지만, 교차가 일어날 경우 AB, Ab, aB, ab 의 네 가지 종류의 생식 세포가 만들어진다. · 2가 염색체가 형성될 때 교차가 일어나면 새로운 유전자 조합을 가진 생식 세포가 만들어진다.
상동 염색체의 배열과 분리	감수 1 분열 중기 · 후기	감수 1 분열 / 감수 2 분열 ▲ 상동 염색체의 배열에 따른 생식 세포의 종류 $2n = 4$ 인 세포가 만들 수 있는 생식 세포의 종류는 2^2 가지이다. 같은 원리로 사람이 만들 수 있는 생식 세포의 종류는 2^{23} 가지 이다. · 모든 상동 염색체가 세포 중앙에 무작위로 배열되었다가 분리되므로 다양한 생식 세포가 형성된다.
수정	수정 과정	· 암수의 생식 세포는 수정 과정에서 무작위로 결합한다. · 사람의 경우 교차가 일어나지 않을 때 수정으로 생길 수 있는 수정란의 종류는 $2^{23} \times 2^{23}$ 가지이다.

❶ 염색체 수의 유지

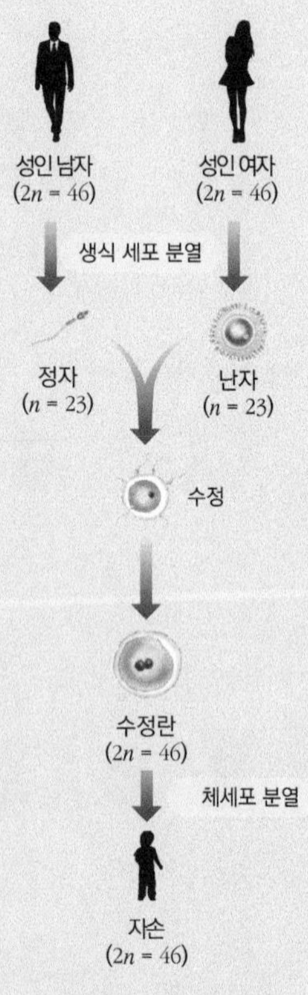

· 생물은 생식 세포 분열을 통해 생식 세포를 만들어 번식하고, 체세포 분열을 통해 생장한다.
· 생식 세포의 염색체 수가 체세포의 염색체 수와 같다면 유성 생식으로 태어나는 자손의 염색체 수는 모체의 2 배가 될 것이다.
⇒ 세대를 거듭해도 염색체 수는 일정하게 유지된다.

개념확인 3

사람 1 명으로부터 만들어질 수 있는 생식 세포의 염색체 구성의 종류는 모두 몇 가지인가? (단, 교차와 돌연변이는 고려하지 않는다.)

( ) 가지

확인+3

다음 생식 세포 분열에 대한 설명 중 옳은 것은 ○표, 옳지 않은 것은 ×표 하시오.

(1) 생식 세포 분열 도중 교차가 일어나면 비정상적인 생식 세포가 발생한다. ( )
(2) 생식 세포 분열을 함으로써, 세대를 거듭하더라도 염색체 수가 일정하게 유지된다. ( )

4. 체세포 분열과 생식 세포 분열의 비교

구분	체세포 분열	생식 세포 분열
분열 모습	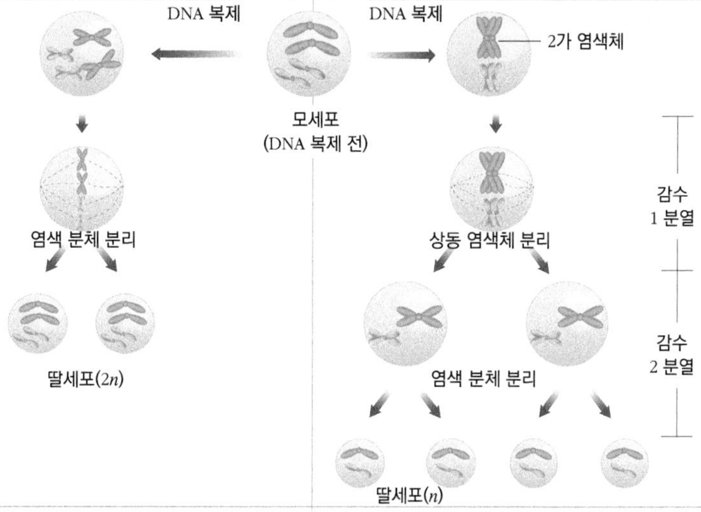 DNA 복제 ← 모세포 (DNA 복제 전) 염색 분체 분리 딸세포($2n$)	DNA 복제 → 2가 염색체 감수 1 분열: 상동 염색체 분리 감수 2 분열: 염색 분체 분리 딸세포(n)
분열 장소	· 동물 : 온몸의 체세포 · 식물 : 생장점, 형성층	· 동물 : 정소, 난소 · 식물 : 꽃밥, 밑씨
분열 횟수	1 회	2 회
딸세포 수	2 개	4 개
상동 염색체의 접합	없음	감수 1 분열 전기에 2가 염색체 형성
염색체 수 변화	$2n \rightarrow 2n$ (변화 없음)	$2n \rightarrow n$ (반으로 감소)
DNA양 변화	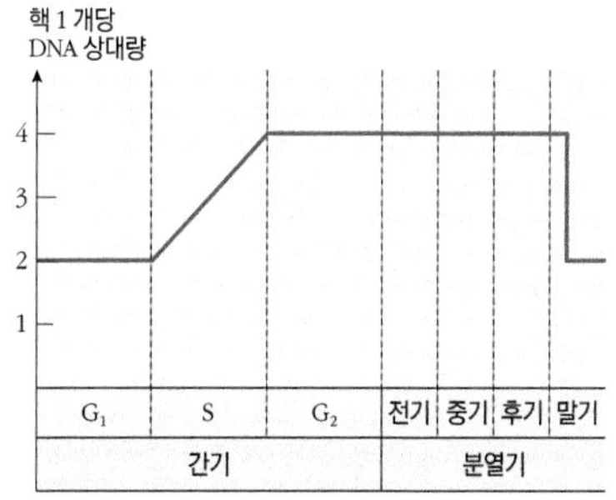 핵 1 개당 DNA 상대량 (1, 2, 3, 4) G_1 S G_2 (간기) 전기 중기 후기 말기 (분열기)	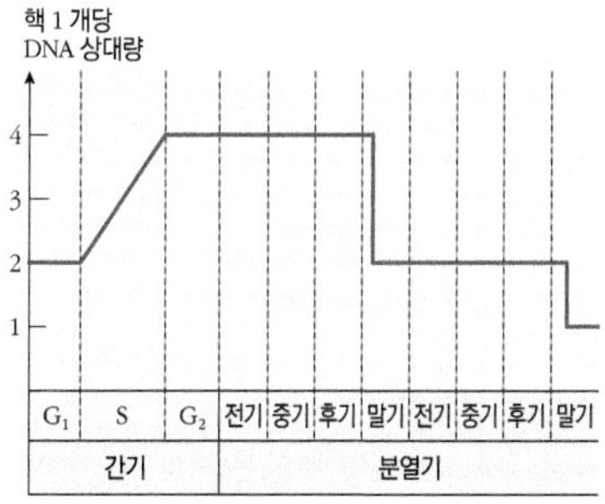 핵 1 개당 DNA 상대량 (1, 2, 3, 4) G_1 S G_2 (간기) 전기 중기 후기 말기 전기 중기 후기 말기 (분열기)
특징	모세포와 딸세포의 핵상과 염색체 수가 같다	딸세포의 핵상은 모세포의 절반이다
의의	발생, 생장, 재생, 단세포 생물의 생식	생물 종의 염색체 수를 일정하게 유지하고, 자손의 유전적 다양성 증가[2] 시킴

[2] 유성 생식-유전적 다양성 증가

- 유성 생식 : 암수가 각각 생식 세포를 만들고, 이 생식 세포가 결합하여 자손을 만드는 생식 방법
- 유성 생식의 장점 : 자손의 유전 형질이 다양해지기 때문에 환경이 변하더라도 변화된 환경에 적응하여 생존하여 번식할 가능성이 높다.

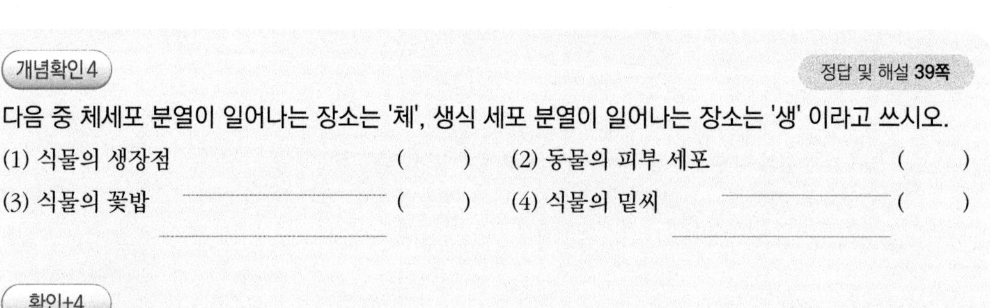

개념확인 4

정답 및 해설 39쪽

다음 중 체세포 분열이 일어나는 장소는 '체', 생식 세포 분열이 일어나는 장소는 '생' 이라고 쓰시오.

(1) 식물의 생장점 ( ) (2) 동물의 피부 세포 ( )

(3) 식물의 꽃밥 ( ) (4) 식물의 밑씨 ( )

확인+4

모세포와 딸세포의 염색체 수가 같은 세포 분열은 무엇인가?

( )

개념 다지기

01 다음 중 감수 1 분열에 대한 설명으로 옳지 않은 것은?

① 염색체 수가 반으로 줄어든다.
② 후기에 2가 염색체가 분리된다.
③ 전기에 상동 염색체가 접합한다.
④ 말기에 4 개의 딸핵이 만들어진다.
⑤ 체세포 분열과 DNA 가 복제되는 횟수는 같다.

02 감수 1 분열의 전기와 말기 때의 핵상으로 옳은 것은?

	전기	말기		전기	말기
①	n	n	②	n	$2n$
③	$2n$	n	④	$2n$	$2n$
⑤	$2n$	$4n$			

03 다음에 나타나는 특징은 생식 세포 분열 시기 중 언제 볼 수 있는가?

·핵막과 인이 나타나 4 개의 딸핵이 형성된다.
·염색체가 풀어지기 시작하면서 세포질 분열이 일어난다.

① 감수 1 분열 중기 ② 감수 1 분열 후기 ③ 감수 1 분열 말기
④ 감수 2 분열 후기 ⑤ 감수 2 분열 말기

04 생식 세포 분열에 대한 설명으로 옳은 것만을 〈보기〉에서 있는 대로 고른 것은?

〈 보기 〉

ㄱ. 감수 1 분열에서는 상동 염색체가 분리된다.
ㄴ. 감수 1 분열과 감수 2 분열 사이에 DNA 복제가 일어난다.
ㄷ. 감수 2 분열에서는 자매 염색 분체의 분리가 일어나 염색체 수의 변화가 없다.

① ㄱ ② ㄴ ③ ㄱ, ㄴ ④ ㄱ, ㄷ ⑤ ㄴ, ㄷ

정답 및 해설 39쪽

05 빈 칸에 들어갈 알맞은 단어를 써 넣으시오.

> 2가 염색체를 형성할 때, 상동 염색체의 일부가 꼬이면서 대립 유전자가 교환되는 경우를 (   )라고 한다.

(   )

06 생식 세포 분열의 특징에 대한 설명으로 옳은 것만을 〈보기〉에서 있는 대로 고른 것은?

〈 보기 〉

ㄱ. $2n = 4$ 인 세포가 만들 수 있는 생식 세포의 종류는 8 가지이다.
ㄴ. 2가 염색체가 형성될 때 교차가 일어나면 새로운 유전자 조합을 가진 생식 세포가 만들어진다.
ㄷ. 사람의 생식 세포 분열 중 교차가 일어나지 않았다면, 수정으로 생길 수 있는 수정란의 종류는 2^{23} 가지 이다.

① ㄱ　② ㄴ　③ ㄱ, ㄴ　④ ㄴ, ㄷ　⑤ ㄱ, ㄴ, ㄷ

07 체세포 분열과 생식 세포 분열에 대한 설명 중 옳은 것은 ○표, 옳지 않은 것은 ×표 하시오.

(1) 생식 세포 분열의 결과로 생물은 생장하게 된다. (　　)
(2) 생식 세포 분열의 결과로 핵상은 반으로 줄어든다. (　　)
(3) 체세포 분열 과정에서는 2가 염색체를 관찰할 수 없다. (　　)
(4) 체세포 분열과 생식 세포 분열은 모두 DNA 가 한 번만 복제된다. (　　)

08 다음 〈보기〉를 보고 아래의 물음에 답하시오.

〈 보기 〉

ㄱ. 동물의 간 조직　ㄴ. 동물의 난소　ㄷ. 식물의 형성층　ㄹ. 식물의 꽃밥

(1) 위 〈보기〉 중 체세포 분열이 일어나는 장소를 있는 대로 골라 기호로 나타내시오.
(   )

(2) 위 〈보기〉 중 생식 세포 분열이 일어나는 장소를 있는 대로 골라 기호로 나타내시오.
(   )

유형 익히기 & 하브루타

[유형 8-1] 생식 세포 분열 1

다음은 생식 세포 분열 중 감수 1 분열을 차례대로 나타낸 것이다.

(가) (나) (다) (라) (마)

(1) DNA 가 복제되는 시기의 기호를 찾아서 쓰시오.

( )

(2) 체세포 분열에서 볼 수 없는 구조물이 나타나는 시기를 쓰고, 그 구조물의 이름을 쓰시오.

(,)

(3) 감수 1 분열에서 나타나는 핵상의 변화를 쓰시오.

( )

01 감수 1 분열 중, 다음 설명과 같은 특징이 나타나는 시기를 쓰시오.

(1) 상동 염색체가 접합하는 시기 ( )

(2) 상동 염색체의 일부가 교환되는 시기 ( )

(3) 상동 염색체 쌍이 분리되어 세포의 양극으로 이동하는 시기 ( )

02 다음 글을 읽고 빈 칸에 들어갈 알맞은 단어를 써 넣으시오.

> 상동 염색체끼리 접합한 상태의 염색체를 ㉠( )라고 하며, 이는 ㉡( )개의 염색 분체로 구성되어 있어 ㉢( )라고도 한다.

㉠ : ( ), ㉡ : ( ), ㉢ : ( )

정답 및 해설 40쪽

[유형 8-2] 생식 세포 분열 2

다음은 생식 세포 분열 과정 중 감수 2 분열을 순서 없이 나열한 것이다. 이에 대한 설명으로 옳은 것만을 〈보기〉에서 있는 대로 고르시오

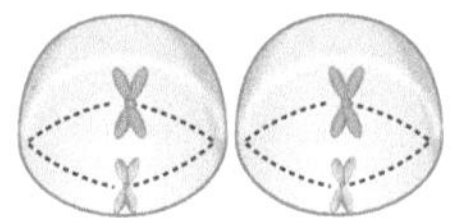

(가)

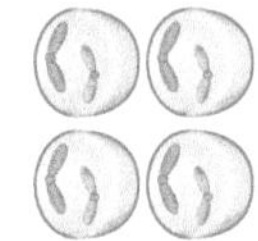

(나)

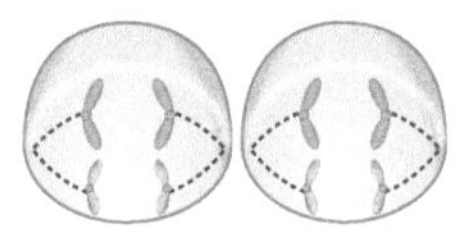

(다)

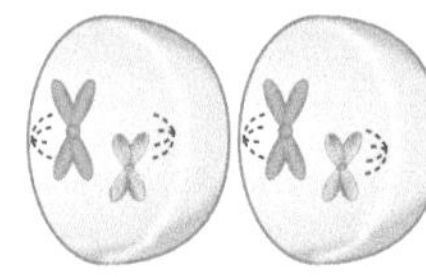

(라)

〈 보기 〉

ㄱ. 감수 1 분열 이후 간기의 시기는 매우 짧다.
ㄴ. 염색 분체가 분리되어 염색체 수가 반감된다.
ㄷ. 위 과정을 시간의 순서대로 나타내면 (라) → (가) → (다) → (나)이다.
ㄹ. 감수 2 분열 이후 4 개의 딸세포가 만들어지며, 만들어진 딸세포는 모세포의 염색체 수와 다르다.

( )

03 다음 그림은 어떤 동물의 생식 세포 분열 과정 중 관찰할 수 있는 세포의 모양을 나타낸 것이다. 각각의 세포의 염색체 수와 DNA 상대량을 쓰시오.

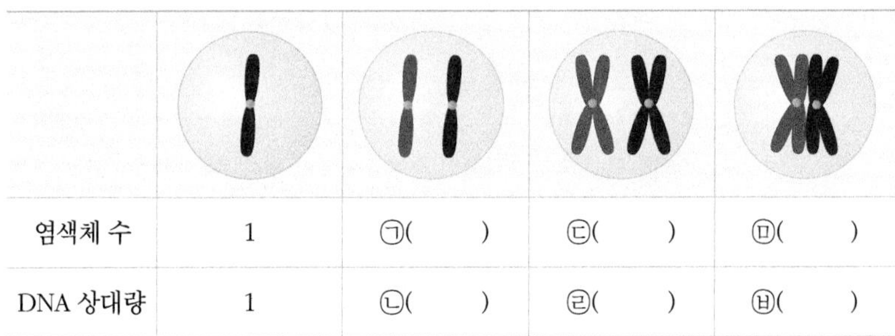

염색체 수	1	㉠( )	㉢( )	㉤( )
DNA 상대량	1	㉡( )	㉣( )	㉥( )

04 핵상이 $2n = 2$ 인 어떤 동물에서, 생식 세포 분열 과정 중 오른쪽 그림과 같은 세포를 관찰할 수 있는 시기는 언제인가?

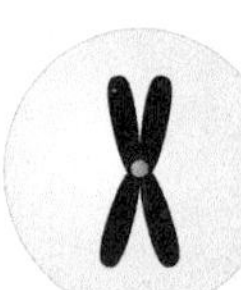

① 감수 1 분열 간기
② 감수 1 분열 전기
③ 감수 1 분열 중기
④ 감수 2 분열 전기
⑤ 감수 2 분열 말기

유형 익히기 & 하브루타

[유형 8-3] 생식 세포 분열의 의의

다음은 상동 염색체의 배열에 따라 나올 수 있는 생식 세포의 종류를 알아보기 위한 그림이다.

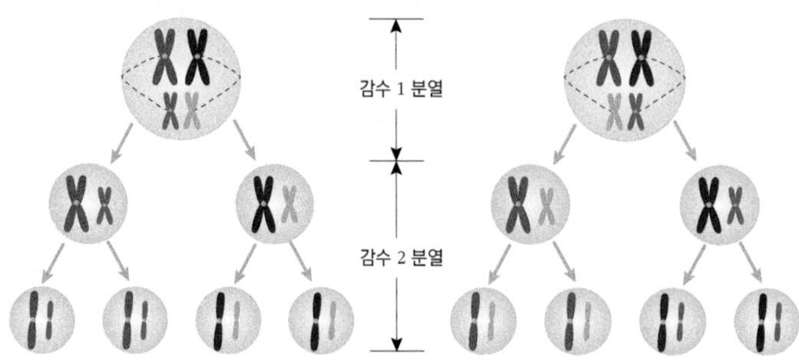

(1) 위 그림과 같이 $2n = 4$ 인 세포가 만들 수 있는 생식 세포의 종류는 몇 가지인지 지수로 나타내시오.

( ) 가지

(2) 위 그림을 바탕으로 사람이 만들 수 있는 생식 세포의 종류는 몇 가지인지 지수로 나타내시오.

( ) 가지

(3) 위의 그림을 바탕으로, 유전자가 다양하게 나타나는 이유를 설명하시오.

( )

05 생식 세포 분열의 중요성에 대한 설명으로 옳은 것만을 〈보기〉에서 있는 대로 고르시오.

〈 보기 〉

ㄱ. 세대를 거듭하더라도 생물의 염색체 수와 DNA 양이 일정하게 유지된다.
ㄴ. 생식 세포 분열을 함으로써 자손의 유전적 다양성이 더욱 증가한다.
ㄷ. 상동 염색체의 무작위적인 배열은 자손의 유전 정보가 손상되는 것을 초래한다.

( )

06 다음 글을 읽고 빈 칸에 들어갈 알맞은 단어를 써 넣으시오.

2가 염색체를 형성할 때, 상동 염색체의 일부가 꼬이면서 대립 유전자가 교환되는 경우를 ㉠( )라고 하며, 상동 염색체가 교차된 부분을 ㉡( )라고 한다.

㉠ ( ), ㉡ ( )

정답 및 해설 40쪽

[유형 8-4] 체세포 분열과 생식 세포 분열의 비교

다음은 체세포 분열과 생식 세포 분열이 일어날 때 핵 1개당 DNA 상대량의 변화를 나타낸 그래프이다.

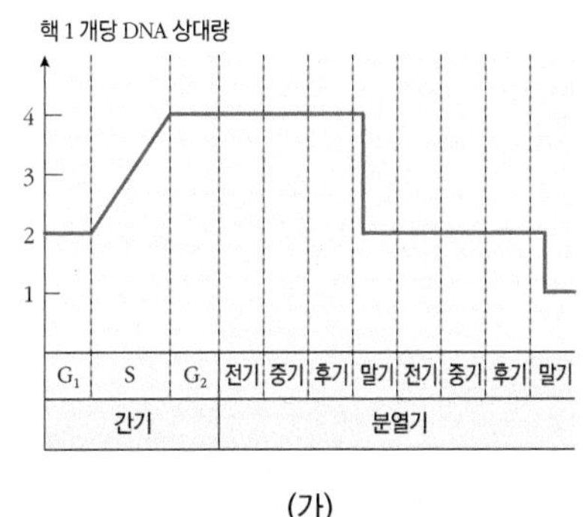

(가)

(나)

(1) (가)와 (나)가 체세포 분열과 생식 세포 분열 중 무엇을 나타낸 그래프인지 각각 쓰시오.

(가) : (　　　　　　　　)　　(나) : (　　　　　　　　)

(2) (가)와 (나)의 분열이 끝난 뒤 생성되는 딸세포의 수를 각각 쓰시오.

(가) : (　　　　　　) 개　　(나) : (　　　　　　) 개

07 다음 설명을 읽고, 체세포 분열의 특징에는 '체', 생식 세포 분열의 특징에는 '생'이라고 쓰시오.

(1) 분열 후 염색체의 수에 변화가 없다. (　　)

(2) 분열을 함으로써 생물은 생장하게 된다. (　　)

(3) 딸세포의 DNA 양은 모세포의 절반이다. (　　)

(4) 동물의 정소와 난소에서 일어나는 분열이다. (　　)

08 오른쪽 그림은 어떤 동물의 세포 분열 결과를 나타낸 것이다. 체세포 분열과 생식 세포 분열 중 어느 것에 해당하는가?

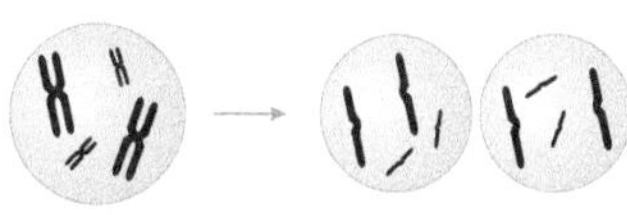

(　　　　　　)

창의력&토론마당

01

다음은 생식 세포 분열을 관찰하기 위한 실험을 나타낸 것이다.

[실험 과정]

① 백합의 어린 꽃봉오리 속에서 수술의 꽃밥을 따낸다.
② 따낸 꽃밥을 에탄올과 아세트산이 3 : 1 인 혼합액에 담가 세포 분열 각 단계에 있는 염색체를 관찰하기 위해 고정시킨다.
③ 꽃밥을 터뜨려 속에 있는 물질을 꺼낸다.
④ 꺼낸 물질에 아세트산카민 또는 아세트올세인 용액을 한 방울 떨어트려 핵을 붉게 염색한다.
⑤ 덮개 유리의 한쪽 끝을 받침 유리에 대고 비스듬하게 천천히 덮는다.
⑥ 덮개 유리 위에 거름종이를 대고 지그시 눌러 세포를 납작하고 얇게 펴 준다.
⑦ 만들어진 표본을 현미경으로 관찰한다.

[실험 결과]

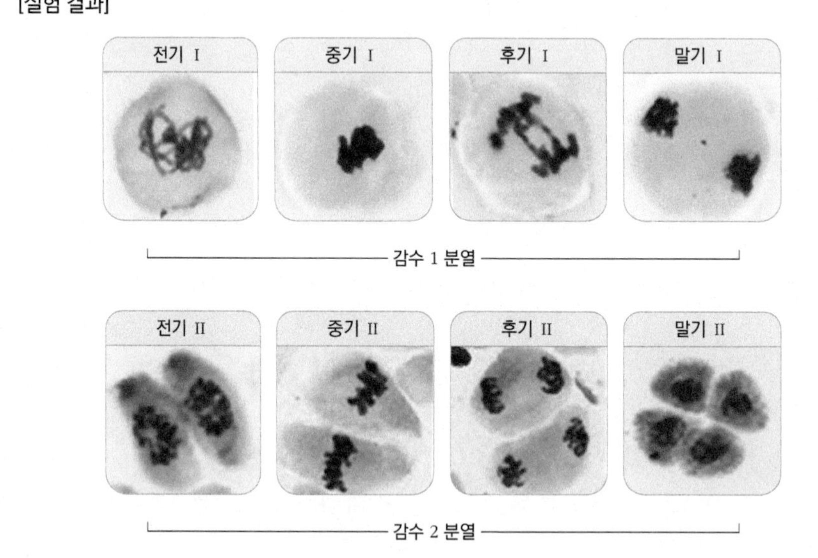

(1) 감수 분열을 관찰할 때 어린 꽃봉오리를 사용하는 이유는 무엇인가?

(2) 성숙한 꽃으로 위와 같은 실험을 진행하였을 때 어떤 다른 결과가 나타날지 서술하시오.

(3) 감수 1 분열과 감수 2 분열에 의해 염색체 수가 어떻게 달라지는지 서술하시오.

(4) 생식 세포 분열이 일어날 때 나타나는 DNA 양의 변화를 그래프로 나타내시오.

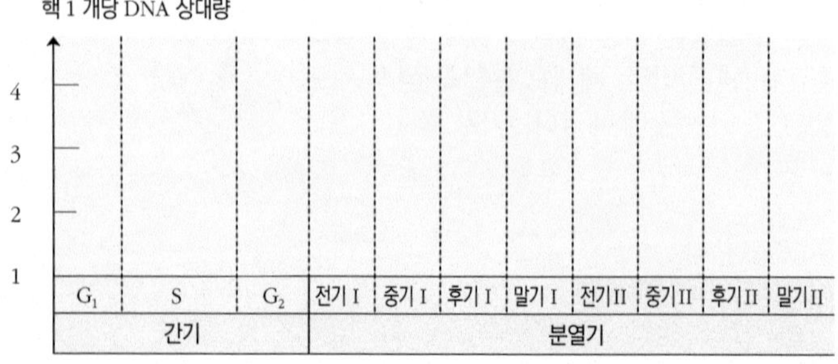

정답 및 해설 41쪽

02 다음 그림은 체세포 분열과 감수 분열 과정을 비교하여 나타낸 것이다.

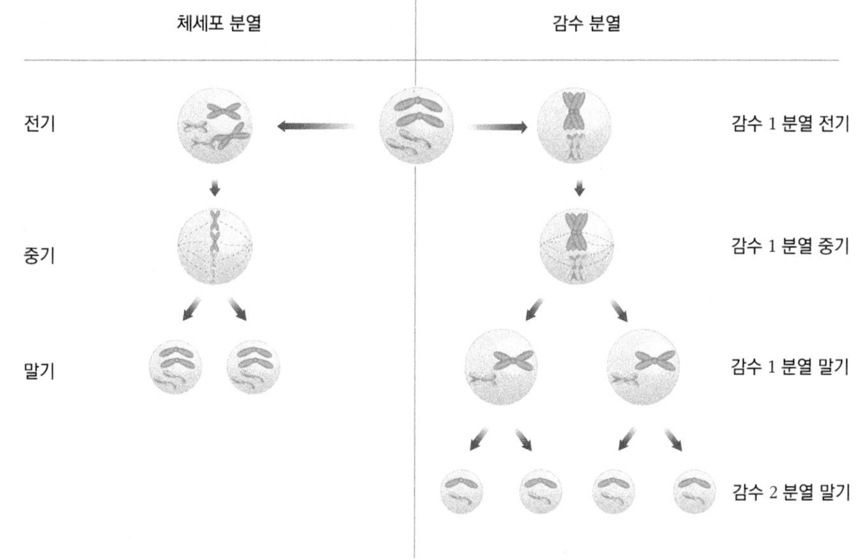

이 자료와 관련된 설명 중 옳지 않은 설명을 모두 골라 바르게 고치시오.

[창의력 대회 유형]

① 태아는 체세포 분열 과정을 통해서 성장한다.
② 정자와 난자에 들어 있는 염색체 수는 서로 같다.
③ 아기는 수정란이 체세포 분열을 거듭하면서 조직 및 기관을 형성하여 만들어진 개체이다.
④ 수정란에서는 감수 분열과 체세포 분열이 동시에 일어나며 발생 과정을 거쳐 개체가 형성된다.
⑤ 아버지와 어머니 사이에서 태어난 자식이 아들이라면 아버지와 염색체 구성이 동일할 것이다.

창의력&토론마당

03 한 화훼업자가 해충에 강한 식용 식물을 얻기 위해 오랜 시간의 연구 끝에 마침내 새로운 품종을 개발하였다. 이 식물을 더 많이 생산하기 위해서는 이 식물을 다른 종과 교배를 통한 육종을 해야하는지, 같은 식물을 복제를 해야하는지 이유를 들어 서술하시오.

정답 및 해설 42쪽

04

다음은 라이거와 타이곤에 대한 설명이다. 이 자료를 읽고 다음 물음에 답하시오.

라이거 (수컷)

타이곤

·수컷 사자와 암컷 호랑이 사이에서 태어난 자손을 라이거라고 한다. 생김새는 사자를 많이 닮았지만 몸집은 호랑이를 닮아 사자보다 약간 크다. 몸빛깔은 사자와 비슷하나 약간 어두운 색으로 호랑이처럼 갈색 줄무늬가 있는데 순종 호랑이처럼 뚜렷하지는 않다. 수컷은 암컷보다 크고 짧은 갈기가 있는 경우도 있다.

·수컷 호랑이와 암컷 사자 사이에서 태어난 동물을 타이곤라고 부른다. 라이거는 거대증을 보이는 반면 타이곤은 왜소증의 경향을 가져 부모보다 훨씬 작은 체구로 성장한다.

참고 자료 | 두산백과

(1) 위와 같이 서로 다른 종 끼리 교배가 가능한 이유는 무엇일까?

(2) 위와 같은 잡종들은 대부분 생식 능력이 없다. 생식 능력이 없는 이유는 무엇인가?

(3) 보통의 수박은 염색체수가 22 개이며 2 배체($2n$)이다. 정상적인 수박에 콜히친이라는 약품을 처리하게 되면 44 개의 염색체수를 가진 4 배체의 수박이 만들어지고, 이 수박을 보통 수박과 교배하면 33 개의 염색체를 가진 3 배체 수박의 씨앗이 생긴다. 이 씨앗을 심어서 재배하면 씨가 없는 수박을 얻을 수 있다. 3 배체의 수박에 씨가 없는 이유가 무엇일지 서술하시오.

스스로 실력 높이기

01 감수 1 분열 전기에 형성되는 상동 염색체가 접합한 상태의 염색체를 무엇이라고 하는가?

( )

02 오른쪽 그림은 어떤 생물의 생식 세포 분열 과정에서 관찰할 수 있는 세포의 모습이다. 이와 같은 세포를 볼 수 있는 시기는 언제인가?

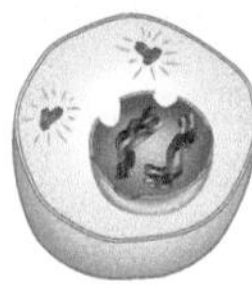

① 감수 1 분열 간기 ② 감수 1 분열 전기
③ 감수 1 분열 중기 ④ 감수 2 분열 간기
⑤ 감수 2 분열 전기

03 다음 생식 세포 분열에 대한 설명 중 옳은 것은 ○표, 옳지 않은 것은 ×표 하시오.

(1) 감수 1 분열과 2 분열 사이에 DNA 의 복제가 일어난다. ( )
(2) 감수 1 분열 시 상동 염색체의 분리가 일어나 염색체의 수가 반감된다. ( )
(3) 감수 2 분열이 진행되는 동안에는 염색체 수의 변화가 없다. ( )

04 다음 그림은 생식 세포를 형성하는 과정을 차례대로 나타낸 것이다.

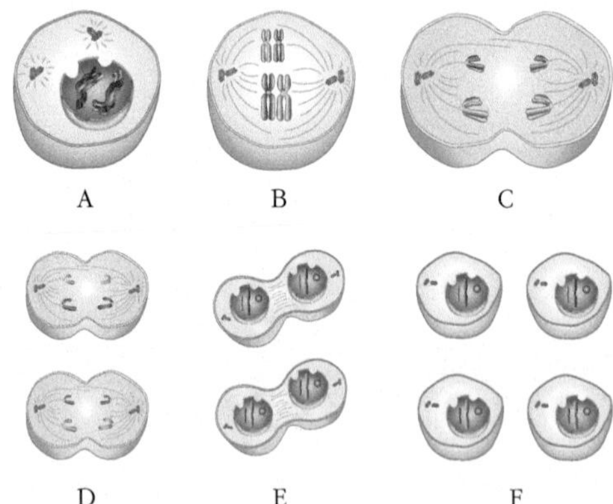

이에 대한 설명으로 옳은 것은?

① A 시기에 DNA 가 복제된다.
② B 시기의 DNA 양은 F 시기 세포의 2 배이다.
③ C 시기에는 염색체 수와 염색 분체의 수가 같다.
④ D 시기에서는 염색 분체 사이에 유전자 교환이 일어나지 않는다.
⑤ D 와 E 시기 사이에 DNA 가 복제된다.

05 다음 빈칸에 들어갈 숫자를 각각 쓰시오.

(1) 체세포 분열의 결과로 ( )개의 딸세포가 생성된다.
(2) 감수 분열은 ( )번 분열한다.
(3) G_1 기의 DNA 상대량이 4 인 동물은 감수 1 분열 중기에는 DNA 상대량이 ㉠( )이고, 감수 2 분열 말기에는 DNA 상대량이 ㉡( )이다.

06 생식 세포가 형성될 때 일어나는 세포 분열에 대한 설명으로 옳은 것만을 있는 대로 고르시오.

① 분열 결과 세포가 생장한다.
② 2 회의 연속적인 분열로 2 개의 딸세포가 형성된다.
③ 세대가 거듭하여도 염색체의 수가 일정하게 유지된다.
④ 감수 2 분열 과정에서 염색체의 수가 반으로 줄어든다.
⑤ 꽃이 피는 식물 세포에서는 꽃밥과 밑씨에서만 세포 분열이 일어난다.

07 다음은 핵상이 $2n = 8$ 인 어떤 동물의 정상 세포 (가) ~ (다)의 염색체를 나타낸 것이다.

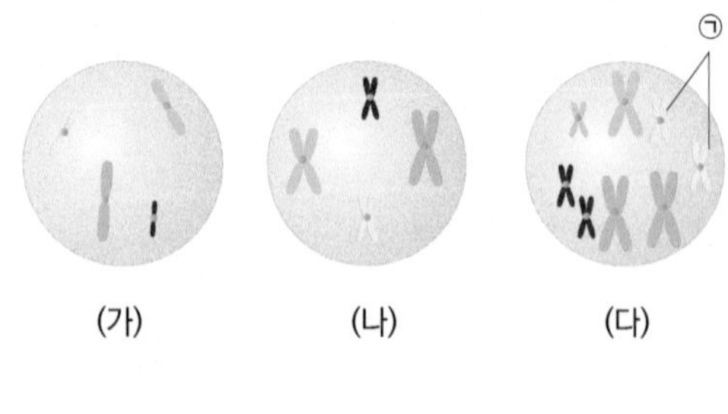

이에 대한 설명으로 옳은 것만을 〈보기〉에서 있는 대로 고른 것은? (단, 이 동물의 성염색체는 수컷은 XY, 암컷은 XX 이며 돌연변이는 고려하지 않는다.)

〈 보기 〉
ㄱ. 이 동물은 수컷이다.
ㄴ. ㉠은 감수 2 분열 때 서로 분리된다.
ㄷ. (가)는 생식 세포 분열에 의해 형성된 세포이다.

① ㄱ ② ㄴ ③ ㄱ, ㄴ
④ ㄱ, ㄷ ⑤ ㄴ, ㄷ

정답 및 해설 42쪽

08 다음은 어떤 동물의 몸에서 일어나는 두 종류의 세포 분열 과정 (가)와 (나)를 나타낸 것이다.

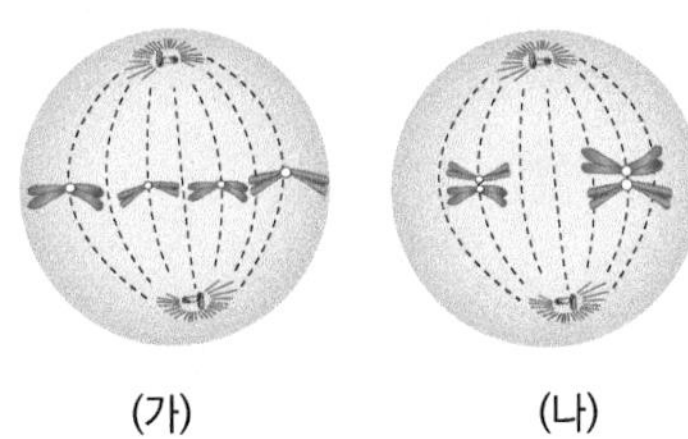

(가) (나)

이에 대한 설명으로 옳은 것만을 〈보기〉에서 있는 대로 고른 것은?

〈 보기 〉

ㄱ. (가)는 감수 2 분열 중기의 모습이다.
ㄴ. 난할이 일어날 때 (가)와 같은 분열이 일어난다.
ㄷ. (나)의 분열 결과 형성된 딸세포는 $n = 2$ 이다.

① ㄱ ② ㄴ ③ ㄱ, ㄴ
④ ㄱ, ㄷ ⑤ ㄴ, ㄷ

09 다음은 생식 세포 분열 중 발생하는 현상을 모식적으로 나타낸 것이다.

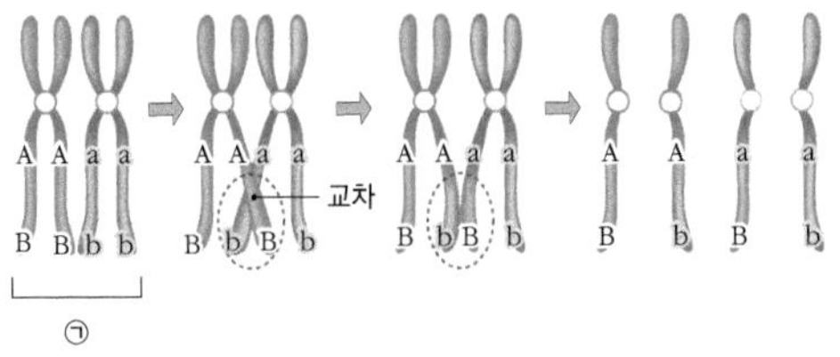

이에 대한 설명으로 옳은 것만을 〈보기〉에서 있는 대로 고른 것은?

〈 보기 〉

ㄱ. 교차가 일어나면 정상적인 생식 세포를 만들 수 없다.
ㄴ. ㉠에서 교차가 일어나지 않으면 만들어지는 생식 세포의 종류는 2 가지 이다.
ㄷ. 교차가 한 번 일어날 때마다 염색체를 구성하는 유전자 조합의 종류는 2 배가 된다.

① ㄱ ② ㄴ ③ ㄱ, ㄴ
④ ㄱ, ㄷ ⑤ ㄴ, ㄷ

10 다음 중 체세포 분열과 생식 세포 분열의 공통점은 무엇인가?

① DNA 가 1 번 복제된다.
② 1 번의 분열이 일어난다.
③ 상동 염색체가 분리된다.
④ 4 개의 딸세포가 생성된다.
⑤ 핵상과 염색체의 수가 변하지 않는다.

B

11 다음 그림은 어떤 식물의 세포 분열 과정에서 핵 1 개당 DNA 양을 나타낸 것이다.

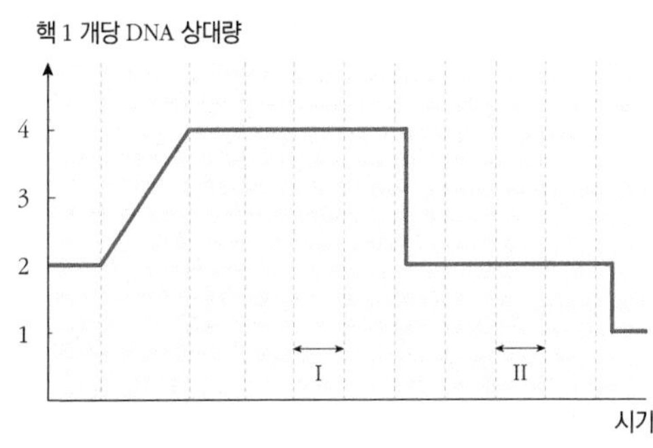

이에 대한 설명으로 옳은 것만을 〈보기〉에서 있는 대로 고른 것은? (단, 돌연변이는 고려하지 않는다.)

〈 보기 〉

ㄱ. 식물의 형성층에서 일어나는 분열이다.
ㄴ. I 시기에는 2가 염색체가 세포의 적도면에 배열되어 있다.
ㄷ. II 시기의 세포는 핵상이 n 이다.

① ㄱ ② ㄴ ③ ㄱ, ㄴ
④ ㄱ, ㄷ ⑤ ㄴ, ㄷ

스스로 실력 높이기

[12-13] 다음은 사람이 생식 세포를 형성하여 하나의 개체가 되기까지의 과정을 모식적으로 나타낸 것이다. ㉠과 ㉢은 각각 세포 분열 과정을 의미한다. 다음 물음에 답하시오.

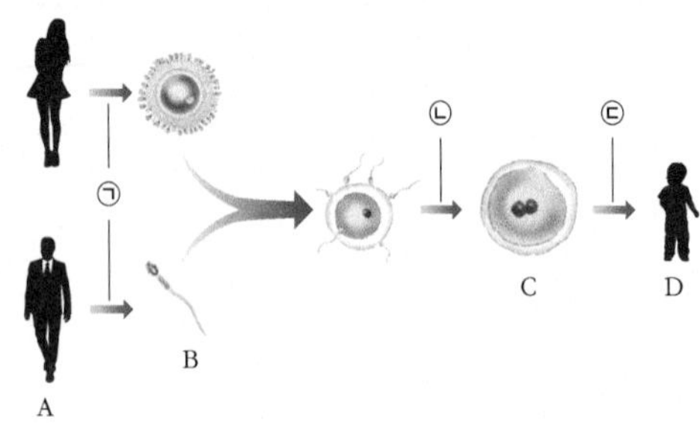

12 A ~ D의 핵상을 각각 쓰시오.(단, 우항에는 성염색체를 포함한 숫자로만 쓰시오.)

A : (　　　　　), B : (　　　　　)
C : (　　　　　), D : (　　　　　)

13 위 자료에 대한 설명으로 옳은 것만을 〈보기〉에서 있는 대로 고른 것은? (단, 돌연변이는 고려하지 않는다.)

〈 보기 〉

ㄱ. ㉠ 과정으로 염색체의 수가 반감된다.
ㄴ. 생식 세포 분열로 인하여 ㉡ 과정이 일어나도 자손의 염색체 수는 일정하게 유지된다.
ㄷ. ㉢ 과정으로 다양한 유전자 조합이 나타난다.

① ㄱ　② ㄴ　③ ㄱ, ㄴ
④ ㄴ, ㄷ　⑤ ㄱ, ㄴ, ㄷ

[14-15] 다음 그림 (가)는 생식 세포 분열로 정자가 형성되는 과정을, 그래프 (나)의 ⓐ ~ ⓒ는 (가)의 B ~ D 각각의 핵 1 개당 DNA 양과 세포 1 개당 염색체 수를 순서 없이 나타낸 것이다.

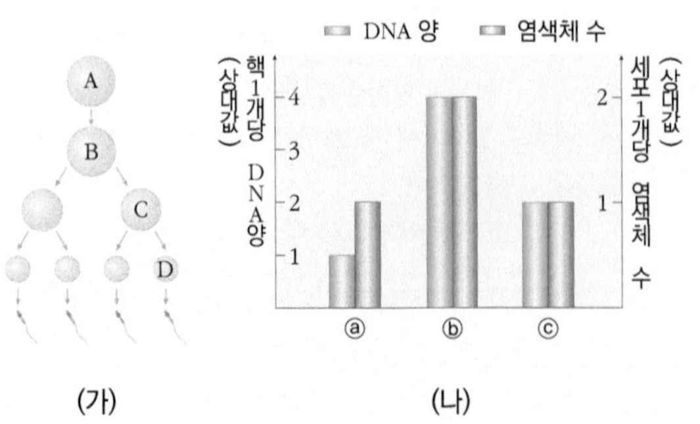

(가)　　(나)

14 다음 중 핵상과 염색체 수, DNA 양이 모두 반감될 때는 언제인가?

① A → B　② B → C　③ C → D
④ C → B　⑤ D → C

15 B ~ D 중 ⓐ, ⓑ, ⓒ 에 해당하는 것을 각각 쓰시오.

B : (　　　), C : (　　　), D : (　　　)

16 다음은 어떤 생물에서 일어나는 세포 분열 과정의 일부로 각각 체세포 분열과 생식 세포 분열 중 하나이다.

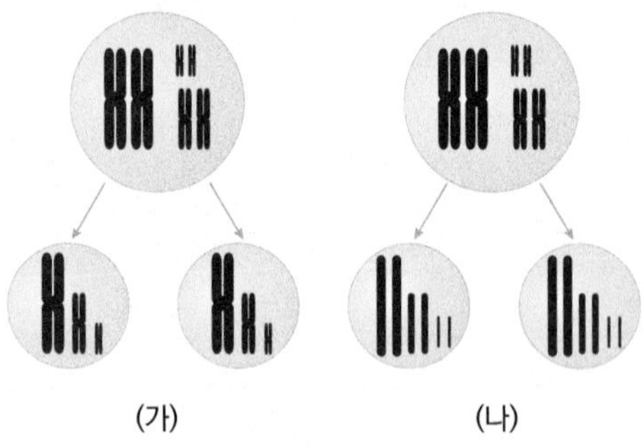
(가)　　(나)

이에 대한 설명으로 옳은 것만을 〈보기〉에서 있는 대로 고른 것은?

〈 보기 〉

ㄱ. (가) 과정에서 핵상은 반으로 줄어든다.
ㄴ. (나)는 1 번의 분열 과정이 더 일어난다.
ㄷ. (가)와 (나)의 딸세포의 염색체 개수는 같다.

① ㄱ　② ㄴ　③ ㄷ
④ ㄱ, ㄴ　⑤ ㄴ, ㄷ

정답 및 해설 42쪽

[17-18] 그림 (가)는 세포가 분열하는 동안 핵 1 개당 DNA 상대량을 나타낸 것이고, 그림 (나)는 (가)의 과정에서 관찰 가능한 세포의 모습을 나타낸 것이다.

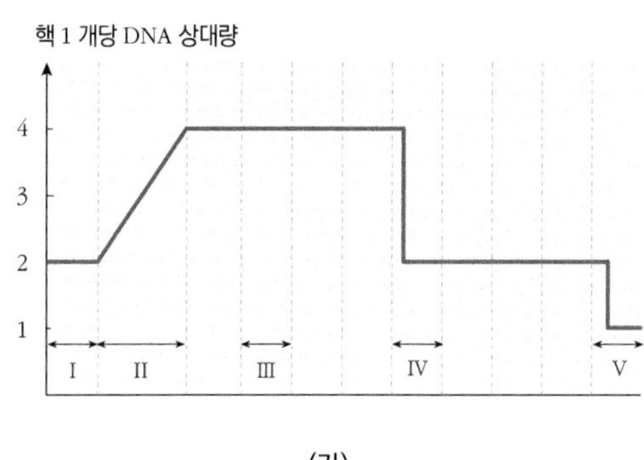

(가)

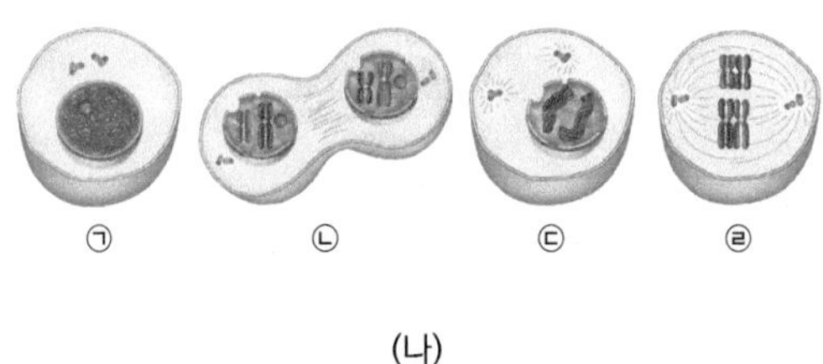

(나)

17

(가)의 각 구간 I ~ V 에 해당하는 세포의 모습을 (나)와 바르게 짝지은 것은?

① I - ㉣　② II - ㉡　③ III - ㉢
④ IV - ㉠　⑤ V - ㉡

18

위 자료에 대한 설명으로 옳은 것만을 〈보기〉에서 있는 대로 고른 것은? (단, 돌연변이는 고려하지 않는다.)

〈 보기 〉

ㄱ. II 시기에 핵상이 변한다.
ㄴ. ㉢의 세포에서는 체세포 분열 과정에서 볼 수 없는 현상들이 나타난다.
ㄷ. (가)의 과정으로 인해 세대를 거듭하여도 DNA 의 양이 일정하게 유지된다.

① ㄱ　② ㄴ　③ ㄱ, ㄴ
④ ㄴ, ㄷ　⑤ ㄱ, ㄴ, ㄷ

19

다음은 어떤 동물의 몸에서 일어나는 두 종류의 세포 분열 과정 (가)와 (나)를 나타낸 것이다.

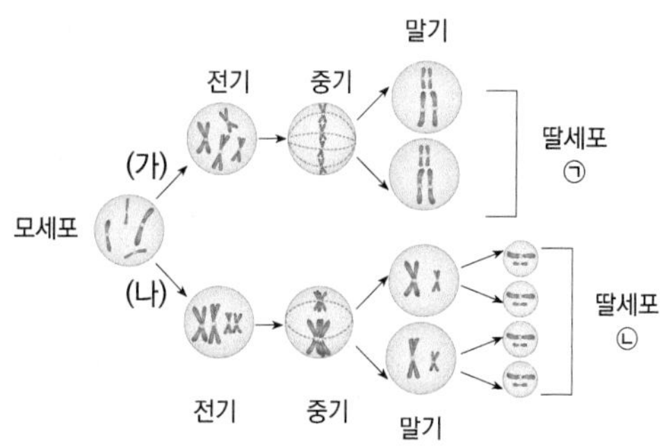

이에 대한 설명으로 옳은 것만을 〈보기〉에서 있는 대로 고른 것은? (단, 이 동물의 성염색체는 XY 이며, 돌연변이는 고려하지 않는다.)

〈 보기 〉

ㄱ. ㉠과 ㉡의 핵상은 같다.
ㄴ. (나) 과정으로 정자가 형성된다.
ㄷ. ㉠에는 X 염색체와 Y 염색체가 모두 들어있다.

① ㄱ　② ㄴ　③ ㄱ, ㄴ
④ ㄴ, ㄷ　⑤ ㄱ, ㄴ, ㄷ

20

다음 그림과 같은 세포 분열의 모식도에 대한 설명으로 옳은 것은?

[특목고 기출 유형]

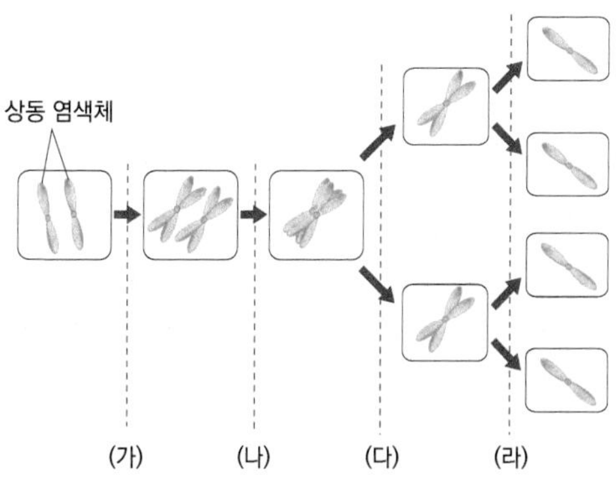

① 정자와 난자가 결합할 때 일어난다.
② 분열의 결과로 꽃가루가 만들어진다.
③ 딸세포와 모세포의 염색체 수는 동일하다.
④ 생물체가 생장하기 위해 일어나는 분열이다.
⑤ 염색체의 수가 $2n \rightarrow n$ 으로 되는 시기는 (라) 이다.

스스로 실력 높이기

21 다음은 생식 세포 분열 과정을 나타낸 것이다.

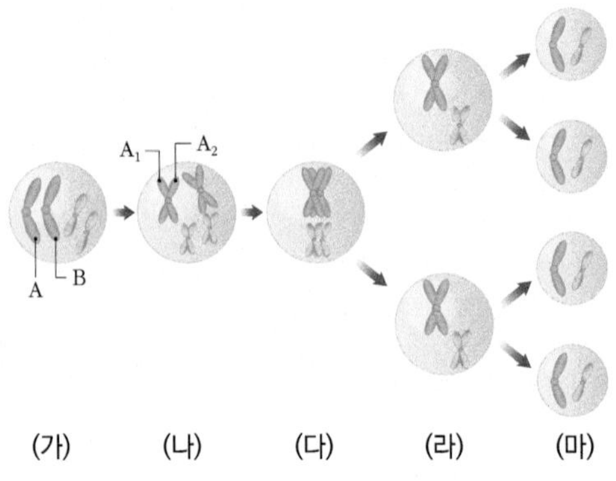

이에 대한 설명으로 옳은 것은?

① A 와 B 의 유전자 구성은 동일하다.
② A_1 과 A_2 사이에 유전자의 교환이 일어나 다양한 유전자 조합이 만들어진다.
③ (가) → (나)의 과정에서 염색체의 개수는 2 배가 된다.
④ (다) → (라)의 과정에서 염색체의 수는 반으로 줄어들지만 DNA 의 양은 변함없다.
⑤ (라) → (마) 과정에서 염색체의 수는 변함없지만 DNA 의 양은 반으로 줄어든다.

22 다음 그림은 어떤 동물의 세포에서 여러 번의 세포 분열을 거쳐 생식 세포가 형성되는 동안의 세포 1 개당 DNA 의 상대량의 변화를 나타낸 것이다.

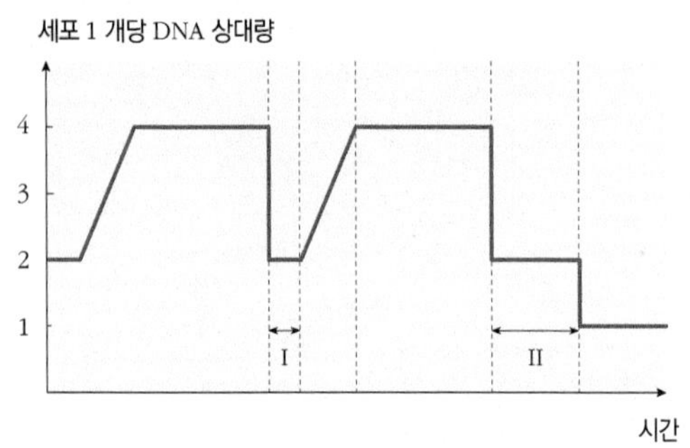

이에 대한 설명으로 옳은 것만을 〈보기〉에서 있는 대로 고른 것은? (단, 돌연변이는 고려하지 않는다.)

〈 보기 〉

ㄱ. 이 동물은 2 번의 생식 세포 분열이 일어났다.
ㄴ. I 시기와 II 시기에서 관찰되는 염색체 수와 모양은 같다.
ㄷ. II 시기 이후 생식 세포가 형성된다.

① ㄱ　　② ㄴ　　③ ㄷ
④ ㄱ, ㄴ　　⑤ ㄴ, ㄷ

정답 및 해설 42쪽

23 다음 그림은 어떤 동물에서 생식 세포 분열이 일어나는 동안 나타나는 핵 1 개당 DNA 의 상대량의 변화와 세포 1 개당 염색체 수의 변화를 순서 없이 나타낸 것이다.

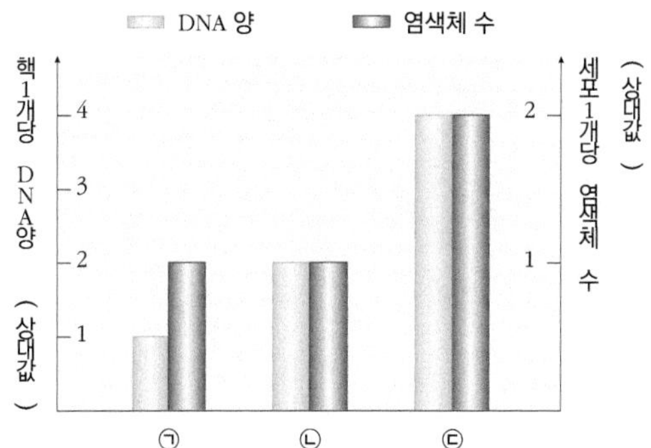

이에 대한 설명으로 옳은 것만을 <보기>에서 있는 대로 고른 것은? (단, 돌연변이는 고려하지 않는다.)

〈 보기 〉

ㄱ. ㉢ 시기에서 교차가 일어날 수 있다.
ㄴ. ㉠ ~ ㉢ 를 생식 세포 분열 과정의 순서대로 나열하면 ㉡ → ㉠ → ㉢ 이다.
ㄷ. ㉡ → ㉠ 의 과정은 감수 1분열에 해당한다.

① ㄱ ② ㄴ ③ ㄱ, ㄴ
④ ㄴ, ㄷ ⑤ ㄱ, ㄴ, ㄷ

24 다음 그림 (가)는 어떤 동물의 생식 세포 형성 과정에서의 세포 주기를 나타낸 것이고, (나)는 (가)의 M_1 기에서 관찰되는 세포 1 개당 염색체 수, 염색 분체 수, DNA 양을 상대적으로 나타낸 것이다.

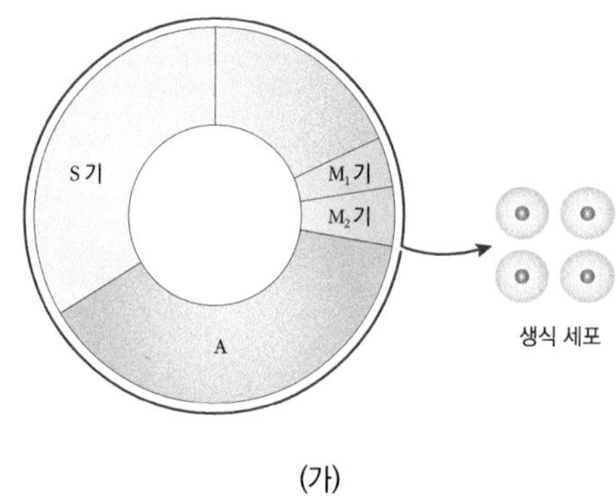

(가)

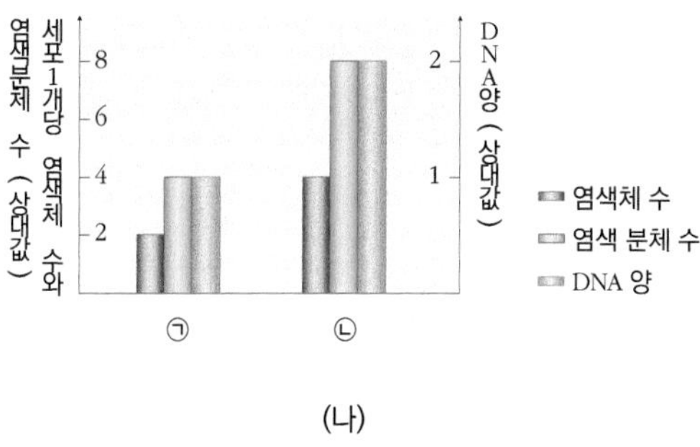

(나)

이에 대한 설명으로 옳은 것만을 <보기>에서 있는 대로 고른 것은? (단, 돌연변이는 고려하지 않는다.)

〈 보기 〉

ㄱ. ㉠ 시기가 끝난 후 4 개의 딸세포가 생성된다.
ㄴ. A 시기와 ㉠ 시기의 세포당 DNA 양은 같다.
ㄷ. M_2 기에서 상동 염색체 간 유전자의 교환이 일어난다.

① ㄱ ② ㄴ ③ ㄱ, ㄴ
④ ㄱ, ㄷ ⑤ ㄴ, ㄷ

스스로 실력 높이기

25 다음은 어떤 동물이 생식 세포를 형성하여 수정되는 과정에서 나타나는 핵 1 개당 나타나는 DNA 의 변화량을 상대적으로 나타낸 것이다.

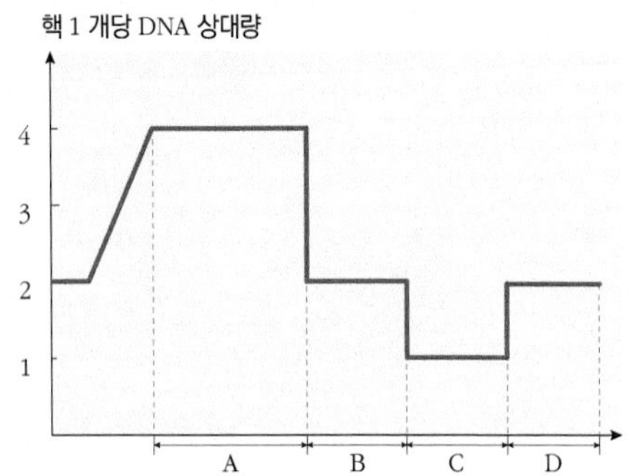

이에 대한 설명으로 옳은 것만을 〈보기〉에서 있는 대로 고른 것은? (단, 이 동물의 체세포의 핵상은 $2n = 6$ 이며 돌연변이는 고려하지 않는다.)

〈 보기 〉

ㄱ. A 시기와 D 시기의 핵상은 같다.
ㄴ. C → D 시기에 DNA 의 복제가 일어났다.
ㄷ. D 시기에 수정이 일어난 것을 알 수 있다.

① ㄱ ② ㄴ ③ ㄱ, ㄴ
④ ㄱ, ㄷ ⑤ ㄴ, ㄷ

26 다음 표는 체세포의 핵상이 $2n = 4$ 인 어떤 동물이 생식 세포를 형성할 때 서로 다른 세 시기 A, B, C 에서 관찰된 세포 1 개당 염색체 수와 핵 1 개당 DNA 상대량을 나타낸 것이다.

시기	세포 1 개당 염색체 수	핵 1 개당 DNA 상대량
A	2	1
B	4	4
C	2	2

이에 대한 설명으로 옳은 것만을 〈보기〉에서 있는 대로 고른 것은? (단, 돌연변이는 고려하지 않는다.)

〈 보기 〉

ㄱ. C 시기 이후 상동 염색체의 분리가 일어난다.
ㄴ. 생식 세포 분열은 B → C → A 순서로 진행된다.
ㄷ. 세포 1 개당 $\frac{\text{염색 분체 수}}{\text{염색체 수}}$ 는 B 시기가 C 시기의 2 배이다.
ㄹ. A 시기의 세포는 간기를 거친 다음 C 시기의 세포가 된다.

① ㄱ ② ㄴ ③ ㄱ, ㄴ
④ ㄷ, ㄹ ⑤ ㄴ, ㄷ, ㄹ

정답 및 해설 42쪽

심화

27 체세포 분열의 중기에 있는 세포와 생식 세포 분열의 감수 2 분열의 중기에 있는 세포의 공통점과 차이점을 각각 쓰시오. (단, 생식 세포 분열 과정에서 교차가 일어났다고 가정한다.)

28 감수 1 분열의 전기에서는 교차가 일어지만 감수 2 분열의 전기에서는 교차가 일어나지 않는 이유를 서술하시오.

29 생식 세포 분열의 의의를 염색체 수와 DNA 양의 변화를 중점으로 서술하시오.

30 사람의 자손은 부모와 닮았지만 부모와 똑같이 생기지 않고, 유전적 다양성이 나타난다. 이러한 현상이 일어나는 이유를 생식 세포 분열 과정 및 수정 과정과 관련지어 서술하시오.

9강. 생식과 발생

1. 사람의 생식 기관

(1) 사람의 생식 기관

남성			여성		
수정관, 방광, 정낭, 전립샘, 요도, 부정소, 정소			수란관, 난소, 나팔관, 자궁, 질		
정소[1]	세정관	코일 모양으로 꼬여있는 구조로 정자를 형성한다.	난소	여포	· 난소의 외부층을 채우고 있으며, 성숙한 난자인 난모세포를 지니고 있다. · 여성호르몬을 분비한다.
	레이디히 세포	세정관 사이의 결합 조직에 있는 세포로 테스토스테론(남성 호르몬)[2]을 만든다.		↓	(난모세포를 둘러싼 세포는 난모세포에 영양분을 제공한다.)
	음낭	정소를 둘러싸는 주머니로 체온보다 약 2 ℃ 낮아 정소의 온도를 낮춘다.		황체	· 배란 후 남아 있는 여포 조직이 단단해져 황체가 된다. · 에스트로젠과 프로게스테론(여성호르몬)[2]을 분비한다.
부정소	정자가 부정소의 관을 지나며 일시적으로 저장되며 이동성과 수정할 수 있는 능력을 가지게 된다.		수란관	자궁의 양쪽에 뻗은 관으로 섬모가 있어 난자의 이동을 도우며 수정이 일어나는 장소이다.	
분비샘[1]	정낭	한 쌍이 있으며 정액[3]의 60 %를 만든다.	나팔관	나팔 모양으로 난소를 감싸고 있으며, 배란된 난자를 수란관으로 보내는 장소이다.	
	전립샘	염기성 정액을 만들어 작은 관을 통해 요도로 생산물을 보낸다.	자궁	수정란이 착상되는 장소로 태아가 자라는 곳이다.	
	요도구샘	전립샘 아래 있는 분비샘으로 산성인 오줌을 중화시키는 점액을 분비한다.	질	· 정자가 들어오고, 출산 시 태아가 나가는 통로이다. · 산성 물질이 분비되어 체내에 유해한 균의 생장을 억제한다.	
정자[5]의 이동 경로	정소 → 부정소 → 수정관 → 요도 → 몸 밖[4]		난자[5]의 이동 경로	난소 → 나팔관 → 수란관 → 자궁 → 질 → 몸 밖	

개념확인 1

수정란이 착상되는 장소로 태아가 자라는 곳은 어디인가?

( )

확인+1

배란 후 남아 있는 여포 조직이 변형된 것으로 에스트로젠과 프로게스테론을 분비하는 곳은 어디인가?

( )

❶ 정소와 분비샘

· 정소 : 음낭으로 싸여 있으며 1쌍으로 구성되어 있다.

· 분비샘 : 정액을 구성하는 영양 물질과 점액을 만들고 여성의 질 속의 산성 환경을 중화시키는 염기성 물질을 분비한다.

❷ 생식 호르몬

· 테스토스테론 : 정자 형성을 촉진하고 남성의 2 차 성징에 관여하는 호르몬

· 에스트로젠 : 여성의 2 차 성징이 나타나게 하는 호르몬

· 프로게스테론 : 여성의 생식 주기에 영향을 주는 호르몬

❸ 정액의 성분

정액은 정자를 포함한 액체 성분을 말한다. 정액에서 정자는 전체의 5 % 정도를 차지하여 나머지 95 % 는 부속샘에서 분비한 물질들로 이루어져 있다.

❹ 정자의 이동

· 인간 남성의 정자가 각 부정소의 6 m 의 길이에 달하는 관을 통과하는 데 약 3 주가 걸린다.

· 난자와의 수정 능력은 여성 생식계의 화학적 환경에 노출되어야 획득할 수 있다.

❺ 생식 세포 -정자, 난자

· 정자 : 난자에 비해 매우 작으며, 꼬리를 이용해 스스로 움직인다.

· 난자 : 운동성이 없으며, 발생에 필요한 양분을 저장하고 있다.

첨체 : 난자의 막을 뚫는 효소가 있다.

핵

중편 : 꼬리를 움직이는 데 필요한 에너지를 생산하는 미토콘드리아가 있다.

꼬리 : 정자가 움직일 수 있도록 한다.

▲ 정자

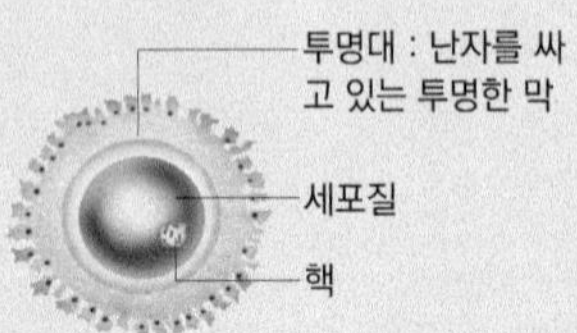

▲ 난자

2. 사람의 생식 세포 형성 과정

(1) 생식 세포 형성 과정

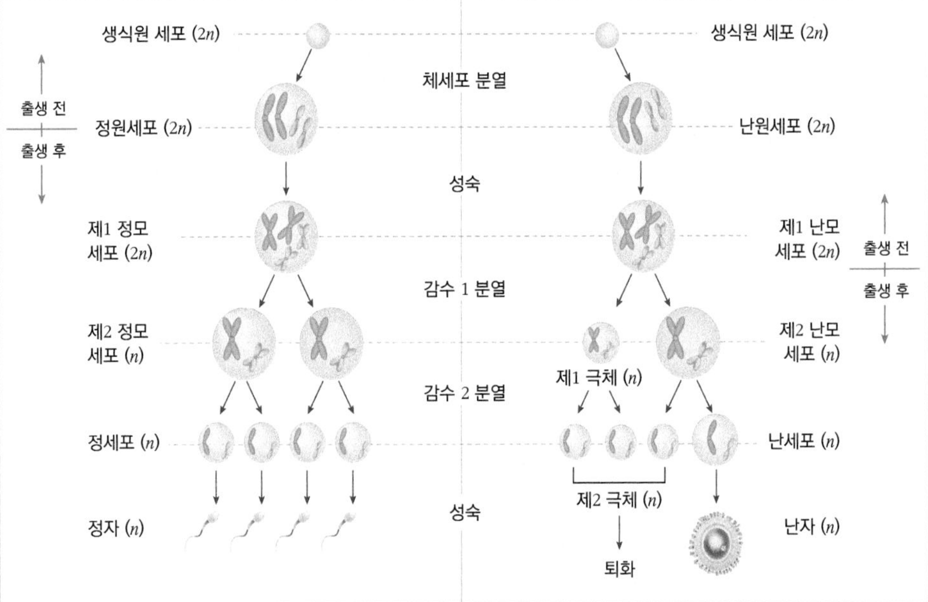

정자 형성 과정		난자 형성[2] 과정
생식원 세포 ($2n$)		생식원 세포 ($2n$)
출생 전 / 출생 후	체세포 분열	
정원세포 ($2n$)		난원세포 ($2n$)
	성숙	
제1 정모세포 ($2n$)		제1 난모세포 ($2n$) 출생 전 / 출생 후
	감수 1 분열	
제2 정모세포 (n)		제2 난모세포 (n), 제1 극체 (n)
	감수 2 분열	
정세포 (n)		난세포 (n), 제2 극체 (n)
	성숙	
정자 (n)		난자 (n), 퇴화
· 태아 시기에 세정관[1]에서 생식원 세포($2n$)가 체세포 분열을 통해 정원세포($2n$)를 만든다. · 사춘기가 되면 정원세포는 체세포 분열로 수를 늘린다.	체세포 분열 ($2n \rightarrow 2n$)	· 태아 시기 태아의 난소에서 생식원 세포($2n$)가 체세포 분열을 통해 난원세포($2n$)를 만든다. · 난원세포는 체세포 분열을 통해 일정한 수까지만 늘어난다.
· 사춘기 때 테스토스테론의 분비의 증가로 정원세포($2n$)는 DNA 를 복제하여 제1 정모세포($2n$)가 된다.	성숙 ($2n \rightarrow 2n$)	· 난원세포($2n$)는 출생 전 DNA를 복제한 상태의 제1 난모세포($2n$)가 되며, 제1 난모세포는 감수 1분열 전기에 분열을 멈춘 상태로 출생한다.
· 제1 정모세포($2n$)는 감수 1 분열을 통해 제2 정모세포(n)가 되어 DNA 와 염색체 수가 반감된다.	감수 1분열 ($2n \rightarrow n$)	· 사춘기 이후 약 28 일을 주기로 1 개의 제1 난모세포($2n$)는 감수 1 분열을 다시 진행하여 제2 난모세포(n)와 제1 극체(n)를 형성하며 DNA 와 염색체 수가 반감된다. · 제2 난모세포 상태에서 배란이 일어난다.
· 제2 정모세포(n)는 제2 감수분열을 통해 4 개의 정세포(n)가 된다.	감수 2분열 ($n \rightarrow n$)	· 배란 후 난자에 정자가 침입하면 감수 2 분열이 진행된다. · 제2 난모세포(n)는 1개의 난세포(n)와 1개의 극체(n)를 형성한다.
· 정세포는 세포질의 대부분이 없어지고 편모를 가진 정자(n)가 된다.	성숙 ($n \rightarrow n$)	· 난세포(n)는 난자로 성숙하고, 제2 극체는 퇴화한다.

개념확인 2

정답 및 해설 45쪽

㉠ 1 개의 정원세포에서 만들어 지는 정자의 수와 ㉡ 1 개의 난원세포에서 만들어지는 난자의 수를 차례대로 쓰시오.

㉠(　　　)개　㉡(　　　)개

확인+2

정자 형성 과정에서 생식원 세포에서 정원세포로 분열하는 곳은 어디인가?

(　　　　　)

❶ 정소와 세정관

정소는 세정관이 대부분을 차지하며, 세정관 벽을 구성하는 세포들이 변하여 정자가 된다.

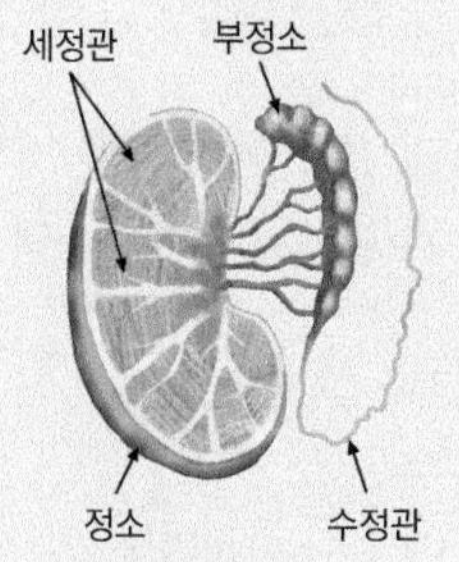

▲ 정소의 내부 구조

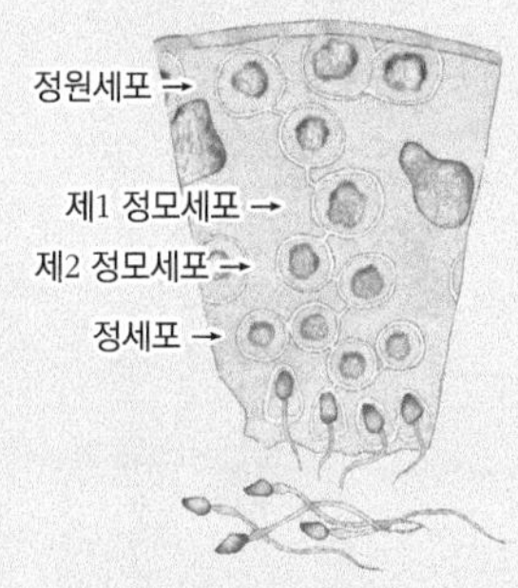

▲ 세정관의 단면

❷ 난자의 형성

· 여성은 태어날 때 제1 난모 세포 상태로 있다가 사춘기가 되면 여포자극호르몬이 여포를 자극하여 생장과 발달을 재개하도록 한다.

· 한 달에 한 번씩 하나의 여포가 성숙하여 감수 1 분열을 마치며 감수 2 분열이 시작되지만 중기에 멈춘다.

· 제2 난모세포는 배란된 후 정자가 난모세포 안으로 들어오면 감수 2 분열이 재개된다.

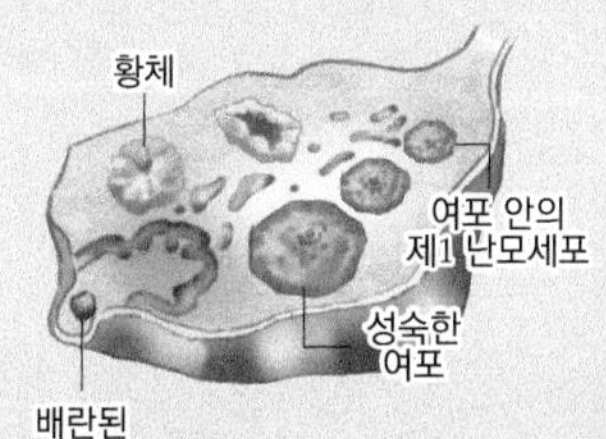

▲ 난소의 단면

3. 여성의 생식 주기와 호르몬

(1) 생식 주기 : 여성의 몸에서 호르몬에 의해 난소와 자궁에 변화가 생기는 것으로, 난자의 성숙, 배란, 월경이 일정한 간격으로 반복되는 것이다.

(2) 생식 주기의 특징 : 여포기, 배란기, 황체기, 월경기의 순으로 진행된다.

여포기	· 뇌하수체 전엽에서 여포자극호르몬(FSH)이 분비되어 여포 미니 와 난자가 성숙한다. ⇒ 여포에서 에스트로젠을 분비한다. ⇒ 에스트로젠은 자궁 내벽을 발달시키고, FSH 를 억제하고 황체형성호르몬(LH)의 분비를 촉진한다.
배란기	· 에스트로젠 농도가 증가하여 뇌하수체에 작용해 LH 의 분비가 촉진된다. ⇒ LH 의 분비가 최대로 된 직후 여포가 파열되어 성숙한 난자가 배출된다.
황체기	· 배란 후 여포는 황체 미니 로 변한다. ⇒ 황체에서 프로게스테론(황체 호르몬)이 분비된다. ⇒ 프로게스테론은 자궁 내벽을 더욱 두껍게 발달 · 유지시키고, 뇌하수체에 작용하여 FSH 와 LH 의 분비를 억제하여 새로운 난자의 성숙과 배란을 막는다.
월경기	· 배란된 난자가 수정되지 않으면 황체는 급격히 퇴화한다. ⇒ 황체가 퇴화하면 프로게스테론의 분비가 감소하여 자궁 내벽의 모세 혈관이 파열되어 출혈이 생기는데, 이를 월경이라고 한다. · 뇌하수체에서 FSH 를 분비하여 새로운 생식 주기가 다시 시작된다.

(3) 생식 주기와 호르몬[1]

구분		특징
뇌하수체 호르몬	여포 자극 호르몬 (FSH)	· 난소에 작용하여 에스트로젠의 분비를 촉진한다. · 여포를 자극하여 여포의 생장과 난자의 성숙을 촉진하여 제1 난모세포의 생식 세포 분열이 다시 시작되도록 한다.
	황체 형성 호르몬 (LH)	· 프로게스테론의 분비를 촉진한다. · 성숙한 여포를 파열시켜 배란이 일어나도록 한다. · 배란이 된 후에는 FSH 와 함께 여포를 황체로 변화시킨다.
난소 호르몬	에스트로젠 (여포 호르몬)	· FSH 분비를 억제하고 LH 분비를 촉진한다. · 여성의 2 차 성징 발현에 관여한다. · 자궁 내벽의 발달을 촉진한다.
	프로게스테론 (황체 호르몬)	· FSH 와 LH 의 분비를 억제하며 약간의 체온 상승을 유발한다. · 자궁 내벽의 발달을 촉진하여 자궁 내벽을 두껍게 유지하도록 하고, 임신 시 임신을 유지한다.

개념확인 3

여성의 생식 주기를 차례대로 쓰시오.

( ) → ( ) → ( ) → ( )

남성의 생식 주기

· 남성의 뇌하수체 전엽에서 분비되는 FSH 와 LH 는 여성과 달리 일생 동안 지속적으로 분비가 된다.

· FSH 는 세정관에 작용하여 정자의 형성을 자극하고 LH 와 함께 남성 호르몬(테스토스테론)의 생성을 촉진한다.

[1] 호르몬의 분비 순서

· FSH → 에스트로젠 → LH → 프로게스테론

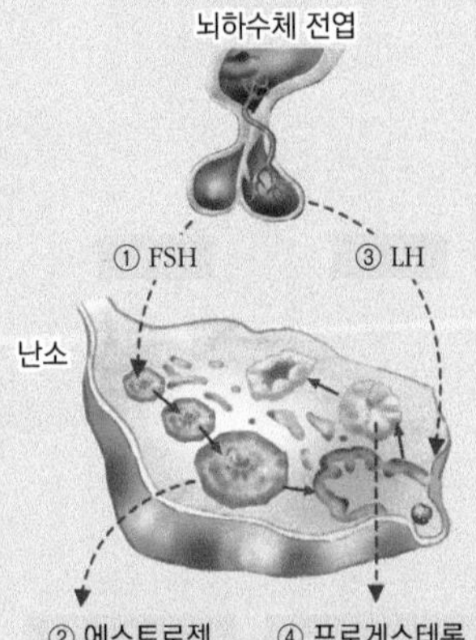

① 뇌하수체 전엽에서 FSH 가 분비되어 에스트로젠의 분비를 촉진하여 여포를 성숙시키며 생식 주기가 시작된다.
② 난소의 여포에서 에스트로젠이 분비되어 FSH 의 분비를 억제하고 LH 분비를 촉진한다.
③ LH 는 배란을 촉진하며, 배란 후 여포는 황체로 변한다.
④ 황체에서 프로게스테론이 분비되어 FSH 와 LH 의 분비를 억제한다.

미니사전

여포 [濾 거르다 胞 주머니] 난자를 주머니 모양으로 둘러싼 세포의 덩어리로, 난자에 영양을 공급하고 성호르몬(에스트로젠)을 분비한다.

황체 [黃 누렇다 體 몸] 여포에서 난자가 배란되고 난 후 생기는 황색의 조직 덩어리로, 에스트로젠과 프로게스테론을 분비한다.

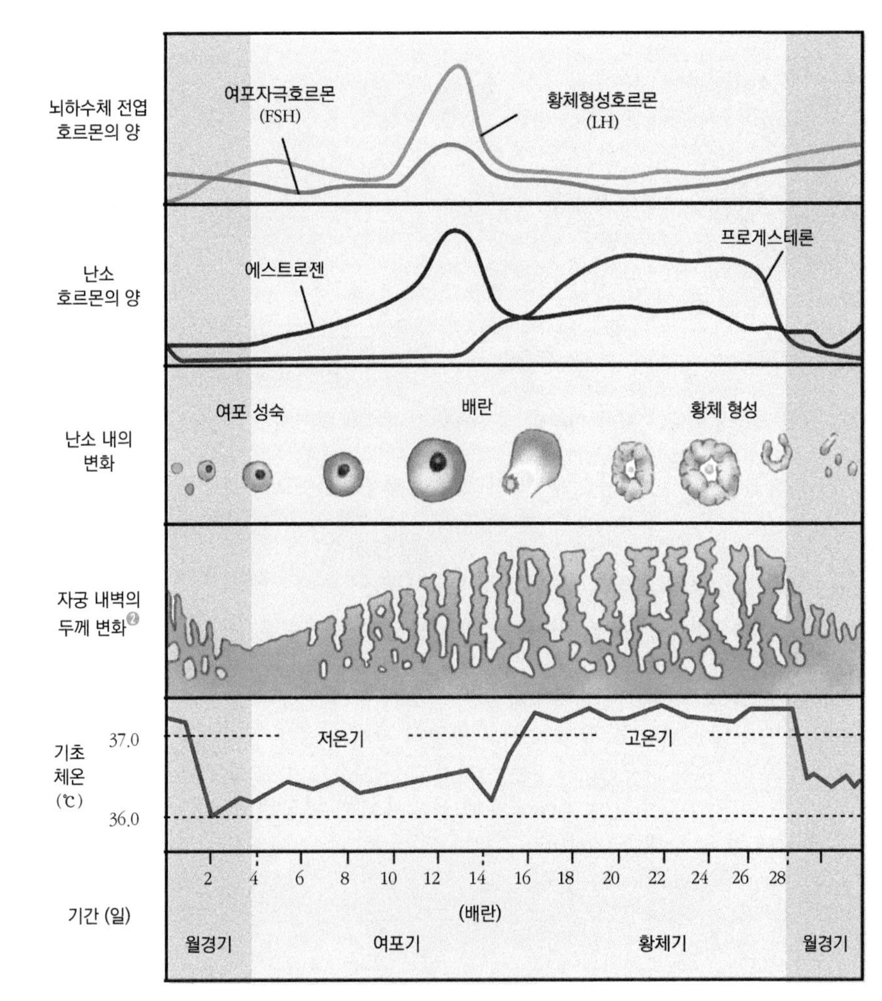

▲ 생식 주기 동안의 변화

- 월경 시작 후 약 14 ~ 15 일 경인 배란기에 수정의 가능성이 가장 높다.
- 황체형성호르몬(LH)의 분비량이 증가하면서 배란이 일어난다.
- 배란 직전에 LH 분비량이 급격히 증가하며, 배란 후 프로게스테론의 분비량이 증가하고 기초 체온[3]이 높아진다.
- 기초 체온은 배란 전에는 낮게 유지되다가 배란 직후 상승하여 황체기에 고온기가 유지된다. 월경기에 프로게스테론의 농도가 낮아지면 다시 온도가 하강하여 저온기가 된다.
- 배란된 난자가 수정되지 않으면 황체가 급격히 퇴화되어 프로게스테론의 분비량이 감소하고 월경이 일어난다.[4]

임신 시 호르몬의 변화

- FSH 와 LH 의 분비가 억제되어 여포의 성숙과 배란이 억제된다.
- 에스트로젠과 프로게스테론의 분비량이 감소하지 않는다.

⇒ 황체가 퇴화되지 않고 유지되며 자궁벽이 두껍게 유지되고 월경이 중단된다.

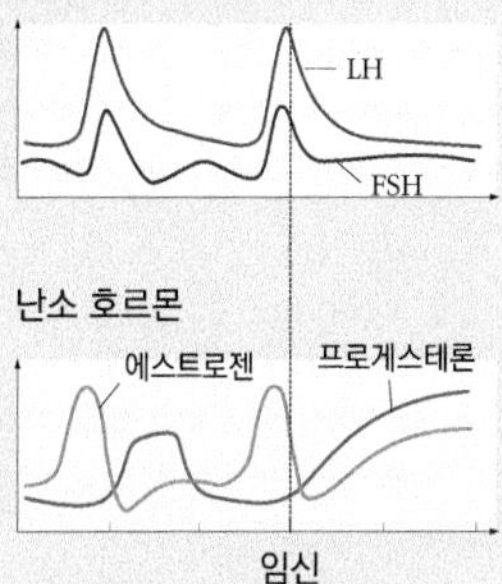

▲ 임신 동안 호르몬의 변화

② 자궁 내벽의 두께 변화

- 자궁 내벽은 에스트로젠과 프로게스테론에 의해 두꺼워진다.
- 배란 전에 에스트로젠에 의해 두꺼워지고, 배란 후 프로게스테론에 의해 더욱 두껍게 유지가 된다.

③ 기초 체온

정상 상태에서 하루 중 가장 안정된 때의 체온으로 배란 직후에 기초 체온이 상승하여 고온기가 유지되다가 월경기에 다시 하강하여 저온기가 된다.

④ 배란과 월경

- 배란은 황체형성호르몬(LH)의 증가로, 월경은 프로게스테론의 감소로 일어난다.
- 배란 직전에는 황체형성호르몬(LH)의 분비량이 급격하게 증가하며, 배란 후에는 프로게스테론의 분비량이 증가하며 기초 체온이 증가한다.

확인+3

정답 및 해설 45쪽

생식 주기에 관여하는 호르몬에 대한 설명으로 옳은 것은 ○표, 옳지 않은 것은 ×표 하시오.

(1) 여포 자극 호르몬은 에스트로젠의 분비를 억제한다. (　　)

(2) 에스트로젠은 자궁 내벽의 발달을 촉진한다. (　　)

(3) 황체기에는 여포 자극 호르몬과 황체 형성 호르몬의 분비를 억제한다. (　　)

4. 생식과 발생

(1) 수정과 착상

① **수정**[1] : 배란된 난자가 수란관 상단부에서 정자와 만나 수정란을 형성하는 현상이다.

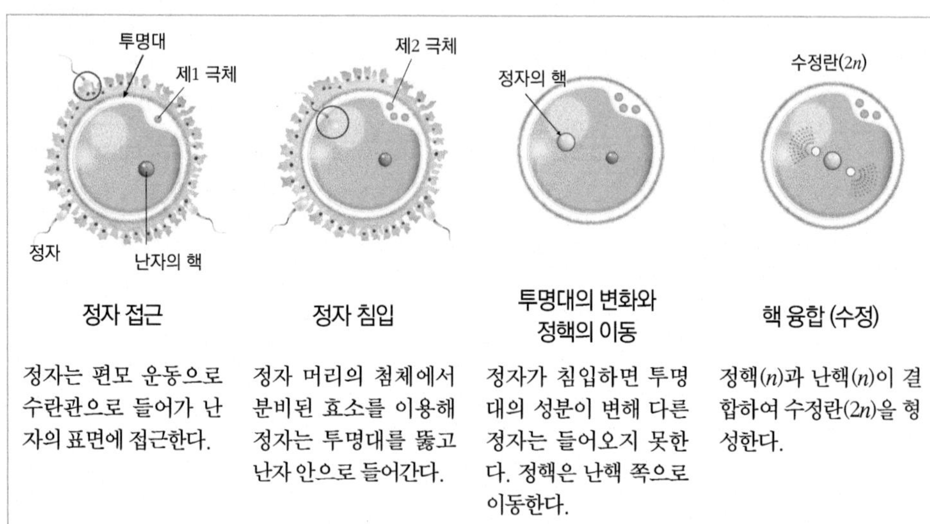

정자 접근	정자 침입	투명대의 변화와 정핵의 이동	핵 융합 (수정)
정자는 편모 운동으로 수란관으로 들어가 난자의 표면에 접근한다.	정자 머리의 첨체에서 분비된 효소를 이용해 정자는 투명대를 뚫고 난자 안으로 들어간다.	정자가 침입하면 투명대의 성분이 변해 다른 정자는 들어오지 못한다. 정핵은 난핵 쪽으로 이동한다.	정핵(n)과 난핵(n)이 결합하여 수정란($2n$)을 형성한다.

② **난할** 미니 : 수정란의 초기에 일어나는 세포 분열로, 수정란은 난할을 하면서 수란관의 섬모 운동에 의해 자궁으로 이동한다.

- 체세포 분열[2]의 일종이므로 염색체 수의 변화가 없다. ($2n \rightarrow 2n$)
- 분열 속도가 매우 빠르고, 분열 순서와 방향이 정해져 있다.
- 난할이 거듭될수록 할구 미니 의 수는 증가하고, 세포 1개의 크기는 작아진다.

③ **착상** : 수정 후 약 1 주일이 지나서 포배 상태의 배가 자궁벽에 파묻히는 것을 착상이라 하며, 착상이 잘 된 상태를 임신이라고 한다.

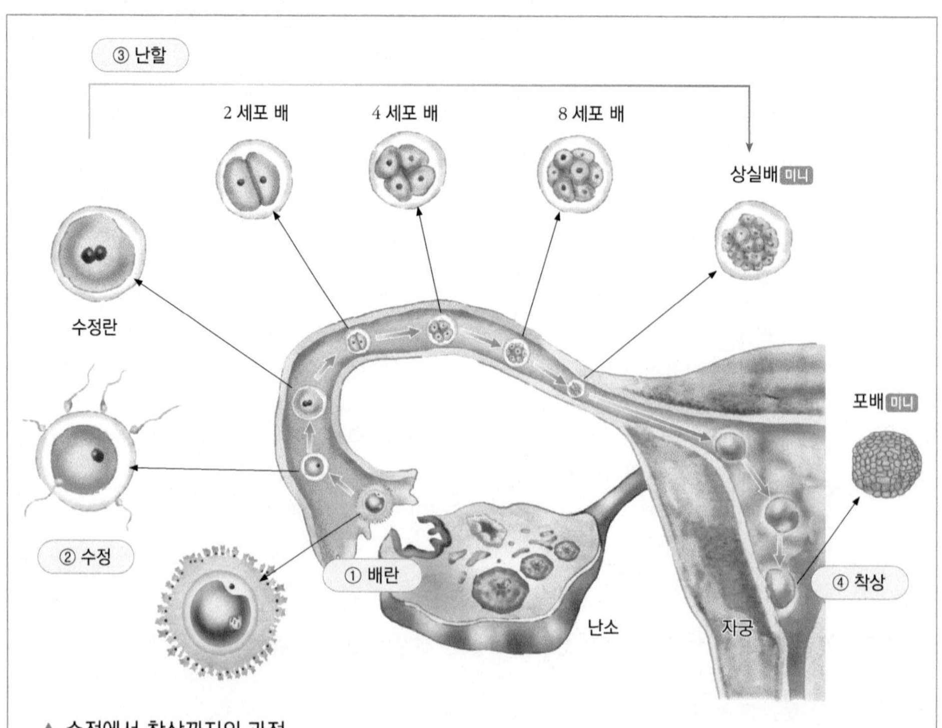

▲ 수정에서 착상까지의 과정

① 제2 난모세포의 상태로 배란된다. 배란은 월경 시작일로부터 약 14 일째에 일어난다. ② 수란관의 상단부에서 수정이 일어난다. ③ 수정란은 난할을 하면서 수란관의 섬모 운동에 의해 자궁 쪽으로 이동한다. ④ 수정 후 약 1 주일 후에 포배 상태로 자궁 내벽에 파묻혀 착상한다.

---

1 수정

- 정자가 난모세포 안으로 들어오면 감수 2 분열이 재개되므로 엄밀히 말해 정핵과 제2 난모세포의 핵이 융합하는 것으로 정의된다.

수정의 의의

- 반수체인 정핵(n)과 난핵(n)이 융합하여 핵상이 복원($2n$)된다.
- 새로운 개체로 발생을 시작한다.
- 세대가 거듭되더라도 어버이와 같은 수의 유전자가 유지된다.

2 체세포 분열과 난할

- 난할은 체세포 분열의 일종으로 DNA 양과 염색체 수의 변화는 없다.
- 난할은 할구가 성장하는 시기가 없기 때문에 분열 속도가 빠르다.

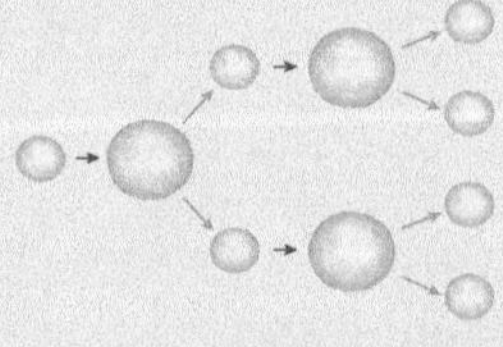

▲ 체세포 분열

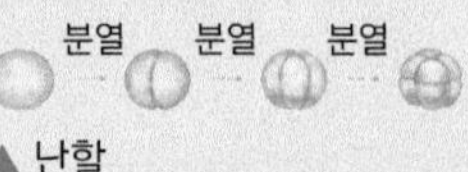

▲ 난할

미니사전

난할 [卵 알 割 나누다] 수정란 초기에 일어나는 체세포 분열

할구 [割 나누다 球 공] 난할 결과로 생성된 각각의 딸세포

상실배 [桑 뽕나무 實 열매 胚 아기를 배다] 뽕나무 열매 모양으로 여러 개의 작은 세포들이 모인 시기

포배 [胞 주머니 胚 아기를 배다] 할구가 표면 쪽으로 층을 이뤄 세포 안쪽이 비어 있는 공 모양의 세포 덩어리로 포배의 빈 공간을 포배강이라고 한다.

(2) 태반의 형성 : 모체와 태아 사이에 물질 교환이 이루어지는 장소로, 착상 후 모체의 자궁 내벽 사이에 혈관이 발달하여 형성된다.

① 태반은 태반 호르몬(HCG)을 분비하여 황체의 퇴화를 막고, 황체에서는 계속 프로게스테론과 에스트로젠이 분비된다.

② 태아의 탯줄을 통해 태반과 연결되어 있으며, 탯줄에는 태아의 동맥과 정맥이 분포한다.

③ 태반에서 물질 교환은 확산 현상으로 이루어져 태아와 모체의 혈액은 직접 섞이지 않는다.

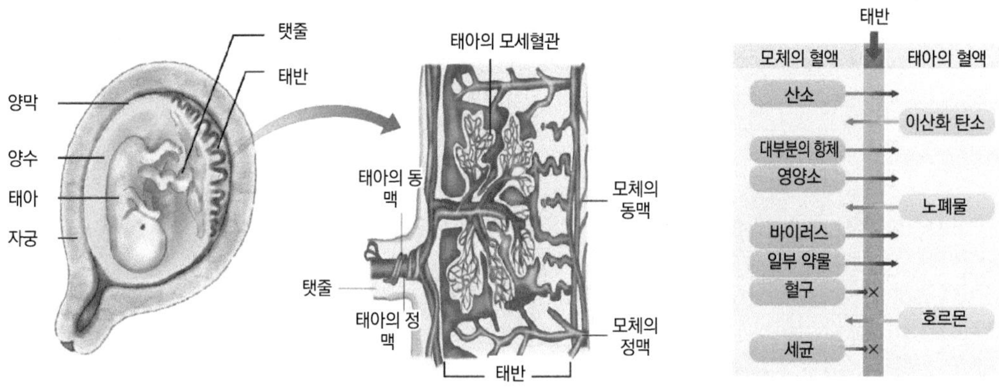

▲ 자궁 속 태아　　▲ 태반의 구조　　▲ 모체와 태아 사이에 이동하는 물질

(3) 태아의 발생

① **배아기** : 수정 후 8 주까지를 배아기라고 하며, 이 시기에 뇌, 심장, 팔, 다리 등 체내 중요 기관의 기본 구조가 형성된다.

② **태아기** : 수정 후 9 주부터 분만 전까지를 태아기라고 하며, 이 시기에 심장이나 팔, 다리 등 태아의 체내 기관이 완성되고 생장하는 시기로 성별의 구별이 가능해 지는 시기이다.

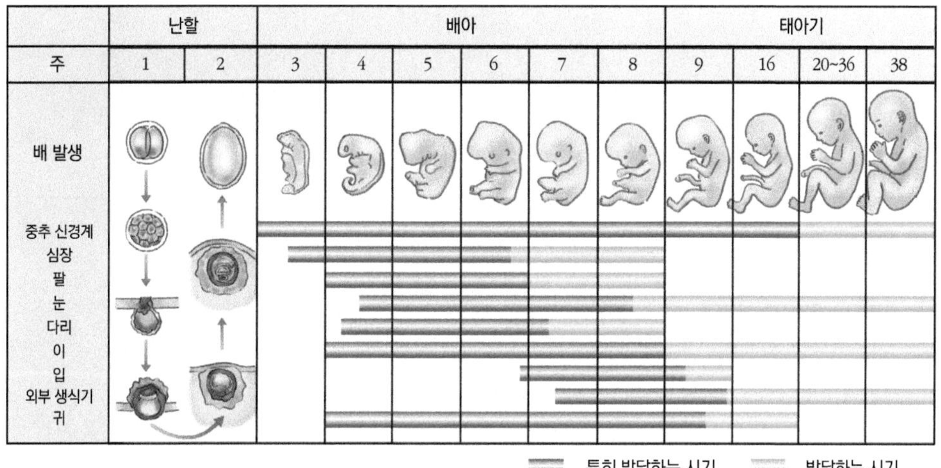

▲ 태아의 기관 형성 과정

개념확인4　　정답 및 해설 45쪽

수정란이 난할을 거치면서 자궁에 착상할 때, 배의 상태는 무엇인가?

(　　　　　　　　)

확인+4

다음 중 태아의 발생 단계에서 가장 먼저 형성되는 기관이나 기관계는 무엇인가?

① 팔　② 눈　③ 심장　④ 다리　⑤ 중추 신경계

임신의 유지

·태반 호르몬(HCG) : 태반의 융털에서 분비되는 생식샘 자극 호르몬으로 난소의 새로운 황체 형성, 배란 유발 등의 작용을 막는다.

·임신 3 개월 이전에는 태반에서 HCG 가 분비되어 황체에서 프로게스테론과 에스트로젠을 분비하고, 임신 3 개월 이후부터는 HCG 의 분비량이 감소하면서 황체가 퇴화하고 태반에서 직접 프로게스테론과 에스트로젠을 분비한다.

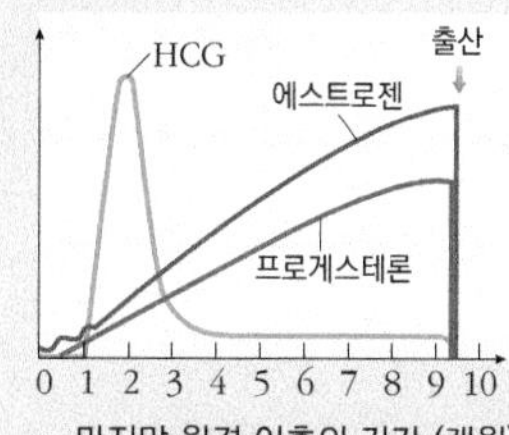

▲ 마지막 월경 이후부터 출산이 일어날 때까지 호르몬의 변화

임신 진단

배가 착상된 후 HCG 의 분비량의 약 30 % 정도가 오줌을 통해 배설되므로, 초기 임신 여부를 판단할 수 있다.

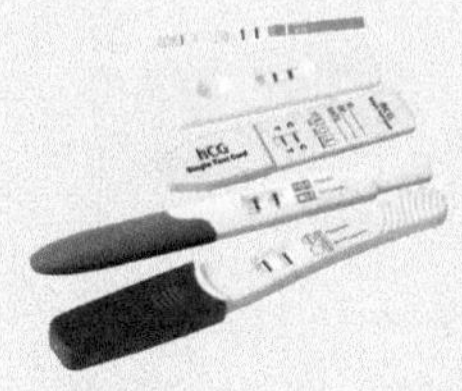

▲ 임신 진단기

분만

·수정 후 약 266 일(약 38 주), 마지막 월경 시작일로부터 약 280 일 경에 태아가 모체 밖으로 나오는 현상이다.

·뇌하수체 후엽에서 옥시토신을 분비하고, 그 결과 자궁이 수축하여 분만이 진행된다.

·뇌하수체 전엽에서 젖 분비 자극 호르몬(프로락틴)이 분비되어 젖샘이 발달하고, 분만 후 젖 분비가 촉진된다.

개념 다지기

01 남성의 생식 기관 중 정자가 일시적으로 저장되며 이동성과 수정할 수 있는 능력을 갖추게 되는 장소는 어느 곳인가?

① 음낭 ② 정낭 ③ 부정소
④ 전립샘 ⑤ 수란관

02 사람의 생식 기관에 대한 설명 중 옳은 것은 ○표, 옳지 않은 것은 ×표 하시오.

(1) 정소의 레이디히세포에서 테스토스테론을 만든다. ( )
(2) 난자의 미토콘드리아에서 난자의 이동에 필요한 에너지를 생성한다. ( )
(3) 남성의 생식기관 중 정소와 정낭은 한 쌍씩 있다. ( )

03 다음 〈보기〉 중 생식 세포의 형성 과정에 대한 설명으로 옳은 것만을 있는 대로 찾은 것은?

〈 보기 〉

ㄱ. 세정관에서 생식원 세포가 생식 세포 분열을 통해 정원세포를 만든다.
ㄴ. 제1 난모세포에서 제2 난모세포로 분열할 때 염색체의 수가 반감된다.
ㄷ. 여성의 경우 태아 시기에 생식원 세포가 세포 분열을 하여 난원세포를 가지고 있는 상태로 출생하게 된다.

① ㄱ ② ㄴ ③ ㄷ
④ ㄱ, ㄴ ⑤ ㄴ, ㄷ

04 다음 설명에 해당하는 호르몬은 무엇인가?

·여포가 파열하여 배란이 일어나도록 한다.
·배란이 된 후에는 여포를 황체로 변화시킨다.

① 여포 호르몬 ② 황체 호르몬 ③ 태반 호르몬
④ 여포자극 호르몬 ⑤ 황체형성 호르몬

정답 및 해설 45쪽

05

다음 중 생식 주기의 특징으로 옳지 않은 것은?

① 여포기에는 여포와 난자가 성숙한다.
② 배란기 때 황체 형성 호르몬의 분비가 촉진된다.
③ 황체기 때 여포가 황체로 변한다.
④ 배란된 난자가 수정되지 않으면 황체의 크기가 점점 커진다.
⑤ 황체가 퇴화되어 자궁 내벽의 모세 혈관이 파열되는 것을 월경이라고 한다.

06

생식 주기의 변화에 대한 설명으로 옳은 것만을 〈보기〉에서 있는 대로 찾은 것은?

〈 보기 〉

ㄱ. 배란 직후 기초 체온이 떨어진다.
ㄴ. 월경 시작 후 약 2 주 뒤에 수정의 가능성이 가장 낮다.
ㄷ. 황체형성호르몬의 분비량이 증가하면서 배란이 일어난다.

① ㄱ　② ㄴ　③ ㄷ
④ ㄱ, ㄴ　⑤ ㄴ, ㄷ

07

난할에 대한 설명 중 옳은 것은 ○표, 옳지 않은 것은 ×표 하시오.

(1) 체세포 분열의 일종으로 염색체 수의 변화가 없다. (　　)
(2) 분열이 매우 천천히 정교하게 일어나며, 분열 순서가 정해져 있다. (　　)
(3) 난할이 거듭될수록 할구의 수는 증가하고, 할구의 크기가 작아진다. (　　)

08

다음이 설명하는 것은 무엇인가?

· 태반 호르몬(HCG)을 분비한다.
· 모체와 태아 사이에 물질 교환이 이루어지는 장소이다.
· 확산 현상으로 물질 교환이 이루어지며 모체와 태아의 혈액이 섞이지 않는다.

① 자궁　② 탯줄　③ 태반　④ 수정　⑤ 난할

유형 익히기 & 하브루타

[유형 9-1] 사람의 생식 기관

다음은 여성의 생식 기관의 구조를 나타낸 것이다. 각 부분의 명칭이나 기능에 대한 설명 중 옳은 것은 ○표, 옳지 않은 것은 ×표 하시오.

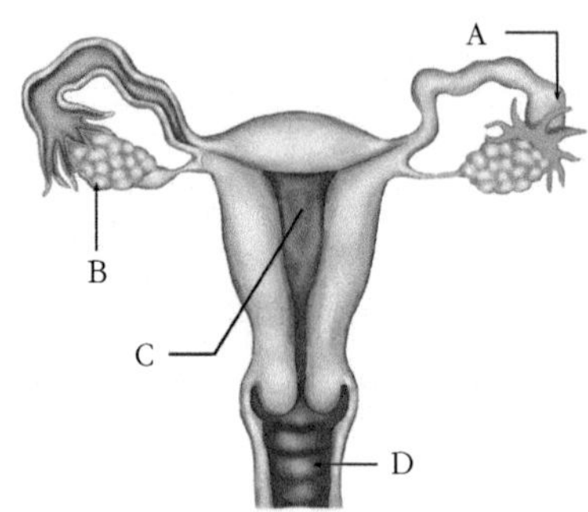

(1) A 는 수란관으로 섬모가 있어 난자의 이동을 돕는다. ( )

(2) B 는 여포로 성숙한 난자를 지니고 있다. ( )

(3) B 에서는 여성호르몬이 분비된다. ( )

(4) C 는 자궁으로 난자와 정자가 만나 수정이 일어난다. ( )

(5) D 는 질로 정자가 들어오고, 출산 시 태아가 나가는 통로이다. ( )

01 다음은 정소를 구성하는 기관에 대한 설명이다. 빈칸에 들어갈 알맞은 말을 써 넣으시오.

> ㉠( )은 체온보다 약 2 ℃ 가 낮아 정소의 온도를 낮춘다.
> ㉡( )은 코일 모양으로 꼬여있는 구조이며 정자를 형성하는 곳이다.

㉠ ( ), ㉡ ( )

02 정자와 난자의 이동 경로를 각각 쓰시오.

(1) 정자의 이동 경로 :

정소 → ( ) → ( ) → ( ) → 몸 밖

(2) 난자의 이동 경로 :

난소 → ( ) → ( ) → ( ) → ( ) → 몸 밖

정답 및 해설 46쪽

[유형 9-2] 사람의 생식 세포 형성 과정

다음은 정자 형성 과정에서 정원세포만을 나타낸 것이다. (가)와 (나)에 해당하는 세포의 염색체의 구성으로 옳은 것만을 〈보기〉 에서 각각 골라 기호로 쓰시오.

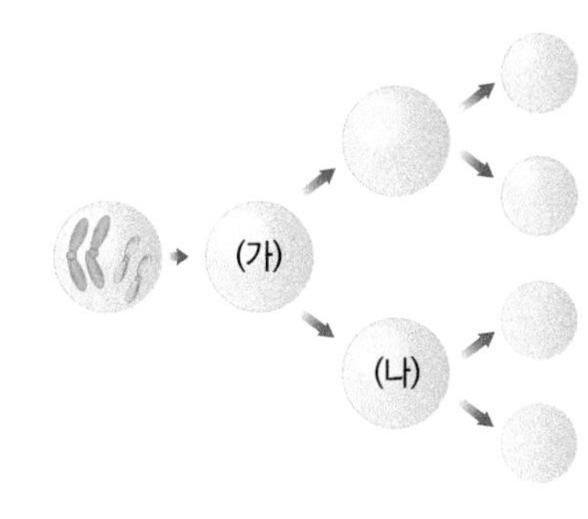

〈 보기 〉

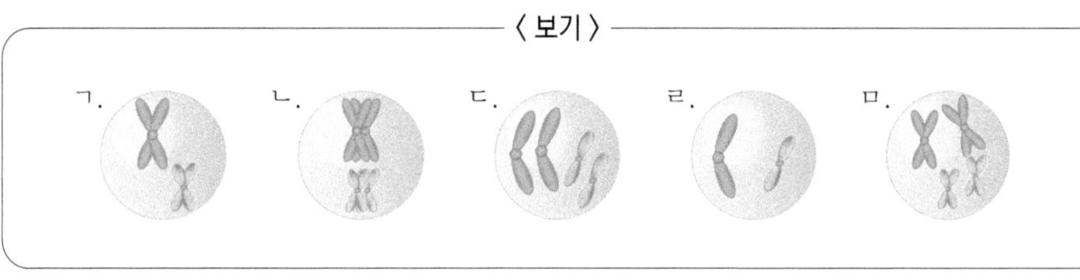

(가) : (   ), (나) : (   )

03 사람의 생식 세포의 형성 과정에 대한 설명 중 옳은 것은 ○표, 옳지 않은 것은 ×표 하시오.

(1) 남성은 출생 이후 생식원 세포가 체세포 분열을 한다. (   )
(2) 1 개의 정원세포와 난원세포에서는 각각 4 개의 생식 세포가 만들어진다. (   )
(3) 정자는 세포질이 균등하게 분열되고 난자는 세포질이 불균등하게 분열된다. (   )
(4) 여성은 난소 속의 여포에 제1 난모세포가 감수 1 분열 전기 상태에서 분열을 멈춘 상태로 태어난다. (   )

04 난자 형성 과정에서 염색체의 수가 반으로 줄어드는 시기는 언제인가?

① 난원세포 → 제1 난모세포
② 제1 난모세포 → 제2 난모세포
③ 제2 난모세포 → 난세포
④ 제2 난모세포 → 제1 극체
⑤ 난세포 → 난자

유형 익히기 & 하브루타

[유형 9-3] 여성의 생식 주기와 호르몬

오른쪽 그림은 뇌하수체 전엽과 난소에서 분비되어 여성의 생식 주기에 관여하는 4 가지 종류의 호르몬을 나타낸 것이다. 다음 물음에 답하시오.

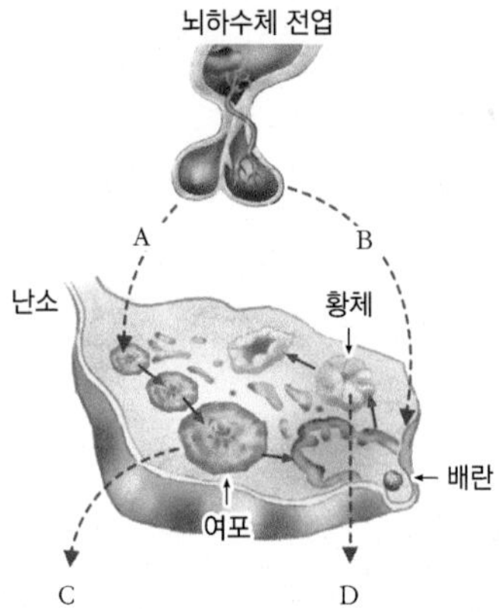

(1) 다음 기능과 관련이 있는 호르몬의 기호와 이름을 쓰시오.

① 여성의 2 차 성징 발현에 관여하며, 자궁 내벽의 발달을 촉진한다.

기호 : (　　　), 이름 : (　　　　　　　　)

② 여포를 자극하여 제1 난모세포의 생식 세포 분열이 다시 시작하도록 하며 에스트로젠의 분비를 촉진한다.

기호 : (　　　), 이름 : (　　　　　　　　)

③ 여포를 파열하여 배란이 일어나게 하며, 여포를 황체로 변화시킨다.

기호 : (　　　), 이름 : (　　　　　　　　)

④ 자궁 내벽의 발달을 촉진하고 유지하며, 체온 상승을 유발한다.

기호 : (　　　), 이름 : (　　　　　　　　)

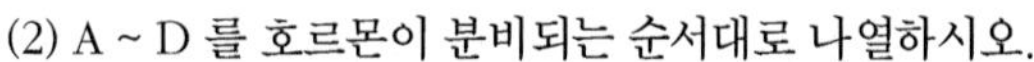

(2) A ~ D 를 호르몬이 분비되는 순서대로 나열하시오.

(　　　　　) → (　　　　　) → (　　　　　) → (　　　　　)

05 어떤 여성이 1 월 27 일에 월경을 시작하였다면, 이 여성의 다음 월경 시작일은 언제인가? (단, 이 여성의 생식 주기는 30 일이다.)

(　　　　　　　　　　　　　　　)

06 다음 그림은 어떤 여성의 생식 주기에 따른 자궁 내벽의 변화를 나타낸 것이다. 다음 중 배란이 일어난 시기는 언제인가?

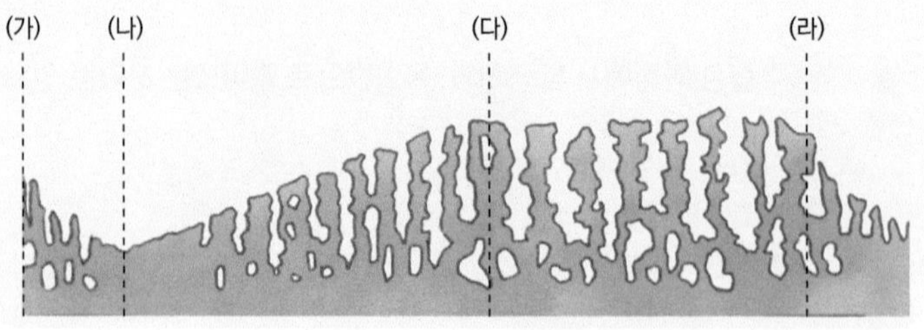

① (가)　　② (나)　　③ (다)
④ (라)　　⑤ 배란이 일어나지 않음

정답 및 해설 46쪽

[유형 9-4] 생식과 발생

다음은 수정에서부터 착상이 일어나기까지의 과정을 나타낸 그림이다.

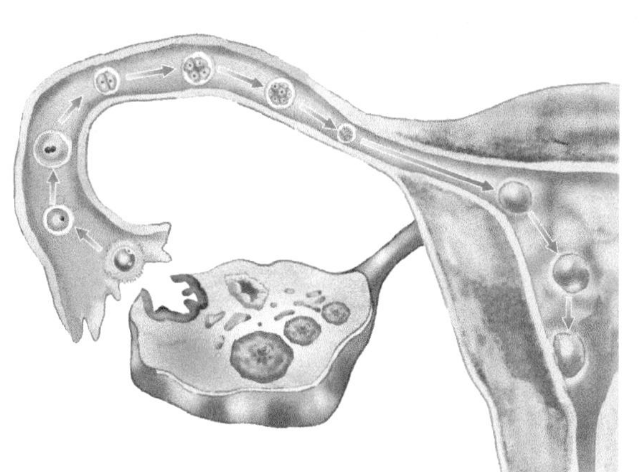

(1) 이에 대한 설명으로 옳은 것만을 〈보기〉에서 있는 대로 고르시오.

〈보기〉

ㄱ. 수정은 난소에서 일어난다.
ㄴ. 배란 후 바로 수정이 이루어진다면, 월경 시작일로부터 약 3 주 뒤 착상이 된다.
ㄷ. 수정란의 초기에 일어나는 세포 분열을 난할이라고 하며 수정란이 수란관을 통과하는 동안 일어난다.

(　　　　　　)

(2) 다음 중 배란된 난자가 난할을 할 때 변하지 <u>않는</u> 것을 있는 대로 고르시오.

① 배의 크기　② 할구의 수　③ 세포질 양　④ DNA 양　⑤ 염색체 수

07

다음 중 태반을 통해 이동할 수 <u>없는</u> 물질을 있는 대로 고르시오.

① 산소　② 세균　③ 호르몬
④ 적혈구　⑤ 바이러스

08

다음 설명을 읽고 빈칸에 알맞은 말을 고르시오.

태반에서 물질이 교환되는 원리는 ㉠(확산 , 삼투)이며, 물질 교환이 일어날 때 모체와 태아의 혈액은 ㉡(섞인다 , 섞이지 않는다).

창의력&토론마당

01 다음은 정자와 난자의 형성 과정을 모식적으로 나타낸 것이다.

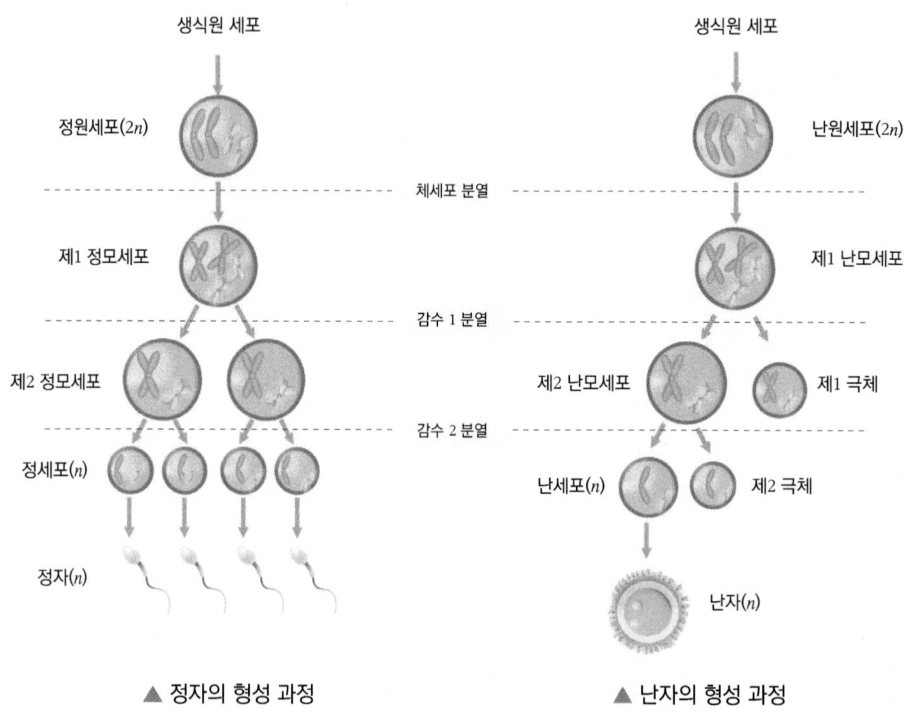

▲ 정자의 형성 과정 ▲ 난자의 형성 과정

(1) 정자와 난자 형성 과정에서 일어나는 염색체의 변화는 생식과 유전에 어떤 영향을 주는지 서술하시오.

(2) 정액 속에는 정자가 수억 개 들어 있지만 난자의 경우는 극히 제한된 숫자만이 태아기 때 형성되어 사춘기 때 한 개씩 배란된다. 이렇게 정자와 난자의 개수에 차이가 나는 이유를 정자와 난자의 세포 분열 과정을 비교하여 서술하시오.

정답 및 해설 47쪽

02 다음은 어떤 동물의 난자 형성 과정을 설명한 글이다.

[난자 형성 과정]

- 제1 난모세포는 감수 1 분열을 통해 제2 난모세포와 제1 극체로 분열하고, 제2 난모세포는 난소에서 배란된다.
- 제2 난모세포는 배란 직후 감수 2 분열을 완료하여 난세포와 제2 극체로 된다.
- 난세포는 난자가 되고, 제2 극체는 퇴화된다.

제1 난모세포의 염색체 구성이 오른쪽 그림과 같을 때, 위 자료를 근거하여 난소에서 배란되는 세포와 난세포의 염색체 구성을 각각 그려보시오.

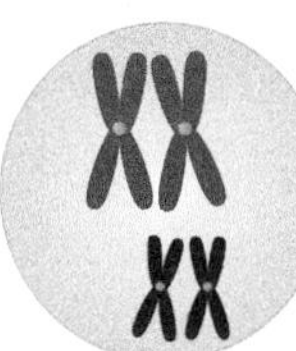

▲ 배란되는 세포

▲ 난세포

창의력&토론마당

03 다음 그림은 개구리의 발생과 생장 과정을 나타낸 것이다. 발생이란 수정란이 세포 분열을 통해 세포의 수가 증가하고 세포의 구조와 기능이 다양해지면서 완전한 하나의 개체가 되는 과정이다. 개구리의 수정란은 발생 과정을 거쳐 어린 개체인 올챙이가 된다.

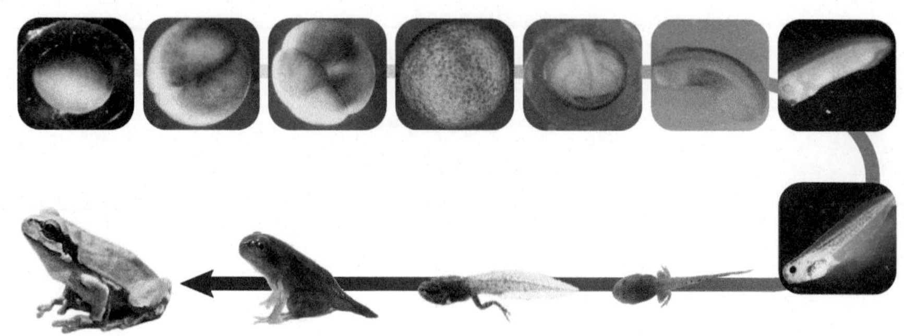

난할이 진행되는 동안 할구 당 세포질의 양, 핵 1 개당 DNA 양 변화, 배 전체의 크기, 할구의 수, 세포질 양에 대한 핵량의 비를 아래의 그래프에 그리시오.

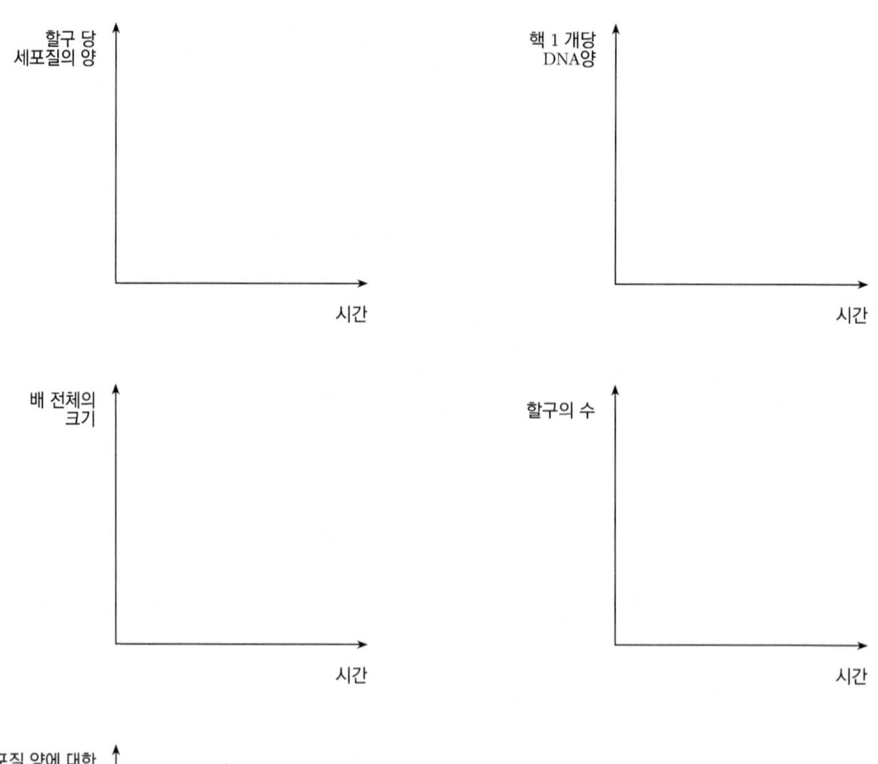

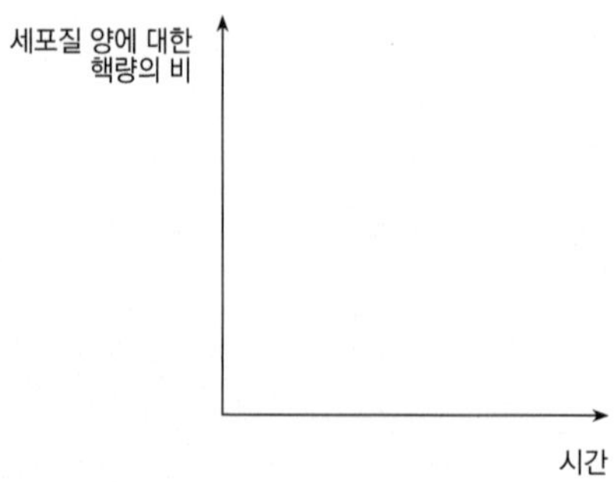

정답 및 해설 47쪽

04 다음은 정자와 난자의 수정 과정을 나타낸 것이다.

[수정 과정]

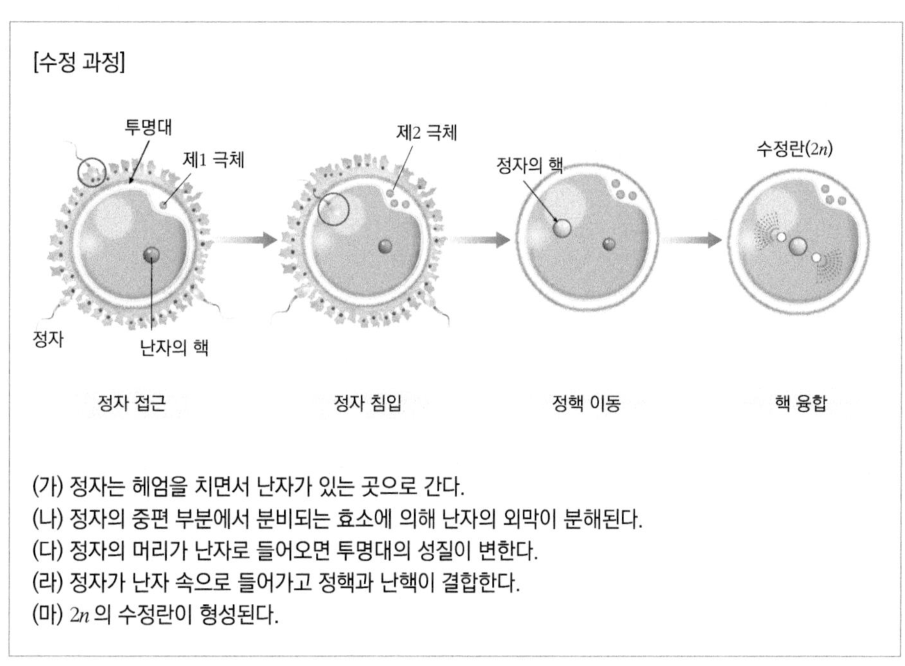

(가) 정자는 헤엄을 치면서 난자가 있는 곳으로 간다.
(나) 정자의 중편 부분에서 분비되는 효소에 의해 난자의 외막이 분해된다.
(다) 정자의 머리가 난자로 들어오면 투명대의 성질이 변한다.
(라) 정자가 난자 속으로 들어가고 정핵과 난핵이 결합한다.
(마) $2n$ 의 수정란이 형성된다.

(1) (가) ~ (마) 의 수정 과정 중 올바르지 않은 것을 찾아 기호를 쓰고 바르게 고치시오.

(2) (다) 와 같은 현상이 일어나는 이유가 무엇인지 설명하고, 만약 (다) 와 같은 현상이 일어나지 않는다면 이후의 과정이 어떻게 될지 서술하시오.

스스로 실력 높이기

[01-02] 다음은 남성의 생식 기관을 나타낸 것이다.

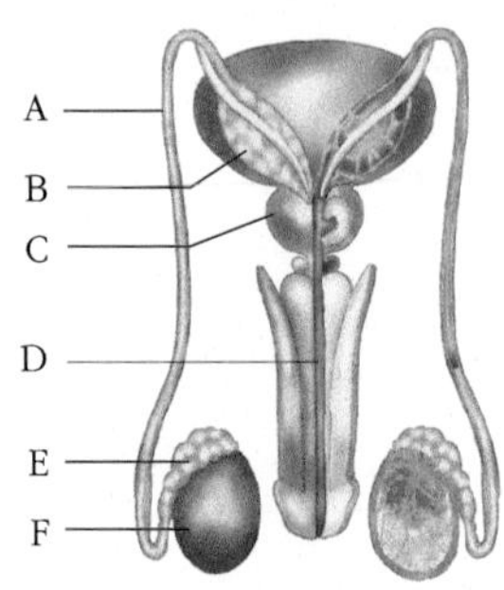

01 정자를 일시적으로 저장해 두는 장소의 기호와 이름을 쓰시오.

기호 : (　　), 이름 : (　　　　　)

02 정자의 생식 세포 분열이 일어나는 장소의 기호와 이름을 쓰시오.

기호 : (　　), 이름 : (　　　　　)

[03-04] 다음은 여성의 생식 기관을 나타낸 것이다. 다음 물음에 답하시오.

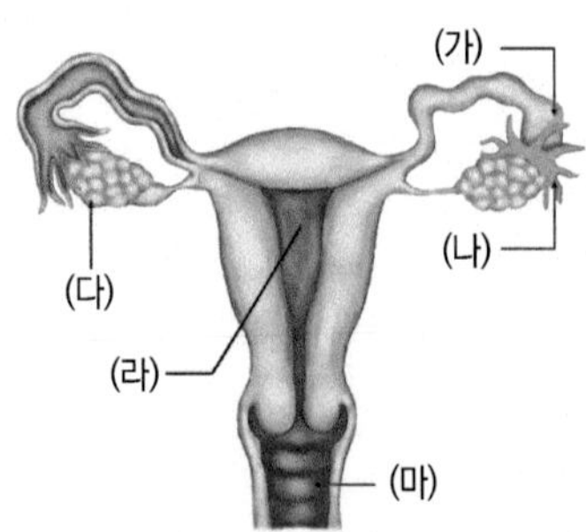

03 정자를 받아들이고, 출산 시 태아가 나가는 통로가 되는 곳의 기호와 이름을 쓰시오.

기호 : (　　), 이름 : (　　　　　)

04 여성 호르몬을 분비하여 여성의 1 차 성징이 나타나게 하는 장소의 기호와 이름을 쓰시오.

기호 : (　　), 이름 : (　　　　　)

05 다음 중 여성의 생식 기관에 대한 설명으로 옳지 <u>않은</u> 것은?

① 수정란이 착상되는 곳은 자궁벽이다.
② 태아가 모체의 몸에서 자라는 곳은 자궁이다.
③ 난자의 생성 과정은 난소 내의 여포에서 진행된다.
④ 수란관은 정자가 난자가 있는 곳까지 이동하는 통로이다.
⑤ 수란관은 생식 세포 분열이 완료된 성숙한 난자가 자궁까지 이동하는 통로이다.

06 다음은 난자의 형성 과정의 일부를 나타낸 것이다.

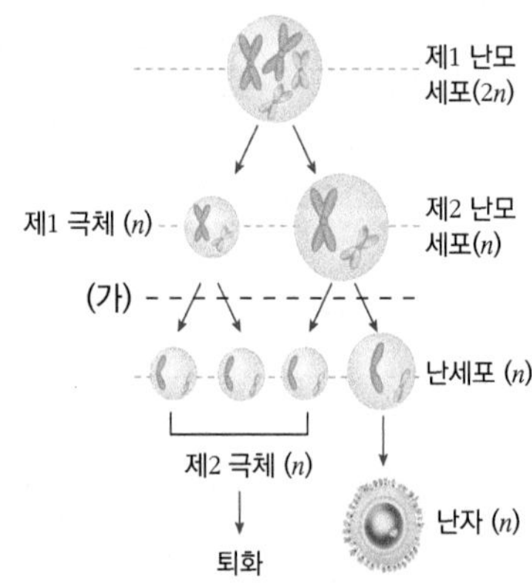

(가) 의 과정에서 알 수 있는 정자 형성과 난자 형성 과정의 차이점은 무엇인가?

① 염색체의 감소 비율
② 염색체 수의 증가 비율
③ 세포질이 분열되는지의 여부
④ 핵의 분열이 일어나는지의 여부
⑤ 세포질이 균등하게 분열되는지의 여부

07 난할에 대한 설명 중 옳은 것은 ○표, 옳지 않은 것은 ×표 하시오.

(1) 난할이 거듭될수록 할구의 수는 증가한다. (　　)

(2) 세포의 성장기가 없어 분열이 빠르게 진행된다. (　　)

(3) 염색체 수의 변화가 없는 생식 세포 분열의 일종이다. (　　)

정답 및 해설 48쪽

[08-09] 다음 그림은 정자와 난자가 수정하여 수정란이 되고, 태아로 발생하는 과정을 나타낸 것이다.

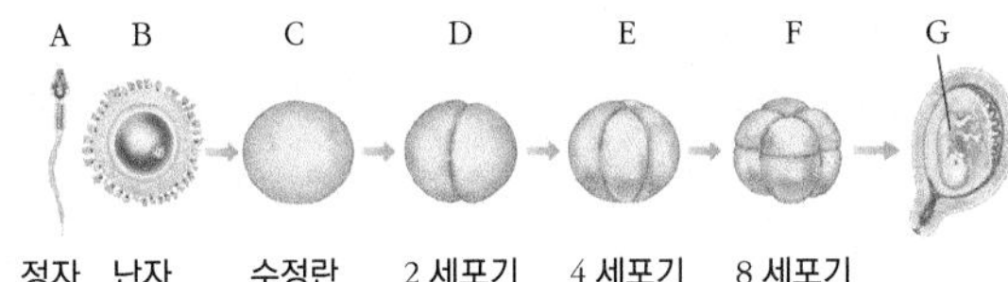

08

위 자료에 대한 설명 중 옳은 것은 ○표, 옳지 않은 것은 ×표 하시오.

(1) A 는 수정란의 발생에 필요한 영양분을 가지고 있다. ( )

(2) B 는 체세포 분열 과정을 통해 만들어진 것이다. ( )

(3) C 의 세포질의 양은 B의 두 배이다. ( )

(4) D → E → F 의 과정을 거치면서 생성된 할구의 크기는 점점 작아진다. ( )

(5) G 의 세포 하나에 들어 있는 염색체의 수는 C 와 같다. ( )

09

다음 중 정자, 난자, 각 단계의 배가 가진 DNA 총량과 세포질 총량을 비교한 것으로 옳은 것은?

[평가원 기출]

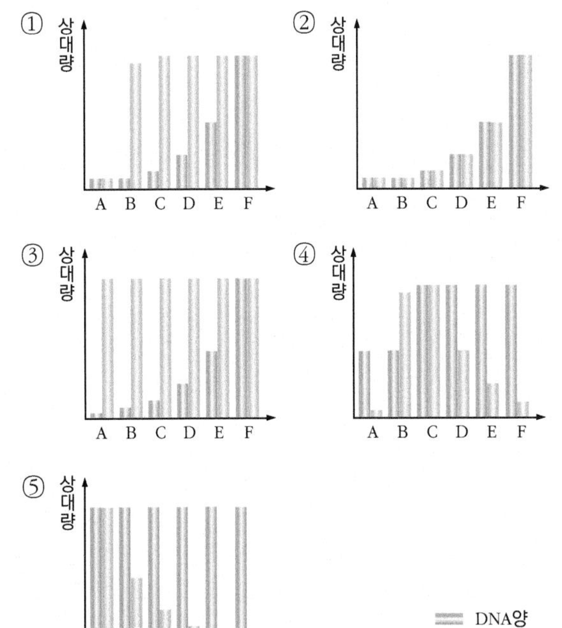

10

다음 중 여성의 생식 주기를 순서대로 바르게 연결한 것은?

① 배란기 → 황체기 → 여포기 → 월경기
② 황체기 → 여포기 → 월경기 → 배란기
③ 여포기 → 배란기 → 황체기 → 월경기
④ 월경기 → 배란기 → 여포기 → 황체기
⑤ 월경기 → 황체기 → 배란기 → 여포기

B

11

다음은 남성의 생식 기관을 나타낸 것이다. 각 기관의 역할에 대한 설명으로 옳은 것만을 〈보기〉에서 있는 대로 고르시오.

[수능 기출]

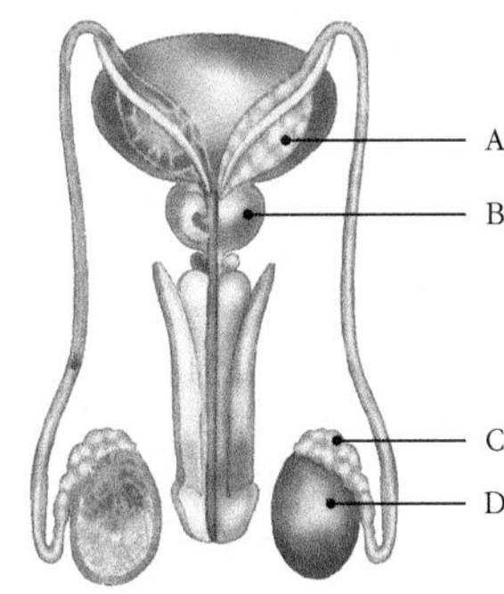

〈 보기 〉

ㄱ. A 에서 정액의 성분을 만든다.
ㄴ. B 에서 테스토스테론이 생성된다.
ㄷ. C 에서 정세포가 정자로 변한다.
ㄹ. D 에서 생식 세포 분열이 일어난다.

( )

12

DNA 양이 5 mg 이고, 세포질량이 360 g 인 수정란이 있다. 이 수정란이 난할을 하여 4 세포기가 되었을 때 할구 1 개 속의 세포질량과 4 세포기 전체의 DNA 총량을 각각 구하시오.

(1) 할구 1 개 속의 세포질량 : ( ) g

(2) 전체 DNA 총량 : ( ) mg

스스로 실력 높이기

13 다음은 생식 세포의 시기별 발달 과정을 나타낸 것이다.

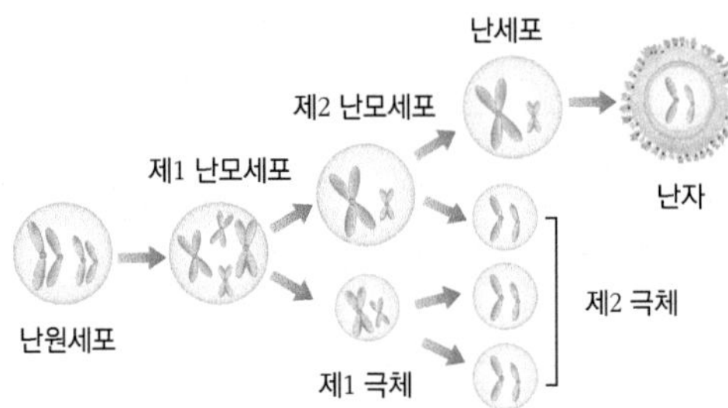

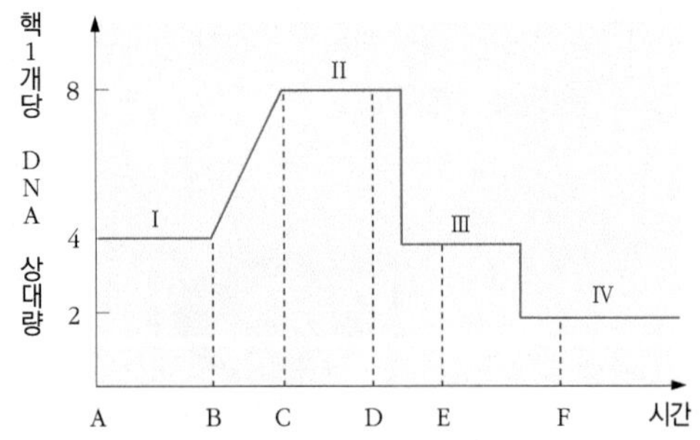

위 자료에 대한 설명으로 옳은 것만을 〈보기〉에서 있는 대로 고른 것은?

〈 보기 〉

ㄱ. 염색체 수는 D → E 시기에 절반으로 줄어든다.
ㄴ. 제1 난모세포의 핵상은 $2n$ 이고, 제2 극체의 핵상은 n 이다.
ㄷ. 제1 극체와 제2 극체의 염색체 수는 다르다.
ㄹ. Ⅲ 단계에 해당하는 세포에는 난세포와 제2 극체가 있다.

① ㄱ, ㄴ ② ㄴ, ㄷ ③ ㄱ, ㄴ, ㄹ
④ ㄴ, ㄷ, ㄹ ⑤ ㄱ, ㄴ, ㄷ, ㄹ

14 다음은 쥐의 수정란이 분열하여 형성된 초기 포배에서 안쪽 세포 덩어리를 분리해 줄기세포를 만드는 과정이다. 이 세포들은 적절한 조건에서 각각 근육, 신경, 뼈 등의 특성을 지닌 세포로 될 수 있다.

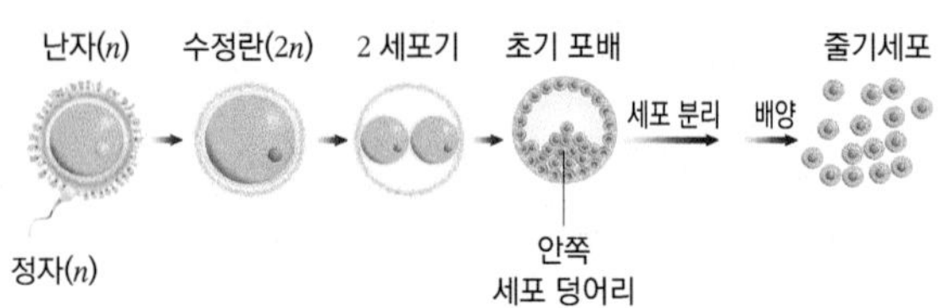

다음 중 위 자료에 대한 설명으로 옳은 것은?

[수능 기출]

① 정자와 수정란의 세포질 양은 같다.
② 난자와 줄기세포의 염색체 수는 같다.
③ 배양한 각 줄기세포는 서로 다른 유전자를 갖는다.
④ 포배 안쪽 세포와 줄기세포는 각각 $2n$ 의 염색체를 가진다.
⑤ 난할이 진행됨에 따라 각 세포의 세포질 양과 DNA 양은 감소한다.

15 다음은 개구리의 수정란이 난할하는 과정을 나타낸 것이다.

수정란이 난할하는 과정에 대한 설명으로 옳지 않은 것은?

[특목고 기출]

① 난할은 체세포 분열보다 분열 속도가 빠르다.
② 난할이 진행되어도 할구당 세포질의 양은 변화가 없다.
③ 난할이 진행되어도 할구 속의 염색체 수는 변화가 없다.
④ 난할이 진행될수록 할구 하나의 크기는 점점 작아진다.
⑤ 두 번은 세로로 분열하고 한 번은 가로로 분열하여 8 개의 할구가 된다.

정답 및 해설 48쪽

16 다음 그래프는 월경 주기가 28 일로 규칙적인 어떤 여성의 기초 체온을 조사한 것이다.

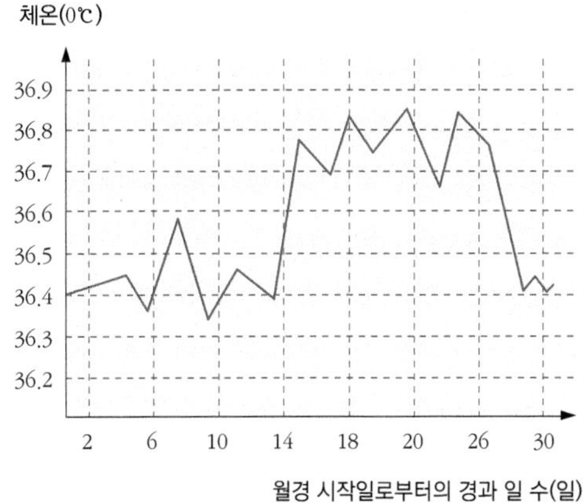

위 자료에 대한 설명으로 옳은 것만을 〈보기〉에서 있는 대로 고른 것은?

〈 보기 〉

ㄱ. 기초 체온을 통하여 배란일을 예측할 수 있다.
ㄴ. 프로게스테론의 분비량이 증가하면 체온이 감소한다.
ㄷ. 임신 가능성이 높은 시기는 저온기보다는 고온기일 때이다.

① ㄱ ② ㄴ ③ ㄷ
④ ㄱ, ㄴ ⑤ ㄱ, ㄷ

17 다음은 태아의 시기별 발달 과정을 나타낸 것이다.

특히 발달하는 시기 / 발달하는 시기

주령	1 2	3 4 5 6	7 8 9 10	11 12 13 14	15 16 17 18	19 20 21 22	38
월령	1개월	2개월	3개월	4개월	5개월	6개월	10개월
중추 신경계							
심장							
눈							
귀							
팔·다리							
치아							
외부 생식기							

위 자료에 대한 설명으로 옳은 것만을 〈보기〉에서 있는 대로 고른 것은?

〈 보기 〉

ㄱ. 임신 6 주가 되면 태아의 성별을 구별할 수 있다.
ㄴ. 임신 3 개월 이내에 태아의 대부분의 기관이 형성되기 시작한다.
ㄷ. 만약 산모가 5 ~ 6 주 사이에 기형을 유발하는 물질에 노출이 되면 중추 신경계보다 팔, 다리에 더 심각한 기형이 나타날 가능성이 높다.

① ㄱ ② ㄴ ③ ㄷ
④ ㄱ, ㄴ ⑤ ㄴ, ㄷ

[18-19] 다음은 규칙적인 생식 주기를 갖는 어떤 여성의 호르몬 농도를 일정 기간 동안 조사한 것이다.

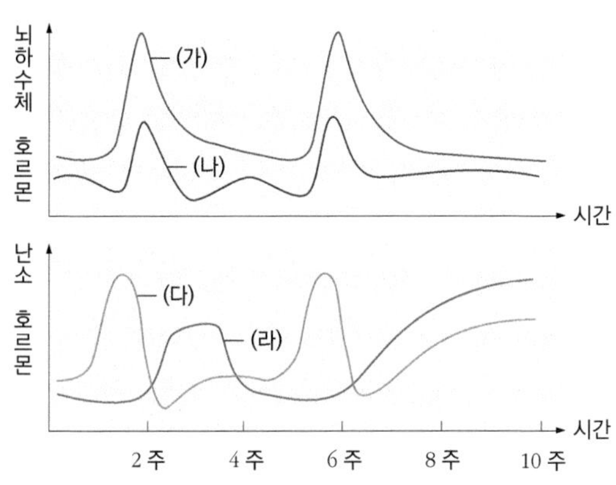

18 위 자료를 바탕으로 이 여성이 임신한 시기는 언제인가?

약 (   )주 경

19 위 자료에 대한 설명으로 옳은 것만을 〈보기〉에서 있는 대로 고른 것은?

〈 보기 〉

ㄱ. 배란이 3 번 일어났다.
ㄴ. (라)에 의해 (가)의 분비가 촉진된다.
ㄷ. (나)의 분비량이 감소하면 월경이 일어난다.
ㄹ. 8 주경에 (다)는 황체에서 (라)는 여포에서 분비된다.
ㅁ. (다)의 농도가 증가했다가 다시 감소하게 되는 시기에 배란이 일어난다.
ㅂ. (라)의 농도가 감소하면 자궁 내벽이 허물어진다.

(   )

스스로 실력 높이기

C

20 다음은 태반을 통해 모체와 태아 사이에 이동하는 물질을 나타낸 것이다.

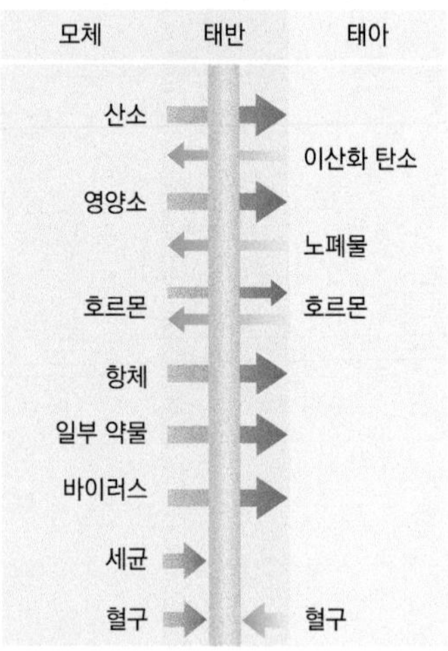

위 자료에 대한 설명으로 옳은 것만을 〈보기〉에서 있는 대로 고르시오.

〈 보기 〉

ㄱ. 모체와 태아의 혈액형은 서로 다를 수 있다.
ㄴ. 혈액의 이산화 탄소 분압은 태아가 모체보다 높다.
ㄷ. 모체에 침입한 세균은 혈구와 함께 태아에 유입된다.
ㄹ. 태아에게 임산부의 항체가 유입되면 항원에 대한 면역력을 얻을 수 있다.

( )

21 다음은 여성의 생식 주기 동안 난소에서 일어나는 변화와 성호르몬의 분비 조절을 나타낸 것이다.

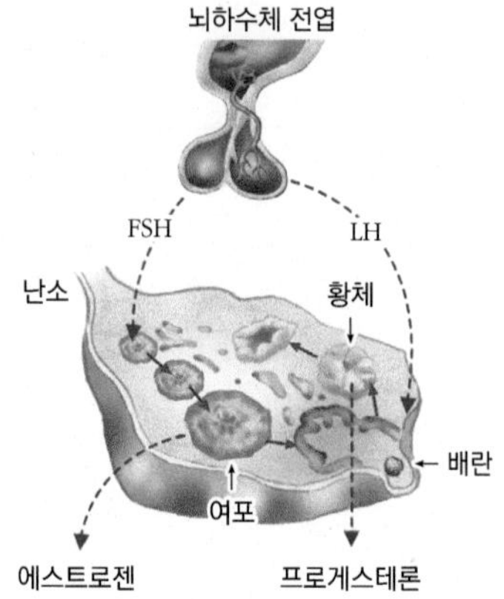

위에 대한 설명으로 옳은 것만을 〈보기〉에서 있는 대로 고른 것은?

〈 보기 〉

ㄱ. 황체가 퇴화하면 프로게스테론의 분비량이 줄어든다.
ㄴ. 여포에서 분비된 에스트로젠은 황체형성호르몬의 분비를 억제한다.
ㄷ. 황체에서 분비된 프로게스테론은 여포자극호르몬의 분비를 억제한다.

① ㄱ ② ㄱ, ㄴ ③ ㄱ, ㄷ
④ ㄴ, ㄷ ⑤ ㄱ, ㄴ, ㄷ

정답 및 해설 48쪽

[22-23] 다음 그림은 여성의 정상적인 생식 주기에 따른 난소와 자궁 내벽의 변화를 나타낸 것이다.

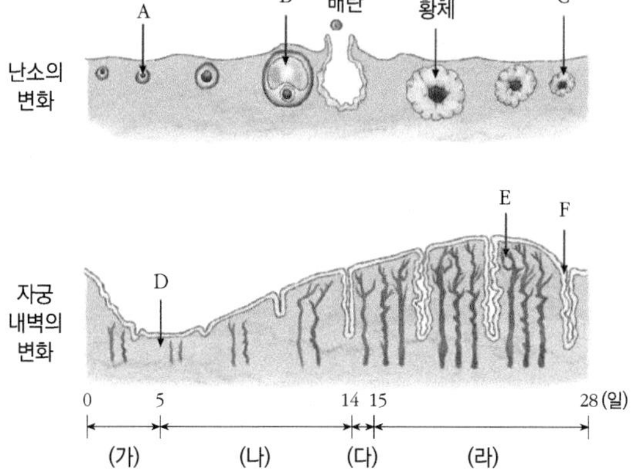

22

(가) ~ (라) 중 다음 설명에 해당하는 시기의 기호를 쓰시오.

(1) 자궁 내벽이 허물어져 혈액과 함께 체외로 방출된다. ( )

(2) 에스트로젠의 분비량이 급격하게 증가하여 자궁 내벽이 두껍게 발달한다. ( )

(3) 프로게스테론의 농도가 가장 높은 시기로 기초 체온은 고온기로 유지된다. ( )

(4) 뇌하수체 전엽에서 황체형성호르몬(LH)의 분비가 최대가 되며, 이 시기에 수정이 가능하다. ( )

23

이 여성이 월경이 시작된 날부터 에스트로젠과 프로게스테론이 주성분인 피임약을 계속 복용하고 있다면, 복용 3 주째 이 여성의 난소와 자궁 내벽의 상태를 A ~ F 중에서 골라 쓰시오.

[수능 기출]

(1) 난소의 상태 ( )

(2) 자궁 내벽의 상태 ( )

24

다음은 동일한 생식 주기를 갖는 두 여성 (가)와 (나)의 시간에 따른 난소 내의 변화와 호르몬 X 의 혈중 농도 변화를 나타낸 것이다.

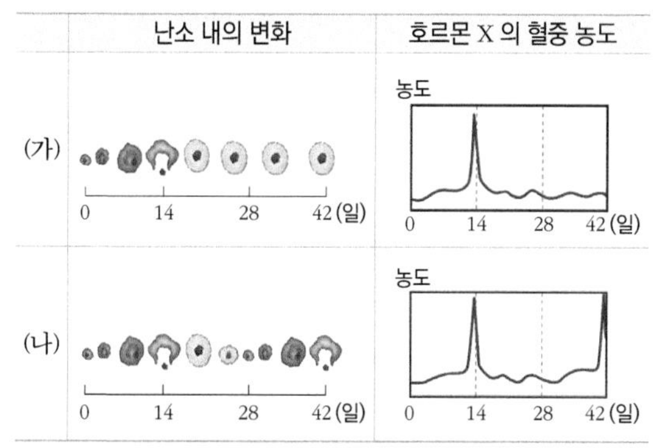

위에 대한 설명으로 옳은 것만을 〈보기〉에서 있는 대로 고른 것은?

〈 보기 〉

ㄱ. 호르몬 X 는 난소에서 분비된다.

ㄴ. 호르몬 X 는 체온 상승을 유발한다

ㄷ. 28 일경 프로게스테론의 혈중 농도는 (가)가 (나)보다 더 높다.

① ㄱ ② ㄴ ③ ㄷ
④ ㄱ, ㄴ ⑤ ㄴ, ㄷ

스스로 실력 높이기

25 다음은 각각 성인 남성과 성인 여성의 생식 세포 형성 과정을 나타낸 것이다. (가)는 세정관의 단면을 나타낸 것이고, (나)는 난소의 단면을 나타낸 것이다.

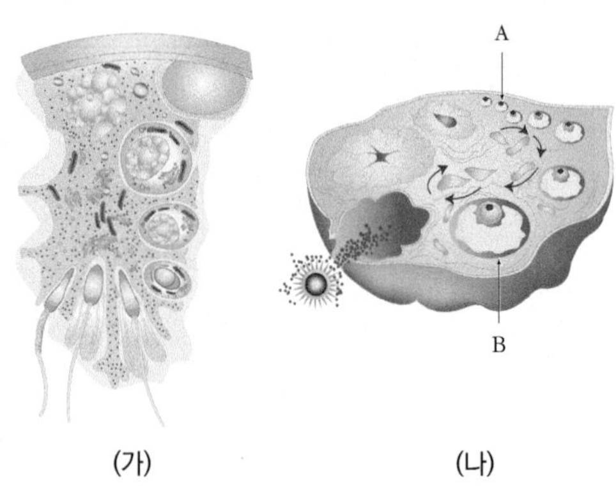

(가) (나)

이에 대한 설명으로 옳은 것만을 〈보기〉에서 있는 대로 고른 것은?

〈 보기 〉

ㄱ. (가)에서 생성된 정자는 운동 능력을 가지고 있다.
ㄴ. (가)에서 레이디히세포가 테스토스테론을 합성한다.
ㄷ. (나)에서 A 에서 B 로 되는 과정에서 황체형성호르몬의 자극이 필요하다.

① ㄱ ② ㄴ ③ ㄷ
④ ㄱ, ㄴ ⑤ ㄴ, ㄷ

26 다음은 사람의 난소의 단면 (가) 와 정소의 세정관의 단면 (나) 를 나타낸 것이다. (단, A 와 B 는 각각 세포를 뜻한다.)

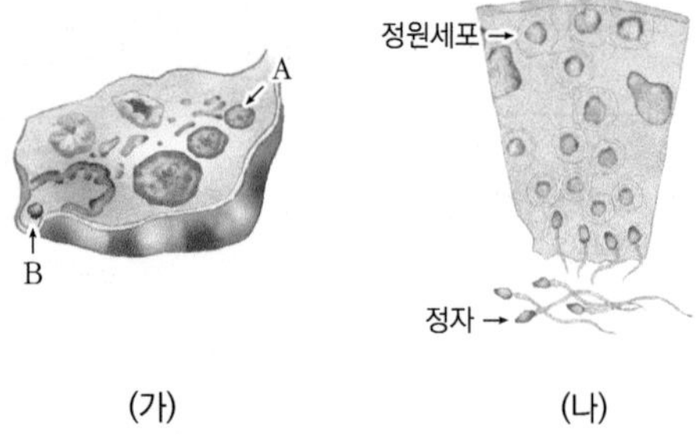

(가) (나)

위 그림에 대한 설명으로 옳지 <u>않은</u> 것은?

① A 는 감수 1 분열 전기에 멈춰 있다.
② B 는 감수 2 분열 중기에 멈춰 있다가 수정된 후 생식 세포 분열이 완성된다.
③ 정자를 형성하기 위한 생식 세포 분열 시 성염색체는 쌍을 이루지 않는다.
④ 여포자극호르몬과 황체형성호르몬은 (가) 에 작용하여 난자 형성 과정을 조절한다.
⑤ 정원세포는 생식이 가능한 동안에는 계속 분열하며 생식 세포 분열을 거쳐 정자가 된다.

심화

27 수정에 필요한 정자는 1 개인데 사정 시 수많은 정자를 내보내는 이유가 무엇인지 서술하시오.

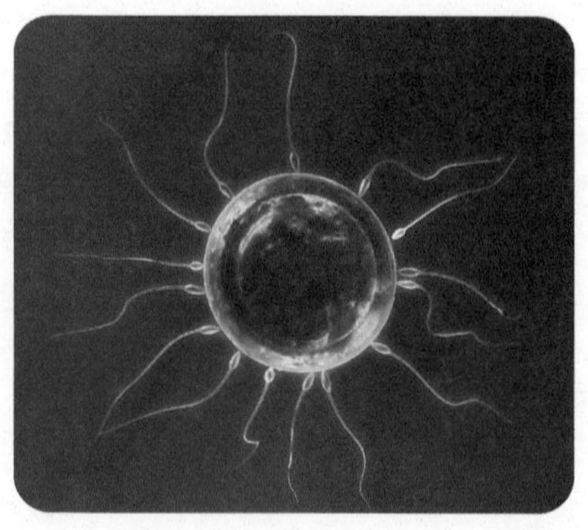

정답 및 해설 48쪽

28 그림 (가)는 여성의 생식 주기에 따른 호르몬의 분비량 및 난소 내의 변화를 나타낸 것이고, (나)는 이들 호르몬의 분비 조절 과정을 나타낸 것이다.

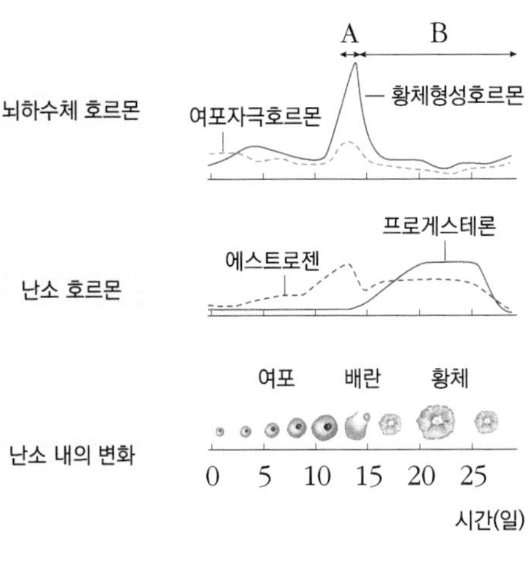

(가)

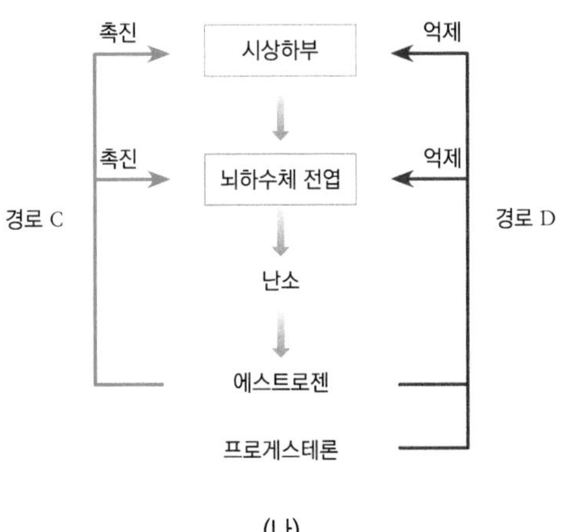

(나)

위 자료에 대한 설명으로 옳은 것만을 〈보기〉에서 있는 대로 고른 것은?

[수능 기출]

〈 보기 〉

ㄱ. A 시기에는 프로게스테론에 의해 배란이 촉진된다.
ㄴ. B 시기에는 경로 D 의 조절이 이루어지고 있다.
ㄷ. 여포가 성숙하는 동안에는 프로게스테론의 분비량이 증가하지 않는다.

① ㄱ ② ㄴ ③ ㄷ
④ ㄱ, ㄴ ⑤ ㄴ, ㄷ

29 아래는 터너 증후군에 대한 설명이다.

·성염색체인 X 염색체의 일부분이나 그 전체가 소실되었을 때 나타나는 질환으로 성염색체의 핵상은 XO 형으로 나타낸다.
·X 염색체의 부족으로 난소의 기능에 장애가 발생하며 2 차 성징이 뚜렷하게 나타나지 않는다.

위 자료를 바탕으로 터너 증후군인 여성의 뇌하수체와 난소에서 나타나는 호르몬 이상에 대하여 서술하시오.

30 암컷 쥐의 난소를 제거한 뒤 다음과 같은 실험을 진행하였다.

[실험 과정]

① 난소를 제거한 쥐 A ~ D 에 각각 에스트로젠과 프로게스테론을 다음과 같이 투여하였다.

실험군	호르몬 투여
A	에스트로젠 투여
B	프로게스테론 투여
C	에스트로젠 투여 후 프로게스테론 투여
D	프로게스테론 투여 후 에스트로젠 투여

② A ~ D 의 자궁 내벽의 변화를 조사한다.
③ A ~ D 의 자궁에 인공 수정시킨 배아를 주입하여 착상 여부를 조사한다.

[실험 결과]

실험군	실험 결과	
	자궁 내벽의 변화	배아의 착상 여부
A	약간 두꺼워짐	착상 안 됨
B	변화 없음	착상 안 됨
C	많이 두꺼워짐	착상 됨
D	약간 두꺼워짐	착상 안 됨

위 실험 결과를 종합하여 알 수 있는 사실을 2 가지 쓰시오.

10강. 유전의 원리

1. 유전

(1) 유전 : 부모의 형질이 자손에게 전해지는 현상을 뜻한다.

(2) 유전 현상의 초기 연구자 ❶

오스트리아 수도회 수사 멘델 (G. J. Mendel)	미국의 세포학자 서턴 (W. S. Sutton)
· 1865 년 멘델 법칙을 발표하였다.	· 1902 년 염색체설을 발표하였다.
· 생물체의 몸에는 그 생물체의 특징을 모두 담고 있는 유전 인자가 존재하고, 이 물질은 부모로부터 각각 하나씩 물려받기 때문에 항상 쌍으로 존재한다고 주장하였다. · 후손에게 물려줄 때에는 쌍으로 존재하던 유전 인자 중 하나만을 자손에게 물려준다고 주장하였다.	· 생식 세포 분열을 할 때 염색체의 행동이 멘델이 말한 유전자의 행동과 일치한다는 사실을 발견하여 유전자가 염색체 위에 존재하는 작은 입자라고 주장하였다. · 유전자의 종류가 염색체 수보다 더 많다는 사실을 발견함으로써 1 개의 염색체 위에 여러 가지 유전자가 연관되어 있다는 가설을 제안하였다.

A A　　a a　　모세포

대립 유전 인자　　A　　a　　생식 세포　　상동 염색체

A a　　수정란

▲ 멘델의 법칙　　▲ 서턴의 염색체설

(3) 유전 용어

형질	생물이 가지고 있는 모양이나 성질 ㉢ 모양이 둥글다, 색깔이 녹색이다
대립 형질	하나의 형질에서 서로 대립(비교) 관계에 있는 형질 (예) 녹색 완두 ↔ 황색 완두
순종 (동형 접합)	형질을 나타내는 유전자가 서로 같은 개체 (예) RR, yy, RRYY
잡종 (이형 접합)	형질을 나타내는 유전자가 서로 다른 개체 (예) Rr, RrYy
우성	순종의 대립 형질을 교배하였을 때, 잡종 제 1대에서 겉으로 표현되는 형질
열성	순종의 대립 형질을 교배하였을 때, 잡종 제 1대에서 겉으로 표현되지 않는 형질
표현형	겉으로 나타나는 유전 형질 (예) 모양이 둥글다, 색깔이 녹색이다.
유전자형	형질을 나타나게 하는 유전자를 기호로 나타낸 것 (예) 우성은 대문자, 열성은 소문자로 표기

❶ 모건(Thomas H. Morgan)의 유전자설

· 유전자가 염색체에 있다는 것을 처음으로 입증

· 1926년 초파리 돌연변이를 연구하던 중 유전자는 염색체 상의 일정한 위치에 있으며, 대립 유전자는 상동 염색체의 같은 위치에 존재한다는 것을 알아냈다.

❶ 모건의 유전자설에 의한 상동 염색체와 대립 유전자 위치

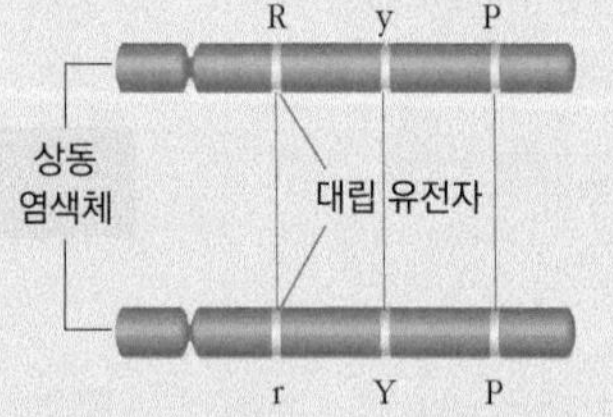

유전자형 : Rr　Yy　PP

· 상동 염색체 : 체세포에 들어 있는 모양과 크기가 같은 한 쌍의 염색체

· 대립 유전자는 상동 염색체의 같은 위치에 존재하는 유전자로 같은 종류의 형질을 나타낸다.

· 대립 유전자는 서로 같을 수도 있고 다를 수도 있다. (R - r, P - P)

개념확인 1

다음 설명에 해당하는 유전 용어를 적으시오.

(1) 생물이 가지고 있는 모양이나 성질을 무엇이라고 하는가? (　　　　)

(2) 형질을 나타내는 유전자가 서로 다른 개체를 무엇이라고 하는가? (　　　　)

확인+1

멘델 법칙을 바탕으로 서턴이 발표한 이론은 무엇인가?

(　　　　)

2. 멘델의 유전 연구 1

(1) 멘델의 실험 방식

완두❶의 대립형질	씨 모양	씨 색깔	꽃 색깔	콩깍지의 모양	콩깍지의 색	꽃의 위치	완두의 키
우성	둥글다	황색	보라색	매끈하다	녹색	잎 겨드랑이	크다
열성	주름지다	녹색	흰색	잘록하다	황색	줄기의 끝	작다

▲ 멘델의 실험 결과 완두의 7 가지 대립 형질의 유전을 수학적 통계 방식으로 풀어냈다.

(2) 멘델의 법칙 1 (단성 잡종 교배)

① **우열의 원리** : 순종인 한 쌍의 대립 형질끼리 교배시켰을 때 잡종 1 대(F_1)에서 우성 형질만 발현되는 현상을 말한다.

② **분리의 법칙** :

· 대립 유전자는 생식 세포 형성 시 각기 다른 생식 세포로 들어간다.

· 잡종 1 대(F_1)를 자가 수분❷하면 잡종 2 대(F_2)에서는 우성 형질과 열성 형질이 일정한 비율(3 : 1)로 나타난다.

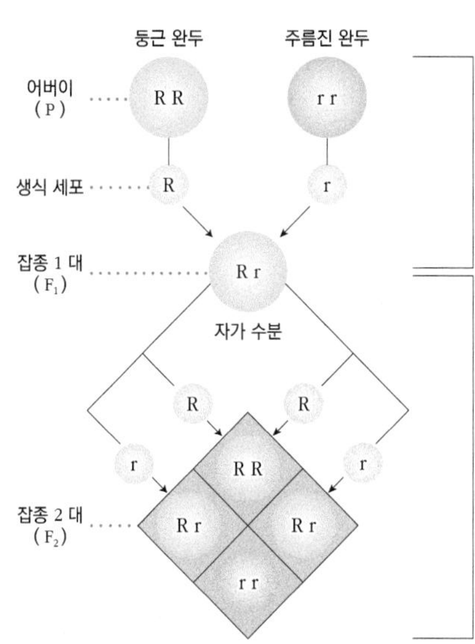

· 어버이(P)의 생식 세포 : R, r
· 잡종 1 대(F_1)의 유전자형 : Rr
· 잡종 1 대(F_1)의 표현형 : 둥근 완두
R(둥근 유전자) ➡ 우성
r(주름진 유전자) ➡ 열성

· 잡종 1 대(F_1)의 생식 세포 : R, r
· 잡종 2 대(F_2)의 유전자형 : RR : Rr : rr = 1 : 2 : 1
· 잡종 2 대(F_2)의 표현형 : 둥근 완두 : 주름진 완두 = 3 : 1
➡ 우성 형질과 열성 형질의 표현형은 일정한 비율 3 : 1 로 나타난다.

개념확인 2 정답 및 해설 51쪽

다음 멘델의 법칙에 대한 설명으로 옳은 것은 ○표, 옳지 않은 것은 ×표 하시오.

(1) 순종인 한 쌍을 대립 형질끼리 교배시켰을 때, F_1 에서 발현되는 형질은 열성이다. ( )

(2) 분리의 법칙에서 잡종 2 대(F_2)의 표현형의 분리비는 3 : 1 이다. ( )

확인+2

멘델의 분리의 법칙에서 잡종 2 대(F_2)의 유전자형의 비(RR : Rr : rr)는 어떻게 되는가?

( )

❶ 유전 실험의 재료로 완두를 선택한 이유

① 염색체 수가 적다.
② 대립 형질이 뚜렷하다.
③ 한 세대의 길이가 짧다.
④ 구하기 쉽고, 재배가 편하다.
⑤ 교배가 쉬우며, 자가 수분이 잘 된다.
⑥ 자손의 수가 많아 단시간에 여러 세대의 관찰이 가능하다.

유전 기호의 의미

① 어버이와 자손의 표시
· 어버이 : P
(Parental Generarion, Parents)
· 잡종 1 대 : F_1
· 잡종 2 대 : F_2
(Filial Generation, Filius)

② 유전 인자 표시
· 둥글다 (Round : R)
· 주름지다 (R의 열성 : r)
· 황색 (Yellow : Y)
· 녹색 (Y의 열성 : y)

❷ 자가 수분과 타가 수분

· 자가 수분 : 한 개체 내에서 수분이 일어나 동일한 유전자가 수정되는 것
· 타가 수분 : 서로 다른 개체 끼리 수분이 일어나 서로의 유전자가 교환되는 것

▲ 타가 수분과 자가 수분

3. 멘델의 유전 연구 2

(3) 멘델의 법칙 2 (양성 잡종 교배)

① **독립의 법칙** : 두 쌍의 대립 형질이 함께 유전될 때, 각각의 대립 형질은 서로 다른 형질의 영향을 받지 않고 독립적으로 유전된다.

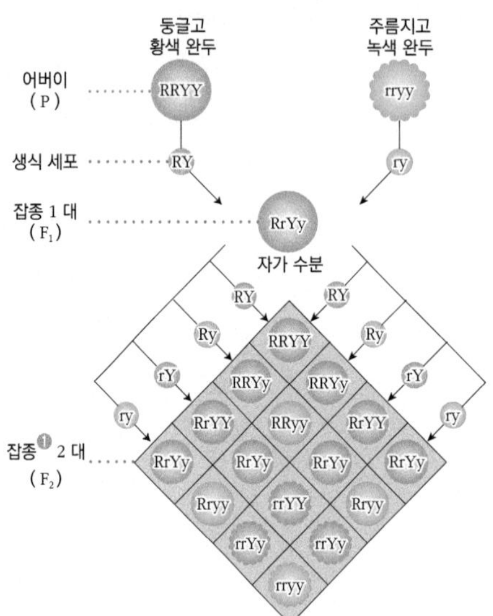

- 어버이(P)의 생식 세포 : RY, ry
- 잡종 1 대(F_1)의 유전자형 : RrYy
- 잡종 1 대(F_1)의 표현형 : 둥글고 황색
- 잡종 1 대(F_1) 생식 세포 : RY, Ry, rY, ry
- 잡종 2 대(F_2)의 표현형 :

⇒ 둥글고 황색 : 둥글고 녹색 : 주름지고 황색 : 주름지고 녹색 = 9 : 3 : 3 : 1

⇒ 둥근(R_) : 주름진(rr) = 3 : 1

⇒ 황색(Y_) : 녹색(yy) = 3 : 1

⇒ 각각 대립 형질의 표현형은 우성과 열성의 비가 3 : 1 로 나타나 완두 씨의 모양과 색깔의 유전은 각각 분리의 법칙을 따른다.

(4) 검정 교배[2] : 유전자형을 알 수 없는 우성인 개체를 열성 순종인 개체와 교배하여 우성 개체의 유전자형을 확인하는 방법이다.

구분	우성 개체가 순종인 경우(RR)		우성 개체가 잡종인 경우(Rr)	
P	RR	둥근 완두 주름진 완두 RR — rr (열성 순종) ↓ Rr 둥근 완두	Rr	둥근 완두 주름진 완두 Rr — rr (열성 순종) ↓ Rr Rr rr rr 둥근 완두 주름진 완두
F_1	Rr		Rr, rr	
F_1 결과	표현형이 모두 우성		우성과 열성의 비율이 1 : 1	

(5) 멘델의 가설

① 생물은 형질을 결정하는 한 쌍의 유전 인자가 있으며, 유전 인자는 부모에서 자손으로 전달된다.

② 한 쌍을 이루는 유전 인자가 서로 다를 경우 하나의 유전 인자만 형질로 표현되며, 다른 인자는 표현되지 않는다.

③ 한 쌍의 유전 인자는 생식 세포가 만들어질 때, 분리되어 각각 다른 생식 세포로 들어가고, 자손에게 전달되어 다시 쌍을 이룬다.

개념확인3

우성 개체의 순종, 잡종을 확인하기 위하여 시행하는 교배를 무엇이라고 하는가?

( )

확인+3

독립의 법칙에 대한 설명으로 옳은 것은 ○표, 옳지 않은 것은 ×표 하시오.

(1) 독립의 법칙은 두 쌍 이상의 대립 형질이 유전될 때 적용된다. ( )

(2) 독립의 법칙에서 잡종 2 대(F_2)의 표현형의 비는 3 : 1 이다. ( )

---

❶ 순종 및 잡종 표기

- RRyy : 모양과 색을 나타내는 유전자가 각각 동형 접합 미니 이므로 순종이다.
- RrYy : 모양과 색을 나타내는 유전자가 각각 이형 접합 미니 이므로 잡종이다.
- R_y_ : R 또는 r 어떤 것이 있어도 우열의 원리에 의한 표현형은 같기 때문에 _위치에 R 이 오는 경우 또는 r 이 오는 경우를 모두 포함하여 표시한 것이다.

퍼넷 사각형

교배 결과 생길 수 있는 자손의 유전자 조합을 손쉽게 알아 볼 수 있는 도표

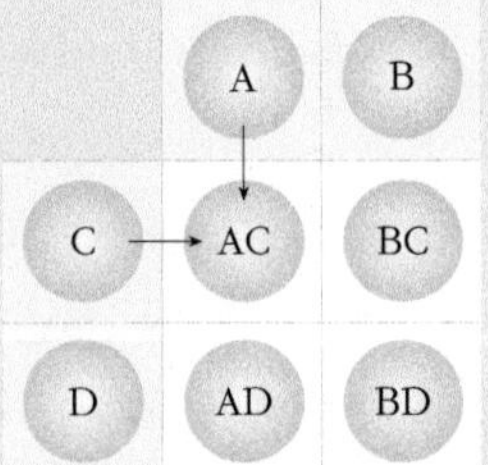

단성 잡종 교배와 양성 잡종 교배

- 단성 잡종 교배 : 한 쌍의 대립 형질만을 대상으로 하는 교배
- 양성 잡종 교배 : 대립 형질의 두가지 특성이 모두 다른 부모끼리 시행하는 교배

❷ 검정 교배 결과

검정 교배한 결과 나타나는 자손의 유전자형은 교배한 개체의 생식 세포가 가지는 경우의 수와 동일하다.

미니사전

이형 접합 [異 다르다 形 모양 接 붙이다 合 합치다] 모양, 크기 등이 다른 암수를 접합한 것, 잡종 예 Rr, Tt, RrYy

동형 접합 [同 같다 形 모양 接 붙이다 合 합치다] 모양, 크기 등이 같은 암수를 접합한 것, 순종 예 RR, tt, RRyy

4. 멘델의 유전 법칙으로 설명되지 않는 유전 현상

(1) 중간 유전 : F_1 의 유전자형이 잡종일 때, 대립 유전자 사이의 우열 관계가 불완전하여 F_1 세대의 표현형이 부모 형질의 중간 형질로 나타나는 유전 현상을 말한다.[1] ㉮ 금어초의 꽃 색깔, 분꽃의 꽃 색깔, 팔로미노 말의 털 색깔 등

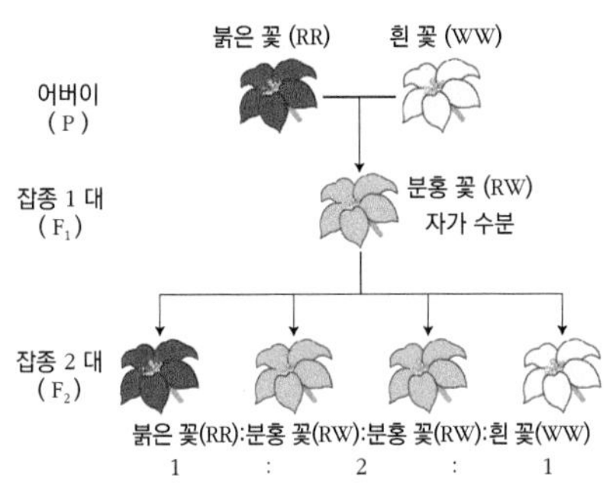

- 어버이(P)의 생식 세포 : R, W
- 잡종 1 대(F_1)의 유전자형 : RW
- 잡종 1 대(F_1)의 표현형 : 분홍색
  ➡ 멘델의 우열의 원리가 성립하지 않는다.
- 붉은색과 흰색의 유전자 사이의 관계가 불완전하여 잡종의 표현형이 부모의 중간 형질로 나타난다.
- 잡종 1 대(F_1)를 자가수분하면 잡종 2 대(F_2)에서 유전자형과 표현형이 동일한 비율로 나타난다.
  ➡ 유전자형 = RR : RW : WW = 1 : 2 : 1
  ➡ 표현형 = 붉은 꽃 : 분홍 꽃 : 흰 꽃 = 1 : 2 : 1

(2) 연관 유전 : 여러 개의 유전자가 동일 염색체에 위치하고 있어 분열 시 함께 유전되는 현상을 말한다.

① **연관군** : 같은 염색체에 연관되어 있는 유전자들을 연관군이라고 한다. 감수 분열 시 함께 이동하기 때문에 독립의 법칙이 성립하지 않으며, 연관군의 수는 생식 세포에 들어 있는 염색체의 수와 같다. ㉮ 사람의 연관군 수 : 23 개

② **독립 유전과 연관 유전**

구분	독립 유전	연관 유전
감수 분열	서로 다른 염색체의 유전자들은 감수 분열 시 독립적으로 행동한다. (A a / B b → AA aa BB bb, AA aa bb BB → AB, ab, Ab, aB → AB AB ab ab Ab Ab aB aB)	A와 B 유전자가 연관(상인 연관[2])되어 있고, a와 b유전자가 연관되어 있으므로 감수 분열 시 함께 행동한다. (A a / B b → AA aa BB bb → AB, ab → AB AB ab ab)
생식 세포 비	AB : Ab : aB : ab 1 : 1 : 1 : 1	AB : Ab : aB : ab 1 : 0 : 0 : 1
자가 교배 결과	A_B_ : A_bb : aaB_ : aabb 9 : 3 : 3 : 1	A_B_ : A_bb : aaB_ : aabb 3 : 0 : 0 : 1
검정 교배 결과	A_B_ : A_bb : aaB_ : aabb 1 : 1 : 1 : 1	A_B_ : A_bb : aaB_ : aabb 1 : 0 : 0 : 1

개념확인4 정답 및 해설 51쪽

대립 유전자 사이에서 우열 관계가 불완전하여 중간 형질이 나타나는 유전 현상을 무엇이라고 하는가?

( )

확인+4

유전에 대한 설명으로 옳은 것은 ○표, 옳지 않은 것은 ×표 하시오.

(1) 중간 유전에서는 멘델의 분리의 법칙이 적용되지 않는다. ( )

(2) 연관군의 수는 생식 세포에 들어 있는 염색체의 수와 동일하다. ( )

---

① 불완전 우성

유전자의 우열이 명확하게 구분되지 않아, 중간 형태의 표현형이 나타나는 경우

▲ 금어초의 중간 유전

공동 우성

우성과 열성의 형질이 모두 표현형으로 나타나는 형태로 전통적인 표기법을 적용할 수 없다.

② 상인 연관과 상반 연관

우성의 유전자 혹은 열성의 유전자끼리만 연관되어 있는 경우를 상인 연관, 우성과 열성의 유전자가 함께 연관되어 있는 경우를 상반 연관이라고 한다.

〈상반 연관〉

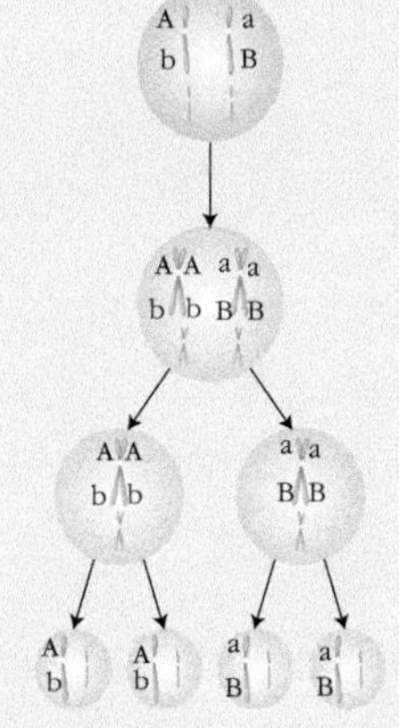

- 생식 세포 : Ab, aB
- 자가 교배 결과

AAbb : AaBb : aaBB : aabb = 1 : 2 : 1 : 0

교차 - 연관된 유전자가 교체되는 경우

연관된 유전자도 감수 1분열 전기에 일어나는 교차에 의해 서로 다른 생식 세포로 들어갈 수 있다.

교차

개념 다지기

01 서로 다른 대립 형질을 가지는 순종의 두 개체를 교배했을 때 자손 1 대에서 표현되지 않는 잠재된 형질을 무엇이라고 하는가?

① 우성 ② 열성 ③ 표현형 ④ 이형 접합 ⑤ 동형 접합

02 멘델이 유전 실험의 재료로 완두를 이용한 이유로 옳지 않은 것은?

① 자가 수분이 잘 된다.
② 대립 형질이 뚜렷하다.
③ 한 세대의 길이가 짧다.
④ 염색체 수가 많고 다양하다.
⑤ 단시간에 여러 세대의 관찰이 가능하다.

03 다음 설명문에 들어갈 알맞은 단어를 〈보기〉에서 찾아 기호로 쓰시오.

〈 보기 〉

ㄱ. 대립 형질	ㄴ. 순종	ㄷ. 잡종
ㄹ. 표현형	ㅁ. 유전자형	ㅂ. 상동 염색체

(1) 대립 유전자는 (　　　)의 같은 위치에 존재하는 유전자이다.
(2) 하나의 형질에서 서로 대립 관계에 있는 형질을 (　　　)(이)라고 한다.
(3) (　　　)은(는) 형질을 나타내는 유전자가 서로 같은 개체를 말한다.
(4) (　　　)은(는) 색깔, 모양 등 겉으로 드러나는 유전 형질을 말한다.

04 다음은 우성인 완두 ㉮를 검정 교배 한 결과이다. ㉮와 ㉯의 유전자형을 쓰시오.

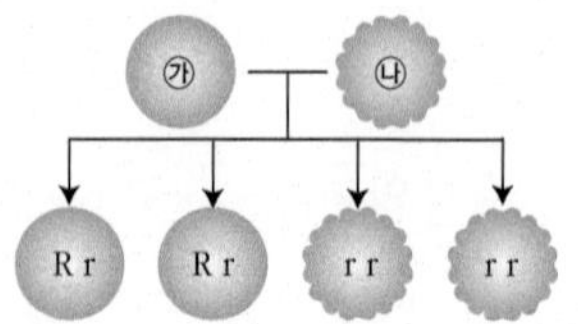

㉮ : (　　　), ㉯ : (　　　)

정답 및 해설 51쪽

05 다음 그림은 어떤 개체의 대립 유전자 위치를 염색체 상에 나타낸 것이다. R, Y, T 는 r, y, t 에 대해 각각 완전 우성이다. 다음 개체의 체세포에서 나올 수 없는 생식 세포의 유전자형을 고르시오. (단, 돌연변이와 교차는 고려하지 않는다.)

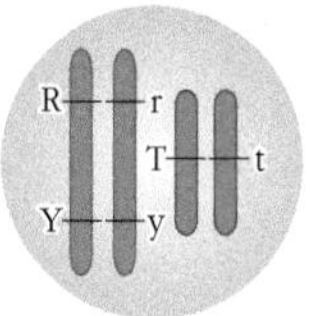

① RYT ② RYt ③ ryT ④ Ryt ⑤ ryt

06 유전자형이 AaBb 인 식물을 자가 수분 하였을 때, 유전자형이 AABb 가 나올 확률은 얼마인가? (단, 유전자 A, B 는 서로 다른 상동 염색체에 존재한다.)

① 0 ② $\frac{1}{2}$ ③ $\frac{1}{4}$ ④ $\frac{1}{8}$ ⑤ $\frac{1}{16}$

07 순종의 둥글고 황색인 완두와 순종의 주름지고 녹색인 완두를 교배하여 얻은 잡종 1 대(F_1)를 자가 수분하여 잡종 2 대(F_2)를 얻었다. 이때, 잡종 2 대(F_2)에서 총 7200 개의 완두를 얻었다면, 주름지고 황색인 완두는 이론적으로 모두 몇 개인가? (단, 둥근 유전자 R 은 주름진 유전자 r 에 대해, 황색의 유전자 Y 는 녹색의 유전자 y 에 대해 각각 완전 우성이다.)

( ) 개

08 여러 개의 유전자가 동일 염색체 안에 위치하고 있어 분열 시 함께 유전되는 현상을 무엇이라고 하는가?

( )

유형 익히기 & 하브루타

[유형 10-1] 유전

다음 그림은 멘델의 법칙과 서턴의 염색체설을 나타낸 것이다.

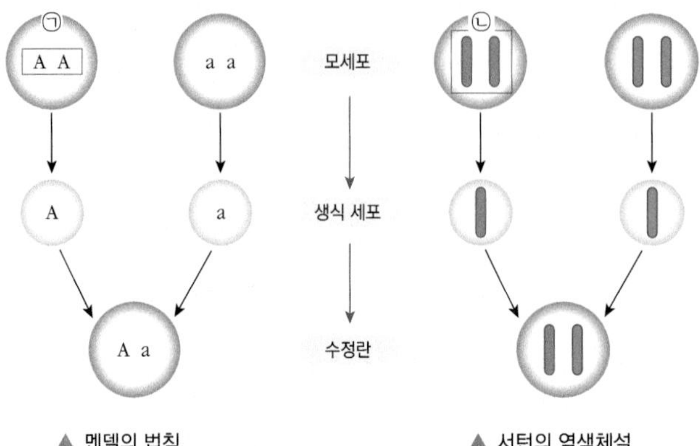

▲ 멘델의 법칙 ▲ 서턴의 염색체설

이에 대한 설명으로 옳은 것은 ○표, 옳지 않은 것은 ×표 하시오.

(1) 대립 유전 인자는 생식 세포 형성 과정에서 분리된다. ( )

(2) ㉠은 상동 염색체를 ㉡은 대립 유전 인자를 의미한다. ( )

(3) 수정 과정을 통해 다시 합쳐진 대립 유전 인자는 모세포와 동일하다. ( )

01 유전 용어에 대한 설명으로 옳지 않은 것은?

① 완두의 키가 큰 것과 콩깍지가 매끈한 것은 대립 형질이다.
② 한 형질을 나타내는 유전자의 구성이 같은 개체를 순종이라고 한다.
③ 크기나 모양과 같이 생물이 가지는 여러 가지 특성을 형질이라고 한다.
④ 형질을 나타나게 하는 유전자를 기호로 나타낸 것을 유전자형이라고 한다.
⑤ 대립 형질을 가진 순종 개체끼리 교배했을 때, 잡종 1 대에서 나타나는 형질을 우성이라고 한다.

02 다음 설명문에 들어갈 알맞은 단어를 쓰시오.

(1) 부모의 형질이 자손에게 전해지는 현상을 ( )(이)라고 한다.

(2) 하나의 형질에서 서로 대립 관계에 있는 형질을 ( )(이)라고 한다.

(3) 1865 년 멘델은 유전 물질이 항상 쌍으로 존재하며, 이는 부모로부터 하나씩 물려받는다는 ( )을(를) 발표했다.

정답 및 해설 52쪽

[유형 10-2] 멘델의 유전 연구 1

다음 그림은 멘델의 분리의 법칙을 나타낸 것이다. 이에 대한 설명으로 옳은 것은 ○표, 옳지 않은 것은 ×표 하시오.

(1) 잡종 1 대(F_1)를 자가 수분시켜 잡종 2 대를 얻는다. (　　)

(2) 주름진 유전자는 우성, 둥근 유전자는 열성이다. (　　)

(3) 잡종 1 대(F_1)의 유전자형은 동형 접합이다. (　　)

(4) 대립 형질을 가진 순종의 개체끼리 교배하면 잡종 1대(F_1)에서는 우성의 형질만 나타난다. (　　)

(5) 생식 세포를 만드는 과정에서 한 쌍의 대립 유전자가 분리되어 서로 다른 생식 세포로 들어가 잡종 2 대(F_2)에서 우성 형질과 열성 형질이 일정한 비율로 나타나는 것을 독립의 법칙이라고 한다. (　　)

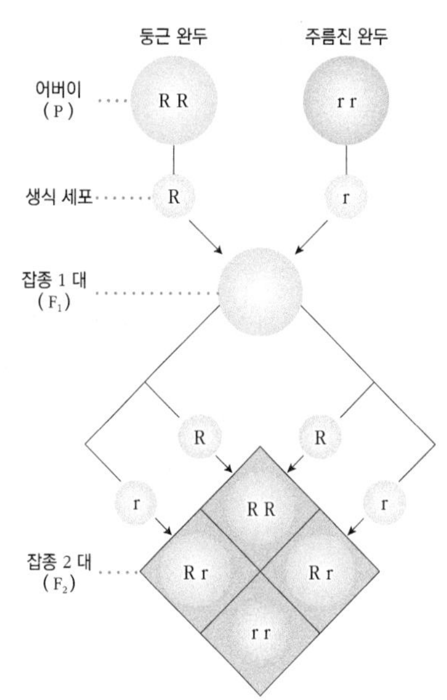

[03~04] 다음은 둥근 완두와 주름진 완두의 교배를 나타낸 것이다.

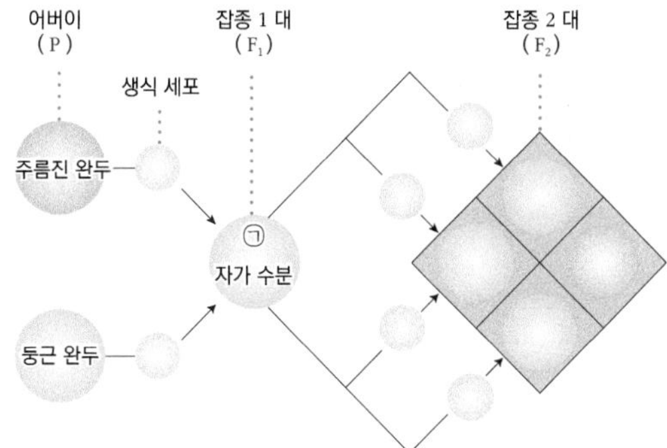

03 둥근 형질 유전자를 R, 주름진 형질 유전자를 r 이라고 할때, ㉠에 들어갈 F_1 의 유전자형을 쓰시오.

(　　　　　　　)

04 F_2 에서 나올 수 있는 완두의 유전자형을 모두 적으시오.

유형 익히기&하브루타

[유형 10-3] 멘델의 유전 연구 2

순종의 둥글고 황색인 완두와 순종의 주름지고 녹색 완두를 교배시킨 후 얻어진 F_1 을 자가 수분시켜 얻은 F_2 의 개체수를 표로 나타낸 것이다.

F_2 의 표현형	둥글고 황색	둥글고 녹색	주름지고 황색	주름지고 녹색
개체수	1125	375	375	125

이에 대한 설명으로 옳은 것만을 <보기>에서 있는 대로 고른 것은? (단, 둥근 완두 R 과 황색 완두 Y 는 주름진 완두 r 과 녹색 완두 y 에 대해 각각 완전 우성이다.)

〈 보기 〉

ㄱ. F_1 의 유전자형은 이형 접합이다.

ㄴ. 유전자 R 과 Y 는 서로 연관되어 있다.

ㄷ. 자가 수분 결과 만들어지는 생식 세포의 종류는 4 가지이다.

ㄹ. F_2 의 유전자형 중 F_1 과 동일한 개체는 이론상 25 % 이다.

① ㄱ, ㄴ ② ㄱ, ㄷ ③ ㄴ, ㄷ ④ ㄱ, ㄷ, ㄹ ⑤ ㄱ, ㄴ, ㄷ, ㄹ

05 둥글고 황색(RRYy)인 완두를 자가 교배하였을 때 자손의 표현형 비로 옳은 것은? (단, 둥근 모양(R)과 황색(Y)은 주름진 모양(r)과 녹색(y)에 대해 각각 완전 우성이며, 돌연변이와 교차는 고려하지 않는다.)

① 둥글고 황색 : 둥글고 녹색 = 3 : 1
② 둥글고 황색 : 둥글고 녹색 = 1 : 1
③ 주름지고 녹색 : 주름지고 황색 = 3 : 1
④ 주름지고 녹색 : 주름지고 황색 = 1 : 1
⑤ 둥글고 황색 : 둥글고 녹색 : 주름지고 황색 = 1 : 2 : 1

06 유전자형이 AaBB 인 식물을 검정 교배하였을 때 자손의 표현형의 비로 옳은 것은? (단, A 는 a 에 대해, B 는 b 에 대해 각각 완전 우성이며, A 와 B 는 독립되어 있다.)

① A_B_ : aabb = 3 : 1
② A_B_ : aaB_ = 1 : 1
③ A_bb : aabb = 1 : 1
④ A_bb : aaB_ = 1 : 3
⑤ A_B_ : aaB_ : aabb = 1 : 2 : 1

정답 및 해설 52쪽

[유형 10-4] 멘델의 유전 법칙으로 설명되지 않는 유전 현상

다음은 식물학자 코렌스가 실시했던 분꽃의 유전 실험을 나타낸 것이다.

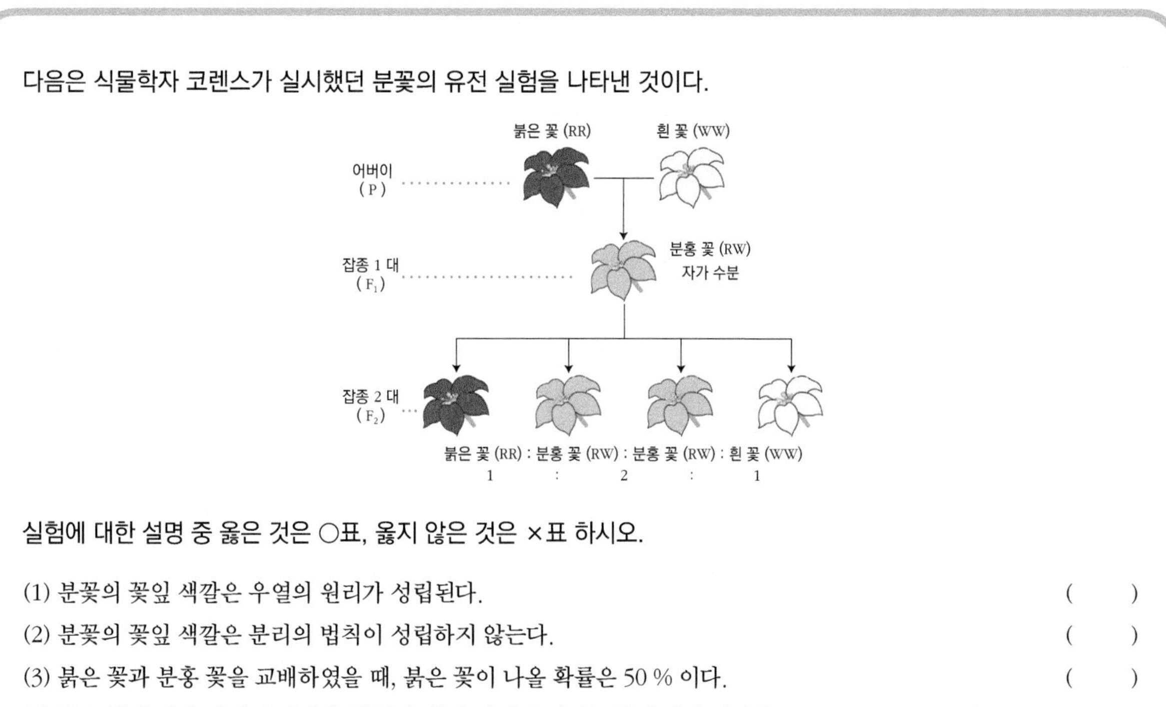

실험에 대한 설명 중 옳은 것은 ○표, 옳지 않은 것은 ×표 하시오.

(1) 분꽃의 꽃잎 색깔은 우열의 원리가 성립된다. ( )

(2) 분꽃의 꽃잎 색깔은 분리의 법칙이 성립하지 않는다. ( )

(3) 붉은 꽃과 분홍 꽃을 교배하였을 때, 붉은 꽃이 나올 확률은 50 % 이다. ( )

(4) 붉은 꽃의 색깔 결정 유전자와 흰 꽃의 색깔 결정 유전자는 불완전 우성이다. ( )

07 여러 개의 유전자가 하나의 염색체 안에 위치하고 있어 분열 시 함께 유전되는 유전 현상을 무엇이라고 하는가?

( ) 유전

08 다음 설명의 ( )에 들어갈 알맞은 단어를 쓰시오.

(1) 중간 유전이 일어나는 이유는 서로 다른 두 대립 유전자의 우열이 분명하지 않은 ( )이 나타나기 때문이다.

(2) 대립 유전자가 서로 연관되어 있는 경우에 우성의 유전자 혹은 열성의 유전자끼리만 연관된 경우를 ㉠ ( ), 우성과 열성의 유전자가 같이 연관되어 있는 경우를 ㉡ ( )(이)라고 한다.

(3) 감수분열 시 상동 염색체가 접합하여 2가 염색체를 형성할 때 상동 염색체의 염색 분체 일부가 교환되는 것을 ( )(이)라고 한다.

창의력&토론마당

01

다음은 멘델 이전의 유전에 대한 '혼합 이론' 과 멘델의 '멘델 이론' 을 비교한 내용이다.

멘델 이전의 사람들은 부모로부터 자손으로의 형질 유전이 마치 흰 물감과 검은 물감을 혼합하였을 때 회색 물감이 형성되는 방식으로 이루어진다는 '혼합 이론' 을 믿었다. 하지만 멘델은 완두를 이용한 실험을 통하여 각 유전 형질을 결정하는 요소들이 두 개씩 존재하며, 이 두 요소들이 생식 세포 형성 시 분리되었다가 수정 시 다시 합쳐져서 형질을 결정하게 된다는 새로운 이론을 주장하였다.

· 혼합 이론 : 혼합 이론은 멘델의 유전 법칙이 발견되기 전인 19 세기까지 유전에 대해 일반적으로 받아들여진 이론이다. 혼합 유전에서는 두 부모의 특징이 반반씩 섞여 자식 세대에 전달된다고 보았다. 예를 들어 붉은 꽃과 흰 꽃의 자식 세대는 분홍 꽃이 되고, 키 큰 사람과 키 작은 사람 사이의 자식은 중간 정도의 키가 된다는 것이다.

· 멘델 이론 : 생물체의 몸에는 그 생물체의 특징을 모두 담고 있는 유전 물질이 존재하고, 이 물질은 부모로부터 각각 하나씩 물려받기 때문에 항상 쌍으로 존재한다고 주장하였다. 또한 후손에게 물려줄 때에는 쌍으로 존재하던 물질 중 하나만 자손에게 물려준다는 것이다.

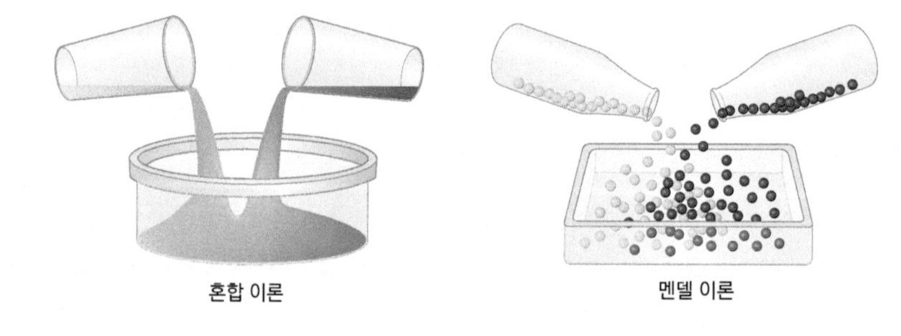

(1) 주변에서 일어나는 유전 현상과 관련된 다양한 예를 찾아보고 각각의 현상을 혼합 이론과 멘델 이론으로 나누어보시오.

· 혼합 이론 : (,)

· 멘델 이론 : (,)

(2) (1)에서 자신이 답한 혼합 이론의 예를 하나 선택한 후 이를 아래의 멘델의 법칙을 이용하여 왜 혼합 이론이 폐기될 수밖에 없었는지 설명하시오.

둥근 콩(RR)의 완두와 주름진 콩(rr)의 완두를 교배하여 F_1 을 얻었으며, 이때 잡종 1 대(F_1)에서는 우성 형질만 발현되었다.

정답 및 해설 53쪽

02 다음 그림은 멘델의 법칙을 따르지 않는 유전 현상 중 상위 유전자에 대한 예시를 나타낸 것이다. 다음의 물음에 답하시오.

〈쥐의 회갈색 털과 검은색 털의 유전 현상〉

· 상위 유전자 : 대립 유전자가 아닌 두 개의 유전자가 같이 있을 때 표현형으로 나타나는 것으로 형질을 지배하는 유전자를 뜻한다.

· 쥐의 털 색깔 유전 현상의 특징 : 회갈색 털(B)이 검은색 털(b)에 대해 우성이다. 그러나 이 한 쌍의 대립 형질은 색소 침착에 대한 유전자의 영향을 받는다. 색소 침착 유전자(C)가 우성으로 표현될 경우에 털 색깔의 표현형이 그대로 나타나지만, 만약 색소 침착 유전자가 열성 대립 형질 조합(cc)를 이룰 경우 털 색깔 유전자의 조합에 관계없이 해당 쥐는 흰색(알비노)으로 나타난다.

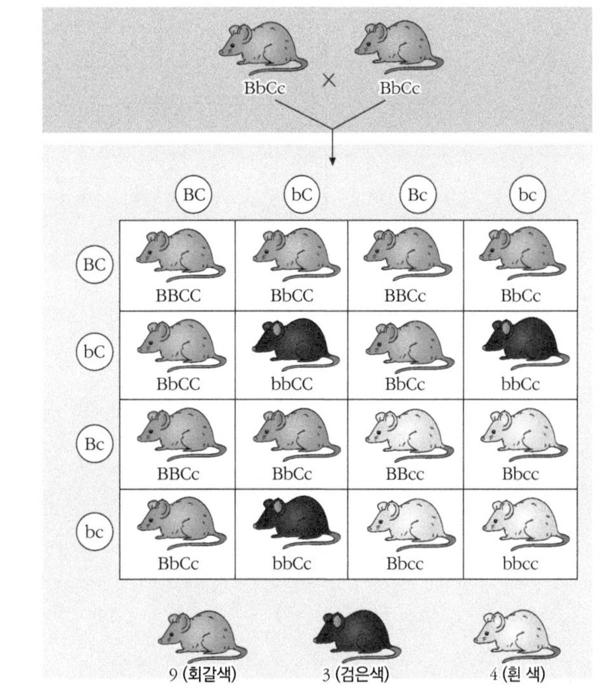

(1) 색소 침착 유전자가 상위 유전자라고 할 수 있는 이유를 서술해보시오.

(2) 만약 검은색 쥐와 순종의 흰색 쥐를 교배할 경우 가능한 자손의 유전자형을 모두 쓰시오.

03

다음은 완두 콩깍지의 모양과 색깔 유전자에 대한 자료이다.

·두 유전자는 서로 다른 염색체에 존재한다.
·대립 유전자 F (부푼 형태)는 f (수축된 형태)에 대해, G (녹색)는 g (황색)에 대해 각각 완전 우성이다.
·다음 표는 유전자형이 서로 다른 4 종류의 완두 (A ~ D)를 각각 검정 교배하여 얻은 개체들의 표현형을 조사하여 얻은 결과이다.

	부풀고 녹색 콩깍지	부풀고 황색 콩깍지	수축하고 녹색 콩깍지	수축하고 황색 콩깍지
A	0	0	0	400
B	200	0	200	0
C	50	50	㉠ 50	50
D	200	200	0	0

(1) A, B, C, D 가 가지는 유전자형을 각각 쓰시오.

A : ________________ B : ________________

C : ________________ D : ________________

(2) ㉠ 개체를 검정 교배하였을 때, ㉠과 동일한 표현형을 가지는 자손이 나올 확률은 얼마인가?

(3) C 와 D 를 교배하여 얻은 자손이 동형 접합일 확률은 얼마인가?

정답 및 해설 54쪽

04

다음 표 (가)와 (나)는 어떤 식물 종에서 유전자형이 AaBbDd 인 개체 P1 과 P2 를 각각 자가 수분하여 얻은 잡종 1 대의 표현형에 따른 개체수를 나타낸 것이다. 대립 유전자 A, B, D 는 대립 유전자 a, b, d 에 대해 각각 완전 우성이다. 자가 교배하여 얻은 자손 1 대의 수는 각각 400 개체이다.

표현형	개체수
A_B_D_	150
A_B_dd	75
aaB_D_	75
A_bbD_	50
A_bbdd	25
aabbD_	25

(가) P1 자가 교배

표현형	개체수
A_B_D_	225
A_bbD_	75
aaB_dd	75
aabbdd	25

(나) P2 자가 교배

(1) (가)와 (나)를 바탕으로 P1 과 P2 에서 유전자 A, B, D 가 염색체 안에 각각 어떻게 존재하고 있는지 그려보고, 그렇게 생각한 이유는 무엇인지 서술하시오.

▲ (가) P1

▲ (나) P2

(2) P1 과 P2 를 교배하여 잡종 1대를 얻을 때, 잡종 1 대의 표현형이 A_bbdd 일 확률은 얼마인지 구하시오.

스스로 실력 높이기

A

[01-04] 다음 〈보기〉는 여러 가지 유전 용어를 나열한 것이다.

〈 보기 〉

ㄱ. 형질　ㄴ. 순종　ㄷ. 잡종　ㄹ. 대립 형질
ㅁ. 우성　ㅂ. 열성　ㅅ. 표현형　ㅇ. 유전자형

01 하나의 형질에서 서로 대립 관계에 있는 형질을 무엇이라 하는지 〈보기〉에서 골라 기호로 쓰시오.

(　　　　　　)

02 형질을 나타내는 유전자가 서로 다른 개체를 무엇이라고 하는지 〈보기〉에서 골라 기호로 쓰시오.

(　　　　　　)

03 순종의 대립 형질을 교배하였을 때, 잡종 1 대(F_1)에서 겉으로 표현되지 않는 형질을 무엇이라고 하는지 〈보기〉에서 골라 기호로 쓰시오.

(　　　　　　)

04 형질을 나타나게 하는 유전자를 기호로 나타낸 것을 무엇이라고 하는지 〈보기〉에서 골라 기호로 쓰시오.

(　　　　　　)

05 다음 중 멘델이 유전 실험의 재료로 완두를 선택한 이유가 아닌 것을 고르시오.

① 대립 형질이 뚜렷하다.
② 한 세대의 길이가 길다.
③ 구하기 쉽고, 재배가 편하다.
④ 교배가 쉬우며 자가 수분이 잘 된다.
⑤ 자손의 수가 많아 단시간에 여러 세대의 관찰이 가능하다.

06 단성 잡종 교배 실험에 대한 설명으로 옳은 것은 ○표, 옳지 않은 것은 ×표 하시오.

(1) 대립 유전자는 생식 세포 형성 시 각기 다른 생식 세포로 들어간다. (　　)

(2) 잡종 1 대(F_1)를 자가 수분하면 잡종 2대(F_2)에서는 우성 형질과 열성 형질이 일정한 비(3:1)로 나타난다. (　　)

07 표현형이 우성인 개체를 열성인 개체와 교배하여 순종 우성인지 잡종 우성인지 확인하는 방법을 무엇이라 하는가?

(　　　　　　)

08 다음 그림은 양성 잡종 교배 실험을 나타낸 것이다. 이에 대한 설명으로 옳은 것은 ○표, 옳지 않은 것은 ×표 하시오.

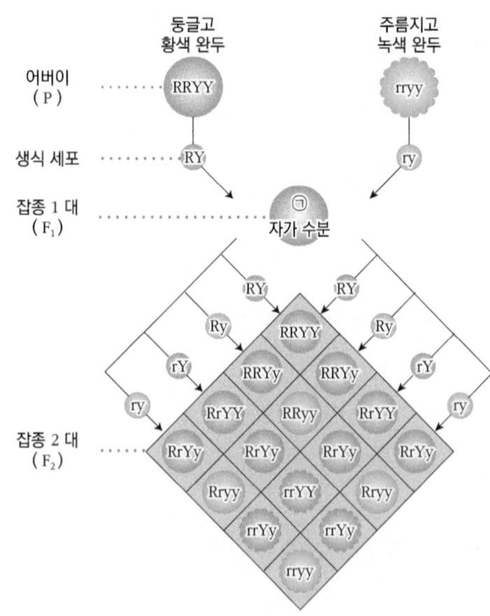

(1) ㉠ 의 유전자형은 동형 접합이다. (　　)

(2) 잡종 1 대(F_1)에서 나올 수 있는 생식 세포의 수는 2 가지이다. (　　)

(3) 각각 대립 형질의 표현형 비는 9 : 3 : 3 : 1 로 나타난다. (　　)

정답 및 해설 55쪽

09 사람의 염색체 수가 $2n = 46$ 일 때, 사람 생식 세포의 연관군의 수는 몇 개인가?

① 16 개 ② 23 개 ③ 32 개
④ 46 개 ⑤ 92 개

10 다음은 분꽃의 꽃 색깔 유전을 나타낸 실험이다. 이에 대한 설명으로 옳은 것은 ○표, 옳지 않은 것은 ×표 하시오.

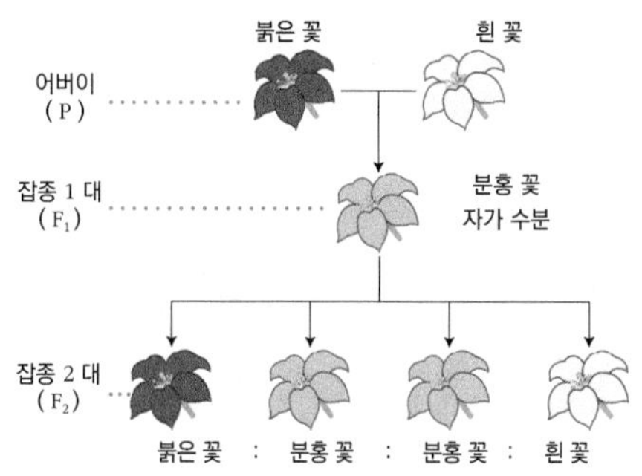

(1) 중간 유전은 대립 유전자 사이의 우열 관계가 불완전할 때 나타난다. ( )
(2) 잡종 2 대에서 순종만 발현한다. ( )
(3) 잡종 2 대에서 순종과 잡종의 비는 1 : 1 이다. ( )

B

11 멘델이 자신의 완두 교배 실험 결과를 설명하기 위해 가정한 내용으로 옳은 것은?

① 대립 유전자의 위치는 염색체 내에서 동일하다.
② 완두의 형질을 결정하는 유전 인자는 염색체에 존재한다.
③ 개체가 가진 한 쌍의 유전 인자는 서로 분리되지 않는다.
④ 쌍을 이룬 유전 인자가 다를 경우, 모두 표현형으로 나타난다.
⑤ 한 개체에는 하나의 형질에 대한 유전 인자가 쌍으로 존재한다.

12 다음 그림은 완두의 대립 형질과 유전자의 일부를 염색체 상에 나타낸 것이다.

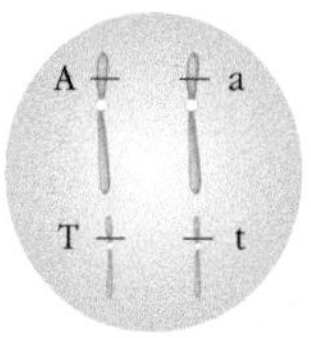

이에 대한 설명으로 옳은 것만을 〈보기〉에서 있는 대로 고른 것은?

〈 보기 〉

ㄱ. 유전자 A 와 T 는 독립의 법칙을 따른다.
ㄴ. 이 완두를 자가 수분 시켰을 때, 열성 동형 접합은 나올 수 없다.
ㄷ. 이 완두를 검정 교배시켰을 때 나올 수 있는 유전자형은 4 가지이다.

① ㄱ ② ㄴ ③ ㄱ, ㄷ
④ ㄴ, ㄷ ⑤ ㄱ, ㄴ, ㄷ

13 다음은 표현형이 우성인 완두를 검정 교배한 결과이다.

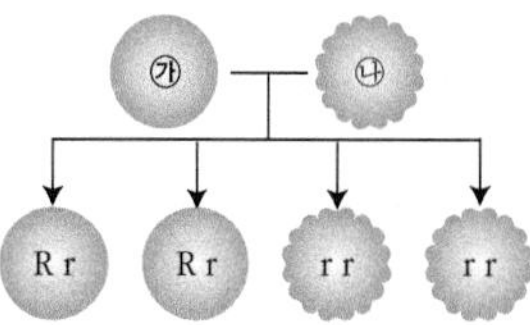

이에 대한 설명으로 옳은 것만을 〈보기〉에서 있는 대로 고른 것은?

〈 보기 〉

ㄱ. ㉮와 ㉯는 모두 이형 접합이다.
ㄴ. ㉯를 자가 교배하여 나올 수 있는 유전자형은 1 가지이다.
ㄷ. 검정 교배 결과 나타나는 자식의 표현형의 비는 ㉮의 생식 세포의 비와 같다.

① ㄱ ② ㄴ ③ ㄱ, ㄷ
④ ㄴ, ㄷ ⑤ ㄱ, ㄴ, ㄷ

스스로 실력 높이기

[14-15] 다음은 둥글고 황색 완두와 주름지고 녹색인 완두를 검정 교배한 실험 결과이다.

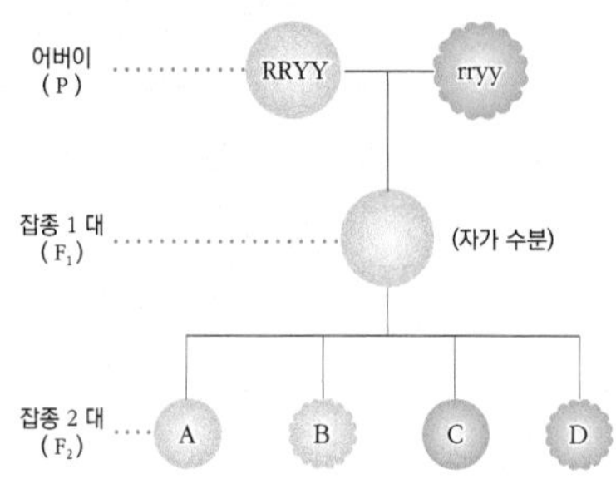

14 F_1 의 자가 수분 결과로 생긴 F_2 가 총 1600 개체라면 D 의 개체수는 이론상 몇 개체가 나오겠는가?

( ) 개체

15 위 실험에서 잡종 2 대(F_2)에 나타날 가능성이 25 % 의 확률인 것만을 있는 대로 고르시오.

① 순종이 나타날 확률
② 잡종이 나타날 확률
③ 둥근 완두가 나타날 확률
④ 잡종 1 대와 유전자형이 같은 것이 나타날 확률
⑤ 씨 색깔과 모양 모두 열성 유전자가 표현될 확률

16 다음 표는 유전자형이 이형 접합인 2 가지 개체 ㉮와 ㉯를 각각 검정 교배, 자가 교배한 결과이다. 대립 유전자 A 와 B 는 대립 유전자 a 와 b 에 대하여 각각 완전 우성이다.

실험	자손(F_1)의 표현형에 따른 비
㉮의 검정 교배	A_B_ : aabb = 1 : 1
㉯의 자가 교배	A_B_ : A_bb : aaB_ = 2 : 1 : 1

이에 대한 설명으로 옳은 것만을 〈보기〉에서 있는 대로 고른 것은?

〈 보기 〉

ㄱ. ㉮는 상인 연관이다.
ㄴ. ㉯의 자가 교배 결과 얻은 자손(F_1)에서 표현형이 동형 접합일 확률을 25 % 이다.
ㄷ. ㉮와 ㉯를 교배하여 자손(F_1)을 얻을 때, 이 자손의 표현형은 4 가지이다.

① ㄱ ② ㄷ ③ ㄱ, ㄷ
④ ㄴ, ㄷ ⑤ ㄱ, ㄴ, ㄷ

17 다음은 분꽃의 꽃 색깔 유전을 나타낸 그림이다.

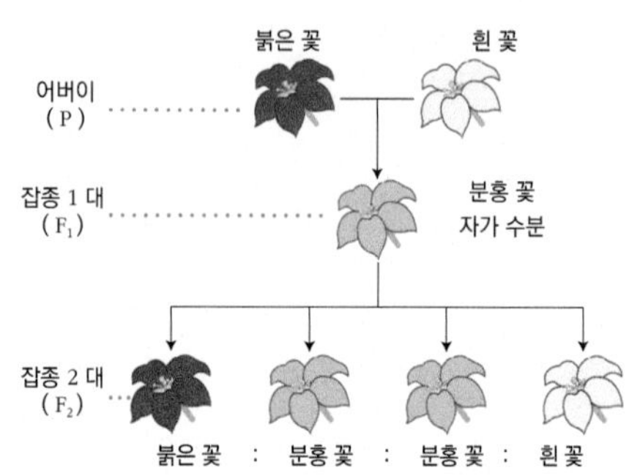

이에 대한 설명으로 옳은 것만을 〈보기〉에서 있는 대로 고른 것은?

〈 보기 〉

ㄱ. 붉은색과 흰색은 불완전 우성이다.
ㄴ. F_2 를 540 개 얻었다면, 이론상 붉은 꽃은 135 개이다.
ㄷ. 흰색 꽃끼리 교배하였을 때, 분홍색 꽃이 나올 수 있다.

① ㄱ ② ㄴ ③ ㄷ
④ ㄱ, ㄴ ⑤ ㄱ, ㄴ, ㄷ

18 다음 그림 (가) ~ (다)는 유전자형이 AaBb 인 개체를 각각 나타낸 것이다. (가) ~ (다)를 각각 자가 교배시켰을 때 F_1에서 나타나는 표현형의 분리비(A_B_ : A_bb : aaB_ : aabb)로 옳은 것을 고르시오. (단, 돌연변이와 교차는 고려하지 않는다.)

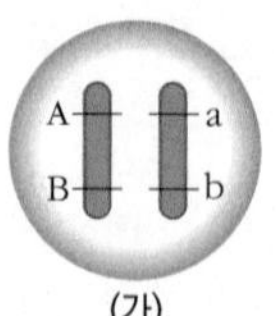

(가)

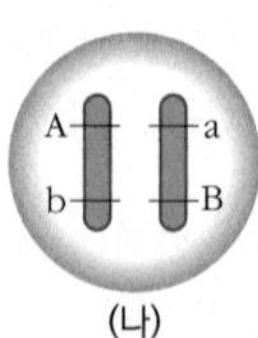

(나)

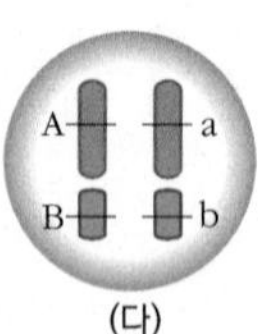

(다)

① (가) × (가) = 1 : 1 : 1 : 1
② (나) × (나) = 9 : 3 : 3 : 1
③ (다) × (다) = 1 : 0 : 0 : 1
④ (가) × (가) = 1 : 0 : 0 : 1
⑤ (나) × (나) = 2 : 1 : 1 : 0

정답 및 해설 55쪽

C

19 다음 표는 순종의 둥글고 황색인 완두와 순종의 주름지고 녹색의 완두를 교배 후 얻어진 F_1 을 자가 수분하여 얻은 F_2 의 개체수를 표로 나타낸 것이다. (단, 둥근 모양(R)과 황색(Y)은 주름진 모양(r)과 녹색(y)에 대해 각각 완전 우성이다.)

자손(F_2)의 표현형	개체수
㉠ R_Y_	665
R_yy	229
㉡ rrY_	225
rryy	81

이에 대한 설명으로 옳은 것만을 〈보기〉에서 있는 대로 고른 것은?

〈 보기 〉

ㄱ. R 과 Y 는 상동 염색체의 같은 위치에 존재한다.
ㄴ. F_1 을 검정 교배하여 얻을 수 있는 유전자형은 F_1 의 생식 세포의 수와 일치한다.
ㄷ. F_2 의 ㉠과 ㉡의 완두를 교배하여 얻을 수 있는 자손 F_3 의 잡종 : 순종의 비는 3 : 1 이다.

① ㄱ ② ㄴ ③ ㄷ
④ ㄴ, ㄷ ⑤ ㄱ, ㄴ, ㄷ

20 다음은 유전자형이 AaBbDd 인 식물을 자가 수분시켜 얻은 자손 1 대(F_1) 800 개체의 표현형에 따른 개체수를 나타낸 것이다. A, B, D 는 a, b, d 에 대하여 각각 완전 우성이다.

표현형	개체수	표현형	개체수
A_B_D_	300	aaB_D_	150
A_B_dd	150	aaB_dd	0
A_bbD_	100	aabbD_	50
A_bbdd	50	aabbdd	0

이에 대한 설명으로 옳은 것만을 〈보기〉에서 있는 대로 고른 것은? (단, 돌연변이와 교차는 고려하지 않는다.)

〈 보기 〉

ㄱ. 대립 유전자 A 와 B, a 와 b 는 서로 연관되어 있고, D 와 d 는 독립되어 있다.
ㄴ. 식물이 형성할 수 있는 꽃가루의 유전자형 종류는 4 가지이다.
ㄷ. F_1 의 표현형이 A_B_D_ 인 개체들의 유전자형은 4 가지이다.

① ㄱ ② ㄴ ③ ㄱ, ㄷ
④ ㄴ, ㄷ ⑤ ㄱ, ㄴ, ㄷ

21 다음은 초파리에 대한 자료와 초파리의 교배 실험 과정을 나타낸 것이다.

〈자료〉
· 초파리 수컷은 성염색체 XY 를, 암컷은 XX 를 가진다.
· 초파리의 눈 색 유전자는 X 염색체에 존재하며, 붉은 눈 유전자(R)는 흰 눈 유전자(r)에 대해 우성이다.
〈교배 실험〉
(가) 암컷 초파리와 수컷 초파리를 교배하여 자손 F_1 을 얻는다. F_1 의 수컷은 모두 흰 눈, 암컷은 모두 붉은 눈이다.
(나) F_1 의 초파리의 암컷과 수컷을 교배하여 F_2 를 얻는다.
(다) 흰 눈 수컷 초파리와 F_2 의 암컷 초파리를 교배하여 자손 F_3 을 얻는다.

이에 대한 설명으로 옳은 것만을 〈보기〉에서 있는 대로 고른 것은?

〈 보기 〉

ㄱ. F_1 에서 암컷 초파리의 유전자형은 이형 접합이다.
ㄴ. F_2 의 초파리의 유전자형은 X^rY, X^RY, X^RX^r 3 가지이다.
ㄷ. F_3 의 암·수 초파리 모두 흰 눈 : 붉은 눈의 비율이 3 : 1 이다.

① ㄱ ② ㄴ ③ ㄷ
④ ㄱ, ㄴ ⑤ ㄱ, ㄷ

22 유전자형이 AaBbDd 인 임의의 식물을 자가 교배하여 F_1 자손 800 개체를 얻었다. 다음 표는 그 결과를 나타낸 것이다. 대립 유전자 A 와 B 는 대립 유전자 a 와 b 에 대해 각각 완전 우성이며, 대립 유전자 D 와 d 는 불완전 우성이다.

표현형	개체수	표현형	개체수
㉠ A_B_DD	150	㉡ A_B_Dd	300
A_bbDD	50	A_bbDd	100
aaB_dd	150	㉢ aabbdd	50

이에 대한 설명으로 옳은 것만을 〈보기〉에서 있는 대로 고른 것은? (단, 돌연변이와 교차는 고려하지 않는다.)

〈 보기 〉

ㄱ. A 와 B 는 연관되어 있다.
ㄴ. F_1 의 ㉠의 유전자형은 2 가지이다.
ㄷ. ㉡과 ㉢을 교배하여 얻을 수 있는 모든 유전자형은 4 가지이다.

① ㄱ ② ㄷ ③ ㄱ, ㄴ
④ ㄴ, ㄷ ⑤ ㄱ, ㄴ, ㄷ

스스로 실력 높이기

23 그림은 초파리의 몸 색깔과 날개 모양에 관련된 유전 실험을 나타낸 것이다. 순종의 회색 몸·정상 날개(GGLL)의 초파리와 검은색 몸·흔적 날개(ggll)의 초파리를 교배하여 얻은 F_1 회색 몸·정상 날개(GgLl)초파리를 얻었다 F_2 는 이를 자가 교배하여 얻은 결과이다.

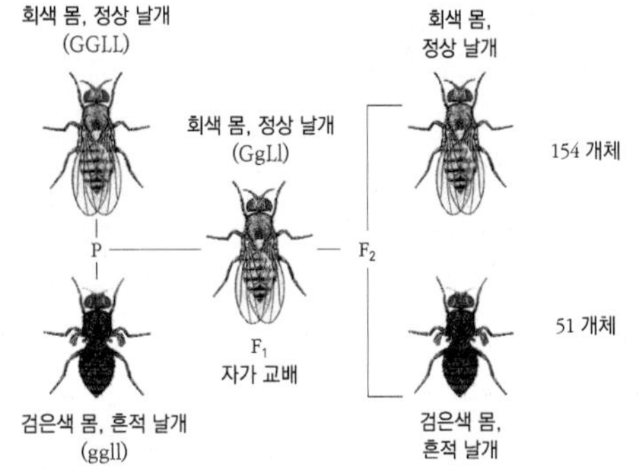

이에 대한 설명으로 옳은 것만을 <보기>에서 있는 대로 고른 것은? (단, 돌연변이와 교차는 고려하지 않는다.

〈 보기 〉

ㄱ. 유전자 G 는 L 과, g 는 l 과 연관되어 있다.
ㄴ. 위 유전에는 독립의 법칙이 적용되지 않는다.
ㄷ. F_1 을 검정 교배하여 얻을 수 있는 유전자형은 2 가지이다.

① ㄱ ② ㄴ ③ ㄱ, ㄴ
④ ㄱ, ㄷ ⑤ ㄱ, ㄴ, ㄷ

[24-25] 다음은 초파리의 몸의 색깔과 날개 모양에 대해 교배 실험한 결과 다음과 같은 결과를 얻었다. 회색 몸과 검은색 몸의 유전자는 각각 G 와 g 이고, 정상 날개와 흔적 날개의 유전자는 각각 L 과 l 이다.

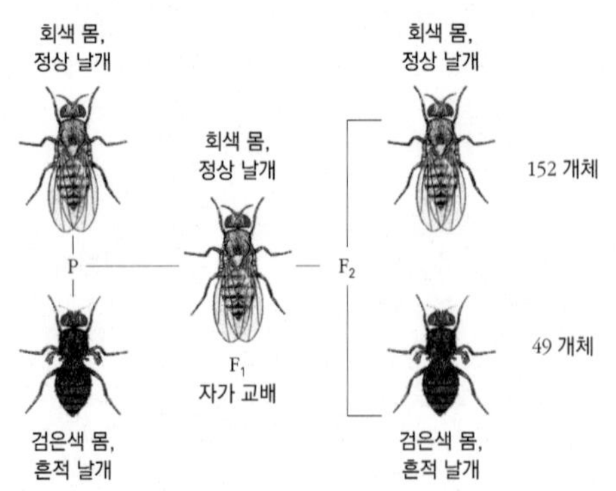

24 F_2 의 회색 몸·정상 날개와 검은 몸·흔적 날개를 교배하였을 때, F_3 가 회색 몸·흔적 날개일 확률은 얼마인가? (단, 돌연변이와 교차는 고려하지 않는다.)

① 0 ② $\frac{1}{2}$ ③ $\frac{1}{4}$
④ $\frac{1}{16}$ ⑤ $\frac{1}{32}$

25 위에 대한 설명으로 옳은 것만을 <보기>에서 있는 대로 고른 것은? (단, 돌연변이와 교차는 고려하지 않는다.)

〈 보기 〉

ㄱ. 몸 색깔 유전자와 날개 모양 유전자는 독립되어 있다.
ㄴ. 어버이(P)의 회색 몸, 정상 날개인 개체의 유전자형은 이형 접합이다.
ㄷ. 잡종 2 대의 회색 몸, 정상 날개인 개체의 유전자형은 GGLL 과 GgLl 2 가지이다.

① ㄱ ② ㄴ ③ ㄷ
④ ㄴ, ㄷ ⑤ ㄱ, ㄴ, ㄷ

26 초파리에서 붉은색 눈(P)과 정상 날개(V)는 우성이며, 자주색 눈(p)과 흔적 날개(v)는 열성이다. 유전자형이 PpVv 인 초파리 (가), (나), (다)를 검정 교배하였더니 아래 표와 같은 결과가 나왔다.

	자손(F_1)의 표현형에 따른 비
초파리 (가)	P_V_ : P_vv : ppV_ : ppvv = 1 : 1 : 1 : 1
초파리 (나)	P_V_ : P_vv : ppV_ : ppvv = 1 : 0 : 0 : 1
초파리 (다)	P_V_ : P_vv : ppV_ : ppvv = 0 : 1 : 1 : 0

이에 대한 설명으로 옳은 것만을 <보기>에서 있는 대로 고른 것은? (단, 돌연변이와 교차는 고려하지 않는다.

〈 보기 〉

ㄱ. 초파리 (가)는 P 와 V 가 독립되어 있다.
ㄴ. 초파리 (나)를 자가 교배하면 3 종류의 유전자형이 만들어진다.
ㄷ. 초파리 (나)와 (다)를 교배하면 자주색 눈 · 흔적 날개가 나올 수 없다.

① ㄱ ② ㄴ ③ ㄱ, ㄷ
④ ㄴ, ㄷ ⑤ ㄱ, ㄴ, ㄷ

정답 및 해설 55쪽

심화

[27-28] 다음은 쥐의 털색 유전에 대한 자료이다.

[수능 유형]

· 털색 결정에 관여하는 두 쌍의 대립 유전자 B 와 b, C 과 c 는 서로 다른 상염색체에 있으며, B 는 b 에 대해, C 는 c 에 대해 각각 완전 우성이다.
· 표는 B, b, C, c 의 특성을 나타낸 것이며, B 와 b 는 털의 색소 합성에 관여하고 C 와 c 는 털색의 발현에 관여한다.

유전자	특성
B	회색 색소가 합성됨
b	갈색 색소가 합성됨
C	합성된 색소가 착색되어 털색이 나타남
c	합성된 색소가 착색되지 못해 흰색 털이 나타남

· 유전자형이 BbCc 인 암수를 교배하여 자손(F_1)을 얻었다. 이 자손의 표현형에 따른 비는 ㉠ 회색 : ㉡ 흰색 : ㉢ 갈색 = 9 : 4 : 3 이다.

27 유전자형이 bbCc 인 암수를 자가 교배하여 자손(F_1)이 태어날 때, 나타나는 유전자형은 몇 가지인가?

① 1 가지 ② 3 가지 ③ 4 가지
④ 8 가지 ⑤ 16 가지

28 이에 대한 설명으로 옳은 것만을 <보기>에서 있는 대로 고른 것은?

〈 보기 〉

ㄱ. ㉠과 ㉡에서 각각 나올 수 있는 최대 유전자형의 합은 7 가지이다.
ㄴ. 색깔을 결정하는 유전자와 색소 침착 유전자는 서로 독립되어 있다.
ㄷ. F_1 의 ㉠과 ㉢을 교배하여 얻은 F_2 에서 흰색 털이 태어날 확률은 $\frac{1}{8}$ 이다.

① ㄱ ② ㄷ ③ ㄱ, ㄴ
④ ㄴ, ㄷ ⑤ ㄱ, ㄴ, ㄷ

[29-30] 다음은 유전자형이 AaBbDdRr 인 식물 P1 과 P2 에 대한 자료이다.

[수능 유형]

· 대립 유전자 A, B, D, R 은 대립 유전자 a, b, d, r 에 대해 각각 완전 우성이다.
· P1 과 P2 에서 A 와 d 는 연관되어 있다.
· P1 을 자가 교배시켜 얻은 ㉠ 자손(F_1) 800 개체의 표현형은 6 가지이다.
· P1 과 P2 를 교배하여 얻은 ㉡ 자손(F_1) 800 개체의 표현형은 9 가지이다.

29 위의 자료를 바탕으로 다음의 유전자형을 구하시오.

(1) ㉠에서 A_B_D_R_ 의 유전자형을 모두 구하시오.

( )

(2) ㉡에서 aaB_D_rr 의 유전자형을 모두 구하시오.

( )

30 ㉠에서 표현형이 A_B_D_R_ 인 개체와 ㉡에서 표현형이 aaB_D_rr 인 개체를 교배하여 얻은 F_2 자손의 표현형이 aabbD_rr 일 확률을 구하시오.

( )

11강. 사람의 유전

1. 사람의 유전 연구

(1) 사람의 유전 연구가 어려운 이유

① **한 세대가 길다** : 생식 연령에 도달하여 자손을 낳을 때까지 약 25 ~ 30 년이 걸린다.
② **자손의 수가 적다** : 한 번에 낳을 수 있는 자손의 수가 통계 처리를 할 만큼 충분하지 않다.
③ **임의 교배 실험을 할 수 없다** : 사람은 다른 생물과 달리 스스로 선택 후 교배하기 때문에 연구 결과를 위한 자유 교배가 불가능하다.
④ **환경의 영향을 많이 받는다** : 환경의 영향을 많이 받아 유전 형질[1]인지 획득 형질인지 알아내기 어렵다.
⑤ **대립 형질이 복잡하고, 유전자의 수가 많다** : 유전자의 수가 많을 뿐만 아니라 유전자의 교차 및 돌연변이가 많아 형질 분석이 어렵다.

(2) 사람의 유전 연구 방법

① **가계도**[미니] **조사** : 특정 유전 형질이 한 가계 안에서 어떻게 나타나는지의 여부를 조사하여 그림으로 나타낸 것으로 여러 세대에 걸쳐 나타난 유전 형질의 정보를 조사하여 태어날 자손의 형질을 예측할 수 있다.[2] 예 우열의 확인, 상염색체 · 성염색체 유전 확인
② **쌍둥이 연구** : 형질의 차이가 유전적 이유인지 환경에 의한 획득 형질인지를 조사하는데 중요한 연구이다.

	1란성 쌍둥이	2란성 쌍둥이
발생 과정	한 개의 수정란이 발생 초기에 둘로 갈라져서 각각 다른 개체로 자란 것 ⇒ 유전자의 구성이 같다.	두 개의 난자가 동시에 배출되어 각각 다른 정자와 결합하여 다른 개체로 자란 것 ⇒ 유전자의 구성이 다르다.
형질 차이	환경의 영향으로 표현형의 차이가 나타난다.	유전과 환경의 영향으로 표현형의 차이가 나타난다.
모식도	수정 → 2 세포기 → 분리 →	수정 → 2 세포기 →

③ **집단 조사** : 집단에서 나타나는 유전자의 빈도를 조사하여 통계 처리하여 유전자 빈도를 알아내고 조사된 데이터를 바탕으로 유전 양상을 조사한다. 예 분포, 유전자 빈도 등
④ **염색체 및 유전자 연구**
· 핵형 분석 : 한 생물이 가지는 고유한 염색체의 수, 모양, 크기를 그 생물의 핵형이라고 하며, 이것을 분석하는 것을 핵형 분석이라 한다.
· 핵형을 분석하여 여러 가지 유전병의 원인을 밝혀 낼 수 있다.

개념확인 1

다음은 사람의 유전 연구가 어려운 이유를 나타낸 것이다. 괄호 안에 들어갈 알맞은 말을 고르시오.

① 한 세대가 (길다 / 짧다).
② 자손의 수가 (많다 / 적다).
③ (임의 교배 / 자유 교배) 실험을 할 수 없다.
④ (환경 / 유전)의 영향을 많이 받는다.
⑤ 대립 형질이 복잡하고, 유전자의 수가 (적다 / 많다).

확인+1

다음 설명에 해당하는 유전 연구 방법을 적으시오.

(1) 외부로 나타나는 형질의 차이가 유전적 이유인지 환경적 이유인지 조사하는 방법 ( )
(2) 집단에서 나타나는 유전자의 빈도를 조사하여 통계 데이터를 바탕으로 하는 방법 ( )

❶ 사람의 여러가지 유전 형질

형질	우성	열성
혀말기	된다	안 된다
이마 모양	곡선형	직선형
귓볼 모양	늘어진형	부착형
둘째 발가락의 길이	길다	짧다
손 마디 사이의 털	있다	없다
엄지 손가락의 형태	휜다	안휜다.
머리카락 색깔	짙은 색	옅은 색
머리카락 모양	곱슬모	직모
코 모양	매부리 코	낮은 코

❷ 가계도 표기법

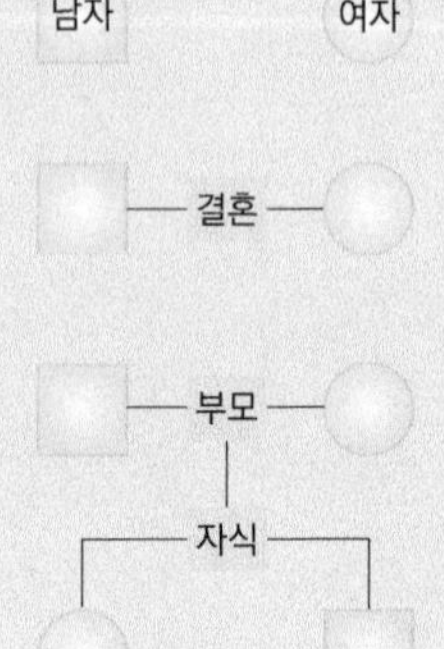

미니사전

가계도 [家 집 系 잇다 圖 그림] 특정한 형질을 여러 세대에 걸쳐 조사한 뒤 기호를 통해 그림처럼 나타낸 것

2. 단일 인자 유전

(1) 상염색체에 의한 유전 : 형질을 결정하는 유전자가 상염색체에 있는 유전으로, 남녀에 따라 형질에 나타나는 빈도의 차이가 없다.

(1) **단일 인자 유전**[1]

① 한 쌍의 대립 유전자에 의해 하나의 형질이 결정되는 유전 방식을 단일 인자 유전이라 한다.

② 대체적으로 멘델의 법칙을 따르고 환경적인 영향을 거의 받지 않는다.

⇒ 표현형은 불연속적인 변이의 양상을 보인다.

③ 단일 대립 유전 : 유전 형질에 대한 대립 유전자가 2 개인 유전 현상으로, 2 가지의 표현형만 나타나며, 멘델의 법칙을 따른다. 또한 이 유전은 대립 형질이 명확하게 구분된다.

예 혀말기, 이마 모양, 귓볼 모양, 코 모양, 보조개, 눈꺼풀, 미맹[2], 단지증 등

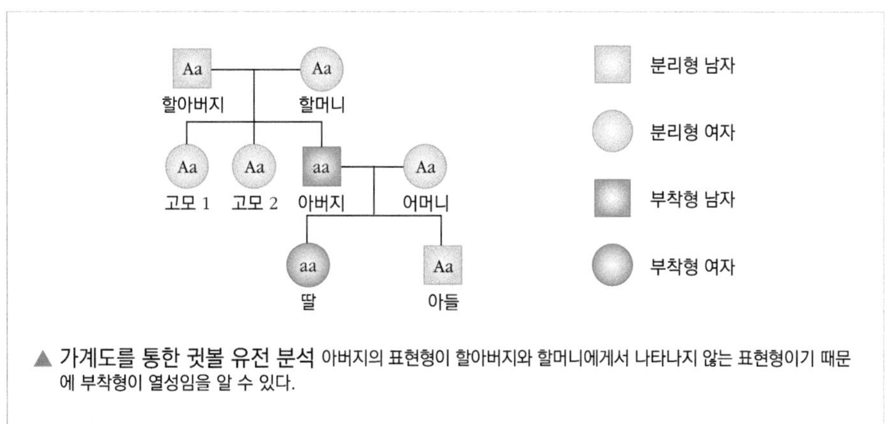

▲ 가계도를 통한 귓볼 유전 분석 아버지의 표현형이 할아버지와 할머니에게서 나타나지 않는 표현형이기 때문에 부착형이 열성임을 알 수 있다.

④ 복대립 유전 : 하나의 유전자 자리에 대립 유전자가 3 개 이상인 것을 복대립 유전자라고 하며, 복대립 유전자의 경우에도 각 개체는 2 개의 대립 유전자만을 가진다.

예 ABO 식 혈액형 : 세 가지의 대립 유전자가 쌍을 이루어 혈액형을 결정하며, 유전자 A 와 유전자 B 사이에는 우열 관계가 없고, 유전자 A 와 유전자 B 는 유전자 O 에 대하여 각각 우성이다. (A = B > O)

구분	A	B	AB	O
표현형	A 형	B 형	AB 형	O 형
유전자형	AA 형, AO 형	BB 형, BO 형	AB 형	OO 형
상동 염색체 안에서 대립 유전자	A A, A O	B B, B O	A B	O O

개념확인 2

정답 및 해설 58쪽

다음 단일 인자 유전에 대한 설명으로 옳은 것은 ○표, 옳지 않은 것은 ×표 하시오.

(1) 보조개나 미맹 형질 결정 유전자는 상염색체에 있으므로 남녀에 따라 형질에 나타나는 빈도의 차이가 없다. (　　)

(2) 복대립 유전자의 경우 각 개체는 3 개 이상의 대립 유전자를 갖는다. (　　)

확인+2

하나의 유전자 자리에 대립 유전자가 3 개 이상 관여하는 유전을 무엇이라 하는가?

(　　　　　　　　)

❶ 단일 인자 유전의 그래프형

단일 인자 유전은 대립 유전자가 2 개이기 때문에 표현형이 불연속적인 변이 미니 의 양상을 보인다.

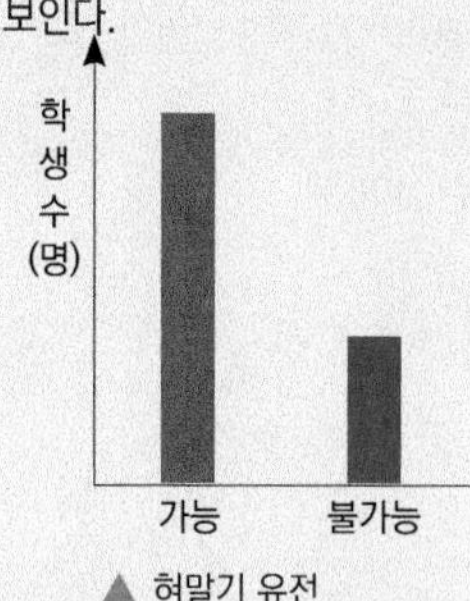

▲ 혀말기 유전

❷ 미맹

특정한 맛을 느끼지 못하는 사람.

· 페닐티오카바마이드(PTC)의 쓴맛을 느끼지 못하는 사람을 미맹이라고 한다.

· 쓴맛을 느끼게 하는 유전자는 쓴맛을 느끼지 못하게 하는 유전자에 대하여 우성이다.

초파리의 거대 염색체

초파리의 염색체 중에는 한 유전자 자리에 37 개의 대립 유전자를 가지는 것도 있다.

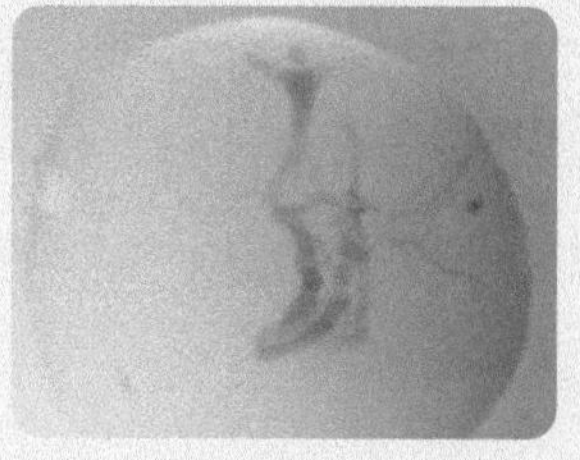

▲ 초파리 거대 염색체

미니사전

불연속 변이 [不 아니다 連續 잇닿다 變異 변하다] 유전자의 작용이 명확하여 발현되는 형질의 구별이 뚜렷한 변이

연속 변이 [連續 잇닿다 變異 변하다] 한 개체군에서 개체 사이의 차이가 작고 점진적인 변이

(2) 성염색체에 의한 유전[3] : 형질을 결정하는 유전자가 성염색체에 있는 유전으로, 남녀에 따라 형질에 나타나는 빈도의 차이가 생긴다.

① **성염색체** : 성을 결정하는 염색체로 암수에 따라 형태가 서로 다르다. 사람의 경우 여자는 X 염색체 두 개(XX)를, 남자는 X 염색체와 Y 염색체(XY)를 가진다.

② **반성 유전** : X 염색체에 있는 유전자에 의한 유전을 반성 유전이라고 한다. X 염색체의 일부 유전자에 결함이 생기면 여성의 경우에는 나머지 한 쪽의 X 염색체가 정상적인 유전자를 보유하고 있을 경우 문제가 생기지 않는다. 반면, 남성의 경우에는 X 염색체가 하나뿐이어서 X 염색체에 결함이 생기면 이를 보완하거나 대체할 염색체가 없기 때문에 표현형으로 나타난다. ㉠ 초파리의 눈 색깔, 색맹, 혈우병 등

구분	색맹[4]			혈우병		
특징	망막의 시세포에 이상이 있어 색깔을 제대로 구별하지 못한다.			혈액 응고 인자가 없어서 발생하는 질환으로, 상처가 났을 때 피가 멈추는데 정상인보다 시간이 오래 걸린다.		
우열 관계	정상 유전자 (X) 〉 색맹 유전자 (X′)			정상 유전자 (X) 〉 혈우병 유전자 (X′)		
유전자형과 표현형	성별	유전자형	표현형	성별	유전자형	표현형
	여성	XX	정상	여성	XX	정상
		XX′	정상 (보인자)		XX′	정상 (보인자 미니)
		X′X′	색맹		X′X′	혈우병 (치사 미니)
	남성	XY	정상	남성	XY	정상
		X′Y	색맹		X′Y	혈우병
	· 여성보다 남성의 색맹 비율이 더 많다. ⇒ 남성은 X′ 하나만 있어도 색맹이다. ⇒ 남성은 보인자가 존재하지 않는다.			· 여성보다 남성의 혈우병 비율이 더 많다. ⇒ 남성은 X′ 하나만 있어도 혈우병이다. ⇒ 남성은 혈우병 보인자가 존재하지 않는다. ⇒ 여성은 X′X′ 인 경우 대부분 태아 때 사망한다.		

③ **한성 유전** : 반성 유전과 상대되는 개념으로 Y 염색체에 있는 유전자에 의한 유전을 한성 유전이라고 한다. ㉠ 귓속털 과다증

	귓속털 과다증[5]	
특징	귓속 털이 길게 자란다.	
우열 관계	우성 : 정상 유전자 (Y) 〉 열성 : 귓속털 과다증 유전자 (Y′)	
유전자형과 표현형	성별	유전자형 / 표현형
	남성	XY / 정상
		XY′ / 귓속털 이모증
	· 남성에게만 귓속털 이모증이 나타난다. ⇒ Y 염색체 상에 있는 유전자이다.	

개념확인3

유전병이 겉으로 드러나지 않고, 그 유전 인자만을 가지고 있는 사람을 무엇이라고 하는가?

( )

확인+3

다음은 성염색체 유전에 대한 설명이다. 괄호 안에 들어갈 알맞은 말을 고르시오.

① 사람의 성 염색체 표현에 있어서 여성은 ㉠(XX / XY)이고, 남성은 ㉡(XX / XY)이다.

② X 염색체에 있는 유전자에 의한 유전을 (반성 유전 / 한성 유전)이라고 한다.

③ 반성 유전인 색맹에서 XX′ 은 (보인자 / 색맹)이다.

❸ 성염색체에 의한 유전의 특징

- 딸이 유전병이면 아버지는 100 % 유전병이다.
- 어머니가 유전병이면 아들은 100 % 유전병이다.
- 아버지가 정상이면 딸도 정상이다.
- 아들이 정상이면 어머니도 정상이다.

❹ 색맹 시험도

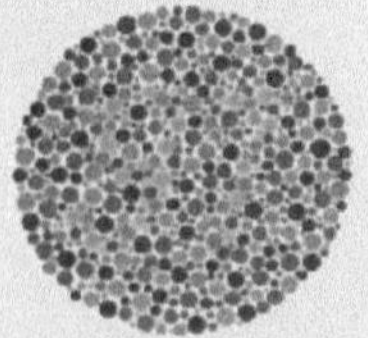

▲ 정상인은 97 로 읽지만, 색맹은 읽을 수 없다.

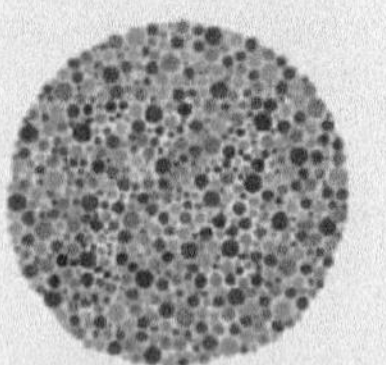

▲ 정상인은 74 로 읽지만, 적녹 색맹은 21 로 읽는다.

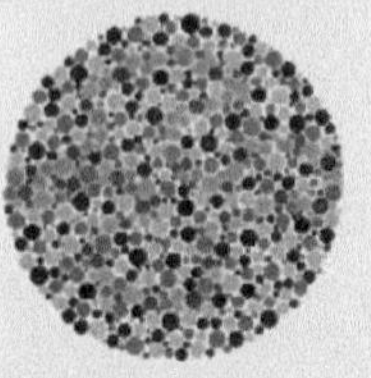

▲ 정상인은 양 선을 모두 이어가지만, 적색 약자는 자색 선만을, 적색 맹자는 적색 선만을 따라간다.

❺ 귓속털 과다증

▲ 대표적인 한성 유전의 예

미니사전

보인자 [保 유지하다 因 이어받다 者 것] 유전병이 겉으로 드러나지 않고 그 유전 인자만을 가지고 있는 사람

치사 [致 이르다 死 죽음] 죽음에 이르게 함.

3. 다인자 유전

(1) 다인자 유전[1] : 여러 쌍의 대립 유전자와 환경적인 요소가 복합적으로 작용하여 형질이 결정되는 유전 방식을 다인자 유전이라 한다. 멘델의 법칙을 거의 따르지 않으며 표현형이 연속적인 변이의 양상을 보이게 된다.[2] 예 키, 몸무게, 피부색 등

· 피부색은 서로 다른 상염색체에 존재하는 3 쌍의 대립 유전자(A 와 a, B 와 b, C 와 c)에 의해 결정된다고 가정한다.
· AABBCC(매우 검은색) 과 aabbcc(매우 흰색) 의 부모가 결혼하여 태어난 자손(AaBbCc)이 동일한 유전자형을 가진 사람과 결혼하여 자손이 태어나면 나타날 수 있는 자손의 피부색 분포는 AABBCC 부터 aabbcc 까지 다음과 같다.

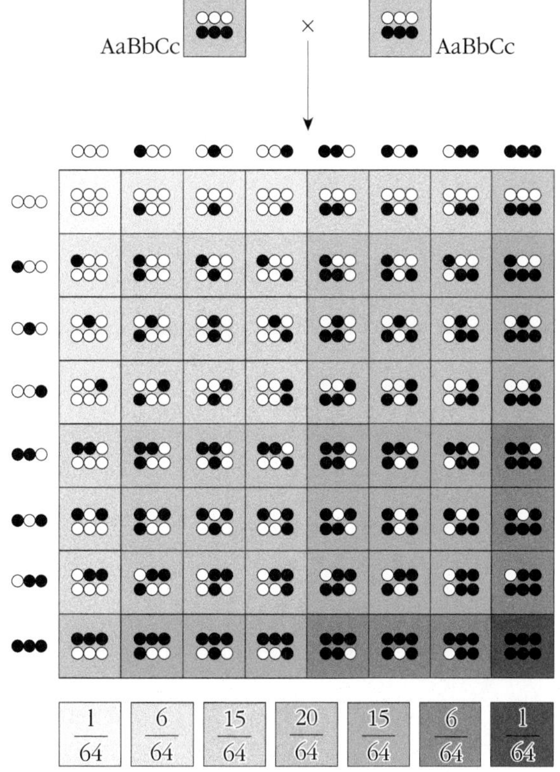

① 유전자형이 AaBbCc 인 사람에게서 만들어질 수 있는 생식 세포의 유전자형
: ABC, ABc, AbC, Abc, aBC, aBc, abC, abc

② 피부색의 결정 : 피부색의 표현형은 7 가지로 나타난다.

A + B + C	0	1	2	3	4	5	6
유전자형 예	aabbcc	Aabbcc	AAbbcc	AABbcc	AABBcc	AABBCc	AABBCC

개념확인 4 정답 및 해설 58쪽

여러 쌍의 대립 유전자와 환경적인 요소가 복합적으로 작용하여 형질이 결정되는 유전 방식을 무엇이라고 하는가?

( )

확인+4

유전에 대한 설명으로 옳은 것은 ○표, 옳지 않은 것은 ×표 하시오.

(1) 다인자 유전은 멘델의 유전 법칙을 따른다. ( )
(2) 다인자 유전은 단일 인자 유전과 달리 그래프가 정상 분포 곡선을 나타낸다. ( )

---

1 다인자 유전의 특징
· 많은 수의 대립 유전자가 관여하며, 환경의 영향을 받기 때문에 표현형이 다양하다.
· 멘델 법칙에 따른 대립 형질의 우성과 열성을 판단하기는 어렵다.

2 다인자 유전의 그래프형
· 다인자 유전은 여러 쌍의 대립 유전자가 관여하기 때문에 표현형이 연속적인 변이의 양상을 보인다.
· 표현형이 나타나는 개체수를 조사하면 중간 값이 큰 정상 분포 곡선 미니 을 나타낸다.

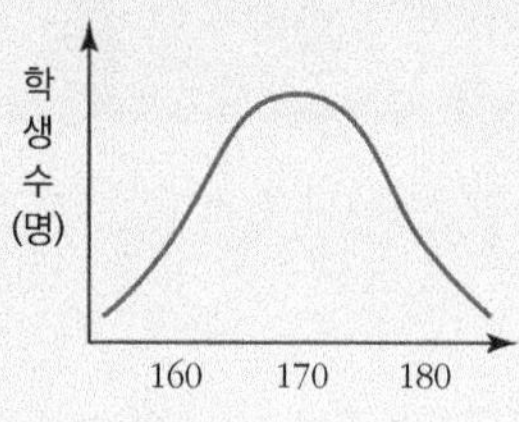

▲ 키 유전

미니사전
정상 분포 곡선 [正常 정상적인 分布 분포하다 曲 굽다 線 선] 그래프에 형상이 평균치를 중심으로 좌우에 균등하게 분포하는 그래프. 종 모양의 곡선을 나타낸다.

개념 다지기

01 다음 중 사람의 유전 연구가 어려운 이유가 <u>아닌</u> 것은?

① 한 세대가 길다.
② 자손의 수가 적다.
③ 유전자의 수가 많다.
④ 환경의 영향을 많이 받는다.
⑤ 원하는 유전자와 교배가 가능하다.

02 다음 중 사람의 유전 연구 방법이 <u>아닌</u> 것은?

① 집단 조사
② 통계 조사
③ 쌍둥이 연구
④ 가계도 조사
⑤ 염색체 및 유전자 연구

03 다음 설명문에 들어갈 알맞은 단어를 〈보기〉에서 찾아 기호로 쓰시오.

〈 보기 〉

ㄱ. 상염색체　ㄴ. 성염색체　ㄷ. 일란성 쌍둥이
ㄹ. 이란성 쌍둥이　ㅁ. 복대립 유전　ㅂ. 다인자 유전

(1) (　　　　)에 의한 유전은 남녀 성별에 따른 빈도의 차이가 없다.
(2) (　　　　)(은)는 환경에 의한 형질 차이를 연구하는데 유용하다.
(3) ABO 식 혈액형은 대표적인 (　　　　)이다.

04 다음 유전 현상 중 그래프의 모양이 불연속적 변이의 양상을 띠는 것을 <u>모두</u> 고르시오.

① 색맹
② 혈우병
③ 피부색 유전
④ 보조개 유전
⑤ 몸무게 유전

정답 및 해설 58쪽

05 다음 중 성염색체에 의한 유전에 대한 설명으로 옳지 않은 것은?

① 남성의 경우 보인자가 존재하지 않는다.
② 혈우병 여성은 대부분 태아 때 사망한다.
③ 귓속털 과다증은 대표적인 반성 유전이다.
④ 형질을 결정하는 대립 유전자가 성염색체 상에 존재한다.
⑤ 사람의 경우 여성은 XX, 남성은 XY 의 성염색체를 갖는다.

06 다음은 색맹 유전의 유전자형 중 보인자를 고르시오.

① XX ② XX′ ③ X′X′ ④ XY ⑤ X′Y

07 다음 중 다인자 유전에 대한 설명으로 옳은 것은?

① 다인자 유전은 멘델의 법칙을 따른다.
② 다인자 유전은 환경적 요소의 영향만 받는다.
③ 피부색 유전은 불연속적 변이 양상을 보인다.
④ 여러 쌍의 대립 유전자가 유전 현상에 관여한다.
⑤ 다인자 유전은 가계도를 통해 유전 현상을 분석할 수 있다.

08 다음 중 사람의 유전에 대한 설명으로 옳지 않은 것은?

① 여성보다 남성에서 색맹의 비율이 더 많다.
② 혈우병에서 XX′ 의 유전형을 가진 여성은 보인자이다.
③ 미맹은 단일 인자 유전에 속하며, 멘델의 법칙을 따른다.
④ 복대립 유전의 경우 각 개채는 3 개 이상의 대립 유전자를 가진다.
⑤ 키는 형질 발현에 관여하는 대립 유전자 수가 많으며 환경의 영향을 받는다.

유형 익히기 & 하브루타

[유형 11-1] 사람의 유전 연구

사람의 유전 연구 방법과 그에 해당하는 설명을 알맞게 연결하시오.

(1) 가계도 조사 ·	· ㉠ 형질의 차이가 유전적 이유인지 환경에 의한 획득 형질인지를 조사하는 연구
(2) 쌍둥이 연구 ·	· ㉡ 한 생물이 갖는 고유한 염색체의 수, 모양, 크기를 분석하는 연구
(3) 집단 조사 ·	· ㉢ 특정 유전 형질이 한 가계 안에서 어떻게 나타나는지의 여부를 조사하는 연구
(4) 염색체 연구 ·	· ㉣ 집단에서 나타나는 유전자의 빈도를 조사하여 통계 처리 후 유전자 빈도를 조사하는 연구

01 다음 중 쌍둥이 연구에 대한 설명으로 옳지 않은 것은?

① 1란성 쌍둥이의 유전자 구성은 동일하다.
② 2란성 쌍둥이의 유전자 구성은 서로 다르다.
③ 1란성 쌍둥이는 2 개의 정자와 2 개의 난자가 수정되어 태어난다.
④ 2란성 쌍둥이는 유전과 환경의 영향으로 표현형의 차이가 나타난다.
⑤ 형질의 차이가 유전적 요인인지 환경적 요인인지 분석하는데 중요한 연구이다.

02 다음은 사람의 유전 연구 방법에 대한 설명이다. 이에 대한 설명으로 옳은 것만을 〈보기〉에서 있는 대로 고르시오.

〈 보기 〉

ㄱ. 가계도 분석을 통해 태어날 자손의 형질을 예측할 수 없다.
ㄴ. 핵형 분석을 통해 여러가지 유전병의 원인을 조사할 수 있다.
ㄷ. 형질의 차이가 환경의 영향인지 조사하기 위해서는 1란성 쌍둥이보다 2란성 쌍둥이가 적합하다.

(　　　　　　)

정답 및 해설 59쪽

[유형 11-2] 단일 인자 유전 1

다음 그림은 어떤 집안의 미맹 유전 가계도를 나타낸 것이다.

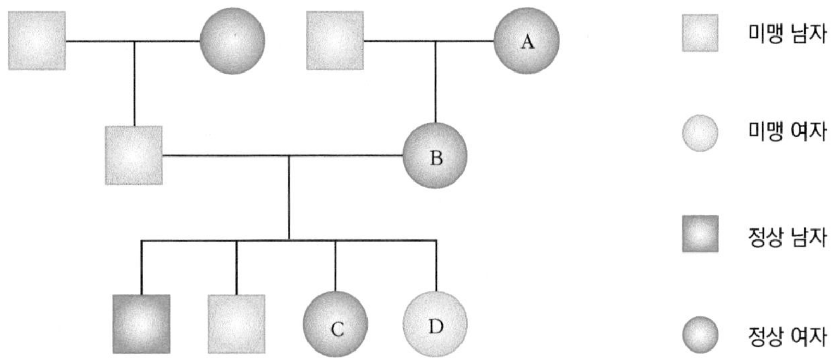

A B C D

미맹 남자
미맹 여자
정상 남자
정상 여자

다음 물질의 특성에 대한 설명 중 옳은 것은 ○표, 옳지 않은 것은 ×표 하시오.

(1) A 의 유전자형은 이형 접합이다. ( )
(2) B 와 C 의 유전자형은 동일하다. ( )
(3) 미맹 유전은 멘델의 법칙을 따르지 않는다. ( )

03 다음은 혀말기 유전에 관한 가계도이다. 우성의 유전자는 A, 열성의 유전자는 a 라고 할 때, ㉠의 유전자형과 ㉡의 유전자형을 적으시오.

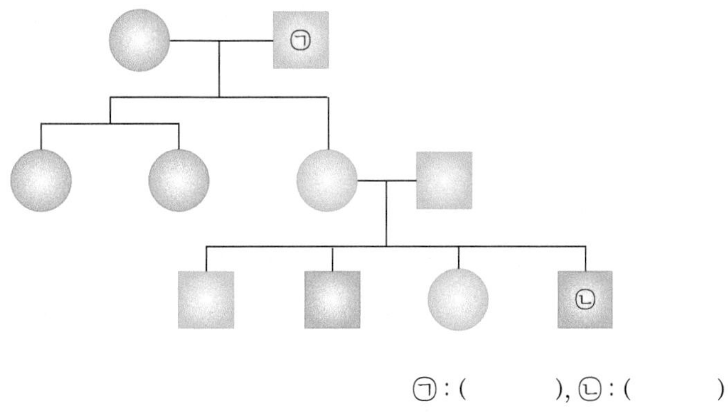

㉠ : ( ), ㉡ : ( )

04 이형 접합의 A 형의 어머니와 이형 접합의 B 형의 아버지 사이에서 태어날 수 있는 자식의 혈액형을 모두 적으시오.

( )

유형 익히기&하브루타

[유형 11-3] 단일 인자 유전 2

다음 그림은 어떤 유전병에 대한 가계도이다. 이 유전병 유전자는 성염색체에 존재한다.

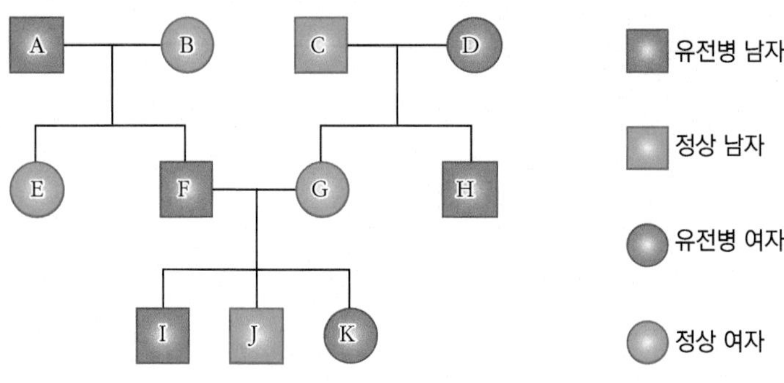

이에 대한 설명으로 옳지 않은 것은?

① A 와 B 는 모두 유전병 유전자를 가지고 있다.
② E 와 G 는 보인자이다.
③ I 의 유전자형은 D 로부터 전달됐다.
④ 이 가계도에서 유전병 유전자는 Y 염색체에 있는 한성 유전이다.
⑤ J 가 보인자인 여자와 결혼하여 낳은 자식이 유전병에 걸릴 확률은 25 % 이다.

05 다음은 어떤 집안의 유전병 가계도이다. (단, 이 유전병 유전자는 성염색체에 존재한다.)

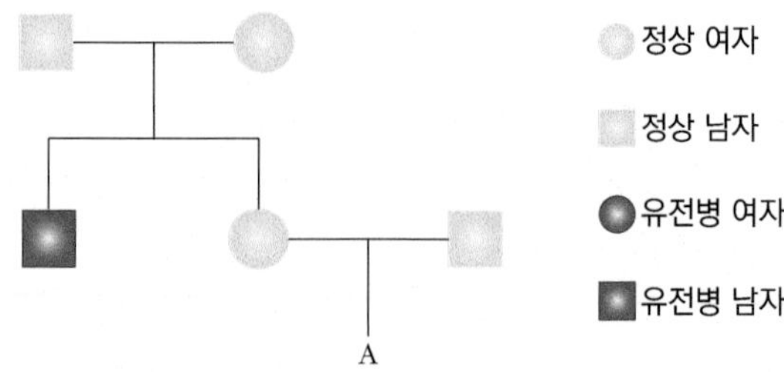

A 에서 유전병이 나타날 확률을 구하시오.

① 0　② $\frac{1}{2}$　③ $\frac{1}{4}$　④ $\frac{1}{8}$　⑤ $\frac{1}{16}$

06 다음 중 성염색체에 의한 유전에 대한 설명으로 옳은 것은 ○표, 옳지 않은 것은 × 표 하시오.

(1) 색맹은 여자보다 남자의 비율이 더 높다. (　　)
(2) 유전병 유전자가 X 염색체에 있는 것을 반성 유전이라고 한다. (　　)
(3) 한성 유전의 경우 정상인 아버지에게서 유전병을 가진 아들이 나올 수도 있다. (　　)

정답 및 해설 59쪽

[유형 11-4] 다인자 유전

오른쪽 그림은 사람의 피부색 유전을 나타낸 그림이다.

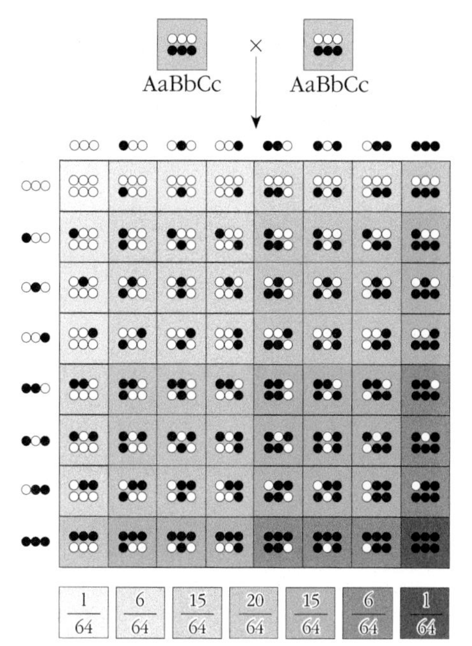

사람의 피부색 유전에 대한 설명 중 옳은 것은 ○표, 옳지 않은 것은 ×표 하시오.

(1) 오른쪽 퍼넷 사각형을 그래프로 그리면 정규 분포 곡선을 그린다. ( )

(2) 사람의 피부색 유전은 다양한 대립 유전자가 영향을 미치는 다인자 유전에 해당한다. ( )

(3) 피부색 유전은 다인자 유전을 따르지만 실제 표현형은 환경적 요인에 의해서 확률보다 다양하게 나타난다. ( )

(4) 갈색 피부를 가진 사람(AaBbCc)이 흰색 피부(aabbcc)를 가진 사람과 결혼하였을 때, 나타날 수 있는 자손의 피부색 표현형은 64 가지이다. ( )

07 여러 쌍의 대립 유전자와 환경적인 요소가 복합적으로 작용하여 형질이 결정되는 유전 방식을 무엇이라고 하는가?

( )

08 다음 설명문에 들어갈 알맞은 단어를 쓰시오.

(1) 다인자 유전은 그래프로 그리면 ( )(을)를 그린다.

(2) 키, 몸무게 등과 같이 다양한 표현형을 나타내며, 환경의 영향을 많이 받는 유전을 ( )(이)라고 한다.

(3) AaBbCc 의 유전자형을 가진 부모끼리 결혼하여 태어난 자손형에서의 피부색의 표현형은 ( )가지 이다.

창의력&토론마당

01

다음은 낫모양 적혈구 빈혈증과 말라리아에 관한 내용이다.

(1) 낫모양 적혈구 빈혈증

· 원인 : 적혈구의 헤모글로빈 단백질의 아미노산 서열 중 하나가 다른 아미노산으로 바뀌면 적혈구가 낫 모양으로 변한다. 2 개의 열성 대립 유전자가 있어야 낫모양 적혈구 빈혈증이 나타나지만 1 개만 있어도 표현된다. 즉, 공동 우성에 속하기 때문에 이형 접합자인 경우에는 건강하게 지내다가 산소가 부족할 경우 증상이 나타난다.
· 증상 : 높은 곳에 있거나 육체적으로 스트레스를 받아 혈액 내 산소 분압이 낮아질 때, 적혈구의 헤모글로빈 분자가 긴 막대로 뭉쳐져 낫 모양으로 변한다. 그 결과 관절이 붓고 심각한 감염 증상이 나타날 수 있다.
· 빈도 : 이 병을 가진 사람은 자손을 낳을 수 있는 나이까지 생존하기 어렵다. 그럼에도 불구하고 아프리카에는 이 질병의 유전자를 가진 이형 접합자가 인구의 15 ~ 20 % 까지 된다.

(2) 말라리아

· 원인 : 말라리아 병원충이 적혈구를 파괴하여 나타나는 질병으로 아프리카에서 자주 발병한다.
· 특징 : 말라리아 병원충은 낫 모양 적혈구에는 살지 못한다. 낫 모양 적혈구 빈혈증 유전자를 가진 보인자의 적혈구에 말라리아 병원충이 감염되면 적혈구가 낫 모양으로 변하여 말라리아에 감염되지 않는다.

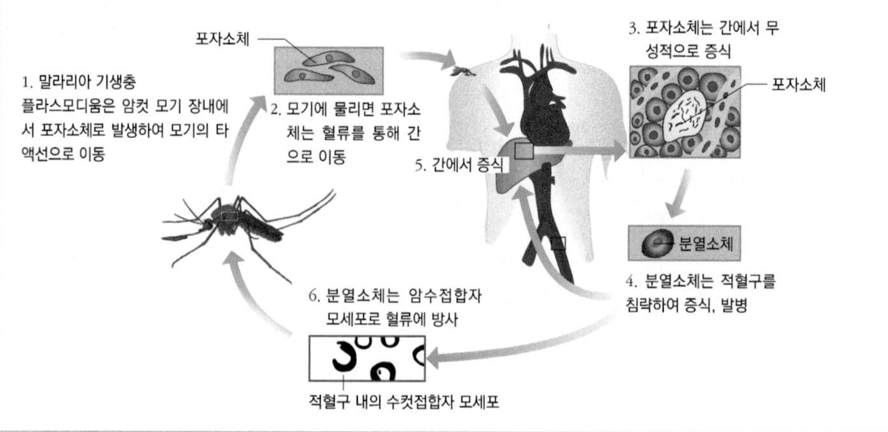

(1) 아프리카에서 낫모양 적혈구 빈혈증의 이형 접합자의 빈도가 다른 지역에 비해 높은 이유를 설명하시오.

(2) 일반적으로 유전 인자의 우성과 열성이 좋은 것과 나쁜 것이라는 인식을 가지고 있다. (1) 의 답변과 사람의 상염색체 유전을 바탕으로 위 인식의 오류를 적어 보시오.

정답 및 해설 61쪽

02

다음 [자료 1] 은 Cis-AB 형에 대한 설명이고, [자료 2] 는 Cis-AB 형 돌연변이에 대한 뉴스 기사를 발췌한 것이다.

[자료 1] Cis-AB 형

·AB 형 중에는 희귀한 혈액형 중 하나인 Cis-AB 형이 있다. 원래 A 형 또는 B 형 유전자는 따로 따로 각각 한쪽 염색체에 위치하는데 Cis-AB 유전자는 아래의 그림처럼 부등 교차에 의해 한쪽 염색체에 A 형과 B 형 유전자가 몰려 있다(Cis : 같은 쪽에 있다는 뜻). 그래서 A 형과 B 형 유전자가 통째로 유전된다.

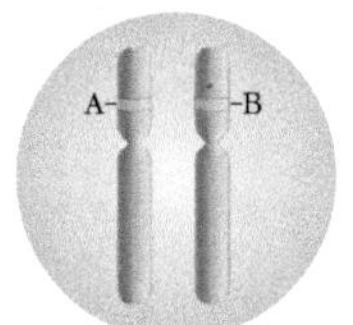

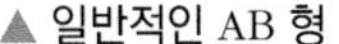
▲ 일반적인 AB 형

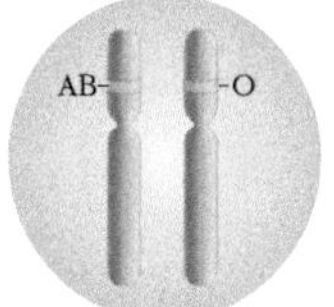

▲ Cis−AB 형

·Cis-AB 형은 weak A 와 weak B 로 이루어진 경우가 많다.
·Cis-AB 형 중 A 유전자가 약하게 나타나는 경우를 weak A 라고 하며 AB 형 또는 B 형으로 나타난다.
·Cis-AB 형 중 B 유전자가 약하게 나타나는 경우를 weak B 라고 하며 AB 형 또는 A 형으로 나타난다.
* 부등 교차 : 감수분열 시 상동 염색체 간에서 교차가 생기는 경우 일반적으로 상동의 부분이 상호 교환되지만, 일부 교환되는 부분이 같지 않은 경우도 있으며 이때의 교차를 부등 교차라고 한다.

[자료 2]

국내에서 새로운 Cis-AB 혈액형이 발견됐다. 삼성서울병원 진단검사의학과 조덕 교수, 순천향의대 신희봉 교수팀은 국제 수혈의학 전문 학술지에 29세 여성에게서 발견한 'Cis-AB' 혈액형을 시조(founder)로 보고했다. 이 여성은 난소낭종 수술을 위해 병원을 찾았다가 검사를 통해 혈액형이 Cis-AB 형이라는 사실을 처음 알게 됐다. Cis-AB 형은 A 형과 B 형을 결정짓는 유전자 형질이 섞여있는 탓에 부모에게서 Cis-AB 유전자를 물려받는다. 하지만 이번에 발견된 새로운 Cis-AB 형은 부모에게서 Cis-AB 유전자를 물려받지 않았다. 환자의 아버지와 어머니 모두 정상 B 형이어서 매우 이례적이다. 본인에게 처음 유전자 돌연변이가 발생해 생긴 Cis-AB 형을 확인한 첫 사례다. Cis-AB 형(Cis-AB01)은 국내에서는 인구 1 만 명당 3 ~ 4 명꼴로 발견되는 것으로 알려져 있다. 하지만 이번에 발견된 Cis-AB 형(Cis-AB09)은 국내외에서 유일하다.

(1) 위의 내용을 바탕으로 Cis-AB 형과 각 혈액형(AA, BO, AB, OO)이 결혼하였을 때, 태어날 수 있는 자손의 혈액형의 표현형을 적어 보시오.

① Cis-AB × AA →

② Cis-AB × BO →

③ Cis-AB × AB →

④ Cis-AB × OO →

(2) [자료 2] 의 뉴스의 내용에 의하면 정상인 B 형 부모 사이에서 태어난 Cis-AB 형은 돌연변이다. 돌연변이가 아닌 경우, B 형인 부모 사이에서 Cis-AB 형이 태어나기 위한 부모의 유전자형이 어떻게 되는지 적어 보시오.

창의력&토론마당

03

다음은 여성에게서 나타나는 바소체(Bar body)에 관한 내용이다.

·바소체(Barr body)는 캐나다의 과학자인 바(M. Barr)가 발견한 X 염색체의 비활성화 구조이다.
·XY 형 성염색체를 가지고 있는 동물은 수컷이 하나의 X 염색체만을 가지기 때문에 암컷은 그 두 배의 X 염색체를 가지게 된다. 때문에 X 염색체 상의 유전자가 모두 활성화되어 작동하면 수컷에 비해 2 배의 단백질을 합성하게 되어 문제가 생긴다. 이 현상을 해결하기 위해서 암컷이 가지고 있는 두 개의 X 염색체 중 하나는 발생 과정에서 응축되어 작동하지 않게 되는데 이 염색체를 바소체라고 한다.
·임의로 X 염색체를 선택하기 때문에 여성인 경우 몸 전체 세포들의 활성화된 X 염색체가 다르다. 이를 'X 염색체 모자이크화' 라고 한다. 때문에, 하나의 X 염색체가 이상한 경우, 즉 보인자라고 일컬어지는 여성도 유전병에 걸릴 수도 있다.

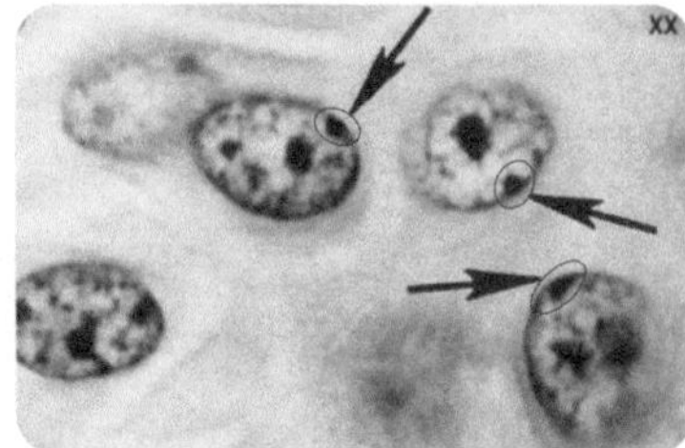

▲ 여성의 XX 염색체

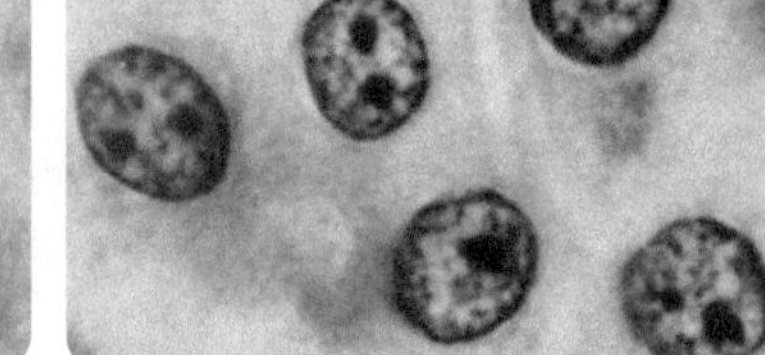

▲ 남성의 XY 염색체

·모자이크 현상 : 생체에 유전적으로 다른 세포군이 혼재하는 상태를 의미한다.
·모자이크 유전 : 모자이크 현상이 다음 대에 유전되는 현상이다. 모자이크의 원인이 핵내, 또는 핵의 유전자의 돌연변이, 체세포 조환, 염색체의 구조 변화, 염색체 수의 변화 등이기 때문에 다음 세대에도 유전된다.

(1) 유전자 돌연변이에 의해 XO 의 염색체를 가진 여성과 XXX 의 염색체를 가진 여성이 태어났다. 이때, 각각의 여성은 몇 개의 바소체를 가지고 있을지 적어보자.

① XO 의 염색체를 가진 여성 :

② XXX 의 염색체를 가진 여성 :

(2) 여성 일란성 쌍둥이의 경우, 한 명은 유전병에 걸리고 다른 한 명은 유전병에 걸리지 않는 것이 가능한 것인지 그 이유와 함께 적어보자.

정답 및 해설 62쪽

04

다음은 한성 유전에 관한 내용이다. 물음에 답하시오.

·Y-연관 유전자들은 Y 염색체에 존재하며 아버지로부터 아들에게 전달된다. 비록 Y 염색체에는 유전자가 매우 적지만, 유전의 형태가 뚜렷하기 때문에 Y-연관 유전자들의 위치를 쉽게 확인할 수 있다.
·Y 염색체에만 존재하는 것으로 알려진 유전자 중에 일부인 SRY(Sex determining Region of the Y chromosome)가 있다. 이 유전자의 발현은 정소와 남성의 성징을 나타내게 하는데 필요한 세포를 만드는 일련의 과정을 시작하게 한다. SRY 외에 Y 염색체 위에 있는 남성만이 가지는 독특한 유전자들은 고환이 만들어지지 않으면 발현되지 않는다.

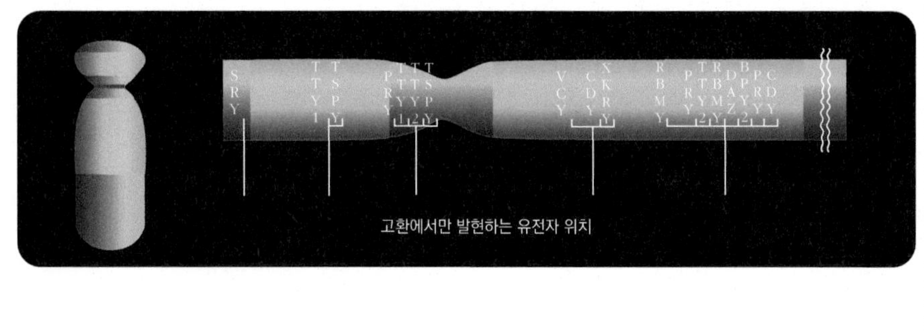

고환에서만 발현하는 유전자 위치

(1) 때때로 염색체의 성과 생물학적 성이 일치하지 않는 경우가 있다. 예를 들어 XX 유전자형을 가진 남성이 있다. 이런 현상이 일어난 경우 Y 염색체와 X 염색체가 어떻게 존재하는지 서술해 보자.

(2) XX 염색체를 가진 남성이 태어난 경우에도 한성 유전은 일어날 수 있을지 적어보고 그렇게 생각한 이유를 서술해 보자.

스스로 실력 높이기

01 집단에서 나타나는 빈도를 조사하여 통계처리 하는 조사 방법을 무엇이라고 하는가?

( )

02 다음 중 단일 인자 유전에 해당하는 것을 모두 고르시오.

① 미맹 ② 혀말기 ③ 몸무게
④ 지능 ⑤ 보조개

03 다음 그림은 어떤 가족의 미맹 여부를 나타낸 것이다. 확실하게 미맹 유전자를 가지고 있는 가족은 몇 명인가? (단, 미맹 유전자는 상염색체에 존재하며 대립 유전자 T 는 t 에 대하여 완전 우성이다.)

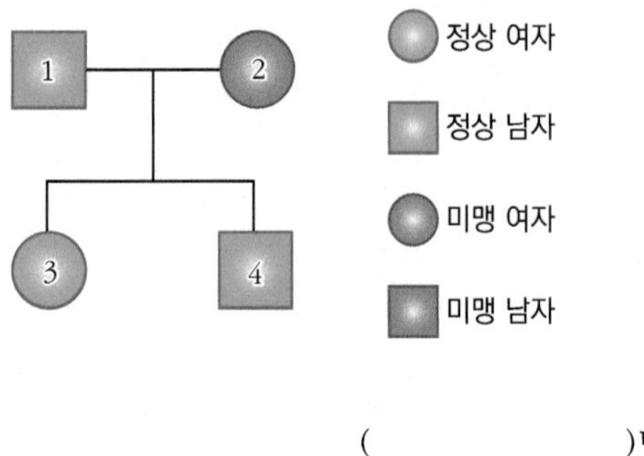

( )명

04 하나의 유전자 자리에 대립 유전자가 3 개 이상인 유전을 무엇이라고 하는가?

( )

05 아버지의 혈액형은 B 형이다. 이때, 자식의 혈액형이 AB 형과 O 형이라고 한다면 어머니의 혈액형의 유전자형은 어떻게 되는가?

( )

06 어느 가계도에서 아버지의 색맹 유전자형이 X′Y, 어머니의 색맹 유전자형이 XX′ 일 때, 자녀에게서 나올 수 있는 유전자형을 모두 적으시오. (단, 정상 유전자는 X, 색맹 유전자는 X′ 으로 표시한다.)

( )

07 다음 색맹 유전에 대한 설명으로 옳은 것은 ○표, 옳지 않은 것은 ×표 하시오.

(1) 남자는 색맹 유전자가 하나만 있어도 색맹이 된다. ( )

(2) 귓볼 모양을 결정하는 유전자와 색맹 유전자는 모두 상염색체에 있다. ( )

(3) 아버지는 정상, 어머니는 색맹인 경우 자식은 모두 색맹이다. ( )

08 다음 반성 유전에 대한 설명으로 옳은 것은 ○표, 옳지 않은 것은 ×표 하시오.

(1) 색맹과 혈우병은 남자의 비율이 더 높다. ( )

(2) 형질이 나타나는 비율이 성별에 따라 다르다. ( )

(3) 형질을 결정하는 유전자가 Y 염색체 위에 있다. ( )

09 반성 유전과 상대되는 개념으로 Y 염색체에 있는 유전자에 의한 유전을 무엇이라고 하는가?

( )

10 다음 〈보기〉는 특정 유전에 대한 설명이다. 어떤 유전에 대한 설명인지 적으시오.

〈 보기 〉

- 표현형이 연속적으로 나타난다.
- 대립 형질이 뚜렷하게 구분되지 않는다.
- 하나의 형질을 결정하는 데 여러 쌍의 대립 유전자가 관여한다.

( )

B

11 다음 중 사람의 유전 현상에 대한 설명으로 옳지 않은 것을 고르시오.

① 사람의 유전은 임의 교배 실험이 불가능하다.
② 사람의 유전은 교차 및 돌연변이가 많아 형질 분석이 어렵다.
③ 사람의 유전은 세대의 교체가 빠르기 때문에 연구가 수월하다.
④ 가계도 조사를 통해 유전자의 빈도를 조사할 수 있다.
⑤ 가계도 조사는 여러 세대에 걸쳐 나타난 유전 형질의 정보를 조사한다.

12 다음은 다양한 사람의 유전 현상에 대한 설명이다. 괄호 안에 알맞은 말을 고르시오.

(1) ABO 식 혈액형은 대표적인 (㉠ 단일 인자 유전/㉡ 복대립 유전)이다.
(2) 여성의 성염색체는 (㉠ XX / ㉡ XY)이고, 남성의 성 염색체는 (㉢ XX / ㉣ XY)이다.
(3) 유전자가 (㉠ 상염색체 / ㉡ 성염색체)에 있을 때 남녀의 발생 빈도가 비슷하다.
(4) (㉠ 단일 인자 유전 / ㉡ 다인자 유전)은 많은 수의 대립 유전자가 유전에 관여한다.
(5) 단일 인자 유전의 경우 그래프는 (㉠ 불연속적 변이 / ㉡ 연속적 변이)의 양상을 보인다.
(6) 색맹, 혈우병과 같이 X 염색체에 의해 유전되는 것을 (㉠ 반성 유전 / ㉡ 한성 유전)이라고 한다.

13 다음은 어떤 집안의 유전병 가계도이다.

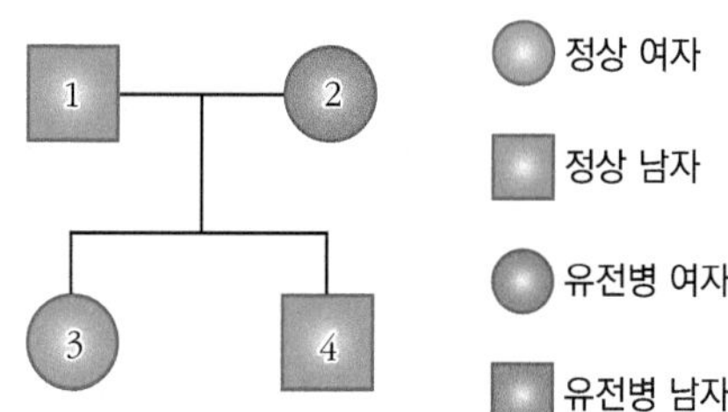

이에 대한 설명으로 옳은 것만을 〈보기〉에서 있는 대로 고른 것은?

〈 보기 〉

ㄱ. 유전병은 상염색체 유전이다.
ㄴ. 1, 3, 4 의 유전자형은 모두 동일하다.
ㄷ. 4 가 정상 여자와 결혼하여 아이가 태어날 때, 유전병에 걸릴 확률은 25 % 이다.

① ㄱ ② ㄴ ③ ㄱ, ㄷ
④ ㄴ, ㄷ ⑤ ㄱ, ㄴ, ㄷ

스스로 실력 높이기

14 그림은 어떤 집안의 미맹 유전 가계도를 나타낸 것이다.

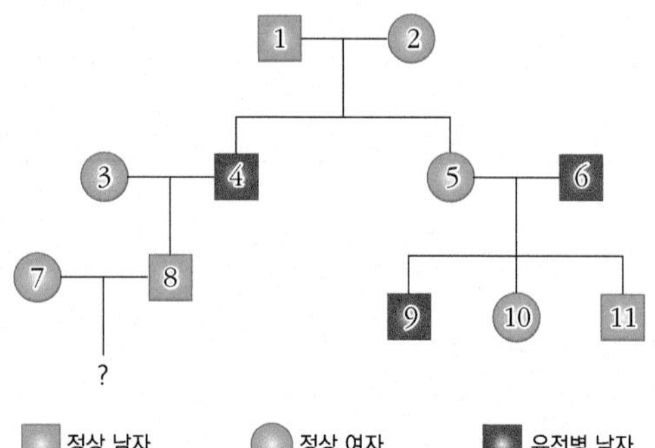

이에 대한 설명으로 옳은 것만을 〈보기〉에서 있는 대로 고른 것은?

〈 보기 〉

ㄱ. 2 와 5 의 유전자형은 서로 같다.
ㄴ.유전자형을 확실히 알 수 없는 사람은 3 명이다.
ㄷ. 7 과 8 사이에서 미맹인 딸이 태어날 확률은 25 % 이다.

① ㄱ ② ㄷ ③ ㄱ, ㄴ
④ ㄴ, ㄷ ⑤ ㄱ, ㄴ, ㄷ

15 다음 표는 환이네 가족의 ABO 식 혈액형을 가계도로 나타낸 것이다. 부모의 혈액형 유전자형을 적으시오.

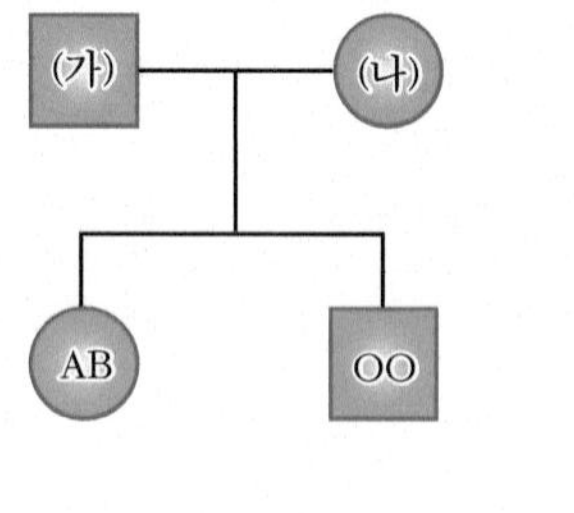

(,)

16 유정이네 가족의 혈액형을 조사해 보니 유정이가 O 형, 아버지가 B 형, 어머니가 O 형, 할머니가 A 형이다. 이때 유정이 할아버지의 혈액형으로 가능한 것은?

① B형, AB형 ② A형, AB형 ③ A형, B형
④ B형, O형 ⑤ A형, O형

17 다음은 어느 가족의 색맹 가계도를 나타낸 것이다. A 가 색맹일 확률을 구하시오.

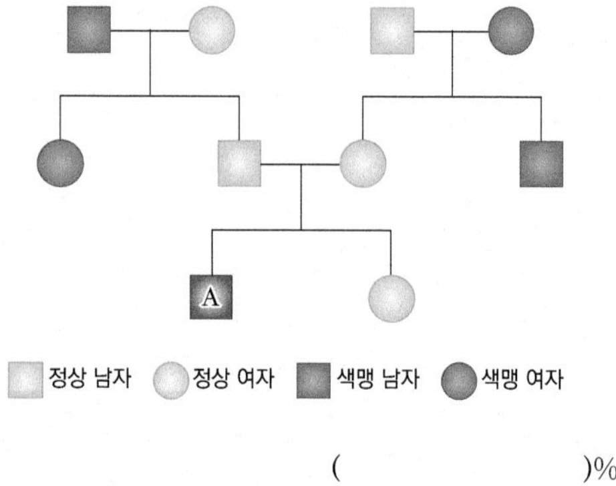

( )%

18 그림은 어떤 집안의 색맹 유전병 가계도를 나타낸 것이다.

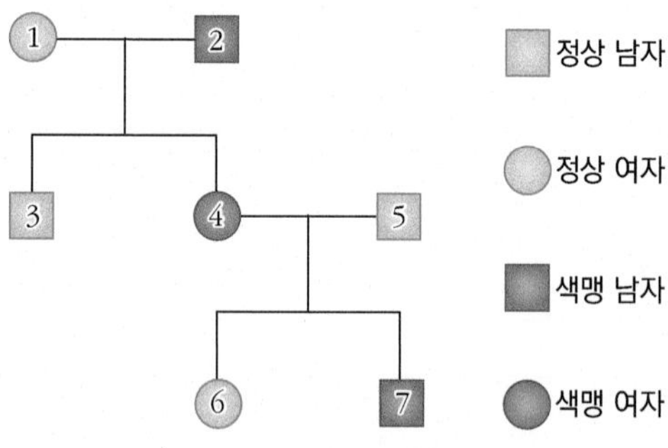

이에 대한 설명으로 옳은 것만을 〈보기〉에서 있는 대로 고른 것은?

〈 보기 〉

ㄱ. 위 가계도에서 보인자는 2 명이다.
ㄴ. 유전병 유전자는 X 염색체 위에 있다.
ㄷ. 6 과 7 의 동생이 태어날 때, 유전병을 가진 딸이 태어날 확률은 25 % 이다.

① ㄱ ② ㄷ ③ ㄱ, ㄴ
④ ㄴ, ㄷ ⑤ ㄱ, ㄴ, ㄷ

정답 및 해설 62쪽

C

19 다음은 영국 왕실의 혈우병 가계도를 나타낸 것이다.

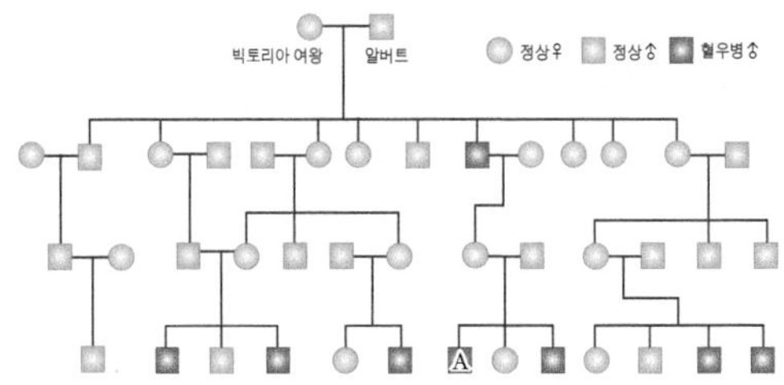

이에 대한 설명으로 옳은 것만을 〈보기〉에서 있는 대로 고른 것은?

〈 보기 〉

ㄱ. 확실하게 알 수 있는 보인자는 총 8 명이다.
ㄴ. 혈우병 유전 인자는 X 염색체 위에 있다.
ㄷ. A 의 유전자는 빅토리아 여왕으로부터 물려받았다.

① ㄱ ② ㄴ ③ ㄱ, ㄷ
④ ㄴ, ㄷ ⑤ ㄱ, ㄴ, ㄷ

20 그림은 어떤 집안의 보조개 가계도를 나타낸 것이다.

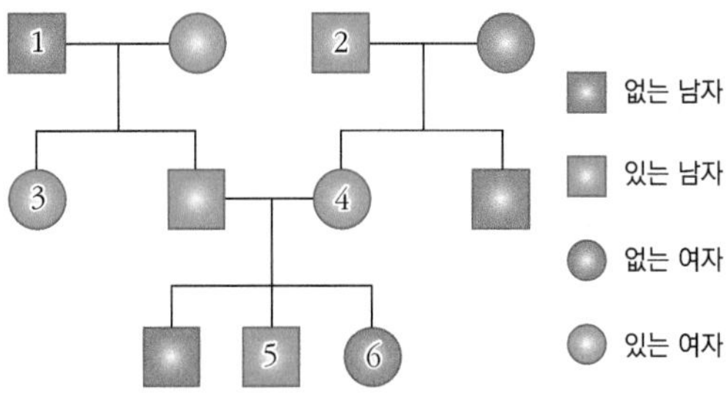

이에 대한 설명으로 옳은 것만을 〈보기〉에서 있는 대로 고른 것은? (단, 돌연변이와 교차는 고려하지 않는다.)

〈 보기 〉

ㄱ. 3, 4 는 보인자이다.
ㄴ. 유전병 염색체는 상염색체에 있다.
ㄷ. 6 번이 보조개가 있는 남자와 결혼해서 태어난 아이가 보조개가 없을 확률은 50 % 이다.

① ㄱ ② ㄷ ③ ㄱ, ㄴ
④ ㄴ, ㄷ ⑤ ㄱ, ㄴ, ㄷ

21 다음은 어떤 유전병에 대한 설명이다.

· 유전병 발현 빈도는 남성이 여성보다 높다.
· 딸이 유전병이면 아버지는 반드시 유전병이 나타난다.
· 어머니가 유전병이면 아들은 반드시 유전병이 나타난다.

이에 대한 설명으로 옳은 것만을 〈보기〉에서 있는 대로 고른 것은?

〈 보기 〉

ㄱ. 성염색체 유전에 관한 설명이다.
ㄴ. 아버지가 정상이면 딸도 정상이다.
ㄷ. 부모가 모두 정상이고 아들이 유전병을 나타낼 경우, 유전병에 걸린 동생이 태어날 확률은 50 % 이다.

① ㄱ ② ㄴ ③ ㄷ
④ ㄱ, ㄴ ⑤ ㄱ, ㄴ, ㄷ

22 다음 그림은 어떤 집안의 색맹 가계도를 나타낸 것이다. (가)에 표시된 쌍둥이의 발생 과정이 (나)와 같다.

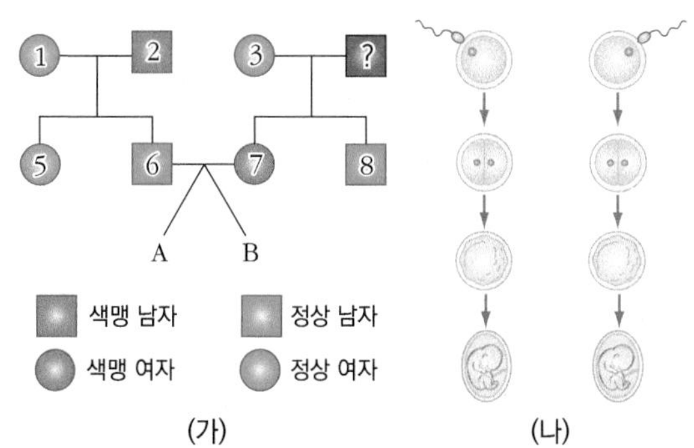

이에 대한 설명으로 옳은 것만을 〈보기〉에서 있는 대로 고른 것은?

〈 보기 〉

ㄱ. ? 는 색맹이다.
ㄴ. 1 과 3 의 유전자형은 동일하다.
ㄷ. A 와 B 가 모두 색맹일 확률은 25 % 이다.

① ㄱ ② ㄴ ③ ㄷ
④ ㄱ, ㄷ ⑤ ㄱ, ㄴ, ㄷ

스스로 실력 높이기

23 다음은 혀말기 유전에 대한 가계도이다.

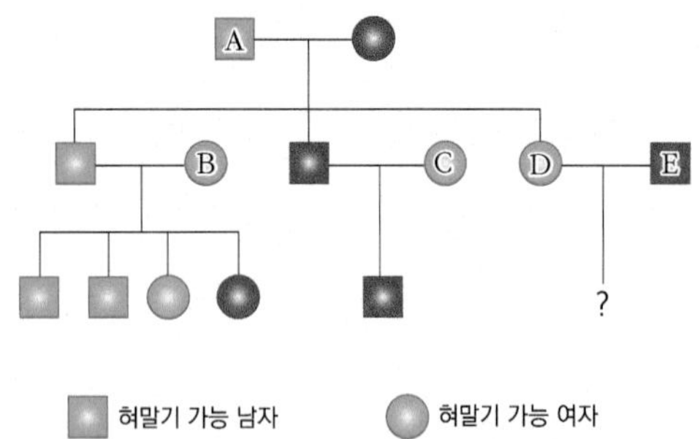

이에 대한 설명으로 옳은 것만을 〈보기〉에서 있는 대로 고른 것은?

〈 보기 〉

ㄱ. 혀말기 유전자는 상염색체 위에 존재한다.
ㄴ. A, B, C 의 유전자형은 동일하다.
ㄷ. D 와 E 가 결혼하여 태어난 자손이 혀말기가 안 될 확률은 25 % 이다.

① ㄱ ② ㄴ ③ ㄱ, ㄴ
④ ㄱ, ㄷ ⑤ ㄱ, ㄴ, ㄷ

24 다음은 혈액형과 색맹 유전에 대한 가계도이다.

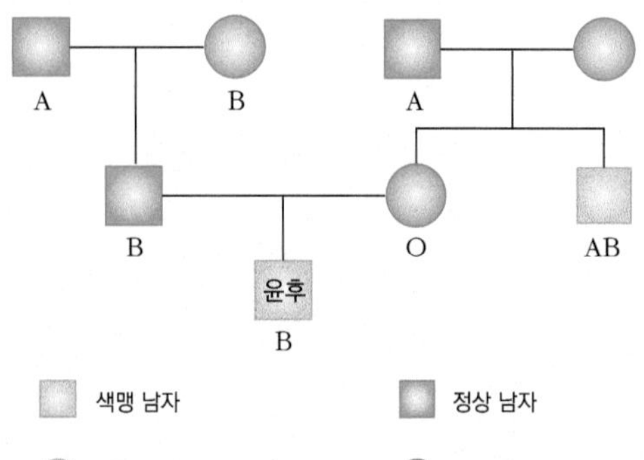

이에 대한 설명으로 옳은 것만을 〈보기〉에서 있는 대로 고른 것은?

〈 보기 〉

ㄱ. 윤후의 아버지의 혈액형은 동형 접합이다.
ㄴ. 윤후의 외할머니의 혈액형 유전자형은 BO 이다.
ㄷ. 윤후가 어머니와 동일한 유전자형을 가진 여자와 결혼할 경우 윤후와 동일한 유전자형이 태어날 수 있다.

① ㄱ ② ㄴ ③ ㄱ, ㄷ
④ ㄴ, ㄷ ⑤ ㄱ, ㄴ, ㄷ

25 다음은 어떤 유전병에 대한 가계도이다. 이 가계도에 대한 해석으로 옳은 것은?

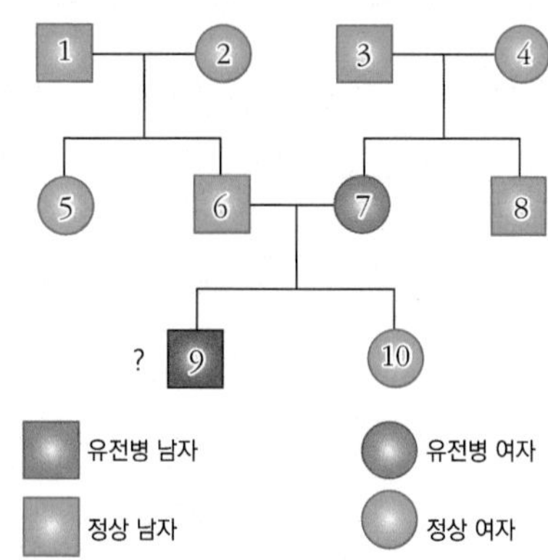

① 유전병 유전자는 성염색체에 있다.
② 3 번 남자는 유전병 유전자를 가지고 있지 않다.
③ 9 번 남자는 유전병이다.
④ 10 번 여자는 유전병 유전자를 가지고 있다.
⑤ 6 번과 7 번 사이에 자식이 더 태어난다면 유전병에 걸릴 확률은 50 % 이다.

26 다음은 어떤 집안의 유전병 유전에 대한 가계도이다.

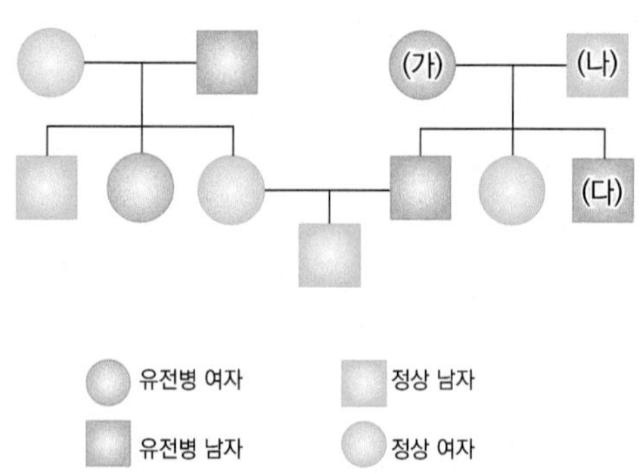

이에 대한 설명으로 옳은 것만을 〈보기〉에서 있는 대로 고른 것은?

〈 보기 〉

ㄱ. 유전병 유전자는 성염색체 위에 존재한다.
ㄴ. (가)와 (나) 사이에서 유전병인 자손이 태어날 확률은 50 % 이다.
ㄷ. (다)의 유전병 유전자는 어머니로부터 전해진 것이다.

① ㄱ ② ㄴ ③ ㄷ
④ ㄴ, ㄷ ⑤ ㄱ, ㄴ, ㄷ

정답 및 해설 62쪽

심화

[27-28] 다음은 어떤 집안의 유전병 ㉠, ㉡에 대한 가계도와 ABO 식 혈액형에 대한 자료이다. 유전병 ㉠의 유전자는 H 이며, h 에 대해서 우성이고, 유전병 ㉡의 유전자는 T 이며, t 에 대해서 우성이다.

[평가원 유형]

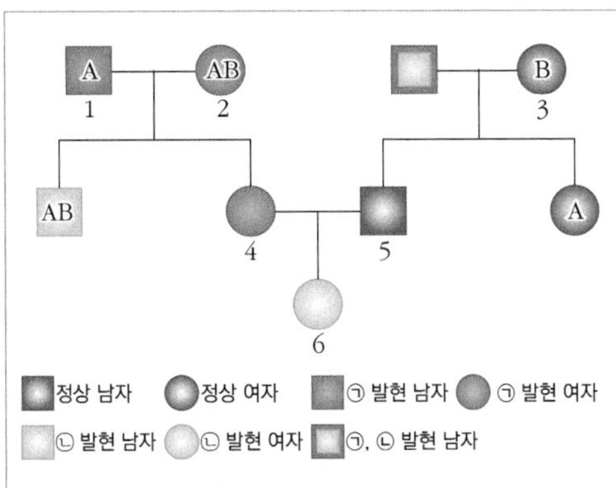

· ABO 식 혈액형과 형질 ㉠, ㉡을 결정하는 유전자는 모두 하나의 상염색체에 연관되어 있다.
· ㉠과 ㉡은 각각 한 쌍의 대립 유전자에 의해 결정되며, 각 형질에서 대립 유전자 사이의 우열 관계는 분명하다.
· 1 과 4 에서 ABO 식 혈액형의 유전자형은 이형 접합이고, 3 에서 ㉡의 유전자형은 이형 접합이다.

27 5 에 있어 ABO식 혈액형과 ㉠, ㉡ 유전병 유전자 형으로 가능한 것은?

① AO, hhTt ② AB, HhTt ③ BO, hhtt
④ BB, HHtt ⑤ OO, HhTt

28 6 의 동생이 태어날 때, 이 동생이 ㉡ 유전병에 걸린 딸일 확률은 얼마인가?

① 0 ② $\frac{1}{2}$ ③ $\frac{1}{4}$

④ $\frac{1}{8}$ ⑤ $\frac{1}{16}$

[29-30] 다음은 어떤 집안의 유전병 ㉠ ~ ㉢에 대한 자료이다. 아래의 물음에 답하시오.

[평가원 유형]

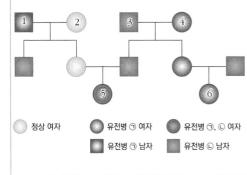

· ㉠과 ㉡은 각각 T 와 t, R 와 r 에 의해 결정된다.
· ㉢ 은 A, a 에 의해 결정된다
· T 와 R 은 t 와 r 에 대해 각각 완전 우성이다.
· 가계도는 ㉠ ~ ㉢ 중 ㉠과 ㉡의 발현 여부만을 나타낸다.

1 2 3 4 5 6

정상 여자 · 유전병 ㉠ 여자 · 유전병 ㉠, ㉡ 여자 · 유전병 ㉠ 남자 · 유전병 ㉡ 남자

· 1 ~ 4 의 체세포 1 개당 R 개수의 합과 1 ~ 4 의 체세포 1 개당 r 개수의 합은 서로 같다.
· ㉢의 유전자는 X 염색체에 있으며, 이 유전병은 열성으로 유전된다.
· ㉢은 1 에서만 발현된다.

29 5 의 ㉢ 유전병 유전자형은 무엇인가?

( )

30 6 의 동생이 태어날 때, ㉠, ㉡ 의 유전병이 모두 나타나는 여동생일 확률은 얼마인가?

( ) %

12강. 사람의 돌연변이

1. 염색체 돌연변이 1

(1) 염색체 수 이상 : 염색체 수 이상이 일어난 경우이며, 정상 염색체 수보다 많거나 부족한 수의 염색체를 갖는다. 주로 염색체가 분리되어 세포의 양극으로 가는 과정에서 분리가 이루어지지 않아 만들어진다.

① **이수성 돌연변이** : 기본 염색체 수보다 1 개 이상 많거나 부족한 수의 염색체를 갖는 경우이다.

구분		염색체 구성	특징
상염색체 비분리	다운증후군①	$2n + 1 = 45 + XX$ $2n + 1 = 45 + XY$	· 21 번 염색체가 3 개 존재 · 정신 지체, 신체 기형, 전신 기능 이상, 성장 장애 등을 일으키는 유전 질환이다.
	에드워드 증후군	$2n + 1 = 45 + XX$ $2n + 1 = 45 + XY$	· 18 번 염색체가 3 개 존재 · 여러 장기의 기형 및 정신 지체 장애가 생기며, 대부분 출생 후 10 주 이내 사망한다.
성염색체 비분리	터너증후군	$2n - 1 = 44 + XO$	· 성염색체인 X 염색체가 1 개 존재 · 조기 폐경으로 인한 불임, 저신장증, 심장 질환, 골격계 이상, 자가 면역 질환 등의 이상이 발생하지만 지능은 정상이다. · 성장 호르몬 치료를 받으면 성장 장애가 호전되기도 한다.
	클라인펠터 증후군	$2n + 1 = 44 + XXY$	· 성염색체가 XXY로 존재 · 정소와 유방이 함께 발달한다. · 불임, 정소 기능 저하(남성 호르몬 분비 저하, 정자 생성 불가능)와 지능 저하가 나타난다. 키는 일반적으로 정상이거나 평균보다 약간 크다. · 성장 호르몬 치료를 받으면 성장 장애가 호전되기도 한다.

② **배수성 돌연변이** : 염색체의 수가 통상 개체의 배수로 되어 있는 경우이다.

예 $2n \rightarrow 3n, 4n, 6n \cdots$

· 일반적으로 동물에게는 나타나지 않고, 식물에서만 나타나며 인위적으로도 만들 수 있다.
· 정상적인 2배체($2n$)보다 더 크고 잘 자라는 경우가 있어 농작물의 품종 개량에 이용한다.
· 대표적인 배수성 돌연변이에는 씨없는 수박($3n$)과 밀, 감자 등이 있다.

① 다운증후군 환자 염색체

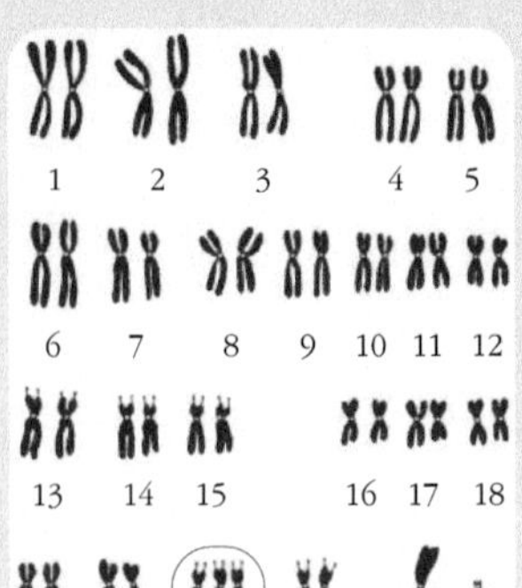

▲ 다운증후군 환자의 핵형

감수 1 분열에서의 비분리
모든 생식 세포의 염색체 수에 이상이 생긴다.

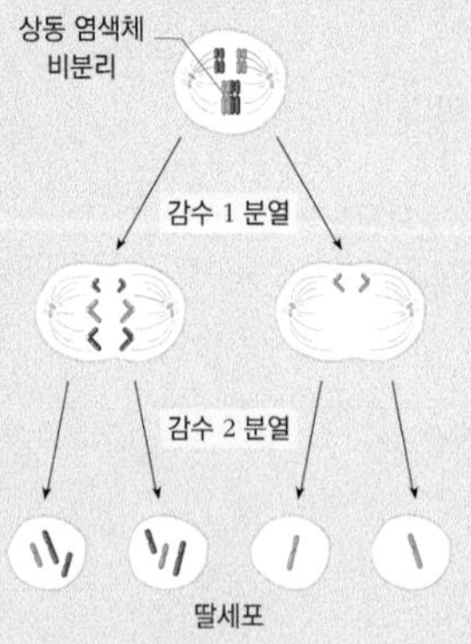

▲ 상동 염색체 비분리

감수 2 분열에서의 비분리
정상인 생식 세포와 비정상인 생식 세포의 비가 1 : 1 로 나타난다.

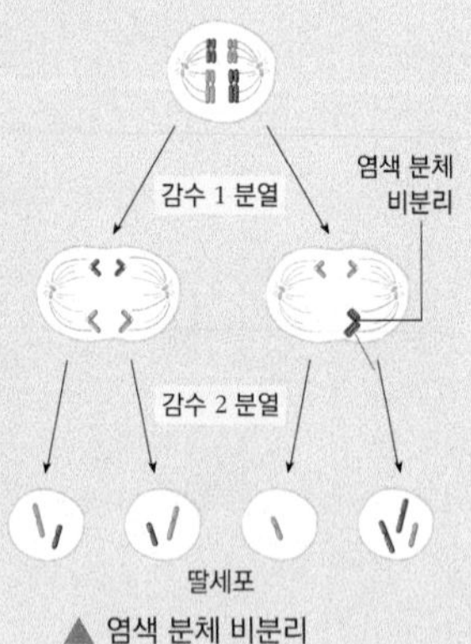

▲ 염색 분체 비분리

개념확인 1

염색체 수 이상 중 기본 염색체보다 1 개 이상 많거나 적은 수의 염색체를 가진 돌연변이를 무엇이라 하는가? (   )

확인+1

다음에 해당하는 이수성 돌연변이의 종류를 적으시오.

(1) 상염색체 비분리로 21 번 염색체가 3 개 존재하며 대표적인 증상은 정신 지체이다. (   )

(2) 성염색체 비분리로 성염색체는 X 염색체 하나만 가지고 있다. (   )

(3) 성염색체 비분리로 X 염색체 2 개와 Y 염색체 1 개를 가지고 있어 정소와 유방이 함께 발달한다. (   )

2. 염색체 돌연변이 2

(2) 염색체 구조의 이상[1] : 유전자 수에는 이상이 없지만, 염색체의 구조에 부분적으로 문제가 생겨 유전적 이상을 일으키는 돌연변이를 말한다.

① **염색체 구조 이상의 종류** : 결실, 중복, 역위, 전좌

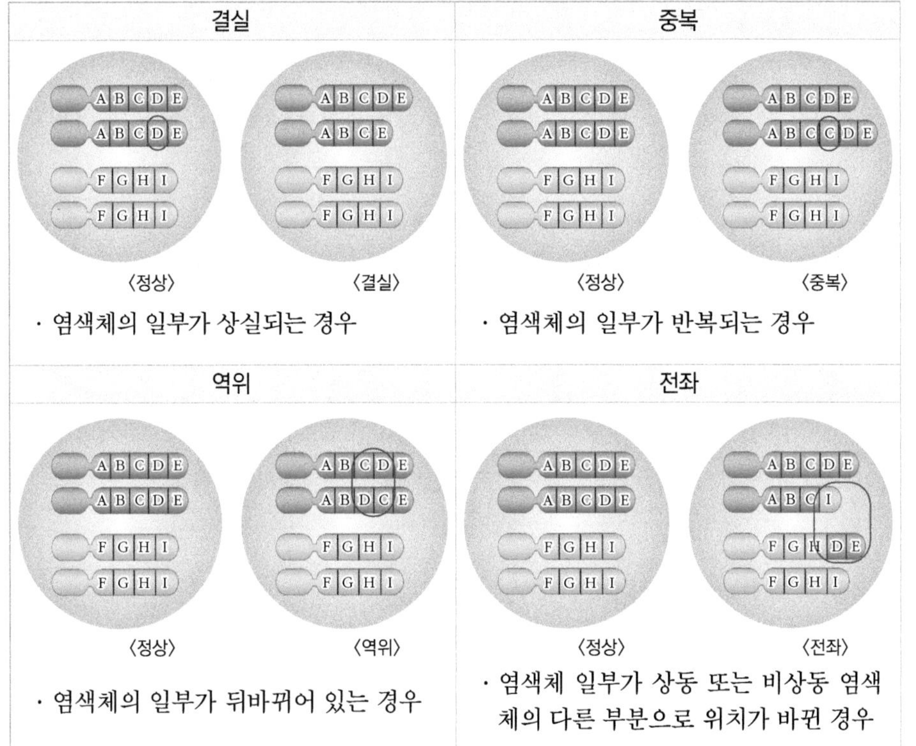

결실	중복
〈정상〉 〈결실〉 · 염색체의 일부가 상실되는 경우	〈정상〉 〈중복〉 · 염색체의 일부가 반복되는 경우
역위	**전좌**
〈정상〉 〈역위〉 · 염색체의 일부가 뒤바뀌어 있는 경우	〈정상〉 〈전좌〉 · 염색체 일부가 상동 또는 비상동 염색체의 다른 부분으로 위치가 바뀐 경우

② **사람의 염색체 구조 이상에 의한 유전병**

〈결실〉

· 고양이 울음 증후군[2](묘성 증후군) : 5 번 염색체의 짧은 팔이 일부 결실되어 나타난다.

· 윌리암스 증후군 : 7 번 염색체의 일부가 결실되어 특징적인 외모와 함께 심장 질환과 정신지체 등의 증상이 나타난다.

〈전좌〉

· 만성 골수 백혈병 : 9 번 염색체와 22 번 염색체의 전좌로 생긴 염색체에 의해 나타난다. 이로 인해 비정상적인 융합 단백질을 생산하게 되고, 이 단백질은 정상 세포를 암세포로 변화시킨다.

[1] 염색체 구조 이상의 특징

염색체는 많은 유전자들로 구성되어 있기 때문에 작은 변화에도 표현형에 큰 영향을 줄 수 있다.

· 결실 : 동원체를 뺀 염색체 단편이 세포 분열 시, 극으로 이동이 늦어져 소실되면결실 염색체가 형성된다.

· 중복 : 염색체의 일부가 같은 방향으로 반복 구조를 취하는 경우를 말한다.

· 역위 : 동일 염색체의 일부분이 뒤바뀌어 있는 경우 또는 염색체의 한쪽 끝이 끊어져 거꾸로 결합하는 것을 말한다.

· 전좌 : 염색체 일부의 위치가 바뀌거나, 다른 염색체 상의 위치로 바뀌는 것을 말한다.

상호 전좌

2 개의 비상동 염색체에서 절단이 일어나 그 부분을 교환하는 것을 말한다.

[2] 고양이 울음 증후군 환자

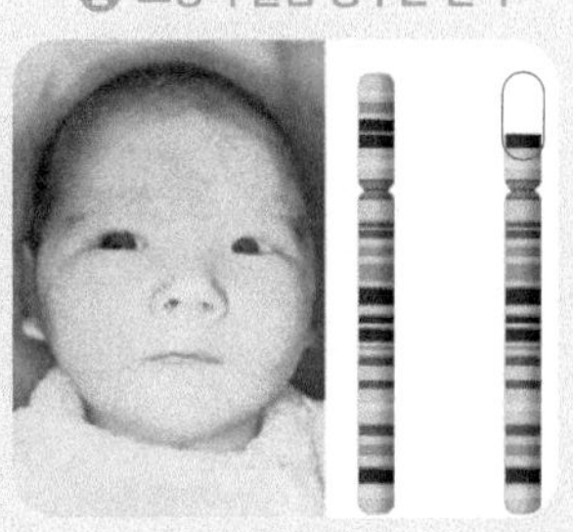

▲ 5 번 염색체의 일부 결실에 의해 나타난다.

개념확인 2

정답 및 해설 66쪽

다음 중 사람의 염색체 구조 이상으로 생긴 유전병을 모두 고르시오.

① 고양이 울음 증후군 ② 윌리암스 증후군 ③ 에드워드 증후군
④ 만성 골수 백혈병 ⑤ 클라인펠터 증후군

확인+2

다음에 해당하는 염색체 구조 이상의 종류를 적으시오.

(1) 한 염색체 내에서 염색체가 끊어진 후 거꾸로 연결된 경우 ( )

(2) 염색체 일부가 끊어진 후 다른 비상동 염색체에 연결된 경우 ( )

3. 유전자 돌연변이

(1) 유전자 돌연변이 : 유전자를 이루는 DNA 의 구조에 변화가 생겨서, 유전자의 서열이나 성질이 변한 것을 유전자 돌연변이라고 한다.

(2) 유전자 돌연변이의 예

① **낫모양 적혈구 빈혈증(겸형 적혈구 빈혈증)** : 상염색체 열성 유전

- 헤모글로빈 단백질의 아미노산 서열 중 하나가 정상의 것과 다르게 변이하여 적혈구가 낫모양으로 변한다. 이것은 악성 빈혈을 유발한다.
- 돌연변이 헤모글로빈은 산소와 결합하지 않은 상태에서 서로 달라붙어 긴 바늘 모양의 구조를 형성하므로 적혈구의 모양이 길게 찌그러진 낫 모양으로 바뀐다.

▲ 일반 적혈구와 낫모양 적혈구 빈혈구를 구성하는 헤모글로빈의 아미노산 배열

헤모글로빈 β 사슬에서 정상적으로 있어야 할 6 번째 아미노산(11 번째 유전자)인 글루탐산(GAG)의 유전암호가 발린의 유전암호(GTG)로 바뀌었다.

❶ 페닐케톤뇨증 대사과정

페닐알라닌 하이드록실라제가 없거나 부족하면, 페닐알라닌이 타이로신으로 바뀌지 못해 체내에 쌓인다.

이렇게 쌓인 페닐알라닌은 뇌 조직에 악영향을 미치게 된다.

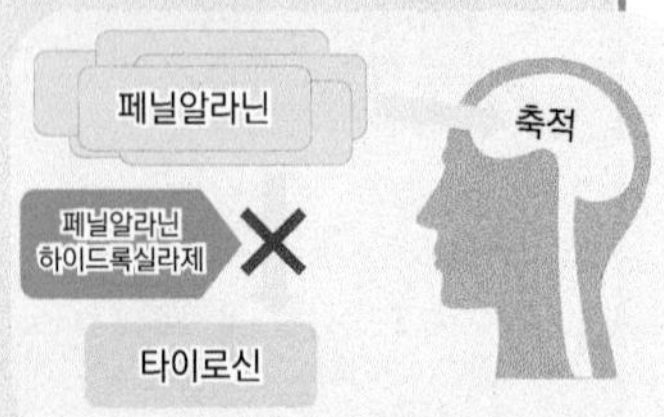

② **페닐케톤뇨증**[1] : 상염색체 열성 유전

- 선천성 효소계 장애에 의하여 단백질의 대사 장애를 일으키는 정신지체의 특수한 형태이다.
- 필수 아미노산의 하나인 페닐알라닌에서 비필수 아미노산인 타이로신으로의 산화를 촉진하는 효소가 선천적으로 결여되어 있기 때문에 혈중에 페닐알라닌이 증가하고 오줌 속에 페닐케톤인 페닐피루브산이 배출된다.

③ **알비노(백색증)**[2] : 상염색체 열성 유전

- 멜라닌 세포에서의 멜라닌 색소가 합성되지 않는 선천성 유전 질환이다.
- 선천적으로 피부, 털, 눈의 색소 감소 혹은 소실을 나타내며, 색소 소실 정도는 환자가 체질적으로 가진 피부 색깔과 백색증의 유형에 따라 달라진다.

❷ 알비노 환자

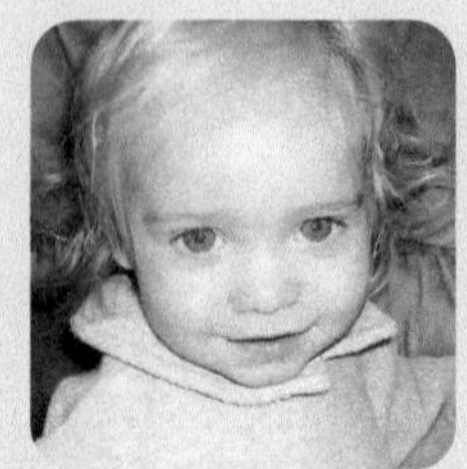

▲ 백색증 환아

④ **낭포성 섬유증** : 상염색체 열성 유전

- 점액 분비선의 기능에 결함이 생겨 점액 중에 이상 당단백질이 존재하여 점액에 이상 점성을 생기게 하는 질병이다.

⑤ **헌팅턴 무도병** : 상염색체 우성 유전

- 사람의 4 번 염색체의 유전자 이상으로 발병하며, 무도성 무정위 운동(손발이 춤추듯 마음대로 움직이는 운동)과 인지 및 정서 장애를 일으킨다.

개념확인3

유전자를 이루는 DNA 의 구조에 변화가 생겨서, 유전자의 모습이나 성질이 변한 것을 무엇이라고 하는가? (　　　　)

확인+3

다음 설명에 해당하는 유전자 돌연변이의 종류를 적으시오.

(1) 헤모글로빈 단백질의 아미노산 서열 중 하나가 변이하여 적혈구가 낫모양으로 변하며, 그 결과 악성 빈혈을 유발한다. (　　　　)

(2) 멜라닌 세포에서의 멜라닌 합성이 결핍되는 선천성 유전 질환이다. (　　　　)

4. 유전병의 진단과 치료

(1) 유전병 진단

① **태아 검사**

초음파 검사[1]	· 초음파 영상을 통하여 태아의 외형적 기형을 조기 진단할 수 있다.
양수 검사	· 양수[미니]는 태아를 둘러싸고 있는 양막 안에 가득 차 있으며, 태아 일부의 조직 세포를 포함하고 있다. · 양수 검사는 양수를 채취한 후 배양하여, 그 속에 들어 있는 조직세포의 DNA 와 유전적 이상 여부를 검사한다.
융모막 검사	· 융모막[미니]은 태아와 거의 유사한 염색체 구성을 가지고 있다. 가느다란 튜브를 자궁경부를 지나 자궁 속에 삽입하여 작은 융모 조직을 떼어내 유전적 결함을 알아낸다.

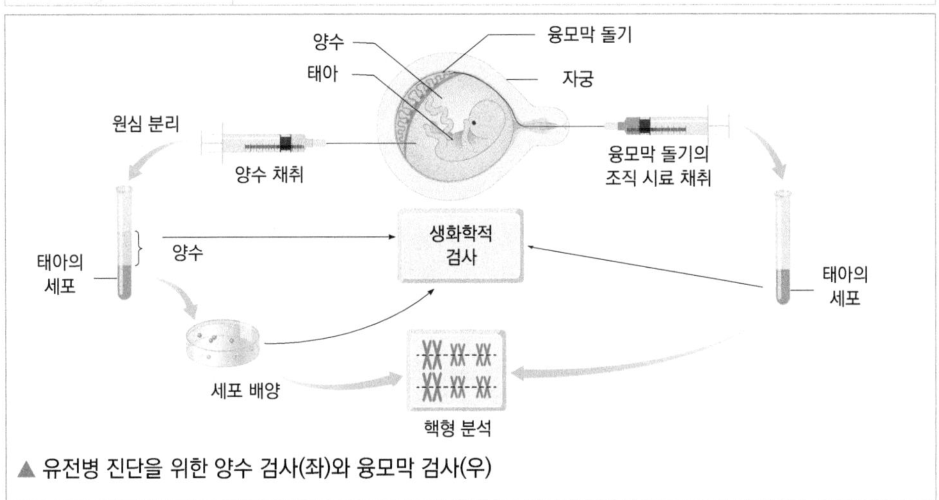

▲ 유전병 진단을 위한 양수 검사(좌)와 융모막 검사(우)

② **신생아 검사** : 태어난 즉시 치료하지 않으면 장애를 가지고 살아가야 하는 결함이 있는지 확인하는 검사이다. 예 페닐케톤뇨증이 있는 신생아의 경우 일정 기간 식이요법을 통해 지적 장애로의 발전을 예방할 수 있다.

(2) 유전자 치료

① **유전자 치료[2]의 방법** : 정상 유전자를 삽입한 바이러스 벡터[3]를 몸속에 직접 주입하거나 정상 유전자가 삽입된 세포로 형질을 발현시켜, 잘못된 유전자의 기능을 대신하거나 잘못된 유전자를 대치하는 방법이다.

② **유전자 치료의 장 · 단점**

·장점 : 선천적인 병의 치료가 가능해졌으며, 경우에 따라 환자의 변이된 유전 정보가 유전자 재조합에 의해 교정될 수 있다.

·단점 : 병원성 바이러스 벡터를 사용하기 때문에 정상적인 인접 유전자의 발현을 촉진시켜 암이나 기타 질병을 유발시킬 수 있다. 또한, 삽입된 유전자는 다음 세대에 전달되지 않고, 치료 과정 중 형성된 유전적 변화는 다음 세대에 전달될 수 있다.

개념확인4

정답 및 해설 66쪽

태아 시기에 태아를 둘러싸고 있던 막으로 시행하는 검사를 무엇이라고 하는가?

(　　　　　　　　　　)

확인+4

태아 검사에 대한 설명으로 옳은 것은 ○표, 옳지 않은 것은 ×표 하시오.

(1) 핵형 분석은 태아의 염색체 이상, 생화학적 검사는 태아의 유전자 이상을 알 수 있다. (　　)

(2) 핵형 검사를 통해서 유전 질환뿐만 아니라 태아의 성별도 알 수 있다. (　　)

가계도 검사

태아 검사, 신생아 검사 이외에도 가계도 분석을 통하여 부모가 특정 유전병에 대한 열성 대립 유전자를 가지고 있는지 알 수 있다.

❶ 태아의 초음파 검사

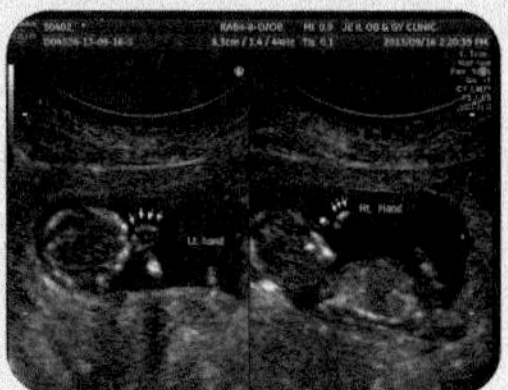
▲ 초음파로 확인된 손 기형

❷ 유전자 치료 과정

① 바이러스에 정상 유전자 삽입

② 바이러스를 환자의 골수세포에 삽입

③ 골수 세포를 골수에 주입

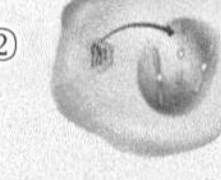

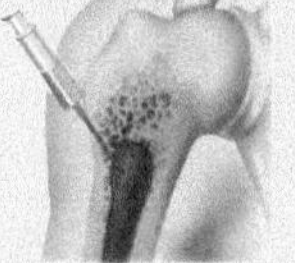

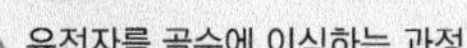
▲ 유전자를 골수에 이식하는 과정

❸ 바이러스 벡터 (바이러스 매개체)

외래 유전자를 바이러스에 삽입하여 인체 내로 도입시키기 위한 DNA 분자

미니사전

양수 [羊 양 水 물] 양막 안의 액체로 태아를 보호하며 출산할 때는 흘러나와 분만을 쉽게 한다.

융모막 [絨 비단 毛 털 膜 꺼풀] 태아의 발생 과정에서 태아를 감싸고 있던 막

개념 다지기

01 다음 중 염색체 수 이상 돌연변이에 대한 설명이 아닌 것은?

① 터너 증후군은 성염색체가 1 개이다.
② 다운 증후군은 21 번 염색체가 3 개이다.
③ 이수성 돌연변이는 염색체 수가 1 개 많거나 적다.
④ 배수성 돌연변이는 염색체 수가 배수로 되어 있다.
⑤ 배수성 돌연변이는 동물, 식물에서 모두 쉽게 일어난다.

02 다음 중 염색체 수 이상 돌연변이가 아닌 것은?

① 다운 증후군
② 터너 증후군
③ 에드워드 증후군
④ 윌리암스 증후군
⑤ 클라인펠터 증후군

03 다음 설명문에 해당하는 돌연변이를 〈보기〉에서 찾아 기호로 쓰시오.

〈 보기 〉

ㄱ. 결실　　ㄴ. 중복　　ㄷ. 역위　　ㄹ. 전좌

(1) 동일 염색체의 일부분이 뒤바뀌어 있는 돌연변이 (　　　　)
(2) 염색체의 말단 또는 중간에 그 일부가 상실되는 돌연변이 (　　　　)
(3) 염색체의 일부가 같은 방향으로 반복 구조를 취하는 돌연변이 (　　　　)
(4) 염색체 일부가 같은 염색체의 다른 부분으로 위치가 바뀌거나, 또는 다른 염색체 상의 위치로 바뀌는 돌연변이 (　　　　)

04 사람의 5 번 염색체의 결실로 인한 돌연변이는 무엇인가?

① 페닐케톤뇨증
② 윌리암스 증후군
③ 만성 골수 백혈병
④ 에드워드 증후군
⑤ 고양이 울음 증후군

정답 및 해설 66쪽

05 다음 중 DNA 구조의 이상으로 나타난 돌연변이가 아닌 것은?

① 알비노(백색증) ② 페닐케톤뇨증
③ 낭포성 섬유증 ④ 헌팅턴 무도병
⑤ 만성 골수 백혈병

06 다음이 설명하는 유전자 돌연변이는 무엇인가?

· 선천적으로 피부, 털, 눈의 색소 감소 혹은 소실을 나타낸다.
· 멜라닌 세포에서의 멜라닌 합성이 결핍되는 선천성 유전 질환이다.

( )

07 다음 중 유전병 진단에 대한 설명으로 옳지 않은 것은?

① 초음파 검사를 통해 태아의 외형적 기형을 확인할 수 있다.
② 양수는 태아를 둘러싸고 있는 액으로 태아의 일부 조직세포를 포함한다.
③ 융모막은 태아를 둘러싸고 있는 막으로 태아와 염색체 구성이 거의 동일하다.
④ 태아 검사, 신생아 검사 외에도 가계도 검사를 통해 사전에 유전병을 예측할 수 있다.
⑤ 터너증후군은 신생아 검사를 통해 질병의 확대를 막을 수 있는 대표적 유전자 돌연변이이다.

08 유전자 치료를 위해 사용하는 것 중 하나로 몸속에 주입하여 형질 전환된 유전자를 발현시키는데 사용하는 것은 무엇인가?

( )

유형 익히기&하브루타

[유형 12-1] 염색체 돌연변이 1

그림 (가)는 염색체 비분리가 일어난 남성의 생식 세포 형성 과정을 나타낸 것이고 (나)는 (가)의 ㉠ ~ ㉢ 중 하나의 생식 세포가 수정되어 형성된 개체의 핵형을 나타낸 것이다.

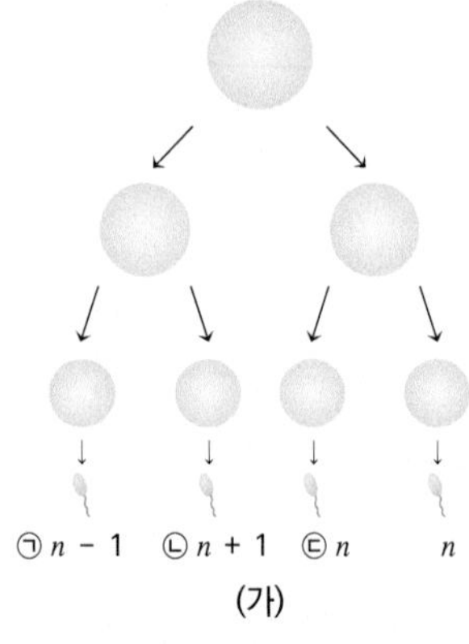

(가)

(나)

다음 중 위 그림에 대한 설명으로 옳지 <u>않은</u> 것은?

① 감수 1 분열에서 상동 염색체의 비분리가 일어났다.
② (나)의 개체는 21 번 염색체가 3 개인 다운 증후군을 나타낸다.
③ (나)의 개체는 (가)의 ㉡ 정자와 정상의 난자가 수정된 것이다.
④ (나)의 개체는 상염색체의 비분리로 인한 돌연변이가 일어났다.
⑤ (가)의 ㉢ 개체의 핵형은 $2n = 44 + XY$ 이고, (나) 개체의 핵형은 $2n+1 = 45+ XY$ 이다.

01 다음 중 사람의 염색체 돌연변이에 대한 설명으로 옳지 <u>않은</u> 것은?

① 클라인펠터 증후군의 핵형은 $2n - 1 = 44 + XO$ 이다.
② 다운 증후군은 상염색체 수의 이상에 의해 나타난다.
③ 터너 증후군은 성염색체 수 이상으로 X 염색체만 1 개 존재한다.
④ 감수 1 분열에서 비분리가 일어나면 모든 생식 세포의 염색체 수에 이상이 생긴다.
⑤ 염색체 수와 관련된 돌연변이는 크게 이수성 돌연변이와 배수성 돌연변이로 나뉜다.

02 다음 설명문에 들어갈 알맞은 단어를 쓰시오.

(1) 다운 증후군은 (　　　　)번 염색체의 비분리로 인한 돌연변이이다.
(2) 클라인펠터 증후군의 성염색체 유전자형은 (　　　　)이다.
(3) 동물에서는 잘 나타나지 않으며, 염색체의 수가 통상 개체의 배수로 되어 있는 돌연변이를 (　　　　　　　　)(이)라고 한다.

정답 및 해설 67쪽

[유형 12-2] 염색체 돌연변이 2

다음 그림은 염색체 구조에 이상이 생긴 세포를 나타낸 것이다. (가) ~ (라)에 해당하는 염색체 구조 이상의 종류를 〈보기〉에서 찾아 기호로 나타내시오.

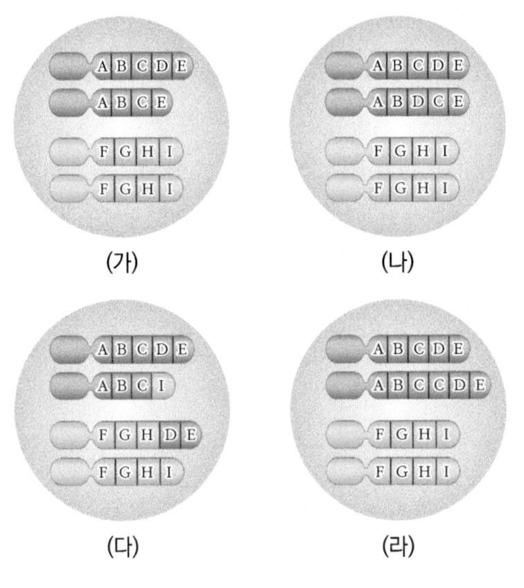

〈 보기 〉

ㄱ. 중복 - 염색체의 일부가 반복되는 경우

ㄴ. 결실 - 염색체의 일부가 상실되는 경우

ㄷ. 역위 - 염색체의 일부가 뒤바뀌어 있는 경우

ㄹ. 전좌 - 염색체 일부가 상동 또는 비상동 염색체의 다른 부분으로 위치가 변한 경우

(가) : (　　　), (나) : (　　　), (다) : (　　　), (라) : (　　　)

03

다음 중 염색체 구조 이상으로 생긴 돌연변이끼리 짝이은 것은?

① 고양이 울음 증후군, 터너 증후군
② 에드워드 증후군, 윌리암스 증후군
③ 윌리암스 증후군, 클라인펠터 증후군
④ 고양이 울음 증후군, 에드워드 증후군
⑤ 고양이 울음 증후군, 만성 골수 백혈병

04

다음 그림 (가)는 정상 체세포이고, (나)는 염색체 이상이 발생한 체세포이다. 이 환자의 염색체 돌연변이의 종류를 적고, 이로 인해 나타난 유전병의 이름을 적으시오.

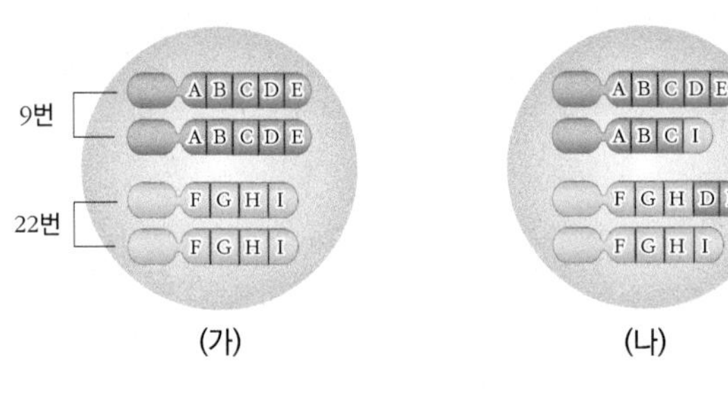

종류 : (　　　), 유전병(　　　　　　)

유형 익히기 & 하브루타

[유형 12-3] 유전자 돌연변이

다음은 낫모양 적혈구 빈혈증(겸형 적혈구 빈혈증)의 아미노산 배열이다.

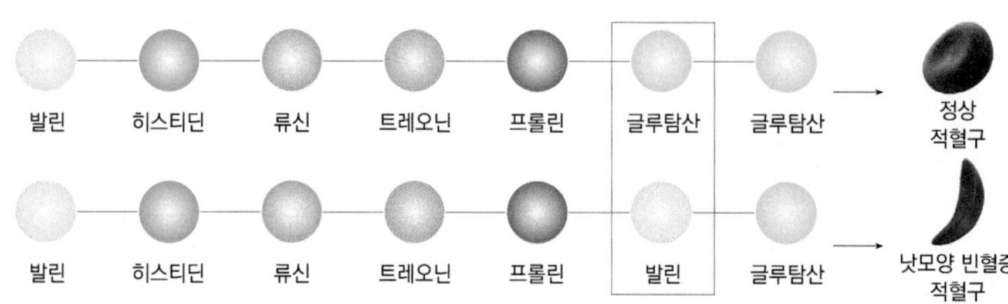

이에 대한 설명으로 옳지 않은 것은?

① 상염색체 열성 유전으로 멘델의 법칙에 따라 유전된다.
② 겸형 적혈구 빈혈증은 핵형 검사를 통해 확인할 수 있다.
③ 6번째 아미노산 서열이 글루탐산에서 발린으로 바뀌었다.
④ 돌연변이 헤모글로빈은 적혈구의 모양을 낫모양으로 변하게 한다.
⑤ 변형된 헤모글로빈은 산소와 결합하지 못해 악성 빈혈을 유발한다.

05 다음 설명에 해당하는 유전병의 이름을 보기에서 골라 기호로 쓰시오.

〈 보기 〉

ㄱ. 페닐케톤뇨증　ㄴ. 낭포성 섬유증　ㄷ. 알비노(백색증)
ㄹ. 헌팅턴 무도병　ㅁ. 낫모양 적혈구 빈혈증

(1) 선천성 효소계 장애에 의하여 단백질의 대사 장애를 일으키는 돌연변이 (　　)

(2) 무도성 무정위 운동(손발이 춤추듯 마음대로 움직이는 운동)과 인지 및 정서 장애를 일으키는 돌연변이 (　　)

(3) 점액 분비선의 기능에 결함이 생겨 점액 중에 이상 당단백질이 존재하여, 점액에 이상 점성을 생기게 하는 돌연변이 (　　)

06 다음 중 유전자 돌연변이에 대한 설명으로 옳은 것은 ○표, 옳지 않은 것은 ×표 하시오.

(1) 유전자 돌연변이는 멘델의 법칙을 따른다. (　)

(2) 모든 유전자 돌연변이는 우성으로 유전된다. (　)

(3) 낫모양 적혈구 빈혈증은 헤모글로빈 단백질의 아미노산 서열 중 하나가 변하여 생기는 유전병이다. (　)

정답 및 해설 67쪽

[유형 12-4] 유전병의 진단과 치료

다음 그림은 임신 시 태아의 유전병을 진단하기 위한 태아 검사 방법 중 하나를 나타낸 것이다.

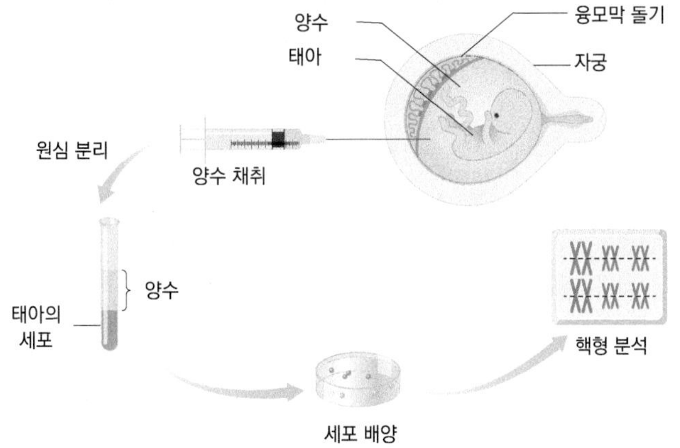

이에 대한 설명 중 옳은 것은 ○표, 옳지 않은 것은 ×표 하시오.

(1) 태아의 혈액형을 알 수 있다. ( )
(2) 검사에 사용되는 세포는 태아의 생식 세포이다. ( )
(3) 다운 증후군과 터너 증후군과 같은 염색체 수 이상 여부를 확인할 수 있다. ( )

07 진단과 치료가 늦어지면 장애를 일으키는 유전병이 있는지 알아보기 위하여 태어난 즉시 시행하는 검사 방법은 무엇인가?

( )

08 태아 시기에 태아의 유전적 결함을 확인해 볼 수 있는 검사 방법으로 옳은 것만을 〈보기〉에서 있는 대로 고르시오.

〈 보기 〉

ㄱ. 양수 검사	ㄴ. 융모막 검사	ㄷ. 초음파 검사
ㄹ. 소변 검사	ㅁ. 가계도 검사	ㅂ. 갑상선 검사

( )

창의력&토론마당

01 다음 그림 (가)는 어떤 동물 ($2n = 6$)의 세포 Ⅰ 로부터 정자가 형성되는 과정을, (나)는 이 과정의 서로 다른 시기에 있는 세포 ㉠ ~ ㉣ 의 염색체 수와 H, h, T, t 의 DNA 상대량을 나타낸 것이다. (H 와 h 는 대립 유전자이며, T 는 t 와 대립 유전자이다.) (가)의 감수 1 분열에서는 성염색체의 비분리가 1 회 일어나고, 감수 2 분열에서 1 개의 상염색체의 비분리가 1 회 일어났다. Ⅰ ~Ⅳ 는 각각 ㉠ ~ ㉣ 중 하나이고, 이 동물의 성염색체는 XY 이다.

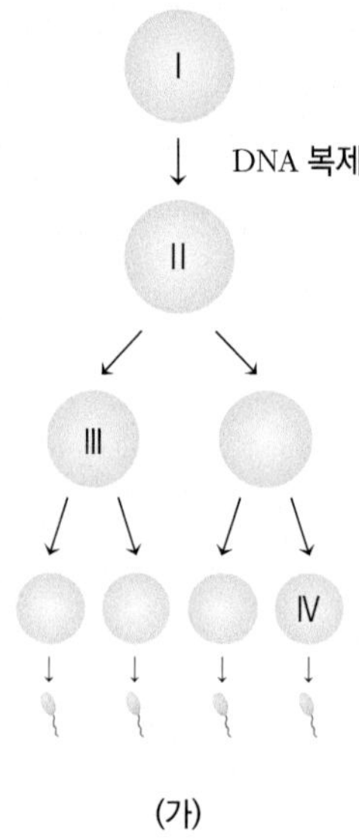

(가)

세포	염색체 수	DNA 상대량			
		H	h	T	t
㉠	ⓐ	2	0	?	0
㉡	6	2	2	ⓑ	ⓒ
㉢	?	1	ⓓ	0	1
㉣	3	0	0	0	1

(나)

위 자료를 바탕으로 아래의 물음에 답하시오. (단, 교차와 제시된 비분리 이외의 돌연변이는 고려하지 않으며, H, h, T, t 각각의 1 개당 DNA 상대량은 같다.)

[수능 유형]

(1) ⓐ ~ ⓓ 에 해당하는 숫자를 각각 구하시오.

ⓐ : ( ), ⓑ : ( ), ⓒ : ( ), ⓓ : ( )

(2) ㉠ ~ ㉣ 에 해당하는 세포가 무엇인지 각각 쓰시오.

㉠ : ( ), ㉡ : ( ), ㉢ : ( ), ㉣ : ( )

정답 및 해설 68쪽

02

다음 자료는 알츠하이머의 발병을 막는 돌연변이에 대한 뉴스의 일부이다.

· 알츠하이머를 발병시키는 희귀한 유전자에 알츠하이머를 발생하지 않게 하는 다른 효능이 있는 돌연변이도 있다고 과학자가 '신경학보' 에 발표했다.

· β - 아밀로이드라는 단백질이 인체에 축적되어 플라크를 형성하면 알츠하이머가 발병한다.
· β - 아밀로이드는 *전구 단백질(APP : amyloid β - precursor protein)을 생성하는 유전자에서 발견되며, 지난 20 년간 과학자들은 전구 단백질의 유전자에서 24 개의 변종을 확인했다.

· 아이슬란드인 1798 명의 *지놈을 분석한 결과 APP 유전자 중 알츠하이머의 발명을 막는 새로운 돌연변이를 발견했다. 만 85 세 이상에서 이 유익한 돌연변이가 있는 사람이 81 %로 나타났고, 같은 연령대 돌연변이가 없는 사람보다 알츠하이머에 걸릴 가능성이 낮았다고 밝혀졌으며 모든 연령대에서 조사한 결과 이 변종이 있는 사람은 변종이 없는 사람에 비해 알츠하이머에 걸릴 가능성이 4 배 낮았다.

*전구 단백질(precursor protein) : 가공하지 않은 상태에 있는 단백질을 말한다.
*지놈(genome) : 한 생물이 가지는 모든 유전 정보로 일부 바이러스의 RNA 를 제외하고 모든 생물은 DNA 로 유전 정보를 구성하고 있기 때문에 일반적으로 DNA 로 구성된 유전 정보를 지칭한다.

(1) 대부분의 돌연변이는 태아 상태에서 치사하거나 태어나도 그 수명이 길지 않다. 그 이유를 진화를 바탕으로 서술해 보시오.

(2) 알츠하이머 발병을 막는 돌연변이와 같이 인간에게 유익한 돌연변이를 찾아보시오.

창의력&토론마당

03 다음은 드라큘라 증후군이라고 불리우는 포르피린증에 관한 내용이다.

포르피린증(Porphyria)

·원인 : 이 병은 적혈구 속의 붉은 색소인 헤모글로빈이 제대로 합성되지 않아 생기는 유전병의 하나이다. 헤모글로빈은 포르피린으로부터 8개 단계를 거쳐 생성되는데, 이 중 어떤 단계에 문제가 생겨 포르피린이 헤모글로빈으로 바뀌지 못해 신경 계통이나 간·피부 등에 과도하게 축적되어 발병한다.

·증상 : 이 병에 걸린 사람의 가장 큰 특징은 피부에 쌓인 포르피린이 자외선에 민감하게 반응하기 때문에 드라큘라와 같이 햇빛에 과민 반응을 보이는 것이다. 포르피린증 환자들은 자외선에 노출되면 피부에 물집이 생기거나 눈이 따갑고, 색소 침착이 되는 등 다양한 증상이 나타난다. 이 때문에 포르피린증이 있으면 자외선을 쬐지 못하는데다 헤모글로빈이 합성되지 못해 빈혈까지 겹쳐 얼굴이 드라큘라처럼 창백해지기 쉽다.

·치료 : 의학이 발달하지 못했던 과거에는 포르피린증 환자의 40 % 가 사망하는 것으로 알려져 있다. 지금도 근본적인 치료는 어렵지만 조기 진단으로 비교적 정상적인 생활을 할 수 있다고 밝혀졌다.

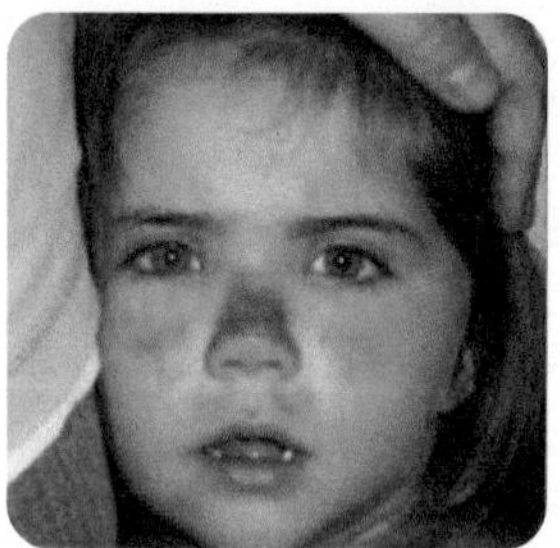

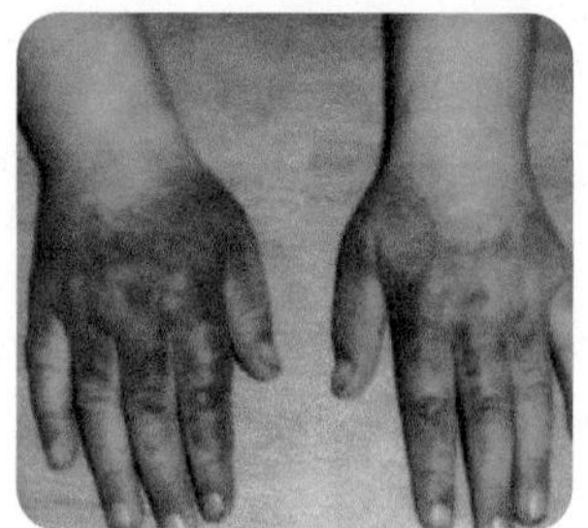

▲ 포르피린증에서 나타나는 두드러진 송곳니(좌), 피부에 축적된 포르피린으로 인한 자외선 과민 반응(우)

(1) 포르피린증의 검사를 위해서는 핵형 검사와 생화학적 검사 중 어떤 검사를 사용해야 할 지 이유와 함께 설명하시오.

(2) 돌연변이에 의해 발병하는 유전병 중에서는 그 원인이 밝혀지지 않은 경우가 매우 많다. 사람의 경우 다양한 돌연변이가 발생하는 이유를 설명하시오.

정답 및 해설 68쪽

04

다음은 유전자 치료에 관한 뉴스 중 일부를 발췌한 것이다.

(1) 유전자 치료 방법

· 기존 사용 방법 : 유전자 추가
지놈에 정상 유전자를 넣은 바이러스를 세포에 감염시키면 바이러스 지놈이 사람 지놈으로 끼어들어가고, 정상 유전자가 발현하면서 정상 단백질을 만들어 세포가 정상적으로 작동하게 만드는 것이다. 다만 바이러스 지놈이 어디로 끼어 들어갈지 모르기 때문에 예상치 못한 결과를 낼 수도 있는 단점이 있다.

· 현재 사용 방법 : 유전자 수리
비정상 지놈을 정상 지놈으로 만들 수 있는 방법이다. 유전체 편집(genome editing)이라는 이 기술은 지놈의 특정 부위를 찾아가 자르는 소위 '유전자 가위'를 이용해 문제가 있는 유전자 부분을 정상으로 바꿔주는 방법이다. 다만 엉뚱한 자리에 가서 DNA 가닥을 자르기도 하고 모든 염기 서열을 인식할 수 있는 것도 아니라는 단점이 있다.

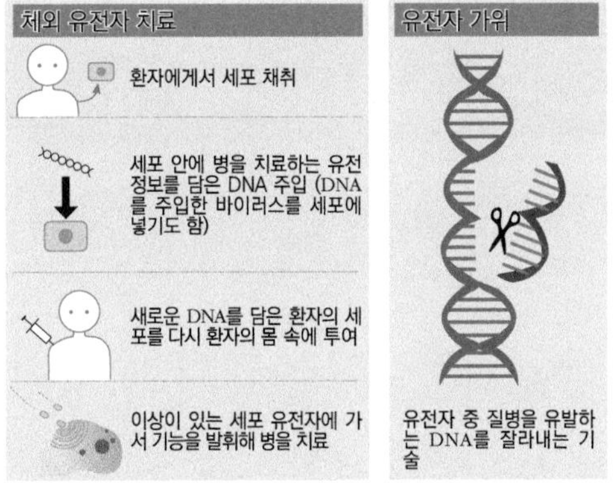

(2) 사례

· 미국 식품의약국(FDA)에서 '티벡(T-VEC)' 이라는 유전자 치료제 사용을 승인했다. 이 약은 피부암의 일종인 흑색종을 치료하는 약으로, 헤르페스 바이러스의 유전자를 변형시켜 흑색종 세포만을 공격하도록 만들어졌다. 400 여 명을 대상으로 임상이 진행됐으며, 초기의 흑색종 환자가 이 약을 쓸 경우 평균 20 개월 정도 생존 기간이 연장된 것으로 알려져 있다.

(1) 기존의 유전자 치료 방법인 유전자 추가 방법과 현재 이용되는 유전자 수리 방법의 차이를 바탕으로 어떤 치료법이 더 효과적이라고 생각하는지 이유와 함께 적어 보자.

(2) 유전자 치료를 위해서는 1 회당 약 10 억원의 치료비가 필요하다. 치료 후 24 개월 생명이 연장되며, 부작용 및 유전병으로 인한 통증은 없다고 가정한다. 이때, 유전자 치료를 통해 생명을 연장하는 것에 대해 각자의 의견을 서술하시오.

스스로 실력 높이기

A

01 이수성 돌연변이 중 하나로 21 번 염색체의 비분리가 일어난 돌연변이는 무엇인가?

( )

02 이수성 돌연변이와 달리 염색체의 수가 개체의 배수로 되어 있는 돌연변이는 무엇인가?

( )

03 염색체 구조의 이상 중 염색체의 일부가 뒤바뀌는 경우를 무엇이라고 하는가?

( )

04 염색체 구조 돌연변이인 전좌 중 2 개의 비상동 염색체에서 절단이 일어나 그 부분을 교환하는 것을 무엇이라고 하는가?

( )

05 다음 유전자 돌연변이에 대한 설명으로 옳은 것은 ○표, 옳지 않은 것은 ×표 하시오.

(1) 유전자 돌연변이는 항상 다음 세대로 유전된다. ( )
(2) 유전자 돌연변이는 핵형 분석으로 알아낼 수 있다. ( )
(3) 헤모글로빈 단백질의 아미노산 서열이 바뀌어 나타나는 돌연변이는 낫모양 적혈구 빈혈증이다. ( )

06 다음 글의 괄호 안에 들어갈 알맞은 단어를 쓰시오.

(1) 유전자 돌연변이는 ( )의 법칙을 따른다.
(2) ( )는 색소합성이 되지 않는 돌연변이다.
(3) DNA 의 염기 서열에 변화가 생겨 발생하는 돌연변이를 ( ) 돌연변이라고 한다.

07 태아의 발생 과정에서 태아를 감싸고 있던 막으로 태아와 거의 유사한 염색체 구성을 가지는 것을 무엇이라고 하는가?

( )

08 태아 시기에 시행하는 검사 중 영상을 통해 태아의 외형적 기형을 확인하는 검사를 무엇이라고 하는가?

( )

정답 및 해설 69쪽

09 부모가 특정 유전병에 대한 열성 대립 유전자를 보유하고 있는지 검사하여 아이의 유전병을 미리 예측하는 검사를 무엇이라고 하는가?

(　　　　　　　)

10 핵형 분석으로 확인할 수 있는 유전병만을 〈보기〉에서 있는 대로 골라 기호로 쓰시오.

〈 보기 〉

ㄱ. 다운 증후군　　ㄴ. 터너 증후군
ㄷ. 페닐케톤뇨증　　ㄹ. 만성 골수 백혈병
ㅁ. 헌팅턴 무도병　　ㅂ. 고양이 울음 증후군

(　　　　　　　)

B

11 다음 그림은 어떤 남자의 정자 형성 과정 중 성염색체 비분리가 일어나는 과정을 나타낸 것이다. 정자 ㉠과 ㉡이 정상 난자와 수정되었을 때, 태어난 자녀가 가질 수 있는 유전병으로 바르게 짝지어진 것은?

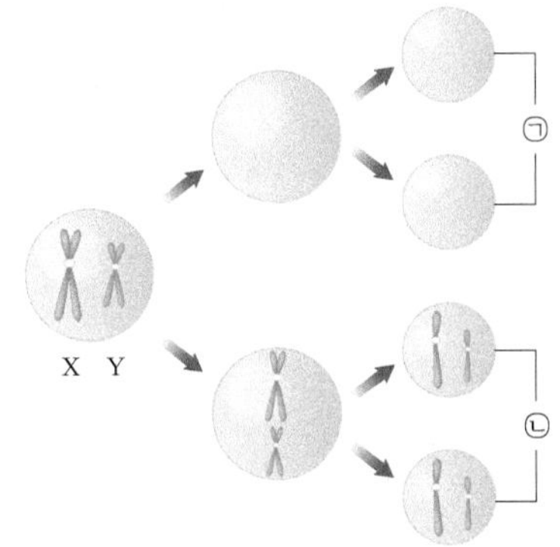

① ㉠ - 다운 증후군, ㉡ - 에드워드 증후군
② ㉠ - 터너 증후군, ㉡ - 에드워드 증후군
③ ㉠ - 다운 증후군, ㉡ - 터너 증후군
④ ㉠ - 터너 증후군, ㉡ - 클라인펠터 증후군
⑤ ㉠ - 다운 증후군, ㉡ - 클라인펠터 증후군

12 다음 중 염색체 수 돌연변이로 나타나는 유전병의 핵형이 바르게 연결된 것은?

① 다운 증후군 : $2n - 1 = 44 + XX$
② 다운 증후군 : $2n + 1 = 44 + XXY$
③ 터너 증후군 : $2n - 1 = 44 + XO$
④ 터너 증후군 : $2n + 1 = 44 + XXY$
⑤ 클라인펠터 증후군 : $2n - 1 = 45 + XY$

13 다음 염색체 구조의 이상 중 유전자의 길이에 영향을 미치지 않는 돌연변이만를 〈보기〉에서 있는 대로 골라 기호로 쓰시오.

〈 보기 〉

ㄱ. 역위　　ㄴ. 전좌　　ㄷ. 결실　　ㄹ. 중복

(　　　　　　　)

14 다음 세 가지 유전병의 공통점으로 옳지 않은 것은?

낫모양 적혈구 빈혈증, 페닐케톤뇨증, 헌팅턴 무도병

① 멘델의 유전 법칙을 따른다.
② 유전병은 열성으로 유전된다.
③ 유전자 돌연변이에 의한 유전병이다.
④ 핵형 분석을 통해서는 확인할 수 없다.
⑤ 돌연변이가 일어나도 염색체 길이에는 변화가 없다.

스스로 실력 높이기

15 다음 그림은 어떤 남성의 생식 세포 형성 과정 중 성염색체의 비분리 현상이 일어나는 과정을 나타낸 것이다.

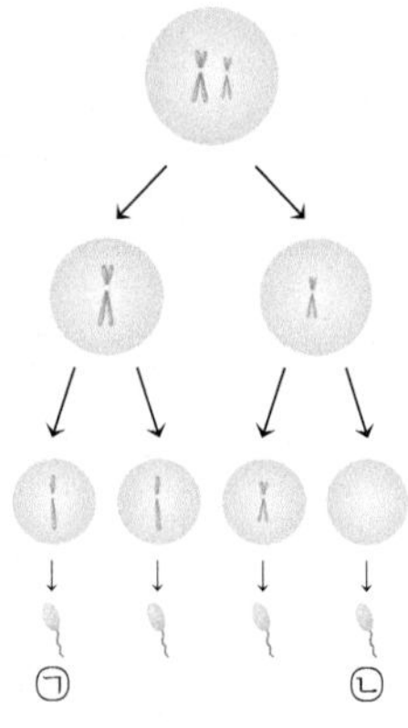

이에 대한 설명으로 옳은 것만을 〈보기〉에서 있는 대로 고른 것은?

〈 보기 〉

ㄱ. ㉠의 핵상은 $n+1$, ㉡의 핵상은 n이다.
ㄴ. 정상인 생식 세포와 비정상의 생식 세포의 비가 1 : 1 이다.
ㄷ. 생성된 생식 세포의 염색체 핵형으로 보아 감수 1 분열에서 비분리가 일어났다.

① ㄱ ② ㄴ ③ ㄱ, ㄷ
④ ㄴ, ㄷ ⑤ ㄱ, ㄴ, ㄷ

16 유전자 돌연변이는 핵형 분석을 통해 알 수 없다. 다음 〈보기〉에서 유전자 돌연변이만를 있는 대로 골라 기호로 쓰시오.

〈 보기 〉

ㄱ. 알비노 ㄴ. 다운 증후군
ㄷ. 터너 증후군 ㄹ. 낭포성 섬유증
ㅁ. 페닐케톤뇨증 ㅂ. 헌팅턴 무도병
ㅅ. 윌리암스 증후군 ㅇ. 고양이 울음 증후군

( )

17 다음은 정상 정자의 생식 세포 일부와 염색체 비분리가 일어난 난자 ㉠과 ㉡을 각각 나타낸 것이다.

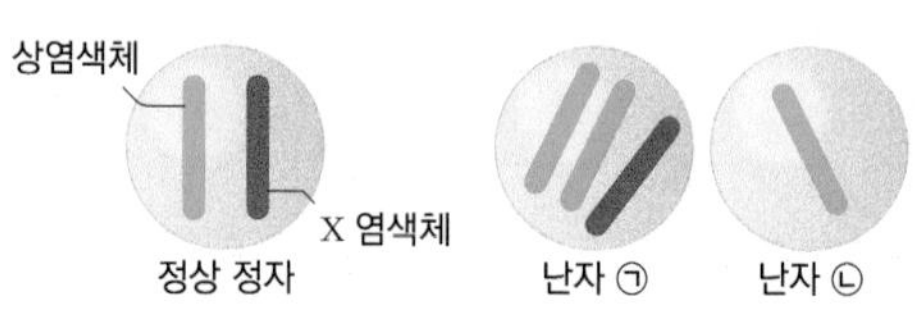

이에 대한 설명으로 옳은 것만을 〈보기〉에서 있는 대로 고른 것은?

〈 보기 〉

ㄱ. 난자 ㉠은 상염색체의 비분리가, 난자 ㉡은 성염색체의 비분리가 일어났다.
ㄴ. 난자 ㉡과 정자가 수정되면 클라인펠터 증후군의 아이가 태어난다.
ㄷ. 난자 ㉠과 정자가 수정되어 에드워드 증후군이 태어났다면 비분리는 21번 상염색체에서 일어났다.

① ㄱ ② ㄴ ③ ㄱ, ㄷ
④ ㄴ, ㄷ ⑤ ㄱ, ㄴ, ㄷ

18 다음 그림은 융모막 검사의 방법을 나타낸 것이다.

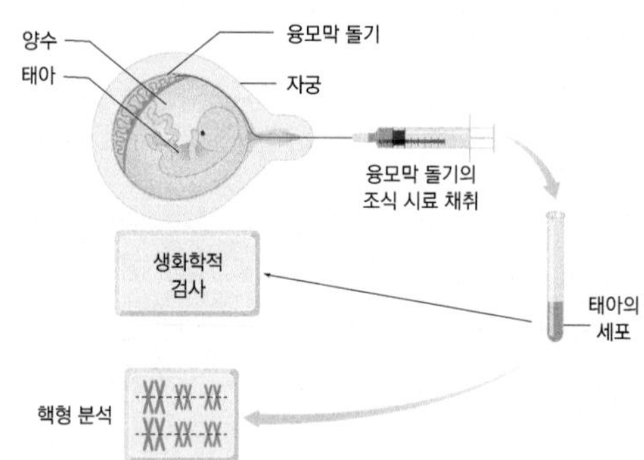

이에 대한 설명으로 옳은 것은?

① 검사를 통해 태아의 외형적 기형을 알 수 있다.
② 융모막 검사는 유전자 돌연변이에 대한 검사가 불가능하다.
③ 융모막은 모체와 태아의 유전자 구성을 반씩 포함하고 있다.
④ 융모막 검사를 통한 핵형 분석으로 태아의 성별을 알 수 있다.
⑤ 융모막 검사를 통한 핵형 분석으로 낫모양 적혈구 빈혈증 여부를 확인할 수 있다.

정답 및 해설 69쪽

C

19 다음은 유전자 치료 방법을 모식화한 그림이다.

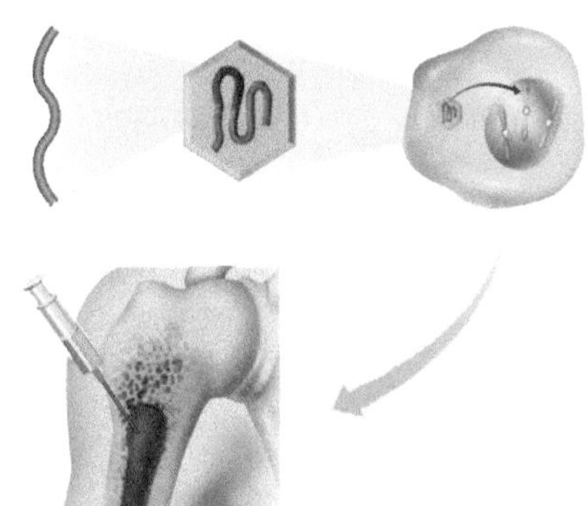

이에 대한 설명으로 옳은 것만을 있는 대로 고르시오.

① 한 번 주입된 유전자는 평생 유지된다.
② 골수 세포는 환자 본인의 것을 사용한다.
③ 환자에게 삽입된 정상 유전자는 자손에게 유전된다.
④ 본인의 세포를 사용하기 때문에 부작용이 전혀 없다.
⑤ 바이러스를 세포에 주입하기 위하여 바이러스 벡터를 이용한다.

20 다음 중 사람의 유전에 대한 설명으로 옳은 것만을 있는 대로 고르시오.

① 다운 증후군의 핵형은 $2n + 1 = 45 + XX(XY)$이다.
② 만성 골수 백혈병은 5 번 염색체 결실에 의해 일어난다.
③ 낫모양 적혈구 빈혈증은 발린이 글루탐산으로 바뀌어 일어난다.
④ 양수 검사를 통해서는 핵형 분석만 가능하다.
⑤ 가계도 검사를 통해 부모의 유전병 열성 인자에 대한 보인자 여부를 확인할 수 있다.

21 그림은 어떤 사람의 정자 형성 과정 중 성염색체 비분리가 1 회 일어난 것을 나타낸 것이며, 표는 정자 ㉠ 과 ㉡ 의 성염색체 수를 나타낸 것이다.

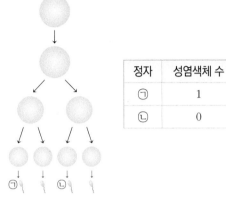

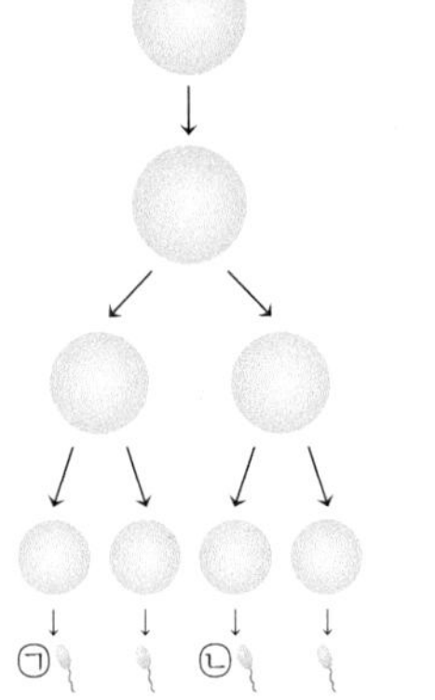

정자	성염색체 수
㉠	1
㉡	0

이에 대한 설명으로 옳은 것만을 〈보기〉에서 있는 대로 고른 것은?

〈 보기 〉

ㄱ. DNA 양은 ㉠이 ㉡보다 많다.
ㄴ. ㉡ 정자에는 X 염색체가 존재하지 않는다.
ㄷ. 정자 ㉠과 ㉡의 상염색체의 수는 동일하다.

① ㄱ ② ㄴ ③ ㄷ
④ ㄱ, ㄴ ⑤ ㄱ, ㄴ, ㄷ

22 그림 (가)는 어떤 남성의 정상 세포 중 성염색체만을, (나)는 (가)의 생식세포 분열 과정 중 비분리 현상이 일어났을 때 형성될 수 있는 정자 ㉠ ~ ㉢을 나타낸 것이다. (단, 상염색체는 고려하지 않는다.)

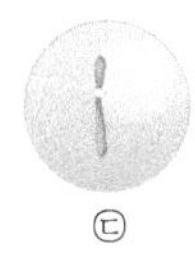

정상 세포 (가) ㉠ ㉡ ㉢ (나)

이에 대한 설명으로 옳은 것만을 〈보기〉에서 있는 대로 고른 것은?

〈 보기 〉

ㄱ. ㉠ ~ ㉢의 핵상은 차례대로 $2n$, $2n$, n 이다.
ㄴ. 감수분열이 정상적으로 일어난 경우 ㉢의 생식세포를 관찰할 수 있다.
ㄷ. ㉡이 정상적인 난자와 수정하면 염색체 이수성 돌연변이를 가진 수정란이 만들어진다.

① ㄱ ② ㄴ ③ ㄱ, ㄴ
④ ㄴ, ㄷ ⑤ ㄱ, ㄴ, ㄷ

스스로 실력 높이기

23 다음 그림은 $2n = 8$ 의 핵형을 가진 동물의 난자 형성 과정을 나타낸 것이다. 그림에서 B 의 핵형은 $n + 1$ 이었다.

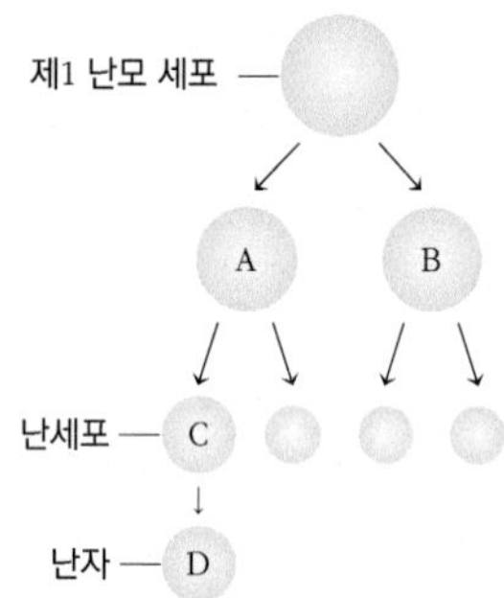

이에 대한 설명으로 옳은 것만을 〈보기〉에서 있는 대로 고른 것은?

〈 보기 〉

ㄱ. A의 염색체 수는 3 개, 염색 분체의 수는 6 개이다.
ㄴ. B 의 DNA 의 양은 C 보다 적다.
ㄷ. D 의 난자가 n 인 정자와 수정할 경우 태어나는 자손의 핵형은 $2n - 1 = 7$ 이다.

① ㄱ ② ㄴ ③ ㄷ
④ ㄱ, ㄷ ⑤ ㄱ, ㄴ, ㄷ

24 다음은 정상인 부모와 어떤 유전병을 앓고 있는 아들($2n = 46$)에 대한 자료이다.

- 정상 대립 유전자 A와 유전병 대립 유전자 a는 상염색체 중 하나에 있다.
- 아버지의 유전자형은 AA, 어머니의 유전자형은 Aa 이다.
- 아들은 유전병 대립 유전자 한 쌍을 모두 어머니로부터 물려받았다.

이에 대한 설명으로 옳은 것만을 〈보기〉에서 있는 대로 고른 것은? (단, 염색체의 비분리는 각각 1 번만 일어났다.)

〈 보기 〉

ㄱ. 난자 형성 시 염색체 비분리는 감수 2 분열에서 일어났다.
ㄴ. 염색체 수가 23 + X 인 난자의 수정에 의해 아들이 태어났다.
ㄷ. 염색체 수가 21 + Y 인 정자의 수정에 의해 아들이 태어났다.

① ㄱ ② ㄴ ③ ㄱ, ㄷ
④ ㄴ, ㄷ ⑤ ㄱ, ㄴ, ㄷ

25 다음 그림 (가)와 (나)는 각각 색맹인 부모의 생식 세포 분열 과정을 나타낸 것이다. (가)와 (나)는 비분리가 각각 1 회 일어났으며, D 는 성염색체를 가지지 않는다. (단, 염색체 비분리 현상은 성염색체에서만 일어났고 상염색체는 정상적으로 분리되었다.)

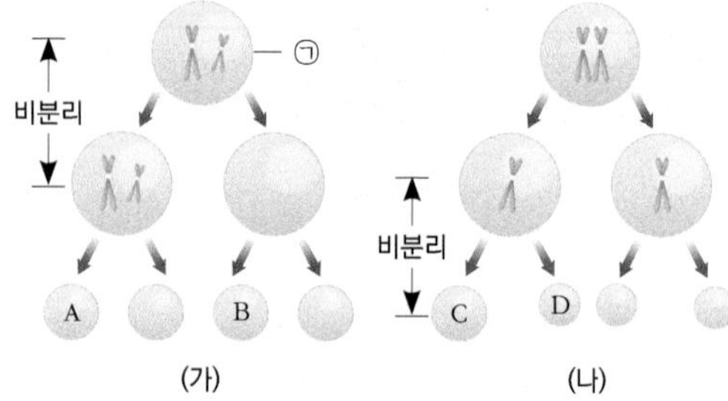

이에 대한 설명으로 옳은 것만을 〈보기〉에서 있는 대로 고른 것은?

〈 보기 〉

ㄱ. A ~ D 의 핵상은 $n = 23$ 으로 모두 같다.
ㄴ. B 와 C 의 수정으로 태어난 아이가 색맹일 확률은 50 % 이다.
ㄷ. $\frac{\text{D 에 들어있는 염색체 수}}{\text{B 에 들어있는 염색체 수}} = 1$ 이다.

① ㄱ ② ㄴ ③ ㄷ
④ ㄱ, ㄴ ⑤ ㄴ, ㄷ

26 다음 그림은 어떤 남성의 정자 형성 과정과 그 결과로 형성된 정자의 염색체 수를 나타낸 것이다.

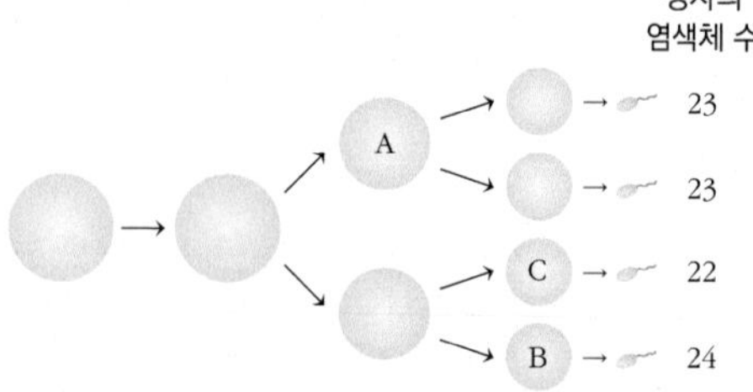

이에 대한 설명으로 옳은 것만을 〈보기〉에서 있는 대로 고른 것은?

〈 보기 〉

ㄱ. 감수 2 분열에서 염색분체 비분리가 일어났다.
ㄴ. A 와 B 의 염색체 수는 동일하다.
ㄷ. C 가 정상 난자와 수정하면 클라인펠터 증후군인 아이가 태어난다.

① ㄱ ② ㄴ ③ ㄷ
④ ㄱ, ㄷ ⑤ ㄴ, ㄷ

정답 및 해설 69쪽

심화

[27-28] 표는 민호네 가족 중 어머니를 제외한 나머지 가족의 유전병 발현 여부와 이 유전병의 발현에 관여하는 대립 유전자의 DNA 상대량을 나타낸 것이다.

가족	유전자 발현 여부	DNA 상대량	
		A	a
아버지	정상	0.5	−
민호	유전병	−	1
누나	정상	0.5	0.5
형	정상	0.5	−

27 유전병에 관여하는 대립 유전자 A 와 a 는 성염색체 위에 있는지 상염색체 위에 있는 지를 이유와 함께 서술하시오.

28 이에 대한 설명으로 옳은 것만을 <보기>에서 있는 대로 고른 것은?

〈 보기 〉
ㄱ. A 는 a 에 대해 우성이다.
ㄴ. 어머니 유전자형은 이형접합으로 보인자이다.
ㄷ. 민호는 클라인펠터 증후군이며, 유전병 유전자를 가지고 있다.

① ㄱ ② ㄷ ③ ㄱ, ㄴ
④ ㄴ, ㄷ ⑤ ㄱ, ㄴ, ㄷ

[29-30] 다음은 어떤 집안의 적록 색맹에 대한 자료이다. 아래의 물음에 답하시오.

[평가원 유형]

·적록 색맹은 대립 유전자 E 와 e 에 의해 결정되며, E 는 정상 유전자이고 e 는 적록 색맹 유전자이다.
·부모의 핵형은 모두 정상이며, 어머니는 적록 색맹이 아니다.
·생식 세포 형성 과정에서 염색체 비분리가 1 회 일어난 정자와 정상 난자가 수정되어 아들이 태어났다.
·그림은 아버지와 아들에게서 G_1 기의 체세포 1 개 당 e 의 DNA 상대량을 나타낸 것이다.

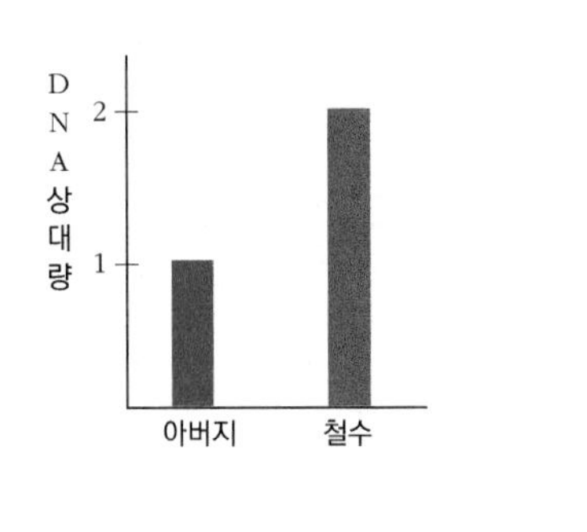

29 위의 자료를 바탕으로 집안의 가계도를 그린 후, 구성원들의 유전자형을 적어 보시오.

30 이에 대한 설명으로 옳은 것만을 <보기>에서 있는 대로 고른 것은?

〈 보기 〉
ㄱ. 아들의 핵상은 $2n + 1 = 44 + XXY$ 이다.
ㄴ. 아들은 정소와 유방이 함께 발달한다.
ㄷ. 정자 형성 시 비분리는 감수 1 분열에서 일어났다.

① ㄱ ② ㄷ ③ ㄱ, ㄴ
④ ㄱ, ㄷ ⑤ ㄱ, ㄴ, ㄷ

여자가 만드는 정자 남자가 만드는 난자

생식 세포를 둘러싼 비밀이 벗겨지고 있다.

포유동물에 속하는 인간의 특성상 수정과 임신의 과정이 여성의 몸속에서만 일어난다. 뿐만 아니라, 인간에게만 있는 '배란 은폐 현상' 으로 인해 여성 본인조차도 언제 배란이 일어나는지, 언제 임신을 하였는지 정확히 알지 못하는 일이 나타난다. 때문에 인간의 기원이 수정란에서 시작되었다는 사실을 알아낸 것은 인류가 번식해온 역사에 비하면 극히 최근의 일이다. 최근 과학자들은 두 생식 세포가 어떤 특성을 가지고 있는지, 어떤 방식으로 수정되어 어떻게 착상되는지, 수정란이 어떤 과정을 통해 자라나는지와 같은 연구를 진행 중이다.

인공으로 동물의 정자를 만드는데 성공

일본 요코하마 대학의 오가와 타케히코(Ogawa Takehiko) 박사가 실험용 생쥐를 이용해 수정이 가능한 성숙한 정자를 시험관에서 발생시키는데 성공했으며, 이를 이용해 새끼를 낳을 수 있음을 증명한 논문을 '네이처' 지에 발표했다. 오가와 박사팀은 생쥐의 고환 조직을 추출한 뒤 이를 KSR 배양액(Knockout serem replacement, 혈청을 제외한 배양액)을 이용해 키우면, 고환 속에 존재하던 미성숙한 정자가 꼬리를 지닌 성숙한 정자로 만들어진다는 것을 밝혀냈다. 오가와 박사는 4 마리의 수컷 생쥐의 고환에서 추출한 미성숙한 정자를 이 방식으로 성숙한 정자로 분화시켰으며, 이렇게 만들어진 정자는 난자를 만나 정상적인 수정란을 만들고, 이 수정란을 암컷에게 이식한 결과 12 마리의 새끼를 출산하는 데까지 성공했다. 또한 이렇게 출산한 12 마리의 새끼들은 모두 정상과 다름없이 건강하며 생식력도 갖추고 있다고 한다.

정자와 난자의 수정 ▶

사람의 정자와 난자를 만들 날도 얼마 남지 않아

자연 임신이 어려운 이들에게 그들의 유전자가 담긴 아이를 안겨주는 기술의 개발은 축복에 가까운 기술이다. 이 방식이 상용화된다면 불임부부 뿐만 아니라 나이가 들어 더이상 생식 세포를 만들어낼 수 없는 고령자도 임신이 가능하며, 줄기세포를 이용하게 되면 여성의 세포로부터 정자를, 남성의 세포로부터 난자를 만들어내는 것도 가능해 질 수 있다. 하지만 기존의 시험관 방식과는 달리, 원시 생식 세포 혹은 피부 세포에서 유래한 줄기세포를 이용해 정자와 난자를 분화시키는 것은 기술의 실용화 이전에 다양한 사회적 합의와 제도적 장치가 필요하다.

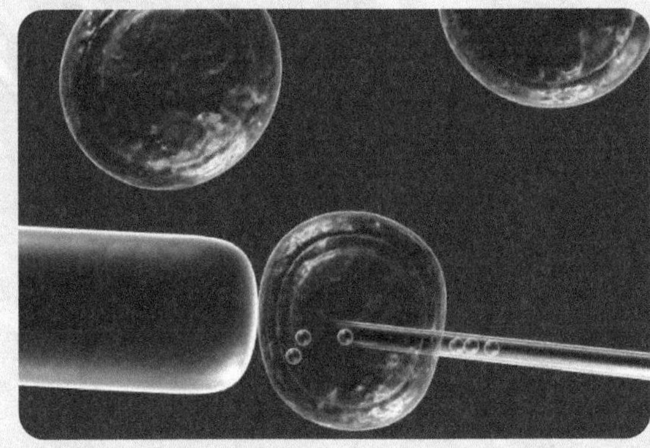
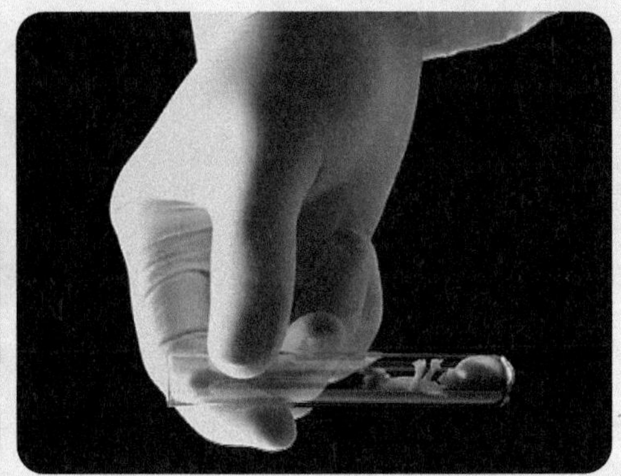

▲ 인공 수정 방법 (난자의 세포질 내로 정자를 직접 주입하여 수정시킨다.)

기술 이전에 사회적 합의가 선행해야

여성이 자신의 난자와 자신의 줄기세포로 만들어진 정자를 이용해 스스로의 몸에 이식해 처녀생식과 동시에 스스로를 복제하는 것도 가능해질 수 있다. 일부에서는 빠르면 5 년 내에 수정에 사용할 수 있는 인공 정자 생산이 가능해질 것으로 보고 있다. 이제 우리가 할 일은 예측되는 미래를 제대로 받아들이기 위해 무엇을 준비해야 할지 생각하는 것이다.

Q1 **남자가 혼자 아이를 낳을 수 있는 방법을 서술해 보자.**

Q2 **정자, 난자와 같은 생식 세포도 생명이라고 할 수 있는지 없는지를 그 이유와 함께 서술해 보자.**

Project - 탐구

[탐구-1] 야생형 초파리와 돌연변이 초파리의 비교

준비물 야생형 초파리, 돌연변이 초파리, 마취병, 깔대기, 거름종이, 솜, 에테르, 해부현미경

탐구과정

(1) 초파리 마취하기

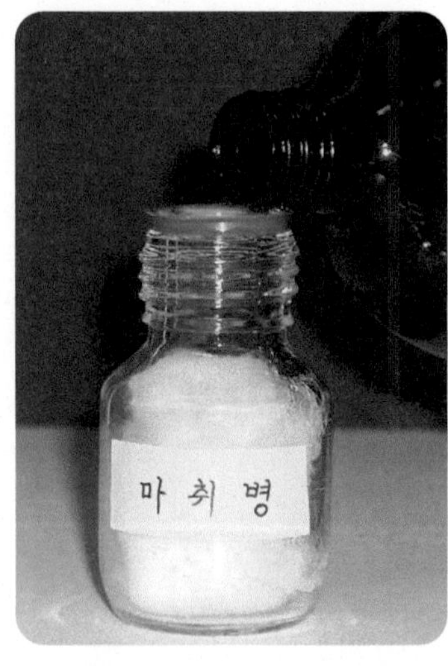

① 마취병에 솜을 넣고 에테르를 붓는다.

② 깔대기를 마취병에 얹은 후, 야생형 초파리가 들어 있는 관병을 쳐주며 초파리를 깔때기로 털어 넣는다.

③ 초파리가 깔대기로 떨어지면 손으로 깔대기의 입구를 막아 공기가 통하지 않게 하여 초파리를 2 ~ 3 분 동안 마취시킨다.

(2) 초파리 관찰하기

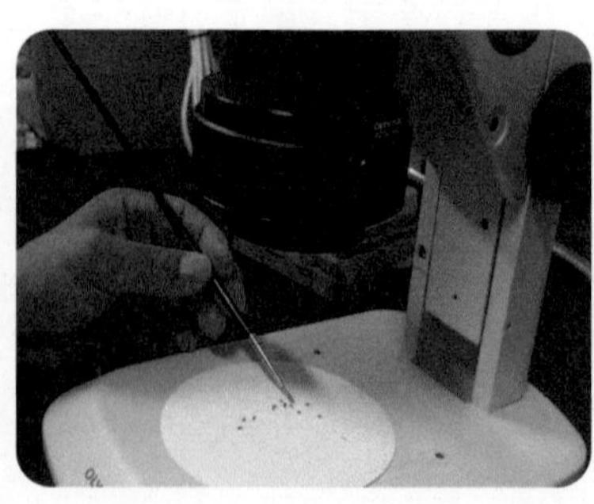

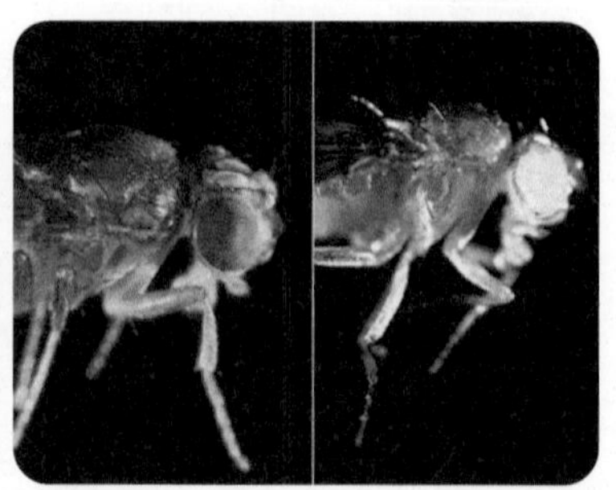

① 마취병에서 초파리를 꺼내어 거름종이 위에 놓는다.

② 해부현미경으로 관찰하면서 초파리의 특징을 기록한다.

③ 동일한 방법으로 돌연변이 초파리를 관찰하며 야생형 초파리와 비교해 본다.

정답 및 해설 71쪽

탐구결과

1. 현미경으로 관찰한 야생형 초파리와 돌연변이 초파리의 상의 모습을 그리시오.

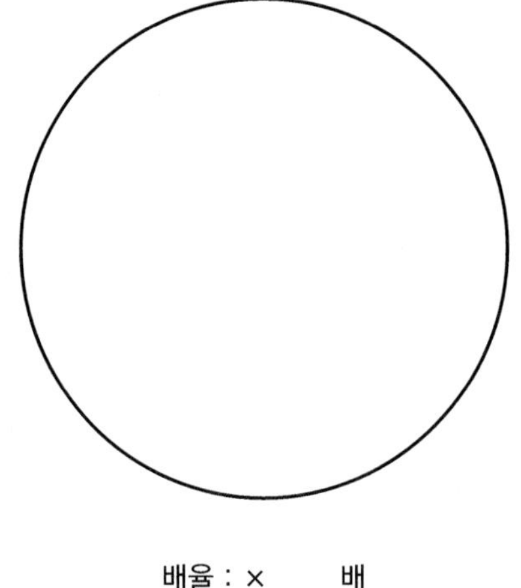

배율 : ×　　배

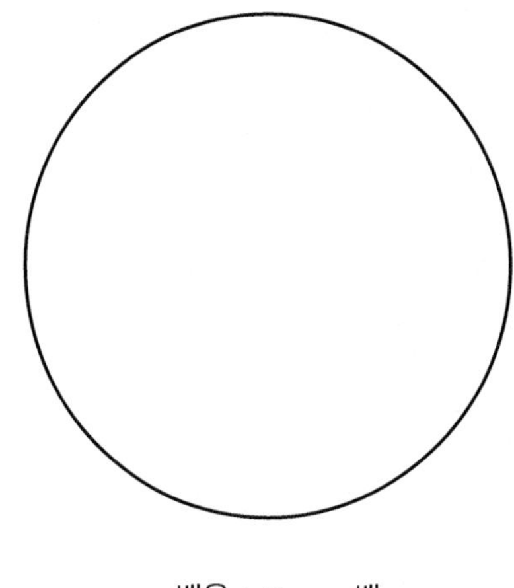

배율 : ×　　배

탐구 문제

1. 유전자에서 일어나는 변화를 돌연변이라고 한다. 임의의 유전자에 돌연변이가 일어났을 때의 장단점을 서술해 보자.

2. 돌연변이로 나타난 개체의 특징은 자손에게도 유전될까?

3. 어떤 형질에 대해서 대립 유전자는 반드시 1 개만 존재하는지 아니면 여러 개가 존재할 수 있는지에 대해 설명하시오.

4. 어떤 두 유전자가 서로 대립 유전자인지 확인할 수 있는 실험 방법을 써 보시오.

Project - 탐구

[탐구-2] 초파리 거대 침샘 염색체의 관찰

준비물 제3령기 초파리 유충, 0.7 % 식염수, 아세트올세인, 0.1 % 염산 용액, 해부현미경, 핀셋, 해부침, 스포이트, 거름종이, 덮개 유리, 받침 유리

탐구과정

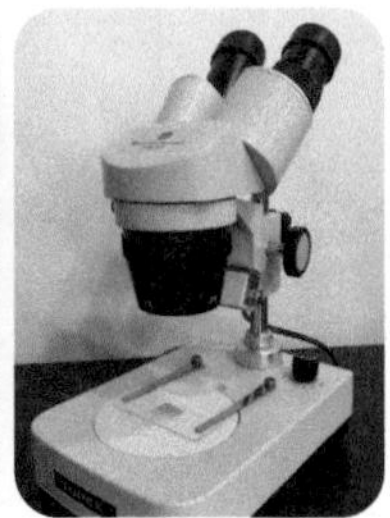

① 핀셋을 이용하여 제3령기의 유충을 꺼내 0.7 % 식염수 용액 위에 올려놓는다.
② 해부현미경으로 보면서 유충의 입 부위로부터 $\frac{2}{3}$ 지점을 핀셋으로 지그시 잡고 해부침으로 머리 부위를 찌른 다음 조심스럽게 잡아당긴다.
③ 침샘을 제외한 모든 부위를 받침 유리에서 제거하고 거름종이를 이용하여 침샘 주위의 용액 성분을 없앤다.
④ 0.1 % 염산 용액을 침샘 위에 충분히 떨어뜨리고 10 분 후 거름종이를 이용하여 염산 용액을 닦아낸다.
⑤ 아세트올세인 용액을 한 방울 떨어뜨린 후 10 분간 방치한다.
⑥ 침샘 조직 위를 덮개 유리로 덮은 후 그 위에 거름종이를 놓고 엄지손가락으로 세게 눌러 압착시켜 침샘 조직이 고르게 퍼지도록 한다.
⑦ 침샘 염색체가 충분히 염색된 것을 확인 후 아세트올세인 용액을 거름종이를 이용해 제거한다.
⑧ 해부현미경으로 완성된 표본을 관찰한다.

실험 과정 이해하기

1. 유충을 0.7 % 식염수 용액에 담그는 이유는 무엇인가?

2. 아세트올세인을 이용하여 염색하는 이유는 무엇인가?

정답 및 해설 **72쪽**

탐구 결과

1. 현미경으로 관찰한 상의 모습을 그리시오.

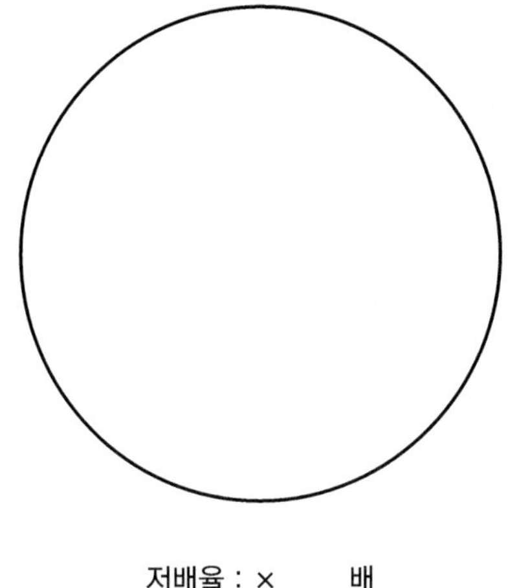

저배율 : × 배

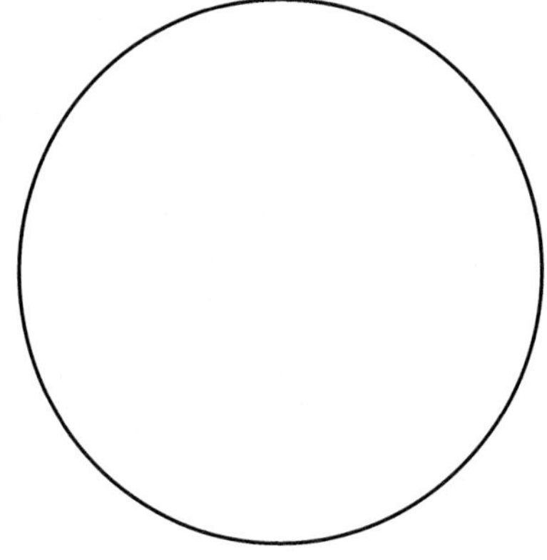

고배율 : × 배

2. 침샘 염색체는 어떤 모습을 하고 있는가?

탐구 문제

1. 유전 연구에 초파리의 거대 침샘 염색체가 많이 이용되는 이유를 침샘 염색체의 특징과 연관 지어 서술해 보자.

memo

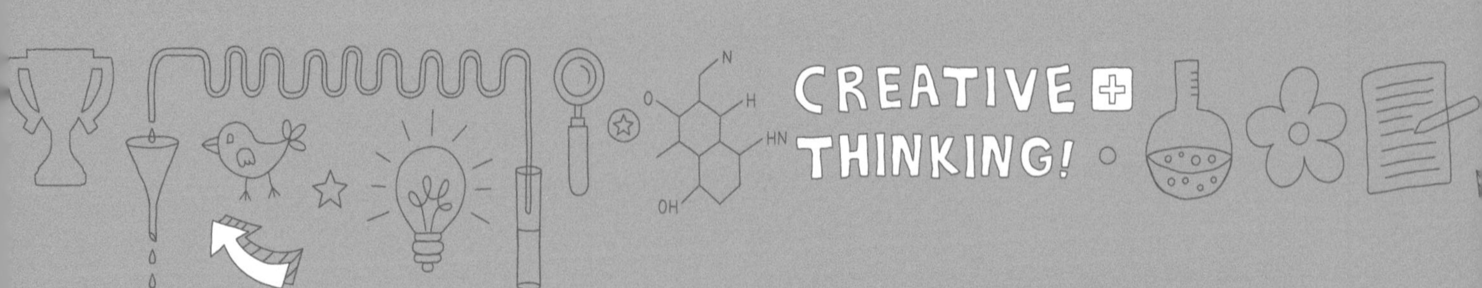

무한상상

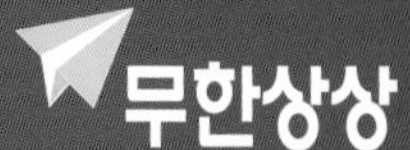
무한상상

세페이드

3F. 생명과학(상) 개정판

정답과 해설

무한상상 영재교육 연구소

〈온라인 문제풀이〉

[스스로 실력 높이기] 는 동영상 문제풀이를 합니다.

https://cafe.naver.com/creativeini

세페이드 | 변광성은 지구에서 은하까지의 거리를 재는 기준별이며 우주의 등대라고 불린다.

창의력과학

세페이드

3F. 생명과학(상)
개정판

정답 및 해설

Ⅰ 생명 과학의 이해

1강. 생명 현상의 특성

개념 확인 12~15쪽

1. (1) 동화 작용 (2) 이화 작용
2. (1) X (2) X **3.** 바이러스 **4.** ㄴ, ㄷ

2. (1) 생물체는 외부 환경이 변하더라도 체내 환경을 일정하게 유지하려고 한다. 이와 같이 체내 환경을 일정하게 유지하려는 성질을 항상성이라고 하며, 생명체는 항상성을 유지하려는 성질이 있다.

4. ㄱ. 동화 작용 확인 실험은 광합성을 하는 생명체가 있는지 알아보기 위한 실험이다.
ㄴ. 호흡은 이화 작용으로 유기물이 분해되어 기체(이산화 탄소)가 발생한다.
ㄷ. 호흡을 하는 생명체가 있다면 산소를 사용하고, 이산화 탄소를 방출하므로 기체 교환을 하여 용기 내의 기체의 조성이 변한다.

확인+ 12~15쪽

1. 자극 **2.** 적응 **3.** (1) X (2) O **4.** ③

3. (1)(2) 바이러스는 유전 물질인 핵산을 가지고 있으며, 증식 과정에서 자신의 유전 물질이 전달되는 유전 현상이 일어난다. 하지만 이러한 증식 과정은 숙주 세포 안에서만 일어난다.

4. 광합성을 하는 생명체의 존재를 확인하기 위해서는 광합성에 필요한 기체인 이산화 탄소를 넣어야 한다. 이때, 실험 결과로 생긴 물질들이 제공한 기체에서 생성되었는지를 확인하기 위해서 방사성을 띤 기체($^{14}CO_2$)를 넣어준다. 방사성을 띤 기체 이산화 탄소를 이용하여 광합성을 하면 생성된 포도당에는 방사성 원소 ^{14}C를 가지고 있을 것이며, 이를 가열하였을 때 분해되어 생성된 기체인 이산화 탄소도 방사성 원소 ^{14}C를 가지고 있게 된다.

개념 다지기 16~17쪽

01. ② **02.** ② **03.** (1) X (2) O (3) O (4) X
04. ④ **05.** ① **06.** ③ **07.** ④
08. ②, ④, ⑤

01. [바로알기] ② 석순의 크기가 커지는 것은 외부로부터 물질이 첨가되어 구성 물질의 양이 많아져 커지는 것으로 생장이 아니다.
① 죽순이 대나무로 자라는 것은 세포의 수를 늘려 생장하는 것이다.
③ 밝기에 따라 동공의 크기가 변하는 것은 빛(자극)에 대한 반응으로 홍채가 빛의 양을 조절하는 것이다.
④ 세포 호흡은 이화 작용으로 에너지를 방출하여 물질을 분해하는 물질대사 작용이다.
⑤ 미모사의 잎은 자극을 받으면 그 반응으로 잎이 오므라든다.

02. [바로알기] ② 세포 호흡과 소화는 이화 작용의 예, 광합성과 단백질 합성은 동화 작용의 예이다.
①,③ 동화 작용은 작은 분자 물질을 큰 물질로 합성하는 것이고, 이화 작용은 큰 분자 물질을 작은 분자 물질로 분해하는 것이다.
④ 물질대사는 생물체 내에서 생명을 유지하기 위해 일어나는 모든 화학 반응을 뜻한다.
⑤ 물질대사 과정이 진행되기 위해서는 효소가 반드시 필요하다. 효소가 없는 바이러스는 물질대사를 할 수 없다.

03. (1) [바로알기] 발생과 생장이 일어날 때에도 물질대사는 항상 일어난다. 살아있는 생명체에서 가장 우선시되는 생명 현상은 물질대사이다. 물질대사 과정을 통하여 에너지가 생성되어야 다른 생명 현상들도 나타날 수 있다.
(2) 수정란이 세포 분열을 통해 세포의 수가 증가하여 세포의 구조와 기능이 다양해져 하나의 완전한 개체가 되는 과정을 발생이라고 한다.
(3) 발생 과정을 통해 생겨난 어린 개체가 세포 분열을 통해 세포의 수가 증가하여 몸집이 커지고 무게가 증가하여 성체가 되는 현상을 생장이라고 한다.
(4) [바로알기] 발생과 생장은 모두 세포 분열을 통해 일어난다.

04. ④ 눈신토끼는 겨울이 되면 털 색깔이 갈색에서 흰색으로 변하여 천적으로부터 몸을 보호한다. 이것은 환경에 맞게 몸의 형태를 변화시킨 것으로 적응에 해당한다.
[바로알기] ① 식물의 줄기가 빛을 향해 자라는 것은 자극(빛)에 대한 반응이다.
② 물을 많이 마시면 체내의 삼투압을 일정하게 유지하기 위해 오줌량이 많아진다. 이것은 항상성 유지 작용이다.
③ 식물은 빛에너지를 흡수하여 포도당을 합성하는 광합성

을 한다. 이것은 물질대사 중 동화 작용에 해당된다.
⑤ 세포 분열을 통하여 완전한 하나의 개체가 되는 과정을 발생이라고 한다.

05. [바로알기] 돌연변이가 나타나는 것은 생물적 특징에 해당한다.

06. ③ [바로알기] 담배 모자이크병에 걸린 담뱃잎을 갈아 세균 여과기로 여과한 후, 걸러낸 여과액을 건강한 담뱃잎에 바른다. 바이러스는 세균보다 크기가 훨씬 작기 때문에 세균이 통과하지 못하는 세균 여과기를 통과한다. 그러므로 여과액을 바른 담뱃잎은 바이러스에 감염된다.

07. 바이킹호에서 실시되었던 화성 생명체 탐사 실험은 '모든 생물은 물질대사를 한다.' 는 사실을 전제로 하여 화성 토양에 생명체가 존재하는지 확인한 실험이다.

08. [바로알기] ① (가)와 (나) 실험에서는 방사성이 포함된 기체와 영양분을 사용하지만 (다)는 방사성 물질에 의한 영향을 제거하기 위해 기체 분석기를 이용하여 기체 조성비 변화를 관찰한다.
② 호흡을 하는 생명체가 있다면, (나)에서는 방사성 기체($^{14}CO_2$)가 발생하고, (다)에서는 용기 내부의 기체 조성비가 변하였을 것이다.
③ [바로알기] (나)는 호흡의 결과로 생성된 이산화 탄소를 확인하는 실험이고, (다)는 호흡을 하여 기체 교환이 일어났는지를 확인하는 실험이다.
④ (가)는 광합성을 하는 생명체가 있는지 알아보기 위한 실험으로 동화 작용을 확인하는 실험이다. (나)와 (다) 는 호흡(이화 작용)을 하는 생명체가 있는지 알아보기 위한 실험이다.
⑤ 위 실험에서 모두 변화가 없었으므로 화성 토양에는 물질대사를 하는 생명체가 존재하지 않는다는 것을 알 수 있다.

유형 익히기 & 하브루타 18~21쪽

[유형 1-1] (1) A : 동화, B : 이화 (2) ②
01. (1) 세포 (2) 단세포 (3) 다세포
02. ②
[유형 1-2] (1) 발생 (2) 생장 (3) 생식
03. ⑤ **04.** ⑤
[유형 1-3] (1) X (2) O (3) O (4) X (5) X (6) X
05. ㄴ, ㄷ, ㄹ
06. (1) 무 (2) 생 (3) 무 (4) 생
[유형 1-4] (해설 참조)
07. ④ **08.** ⑤

[유형 1-1] (1) A 작용은 에너지를 흡수하며 작은 분자 물질을 큰 분자 물질로 합성을 하는 동화 작용이다. B 작용은 에너지를 방출하며 큰 분자 물질을 작은 분자 물질로 분해하는 이화 작용이다. 동화 작용에는 광합성과 단백질 합성이 있고, 이화 작용에는 세포 호흡과 소화 등이 포함된다.
(2) ㉠ 은 효소이다. 물질대사 과정은 효소에 의해 진행된다. 효소는 생물체 안에서 일어나는 화학 반응을 촉매하는 역할로 주로 단백질로 이루어져 있다.

01. 세포는 생물체의 구조적, 기능적 단위로 모든 생물은 세포로 이루어져 있다. 하나의 세포로 몸이 구성된 생물을 단세포 생물이라고 하며, 여러 개의 세포가 모여 체계적으로 구성된 생물을 다세포 생물이라고 한다. 다세포 생물은 비슷한 모양과 기능을 가진 세포들이 모여 조직을 이루고, 조직이 모여 기관을 이루며 기관이 모여 생명 활동이 가능한 독립적인 개체가 된다.

02. ② 자극과 반응 : 식물은 빛(자극)에 대한 반응으로 빛을 향해 자란다.
[바로알기] ① 물이 묻은 쇠못이 녹이 슨 것은 생명 현상의 특징이 아닌 철이 산화되어 생긴 화학 반응의 결과이다. ($4Fe + 3O_2 \rightarrow 2Fe_2O_3$)
③ 생식 : 막걸리에서 효모는 무성 생식(출아법)으로 개체수를 늘린다.
④ 물질대사 : 식물이 빛을 이용하여 포도당을 합성하는 것은 동화 작용의 대표적인 예이다.
⑤ 적응과 진화 : 선인장은 건조한 사막에서 잘 자랄 수 있게 잎이 가시로 변하여 수분의 손실을 막을 수 있게 진화하였다.

[유형 1-2] (1) 발생 : 수정란이 세포 분열을 통해 세포의 수가 증가하고 세포의 구조와 기능이 다양해지면서 완전한 하나의 개체가 되는 과정이다.
(2) 생장 : 발생 과정을 통해 생겨난 어린 개체가 세포 분열을 통해 세포의 수가 증가하여 몸집이 커지고 무게가 증가하여 성체가 되는 과정이다.
(3)생식 : 생물이 자신과 닮은 자손을 남겨 종족을 보존하는 현상이다.
유전 : 생식 과정에서 어버이의 유전 물질이 자손에게 전해지는 현상이다.

03. 답 ⑤
해설 눈신토끼의 털 색은 겨울이 되면 갈색에서 흰색으로 변하여 천적으로부터 몸을 보호한다. 이는 환경의 변화에 적응하고 진화한 예이다.
⑤ 캥거루쥐는 건조한 사막이나 초원지대에 서식한다. 따라서 물을 구하기가 힘든 환경에서 잘 살아남도록 콩팥의 기능이 알맞게 적응, 진화 하였다.
[바로알기] ① 출아법은 무성 생식의 한 종류이다. 생식은 생물이 자신과 닮은 자손을 남겨 종족을 보존하는 현상이다.
② 더울 때 땀을 흘려 체온을 유지하는 것은 몸의 온도를 일정하게 유지하려는 항상성을 유지하는 현상이다.
③ 색맹은 눈의 망막 원뿔 세포에 이상이 생겨 색깔의 일부를 잘 구별하지 못하는 증상으로, 색맹을 결정하는 유전자

는 X 염색체에 있다. 이와 같이 생식 과정에서 어버이의 유전 물질이 자손에게 전해지는 현상을 유전이라고 한다.
④ 바이러스는 숙주 세포 안에서 증식을 하지만 숙주 세포 밖에서는 증식할 수 없다. 따라서 바이러스는 생물과 무생물의 중간 형태를 띤다.

04. [바로알기] ⑤ 생물은 발생과 생장을 통해 몸의 크기가 커지고 구조와 기능이 다양해진다. 발생과 생장은 세포 분열을 통해 세포의 수가 증가하며 세포의 크기와는 관련이 없다.

[유형1-3] (1) [바로알기] 박테리오파지는 DNA 바이러스이다. 바이러스는 세포막으로 싸여 있지 않고 세포의 구조를 갖추고 있지 못한다.
(2) 바이러스는 스스로 증식을 할 수 없지만 숙주 세포 안에서 물질대사와 증식이 가능하다.
(3) 숙주의 효소들을 이용하여 박테리오파지의 DNA 분자를 합성하고, 숙주의 DNA 를 파괴한다.
(4) [바로알기] 박테리오파지의 DNA 가 단백질 껍질을 만들고 그 껍질 안으로 DNA 가 들어가 새로운 박테리오파지가 생성된다.
(5) [바로알기] 박테리오파지가 숙주의 효소들을 이용하여 파지의 DNA 를 만들고 숙주의 DNA 를 파괴한다. 따라서 숙주의 유전 물질을 가지고 있지 않다.
(6) [바로알기] 박테리오파지는 유전 물질을 가지고 있으며 증식이 가능하지만 이는 숙주 세포의 내에서만 일어난다. 또한 물질대사도 숙주 세포 내에서만 일어나며 숙주 세포 밖에서는 스스로 물질대사를 할 수 없다.

05. ㄱ. [바로알기] 바이러스는 세균보다 크기가 훨씬 작은 0.02 ~ 0.2 ㎛ 정도이다. 따라서 세균이 통과하지 못하는 세균 여과기를 통과한다.
ㄴ. 바이러스는 세포막으로 싸여 있지 않으며 세포의 구조를 갖추지 못하고 있다.
ㄷ. 바이러스는 살아있는 숙주 세포에 기생하여 증식하며 여러 가지 질병을 일으키는 병원체이다.
ㄹ. 바이러스는 유전 물질인 핵산을 가지고 있다. 핵산은 유전이나 단백질 합성에 중요한 작용을 하는 물질로 DNA 와 RNA 로 구분된다.

06. 바이러스는 생물적 특징과 무생물적 특징이 모두 나타난다.

생물적 특징	무생물적 특징
· 유전 물질인 핵산을 가지고 있으며 생물체 공통 성분인 단백질로 구성되어 있다. · 숙주 세포 내에서 물질대사와 증식이 가능하다. · 증식 과정에서 자신의 유전 물질이 전달되는 유전 현상이 일어난다. · 돌연변이가 나타나고, 다양한 종류로 진화한다.	· 세포막으로 싸여 있지 않고, 세포의 구조를 갖추지 못한다. · 효소가 없어 스스로 물질대사를 할 수 없다. · 숙주 세포 밖에서는 핵산과 단백질이 뭉쳐진 결정 형태로 존재한다.

[유형1-4] (1) 두 실험은 모두 화성의 토양에 호흡을 하는 생명체가 있는지 알아보기 위한 실험으로 '모든 생물은 물질대사를 한다' 는 사실을 전제로 한다.
(가)는 화성 토양이 든 실험 용기에 방사성을 띠는 영양분을 넣고 며칠 동안 용기 내의 공기에 방사성 기체가 발생하는지를 조사하는 실험이다.
(나)는 기체 교환을 하는 생명체가 있는지 확인하기 위한 실험이다. 화성 토양이 든 실험 용기에 일정한 조성을 가진 혼합 기체와 영양분을 넣고 용기 내부의 기체 조성비가 변하는지 기체 분석기를 이용하여 조사한다.
(2) 호흡은 산소를 이용해 유기물을 분해하여 생활에 필요한 에너지를 얻는 작용으로 이산화 탄소가 방출된다. 따라서 실험에서 생물체의 호흡이 일어난다면 ^{14}C 를 함유한 유기물을 분해하여 $^{14}CO_2$가 발생할 것이다.
(3) 생물체가 호흡을 하면 기체 교환이 일어나 용기 내부의 기체 조성비가 변할 것이다.

07. 이 실험은 화성 토양에 광합성을 하는 생명체가 있는지 확인하기 위한 실험이다. 토양 속에 광합성을 하는 생명체가 있다면 생명체가 실험 용기에 주입한 $^{14}CO_2$ 를 이용하여 ^{14}C 를 포함한 유기물을 합성하였을 것이다. 이 유기물을 가열하면 다시 분해되어 $^{14}CO_2$ 나 ^{14}CO 등의 기체가 검출될 것이다.

08. 실험에 방사능 원소를 넣음으로써 실험 결과로 생긴 기체를 쉽게 추적할 수 있다. 이 실험의 결과 아무런 방사성 기체가 검출되지 않았기 때문에 화성 토양에는 광합성을 하는 생명체가 존재하지 않는다는 것을 알 수 있다.

창의력 & 토론마당 22~25쪽

01

석순은 동굴의 천장에서 떨어지는 석회수가 공기 중의 이산화 탄소와 반응하여 탄산 칼슘 성분의 광물이 쌓여 만들어지고 크기가 점점 커지는 것이다.
이와는 달리 죽순은 광합성 작용에 의해 유기물을 만들어 구성 성분을 합성하고 세포 분열을 통해 세포 수를 늘려 생장하여 그 크기가 커진 것이다.

해설 죽순은 공기 중의 이산화 탄소와 토양 속의 물을 흡수하여 광합성을 통해 포도당을 만들고, 이것과 뿌리에서 흡수한 각종 무기 양분을 이용하여 체내에서 자신의 몸을 구성하는 물질을 합성함으로써 생장한다. 즉, 죽순이 자라는 것은 물질대사에 의한 것이다. 반면 석순이 자라는 것은 석순 내부에서 어떤 변화가 일어나는 것이 아니라 이미 외부에서 만들어진 탄산 칼슘이 기존의 석순에 계속 침착됨으로써 크기가 커지는 것이다. 즉, 석순이 자라는 것은 탄산 칼슘이라는 물질의 증가에 의한 것이다.

02 (1) 효소가 없기 때문에

(2) 바이러스는 스스로 물질대사를 할 수 없어 살아 있는 생물체 내에서 기생하므로 지구상에 출현한 최초의 생물체로 볼 수 없다.

해설 (1) 모든 생명체의 몸에서 물질대사 즉, 화학 반응이 일어나기 위해서는 생체 촉매인 효소가 반드시 필요한데 바이러스는 자신의 효소를 가지고 있지 않아 숙주 생물체의 효소를 이용한다.

(2) 바이러스는 매우 원시적인 구조를 하고 있으므로 지구상에 최초로 출현하였을 것이라고 생각하기 쉽지만 그렇지 않다. 바이러스는 효소가 없어 반드시 살아 있는 숙주 생물체에 기생하면서 숙주의 효소를 이용하여 생명 활동을 하기 때문에 지구상에 최초로 출현한 생물체로 볼 수 없다.

03 모두 항상성 유지와 관련이 있다. 아메바의 수축포는 삼투압을 조절하여 체액의 농도를 일정하게 유지하는 것이고, 플라나리아의 불꽃세포는 배설기관으로 노폐물을 버리고 체내의 수분이나 염류 농도를 일정하게 유지하는 역할을 한다.

해설 무척추동물의 배설기관은 크게 수축포 · 원신관 · 신관으로 나누어지고, 그 형태와 구조는 여러 가지이다. 아메바에서 관찰할 수 있는 수축포는 세포기관의 하나로 노폐물이나 여분의 수분을 세포 밖으로 배출하며 삼투압 조절에 관여한다. 해수에 서식하는 원생동물은 세포내액의 삼투압 농도가 바닷물의 농도와 같아서 세포 내외의 수분이 평형을 유지하지만, 담수에 서식하는 원생동물은 체액의 삼투압이 담수(민물)보다 훨씬 높아 세포막을 통하여 물이 체내로 들어오기 때문에 삼투를 조절해야 한다. 따라서 수축포를 통하여 물을 몸 밖으로 배출하여 체내의 수분량을 조절한다. 원신관에서 볼 수 있는 불꽃세포는 편모 다발의 운동으로 노폐물이 세관 안으로 유도되어 노폐물을 걸러낸다.

04 (1) 공통점 : 자극에 대한 반응이 일어난다, 강아지처럼 짖을 수 있다, 주인을 알아볼 수 있다, 감정 표현을 할 수 있다 등

차이점 : 강아지는 세포로 이루어져 있지만 애완 로봇은 플라스틱 재질의 화학 물질로 이루어져 있다, 강아지는 새끼를 낳을 수 있지만 애완 로봇은 생식 능력이 없다, 강아지는 사료를 먹지만 애완 로봇은 전력으로 움직인다 등

(2) 생명체라고 할 수 없다. 세포로 구성되어 있지 않으며 물질대사를 통해 에너지를 얻지 않는다. 또한 자신과 닮은 자손을 낳을 수 없기 때문에 유전 현상도 일어나지 않는다. 인간이 개발하지 않으면 진화할 수도 없다. 따라서 여러가지 생명 현상의 특징이 나타나지 않으므로 자극에 대한 반응이 나타나더라도 생명체라고 할 수 없다.

해설 생명 현상의 특징은 살아 있는 상태를 유지하기 위한 개체 유지 현상과 종족 유지 현상이 모두 일어나야 한다. 애완 로봇은 자극에 대해 반응하지만 이것 역시 컴퓨터 프로그래밍 기술에 의해 인간이 개발한 것으로 개체 유지 현상으로 보기는 어렵다. 애완 로봇은 생명 현상의 특성을 가지고 있지 않으므로 생물이라고 할 수 없다.

스스로 실력 높이기 26~31쪽

01. 세포 **02.** (1) 동화, 흡수 (2) 이화, 방출
03. ㄴ **04.** (1) O (2) O (3) O
05. ㅁ **06.** ㅂ **07.** ㄷ **08.** ㄴ
09. (1) X (2) X (3) X
10. ④ **11.** (1) 구조적 (2) 기능적
12. ⑤ **13.** ⑤ **14.** ② **15.** ① **16.** ④
17. (1) O (2) O (3) X **18.** ② **19.** ①
20. ③ **21.** ③ **22.** ④ **23.** ㄷ
24. ①, ③, ④ **25.** ⑤ **26.** ④ **27.** ②
28. ⑤ **29.** ② **30.** ㄴ, ㄹ

01. 세포는 생물체의 구조적, 기능적 단위로 모든 생물은 세포로 이루어져 있다.

02. 동화 작용은 작은 분자 물질을 큰 분자 물질로 합성하는 반응으로 에너지를 흡수하는 흡열 반응이다. 반면 이화 작용은 큰 분자 물질을 작은 분자 물질로 분해하는 반응으로 에너지를 방출하는 발열 반응이다.

03. 이화 작용은 물질을 분해하는 반응으로 세포 호흡, 소화 등이 이에 속한다. 단백질 합성과 광합성은 동화 작용의 예이며, 항상성은 체내 환경을 일정하게 유지하려는 성질이다.

04. (1) 모든 생물체는 물질대사를 통해 생물체를 구성하는 성분을 만들고 에너지를 얻는다.

(2) 발생은 수정란이 세포 분열을 통해 세포의 수가 증가하고 세포의 구조와 기능이 다양해 지면서 하나의 완전한 개체가 되는 과정이다. 생장은 발생 과정을 통해 생겨난 어린 개체가 세포 분열을 통해 세포의 수가 증가하여 몸집이 커지고 무게가 증가하여 성체가 되는 과정이다. 따라서 발생과 생장은 모두 세포 분열을 통해서 이루어진다.

(3) 생물이 자신과 닮은 자손을 남겨 종족을 보존하는 현상을 생식이라고 하고, 생식 과정에서 어버이의 유전 물질이

자손에게 전해지는 현상을 유전이라고 한다.

05. 생물이 환경에 알맞게 몸의 형태, 기능, 생활 습성 등을 변화시키는 현상을 적응이라고 한다.

06. 생명체는 빛, 온도, 소리, 접촉 등의 환경 변화를 받아들이고 이에 대해 반응한다. 나팔꽃 줄기가 접촉한 물체를 감고 자라는 것, 미모사의 잎이 자극에 의해 오므라드는 것은 식물의 반응에 해당한다.

07. 생물이 여러 세대를 거쳐 다른 환경에 적응하는 과정에서 유전자가 다양하게 변하여 새로운 종으로 분화되는 현상을 진화라고 한다.

08. 생식 과정에서 어버이의 유전 물질이 자손에게 전해지는 현상을 유전이라고 한다.

09. (1) [바로알기] 바이러스는 세포막으로 싸여있지 않고 세포 소기관도 없어 세포의 구조를 갖추지 못하고 있다.
(2) [바로알기] 세균보다 크기가 훨씬 작은 0.02 ~ 0.2 ㎛ 정도이다.
(3) 단백질로 이루어진 껍질과 유전 물질인 핵산으로 구성되어 있지만, 숙주 세포 밖에서는 독립적으로 물질대사를 할 수 없다.

10. 문제에 제시된 화성 생명체 탐사 실험은 광합성과 호흡 등 물질대사를 하는 생명체의 존재를 알아보기 위한 것이다.

11. (1) 구조적 단위 : 모든 생물의 몸은 세포로 구성되어 있다.
(2) 기능적 단위 : 세포 안에서 생물이 살아가는데 필요한 물질과 에너지를 만드는 생명 활동이 일어난다.

12. ⑤ [바로알기] 동화 작용에서는 에너지를 흡수하는 흡열 반응, 이화 작용에서는 에너지를 방출하는 발열 반응이 일어난다.
① 효소가 없으면 물질대사가 진행되지 않는다.
② 동화 작용에서는 에너지가 흡수되므로 반응물의 에너지가 생성물의 에너지보다 작다.
③ 이화 작용에서는 에너지가 방출되므로 반응물의 에너지가 생성물의 에너지보다 크다.
④ 생물은 물질대사를 통해 생물체를 구성하는 성분을 만들고 에너지를 얻으므로 물질대사의 과정에서는 에너지의 출입이 반드시 함께 일어난다.

13. 갈라파고스 군도의 핀치새의 부리가 각 섬에 따라 다른 모양을 하는 것은 각각 다른 환경에 적응하고 진화한 결과이다.
⑤ 부레옥잠은 잎자루에 공기가 차 있어 물 위에 떠서 생활하기 유리하게 진화하였다.
[바로알기] ① 물을 많이 마시면 오줌량이 많아지는 것은 삼투압을 조절하는 항상성 유지와 관련이 있다.
② 운동을 하여 근육에서 포도당이 분해되는 것은 생명체 내에서 일어나는 물질대사 중 이화 작용에 해당한다.
③ 나비의 애벌레가 나비가 되는 과정은 생장에 해당한다.
④ 아메바의 몸의 일부가 분리되어 새로운 개체가 되는 것은 이분법에 해당하는 생식이다.

14. [바로알기] ② 쇠로 만든 못이 녹스는 것은 철이 산소와 결합하여 산화된 것으로 화학 반응이다.($4Fe + 3O_2 \rightarrow 2Fe_2O_3$)
① 곰팡이의 생식 - 식빵에 뻗어있는 곰팡이의 균사는 생식 기능을 한다.
③ 아베바의 생식 - 아메바는 분열법으로 증식한다.
④ 유전 - 어머니가 색맹이면 아들은 모두 색맹이다.
⑤ 자극과 반응 : 지렁이는 빛(자극)에 대한 반응으로 어두운 것으로 이동한다.

15. ① 소화는 큰 분자 물질을 작은 분자 물질로 분해하는 이화 작용으로 물질대사에 해당한다.

16. 생명 현상은 체내 환경을 일정하게 유지하려는 항상성이 있으며, 체온 조절도 이에 속한다.
④ 민물과 바다는 염분의 농도가 다르다. 따라서 민물과 바다를 오가는 연어는 환경에 따라 오줌을 통해 삼투압을 조절하며, 삼투압 조절은 항상성 유지에 해당한다.
[바로알기] ① 심해어는 깊은 바닷속에서 시각을 사용할 일이 거의 없으므로 퇴화하였다. 이는 환경에 맞게 몸의 형태나 기능이 변화된 현상으로 적응에 해당한다.
② 혈액형은 부모로부터 자식에게 유전되는 특성 중 하나로 유전에 해당한다.
③ 나비 애벌레의 변태와 탈피과정은 생장에 해당한다.
⑤ 소화액은 크기가 큰 영양소를 크기가 작은 영양소로 분해하는 것을 돕는다. 이는 물질대사 중 이화 작용에 해당한다.

17. (1) (가)는 HIV 에서는 나타나지 않고, 아메바와 꽃가루에서 나타나는 성질이다. HIV 는 숙주 세포 밖에서는 핵산과 단백질이 뭉쳐진 결정 형태로 존재하며 효소가 없어 스스로 물질대사를 할 수 없다. 아메바는 단세포 생물로 세포막으로 싸여있으며, 꽃가루도 생식 세포에 해당하므로 세포막으로 싸여있다. 따라서 '세포막으로 싸여있음' 은 (가)에 해당한다.
(2) (나)는 아메바에게서만 나타나는 특징이다. HIV 는 숙주 세포 내에서 증식을 하고, 꽃가루는 암술 머리에서 수분된 뒤 중복 수정(유성 생식)을 통하여 생식하므로, '분열을 통해 증식함' 은 (나)에 해당한다.
(3) [바로알기] (다)는 HIV 와 아메바에서는 나타나지만, 꽃가루에서 나타나지 않는 특성이다. 꽃가루는 꽃의 생식 세포로 유전 물질을 가지고 있으므로 '유전 물질이 있음' 은 (다)에 해당하지 않는다.

18. ② 바이러스는 숙주 세포 내에서 증식을 한다. 먼저 숙주 세포에 부착하여 숙주 안으로 파지의 DNA 가 들어가고,

껍질은 숙주 표면에 남는다. 이후 숙주의 효소들을 이용하여 파지의 DNA 분자를 합성하고, 숙주의 DNA 를 파괴한다. 파지의 DNA 는 단백질 껍질을 만들고 DNA 가 그 껍질 안으로 들어가 새로운 파지가 생긴다. 새로 만들어진 파지는 숙주 세포를 파괴하고 나온다.

19. A 는 남성의 생식 세포인 정자, B 는 박테리오파지, C 는 대장균을 나타낸 것이다.
① 정자는 하나의 생식 세포로, 정자의 미토콘드리아(에너지를 생성하는 세포 소기관)에서 에너지를 생성하는 물질대사가 일어나며, 대장균은 하나의 개체로 물질대사를 하는 생명체이다.
[바로알기] ② 정자는 난자와 수정하여 수정란을 형성한 뒤 하나의 개체로 성장한다. 이와 같은 수정 방법을 유성 생식이라고 한다. 반면 대장균은 생식 세포의 결합이 없는 무성 생식을 한다.
③ 박테리오파지는 바이러스의 한 종류로서 숙주세포 내에서 증식한다.
④ A 는 생식 세포로 독립적인 개체가 아니다. B 도 숙주 세포 밖에서는 결정 형태로 존재하여 스스로 물질대사를 할 수 없으므로 독립적인 개체로 보기 어렵다.
⑤ 바이러스는 유전 물질인 핵산을 가지고 있으며 단백질로 구성되어 있다.

20. ㄱ. [바로알기] (가)는 동화 작용을 확인하기 위한 실험으로, 실험에서 가열하는 이유는 광합성 결과로 생긴 유기물을 확인하기 위해서이다. 토양 속에 광합성을 하는 생명체가 있었다면 ^{14}C 를 포함한 유기물이 합성되었을 것이고, 가열 과정에 의해 방사성 기체가 발생하는 것을 볼 수 있기 때문이다.
ㄴ. [바로알기] (가)는 광합성을 하는 생명체가 있는지 알아보기 위한 실험이고, (나)는 호흡을 하는 생명체가 있는지 알아보기 위한 실험이다.
ㄷ. (가)는 광합성(동화 작용)을 하는 생명체가 있는지 알아보기 위한 실험이고, (나)는 호흡(이화 작용)을 하는 생명체가 있는지 알아보기 위한 실험이다.

21. 문제에 제시된 실험으로 싹튼 콩은 호흡을 하여 온도가 올라가고, 이산화 탄소가 발생하였다는 것을 알 수 있다. 호흡은 물질대사 중 이화 작용에 해당한다.
③ 효모가 포도당을 분해하는 것은 물질대사 중 이화 작용에 해당한다.
[바로알기] ① 히드라의 번식은 생식과 관련이 있다.
② 아버지의 형질이 아들에게서 나타나는 것은 유전과 관련이 있다.
④ 메뚜기가 성충이 되는 과정은 생장과 관련이 있다.
⑤ 플라나리아는 빛이라는 자극을 받아 어두운 곳으로 이동하는 반응을 나타낸다. (자극과 반응)

22. A 는 독감 바이러스, B 는 결핵 세균을 의미하며 ㉠ 은 바이러스의 특징, ㉢은 세균의 특징, ㉡은 바이러스와 세균의 공통적인 특징을 나타낸 것이다.
ㄱ. [바로알기] 바이러스는 세포막으로 싸여있지 않고, 세포의 구조를 갖추지 못한다.
ㄴ. 바이러스와 세균은 모두 유전 물질을 가지고 있다.
ㄷ. 바이러스는 숙주 세포 내에서만 증식이 가능하지만 세균은 스스로 분열하여 증식을 할 수 있다.

23. 답 ㄷ
해설 ㄱ. [바로알기] 세균 여과기로 걸러진다는 것으로 바이러스의 크기가 세균보다 훨씬 작다는 것으로 무생물적 특징은 아니다.
ㄴ. [바로알기] 건강한 담뱃잎이 담배 모자이크병에 걸린 것으로 결정 형태였던 바이러스가 숙주 세포에서는 생물적인 특징을 나타낸 것을 알 수 있다.
ㄷ. 담배 모자이크 바이러스가 숙주 세포 밖에서 결정 형태로 존재하는 것은 무생물적 특징에 해당한다.
ㄹ. [바로알기] 바이러스가 증식한 것은 생물적 특징에 해당한다.

24. ① 세균 여과기를 통과하므로 TMV는 세균보다 크기가 작다.
② [바로알기] 제시된 실험으로 담배 모자이크 바이러스가 DNA 바이러스인지 RNA 바이러스인지는 알 수 없다.
③ 건강한 담뱃잎에서 증식하였다.
④ 여과액에서 TMV 를 분리하여 농축시켜 결정 형태의 바이러스를 얻었으므로 생명체 밖에서 결정 형태로 존재함을 알 수 있다.
⑤ [바로알기] 이 실험으로 바이러스가 숙주 세포의 효소를 이용하는지 여부와, 숙주 DNA 를 손상시키는지 여부를 알 수 없다.

25. ㄱ, ㄴ. A 는 유전 물질과 단백질을 가지고 있으며, 숙주 세포가 없는 영양 물질만 제공된 배지에서도 증식을 하므로 스스로 물질대사(동화 작용, 이화 작용)가 가능한 개체라는 것을 알 수 있다. 모든 생명체는 세포로 이루어져 있으므로 A 도 세포로 이루어져 있다.
ㄷ. B 는 영양 물질만 제공된 배지에서는 증식을 하지 않지만, 동물 세포가 함께 있는 배지에서는 증식을 한다. 따라서 숙주 세포 내에서만 증식이 가능한 바이러스라는 것을 알 수 있다. 바이러스는 숙주 세포 내에서는 생명 활동이 일어나 생식과 유전 현상이 일어난다.

26. 항생제를 투여한 직후 대장균의 개체 수가 급격하게 줄어들지만, 시간이 지날수록 항생제에 대한 내성이 생겨 다시 개체 수가 증가하는 것을 볼 수 있다. 또한, 이것은 환경 변화에 적응하고, 환경 변화에 살아남은 개체가 번식하여 종족을 유지한 자연선택을 나타내는 것으로 진화에도 해당한다.
④ 낫 모양 적혈구를 가진 사람은 말라리아 질병에 걸릴 확률이 낮다. 따라서 말라리아 발생률이 높은 아프리카에서는 낫 모양 적혈구 유전자를 가진 사람이 살아남기 유리하므로

그 개체 수가 더 많다. 이는 환경 변화에 따라 특정 유전자를 가진 개체의 생존이 유리해지는 자연선택을 나타내므로 진화에 해당한다.
[바로알기] ① 식사 후에는 혈당량이 높아져, 혈당량을 낮추는 호르몬인 인슐린의 분비량이 증가한다. 이것은 혈당량을 조절하는 항상성 유지와 관련이 있다.
② 왕달맞이꽃은 돌연변이로, 돌연변이란 부모에게서 없는 형질이 자손에게 나타난 경우를 뜻하며 자연선택이 아니다.
③ 유전 현상은 생식 과정에서 어버이의 유전 물질이 자손에게 전해지는 현상이다.
⑤ 잎의 공변세포는 삼투압을 조절하므로 항상성 유지와 관련이 있다.

27. ㄱ. [바로알기] 조직이란 모양과 기능이 비슷한 세포의 모임을 뜻한다. 군체는 같은 개체가 많은 수 모여 있다는 뜻이다.
ㄴ. 대장균이 군체를 형성한 것은 대장균이 분열하여 생식이 일어나 수가 증가하여 모여 있다는 것을 의미한다.
ㄷ. [바로알기] 아이오딘-아이오딘화 칼륨 용액은 녹말과 반응하므로 녹말의 여부를 알 수 있다. 녹말을 포함한 배지에 용액을 떨어뜨렸으나 반응이 나타나지 않은 것으로 보아 대장균에서 분비된 효소로 녹말이 분해되었다는 것을 알 수 있으며, 이는 물질대사로 볼 수 있다.

28. (가)는 빛에너지를 받아 작용하는 광합성을, (나)는 에너지를 방출하는 과정인 호흡을 나타낸 것이다.
ㄱ. (가)는 광합성으로 작은 분자 물질을 큰 분자 물질로 합성하는 동화 작용이 일어난다.
ㄴ. (나)는 호흡으로 물질을 분해하여 에너지를 합성하면서 열을 방출하는 이화 작용이 일어난다.
ㄷ. 식물에서는 (가) 광합성 작용과, (나) 호흡 작용이 모두 일어난다.

29. ㄱ. [바로알기] A 는 고분자 물질인 글리코젠이 저분자 물질인 포도당으로 분해되는 과정으로 이화 작용에 해당한다.
ㄴ. 녹말이 아밀레이스에 의해 더 작은 크기의 분자인 엿당으로 분해되는 것은 이화 작용으로 A 와 같은 특성에 해당한다.
ㄷ. [바로알기] 밝은 곳에서 동공이 작아지는 것은 빛(자극)에 대한 반응으로 혈당 조절 B 와는 다른 특성이다.

30. 미토콘드리아에서는 호흡(이화 작용)이 일어난다.
ㄱ. [바로알기] $^{14}CO_2$ 는 광합성을 하는 생명체가 있는지 알아보기 위한 실험에서 사용된다.
ㄴ. (나)에서 ^{14}C 가 함유된 방사성 영양분을 넣고 며칠 동안 용기 내의 공기에 방사성 기체($^{14}CO_2$)가 발생하는지를 조사하면 호흡을 하는 생명체가 있는지 알아볼 수 있다.
ㄷ. [바로알기] 방사성 기체를 제거한 뒤 가열하는 것은 동화 작용을 하는 생명체가 있는지 확인하는 실험 과정 중 하나이다. 화성 토양이 든 실험 용기에 방사성 기체를 넣고 빛을 비춘 후, 방사성 기체를 제거하고 토양 시료를 가열하여 방사성 기체의 발생 여부를 확인한다. 토양 속에 광합성을 하는 생명체가 있었다면 ^{14}C 를 포함한 유기물이 합성되었을 것이고, 가열 과정에 의해 방사성 기체가 발생할 것이다.
ㄹ. 화성 토양에 방사성을 띠는 영양분(^{14}C)을 넣었을 때, 호흡을 하는 생명체가 있었다면, ^{14}C 를 포함한 유기물이 분해되어 방사성 기체 $^{14}CO_2$ 가 발생할 것이다.

2강. 생물의 구성 물질

개념 확인 32~35쪽

1. (1) 공유 결합 (2) 수소 결합
2. 아미노산 **3.** 뉴클레오타이드
4. 글리코사이드 결합

확인+ 32~35쪽

1. 철(Fe) **2.** 펩타이드 결합
3. (1) 디옥시리보스 (2) 리보스 (3) 아데닌(A), 구아닌(G), 사이토신(C), 티민(T) (4) 아데닌(A), 구아닌(G), 사이토신(C), 유라실(U)
4. (1) 인지질 (2) 글리세롤, 지방산

개념 다지기 36~37 쪽

01. ③ **02.** ① **03.** ③ **04.** ⑤ **05.** ③
06. (1) O (2) O (3) X **07.** ⑤ **08.** ③

01. [바로알기] ③ 물은 열량은 내는 주 에너지원이 아니다. 에너지원으로 사용되는 주 영양소는 탄수화물, 지방, 단백질 등이다.

02. ① K는 삼투압과 PH 조절하는 작용을 하며 결핍 시 근수축 장애가 일어난다.
② Ca 은 뼈, 이, 혈장의 주성분으로 혈액 응고 및 근육 수축에 관여한다.
③ Fe 는 헤모글로빈의 주성분으로 결핍 시 빈혈과 두통이 나타난다.
④ I 은 갑상샘 호르몬의 성분이다.
⑤ P 은 뼈, 이, 단백질, 핵산, ATP 의 주성분이다.

03. ㄱ. 단백질은 생물체를 구성하는 성분 중 물 다음으로 많은 양을 차지하는 물질로 탄소(C), 수소(H), 산소(O), 질소(N)로 구성되며 황(S)을 포함하는 것도 있다.
ㄴ. 아미노산은 탄소 원자에 아미노기, 카복시기, 곁사슬

(R), 수소 원자가 결합한 구조이다. 곁사슬의 종류에 따라 20 여 종류로 구분된다.
ㄷ. [바로알기] 아미노산은 펩타이드 결합으로 연결된다. 펩타이드 결합은 한 아미노산의 아미노기와 다른 아미노산의 카복시기 사이에서 물(H_2O)이 한 분자 빠져나오면서 형성되는 결합이다.

04. ⑤ [바로알기] 단백질은 1 g 당 4 kcal 의 열량을 낸다. 1 g 당 9 kcal 의 열량을 내는 물질은 중성 지방이다.

05. ③ [바로알기] DNA 를 구성하는 당은 디옥시리보스이며 RNA 를 구성하는 당은 리보스이다.
① RNA 는 단일 가닥 구조이며 DNA 는 2중 나선 구조이다.
② DNA 는 유전자의 본체로 유전 정보를 저장하고, RNA 는 유전 정보를 전달하고 단백질의 합성에 관여하는 기능을 한다.
④ DNA 와 RNA 의 구성 단위는 뉴클레오타이드로 당, 인산, 염기가 1 : 1 : 1의 비율로 결합된 구조이다.
⑤ RNA 를 구성하는 염기는 아데닌(A), 구아닌(G), 사이토신(C), 유라실(U)이다. DNA 를 구성하는 염기는 아데닌(A), 구아닌(G), 사이토신(C), 티민(T)이다.

06. (2) RNA 를 구성하는 당은 리보스이고, DNA 를 구성하는 당은 리보스에 산소가 하나 부족한 디옥시리보스이다.
(3)[바로알기] 염기는 질소 원자를 가지고 있는 탄소 화합물로 총 5 가지이다. (아데닌(A), 구아닌(G), 사이토신(C), 티민(T), 유라실(U))

07. ⑤ 글리코사이드 결합은 단당류끼리 결합할 때 형성되는 결합으로 물이 한 분자 빠지면서 산소를 사이에 두고 형성되는 결합이다.
① 공유 결합은 원자 사이 전자쌍을 공유할 때 형성되는 결합이다.
② 수소 결합은 전자를 끌어당기는 힘이 큰 원자와 공유 결합을 하는 '수소 원자' 와 이웃한 분자의 'F, O, N 원자' 사이에 작용하는 분자 사이의 인력이다.
③ 상보적 결합은 서로 다른 물질이 결합할 때 특이적으로 상대방의 물질과 결합하는 경우이다. DNA 를 이루는 염기는 상보적으로 결합하여 아데닌은 티민과, 구아닌은 사이토신과 각각 수소 결합을 한다.
④ 펩타이드 결합은 아미노산끼리 결합할 때 형성되는 것으로 한 아미노산의 아미노기와 다른 아미노산의 카복시기 사이에서 물이 한 분자 빠져나오면서 형성된다.

08. ③ 인지질은 친수성 머리와 소수성 꼬리로 구성되어 인지질 2중막을 형성한다.
① 핵산은 유전 정보를 저장하고 단백질 합성에 관여한다.
② 단백질은 C, H, O, N, S 등으로 구성된다.
④ 중성 지방은 주요 에너지원으로 사용된다.
⑤ 스테로이드는 콜레스테롤, 성호르몬, 부신 겉질 호르몬 등의 구성 성분으로 4 개의 탄소 고리 구조를 가지는 화합물이다.

유형 익히기 & 하브루타 38~41쪽

[유형 2-1] (1) 수소결합 (2) 공유 결합 (3) (해설 참조)
01. (1) O (2) X (3) O
02. ②, ⑤
[유형 2-2] (1) 아미노산 (2) ㉠ 아미노기 ㉡ 카복시기 ㉢ 곁사슬 (3) 펩타이드 결합
03. ㄱ, ㄴ, ㄷ **04.** ㉠ 다이펩타이드 ㉡ 트라이펩타이드 ㉢ 폴리펩타이드
[유형 2-3] (1) X (2) O (3) X (4) X
05. ㉠ RNA ㉡ 리보스 ㉢ DNA ㉣ 디옥시리보스 **06.** (해설 참조)
[유형 2-4] ㄴ
07. (1) 중성 지방 (2) 단당류 (3) 스테로이드 (4) 다당류
08. 탄소(C), 수소(H), 산소(O)

[유형 2-1]

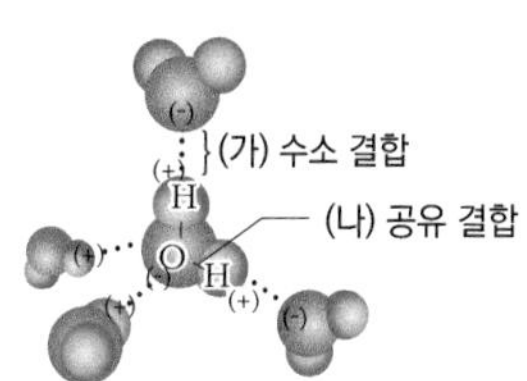

(1) (가)는 물 분자 사이에 일어나는 수소 결합을 나타낸 것이다. 한 물 분자의 산소와 인접한 다른 물 분자의 수소 사이에 인력이 작용하여 수소 결합을 한다.
(2) (나)는 물 분자를 이루고 있는 산소 원자와 수소 원자 사이에 일어나는 공유 결합을 나타낸 것이다. 공유 결합은 산소 원자와 수소 원자가 전자쌍을 공유해서 생긴 강한 결합으로 산소 원자가 공유 전자쌍을 더 세게 끌어당겨 전자가 산소 원자 쪽으로 끌려가 물은 굽은형 구조를 띤다.
(3) (가)는 수소 결합으로 수소 결합을 끊고 기화할 때에는 많은 열이 흡수되기 때문에 기화열이 크다. 물은 비열이 커서 온도를 높이는데 많은 열량이 필요하다. 비열이 크기 때문에 외부 환경의 온도 변화에도 체온이 쉽게 올라가거나 내려가지 않는다. 기화열이 크기 때문에 땀이 기화할 때 몸이 열을 많이 빼앗기므로 체온을 낮춰 항상성을 유지하는데 큰 효과가 있다.

01. (1) 물은 생명체를 구성하는 성분 중 가장 많은 양을 차지한다. 사람을 구성하는 물질 중 약 85 % 가 물이다.
(2) [바로알기] 물 분자를 이루는 산소 원자가 수소 원자보다 공유 전자쌍을 더 세게 끌어당긴다. 그러므로 전자가 산소 원자 쪽으로 치우쳐 산소는 약한 음(-)전하를 띠고, 수소는 약한 양(+)전하를 띠는 극성을 가진다.
(3) 물과 같은 극성 물질은 같은 극성 물질과 잘 섞인다. 또한, 물은 이온성 물질을 잘 녹이며 용해성이 크기 때문에 각

종 물질을 녹여 물질의 흡수와 이동을 쉽게 하여 화학 반응의 매개체가 된다.

02. ② 무기염류는 몸속에서 이온의 상태로 흡수된다.
⑤ 무기물은 유기물과 결합하여 몸을 구성하거나 생리 작용을 조절하는데 관여한다.
[바로알기] ① 무기 염류는 에너지원으로 사용되지 않는다.
③, ④ 세포액과 혈액에서 이온의 상태로, 뼈와 이에서는 염을 이루어 존재한다.

[유형 2-2] (1) 단백질의 구성 단위는 아미노산으로, 아미노산의 배열 순서에 따라 단백질의 구조와 기능이 결정된다.
(2)

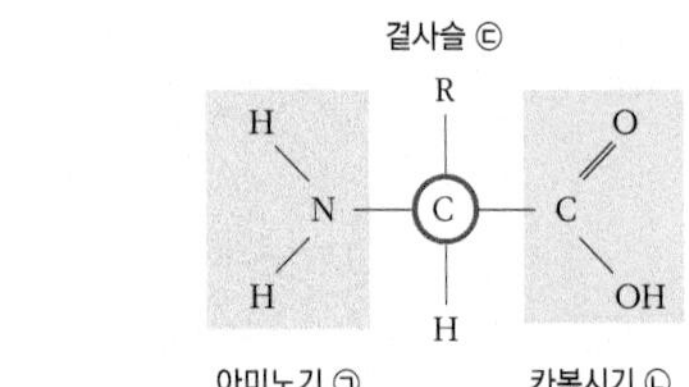

▲ 아미노산의 구조

아미노산은 탄소 원자를 중심으로 아미노기(-NH_2), 카복시기(-COOH), 곁사슬(R), 수소 원자가 결합한 구조이다. 곁사슬의 종류에 따라 아미노산은 20 여 종으로 구분된다.
(3) 아미노산을 결합시키는 펩타이드 결합은 아미노산의 아미노기와 다른 아미노산의 카복시기 사이에서 물이 한 분자 빠져나오면서 일어나는 결합으로 아미노산 2 분자가 연결된 것을 다이펩타이드라고 한다.

03. ㄱ. 단백질은 에너지원으로 사용되는 주영양소 중 하나이다.
ㄴ. 단백질은 병원체에 대항하는 방어 작용을 한다.(항체의 주성분)
ㄷ. 단백질의 기능적 특성은 단백질의 입체 구조에서 비롯되며, 입체 구조는 그 단백질을 구성하는 아미노산의 배열로 결정된다. 단백질의 입체 구조가 파괴되면 단백질의 기능적 특성도 없어진다.
ㄹ. [바로알기] 생체막을 이루는 주요 성분은 인지질이다.

04. 펩타이드 결합으로 이루어진 화합물을 펩타이드라고 한다. 다이(di-)는 2 를 나타내는 접두어로 다이펩타이드(dipeptide)는 아미노산 두 분자가 결합된 것을 뜻한다. 마찬가지로 트라이(tri-)는 3 을, 폴리(poly-)는 다수를 나타내는 접두어이다.

[유형 2-3] 답 (1) X (2) O (3) X (4) X
해설 (1) [바로알기] (가)는 폴리뉴클레오타이드 2 가닥이 꼬여있는 2 중 나선 구조의 DNA 이고, (나)는 폴리뉴클레오타이드로 구성된 단일 가닥 구조의 RNA 이다.
(2) (가) DNA 와 (나) RNA 의 구성 단위는 (다) 뉴클레오타이드이다.
(3) [바로알기] (다) 는 핵산의 구성 단위인 뉴클레오타이드로 당, 인산, 염기가 1 : 1 : 1 로 결합된 구조이다. 뉴클레오시드는 당과 염기만으로 이루어진 물질이다.

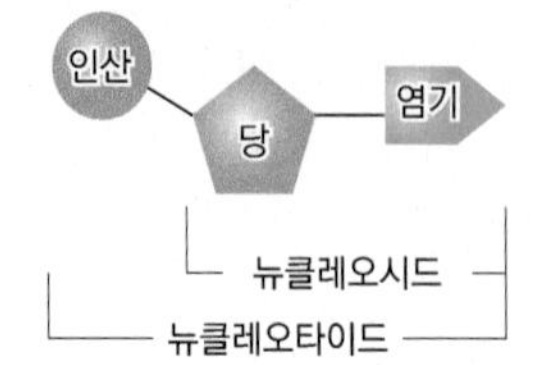

(4)

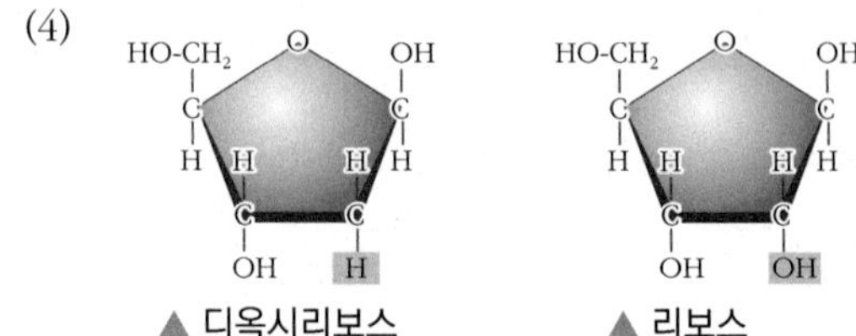

▲ 디옥시리보스 ▲ 리보스

[바로알기] DNA 와 RNA 는 당의 종류에 따라 나누어진다. 5탄당인 리보스로 구성된 핵산을 RNA, 리보스에 산소가 하나 부족한 디옥시리보스로 구성된 핵산을 DNA 라고 한다. (라)는 염기를 나타낸 것으로 모두 5 종류이다. RNA 를 구성하는 염기는 아데닌(A), 구아닌(G), 사이토신(C), 유라실(U)이고, DNA 를 구성하는 염기는 아데닌(A), 구아닌(G), 사이토신(C), 티민(T)이다.

05. 5탄당은 탄소 5 개를 함유하는 당으로 뉴클레오타이드에서 인산과 염기를 연결시키는 역할을 한다. RNA 를 구성하는 당은 리보스이며, DNA 를 구성하는 당은 디옥시리보스로 리보스와 비교하여 산소가 하나 적다.

06. (1) 핵산은 탄소(C), 수소(H), 산소(O), 질소(N), 인(P)으로 구성된다.
(2) DNA를 구성하는 염기는 총 4 가지로 아데닌(A), 구아닌(G), 사이토신(C), 티민(T)이 있다.
(3) RNA 를 구성하는 염기도 총 4 가지이며 아데닌(A), 구아닌(G), 사이토신(C), 유라실(U)로 구성된다.

[유형 2-4]

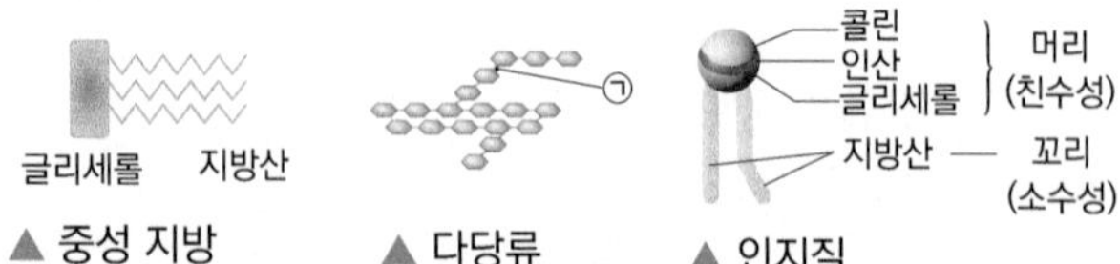

▲ 중성 지방 ▲ 다당류 ▲ 인지질

ㄱ. [바로알기] (가)는 중성 지방으로 글리세롤 1 분자와 지방산 3 분자가 결합한 화합물이다.
ㄴ. (나) 는 다당류를 나타낸 것으로 수백에서 수천개의 단당류가 글리코사이드 결합으로 연결된 물질이다.
ㄷ. [바로알기] (다)는 인지질로 탄소, 수소, 산소, 인으로 구성된다. 인지질의 머리 부분은 친수성이며 꼬리 부분은 소수성이다.

07. (1) 중성 지방은 1 g 에 9 kcal 의 열량을 내어 우리 몸을 이루는 주 영양소 중에서 가장 많은 열량을 낸다. 탄수화물과 단백질은 1 g 에 4 kcal 의 열량을 낸다.

(2) 탄수화물은 단당류, 이당류, 다당류로 구분한다. 이 중 가장 단순한 구조는 단당류로 포도당, 과당, 갈락토스 등이 이에 속한다.
(3) 세포막의 성분 중 동맥경화를 일으키는 원인이 되는 물질은 스테로이드로 4 개의 탄소 고리 구조를 갖는 화합물이다.
(4) 단당류가 수백에서 수천 개 글리코사이드 결합으로 연결된 물질을 다당류라고 한다. 녹말은 식물의 저장 탄수화물이고, 글리코젠은 동물의 저장 탄수화물이며, 셀룰로스는 식물 세포의 세포벽을 이루는 주요 구성 성분이다.

08. 탄수화물과 지질은 모두 공통적으로 탄소(C), 수소(H), 산소(O)로 구성된다. 지질의 한 종류인 인지질은 머리 부분에 인산(P)을 포함한다.

창의력 & 토론마당 42~43 쪽

01

옳은 것 : ㄱ, ㄷ
이유 : A 는 탄수화물, B 는 단백질, C 는 지질이다.
ㄱ. 사람의 신체에서 여분의 탄수화물은 지방으로 전환되어 간이나 근육에 저장된다. 따라서 탄수화물의 섭취가 늘어가면 인체를 구성하는 지질의 비율이 증가한다.
ㄷ. 단백질을 이루는 기본 단위인 아미노산은 곁사슬의 종류에 따라 20 여 종으로 구분된다.

해설 C만 수단 Ⅲ에 반응한 것(선홍색으로변함)으로 보아 C 가 지질인 것을 알 수 있다. 또한 1 일 권장 섭취량이 가장 많지만 생활 에너지로 가장 먼저 사용되고 여분의 물질은 지질로 전환되어 인체 구성 비율이 가장 작은 A 는 탄수화물인 것을 알 수 있다. 따라서 A 는 탄수화물, B 는 단백질, C 는 지질이다.
ㄴ. A 탄수화물을 이루는 기본 단위는 단당류로, 단당류가 결합할 때 글리코사이드 결합이 형성된다. 이 결합은 단당류 사이에서 물이 한 분자 빠지면서 산소를 사이에 두고 형성된다.

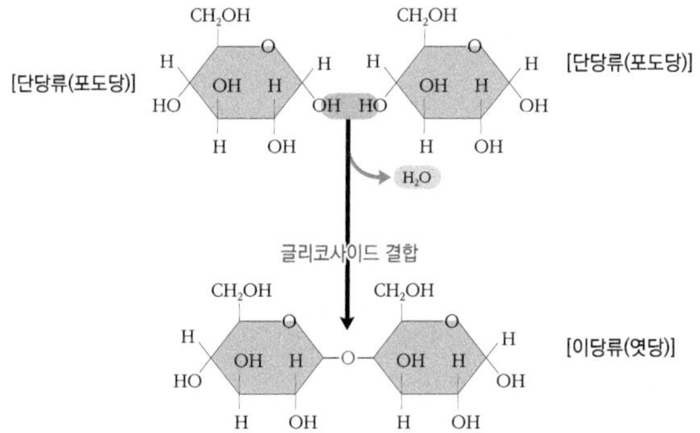

ㄹ. C 는 지질로 중성 지방은 피부 밑에 저장하여 체온 유지에 중요한 역할을 하지만 수소 결합과 관련이 없다. 수소 결합으로 인해 나타나는 특징으로 체온을 유지하는 것은 물의 특성이다. 물은 수소 결합으로 비열과 기화열이 높아 체온을 유지하는데 큰 역할을 한다.

02

· 비열이 작아져 주변 온도에 따라 체온이 쉽게 변할 것이다.
· 기화열이 작아져 땀을 흘려도 체온이 떨어지지 않고 계속 열이 날 것이다.
· 용해도가 작아져 이온성 물질을 잘 녹이지 못해 물질의 흡수에 큰 어려움이 있을 것이다.

해설 물 분자의 구조가 직선형이라고 가정한다면 극성과 수소 결합의 성질을 잃어버린다. 따라서 끓는점이 더 낮아질 것이고, 비열과 기화열도 작아질 것이다. 또한 극성의 성질을 잃어버리므로 용해도가 작아져 우리 몸의 각종 무기 염류 등을 잘 녹이지 못해 흡수와 이동이 원활하게 일어나지 못할 것이다.

03

· 수소 결합 : 한 물 분자의 산소와 인접한 다른 물 분자의 수소 사이에 인력이 작용하여 일어난 수소 결합으로 인해 물은 비열과 기화열이 크다. 물의 비열이 커서 우리 체내에서 체온이 쉽게 변하지 않게 항상성을 유지하는데 큰 도움이 되며, 기화열이 커서 땀의 기화를 통해 몸의 열을 빼앗아 체온 유지를 돕는다.
· 펩타이드 결합 : 아미노산이 결합할 때 한 아미노산의 아미노기와 다른 아미노산의 카복시기 사이에서 물이 한 분자 빠져나오면서 생기는 결합으로 아미노산이 여러 개 연결된 것을 폴리펩타이드라고 한다.
· 글리코사이드 결합 : 단당류가 결합할 때 물이 한 분자 빠지면서 산소를 사이에 두고 형성되는 결합이다.

04

단백질의 다양성은 20 가지의 아미노산이 만드는 다양한 아미노산 배열에 의해 나타난다. 단백질은 아미노산의 배열로 인하여 α 나선 구조나 β 병풍 구조 등의 2 차원적 구조를 갖는다. 또한, 이를 바탕으로 3 차원, 4 차원적 구조를 가지게 된다.

해설 단백질의 1 차 구조는 아미노산의 배열과 같다. 20 가지 종류의 아미노산을 이용해 10 개의 아미노산 폴리펩타이드 사슬의 경우 아미노산 폴리펩타이드 사슬을 만들 수 있는 서로 다른 방법은 20^{10} 가지이다. 단백질의 정교한 1 차 구조는 무작위적 연결로 결정되는 것이 아니라, 물려받은 유전적 정보에 의해 결정된다.

스스로 실력 높이기 44~49쪽

1. ㉠ 비열 ㉡ 기화열 **2.** ㉠ 물 ㉡ 단백질
3. (1) O (2) X (3) X
4. (1) X (2) O (3) O (4) X
5. ② **6.** 탄소, 수소, 산소, 질소, 인
7. 아데닌, 구아닌, 사이토신, 티민, 유라실 **8.** ④
9. (1) 아미노산 (2) 뉴클레오타이드 (3) 단당류
10. ⑤ **11.** ① **12.** ③
13. (1) O (2) O (3) X **14.** ③ **15.** ③
16. ⑤ **17.** ① **18.** ② **19.** ⑤ **20.** ⑤
21. (1) X (2) X (3) X (4) O **22.** ③ **23.** ①
24. ④ **25.** ② **26.** ②
27.~ 30. (해설 참조)

01. ㉠ 우리 몸의 대부분을 차지하고 있는 물의 비열이 커서 외부 온도에 따른 체온의 급격한 변화를 막아준다.
㉡ 물은 기화열이 커서 운동 후 땀이 증발할 때 몸의 열을 빼앗아 체온 유지를 쉽게 할 수 있게 한다.

02. 사람의 장기인 간을 대부분 구성하는 물질은 물이며, 나머지는 단백질, 지질, 핵산, 탄수화물, 무기염류 등인데 물 다음으로 성분비가 큰 물질은 단백질이다.

03. (1) 물분자는 극성을 띠므로 수소 결합을 한다.
(2) **[바로알기]** 산소 원자 1 개와 수소 원자 2 개가 공유 결합을 하고 있다.
(3) **[바로알기]** 물은 수소 결합을 하여 비열과 기화열이 크므로 체온을 유지하는데 큰 도움을 준다.

04. (1) **[바로알기]** 무기 염류는 대부분 이온 상태로 흡수된다.
(2), (3) 무기 염류는 뼈와 이에서 염을 이루어 존재하며 세포액과 열액에서 이온의 상태로 존재한다.
(4) **[바로알기]** 무기 염류는 생리 작용을 조절하지만 에너지원으로 사용되지 않는다.

05. ㄱ. Na는 삼투압과 체액의 PH 조절에 관여한다.
ㄴ. **[바로알기]** I(아이오딘)은 티록신의 성분이며, 뼈, 이, 혈장의 성분은 Ca(칼슘)이다.
ㄷ. Ca 은 뼈, 이, 혈장의 성분이며, 혈액 응고 및 근육 수축에 관여한다.

06. 핵산의 주 구성 원소는 C, H, O, N, P 이다.

07. 핵산에는 DNA와 RNA가 있으며, DNA를 구성하는 염기는 아데닌(A), 구아닌(G), 사이토신(C), 티민(T)이고, RNA를 구성하는 염기는 아데닌(A), 구아닌(G), 사이토신(C), 유라실(U)이다.

08. ㄱ. 단당류(포도당, 과당, 갈락토스, 리보스, 디옥시리보스)와 이당류(엿당, 설탕, 젖당)는 단맛이 있으나 다당류(녹말, 글리코젠, 셀룰로스)는 단맛이 없다.
ㄴ. 단당류는 물에 잘 녹지만 다당류는 물에 잘 녹지 않는다.
ㄷ. **[바로알기]** 탄수화물을 구성하는 탄소의 수에 따라 3탄당, 4탄당, 5탄당 등으로 분류된다.

09. 단백질, 핵산, 탄수화물의 기본 단위는 각각 아미노산, 뉴클레오타이드, 포도당 등의 단당류이다.

10. ① 스테로이드는 호르몬, 콜레스테롤 등의 구성 성분인 지질이다.
② 중성 지방은 피부 아래에 저장되는데, 체온 유지에 중요한 역할을 한다.
③, ④ 지방은 1g 당 9kcal의 열량을 내며, 물에 녹지 않고 유기 용매에 잘 녹는다.
⑤ **[바로알기]** 생체막의 주요 구성 성분은 인지질이다.

11. ① **[바로알기]** 아미노산은 단백질의 구성 단위이다.
② 핵산의 구성 단위는 당, 인산, 염기가 1 : 1 : 1로 결합한 뉴클레오타이드이다.
③ 인지질은 세포막, 핵막 등 생체막을 이루는 주요 구성 성분이다.
④ DNA는 유전 정보를 저장하는 유전 물질이다.
⑤ 효소의 주성분은 단백질이다.

12. ㄱ, ㄴ, ㄷ. 단백질은 항체의 주성분이고, 세포와 세포막의 구성 성분(수용성 물질의 통로)이며, 물질대사를 촉진하는 효소의 주성분이다.
ㄹ. **[바로알기]** 단백질은 탄소, 수소, 산소 이외에 질소(N)와 황(S)도 구성 원소에 포함된다.

13. 답 (1) O (2) O (3) X
해설 단백질을 형성하는 아미노산끼리의 결합을 펩타이드 결합이라고 한다.

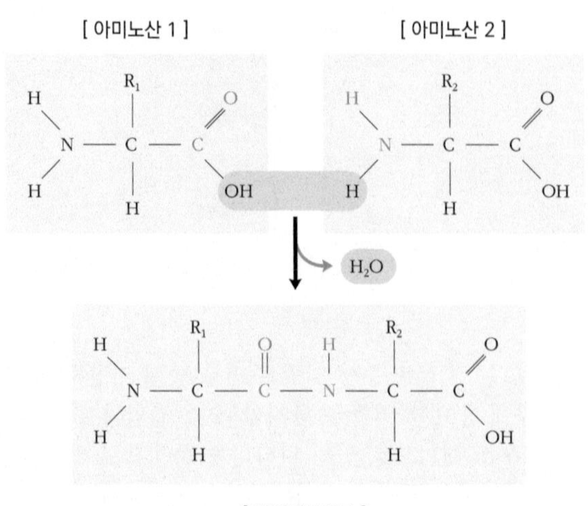

[다이펩타이드]

(1) 곁사슬(R)의 종류에 따라 아미노산의 종류가 달라진다.
(2) 펩타이드 결합은 한 아미노산의 카복시기와 다른 아미노산의 아미노기 사이에서 물이 한 분자 빠지는 탈수 축합 반응이다.
(3) [바로알기] 50 개의 아미노산으로 이루어진 폴리펩타이드에는 아미노산 사이의 펩타이드 결합이 49 개 존재한다.

14. 그림에서 뉴클레오타이드가 연결된 폴리뉴클레오타이드 2 가닥이 결합하고 있으므로 DNA 라는 것을 알 수 있다.
ㄱ. [바로알기] RNA 의 당이 리보스이며, DNA 의 당인 ㉠은 디옥시리보스이다.
ㄴ. [바로알기] ㉡ 은 티민(T)이다. DNA 의 염기 중 사이토신은 구아닌과, 아데닌은 티민과만 상보적으로 결합을 한다. 유라실(U)은 RNA 의 염기이며 아데닌과 결합한다.
ㄷ. DNA의 염기 사이의 결합은 수소 결합이다.

15. ㄱ. [바로알기] RNA 를 구성하는 염기는 A, G, C, U 이다. T 은 DNA 를 구성하는 염기이다.
ㄴ. [바로알기] DNA 를 구성하는 당은 디옥시리보스로 RNA 를 구성하는 당보다 산소가 하나 부족하다.
ㄷ. DNA는 폴리뉴클레오타이드 2가닥이 꼬여 있는 2중 나선 구조이다.

16. ①, ②, ④ (가)는 이중 가닥의 DNA이며 유전 정보를 저장하는 기능을 하고, (나)는 단일 가닥의 RNA로 유전 정보를 전달하여 단백질 합성에 관여한다.
③ (가) DNA를 구성하는 당은 단당류인 디옥시리보스이고, RNA를 구성하는 당은 단당류인 리보스이다.
⑤ [바로알기] (가)를 구성하는 염기와 (나)를 구성하는 염기 중 같은 종류는 A, G, C 이다. 따라서 75 % 가 같다.

17. ㄱ. (가)는 이중 나선 구조의 DNA를 나타낸 것이며, (나)는 단일 가닥 구조의 RNA를 나타낸 것이다.
ㄴ. 구성 단위는 뉴클레오타이드로 당, 인산, 염기가 1 : 1 : 1 로 결합된다.
ㄷ. [바로알기] (가) DNA를 구성하는 염기는 아데닌(A), 구아닌(G), 사이토신(C), 티민(T)이다. 유라실(U)은 RNA를 구성하는 염기이다.
ㄹ. [바로알기] 핵산의 염기와 염기 사이의 결합은 수소 결합이다.

18. 그림은 포도당($C_6H_{12}O_6$)이며 단당류에 속한다. 단당류는 탄수화물의 기본 단위이며 물에 잘 녹고 단맛이 난다. 포도당은 식물의 잎에서 광합성 결과 만들어질 수 있다.
② [바로알기] 유기 용매에 잘 녹는 것은 지질의 특성이다.

19. (가)는 지질의 한 종류인 인지질, (나)는 핵산의 기본 단위인 뉴클레오타이드, (다)는 단백질의 기본 단위인 아미노산을 나타낸 것이다.
ㄱ. [바로알기] (가) 인지질은 친수성인 머리 부분과 소수성인 꼬리 부분으로 구분된다. 따라서 친수성 물질이라고 할 수 없다.
ㄷ. (다) 아미노산끼리 결합을 할 때 펩타이드 결합이 형성된다. 펩타이드 결합은 한 분자의 아미노기와 다른 분자의 카복시기 사이에서 물이 한 분자 빠지면서 형성되는 탈수 축합 반응이다.

20. ⑤ 단백질은 C, H, O, N, (S), 핵산은 C, H, O, N, P, 지질은 C, H, O로 구성되므로 모두 C, H, O를 포함한다.
[바로알기] ① 세포막은 인지질과 단백질로 이루어져 있다.
② 핵산은 에너지원이 아니다.
③ 지질은 중합체를 포함하지 않으며 일반적으로 분자량이 10,000 이상인 고분자만큼 크지 않다.
④ 핵산과 지질 중 스테로이드는 고리 모양의 탄소 결합을 갖는다.

21. (1) [바로알기] ㉠은 인산, ㉡은 당, ㉢은 염기이다.
(2) [바로알기] 문제에 제시된 그림은 DNA의 구조로, DNA를 구성하는 당(㉡ 과 ㉥)은 디옥시리보스이다.
(3) [바로알기] 염기는 서로 상보적으로 결합을 한다. 따라서 구아닌과 결합하고 있는 ㉣ 은 사이토신이다.
(4) DNA 를 구성하는 염기 중 이중 고리 구조를 가지는 것은 구아닌과 아데닌이다(퓨린계 염기). 따라서 ㉤은 아데닌인 것을 알 수 있으며 ㉤과 결합된 ㉢은 티민인 것을 알 수 있다. 티민은 RNA에서 볼 수 없는 염기이다.

22. ㄱ. [바로알기] 탈수 축합 반응은 두 개 이상의 분자가 결합할 때 물 분자가 빠져나가고 길이가 짧아지는 결합을 탈수 축합 반응이라고 한다. 탈수 축합 반응에는 펩타이드 결합과 글리코사이드 결합 등이 있다.
ㄴ. [바로알기] ⓐ와 ⓑ는 모두 염기 사이에서 일어나는 수소 결합이다.
ㄷ. 수소 결합은 물 분자 사이에서도 일어난다.

23. ㄱ. ㉠은 아미노산이며, 아미노기와 카복시기, 곁사슬로 구성되며, 구성 원소는 C, H, O 이다.
ㄴ. [바로알기] 중성 지방은 소장에서 최종 소화가 되면 지방산과 모노글리세리드로 분해된다. ㉡은 지방산이고 ㉢은 글리세롤과 지방산 한 분자 결합된 모노글리세리드이다. ㉣은 단당류로 물에 잘 녹지만, 지질은 물에 녹지 않는다.
ㄷ. [바로알기] ㉣은 단당류이다. 글리코사이드 결합은 2 개 이상의 단당류가 결합할 때 형성된다.

24. ㄱ. [바로알기] (가)는 아미노산 두 분자가 결합한 다이펩타이드를 나타낸 것이며, 수많은 아미노산이 펩타이드 결합을 한 폴리펩타이드의 형태를 가지는 것은 단백질이다.
ㄴ, ㄷ. 아미노산 2 개가 결합할 때 물이 빠져나오는 탈수 축합 반응을 통해 펩타이드 결합이 형성된다.
ㄹ. 아미노산은 아미노기, 카복시기, 수소, 곁사슬이 탄소에 결합되어 있는 구조로 곁사슬에 따라 아미노산의 종류가 결정된다.

25. ㄱ. **[바로알기]** 아미노산이 결합하여 펩타이드가 형성되는 과정은 작은 분자에서 큰 분자를 합성하는 과정으로 동화 과정에 해당된다.
ㄴ. 아미노산 사이에서는 펩타이드 결합이 일어난다. 한 아미노산의 아미노기와 다른 아미노산의 카복시기에서 물 한 분자가 빠져나오면서 길이가 짧아지는 탈수 축합 반응이 일어난다.
ㄷ. **[바로알기]** 인슐린은 아미노산 21 개로 이루어진 가닥과 아미노산이 30 개로 이루어진 다른 한 가닥이 황에 의해 연결된 구조이다. 따라서 펩타이드 결합은 각각 20 개와 29 개로 총 49 개의 펩타이드 결합이 존재한다.

26. A는 ㉠과 ㉡의 특성이 모두 없으므로 세포막의 구성 성분이 아니고 구성 원소에 탄소도 포함되지 않은 물이다. 물은 H_2O로 수소와 산소로 이루어져있으며 세포막을 구성하지는 않는다. C는 ㉠과 ㉡의 특성이 모두 나타나므로 단백질인 것을 알 수 있다. 단백질은 탄소, 수소, 산소, 질소와 황 등으로 이루어져 있으며 세포막에서 물질을 운반하는 기능을 하고 있다. A와 C가 각각 물과 단백질인것으로 보아 B는 RNA 라는 것을 알 수 있고, RNA는 세포막의 구성 성분이 아니므로 특성 ㉠이 탄소가 구성 원소에 포함된다는 것임을 알 수 있다.
ㄱ. **[바로알기]** 호르몬의 주성분은 A 물이 아니라 C 단백질로 생리 기능을 조절한다.
ㄴ. B(RNA) 의 기본 단위는 뉴클레오타이드이다.
ㄷ. **[바로알기]** 인체에서 차지하는 비율은 A 물(85 %) 〉C 단백질(10 %)〉 B 핵산(1 %)로 A 〉 C 〉 B 순이다.

27. 답 (이당류 구조식), $C_{12}H_{22}O_{11}$

해설

글리코사이드 결합

[이당류(엿당)]

28. 답 모두 물이 한 분자 빠지는 탈수 축합 반응이다.

29. 답 탄수화물과 단백질, 핵산은 모두 고분자 물질로 각각을 구성하는 기본 단위가 다르다. 탄수화물은 단당류, 단백질은 아미노산, 핵산은 뉴클레오타이드로 구성된다. 모두 탄소, 수소, 산소를 포함하지만 핵산의 기본 단위인 뉴클레오타이드는 당, 인산, 염기가 1 : 1 : 1 로 결합된 구조로 질소와 인을 포함한다. 단백질을 구성하는 아미노산은 질소를 포함하며 일부 황을 포함하는 것도 있다. 단백질은 아미노산이 펩타이드 결합에 의해 서로 연결되어 형성된다. 탄수화물을 이루는 단당류는 대부분 고리 구조를 형성하며 일반적으로 CH_2O 단위의 배수인 분자식을 갖는다.

30. 답 구성 물질 : DNA와 RNA는 모두 뉴클레오타이드로 구성되어 있지만, 당의 성분이 다르다. RNA는 리보스로 구성되어 있고 DNA는 디옥시리보스로 구성되어 있다.
분자의 구조 : DNA는 폴리뉴클레오타이드 2 가닥이 꼬여있는 2중 나선 구조이고, RNA는 한 가닥의 폴리뉴클레오타이드로 구성된 단일 가닥 구조이다.
기능 : DNA는 유전자의 본체로 유전 정보를 저장하는 기능을 하고, RNA는 유전 정보의 전달, 단백질 합성에 관여한다.

3강. 세포의 구조와 기능

개념 확인 50~55 쪽

1. 세포 **2.** 엽록체 **3.** (1) 라이소좀 (2) 리보솜
4. ㉠ 중심체 ㉡ 방추사

확인+ 50~55쪽

1. ㉠ 세포막 ㉡ 핵 ㉢ 세포질 **2.** 미토콘드리아
3. (1) X (2) O **4.** (1) X (2) O

3. (1) **[바로알기]** 소포체와 골지체에서 시스터나를 관찰할 수 있다. 시스터나는 세포 내 막이 3 차원적으로 닫혀 자루 모양을 이루는 구조물로 편평하고 넓은 모양을 주로 일컫는다.
(2) 소포체의 일부가 떨어져 나와 골지체를 생성했으며, 골지체의 일부가 떨어져 나와 라이소좀을 생성했다.

4. (1) **[바로알기]** 성숙한 식물 세포에서 크기가 큰 중심 액포를 관찰할 수 있다.
(2) 세포벽은 식물 세포에서만 관찰되며, 셀룰로스가 주성분이다.

개념 다지기 56~57 쪽

01. 세포설 **02.** ①, ②, ⑤ **03.** 미토콘드리아
04. ③ **05.** ④ **06.** ④ **07.** ②
08. (1) X (2) O (3) O

01. 세포설은 세포의 구조적 단위와 기능적 단위를 설명하며, 모든 세포는 살아있는 세포로부터 나온다는 것은 세포분열을 의미한다.

02. ③ 그라나는 엽록체에서 틸라코이드가 동전처럼 쌓인 것이다. ④ 스트로마는 엽록체 내에서 틸라코이드 밖 액체로 구성된 부분이다.

03. 미토콘드리아는 생명 활동에 필요한 에너지인 ATP 를 생성하는 세포 소기관이다.

04. 이산화 탄소가 소모되고 산소가 발생하는 작용은 광합성 작용이다. 광합성은 식물 세포의 엽록체에서 일어난다.

05. ㄱ. [바로알기] 리보솜은 막이 없는 기관으로 RNA 와 단백질로 이루어져 있다.
ㄴ. 리보솜은 DNA의 유전 정보를 RNA를 통해 전달받아 단백질을 합성하는 장소이다.
ㄷ. 세포질 내에서 떠돌아 다니는 자유 리보솜과 소포체나 핵막에 붙어있는 부착 리보솜이 있다.

06.

(가) 미토콘드리아 (나) 중심체 (다) 엽록체
(라) 골지체 (마) 소포체

골지체는 단일막으로 된 납작한 주머니가 여러 겹으로 포개져 있는 모양으로 소포체의 일부가 떨어져 나와 생긴 것이다. 골지체는 소포체와는 달리 서로 연결되어 있지 않은 막 구조 이다.

07. 성상체를 형성하고 방추사를 내어 염색체 이동에 관여하는 세포 소기관은 중심립 한 쌍이 서로 직각을 이루고 있는 (나) 중심체이다.

08. 답 (1) X (2) O (3) O
해설 (1) [바로알기] 세포벽은 식물 세포에서만 볼 수 있지만 세포막은 식물 세포와 동물 세포에서 모두 관찰이 가능하다.
(2)세포막은 인지질과 단백질로 구성되며 인지질 2중층에 단백질이 모자이크 모양으로 파묻혀 있거나 관통하고 있다.
(3) 세포벽은 식물 세포에서만 관찰되며, 셀룰로스가 주성분이고 식물 세포의 형태를 유지한다.

유형 익히기 & 하브루타 58~61쪽

[유형 3-1] (1) 원형질 ㉠, ㉢, ㉣ (2) 후형질 ㉡, ㉤
01. (1) X (2) X (3) O **02.** ㄱ, ㄴ
[유형 3-2] (1) ㉡, 인 (2) ㉠, 핵공
(3) ⓐ DNA ⓑ 히스톤 단백질
03. ㄴ, ㄷ
04. ㉠그라나 ㉡스트로마 ㉢틸라코이드
[유형 3-3] (1) 라이소좀 (2) ㉠, 가수 분해 효소
(3) (가) : 식세포 작용, (나) : 자기소화 작용
05. (1) 라이소좀 (2) 골지체 (3) 리보솜
06. ㄱ
[유형 3-4] (1) ㉠ 인지질 ㉡ 단백질 (2) ⓐ 인지질 2중층 ⓑ 유동 모자이크 모형
07. 중심 액포 **08.** 원형질연락사

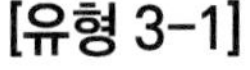

[유형 3-1]

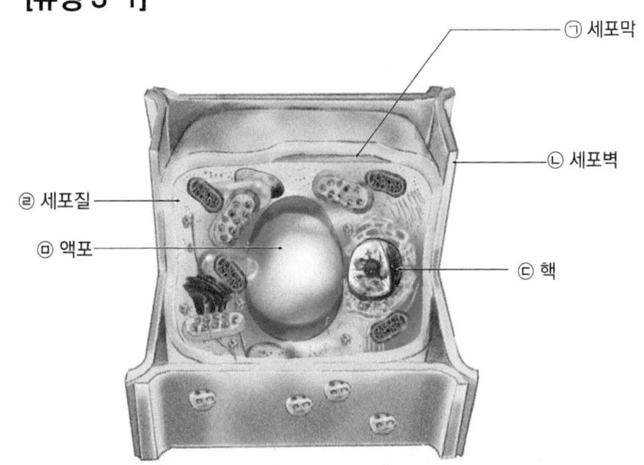

(1) 세포의 살아 있는 부분으로 생명 활동이 일어나는 부분을 원형질이라고 하며, ㉠세포막, ㉢핵, ㉣세포질이 이에 속한다.
(2) 세포의 생명 활동 결과로 생긴 물질을 후형질이라고 하며 ㉡세포벽, ㉤액포가 이에 속한다.

01. (1), (2) [바로알기] 영국의 과학자 로버트 훅은 현미경을 이용하여 코르크 조각에서 세포벽을 발견하고 세포라는 이름을 처음으로 사용하였다.
(3) 모든 세포는 이미 존재하고, 살아 있는 세포로부터 나오며 이는 세포 분열을 의미한다.

02. ㄷ. [바로알기] 세포 소기관은 핵의 바깥인 세포질에 분포한다.
ㄹ. [바로알기] 동물 세포에서는 식물 세포에서 볼 수 없는 중심립이 있는 중심체와 라이소좀을 관찰할 수 있다. 세포벽과 잘 발달된 액포는 식물 세포에서 볼 수 있는 세포 소기관이다.

[유형 3-2]

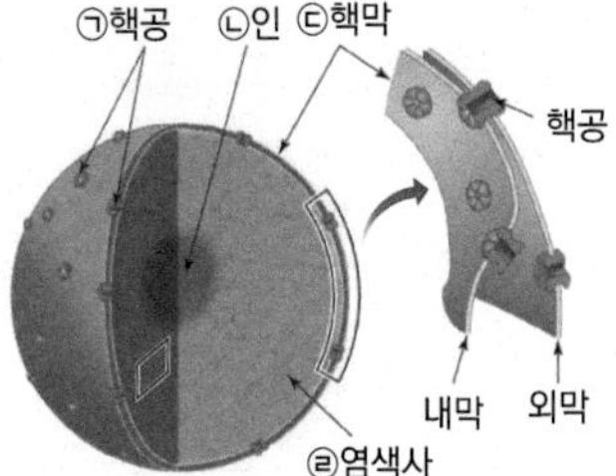

(1) 인은 RNA 와 단백질로 구성된 물질로, 막으로 둘러싸여 있지 않으며 리보솜이 만들어지는 장소이다.
(2) 핵막은 핵을 둘러싸는 이중막으로, 핵공에 의해 구멍이 뚫려 있어 세포질과 핵 사이 여러가지 물질 교환이 일어난다.
(3) 염색사는 DNA 가 히스톤 단백질을 감고있는 모양의 복합체로 세포 분열시 염색체로 응축된다.

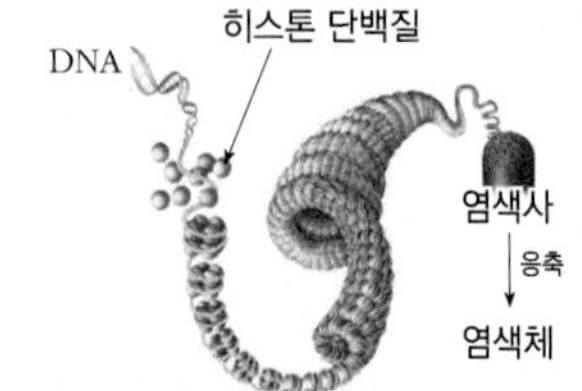

03.

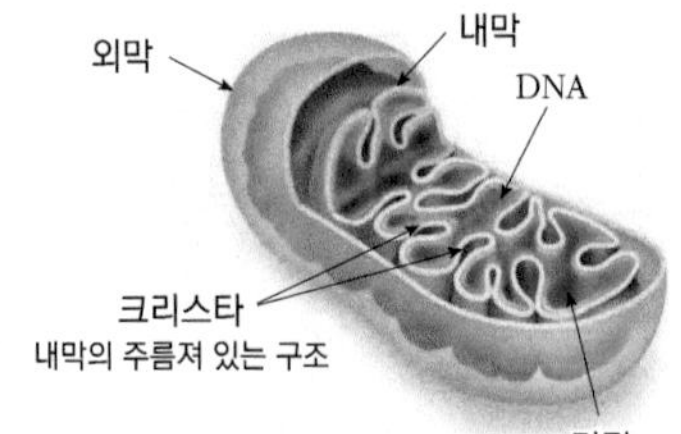

ㄱ. [바로알기] 둥근 막대 모양으로 외막과 내막의 2중막으로 되어있다.
ㄴ. 유기물 영양소를 산소를 이용하여 분해하여 ATP 를 만들어 저장한다.
ㄷ. 미토콘드리아와 엽록체는 핵과는 별도의 DNA 와 리보솜을 가지고 있다.

04. 엽록체 내부의 또 다른 막구조를 틸라코이드라고 하며, 이것이 동전처럼 쌓인 것을 그라나라고 한다. 틸라코이드 밖 액체로 된 부분을 스트로마라고 하며 이곳에 효소와 DNA, 리보솜이 있다.

[유형 3-3]

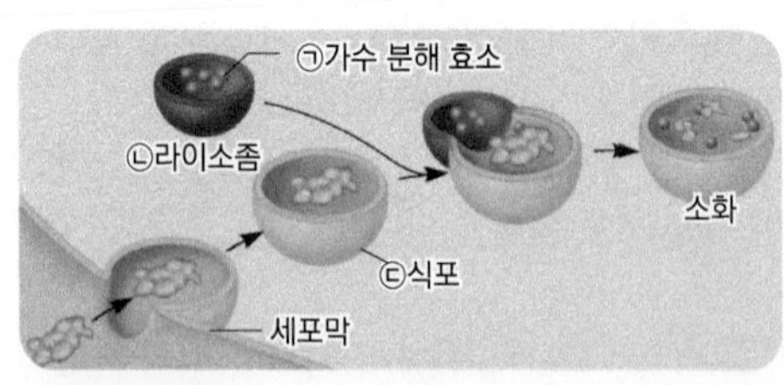

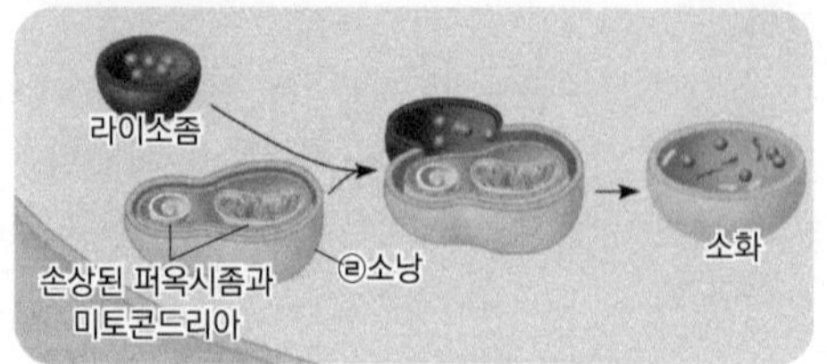

라이소좀은 여러 종류의 가수 분해 효소가 들어 있어 세포 내 소화를 담당하여 세포 내로 들어온 외부 물질이나 세포 내 노폐물, 노후한 세포 소기관 등을 분해한다.
(가)는 라이소좀의 식세포 작용을 나타낸 것으로 외부 물질을 둘러싼 식포와 융합하여 외부 물질을 소화한다.
(나)는 라이소좀의 자기 소화 작용을 나타낸 것으로 손상된 세포 소기관을 갖는 소낭과 융합하여 가수 분해 효소를 이용하여 소기관 성분을 자기 소화한다.

05. (1) 라이소좀은 단일막으로 된 주머니 모양이다. 골지체의 일부가 떨어져 나와 생긴 것으로 가수 분해 효소가 있어 세포 내 소화를 담당한다.
(2) 골지체는 소포체를 통해 전달된 단백질과 지질을 저장하고 변형한 후 막으로 싸서 분비한다.
(3) 리보솜은 막이 없는 기관으로 DNA 의 유전 정보에 따라 단백질이 합성되는 장소이다.

06. ㄱ. 소포체와 골지체는 모두 단일막 구조이다. 소포체는 단일막의 거대한 연결망으로 핵막과 연결되어 있고, 소포체 내부도 서로 연결되어 있다. 골지체는 단일막으로 된 납작한 주머니가 여러 겹으로 포개져 있는 모양으로 소포체와는 달리 서로 연결되어 있지 않다.
ㄴ. [바로알기] 골지체는 단백질과 지질을 막으로 싸서 분비하는 세포 소기관으로 물질의 합성과 물질대사 과정이 활발하게 일어나지 않는다.
ㄷ. [바로알기] 골지체는 리보솜과는 관련이 없다.

[유형 3-4] (1), (2) 세포막의 주성분은 인지질과 단백질로 인지질 2중층에 단백질이 모자이크처럼 파묻혀 있거나 관통하고 있는 구조이다. 인지질의 유동성에 따라 단백질의 위치가 이동하는 세포막 구조를 유동 모자이크 모형이라고 한다.

07. 액포는 중심 액포, 수축포, 식포 등으로 구분된다.
그중 중심 액포는 성숙한 식물 세포에서 주로 발견되는 소기관으로 여러 가지 유기산과 유기 염류, 색소, 노폐물 등을 저장하며 성숙한 식물 세포일수록 그 크기가 크다. 동물의 경우 배설기관이 잘 발달하였기 때문에 액포가 크게 발달하지 않는다.

08.

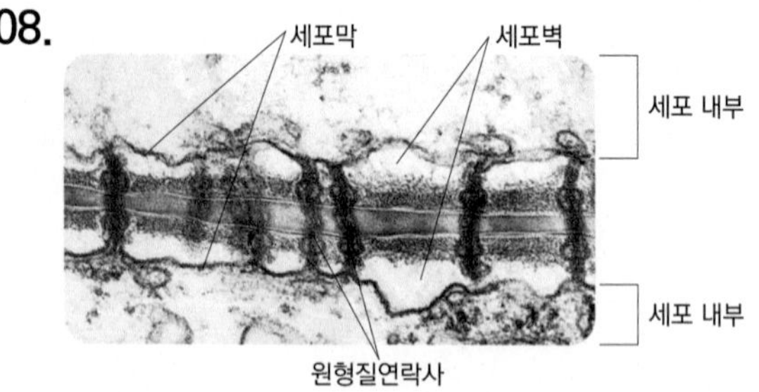

인접한 세포에서 세포벽을 통과해 세포질을 연결하는 통로를 원형질연락사라고 한다.

창의력 & 토론마당 62~65쪽

01

(1) 인지질은 머리 부분이 친수성이고 꼬리 부분이 소수성이므로 머리 부분은 물과 쉽게 섞이고, 꼬리 부분은 물과 멀어지거나 서로 뭉쳐있게 된다.

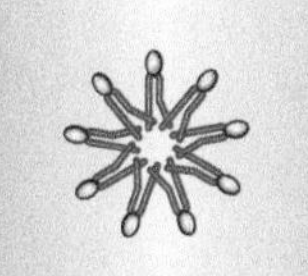

(2) 유동 모자이크 모형, 단위막 모형은 세포막의 전자현미경적 구조를 설명하기에 적합하지만 세포의 외, 내부에 있는 물질이 이동할 수 있는 통로가 없기 때문에 물질의 출입을 설명하기 어렵다. 반면에 유동 모자이크 모형은 인지질 2중층 속에 단백질이 파묻혀 있어서 여러 물질들을 통과시킬 수 있는 통로의 역할을 한다. 따라서 유동 모자이크 모형이 단위막 구조보다 막을 통한 물질의 출입 조절 현상을 쉽게 설명할 수 있다.

해설 유동 모자이크 모형이란 유동성을 가진 인지질 2중층에 단백질이 떠다니는 형태를 의미하며, 인지질의 바다를 단백질이 떠다니며 각 기능을 수행하게 된다.
생체막은 다음과 같은 3 가지 성분으로 구성된다.
1. 인지질 : 물에서 2중층을 형성하여 세포 내부와 외부를 구분하는 역할을 한다.
2. 단백질 : 인지질 2중층을 통과하지 못하는 물질을 수송하거나 세포와 세포 사이를 연결하는 등 세포막 대부분의 기능을 수행한다.
3. 당 : 세포 인식에 관여하며, 세포를 보호하는 역할을 한다.
이러한 구성 요소가 서로 상호 작용하여 세포막은 세포 내용물이 빠져나가 주변 물질과 섞이지 않도록 하는 장벽 역할, 세포 생존과 성장에 필요한 영양분을 유입하고 노폐물을 배출하는 역할, 세포 외부 환경을 인식하여 세포가 환경 변화에 반응할 수 있게 하는 역할 등을 수행하게 된다.

02

백혈구, 라이소좀은 여러 종류의 물질을 분해하는 가수 분해 효소가 있어 세균 같은 이물질이 침입했을 때 이를 분해하는 역할을 한다. 따라서 세균을 잡아먹음으로써 우리 몸을 보호하는 기능을 가진 백혈구에 라이소좀이 발달되어 있을 것이다.

해설 백혈구는 우리 몸을 감염으로부터 방어하는 데 매우 중요한 역할을 한다. 이러한 백혈구의 기능은 세포 안에 물질 및 세균을 분해하는 효소를 포함한 라이소좀이 발달되어 있으므로 가능하다.

03

②, 이유 : (나)는 DNA 의 대부분이 포함된 것으로 보아 핵, (라)는 세포막 성분인 인지질과 당지질이 특히 많은 막성 소기관인 소포체, (마)는 RNA 와 단백질로 이루어져 있는 가장 작은 세포 소기관인 리보솜이다. 따라서 (다)는 미토콘드리아라는 것을 알 수 있다. 미토콘드리아에서는 유기물 영양소를 산소를 이용하여 분해하여 에너지를 얻으므로 산소 소비량이 많다.

해설 점점 커지는 회전 수로 원심분리하면 처음엔 밀도가 큰 세포 소기관이 먼저 분리되고, 나중에는 밀도가 작은 세포 소기관이 분리된다.
각각의 시험관에는 다음과 같은 세포 소기관이 존재하게 된다.
(나) 핵, (다) 미토콘드리아, 라이소좀, (라) 소포체, 골지체와 같은 막성소기관, (마) 리보솜, 세포액
① (나)의 시험관 안의 침전물은 세포 내에서 가장 크고 뚜렷하게 관찰할 수 있다.
② (다)의 시험관 안의 침전물은 세포 내에서 산소 소비량이 가장 많은 세포 소기관이다.
③ (라)의 시험관 안의 침전물은 단일막으로 이루어진 세포 소기관이다.
④ (마)의 시험관 안의 침전물은 막으로 싸여 있지 않은 세포 소기관이다.

04

③

해설 세포에 방사성 동위 원소로 표지된 아미노산을 투여한 후, 세포 소기관에서 방사능 양을 측정하면 (가)에서 가장 먼저 높은 비율로 측정된다. 이것은 (가)에서 아미노산이 단백질로 합성되기 때문이다.
시간이 흐름에 따라 (나)와 (다)에서 비율이 높아지고 있으므로 단백질은 (나)에서 (다)로 이동했음을 추리할 수 있다.
① (다)에서는 다른 세포 소기관보다 방사능이 늦게 검출되므로 단백질은 그 전에 이미 합성되었다는 것을 알 수 있다.
② (가)는 방사성 동위 원소로 표지된 아미노산이 가장 많이 모이는 곳이므로 단백질을 합성하거나 이동하는 곳으로 추정할 수 있다.
④ 10 분까지는 시간이 지날수록 단백질이 (나)에 축적되지만, 그 이후에는 (다)로 단백질이 이동함을 알 수 있다.
⑤ 방사능 비율이 가장 높은 (가)에서 단백질의 합성이 일어난다.

스스로 실력 높이기 66~71쪽

01. (1) O (2) X (3) O (4) X
02. ㉣, 미토콘드리아 **03.** ㉦, 리보솜
04. ㉥, 골지체 **05.** ①, ③, ⑤
06. ③, ④ **07.** ①, ⑤ **08.** 액포, 세포벽
09. (1) ㉡ 라이소좀 (2) ㉢ 골지체
(3) ㉣ 소포체 (4) ㉠ 리보솜
10. ①, ③, ⑤ **11.** ATP(아데노신 삼인산)
12. ①, ②, ⑤ **13.** ②, ⑤ **14.** ②
15. ④ **16.** ④ **17.** 엽록체 **18.** ⑤
19. ③ **20.** ②, ④ **21.** ② **22.** ①
23. ② **24.** (1) O (2) O (3) X (4) X
25. ④ **26.** ① **27.**⑤ **28.** ①
29.~30. (해설 참조)

01. (1) 모든 생물은 세포로 구성되어 있다.
(2) [바로알기] 생명 현상의 기본 단위는 세포다.
(3) 영국의 과학자 로버트 훅이 코르크 조각을 현미경으로 관찰하여 세포벽을 관찰하였다.
(4) [바로알기] 모든 세포는 이미 존재하고, 살아있는 세포로부터 나온다. 즉 세포 분열을 통해 세포가 분화된다.

02. ㉣, 미토콘드리아

03. ㉦, 리보솜

04. ㉥, 골지체

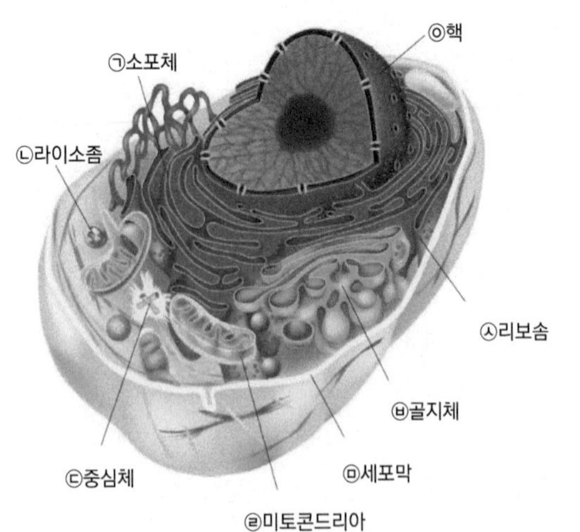

05. ①핵을 이루고 있는 염색사는 DNA 가 히스톤 단백질을 감고있는 모양을 하고 있으며 ③엽록체와 ⑤미토콘드리아는 핵과는 별도로 자체 DNA와 리보솜을 가지고 있어 핵의 도움 없이 독자적으로 증식하며 단백질을 합성할 수 있다.

06. 식물 세포에만 있는 세포 소기관은 엽록체, 세포벽, 원형질연락사 등이 있다.

07. 동물 세포에만 있는 세포 소기관은 라이소좀, 중심립이 있는 중심체, 편모 등이 있다.

08. 세포의 생명 활동 결과로 생긴 물질을 후형질이라고 하며 액포와 세포벽이 이에 해당된다.

09. ㉠ 리보솜은 RNA 와 단백질로 이루어져 있는 막이 없는 기관으로 DNA 의 유전 정보에 따라 단백질이 합성되는 장소이다.
㉡ 라이소좀은 단일막으로 된 주머니 모양으로 골지체의 일부가 떨어져 나와 생긴 것이다. 여러 종류의 가수 분해 효소가 들어 있어 세포 내 소화를 담당한다.
㉢ 골지체는 단일막으로 된 납작한 주머니가 여러 겹으로 포개져 있는 모양으로 소포체를 통해 전달된 단백질과 지질을 저장하고 변형하여 분비하는 소기관이다.
㉣ 소포체는 단일막으로 된 거대한 연결망으로 세포 내 물질의 이동 통로가 된다.

10. 세포 소기관의 막 구조는 다음과 같다.

2중막	핵, 미토콘드리아, 엽록체
단일막	소포체, 골지체, 라이소좀, 액포, 세포막
막 구조 없음	인, 중심체, 리보솜

11. ATP(아데노신 삼인산)는 리보스와 아데닌이 결합한 아데노신에 인산기가 3 개 결합한 구조로, 세포 호흡의 결과로 생성되는 에너지 저장 물질이다.

12. 세포설은 다음과 같다.
1. 모든 생물은 세포로 구성되어 있다. ② → 구조적 단위
2. 세포는 생명 현상의 기본 단위이다. ① → 기능적 단위
3. 모든 세포는 이미 존재하고, 살아있는 세포로부터 나온다.⑤ → 세포 분열
③ 세포는 광학 현미경으로도 관찰할 수 있다.
④ 세포의 모양은 그 기능에 따라 다르다. 생물의 종류와는 상관이 없다.

13.

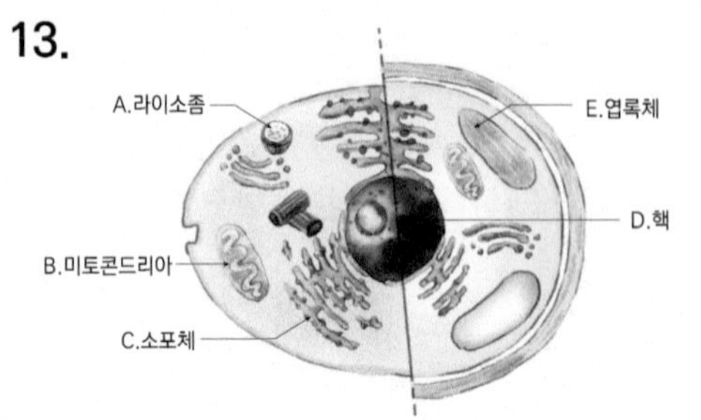

② B는 미토콘드리아로 세포 호흡이 일어나 영양소를 분해하여 에너지를 생성한다.
⑤ E는 엽록체로 광합성(동화 작용)이 일어나며 빛에너지를 화학 에너지로 전환하여 저장한다.
[바로알기] ① A는 라이소좀으로 단일막 구조이다. 세포 내 소화를 담당하는 세포 소기관이다.
③ C는 소포체로 물질의 이동 통로가 되며 거친면 소포체와 매끈면 소포체로 구분된다. 거친면 소포체는 단백질 분비와 수송에 관여하고 매끈면 소포체는 지질의 합성, 탄수화물의 대사, 해독 작용 등에 관여한다.
④ D는 핵으로 DNA를 가지고 있는 생명 활동의 중심이 되는 세포 소기관이다. 또한 2중막 구조인 핵막이 있으며 핵막에 핵공이 있어 물질 교환이 일어난다.

14.

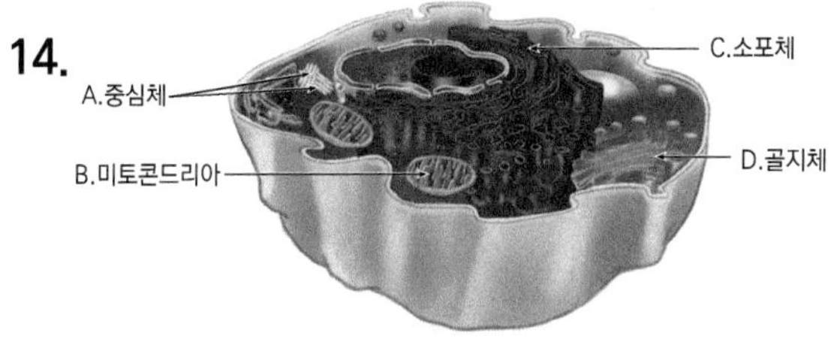

② B는 미토콘드리아로 세포 호흡에 관여하며 DNA를 함유하고 있어 자기 복제가 가능하다.
[바로알기] ① A는 중심체로 세포가 분열할 때 방추사 형성에 관여한다.
③ C는 소포체로 물질의 이동 통로가 되며 거친면 소포체와 매끈면 소포체로 구분된다. 거친면 소포체는 단백질 분비와 수송에 관여하고 매끈면 소포체는 지질의 합성, 탄수화물의 대사, 해독 작용 등에 관여한다.
④ D는 골지체로 물질의 저장 및 분비에 관여한다.
⑤ 자기 복제는 B 미토콘드리아만 가능하다.

15. (가)의 작용은 단백질의 합성과 분비 과정으로 거친면 소포체에서 단백질의 합성과 수송이 일어나고, 골지체와 분비 소낭을 통해 단백질의 저장과 분비가 일어난다. 따라서 (가)와 같이 이동하는 물질은 단백질이 주성분이며 내분비샘에서 분비되는 호르몬이 가장 적당하다.

16. ㄱ. [바로알기] B 는 라이소좀으로 물질을 분해하는 가수 분해 효소를 가지고 있어 세포의 소화를 담당한다. 단백질을 합성하는것은 리보솜이다.
ㄴ. 핵(A)과 미토콘드리아(C)는 모두 외막과 내막의 2중막 구조로 되어있다.
ㄷ. 형광 단백질은 외부 이물질로 인식되어 세포 내부로 들어오게 되면 라이소좀에 의해 분해된다. 이와 같이 이물질이 침입했을 때 식포가 형성되어 이물질을 감싸고, 이것이 라이소좀과 융합하여 분해가 되는 과정이 일어난다.

17. 엽록체는 광합성이 일어나는 장소로 빛에너지를 화학 에너지로 전환한다. 엽록체는 2중막 구조로 이루어져 있는데, 내막 안쪽에는 빛을 흡수하는 세포와 이산화 탄소를 받아들여 포도당으로 바꾸는데 관여하는 효소가 존재한다. 따라서 광합성 결과 생성물인 산소는 다시 엽록체에서 방출하게 된다.

18. A 는 미토콘드리아, B 는 라이소좀, C 는 중심체이다.
ㄱ. 미토콘드리아에서는 탄수화물, 지방 등의 유기물 영양소를 산소를 이용하여 분해하는 과정으로 이화 과정에 해당한다.
ㄴ. 라이소좀에는 여러 종류의 가수 분해 효소가 들어 있어 세포 내 소화를 담당하여 세포 내로 들어온 외부 물질이나 세포 내 노폐물, 노후한 세포 소기관 등을 분해한다.
ㄷ. 식물 세포에는 중심립이 있는 중심체, 라이소좀, 편모 등의 세포 소기관이 없다.

19. ㄱ. [바로알기] A는 인지질로 친수성 부분과 소수성 부분으로 이루어져 있다. 소수성 부분은 물과 잘 섞이지 않는다.
ㄴ. [바로알기] B는 단백질로 인지질 2중층에 파묻혀 있거나 관통하고 있다. 단백질은 인지질의 유동성에 따라 위치가 이동하는데 이러한 세포막의 구조를 유동 모자이크 모형이라고 한다.
ㄷ. 세포막은 세포 전체를 둘러싸고 있는 막으로 세포의 형태를 유지하고 세포 안팎으로의 물질 출입을 조절한다.

20.

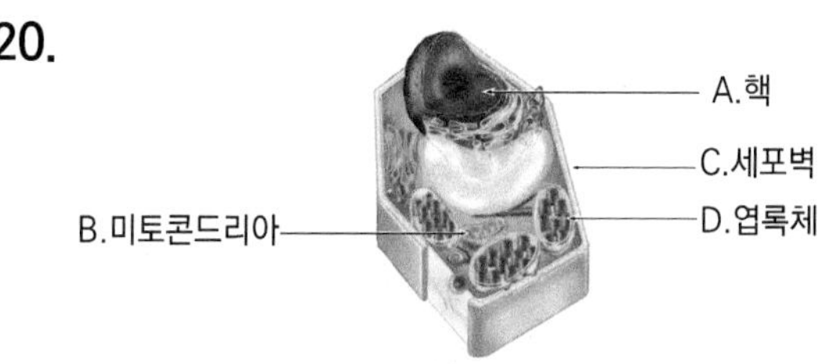

① [바로알기] 양분을 이용하여 에너지를 생산하는 것은 B 미토콘드리아에서 일어난다. 미토콘드리아에서 유기물 영양소를 산소를 이용하여 분해하여 ATP 를 만들어 저장하고, 열로 방출한다.
③ [바로알기] B 는 미토콘드리아로 식물 세포와 동물 세포에 모두 존재한다. 빛에너지를 이용하여 포도당을 만드는 것은 D 엽록체에서 일어난다.
⑤ [바로알기] 빛에너지를 화학 에너지로 전환시키는 광합성은 D 엽록체에서 일어나며 엽록체는 식물 세포에서만 관찰할 수 있다.

21. 제시문에서 설명하는 세포 소기관은 골지체이다. 골지체는 분비 작용이 활발한 세포에 발달되어 있어 소화샘 세포나 내분비샘 세포, 형질 세포 등에 발달되어 있다.

22. ① (가)는 미토콘드리아, (나)는 엽록체이다. 둘 모두 DNA를 가지므로 자기 복제가 가능하다.
[바로알기] ② (나)는 식물 세포에서만 관찰할 수 있다.
③ (가)와 (나) 모두 외막과 내막으로 이루어진 2중막 구조이다.
④ (가)는 세포 호흡이 일어나는 장소이며, 물질을 분해하는

효소가 있는 세포 소기관은 라이소좀이다.
⑤ (가) 미토콘드리아는 에너지를 많이 소모하는 근육 세포에 많이 있다. 하지만 (나) 엽록체는 광합성을 많이 하는 잎의 울타리 조직에 많이 존재한다. 오래된 세포일수록 커지는 것은 후형질의 액포이다.

23. (중심) 액포는 단일막 기관으로 식물 세포에서만 발견되며 저장 기관으로 사용한다. 소낭은 막으로 둘러싸인 작은 자루 모양의 구조물로 소포체와 골지체 사이, 골지체와 골지체 사이 등의 수송을 담당한다.

24.

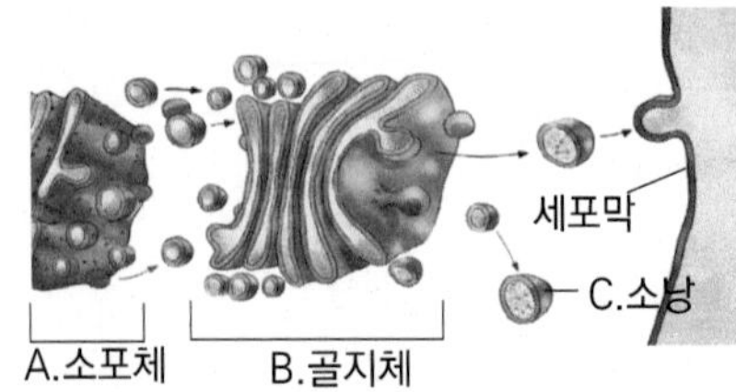

(1) A(소포체)의 일부는 핵막과 연결되어 있고, 소포체 내부도 서로 연결되어 있다.
(2) B 골지체는 A 소포체의 일부가 떨어져 나와 생성되었다.
(3) [바로알기] C는 골지체에서 형성된 소낭이다. 형성된 소낭은 골지체를 떠나 단백질을 운반하거나 분비하기도 하고, 덜 성숙한 골지체나 소포체로 되돌아간다. 여러 가지 가수분해 효소가 들어있는 세포 소기관은 라이소좀이다.
(4) [바로알기] 단백질이 합성되어 분비되기까지 관여하는 세포 소기관의 순서는 '핵 - 리보솜 - 소포체 - 골지체' 이다. 리보솜은 핵으로부터 전달되어 온 유전 정보에 따라 생명 활동과 재생 등에 필요한 단백질을 합성한다. 이렇게 합성된 단백질은 소포체를 통해 이동하여 골지체로 운반되며, 골지체에서는 이 물질을 변형시키고 성숙시킨 후 막으로 싸서 소낭으로 분비한다.

25. 리보솜은 단백질의 합성 장소이다. 핵으로부터 전달되어 온 유전 정보에 따라 단백질을 합성한다.

26. 라이소좀은 여러 종류의 가수 분해 효소를 가지고 있어 세포 내 소화를 담당하며 세균과 같은 이물질의 침입 시 식포와 융합하여 분해한다. 또한 손상되거나 오래된 세포 소기관을 분해하기도 한다. 이러한 기능을 가진 라이소좀이 발달한 세포는 식균 작용을 하는 백혈구이다.

27. 운동을 하면 근육 운동에 필요한 에너지를 공급하기 위하여 미토콘드리아의 작용이 활발히 일어나야 한다. 미토콘드리아는 자신의 DNA 를 가지고 있어 스스로 증식이 가능하기 때문에 근육 운동 시 필요한 미토콘드리아가 많이 생성된다. 제시된 그림에서 DNA 와 결합하는 형광 물질을 처리한 후 현미경으로 관찰하면 운동을 시키지 않은 쥐에 비해 운동을 시킨 쥐는 세포질에서 형광을 띠는 세포 소기관이 많아졌음을 알 수 있다. 동물 세포의 세포질에서 DNA 를 가지고 있는 세포 소기관은 미토콘드리아이므로 운동을 시키면 에너지 생성을 위해 미토콘드리아의 수가 증가한다고 추리할 수 있다.

28. ㄱ. A 는 거친면 소포체로 막의 일부가 핵막과 세포막 사이에 연결되어 있다. 이것은 핵 속에서 단백질을 만들기 위한 유전 정보가 리보솜으로 전달되는 통로가 된다.
ㄴ. [바로알기] 소포체는 동물 세포와 식물 세포에 모두 존재한다.
ㄷ. [바로알기] 거친면 소포체의 주된 기능은 단백질 합성이고, 탄수화물과 지질의 합성은 주로 매끈면 소포체에서 일어난다.
ㄹ. 리보솜이 붙어 있는 거친면 소포체는 리보솜에서 만들어진 단백질의 이동 통로가 된다. 단백질은 골지체로 전달되어 분비 소낭을 통해 세포 밖으로 분비된다. 따라서 거친면 소포체는 세포 밖으로 분비되는 단백질을 합성하는 세포에 발달되어 있다.

29. 답 분비 작용이 일어나는 형질 세포에는 소포체와 골지체가 잘 발달하였고, 에너지가 많이 필요한 간 세포에는 미토콘드리아가 많이 발달하였다. 이는 세포마다 기능이 다르기 때문에 세포 소기관의 발달 차이가 생긴 것을 알 수 있다.

30. 답 (1) A(나), DNA 함량이 가장 큰 세포 소기관이므로 A는 핵이라는 것을 알 수 있다. 핵은 세포에서 가장 큰 소기관으로 원심 분리에서 가장 먼저 분리할 수 있다.
(2) A - (나), B - (가) , C - (다)
해설 (1) 원심 분리를 할 때 회전 속도와 회전 시간을 달리하면 세포 소기관의 무게와 크기에 따라 분리된다. 크고 무거운 세포 소기관일수록 아래쪽에 먼저 가라앉는다.
(2) DNA 함량이 가장 큰 A 는 핵, 이산화 탄소 소비량이 가장 많은 B 는 엽록체, 산소 소비량이 가장 많은 C 는 미토콘드리아에 해당된다.

4강. 생물체의 구성 단계

개념 확인 72~75쪽

1. 결합 조직 **2.** 기관계 **3.** 조직계
4. (1) 영양 기관 (2) 꽃, 열매, 종자

확인+ 72~75쪽

1. 근육 조직
2. 세포 → 조직 → 기관 → 기관계 → 개체
3. (1) X (2) X (3) O
4. 세포 → 조직 → 조직계 → 기관 → 개체

3. 답 (1) X (2) X (3) O
해설 (1) [바로알기] 식물체의 조직은 세포 분열의 여부에 따라 분열 조직과 영구 조직으로 구분된다.
(2) [바로알기] 유조직에는 울타리 조직, 해면 조직 등이 있으며, 표피, 공변세포, 뿌리털은 모두 표피 조직이다.
(3) 세포 분열 능력이 없는 조직은 영구 조직으로 표피 조직, 유조직, 기계 조직, 통도 조직이 있다.

개념 다지기 76~77쪽

01. ④ **02.** (1) X (2) O (3) X **03.** ⑤
04. ③ **05.** ③, ④ **06.** (1) ㄷ (2) ㄴ (3) ㄹ
07. ③ **08.** ③

01. ㄱ. [바로알기] 교세포는 신경조직, 횡격막은 근육 조직, 눈의 망막은 상피 조직에 속한다.
ㄴ. 세포 외 바탕질(콜라겐 등)을 분비하는 세포로 구성된 조직은 결합 조직이다.
ㄷ. 몸의 표면이나 기관의 내벽을 구성하는 조직은 상피 조직이며, 빽빽한 층 구조를 이룬다.

02. (1) [바로알기] 근육 세포의 모양에 따라 가로무늬가 있는 가로무늬근과 무늬가 없는 민무늬근으로 구분한다.
(2) 근육의 움직임에 따라 의지대로 움직일 수 있는 근육(수의근)과 움직일 수 없는 근육(불수의근)으로 구분한다.
(3) [바로알기] 심장을 이루고 있는 근육은 가로무늬근이며 의지와 관계없이 움직이는 근육으로 불수의근이다.

03. ⑤ 동물의 기관계 중 내분비계에 해당하는 기관은 뇌하수체, 갑상샘, 부신, 생식샘 등이 있다. ① 뇌 - 신경계 ② 근육 - 근육계 ③ 척주 - 골격계 ④ 심장 - 순환계

04. ① 소화계는 음식물의 소화와 흡수의 기능을 한다.
② 순환계는 영양소와 기체, 노폐물의 운반 기능을 한다.
④ 골격계는 몸통을 지지하고 장기를 보호하며 무기질을 저장하는 기능을 한다.
⑤ 내분비계는 호르몬의 생성과 분비, 항상성을 유지하는 기능을 한다.

05. 분열 조직은 세포 분열이 왕성하게 일어나는 조직으로 새로운 세포를 만들어 내는 세포로 이루어져 있다. 분열 조직에는 식물의 길이 생장이 일어나는 생장점과, 부피 생장이 일어나는 형성층이 있다.

06. (1) 생명 활동이 활발하게 일어나는 조직을 유조직이라고 하며 유조직에는 저수 조직이 포함된다.
(2) 식물체를 튼튼하게 유지하는 조직은 기계 조직으로 섬유 조직, 후각 조직, 후벽 조직이 이에 속한다.
(3) 물과 양분의 이동 통로가 되는 조직은 통도 조직으로 헛물관, 물관, 체관 등이 이에 속한다.

07. 조직계는 식물에만 있는 구성 단계로, 여러 조직들이 모여 통합적으로 기능을 수행하는 단계이다. 식물체 전체에 연속적으로 연결되어 있으며 표피 조직계, 관다발 조직계, 기본 조직계로 구분한다.

08. ③ 기계 조직 - 섬유 조직, 후각 조직, 후벽 조직
[바로알기] ① 유조직 - 울타리 조직, 해면 조직, 저수 조직
② 표피 조직 - 표피, 뿌리털, 공변세포, 잎의 털
④ 분열 조직 - 형성층, 생장점
⑤ 통도 조직 - 물관, 헛물관, 체관

유형 익히기 & 하브루타 78~81쪽

[유형 4-1] (1) 상피 조직 (2) 감각 뉴런, 연합 뉴런, 운동 뉴런, 교세포 등 (3) (해설 참조)
01. ㉠ 세포 ㉡ 기관 ㉢ 개체
02. ㄱ, ㄷ
[유형 4-2] (1) (나) (2) (가)
(3) (마) → (라) → (가) → (나) → (다)
03. (1) O (2) O (3) X **04.** ④
[유형 4-3] (1) (다), 기계 조직 (2) (나), 유조직
(3) 모두 영구 조직에 해당하는 조직이다.
05. ㉠ 생장점 ㉡ 길이 생장 ㉢ 형성층 ㉣ 부피 생장 **06.** 분열 조직
[유형4-4] ㄱ, ㄷ
07. (1) 표피 조직계 (2) 기본 조직계 (3) 관다발 조직계
08. (1) - ⓐ - ㉡, (2) - ⓑ - ㉠

[유형 4-1] (1) 몸의 표면이나 기관의 내벽을 구성하는 조직을 상피 조직이라고 한다. 상피 조직은 몸을 물리적, 화학적으로 보호하고 물질의 통로가 되며 외분비샘을 형성하기도 한다.
(2) (나)는 신경 조직의 모습이다. 신경 조직은 뉴런으로 구성되어 있으며 자극에 대한 감각 및 반응에 관여하고 신호를 전달하는 기능을 담당한다. 신경 조직에는 신경 세포인 감각 뉴런, 연합 뉴런, 운동 뉴런과 뉴런을 지지하는 세포인 교세포 등이 포함된다.
(3) 모양과 기능이 비슷한 세포들의 모임으로 기능에 따라 구분을 짓는다.

01. 다세포 생물의 경우 다양한 모양과 기능을 가진 세포들이 모여 조직을 형성하고, 조직이 모여 고유한 기능을 하는 기관을 형성하며 비슷한 기관이 체계적으로 모여 하나의 개체가 된다.

02. ㄱ. 조직은 모양과 기능이 비슷한 세포들의 모임이다.
ㄴ. [바로알기] 동물의 조직은 기능에 따라 상피 조직, 근육 조직, 신경 조직, 결합 조직 4 가지로 구분된다.
ㄷ. 조직이나 기관을 서로 연결하고 지지하는 기능을 하는 결합 조직에는 인대, 힘줄, 뼈, 림프, 혈액, 연골, 뼈 등이 있다.

[유형 4-2] (1) 여러 기관들이 서로 공통된 일을 담당하는 단계는 기관계로 동물에만 있는 구성 단계이다. 문제에서 제시된 그림 (나)는 식도, 위, 소장, 대장, 간, 이자 등이 포함된 소화계로 음식물의 소화와 흡수를 담당하는 기관계이다.
(2) 여러 조직이 모여 일정한 형태와 고유의 기능을 하는 단계는 기관이다. (가)의 위는 소화 기관에 해당한다.
(3) 생물의 구성 단계 중 가장 작은 단계는 생물의 구조적 · 기능적 단위가 되는 세포에서부터 시작한다. ((마) - 근육 세포) 모양과 기능이 비슷한 세포들이 모여 조직을 형성한다. ((라) - 근육 조직) 여러 조직이 모여 일정한 형태와 고유의 기능을 하는 단계인 기관을 형성한다. ((가) - 위, 소화기관) 여러 기관들이 서로 공통된 일을 담당하는 기관계를 형성한다. ((나) - 소화계 : 입, 식도, 위, 소장, 대장, 간, 이자 등) 여러 기관이 모여 독립된 구조와 기능을 가지고 생활하는 생물체인 개체가 된다. ((다) - 사람)

03. (2) 골수, 가슴샘, 림프절, 편도 등은 면역계에 속하며 인체에 침입하는 병원체나 종양 세포 등을 인지하고 죽임으로써 질병으로부터 인체를 보호한다.
(3) [바로알기] 뇌하수체, 갑상샘, 부신, 생식샘은 내분비계에 속한다.

04. 답 ④
해설 문제에서 제시한 그림은 심장과 혈관을 포함하여 나타낸 순환계의 모습이다.
④ 순환계에서는 영양소, 기체, 노폐물을 운반하는 기능을 한다.
[바로알기] ① 홍분의 전달, 기관의 작용 조절은 신경계의 작용이다.
② 노폐물의 배설은 배설계의 작용이다.
③ 생식 세포 형성, 수정과 발생은 생식계의 기능으로 정소, 난소, 자궁, 수정관, 수란관 등에서 일어난다.
⑤ 질병으로부터 인체를 방어하는 기관들의 모임은 면역계로 골수, 가슴샘 등이 이에 포함된다.

[유형 4-3] (1) 식물체를 튼튼하게 유지하는 조직은 기계 조직으로 섬유 조직, 후각 조직, 후벽 조직 등이 이에 속한다.
(2) 광합성, 호흡, 저장, 분비 작용 등 생명 활동이 활발한 살아있는 세포로 구성된 것은 유조직으로 식물체의 대부분을 차지한다. 유조직에는 울타리 조직, 해면 조직, 선인장 줄기의 저수 조직 등이 포함된다.
(3) 분열 조직에서 만들어진 세포들이 분화한 조직으로 세포 분열 능력이 없는 영구 조직이다.

05. 생장점은 식물의 뿌리와 줄기 끝에 있는 조직으로 길이 생장이 일어난다. 형성층은 쌍떡잎식물과 겉씨식물의 줄기와 뿌리에 있는 조직으로 물관부와 체관부 사이에 있으며 부피 생장이 일어난다.

06. 세포 분열이 왕성하게 일어나는 조직을 분열 조직이라고 하며 분열 조직에서 만들어진 세포들이 분화한 조직을 영구 조직이라고 한다. 분열 조직은 새로운 세포를 만들어 내며 크기와 액포가 작고, 세포벽이 얇다.

[유형 4-4] ⓐ 표피 조직계 ⓑ 울타리 조직 ⓒ 해면 조직 ⓓ 관다발 조직계 ⓔ 기본 조직계
ㄱ. 관다발 조직계는 물관부와 체관부로 구성되며, 그 사이에 형성층이 있는 경우도 있다.
ㄴ. [바로알기] ⓐ ~ ⓔ 중 조직계에 해당하는 것은 ⓐ 표피 조직계, ⓓ 관다발 조직계, ⓔ 기본 조직계 3 개이다. ⓑ 울타리 조직과 ⓒ해면 조직은 기본 조직계에 속하는 조직이다.
ㄷ. ⓔ 기본 조직계는 표피 조직계와 관다발 조직계를 제외한 식물체의 대부분으로, 일부 기계 조직과 대부분의 유조직으로 이루어져 있으며 양분의 합성과 저장 등의 기능을 한다.

07.

표피 조직계	관다발 조직계	기본 조직계
· 표피 조직으로 구성 · 표피, 공변세포, 큐티클층, 뿌리털 등으로 구성 · 식물체 내부를 보호하는 역할	· 물관부와 체관부로 구성되며, 그 사이에 형성층이 있는 경우도 있다. · 물과 양분이 이동하는 통로	· 표피 조직계와 관다발 조직계를 제외한 식물체의 대부분 · 대부분의 유조직과 일부 기계 조직으로 구성 · 양분의 합성과 저장 등의 기능

08. 영양 기관은 양분의 합성, 흡수, 저장을 담당하며 식물체의 생존에 직접적으로 관여하는 기관으로 뿌리, 줄기, 잎이 이에 속한다. 생식 기관은 개체를 증식시켜 식물의 번식과 종족 보존에 관여하는 기관으로 꽃, 열매, 종자가 이에 속한다.

창의력 & 토론마당 82~85쪽

01

답 : ①, ②
〈옳지 않은 이유〉
③ : 표피 조직과 혈액의 구성은 다르다. 표피 조직은 표피 세포와 공변세포 등으로 이루어져 있으며 혈액은 적혈구, 혈소판, 백혈구 등의 세포로 이루어져 있다.
④ : 표피 조직과 혈액이 하는 일은 다르다. 표피 조직은 식물체의 표면을 덮는 조직으로 식물체를 보호하는 역할을 한다. 혈액의 적혈구는 산소를 운반하고, 혈소판은 혈액의 응고 작용을 돕는다. 백혈구는 세포 내 소화 작용과 항체 생성에 관여한다.

해설 ① 표피 조직은 잎의 큐티클 층 바로 아래에서 관찰 가능하며, 혈관계는 심장과 혈관으로 이루어지며, 그 속을 혈액이 흐르는 것이므로 혈액은 혈관계를 구성한다.
② 표피 조직을 이루는 세포들의 크기는 비슷하며, 혈액을 구성하는 세포들도 다른 조직에 비하면 상대적으로 크기가 비슷한 편이다.

02

(1) 모든 유형의 상피 조직은 조직을 이루고 있는 상피 세포가 표면을 따라서 빽빽하게 쌓여져있고 기저막 위에 놓여 있으며 외부 환경에 대해서 능동적이고 보호적인 경계를 형성한다.
(2) ① ㄷ ② ㄴ ③ ㄱ ④ ㄹ ⑤ ㅁ

해설 (2) ① 단층 편평상피를 형성하는 한 층의 판과 같은 세포들은 확산에 의한 물질교환에 작용한다. 얇고 누출성이 있는 이러한 유형의 상피 조직은 영양 물질과 기체의 확산이 중요한 혈관과 폐포를 감싸고 있다. 또한 여과 기능을 하는 신장의 사구체에서도 볼 수 있다. ㉾ 심장 및 혈관의 내면, 폐의 폐포, 콩팥의 사구체 등
② 단층 원주상피의 벽돌 모양의 세포들은 분비 또는 능동적 흡수가 중요한 곳에서 발견된다. ㉾ 소화관 내면을 둘러싸고 있으면서 소화액을 분비하고 영양 물질을 흡수한다.
③ 입방 상피는 분비를 위해서 특수화된 세포들로 구성되어 있다. ㉾ 침샘, 갑상샘 등의 분비 조직, 신장의 세뇨관 등
④ 다층 편평상피는 여러 층이며 빠르게 재생된다. ㉾ 피부 외면, 구강 내면, 항문과 질 등의 내벽과 같이 잘 마모되는 표면
⑤ 거짓 다층 섬모원주상피는 다양한 높이를 가지는 한 층의 세포들로 많은 척추동물에서 호흡관 안쪽을 둘러싸는 점막을 형성한다. 섬모는 표면을 따라서 점액층을 이동시킨다. ㉾ 기도 상단부

03

사람의 상피 세포는 분열하여 상피 세포가 만들어지지만, 식물의 분열 조직에서 일어나는 분열은 분화하여 모든 세포가 될 수 있다.

해설 사람의 분열 세포는 형성하게 될 세포의 유형이 정해져 있다. 따라서 사람의 상피 세포는 분열하여 상피 세포가 된다. 반면에 식물의 분열 조직에서 만들어진 세포들은 분화하여 모든 종류의 세포가 될 수 있다. 영구 조직이 분열 조직에서 만들어진 세포들이 분화한 조직인 것처럼 모든 세포가 분열 조직으로부터 만들어진다.

04

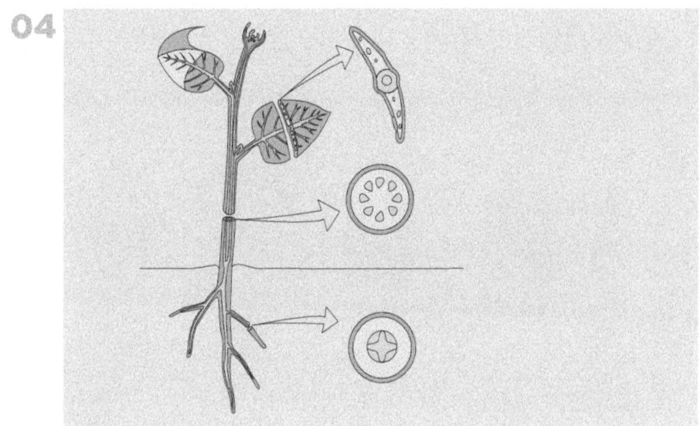

해설

표피 조직계 (녹색)	관다발 조직계 (하늘색)	기본 조직계 (노랑색)
· 표피조직으로구성 · 표피, 공변세포, 큐티클층, 뿌리털 등으로 구성 · 식물체 내부를 보호하는 역할	· 물관부와 체관부로 구성되며, 그 사이에 형성층이 있는 경우도 있다. · 물과 양분이 이동하는 통로	· 표피 조직계와 관다발 조직계를 제외한 식물체의 대부분 · 대부분의 유조직과 일부 기계 조직으로 구성 · 양분의 합성과 저장 등의 기능

스스로 실력 높이기 86~91쪽

01. (가) - (라) - (나) - (마) - (다)
02. (마), 기관계
03. (1) X (2) X (3) O **04.** ② **05.** ④
06. (1) - ⓓ, (2) - ⓒ, (3) - ⓑ, (4) - ⓐ
07. (C), 조직계 **08.** ③ **09.** 표피 조직계
10. (1) 표피 조직 (2) 기계 조직 (3) 관다발 조직계 (4) 기본 조직계 **11.** ③ **12.** ③ **13.** ④
14. (1) O (2) X (3) X **15.** ① **16.** ③
17. (1) O (2) O (3) X (4) O **18.** ⑤ **19.** ⑤
20. (1) O (2) X (3) X **21.** ④ **22.** ⑤
23. ① **24.** ① **25.** ③ **26.** ④
27.~ 30. (해설 참조)

01.

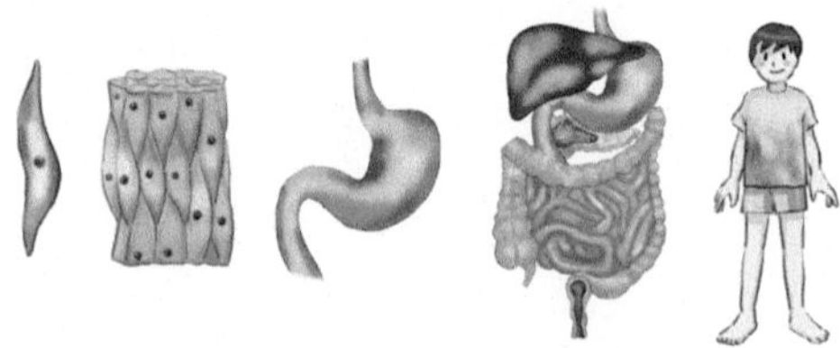

(가)세포 (라)조직 (나)기관 (마)기관계 (다)개체

02. (마) 기관계는 여러 기관들이 서로 공통된 일을 담당하는 단계로 동물에만 있는 구성 단계이다.

03. (1) [바로알기] (라)는 신축성이 있는 가늘고 긴 근육 세포로 구성된 근육 조직에 속한다. 신경 조직은 뉴런으로 구성되어 있다.
(2) [바로알기] (마)는 기관계로 동물에만 있는 구성 단계이다. 식물의 줄기는 식물의 기관에 속한다.
(3) (나)는 뇌, 귀, 근육과 같이 동물의 기관에 속한다.

04. (나)는 위로 소화 기관에 속한다.
② 줄기는 식물의 영양 기관이다.
[바로알기] ① 물관은 통도 조직에 해당한다.
③ 형성층은 분열 조직에 해당된다.
④ 공변세포는 식물의 기체 출입과 증산 작용을 조절하는 세포이다.
⑤ 기본 조직계는 식물에만 있는 구성 단계인 조직계에 해당한다.

05. ④ [바로알기] 결합 조직은 세포 외 바탕질을 분비하는 세포들로 구성된 조직으로 세포 간 물질이 가득 차있고 세포들이 낱개로 흩어져 있다.
⑤ 동물의 조직은 모양과 기능이 비슷한 세포들의 모임으로 기능에 따라 상피 조직, 근육 조직, 신경 조직, 결합 조직 4가지로 구분된다.

06. (1) 분열 조직 : 형성층, 생장점 - ⓓ
(2) 표피 조직 : 표피, 뿌리털, 공변세포, 잎의 털 등 - ⓒ
(3) 기계 조직 : 섬유 조직, 후각 조직, 후벽 조직 등 - ⓑ
(4) 통도 조직 : 물관, 헛물관, 체관 등 - ⓐ

07. (C) 조직계는 식물에만 있는 구성 단계로 여러 조직들이 모여 통합적으로 기능을 수행하는 단계이다.

08. (D) 단계는 기관으로 식물은 영양 기관과 생식 기관으로 구분한다. 뿌리, 줄기, 잎은 영양 기관, 꽃, 열매, 종자는 생식 기관이다.
③ [바로알기] 물관은 통도 조직에 포함된다.

09. 식물의 조직계는 조직으로 구성된다. 표피 조직계는 표피 조직으로 구성되며, 식물체 내부를 보호하는 역할을 한다.

10. (1) 식물체의 표면을 덮는 조직은 표피 조직이다.
(2) 식물체를 튼튼하게 유지하는 조직은 기계 조직이다.
(3) 물관부와 체관부로 구성된 조직계는 관다발 조직계이다.
(4) 식물에 있어 표피 조직계와 관다발 조직계를 제외한 식물체를 대부분을 차지하는 것은 유조직과 일부 기계 조직으로 구성된 기본 조직계이다.

11. ㄱ. (가)는 뼈 조직으로 결합 조직에 속하며, (나)는 피부로 상피 조직이다.
ㄴ. (다)는 신경을 나타내며, 뉴런으로 구성된 신경 조직이다.
ㄷ. [바로알기] (라)는 골격근으로 가로무늬가 있는 가로무늬근이며 자신의 의지대로 움직일 수 있는 수의근에 해당한다.

12.

기관계	기관
소화계	입, 식도, 위, 소장, 대장, 간, 이자 등
순환계	심장, 혈관 등
호흡계	폐, 기관, 기관지 등
배설계	콩팥, 오줌관, 방관, 요도 등
신경계	뇌, 척수 등
면역계	골수, 가슴샘 등
내분비계	뇌하수체, 갑상샘, 부신, 생식샘 등
골격계	두개골, 갈비뼈, 척주, 어깨뼈 등
근육계	근육, 근막, 힘줄 등
생식계	정소, 난소, 자궁, 수정관, 수란관 등

13. ㄱ. (가)는 근육 세포에 가로무늬가 있는 가로무늬근이다.
ㄴ. [바로알기] (나)는 근육 세포에 무늬가 없는 민무늬근이다. 근육 세포는 근육 조직에 속하며 골격 운동과 내장 운동을 담당한다. 결합 조직은 세포 외 바탕질을 분비하는 세포들로 구성된 조직으로 조직이나 기관을 서로 연결하는 기능을 한다.
ㄷ. (가)는 골격근으로 뼈에 붙어 운동을 할 수 있는 근육이다. 혀, 횡격막, 괄약근 등에서 관찰할 수 있다.

14. (1) (나)는 근육 조직으로 몸의 근육이나 내장 기관을 구성하는 신축성이 있는 가늘고 긴 근육 세포로 구성된다.
(2) [바로알기] (다)는 위로 기관에 해당한다. 식물의 기관은 영양 기관과 생식 기관이 있으며, 영양 기관에는 뿌리, 줄기, 잎이 해당되고 생식 기관에는 꽃, 열매, 종자가 해당된다.
(3) [바로알기] (라)는 소화계로 기관계에 해당한다. 기관계는 식물에는 없고 동물에서만 나타나는 구성 단계이다.

15. ㄱ. 콩팥은 배설계에 속하는 기관이다.
ㄴ. [바로알기] 심장과 혈관은 순환계에 속하는 기관이다.
ㄷ. [바로알기] 근육계는 수축과 이완 작용으로 운동을 조절하는 기능을 하는 기관계로 근육, 근막, 힘줄 등의 기관으로 구성된다. 몸통을 지지하고 장기를 보호하며 무기질을 저장하는 기능을 하는 기관계는 골격계로 두개골, 갈비뼈, 척주 등의 기관으로 구성된다.

16. ①, ④ 표피 세포, 뿌리털, 공변세포는 표피 조직에 해당된다.
② 헛물관, 체관, 물관은 통도 조직에 해당된다.
③ [바로알기] 속씨식물은 체관 세포의 측면에 반세포라는 작은 세포가 있어서 특정 단백질을 합성하고, 물질을 이동시키는 역할을 한다. 따라서 체관 세포 자체만으로는 양분의 수송이 이루어지지 않으며, 반세포가 죽게 되면 필요한 물질이 선택적으로 수송되지 않으므로 체관의 기능이 정지된다. 식물에는 배설 기능으로 정해진 조직이 없다.
⑤ 울타리 조직, 해면 조직 등은 유조직에 속한다.

17. 식물의 조직은 세포 분열이 왕성하게 일어나는 조직으로 분열 조직과, 세포 분열 능력이 없는 조직으로 영구 조직이 있다. 유조직은 영구 조직에 속하며, 식물체의 대부분을 차지한다.
(3) [바로알기] 유조직은 생명 활동이 활발한 살아있는 세포로 구성되어 있어 광합성, 호흡, 저장, 분비 작용이 일어나지만 세포 분열 능력이 없는 영구 조직에 속한다.
(4) 유조직 중 동화 조직은 엽록체를 가지고 양분을 합성하는 동화 작용이 일어나는 조직이다.

18. ㄱ. 공변세포는 표피 조직에 속한다.
ㄴ. 기본 조직계는 울타리 조직, 해면 조직 등의 대부분의 유조직을 포함한다.
ㄷ. 관다발 조직계는 물관부와 체관부로 구성되며 그 사이에 형성층이 있는 경우도 있다.

19.

A 표피 조직
B 울타리 조직
C 해면 조직
E 통도 조직
D 공변세포

ㄱ. [바로알기] A는 표피 조직으로 표피 조직계에 속하지만 B는 울타리 조직으로 기본 조직계에 속한다.
ㄴ. E는 물관과 체관으로 통도 조직이며 관다발 조직계에 속한다.
ㄷ. C 는 해면 조직으로 유조직에 속하며 이는 기본 조직계에 속한다.

20. (1) 식물의 조직계는 표피 조직계, 관다발 조직계, 기본 조직계로 구분한다.
(2) [바로알기] 식물의 영양 기관은 뿌리, 줄기, 잎이다. 꽃, 열매, 종자는 식물의 생식 기관에 해당한다.
(3) [바로알기] 개체는 여러 기관이 모여 독립된 구조와 기능을 가지고 생활하는 생물체를 뜻한다.

21.

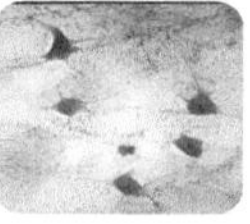
(가) 신경 조직

(나) 상피 조직

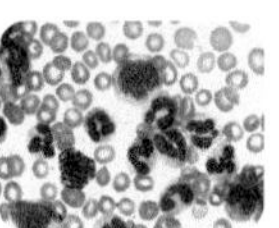
(다) 결합 조직(혈액)

ㄱ. [바로알기] (가)는 신경 조직으로 뉴런으로 구성되어 있다.
ㄴ. (나)는 상피 조직으로 몸의 표면이나 기관의 내벽을 구성하는 조직으로 빽빽한 층 구조이며 세포 간 물질이 적다.
ㄷ. 위는 모세혈관이 연결되어 있어 결합 조직이 존재하며, 소화액을 분비하는 상피 조직, 운동 뉴런이 연결되어 기계적인 소화를 시켜주는 신경 조직이 모두 있다.

22. (가)는 골지체, (나)는 호흡계, (다)는 내분비계를 나타낸 것이다.
ㄱ. 골지체는 단백질과 지질을 저장하고 변형한 후 막으로 싸서 분비를 하는 세포 소기관으로 분비 작용이 활발한 세포(소화샘 세포나 내분비샘)에 특히 발달되어 있다. 따라서 (다) 내분비계에 많이 존재한다.
ㄴ. (나)는 호흡계로 폐, 기관, 기관지 등의 기관이 속한다. 호흡계는 기체 교환을 담당하는 기관계이다.
ㄷ. (다)는 내분비계로 뇌하수체, 갑상샘, 부신, 생식샘 등의 기관을 포함한다. 내분비계에서는 호르몬의 생성과 분비, 항상성을 유지하는 기능을 한다.

23. ㄱ. A 는 기체 교환이 일어나는 호흡계이다. 호흡계에는 폐, 기관, 기관지 등이 속한다.
ㄴ. [바로알기] B 는 영양소를 흡수하는 소화계이다. 소화계에는 입, 식도, 위, 소장, 대장, 간, 이자 등이 포함되며 음식물의 소화와 흡수 작용을 한다. 영양소와 기체의 운반 작용을 하는 것은 순환계이다.
ㄷ. [바로알기] C 는 땀과 오줌을 배설하는 배설계이다. 소화계, 순환계, 호흡계, 배설계는 생명 활동에 필요한 에너지를 얻는 과정으로 서로 연결되어 있다.

24.

(가)조직

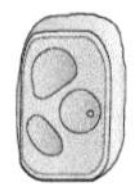
(나)세포

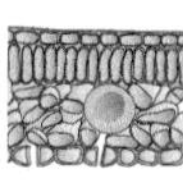
(다)조직계

(라)개체

(마)기관

① (가)는 조직으로 세포 분열의 여부에 따라 분열 조직과 영구 조직으로 나뉜다.
[바로알기] ② (나)는 세포로 생물체를 구성하는 구조적 · 기본적 단위이다. 모양과 기능이 비슷한 세포들의 모임은 조직에 해당한다.
③ (다)는 조직계로 동물에는 없는 구성 단계이다. 위, 간, 심장, 눈 등은 기관에 해당한다.
④ (라)는 하나의 개체를 나타낸 것이다.
⑤ (마)는 식물의 기관으로 잎은 영양 기관에 해당한다.

25. (가)는 헛물관, (나)는 체관, (다)는 물관이다.
ㄱ. [바로알기] (가)는 헛물관으로 세포 위아래 세포벽이 남아있어 막공을 통해서 물질이 이동한다.
ㄴ. [바로알기] (나)는 체관으로 살아 있는 세포로 이루어져 있다.
ㄷ. (다)는 물관으로 물관 요소의 끝과 끝이 맞닿아 연결되어 길고 미세한 물관을 형성한다.

26. ㄱ. [바로알기] A는 세포들의 모임인 조직 단계이므로 근육 조직에 해당된다. 혈관은 기관에 속하므로 '위'와 같은 단계이다.
ㄴ. B는 위(기관)와 사람(개체)의 중간 단계로 기관계에 해당한다. 따라서 소화계는 B에 해당한다.
ㄷ. C는 표피 조직(조직)과 잎(기관)의 중간 단계로 조직계에 해당한다. 조직계는 식물에만 있는 구성 단계로 여러 조직들이 모여 통합적으로 기능을 수행하는 단계이다.

27. 답 모두 결합 조직으로 세포 외 바탕질을 분비하는 세포들로 구성된 조직이다. 세포 간 물질이 가득 차있고, 세포들이 낱개로 흩어져있다. 다른 조직을 연결하고 지지하는 기능을 한다.

28. 답 (1) 세포 : 뉴런, 교세포
(2) 조직 : 신경 조직
(3) 기관 : 뇌, 척수
(4) 기관계 : 신경계
해설 신경계는 뇌와 척수 등의 기관으로 이루어진 기관계로 흥분을 전달하고, 기관의 작용을 조절한다. 척수는 주로 신경 조직으로 구성되는데 신경 조직은 정보의 수용, 처리, 전달에 작용한다. 신경 조직은 신경 자극을 전달하는 뉴런과 뉴런을 지지하는 교세포들로 구성되어 있다.

29. 답 (가)는 줄기 끝의 생장점, (나)는 줄기의 형성층을 나타낸 것이다. (가) 생장점은 식물의 뿌리와 줄기 끝에 있는 조직으로 길이 생장이 일어나는 부분이고, (나) 형성층은 쌍떡잎식물과 겉씨식물의 줄기와 뿌리에 있는 조직으로 물관부와 체관부 사이에 있으며 부피 생장이 일어난다.
(가)와 (나)는 모두 줄기에 있는 부분이며 모두 세포 분열이 왕성하게 일어나는 분열 조직에 해당된다.

30. 답 조직계
조직계는 식물에만 있는 구성 단계로, 여러 조직들이 모여 통합적으로 기능을 수행하는 단계이다. 식물의 조직계는 표피 조직계, 관다발 조직계, 기본 조직계로 구분한다. 표피 조직계는 표피 조직으로 구성되어 식물체 내부를 보호하는 역할을 한다. 관다발 조직계는 물관부와 체관부로 구성되며 그 사이 형성층이 있는 경우도 있으며 물과 양분이 이동하는 통로가 된다. 기본 조직계는 표피 조직계와 관다발 조직계를 제외한 식물체의 대부분을 차지하는 조직계로 대부분의 유조직과 일부 기계 조직으로 구성된다. 기본 조직계에서는 양분의 합성과 저장 등의 기능을 한다.

5강. Project 1

논/구술 92~93쪽

Q1 바이러스는 숙주가 있어야만 물질대사와 증식을 할 수 있기 때문이다. 바이러스는 생물적 특징과 무생물적 특징이 모두 나타난다. 유전 물질을 가지고 있어 증식이 가능하고 유전 현상 또한 일어난다. 또한 돌연변이가 나타나고, 다양한 종류로 진화하는 생물적 특징이 나타난다. 하지만 바이러스는 숙주 세포 밖에서는 핵산과 단백질이 뭉쳐진 결정 형태로만 존재하고 효소가 없어 스스로 물질대사를 할 수 없다. 숙주 세포 없이는 생명 활동을 할 수 없기 때문에 최초의 생물이라고 할 수 없다.

[탐구-1] 94~95쪽
자극에 대한 플라나리아의 반응

[탐구 결과]

1. 플라나리아가 빛을 피해 호일로 덮인 쪽으로 이동한다.

2. 플라나리아가 시험관의 바닥 쪽으로 이동한다.

3. 플라나리아의 머리와 꼬리를 자극하였을 때 모두 몸을 움츠린다. 특히 머리를 자극할 때에는 이동 방향을 바꾸어 자극을 피하는 것처럼 움직인다.

[탐구 문제]

1. 재생하고 있는 플라나리아를 해부침으로 자극하였을 때 반응이 있다면 뇌가 형성되고 있다는 것을 알 수 있다. 자극에 대하여 일관성 있게 반응을 하는 것은 뇌가 있어야만 일어날 수 있다.

2. 1.생식 : 플라나리아의 몸을 둘로 나누었을 때,

잘려나간 부분이 각각 새로운 개체가 되므로 분열을 통해 생식하는 이분법을 관찰할 수 있다.
2. 자극에 대한 반응 : 플라나리아는 빛과 중력, 물리적인 자극 등에 반응을 한다.
3. 물질대사 : 먹이를 먹고 배설을 하므로 영양소를 분해하는 세포 호흡(이화 작용)이 일어났다는 것을 알 수 있다.

[탐구-2] 세포 분획법(원심 분획법) 96~97쪽

[실험 과정 이해하기]

1. 세포와 세포 소기관을 안정한 상태로 얻기 위해 세포와 농도가 같은 등장액에 넣는다. 세포의 막은 반투과성 막으로 물이 드나들 수 있다. 세포보다 농도가 낮은 용액을 사용한다면, 삼투현상에 의해 농도가 낮은 용액의 물이 세포 속으로 들어와 세포가 터질 수 있다.

2. ① 균질기에 의한 마찰열을 냉각하기 위해서
② 세포를 파괴할 때 나오는 가수 분해 효소의 활동을 억제하기 위해서

3. 세포 소기관들을 분리하기 위해서 균질기를 이용하여 조직 세포를 둘러싼 세포막만을 파쇄한다.

[탐구 결과]

1. 식물 세포를 균질기로 파쇄한 다음 회전 속도와 시간을 증가시키면서 단계적으로 원심 분리하면 핵, 엽록체, 미토콘드리아와 라이소좀, 세포막 · 소포체 · 리보솜 · 골지체 순서로 분획된다.

2. 크기가 크고 무거운 소기관일수록 아래쪽에 먼저 가라앉는다.

[탐구 문제]

1. ④

[탐구 문제]

1. 답 ④
해설 ① A에는 핵이 추출된다.
② B에는 엽록체가 추출되므로 이산화 탄소 소비량이 가장 크다.
③ 미토콘드리아는 C에서 추출된다.
④ [바로알기] D에는 세포막, 소포체, 리보솜, 골지체가 포함이 된다. 이 중 리보솜은 막이 없는 세포 소기관이다.
⑤ 방사성 물질 ^{14}C로 표지된 아미노산이 리보솜에서 단백질을 형성하고, 소포체와 골지체로 이동하므로 D에서 ^{14}C로 표지된 단백질이 가장 많이 존재할 것이므로 방사성은 D에서 가장 많이 검출된다.

Ⅱ 세포와 생명의 연속성

6강. DNA, 유전자, 염색체

개념 확인 100~103쪽

1. DNA **2.** 뉴클레오솜 **3.** 핵형
4. (1) 상염색체 (2) 성염색체

확인+ 100~103쪽

1. 유전자 **2.** 염색체
3. (1) O (2) O (3) X (4) O
4. (1) 상동 염색체 (2) 대립 유전자

3. 답 (1) O (2) O (3) X (4) O
해설 (1) 생물의 종에 따라 핵형이다르다.
(2) 세포 분열은 염색체가 최대로 응축하는 시기인 중기에 가장 뚜렷하게 관찰할 수 있다.
(3) [바로알기] 사람의 체세포는 부계와 모계로부터 한 조씩 물려받은 상동염색체가 존재하므로 핵상은 $2n = 46$ 이다.
(4) 핵형은 한 쌍의 상동 염색체가 있으면 $2n$, 상동 염색체가 없으면 n으로 표시한다.

개념 다지기 104~105쪽

01. ③ **02.** (1) X (2) O (3) O **03.** ③
04. ④ **05.** (1) O (2) X (3) O **06.** ④
07. ④ **08.** ⑤

01. ㄱ. DNA는 핵산의 일종으로 생명체의 유전 정보가 저장된 유전 물질이다.
ㄴ. 기본 단위는 뉴클레오타이드로 당, 인산, 염기가 1 : 1 : 1로 결합해 있다.
ㄷ. [바로알기] DNA가 히스톤 단백질에 감겨진 형태인 염색사가 응축되어 만들어진 염색체를 세포 분열 중기에 관찰할 수 있다.

02. (1) [바로알기] 생물의 형질 발현 정보를 담고 있는 DNA의 일부분을 유전자라고 한다.
(2) 눈동자 색, 곱슬머리, 키, 혀말기, 피부색 등이 유전 형질에 해당된다.
(3)유전자는 특정 염기서열로 이루어져 있는 유전 형질을 발현하는 단위이다.

03. ③ 뉴클레오솜은 염색체와 염색사의 기본 단위로 2중 나선 구조의 DNA 가 히스톤 단백질을 감고 있는 형태이다.
① 유전자는 DNA 의 한 부분으로 유전 형질을 결정하는 부분이다.
② DNA 는 핵산의 일종으로 생명체의 유전에 관한 정보를 담고 있는 유전 물질이다.
④ 뉴클레오시드는 당과 염기로 구성된 화합물이다.
⑤ 뉴클레오타이드는 DNA 의 기본 단위이다.

04. ④ 염색 분체는 세포 분열 간기에 DNA 가 복제된 후 각각 응축하여 형성된 것으로 하나의 염색체를 구성하는 2 개의 염색 분체는 유전자 구성이 동일하여 자매 염색 분체라고도 한다.

05. (1) 모든 종은 각각 핵형이 다르므로 핵형이 같으면 같은 종의 생물이다.
(2) **[바로알기]** 생물 종이 같으면 염색체의 수가 같지만, 염색체의 수가 같다고 해서 같은 종인 것은 아니다. 감자와 고릴라는 염색체 수가 48 개로 같지만 같은 종은 아니다.
(3) 염색체의 수가 많다고 고등 생물인 것은 아니다. 사람의 염색체 수는 46 개이지만 누에는 사람보다 더 많은 56 개의 염색체를 가지고 있다.

06. 모양과 크기가 같은 상동 염색체가 2 개씩 있으므로 $2n$ 으로 표시한다. 또한 염색체의 수가 6 개 이므로 $2n = 6$ 이다. 복제된 염색분체끼리는 DNA가 동일하다.

07. ㄱ. **[바로알기]** 성 결정에 관여하는 염색체는 성염색체이다.
ㄴ. 사람은 1 번부터 22 번까지 22 쌍의 염색체가 상염색체에 해당된다.
ㄷ. 상염색체는 암수가 공통으로 가지고 있다.

08. ⑤ **[바로알기]** 체세포에 들어 있는 모양과 크기가 같은 한 쌍의 염색체이다. 생식 세포가 형성될 때는 상동 염색체가 분리되어 각각 다른 생식 세포로 들어간다. 생식 세포에는 상동 염색체가 없으므로 핵상은 n 으로 표시한다.
① 사람은 23쌍(22쌍의 상염색체, 1쌍의 성염색체)의 상동 염색체를 가진다.
② 부계와 모계로부터 하나씩 물려받아 쌍을 이룬다.
③ 어머니로부터의 성염색체 X와 아버지로부터의 성염색체 Y는 모양과 크기가 다르지만 상동 염색체로 간주한다.
④ 상동 염색체의 같은 위치에는 대립 유전자가 존재하여 우열에 따라 형질이 발현된다.

유형 익히기 & 하브루타 106~109쪽

[유형 6-1] (1) 뉴클레오타이드 (2) 당, 인산 (3) 염기
01. (1) 유전 형질 (2) DNA (3) 유전자
02. ㄱ, ㄷ
[유형 6-2] (1) D, 뉴클레오솜 (2) ① O ② X ③ O
03. ㉠ DNA ㉡ 히스톤 단백질 ㉢ 염색사
04. (1) 염색 분체 (2) 히스톤 단백질
[유형 6-3] (1) 핵형 분석 (2) 세포 분열 중기 (3) 성별, 염색체의 구조나 수의 이상 등을 알 수 있다.
05. ㄱ **06.** (1) $n = 4$ (2) $n = 2$
[유형 6-4] (1) 1번~22번 (2) 23번 (3) (해설 참조)
07. ㄴ **08.** ①

[유형 6-1]

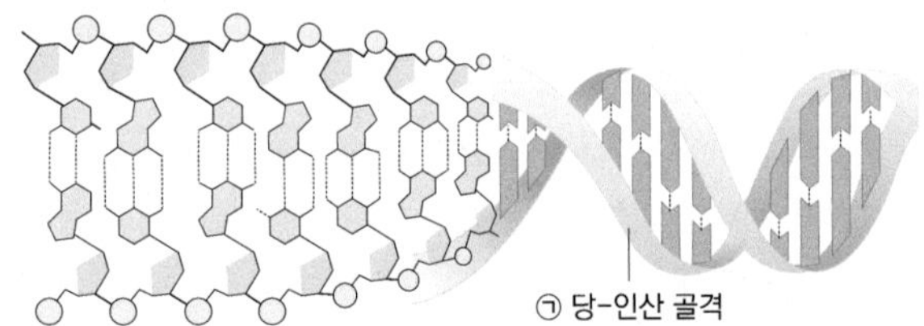

DNA 는 핵산의 일종으로 생명체의 유전에 관한 정보를 담고 있는 유전 물질이다.
(1) DNA 를 구성하는 기본 단위는 뉴클레오타이드로 당, 인산, 염기가 각각 1 : 1 : 1 로 결합되어 있는 형태의 화합물이다. 인산은 산성을 띠는 인(P)을 가지며 이로 인해 핵도 산성을 띠게 된다. DNA 를 구성하는 당은 5탄당의 디옥시리보스이고, 염기는 아데닌(A), 구아닌(G), 사이토신(C), 티민(T) 4 가지 종류로 구성된다. 염기의 서열에 따라 유전 정보가 달라진다.
(2), (3)

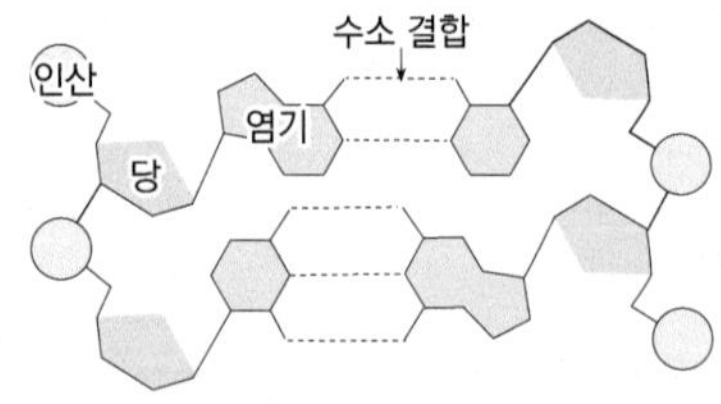

DNA 의 바깥쪽은 당-인산 골격이 있고, 안쪽은 염기가 서로 마주보는 구조로 염기들은 수소 결합을 하고 있다.

01. (1) 생물이 표현형으로 나타내는 각종 유전적 성질을 유전 형질이라고 한다. 눈동자의 색, 피부의 색, 쌍꺼풀, 곱슬머리, 키 등이 유전 형질에 속한다.
(2) 생명체의 유전에 관한 정보를 담고 있는 물질은 DNA 이다. DNA 는 유전자를 포함하고 있는 핵 속의 산성 물질로 2중 나선 구조의 형태이다.
(3) 유전자는 생물의 형질 발현 정보를 담고 있는 DNA 의 일부분으로 특정 유전 형질을 발현하는 단위이다.

02. [바로알기] ㄴ. DNA 의 염기는 상보적 결합을 한다. 아데닌(A)- 티민(T), 구아닌(G)-사이토신(C) 결합만 존재한다.

[유형 6-2]

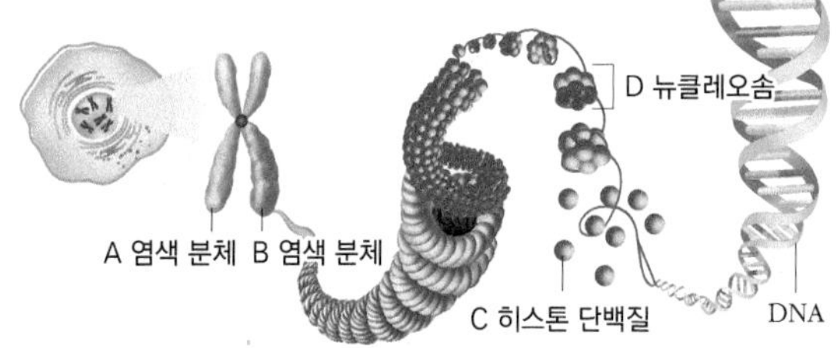

(1) 염색사(염색체)의 기본 단위는 뉴클레오솜으로 2중 나선 구조의 DNA 가 히스톤 단백질(C)을 휘감은 형태이다.
(2) A와 B는 염색체의 동원체에 연결되어 있는 염색 분체이다.
① 염색 분체는 세포 분열 간기에 DNA 가 복제되어 세포 분열을 할 때 각각 응축하여 형성된 것으로 유전자 구성이 동일하다.
② [바로알기] A와 B를 각각 염색 분체라고 하며, 하나의 염색체를 구성하는 2 개의 염색 분체는 유전자 구성이 동일하여 자매 염색 분체라고도 한다.
③ A와 B는 세포 분열 과정에서 분리되어 서로 다른 딸세포로 들어가게 된다.

03. DNA 가 히스톤 단백질과 함께 여러 단계에 걸쳐 꼬이고 응축되어 염색체를 형성한다. DNA 가 히스톤 단백질을 휘감은 형태를 뉴클레오솜이라고 하며, 이는 염색체(염색사)의 기본 단위이다. 수백만개의 뉴클레오솜이 서로 연결된 실 모양의 구조물을 염색사라고 하며 간기 상태의 세포의 핵 속에서 발견된다. 분열 중인 세포에서는 염색체의 형태로 관찰이 가능하다.

04. (1) 염색 분체는 염색체의 동원체에 서로 연결되어 있는 각각의 가닥으로, 유전자 구성이 동일하다.
(2) 히스톤 단백질은 DNA 를 감아주는 실패의 역할을 한다. 총 길이가 약 2 m 가 되는 DNA 가 응축하는데 도움을 준다.

[유형 6-3] (1) 어떤 생물의 핵형을 조사하는 작업을 핵형 분석이라고 한다.
(2) 세포 분열 중기에 있는 세포의 염색체를 이용하여 핵형 분석을 한다. 세포 분열 중기는 염색체가 최대로 응축하는 시기로 염색체의 모양이 가장 뚜렷하게 나타나기 때문이다.
(3) 핵형 분석을 통해 성별, 염색체의 구조나 수의 이상 등을 알 수 있다. (가)는 정상인 여자의 핵형이고, (나)는 정상인 남자의 핵형이다. 하지만 핵형 분석으로 유전 형질이나 유전자 돌연변이 등 유전자 수준의 이상을 알 수는 없다.

05. ㄱ. 핵형이 같으면 같은 종의 생물이다.
ㄴ. [바로알기] 생물 종이 같으면 염색체의 수가 같지만, 염색체의 수가 같다고 해서 같은 종은 아니다. 감자와 고릴라의 염색체 수는 48 개로 같다.
ㄷ. [바로알기] 염색체 수가 많다고 고등 생물인 것은 아니다.

06. (1) (가) : 모양과 크기가 같은 상동 염색체가 없으므로 핵상은 n 이다. 염색체의 개수가 총 4 개이므로 $n = 4$ 이다.
(2) (나) : 모양과 크기가 같은 상동 염색체가 없으므로 핵상은 n 이다. 유전자 구성이 동일한 2 개의 염색 분체로 이루어진 염색체가 2 개가 있으므로 $n = 2$ 이다.

[유형 6-4] (1) 사람의 체세포의 1 번부터 22 번까지 44 개(22 쌍)의 염색체가 상염색체에 해당한다. 상염색체는 암수가 공통으로 가지고 있고 성 결정과 관련이 없는 염색체로 한 조는 부계로부터, 한 조는 모계로부터 물려받은 것이다.
(2) 성염색체는 성별에 따라 모양이 서로 다르고 성 결정에 관여하는 한 쌍의 염색체이다. 남성은 모계로부터 X 염색체, 부계로부터 Y 염색체를 물려받아 XY 로 표현하고, 여성은 모계와 부계에서 X 염색체를 하나씩 물려받아 XX 로 표현한다. 핵형 분석에서 상염색체 쌍은 동원체의 위치에 따라 분류하여 크기가 큰 것을 1 번으로 하여 순서대로 번호를 매기고, 성염색체는 맨 끝에 오도록 배열한다.
(3) 상동 염색체이다. X 염색체와 Y 염색체는 모양과 크기가 다르지만, 염색체의 끝 부분에 서로 상동인 부분이 존재하며, 각각 모계와 부계로부터 물려받은 것으로 상동 염색체로 간주한다.

07. ㄱ. [바로알기] 1 번부터 22 번까지는 상염색체에 해당하며, 23 번 염색체가 성염색체에 해당된다.
ㄴ. 모두 부계와 모계로부터 하나씩 물려받은 것이다.
ㄷ. [바로알기] 암수가 공통으로 가지고 있고 성 결정과 관련이 없는 염색체를 상염색체, 성별에 따라 모양이 서로 다르고 성 결정에 관여하는 한 쌍의 염색체를 성염색체라고 한다.

08. 대립 유전자는 상동 염색체의 같은 위치에 있는 동일한 형질을 결정하는 유전자이다. ㉠의 대립 유전자는 (가) 와 상동 염색체인 (나)에서 ㉠과 같은 위치에 있는 ①이다.

창의력 & 토론마당 110~113쪽

01

⑤, 옳지 않은 이유 : 남자의 정소에서는 22 + X 와 22 + Y 두 종류의 생식 세포가 만들어진다.

해설 남성이 22 + Y 의 생식 세포만 만들어 낸다면, 자손은 모두 44 + XY 의 형태로만 나타날 것이다. 남성은 성염색체인 X 염색체와 Y 염색체를 모두 가지고 있다. 상동 염색체인 X 염색체와 Y 염색체는 생식 세포가 형성될 때 분리되어 각각 다른 생식 세포로 들어가서 22 + X 와 22 + Y 두 종류의 생식 세포가 만들어진다.

02

(1) (나) $2n + 1 = 45 + XY$ (다) $2n - 1 = 44 + X$
(라) $2n = 44 + XY$
(2) 여자, Y 염색체가 없기 때문이다.
(3) (나) : 21 번 염색체가 1 개 더 많다.

(다) : 성염색체가 한 개 뿐이다.
(라) : 5 번 염색체의 일부분이 손실되었다.

해설 (나)의 경우 21 번 염색체가 1 개 더 많으므로 전체 염색체의 개수는 47 개이다. 염색체 쌍은 상동 염색체로 존재하지만 21 번은 3 개가 있으므로 (나) $2n + 1 = 45 + XY$ 로 표현한다. 21번 염색체가 1 개 많은 경우는 다운 증후군이다.

(다)는 X 염색체가 1 개 부족한 터너 증후군으로 $2n - 1 = 44 + X$ 로 표현한다.

(라)는 5 번 염색체의 일부가 없어진 경우로 고양이 울음(묘성) 증후군이며 염색체의 개수는 정상인과 같으므로 $2n = 44 + XY$ 이다.

이와 같이 사람의 핵형을 분석하여 성별 및 염색체의 이상을 알 수 있는 것을 핵형 분석이라고 하며, 핵형 분석을 통해 염색체 수준의 이상은 알 수 있지만 유전자 돌연변이와 같은 유전자 수준의 이상은 알아낼 수 없다.

03 ②,
옳지 않은 이유 : ㉢의 성별은 암컷이다. (해설 참조)

해설

· $2n = 6$ 이므로 체세포에서는 상동 염색체가 존재하며 염색체의 갯수는 6 개이고, 생식 세포에서는 3 개의 염색체를 가진다. A, a, B, b 는 유전자를 나타낸 것으로, 그래프는 염색체에 존재하는 유전자의 유무와 DNA의 상대량을 나타낸 것이다. 그래프에 나타난 정보로 알 수 있는 염색체의 유전자 위치는 다음과 같다.

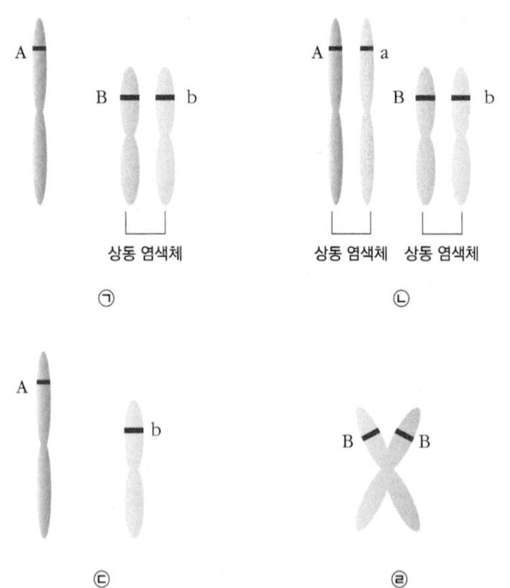

i) ㉠은 A, B, b 유전자를 가지고 있으며 대립 유전자(B 와 b)를 가지고 있으므로 $2n$ 이다. 핵상이 $2n$ 이지만 A 의 대립 유전자인 a 는 없는데, 문제에서 돌연변이는 고려하지 않는다고 하였으므로, A 유전자가 위치한 염색체와 그 상동 염색체는 모양과 크기가 서로 다르다는 것을 알 수 있다. 따라서 A 와 a 는 성염색체에 위치한 유전자이다. 하지만 ㉠만을 보고 A 와 a 가 각각 X 염색체에 있는지, Y 염색체에 있는지는 알 수 없다.

ii) ㉡은 A, a, B, b 를 모두 가지고 있으므로 핵상은 $2n$ 이다. ㉡은 A 와 a 유전자가 모두 존재하므로 같은 종류의 성염색체를 가지고 있다는 것을 알 수 있다. 따라서 A 와 a 는 X 염색체에 존재하므로 ㉡은 암컷, ㉠은 X 염색체가 하나뿐인 수컷의 세포라는 것을 알 수 있다. 또한 성별이 다른 ㉠과 ㉡에 유전자 B 와 b 가 모두 나타났으므로 B 와 b 는 상염색체에 존재하는 유전자임을 알 수 있다.

iii) ㉢은 A 와 b 로 대립 유전자가 없으므로 핵상은 n 이다.

iv) ㉣은 가지고 있는 유전자가 B 뿐인데, 유전자 B 의 DNA 량이 2 배이므로 DNA 가 복제된 2 개의 염색 분체를 가지는 염색체라는 것을 알 수 있다. 이 염색체에 대립 유전자 b 는 없으므로 핵상은 n 이고, A 나 a 또한 없으므로 X 염색체가 없다는 것을 알 수 있다. 따라서 ㉣은 Y 염색체를 가지고 있는 수컷의 세포이다. 따라서 ㉣의 생식 세포가 다른 생식 세포와 수정되어 태어난 자손은 모두 Y 염색체를 가지는 수컷이다.

㉢과 ㉣은 각각 (가)와 (나)의 세포 중 하나이므로 ㉣은 수컷인 ㉠과 같은 (가)의 세포, ㉢은 (나)의 세포라는 것을 알 수 있다. 위의 자료를 바탕으로 정리하면 다음과 같다.

	㉠	㉡	㉢	㉣
핵상	$2n$	$2n$	n	n
성별	수컷	암컷	암컷	수컷
개체	(가)	(나)	(나)	(가)

04
(1) (라), 염색체의 핵형이 같기 때문에
(2) (다) : B, (라) : C, (마) : B
(3) 암컷 : (가), 수컷 : (나), (다), (라), (마)

해설

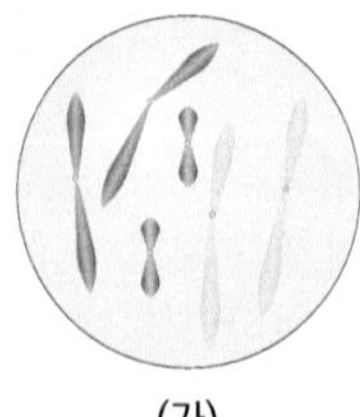
(가)

(가)는 A의 세포이며, 상동 염색체가 존재하므로 $2n$ 으로 표시된다. 또한 모든 염색체가 모양과 크기가 같은 염색체이므로 XX 염색체를 가지고 있는 암컷이라는 것을 알 수 있다.

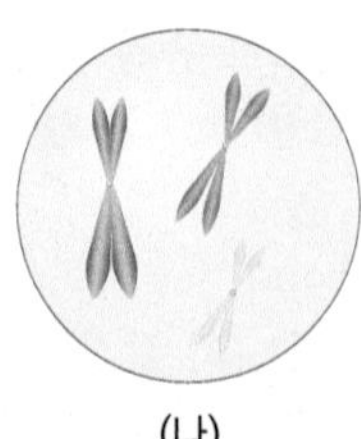
(나)

(나)는 B 의 세포이며, 상동 염색체가 없으므로 생식 세포를 나타낸 것이며 핵상은 n 으로 표시된다. (가)와 염색체의 모양과 크기, 색상 등이 다르므로 A 와 B 는 다른 종인 것을 알 수 있다. 따라서 A 는 C 와 같은 종이다.

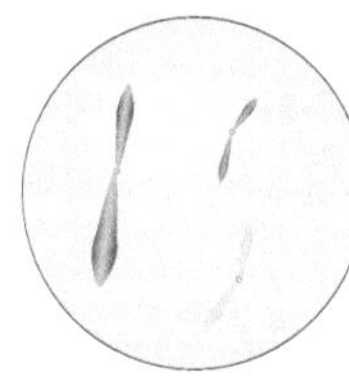

(다)

(다)는 상동 염색체가 없으므로 핵상은 n 으로 표시된다. (가)와는 염색체의 모양과 크기가 다르므로 A, C 와 다른 종이다. (다) ~ (마)는 B 와 C 의 세포 중 하나이므로 (다)는 B 인 것을 알 수 있는데, 보라색 염색체의 크기가 다르므로 보라색 염색체가 성염색체이며, (다)의 성염색체 크기가 더 작으므로 Y 염색체인 것을 알 수 있다. 따라서 (다)는 B 이며 수컷이다.

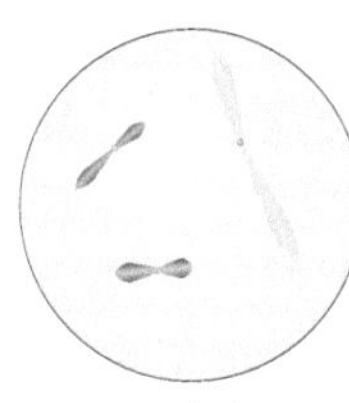

(라)

(라)는 상동 염색체가 없는 생식세포로 n 으로 표시된다. (나)와는 염색체의 모양과 크기가 모두 다르고, (가)와 노란색, 빨간색 염색체의 모양과 크기가 같지만 보라색 염색체의 크기가 다르므로 (가)와 같은 종이며 보라색이 성염색체인 것을 알 수 있다. 따라서 (라)는 (가)와 같은 종이지만 성별이 다른 개체 C 이며 수컷이다.

(마)

(마)는 상동 염색체가 존재하므로 $2n$ 으로 표시되며 (나)와 (다)의 염색체와 모양과 크기가 같으며, 보라색 염색체의 크기가 서로 다르므로 XY 염색체를 가지고 있는 B, 수컷인 것을 알 수 있다.

위의 자료를 바탕으로 정리를 하면 다음과 같다.

	(가)	(나)	(다)	(라)	(마)
핵상	$2n$	n	n	n	$2n$
개체	A	B	B	C	B
성별	암컷	수컷	수컷	수컷	수컷
종	A 와 C 는 같은 종이며, B 는 다른 종이다.				

스스로 실력 높이기 114~119쪽

01. DNA **02.** 뉴클레오타이드
03. (1) - ⓑ, (2) - ⓐ **04.** 당-인산 골격
05. (가) 염기, (나) 수소 결합 **06.** 뉴클레오솜
07. ⑤ **08.** ② **09.** ①
10. (1) 상 (2) 성 (3) 공 **11.** ⑤ **12.** ⑤
13. ⑤ **14.** ②, ④ **15.** ⑤ **16.** ③
17. ③ **18.** ⑤ **19.** ④ **20.** ⑤ **21.** ②
22. ② **23.** ⓛ : n = 22 + Y, ⓔ : n = 22 + X
24. ① **25.** (가) $2n$ = 6, (나) $2n$ = 6
26. ⑤ **27.~ 30.** (해설 참조)

01. DNA 는 핵산의 일종으로 유전 정보를 담고 있는 유전 물질이다.

02. 뉴클레오타이드는 당, 인산, 염기가 1 : 1 : 1 의 비율로 결합하고 있는 화합물로, DNA 를 구성하는 기본단위이며 뉴클레오타이드의 당은 5탄당인 디옥시리보스이다.

03. 아데닌(A)은 티민(T)과만 구아닌(G)은 사이토신(C)과만 상보적 결합을 한다.

04. DNA 의 바깥쪽은 당-인산 골격이 있고, 안쪽은 염기가 서로 수소 결합을 하여 이중 나선 구조를 이룬다

05. 뉴클레오타이드의 염기들은 2중 나선 안쪽에 쌍을 이루어 수소 결합에 의해 DNA 가닥이 서로 결합하여 있다.

06. 뉴클레오솜은 염색사와 염색체의 기본 단위로 2중 나선 구조의 DNA 가 히스톤 단백질을 휘감은 형태이다. 뉴클레오솜과 뉴클레오솜 사이는 DNA 로 연결되어 줄에 꿰어진 구슬 모양의 구조가 된다.

07. 히스톤 단백질은 DNA 를 감는 실패의 역할을 한다. 히스톤 단백질은 매우 긴 DNA 분자가 응축하는데 도움을 준다.

08. 핵형 분석으로 성별이나 염색체 수 이상 염색체 모양 이상, 염색체 크기 이상 등은 알 수 있으나 ② 눈동자의 색 같은 유전 형질이나 유전자 돌연변이 등은 알 수 없다.

09. 크기와 모양이 같은 상동 염색체가 없으며 염색체의 개수가 3 개이므로 핵상은 n = 3 이다.

10. (1) 상염색체는 암수가 공통으로 가지고 있으며 성 결정과 관련이 없는 염색체이다.
(2) 성염색체는 성별에 따라 모양이 서로 다르고 성 결정에 관여하는 한 쌍의 염색체이다.
(3) 상염색체와 성염색체는 모두 부모로부터 하나씩 물려받은 것이다.

11.

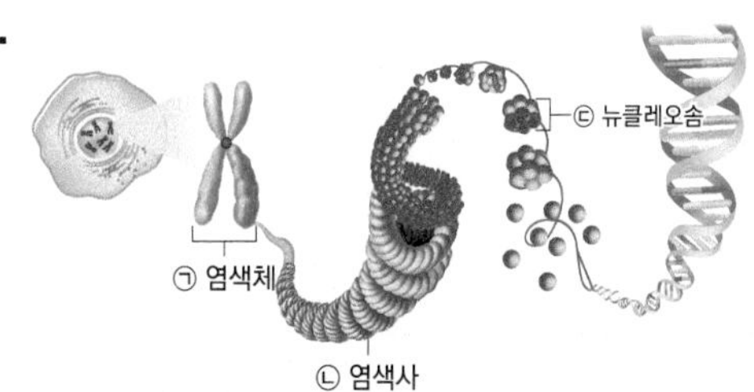

ㄱ. [바로알기] ㉠은 염색체로 염색사가 꼬이고 응축되어 형성된 것으로 체세포 분열 전기와 중기의 염색체는 복제되어 유전자 구성이 동일한 2 개의 염색 분체로 이루어져 있다. 상동 염색체는 모양과 크기가 같은 한 쌍의 염색체로 부계와 모계로부터 하나씩 물려받은 것이다.
ㄴ. ⓛ은 염색사로 수백만 개의 ⓒ 뉴클레오솜이 연결되어

있는 실 모양의 구조물이다.
ㄷ. ㉢ 뉴클레오솜은 ㉠ 염색체와 ㉡ 염색사의 기본 단위이다.

12. ㄱ. [바로알기] ⓐ DNA 의 기본 단위는 뉴클레오타이드이다. 뉴클레오솜은 염색사(염색체)의 기본 단위이다.
ㄴ. ⓑ염색사는 간기 상태의 세포의 핵 속에서 발견된다.
ㄷ. ⓒ는 동원체로 두 개의 염색 분체를 이어주는 역할을 하는 염색체의 한 부분이다. 세포 분열 중 방추사가 붙는 부분으로 세포 분열 시 염색체의 운동과 분배의 제어에 중요한 역할을 한다.

13. ⑤ 동일한 종은 성별이 같으면 핵형이 같다. 이 사람은 여성이므로 어머니의 피부 세포(체세포)와 핵형이 같다.
[바로알기] ① 이 사람은 맨 끝에 배치된 성염색체(23번)가 동일한 것으로 보아 여성인 것을 알 수 있다.
② 핵형 분석으로 곱슬머리 등의 유전 형질은 알 수 없다.
③ 사람의 염색체는 23 쌍의 상동 염색체를 가지고 있다. 유전자의 수는 약 25,000 개이다.
④ 부계와 모계로부터 염색체를 한 조씩 물려받아 짝수 개의 염색체를 가지므로, 자손에 물려줄 생식 세포에서는 체세포의 절반의 염색체를 가진다.

14. ② 체세포 염색체는 부계와 모계로부터 같은 수의 염색체를 물려 받기 때문에 항상 짝수이다.
④ 감자와 고릴라는 염색체 수가 같지만 감자는 식물, 고릴라는 동물로 같은 종이 아니다.
[바로알기] ① 고등 생물일수록 염색체 수가 많은 것은 아니다. 고릴라와 누에는 사람보다 염색체 수가 더 많다.
③ 생물의 몸집의 크기와 염색체 수는 상관이 없다.
⑤ 염색체 수와 생물의 분류군와는 상관이 없다.

15. ㄱ. 핵형 분석은 체세포 분열 중기에 있는 세포를 이용한다. 체세포 분열 전기와 중기의 염색체는 ㉠ 염색 분체 두 가닥으로 이루어져 있다. ㉠ 염색 분체는 유전자 구성이 동일하여 자매 염색 분체라고도 한다.
ㄴ. [바로알기] ㉠과 ㉡은 상동 염색체이다. 상동 염색체 하나는 부계로부터, 다른 하나는 모계로부터 물려받아서 쌍을 이룬다.
ㄷ. ㉢은 성염색체인 Y 염색체로 X 염색체보다 작고, 부계로부터 물려받은 것이다.

16. 핵형 분석은 세포들이 중앙에 배열되는 세포 분열 중기에 있는 세포의 염색체를 이용한다. 이 시기에 염색체가 최대로 응축하여 염색체의 모양이 가장 뚜렷하게 나타나기 때문이다.

17. ㄱ. 핵형 분석 결과 상동 염색체가 존재하므로 핵상은 $2n$ 이다. 염색체의 개수는 8 개이므로 $2n = 8$ 이다.
ㄴ. [바로알기] 대립 유전자는 상동 염색체의 같은 위치에 있는 동일한 형질을 결정하는 유전자이다. 4 번과 5 번은 상동 염색체가 아니므로 4 번과 5 번의 동일한 위치에는 대립 유전자가 없다.
ㄷ. X 염색체와 Y 염색체는 끝 부분에 서로 상동인 부위가 있어 감수 1 분열 전기에 서로 접합하여 2가 염색체가 된다.

18. ㄱ. ⓐ와 ⓑ는 상동 염색체이다. 상동 염색체의 같은 위치에는 동일한 형질을 결정하는 유전자인 대립 유전자가 존재한다. 그러므로 상동 염색체에 포함된 유전자의 배열 순서는 같다.
ㄴ. 상동 염색체는 부계와 모계로부터 하나씩 물려받은 것으로 생식 세포가 형성될 때 분리되어 각각 다른 생식 세포로 들어간다.
ㄷ. 핵상이 $2n = 4$ 이므로 상동 염색체가 4 개가 있다는 뜻이다. ⓒ와 ⓓ는 모양과 크기가 다르지만 상동을 이루고 있으므로 성염색체에 해당한다. 성염색체는 염색체의 끝 부분에 서로 상동인 부분이 존재하므로 상동 염색체로 간주한다.

19. ㄱ. ㉠과 ㉡은 서로 붙어 있지 않고 쌍을 이루므로 모계와 부계로부터 하나씩 물려받은 상동 염색체이다.
ㄴ. C와 c는 상동 염색체의 같은 부위에 존재하므로 대립 유전자이다.
ㄷ. [바로알기] 연관이란 하나의 염색체에 여러 개의 유전자가 함께 있어서 세포 분열 시 같이 행동하는 것을 뜻한다. ㉢에서 연관된 유전자는 f, G, H, I 이고, ㉣에서 연관된 유전자는 f, g, h, I 이다.

20. ㄱ. 대립 유전자는 상동 염색체의 같은 위치에 동일한 형질을 결정하는 유전자이다. A 와 a, B 와 b 는 대립 유전자이다.
ㄴ. 세포는 분열을 하기 전 세포 분열 간기에 DNA 가 복제되어 DNA 는 2 배가 된다. 복제된 DNA 는 각각 독자적으로 응축하여 염색 분체를 형성한다. 하나의 염색체를 구성하는 2 개의 염색 분체는 유전자 구성이 100% 동일하여 자매 염색 분체라고도 한다.
ㄷ. ㉢과 ㉣은 한 염색체의 염색 분체이다. 한 염색체를 구성하는 염색 분체는 체세포 분열 시 분리되어 각각 다른 딸세포를 만든다.

21. ㉠은 DNA, ㉡은 히스톤 단백질, ㉢은 염색사이다. ㄱ. [바로알기] ㉠의 기본 단위는 뉴클레오타이드로 당, 인산, 염기가 1 : 1 : 1 의 비율로 결합한 화합물이다. DNA 를 구성하는 당은 디옥시리보스이며, 리보스는 RNA 를 구성하는 당이다.
ㄴ. 리보솜은 단백질이 합성되는 장소이다. 따라서 히스톤 단백질이 합성될 때 리보솜이 관여한다.
ㄷ. [바로알기] ㉢은 염색사로 간기 상태의 세포의 핵 속에서 발견된다. 분열 중인 세포에서만 관찰이 가능한 것은 염색체이다.

22. ㄱ. [바로알기] ㉠과 ㉡은 상염색체이며, ㉢과 ㉣은 모

양과 크기가 서로 다른 성염색체이다. ㉢은 X 염색체, ㉣은 Y 염색체이다. ㉣ Y 염색체는 부계로부터 물려받은 것이지만, ㉠과 ㉡은 어느 것이 부계로부터 물려받은 것인지 알 수 없다.
ㄴ. 딸은 모계와 부계로부터 각각 X 염색체를 물려받는다. 따라서 이 동물의 딸은 ㉢을 100 % 물려받는다.
ㄷ. [바로알기] 아들은 부계로부터 Y 염색체를, 모계로부터 X 염색체를 물려받는다. ㉣은 Y 염색체로 아들에게 100 % 전달된다.

23.

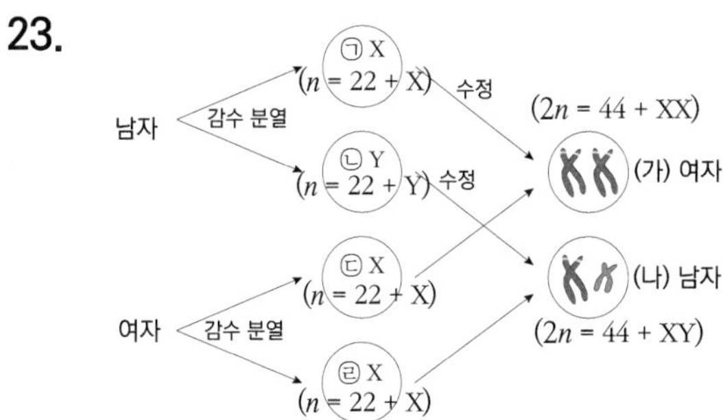

㉠ ~ ㉣은 각각 정자와 난자로 생식 세포이다. 생식 세포는 상동 염색체가 없으므로 핵상은 n 으로 표시하며 염색체의 개수는 체세포의 절반이다. ㉡은 ㉣과 수정하여 (나)와 같은 형태의 성염색체를 가진다. (나)는 성염색체의 모양과 크기가 다르므로 XY 로 구성된 남성인 것을 알 수 있다.
Y 염색체는 부계로부터 물려받은 것이므로 ㉡은 Y 염색체를 포함하여 핵상은 n = 22 + Y 이며, 모계로부터 X 염색체를 물려받았으므로 ㉣은 n = 22 + X 이다.

24. ㄱ. ㉠과 ㉢이 수정하여 딸($2n$ = 44 + XX)이 태어나므로 ㉠과 ㉢의 핵상은 n = 22 + X 로 같다.
ㄴ. [바로알기] ㉡과 ㉣이 수정하면 (나)와 같은 성염색체를 가진 자녀가 태어나므로 남성이다.
ㄷ. [바로알기] ㉠ ~ ㉣은 생식 세포이므로 모양과 크기가 같은 상동 염색체가 없다.

25. (가)와 (나) 모두 상동 염색체가 두 개씩, 6 개의 염색체로 구성되어 있으므로 핵상은 $2n$ = 6 이다. (가)는 (나)염색 체가 복제되어 염색 분체가 만들어진 상태이다.

26. ㄱ. (가)는 하나의 염색체에 유전자 구성이 동일한 2 개의 염색 분체로 이루어진 염색체이다. 체세포 분열 전기와 중기의 염색체에서 염색 분체로 이루어진 염색체를 관찰할 수 있다.
ㄴ. [바로알기] (나)는 모양과 크기가 같은 상동 염색체가 2 개씩 있으므로 생식 세포가 아니다. 생식 세포는 핵상이 n 으로 나타나므로 상동 염색체가 존재하지 않는다.
ㄷ. 하나의 염색체에 여러 개의 유전자가 함께 있는 현상을 연관이라고 하며, ㉠ 염색체에 연관된 유전자가 있음을 확인할 수 있다.

27. 답 ㉠은 2중 나선 구조의 DNA 이고, ㉡은 DNA의 일부분인 유전자이다. 유전자는 특정 염기서열로 이루어져 있는 유전 형질을 발현하는 단위로, DNA 의 특정 부분이다. DNA 는 유전자를 포함하고 있는 핵 속의 산성 물질이다. 즉, 유전자는 DNA 의 한 부분으로 유전 형질을 결정한다.

28. 답 염색체의 기본 단위는 2중 나선 구조의 ㉠ DNA 가 ㉡ 히스톤 단백질을 휘감은 형태인 ㉢ 뉴클레오솜이다. 뉴클레오솜 수백만 개가 연결된 염색사가 세포 분열 시 꼬이고 응축되어 염색체를 형성한다.

29. 답 세포 분열 시 길게 풀어진 DNA 에서 유전자의 손상과 손실을 막고, 딸세포에 같은 양의 유전자를 분배하기 위해 염색체로 응축된다.

30. 답 염색체의 끝 부분에 서로 상동인 부분이 존재하며 각각 모계와 부계로부터 물려받은 것이기 때문에 상동 염색체로 간주한다.

7강. 세포 분열 I

개념 확인 120~123쪽

1. S 기 **2.** G_0 기 **3.** 체세포 분열
4. (1) 동물 세포 (2) 식물 세포

확인+ 120~123쪽

1. 분열기 **2.** 암세포
3. (1) X (2) O (3) O **4.** (1) O (2) O (3) X

3. (1) [바로알기] DNA 복제는 간기의 S 기에 일어난다.
(2) 핵 분열 중기에 염색체가 최대로 응축되어 세포의 중앙 적도면에 위치하므로 염색체를 관찰하기에 가장 좋다.
(3) 체세포 분열은 핵상이 동일한 딸세포 2개로 분열하는 것이므로 핵상의 변화가 없다.

4. (1) 체세포 분열은 1번의 분열로 2개의 딸세포가 생성된다.
(2) 세포질 분열은 핵분열 말기에 시작되어 세포질이 나누어져 2개의 딸세포가 만들어지는 과정이다.
(3) [바로알기] 세포질 분열 과정에서 식물 세포는 세포판 형성, 동물 세포는 세포질 만입이 일어나 서로 구분할 수 있다.

개념 다지기 124~125쪽

01. ② 02. ㉠ G_2기 ㉡ S기 ㉢ G_1기
03. ③, ⑤ 04. ② 05. ⑤ 06. ②
07. ④ 08. (1) X (2) O (3) O

01. ㄱ. [바로알기] 간기는 G_1 기, S 기, G_2 기가 차례대로 진행된다. S 기에서 DNA 가 복제되기 때문에 DNA 의 상대적인 양은 G_2기가 G_1 기의 2 배이다.
ㄴ. 세포 주기 중 간기가 가장 길다.
ㄷ. [바로알기] 분열기는 핵분열이 일어난 다음 세포질 분열이 일어난다.

02. 세포 주기는 세포 분열로 생긴 세포가 자라서 다시 분열을 마치기까지의 과정이다. 간기는 분열기와 다음 분열기 사이의 기간이다. 세포 분열이 끝난 직후부터 DNA 의 복제가 이루어지기 전까지의 시기 ㉢을 G_1 기, DNA 복제가 일어나는 시기 ㉡을 S 기, 복제 이후 분열기 전까지의 시기 ㉠을 G_2 기라고 한다.

03. ③, ⑤ 신경 세포와 근육 세포 등은 완전히 분화된 세포로 세포 분열 시 G_1 기에서 S 기로 진행되지 않고 G_0 기에 멈춰있다.
①, ④ 간세포와 피부 세포는 재생이 가능한 세포로 손상되거나 죽어서 손실된 세포를 교체할 필요가 있을 때 다시 분열을 한다.
② 배아 세포는 발생 초기 세포로 S 기와 분열기가 반복된다.

04. 암세포는 세포 주기 조절에 이상이 생겨 지속적으로 분열하여 종양을 형성하고 다른 기관으로 전이되어 생명에 치명적인 영향을 미친다.

05. [바로알기] 체세포 분열 결과로 생성된 딸세포의 DNA량은 모세포와 같다.

06. ② 핵 분열 말기에는 세포질 분열이 일어나기 시작하며, 염색체가 염색사로 풀어진다.
[바로알기] ① DNA 가 복제되는 시기는 간기의 S 기이다.
③ 염색사가 염색체로 응축하는 시기는 전기이다.
④ 핵분열 중 가장 짧은 시기는 후기이다.
⑤ 염색체가 세포의 중앙에 배열되는 시기는 중기이다.

07. ㄱ. [바로알기] 식물 세포는 세포판이 형성되며 동물 세포에서는 세포질 만입(세포막 함입)이 일어난다.
ㄴ. 동물 세포의 세포질 분열은 적도면 근처의 세포의 표면에 분할구라는 얇은 틈이 나타날 때부터 시작된다.
ㄷ. 세포질 분열의 결과로 2개의 딸세포가 형성된다.

08. (1) [바로알기] 체세포 분열의 결과로 핵상의 변화는 없다. ($2n \rightarrow 2n$)
(2) 단세포 생물은 체세포 분열을 통해 자손의 수를 늘린다(이분법 등 무성 생식). 이를 통해 부모와 똑같은 유전자를 가진 자식을 생산한다.
(3) 체세포 분열 결과로 생성된 딸세포의 DNA량은 모세포와 같다.

유형 익히기 & 하브루타 126~129쪽

[유형 7-1] (1) ㉢, G_2기 (2) ㉡, S기
01. (1) X (2) O (3) O 02. ㄱ
[유형 7-2] (1) (가) : 암세포 (나) : 정상 세포 (2) ㄷ
03. (1) X (2) O (3) X (4) O
04. 암세포
[유형 7-3] (1) (가) → (바) → (마) → (라) → (나) → (다)
(2) $2n$, $2n$
05. ㄱ, ㄴ
06. (1) 전기 (2) 말기 (3) 중기
[유형 7-4] (1) B (2) E, 중기
07. (가) 동물 세포, (나) 식물 세포
08. ㉠ 세포판 ㉡ 수축환

[유형 7-1] 간기는 분열기와 다음 분열기 사이의 기간으로 세포 분열 결과로 생긴 딸세포가 생장을 한다. 간기는 DNA 합성을 기준으로 G_1 기, S 기, G_2 기로 구분한다.

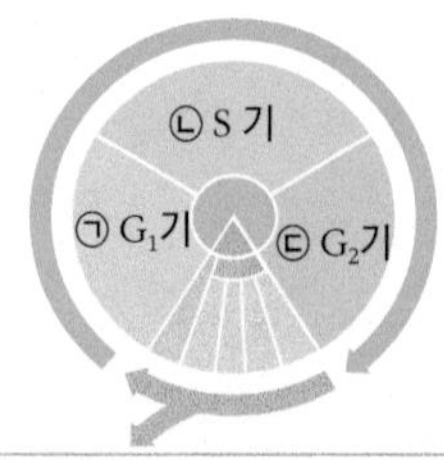

G_1기	· 세포 분열이 끝난 직후부터 DNA 복제가 이루어지기 전까지의 시기로 세포가 생장하는 시기 · 미토콘드리아나 리보솜과 같은 세포 소기관의 수가 증가하며 세포의 크기가 커짐 · 세포의 생장에 필요한 많은 단백질 합성 ⇒ 물질대사가 매우 활발한 시기
S 기	· DNA 복제가 일어나 핵 속의 유전 물질의 양이 2 배로 증가하는 시기
G_2기	· DNA 복제가 끝난 뒤 분열기 전까지의 시기 · 방추사를 구성하는 단백질, 세포 분열에 필요한 여러 가지 단백질을 합성하여 세포가 생장하며 세포 분열을 준비하는 시기

01. (1) [바로알기] 세포 주기는 분열로 생긴 세포가 자라서 다시 분열을 마치기까지의 과정을 뜻한다.

(2) 간기는 분열기와 다음 분열기 사이의 기간으로 세포 분열 결과로 생긴 딸세포가 생장을 하는 시기이다.
(3) 간기는 세포 주기의 대부분(약 90 %)을 차지한다.

02. ㄱ. 핵이 두 개로 나누어지는 핵분열과 세포가 2 개로 나누어지는 세포질 분열로 구분된다.
ㄴ. [바로알기] 세포의 생장에 필요한 단백질이 합성되는 시기는 간기에 해당한다. 분열기에는 인이 사라져 더 이상의 단백질 합성이 일어나지 않는다.
ㄷ. [바로알기] 분열기를 전기, 중기, 후기, 말기로 구분하는 것은 염색체의 모양과 위치에 따른 특징이다.

[유형 7-2] (1) 암세포는 주변 세포와 접촉해도 분열이 억제되지 않아 세포가 여러 층으로 쌓이는 반면, 정상 세포는 주변 세포와 접촉하면 분열이 억제되어 배지에서 한 층을 이룰 때 까지만 분열한다. 따라서 여러 층으로 쌓인 (가)는 암세포, 한 층으로 쌓인 (나)는 정상 세포이다.
(2) ㄱ. [바로알기] 세포가 분열하여 성장하는 동안 특수한 기능을 갖게 되는 과정을 분화라고 한다. 정상 세포는 분화가 일어나 특수화된 조직으로써의 특성을 가지지만 암세포는 분화하지 않는다.
ㄴ. [바로알기] 암세포는 주변 세포와 접촉해도 분열이 억제되지 않기 때문에 세포가 여러 층으로 쌓인다.
ㄷ. 암세포는 혈관이나 림프관을 통해 다른 부위로 퍼져나가는 전이가 일어난다. 그 결과 악성 종양이 다른 기관에 안착하여 또 다른 종양을 생기게 한다. 전이된 암세포는 주변 세포와 조화를 이루지 못하고 계속해서 영양분을 빼앗아 증식하므로 여러 가지 장기의 손상으로 사망할 수 있다.

03. (1) [바로알기] S 기와 분열기가 반복되는 것은 발생 초기 세포(배아 세포)이다. 근육 세포는 완전히 분화된 세포로 G_0 기에 머물러 있는다.
(2) 근육 세포, 신경 세포는 분화가 끝나 더이상 분열하지 않는 세포로 G_0 시기에 멈춰있다.
(3) [바로알기] G_1 기에서 S 기로 진행되지 않고 멈춰있는 시기를 G_0 기라고 한다.
(4) 세포의 주기는 세포의 종류, 생장 상태, 환경, DNA 의 손상과 복제 상태에 따라 다르게 나타난다.

04. 세포 주기를 조절하는 기능에 이상이 생기면 비정상적으로 분열을 반복하게 되는데, 분열된 세포가 종양을 형성하고 다른 기관으로 전이되어 생명에 영향을 미치는 것을 암세포라고 한다. 암세포의 특성은 세포 주기를 조절하는 신호를 무시하기 때문에 나타나는 것이다.

[유형 7-3]

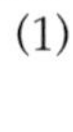
(1)

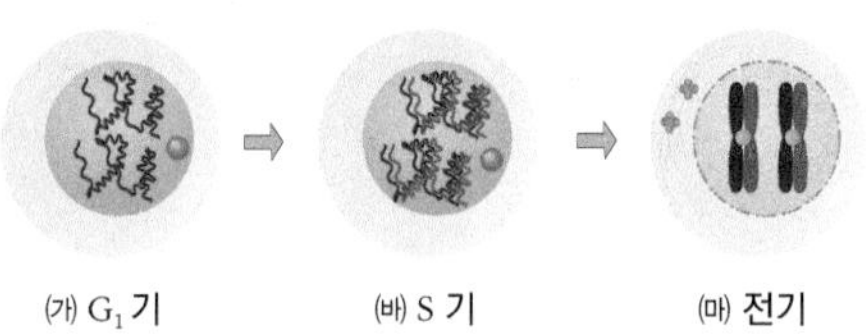

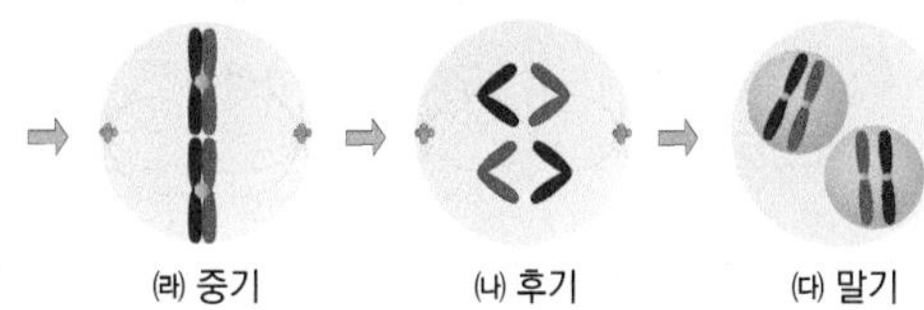

(가)는 염색체로 응축되지 않은 염색사를 관찰할 수 있는 G_1 기이다.
(바)는 DNA 가 복제되어 DNA 의 양이 2 배로 증가하는 S 기이다.
(마)는 핵막과 인이 사라지고 염색사가 염색체로 응축되는 전기에 해당한다. 전기에서는 중심체에서 방추사가 형성되는 것을 볼 수 있다.
(라)는 염색체가 세포의 적도면에 위치하여 염색체를 관찰하기 가장 좋은 시기인 중기이다.
(나)는 동원체에 붙은 방추사가 짧아지면서 염색 분체가 분리되어 세포의 양 극으로 이동하는 후기이다.
(다)는 2 개의 딸핵이 만들어진 말기이다.
(2) 체세포 분열이 일어날 때 S 기에 DNA 가 복제되어 2 배가 되지만 염색 분체가 분리되어 각각의 딸세포로 나누어 들어가서 DNA량이 다시 반감되므로 모세포와 딸세포의 DNA량과 핵상은 변함이 없다.($2n$, $2n$)

05. ㄱ. 체세포 분열은 모세포의 핵이 분리되는 핵분열과, 세포질이 분열하여 2 개의 딸세포가 생성되는 세포질 분열로 구분된다.
ㄴ. 체세포 분열의 핵분열은 염색체의 모양과 움직임에 따라 전기, 중기, 후기, 말기로 구분한다.
ㄷ. [바로알기] 간기의 S 기에 DNA 가 복제되어 DNA 의 양이 2 배가 된 후, 분열기에 염색 분체가 분리되어 각각 딸세포로 나누어지므로 DNA 양은 모세포와 같다.

06. (1) 전기에는 핵막과 인이 사라지고, 염색사는 염색체로 응축된다. 또한 동물 세포의 경우 중심체에서 방추사가 형성된다.
(2) 딸핵은 핵분열 중 말기에 만들어진다. 말기에는 염색체가 염색사로 풀어지며 핵막과 인이 다시 나타난다. 방추사가 사라지며 말기 이후 세포질 분열이 시작된다.
(3) 중기에 염색체가 세포의 중앙(세포 적도면)에 배열된다. 중심체가 각각 세포의 극에 위치하며 염색체가 최대로 응축되어 염색체를 관찰하기 가장 좋은 시기이다.

[유형 7-4]

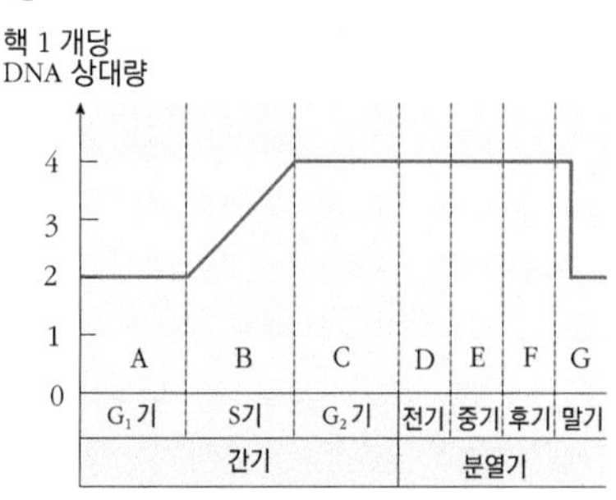

(1) S 기에는 DNA 가 복제되어 DNA 양이 2 배가 된다. 그래프에서 DNA 의 양이 2 배가 되는 구간은 B 이다.
(2) 중기(E)에 염색체가 최대로 응축되어 세포 적도에 배치되므로 염색체를 관찰하기 가장 좋은 시기이다.

07. 동물 세포는 수축환이 생성되어 밖에서 안으로 세포막이 함입되어 세포질이 분리된다. 식물 세포는 세포벽을 만드는데 필요한 물질들을 포함한 소낭들이 합쳐지면서 세포판을 형성하고, 세포판이 세포를 가로질러 자라서 안에서 밖으로 세포질이 분리된다.

08. ㉠ 식물 세포는 세포 분열 말기 때 소낭들은 세포벽을 만드는 데 필요한 물질들을 골지체로부터 세포의 중앙으로 이동시킨다. 섬유소와 단백질을 포함한 소낭들이 합쳐지면서 세포판이 형성된다. 세포판은 세포를 가로질러 자라서 모세포의 세포벽과 연결되어 새로운 세포벽이 만들어지고, 소낭의 막은 세포막을 형성한다.
㉡ 동물 세포는 미세 섬유와 단백질이 결합한 수축환이 적도판에서 세포를 둘러싼다. 수축환이 수축하여 세포막을 조여 세포막을 안쪽으로 함입시켜 세포질을 분리한다.

창의력 & 토론마당 130~133쪽

01

답 : ㄷ
이유 : B 에서는 핵은 1 개이고 염색체 수가 10,000 개이므로 자매 염색 분체의 분리는 일어났지만 핵분열이 일어나지 않은 것이다.

해설 각 세포를 모식도로 나타내면 다음과 같다.

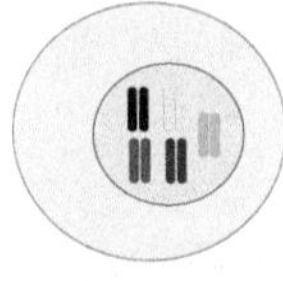
정상 세포

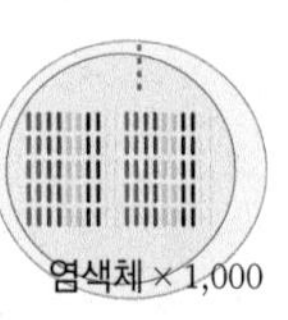

A 세포

염색체 × 1,000
B 세포

· 세포 A 와 B 의 DNA량은 모두 정상 DNA량의 1,000 배인 100 ng 으로 세포 주기에 이상이 있다는 것을 알 수 있다.
ㄱ. A 세포는 다핵세포로 핵의 개수가 1,000 개이다. 핵분열은 정상적으로 일어났지만 세포질 분열이 일어나지 않은 것을 알 수 있다.
ㄴ. A 와 B 는 모두 세포 1 개당 염색체의 수가 10,000 개로 같다.
ㄷ. 자매 염색 분체는 체세포 분열 후기에 분리된다. B 에서 핵은 1 개이고 염색체 수가 10,000 개이므로 자매 염색 분체의 분리는 일어났지만 핵분열이 일어나지 않은 것이다.

02

G_1 기의 핵은 S 기로 들어가기 전까지 원래의 시간이 걸릴 것이고, 염색체의 응축과 방추사의 형성은 S 기와 G_2 기가 끝날 때 까지 일어나지 않을 것이다.

해설 1970 년대 초 다양한 실험을 통해 세포 주기가 세포질 내에 존재하는 특정한 신호 분자에 의해 진행된다는 가설이 제안되었다. 이 실험에서 서로 다른 세포 주기에 있는 두 세포를 융합하여 두 개의 핵을 지닌 하나의 세포를 얻었다. 하나의 세포가 S 기이고, 다른 세포가 G_1 기일 때, G_1 기의 세포는 세포질의 성장을 거치지 않고 바로 S 기로 들어간다. 이것으로 S 기 세포의 세포질에 존재하는 신호 물질이 G_1 기의 핵에 S 기를 유도하는 것으로 해석할 수 있다. 마찬가지로 분열 중인 세포를 다른 세포 주기에 있는 세포와 융합하면 곧바로 세포 분열이 시작되는 것을 발견하였다. 이 밖의 다른 실험 결과들을 통해 세포 주기는 세포 주기 조절 시스템에 의하여 조절된다는 것이 알려졌다. 이 시스템에서는 세포 내 분자들이 주기적으로 작용하여 세포 주기의 주요 단계를 유도하거나 조절하게 된다.

03

(1) M 확인점, 방추사가 제대로 부착되지 않아 자매 염색 분체가 분리되지 않고 결합된 채로 있기 때문이다.
(2) G_1 확인점, G_1 확인점에서 출발 신호가 주어져야 세포 분열을 시작할 수 있기 때문이다.
(3) 세포가 분열할 수 없는 조건에서도 분열하게 되어 정상적인 딸세포가 만들어지지 않을 수 있으며, 이 딸세포와 그 자손도 확인점을 무시하고 분열한다면 비정상적인 세포 덩어리가 될 것이다. 이렇게 생긴 세포 덩어리가 종양을 형성하여 암을 일으킬 수 있다.

해설 (1) 문제에 제시된 그림은 두 개의 딸핵이 생성된 말기 때의 모습이다. 딸 핵은 2 개가 생성되었지만 하나의 핵에 2 개의 염색 분체로 이루어진 염색체가 존재하고, 다른 하나에는 염색체가 존재하지 않으므로 염색체의 분리가 제대로 일어나지 않은 것을 알 수 있다. M 확인점에서 염색체에 방추사가 잘 붙어있는지의 여부를 확인하는데 문제가 생긴 것이다.
(2) 포유동물 세포에서는 '제한점' 이라 불리는 G_1 확인점이 가장 중요하다. G_1 확인점에서 출발 신호를 받지 못하면 세포 주기를 벗어나 G_0 기에 도달하여 비분열 상태에 머무르게 된다.
(3) 세포 주기 조절 단백질들이 제 기능을 발휘하지 못할 때, 세포 분열이 통제되지 못하고 종양이 생성된다. 세포 주기를 조절하는 유전자에 돌연변이가 일어났을 때 돌연변이 단백질이 생긴다. 돌연변이 단백질은 정상 단백질이 수행하는 기능을 하지 못하여 세포 주기를 적절히 조절하지 못하게 되면 암으로 발전할 가능성이 크다. 돌연변이는 유전되거나 발암물질에 노출됨으로써 유발될 수 있다.

04 (1) 3 ~ 4 시간, (가)에서 실험 시작 이후 4 시간 때에는 DNA 의 상대량이 1 인 세포가 처음의 2 배의 양으로 남아있다. 따라서 이 세포는 이 시간에 세포질 분열을 마치고 G_1 기에 들어선 것이며 세포 주기는 3 ~ 4 시간이 걸린다는 것을 알 수 있다.
(2) DNA 의 복제 후 세포 주기의 진행을 억제한다.

해설 (2) (나) 에서 X 약품을 처리한 뒤 DNA 상대량이 2 인 세포는 남아있지만 1 인 세포는 없으므로, X 는 DNA 복제 이후 세포 주기의 진행을 방해한다는 것을 알 수 있다.

스스로 실력 높이기 134~139쪽

01. G_0기 02. G_1기 03. ④ 04. (1) O (2) X (3) O
05. (1) 정 (2) 암 (3) 정 (4) 암
06. (가) - (마) - (나) - (바) - (다) - (라)
07. (마), 전기 08. (나), 중기
09. (다), 말기 10. 세포판 11. ③
12. ㉦ 13. ㉣, ㉤ 14. (1) O (2) X (3) X
15. ③ 16. ① 17. (1) X (2) X (3) X
18. (1) (라), (2) (가), (나), (마), (바), (3) (다)
19. ⑤ 20. ㄷ → ㄴ → ㄱ 21. ① 22. ④
23. ④ 24. ③
25. (1) O (2) X (3) O (4) X (5) X 26. ③
27.~ 30. (해설 참조)

01. 피부 세포나 간세포를 제외한 인체 대부분의 세포는 분열하지 않고 G_0기에 머물러 있다.

02. 간기 중 G_1기는 세포 분열이 끝난 직후부터 DNA 복제가 이루어지기 전까지의 시기로 세포가 생장하는 시기이다.

03. ㄱ. 간기 중 G_1기에 세포의 생장이 일어난다.
ㄴ. [바로알기] 세포 주기는 크게 DNA 의 복제와 세포의 생장이 일어나는 간기와 세포가 분열하는 분열기로 나눈다.
ㄷ. 세포 주기는 세포 분열로 생성된 세포가 자라서 다시 분열을 마치기까지의 과정이다.

04. (1) 정상 세포는 세포 주기 조절 단백질 등에 의해 세포 주기가 매우 정교하게 조절된다.
(2) [바로알기] 발생 초기의 세포는 G_1 기와 G_2 기가 거의 없고 S 기와 분열기를 반복한다. 따라서 세포 주기가 짧아 빠르게 분열하며 분열을 거듭할수록 세포 1 개의 크기가 점점 작아진다. 분열하지 않고 G_0 기에 머물러 있는 세포는 완전히 분화된 세포로 인체 대부분의 세포가 G_0 기에 머물러 있다.
(3) 피부 세포와 간세포는 재생이 가능하여 손상되거나 죽어서 손실된 세포를 교체할 때 다시 정상 세포 주기로 돌아와 분열을 한다.

05. 정상 세포는 세포 주기가 매우 정교하게 조절되며 주변 세포와 접촉하면 분열이 억제된다(접촉 저해). 또한 특정한 세포로 분화하며 전이가 일어나지 않는다.
암세포는 주변 세포와 접촉해도 분열이 억제되지 않아 세포가 여러 층으로 쌓이며 세포가 지속적으로 분열하여 종양을 형성한다. 이 종양은 혈관이나 림프관을 통해 다른 부위로 전이되어 생명에 치명적인 영향을 미친다.

06.

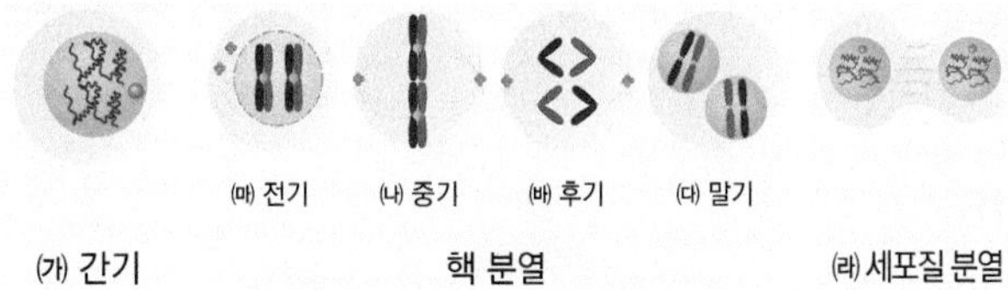

07. (마)전기 때 핵막과 인이 사라지며 염색사는 2 개의 염색 분체로 이루어진 염색체로 응축된다. 이때 동물 세포의 경우 중심체에서 방추사가 형성된다.

08. (나) 중기 때 염색체가 최대로 응축되고 세포면에 정렬되므로 염색체를 관찰하기에 가장 좋은 시기다.

09. (다) 말기 때 염색체가 염색사로 풀어지며, 이후 세포질 분열이 시작된다.

10. 세포판은 식물 세포의 세포질 분열 과정에서 딸세포 사이에 생기는 경계막으로 세포판이 자라 모세포의 세포벽과 연결되어 세포벽이 된다.

11. ③ S 기는 DNA 복제가 이루어지는 시기이다. 방추사는 전기 때 중심체에서 뻗어져 나오므로 S 기에서는 관찰할 수 없다.
[바로알기] ① 핵막과 인은 전기(M 기)에 사라진다.
② DNA 의 복제는 S 기에 일어난다.
④ 중심체는 세포질에 존재하는 세포 소기관으로 동물 세포에서는 간기와 분열기 전체에서 볼 수 있다. 중심체는 분열기 전 G_2 기에 복제되어 2 개가 된다.
⑤ 핵막과 인은 전기에 사라진다.

12. 염색체는 핵분열의 말기 ㉦ 에 염색사로 풀어진다. ㉧ 은 세포질 분열이 일어나는 시기이다.

13. 그림은 각각 뉴클레오솜과 염색체를 나타낸 것으로 염색사와 염색체의 기본 단위인 뉴클레오솜이 염색체로 응축되는 과정을 모식적으로 나타낸 것이다. 염색사는 전기 ㉣ 에 염색체로 응축되며 중기 ㉤ 에 최대로 응축된다.

14. (1) 세포 A 는 한 번 분열하는데 12 시간이 걸리고 세포 B 는 24 시간이 걸리므로, 세포 B 가 한 번 분열할 동안 세포 A 는 2 번 분열한다.
(2) **[바로알기]** DNA 복제는 S 기에 일어난다. 세포 A 는 세포 주기 중 G_1 기의 비율이 가장 높으므로 이 시기에 가장 많은 시간이 필요하다.
(3) **[바로알기]** 유전 물질이 염색체로 응축되는 시기는 M 기(분열기)이다. 세포 A 와 세포 B 모두 M 기가 2 시간이므로 염색체를 관찰할 수 있는 시간은 같다.

15. S 기에 DNA 가 복제되므로 G_2 기의 DNA 양은 G_1 기의 두 배이다. 또한 G_2 기에서는 방추사를 구성하는 단백질, 세포 분열에 필요한 여러 가지 단백질이 새로 합성되어 세포가 생장하며 세포 분열을 준비하기 때문에 단백질량에도 차이가 생긴다.

16.

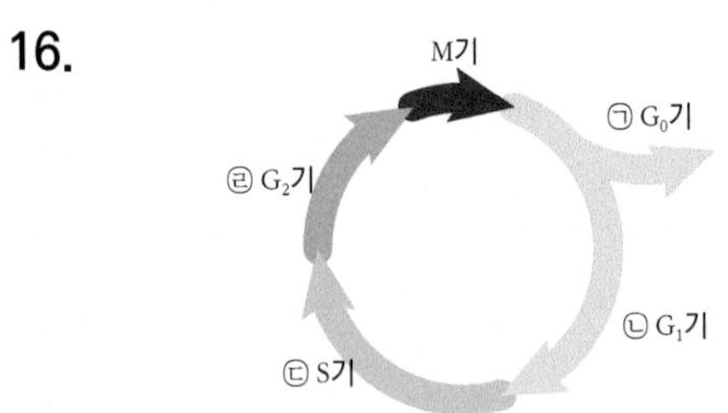

ㄱ. 신경 세포는 완전히 분화된 세포로 더 이상 분열하지 않아 G_1기에서 멈춰 있다. 이와 같은 시기를 G_0 기라고 하며 ㉠ 에 해당한다.
ㄴ. **[바로알기]** 피부 세포는 ㉠ G_0 기에 머물러 있다가 손상되거나 손실된 세포를 교체할 필요가 있을 때 다시 분열을 시작한다.
ㄷ. **[바로알기]** 배아 세포는 ㉡ G_1 기와 ㉣ G_2 기가 거의 없고 ㉢ S 기와 M 기(분열기)가 반복된다.

17. (1) **[바로알기]** (가) 전기는 핵막과 인이 사라지고 2 개의 염색 분체로 이루어진 염색체가 처음으로 관찰되는 시기이다. 염색체가 최대로 응축되는 시기는 염색체가 세포의 적도면에 배열되는 (마) 중기이다.
(2) **[바로알기]** DNA 복제는 간기의 S 기에 일어난다. (다) 시기에는 세포질 분열이 일어난다.
(3) **[바로알기]** 위 자료에서 세포질 분열이 일어날 때 세포의 가운데에 세포판이 형성되는 것으로 보아 이 세포는 식물 세포인 것을 알 수 있다.

18.

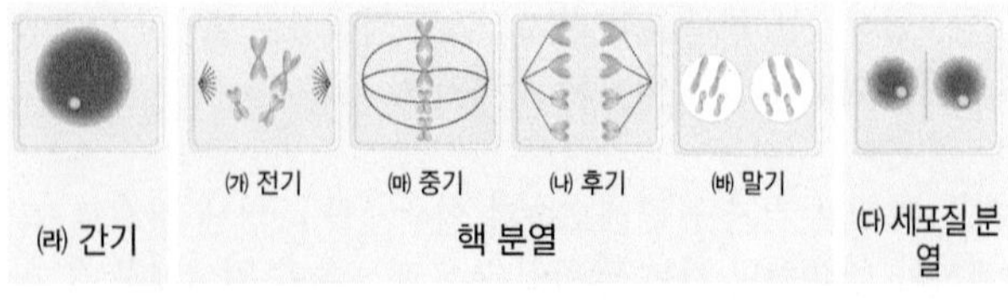

19. 그림은 세포 분열 시기 중 중기에 세포 적도면에 염색체가 배치된 그림이다.
⑤ **[바로알기]** 중기 이후 동원체에 붙은 방추사가 점점 짧아지면서 염색 분체가 분리되어 세포의 양극으로 이동하는 후기가 시작된다. 후기 이후 염색체가 염색사로 풀어지는 말기가 시작된다.
① 2 개의 중심립으로 이루어진 중심체는 주로 동물 세포에서만 발견된다. 식물체는 극모에서 방추사가 형성된다.

20. 식물 세포의 세포질 분열 과정은 다음과 같다.
ㄷ. 세포 분열 말기 때 소낭들은 세포벽을 만드는 데 필요한 물질들을 골지체로부터 세포의 중앙으로 이동시킨다.
ㄴ. 섬유소와 단백질을 포함한 소낭들이 합쳐지면서 세포판이 형성된다.
ㄱ. 세포판은 세포를 가로질러 자라서 모세포의 세포벽과 연결되어 새로운 세포벽이 만들어지고, 소낭의 막은 세포막을 형성한다.

21. ㄱ. 세포 주기가 12 시간이므로 하루에는 2 번의 체세포 분열이 일어나게 된다. 따라서 염색체가 풀어지는 과정(말기)도 2 번 진행된다.
ㄴ. **[바로알기]** 세포 1 개를 배지에 배양하면 하루 동안 4 개의 세포를 관찰할 수 있다. 4 개의 세포는 하루 동안 16 개의 세포로 분열하므로, 3 일 동안 배양하면 64 개의 세포를 관찰할 수 있다.
ㄷ. **[바로알기]** 식물 세포의 표피 조직은 더 이상 분열하지 않는 영구 조직이므로 G_0 기에 머물러 있다.

22. ㄱ. **[바로알기]** ㉠ 구간은 DNA 의 양이 2 배로 증가하는 것으로 S 기에 해당된다. S 기에서는 DNA 복제가 일어나 핵 속의 유전 물질의 양이 2 배로 증가한다. 핵막과 인이 사라지는 구간은 전기이므로 ㉠
ㄴ. ㉡ 구간은 S 기 다음에 진행되는 G_2 기이다. G_2 기는 DNA 복제가 끝난 뒤 분열기 전까지의 시기로 방추사를 구성하는 단백질과 세포 분열에 필요한 단백질을 합성하는 세포가 생장하며 세포 분열을 준비하므로 세포질의 양은 증가하나 핵 DNA 양은 일정하다. 중심체는 간기에 복제되어 2 개가 되는데, 1 개의 중심체는 2 개의 중심립으로 구성되므로 총 4 개의 중심립을 관찰할 수 있다.
ㄷ. ㉢ 구간은 세포질의 양이 반감되는 것으로 보아 세포질 분열이 일어나는 시기인 것을 알 수 있다. 이 시기에 식물 세포는 세포판이 형성되어 안에서 밖으로 세포질이 분리되고, 동물 세포는 세포막이 함입되어 밖에서 안으로 세포질이 분리된다.

23. ㉠에서 ㉢으로 갈수록 세포 1 개당 DNA 의 양이 점점 많아진다. 따라서 ㉠은 복제가 시작되기 전 G_1 기의 세포들, ㉡은 복제가 진행중인 세포들, ㉢은 복제가 완료된 후 세포질 분열이 일어나기 전의 세포들을 포함하고 있다.
④ **[바로알기]** S 기에는 DNA 복제가 일어난다. ㉡에서 DNA량이 점점 늘어나는 것을 알 수 있으므로 S 기는 ㉡에 해당한다.
①, ② ㉠은 복제 전 G_1 기의 세포들이 포함된 구간으로 유

전 물질은 염색사 형태로 풀어져 있으며 핵막과 인을 관찰할 수 있다.
③ ㉡은 DNA 복제가 진행 중인 세포들이 포함된다.
⑤ 세포 주기의 각 시기에 걸리는 시간은 세포 수가 차지하는 비율과 비례한다. 세포 주기에서 간기가 가장 오랜 시간이 걸리므로, 간기에 해당하는 세포의 수가 가장 많이 나타난다.

24. A 시기는 분열기 중 후기이다.
ㄱ. [바로알기] 후기에는 DNA 가 복제된 이후로 딸핵은 분리되지 않고 4 개의 염색체가 8 개의 염색 분체의 형태로 2 쌍의 상동 염색체가 존재하므로 핵상은 $2n = 4$ 이다.
ㄴ. [바로알기] 식물의 체세포 분열은 분열 조직에 속하는 형성층과 생장점에서만 관찰이 가능하다.
ㄷ. 체세포 분열을 하면 2 개의 딸세포가 생성되며, 딸세포의 핵상과 DNA량은 모세포와 동일하다.

25. (1) (나) 는 발생 초기 세포로 G_1 기와 G_2 기가 거의 없고 S 기와 분열기가 반복된다.
(2) [바로알기] 신경 세포는 완전히 분화된 세포로 더 이상 분열하지 않는다. G_1 기 이후 S 기로 진행하지 않고 멈춰있으므로 DNA량에 변화가 없다.
(3) 체세포 분열 결과로 생성된 딸세포의 DNA량은 모세포와 같다.
(4) [바로알기] (가)는 체세포 분열로, 분열 결과로 생성된 딸세포는 다시 분열하기 전까지인 간기에 계속 생장하므로 크기가 작아지지 않는다. 하지만 발생 초기 배아 세포의 세포 분열을 나타내는 (나)는 세포 분열을 거듭할수록 세포 1 개의 크기가 점점 작아지는데 이를 난할이라고 한다.
(5) [바로알기] (가)와 (나) 모두 DNA량이 2 배가 되는 구간이 있으므로 이 구간에서 DNA 는 복제가 된다는 것을 알 수 있다.

26. ㄱ. [바로알기] A 구간은 DNA 의 복제가 일어나기 전인 G_1 기로 세포가 생장하는데 필요한 많은 단백질이 합성되어 물질대사가 매우 활발하게 일어나지만 S 기와 G_2 기에서도 세포는 계속 생장한다.
ㄴ. [바로알기] 배아 세포는 G_1 기와 G_2 기가 거의 없고 S 기와 분열기가 반복된다. B 구간은 DNA 의 양이 점점 늘어나는 구간으로 DNA 가 복제되는 S 기에 해당된다.
ㄷ. C 구간은 DNA 가 복제된 이후로 G_2 기에 해당된다.

27. 답 (가), 정상 세포는 주변 세포와 접촉하면 분열이 억제되지만(접촉 저해), 암세포는 주변 세포와 접촉해도 분열이 억제되지 않아 세포가 여러 층으로 쌓이기 때문이다.

28. 답 뿌리 끝에는 분열 조직인 생장점이 있기 때문이다. 식물은 생장점과 형성층에서만 세포 분열을 하기 때문에 식물의 뿌리를 이용하여 쉽게 체세포 분열을 관찰할 수 있다.

29. 답 간기, 세포 주기의 각 시기에 걸리는 시간은 세포 수가 차지하는 비율과 비례한다. 간기에 걸리는 시간이 가장 길기 때문에 간기 상태의 세포가 가장 많이 관찰된다.

30. 답 핵분열 말기가 끝날 무렵에 세포질 분열이 시작된다. 미세 섬유와 단백질이 결합한 수축환이 적도판에서 세포를 둘러싸고, 수축환이 수축하여 세포막을 조여 세포막을 안쪽으로 함입시켜 세포질을 분리한다.

8강. 세포 분열 II

개념 확인 140~143쪽

1. 2가 염색체 **2.** ㉠ 상동 염색체 ㉡ 자매 염색 분체
3. 2^{23} **4.** (1) 체 (2) 체 (3) 생 (4) 생

확인+ 140~143쪽

1. ㉠ 감수 분열 ㉡ 1 ㉢ 2 **2.** (1) X (2) O
3. (1) X (2) O **4.** 체세포 분열

2. (1) [바로알기] 감수 1 분열에서는 상동 염색체의 분리가 일어나 염색체의 수가 반으로 줄어든다.

3. (1) [바로알기] 교차가 일어나므로 생식 세포의 다양성이 증가하게 된다. 교차가 일어난다고 해서 비정상적인 세포가 되는 것은 아니다.

개념 다지기 144~145쪽

01. ④ **02.** ③ **03.** ⑤ **04.** ④
05. 교차 **06.** ②
07. (1) X (2) O (3) O (4) O
08. (1) ㄱ, ㄷ (2) ㄴ, ㄹ

01. ④ [바로알기] 감수 1 분열 말기에는 2 개의 딸핵이 만들어진다.
① 감수1 분열에서는 상동 염색체가 분리되므로 세포 당 염색체 수가 반으로 줄어든다.
② 전기에 2 가 염색체가 만들어졌다가 후기에 분리된다.
③ 전기에 상동 염색체끼리 서로 접합하여 2가 염색체가 만들어진다.
⑤ 감수 1 분열이 일어나기 전 간기에 DNA가 1회 복제되므로 체세포 분열과 DNA가 복제되는 횟수가 같다.

02. 감수 1 분열 전기에서는 상동 염색체가 존재하므로 $2n$ 의 핵상이 나타난다. 중기와 후기를 거치면서 상동 염색체가 분리되어 말기 때 2 개의 딸핵이 만들어지므로 말기의

핵상은 n 이다.

03. 4 개의 딸핵이 형성되고 염색체가 풀어지면서 세포질 분열이 일어나는 시기는 감수 2 분열 말기이다.

04. ㄴ. [바로알기] 감수 1 분열과 감수 2 분열 사이에는 간기가 없다. 생식 세포 분열에서는 감수 1 분열 전 간기(S기)에서 1 번의 DNA 복제가 일어난다.

05. 2가 염색체를 형성할 때, 상동 염색체의 일부가 꼬이면서 대립 유전자가 교환되는 경우를 교차라고 한다.

06. ㄱ. [바로알기] $2n = 4$ 인 세포가 만들 수 있는 생식 세포의 종류는 4 가지이다.
ㄷ. [바로알기] 사람의 생식 세포 분열 중 교차가 일어나지 않았을 때, 만들어질 수 있는 생식 세포의 종류는 2^{23}가지이며 남자와 여자의 수정으로 생길 수 있는 수정란의 종류는 $2^{23} \times 2^{23}$(약 70조) 가지이다.

07. (1) [바로알기] 생식 세포 분열의 결과로 생식 세포가 형성된다. 생장, 발생, 재생은 체세포 분열 과정에 해당한다. 단, 단세포의 경우 체세포 분열 과정을 통해 생식을 할 수 있다.

08. (1) 체세포 분열이 일어나는 장소
: 동물 온몸의 체세포, 식물의 생장점과 형성층
(2) 생식 세포 분열이 일어나는 장소
: 동물의 정소와 난소, 식물의 꽃밥과 밑씨

유형 익히기 & 하브루타 146~149쪽

[유형 8-1] (1) (가) (2) (나), 2가 염색체 (3) $2n \rightarrow n$
01. (1) 전기 (2) 전기 (3) 후기
02. ㉠ 2가 염색체 ㉡ 4 ㉢ 4분 염색체
[유형 8-2] ㄷ, ㄹ
03. ㉠ 2 ㉡ 2 ㉢ 2 ㉣ 4 ㉤ 2 ㉥ 4
04. ④
[유형 8-3] (1) 2^2 (2) 2^{23} (3) 해설 참조
05. ㄱ, ㄴ **06.** ㉠ 교차 ㉡ 키아즈마
[유형 8-4] (1) (가) : 생식 세포 분열, (나) : 체세포 분열 (2) (가) 4 (나) 2
07. (1) 체 (2) 체 (3) 생 (4) 생
08. 체세포 분열

[유형 8-1] (1) DNA 의 복제는 간기의 S 기에 일어난다. 간기는 세포 분열을 준비하는 시기로 세포 분열에 필요한 물질이 합성되며, 핵막과 인을 관찰할 수 있다.
(2) 생식 세포 분열에서는 체세포 분열에서 볼 수 없는 2가 염색체를 관찰할 수 있다. 2가 염색체는 상동 염색체가 접합한 상태의 염색체로 감수 1 분열의 전기에 형성된다. 감수 1 분열 전기에는 핵막과 인이 사라지고 염색사가 염색체로 응축되며 방추사가 형성된다.
(3) 간기의 S 기에 DNA 가 복제된 후 상동 염색체가 분리되어 염색체 수가 반으로 줄어들기 때문에 핵상은 $2n \rightarrow n$ 이된다.

01. (1), (2) 감수 1 분열의 전기에서는 상동 염색체끼리 결합하여 2가 염색체가 형성된다. 이 시기에 상동 염색체의 일부가 교환되는 교차가 일어나기도 한다.
(3) 감수 1 분열 후기에는 상동 염색체 쌍이 분리되어 각각 세포의 양극으로 이동한다.

02. 2가 염색체는 상동 염색체가 접합한 상태의 염색체로 4 개의 염색 분체로 구성되어 4분 염색체라고도 한다. 2가 염색체는 2 개의 염색체로 이루어져 있으므로 염색체 수를 셀 때에는 2 개로 간주한다.

[유형 8-2] 감수 2분열은 감수 1분열의 마지막 단계인 세포질 분열이 끝난 후 간기없이 진행된다.

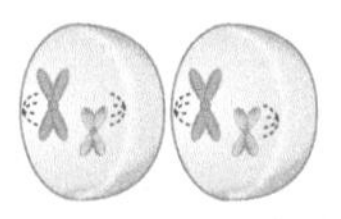
(라) 전기

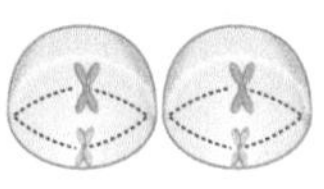
(가) 중기

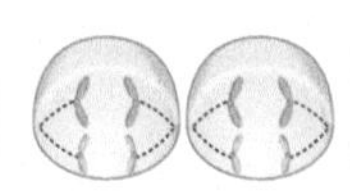
(다) 후기

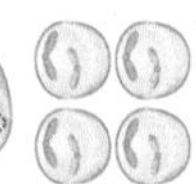
(나) 말기

ㄱ. [바로알기] 감수 1 분열 이후 간기가 없이 바로 감수 2 분열이 시작된다. 감수 1 분열과 감수 2 분열 사이에는 간기가 없기 때문에 DNA 복제와 세포질 증가가 일어나지 않는다.
ㄴ. [바로알기] 감수 1 분열에서는 상동 염색체의 분리가 일어나 염색체 수가 반감하지만 감수 2 분열 때에는 자매 염색 분체가 분리되기 때문에 염색체 수에는 변화가 없다.
ㄷ. 과정을 순서대로 나타내면 (라) → (가) → (다) → (나)이다.
ㄹ. 감수 2 분열 이후 결과적으로 4 개의 딸세포(생식 세포)가 생성된다. 생성된 딸세포의 염색체 수와 DNA 양은 모두 모세포의 절반이다.

03. 2가 염색체는 2 개의 염색체로 이루어져 있으므로 염색체 수를 셀 때에는 2 개로 간주한다.

04.

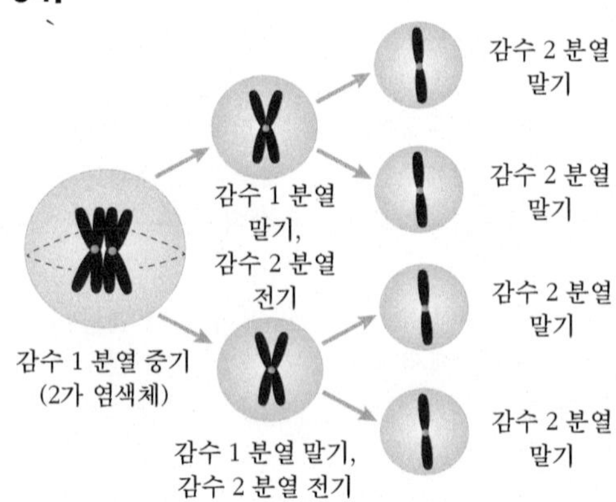

[유형 8-3] (1) $2n = 4$ 인 세포는 상동 염색체가 2 쌍이 있으므로 만들어지는 생식 세포의 종류는 2^2 가지이다.

(2) 사람의 상동 염색체는 23 쌍 이므로 사람이 만들 수 있는 생식 세포의 종류는 2^{23} 가지 이다.

(3) 생식 세포 분열에 의해 다양한 유전자 조합을 가진 생식 세포가 만들어진다. 감수 1 분열의 중기에 상동 염색체는 무작위로 배열이 되고, 배열된 위치에 따라 감수 1 분열 후기 때 상동 염색체 쌍이 분리된다. 모든 상동 염색체가 세포 중앙에 무작위 배열되기 때문에 만들어지는 생식 세포의 종류는 매우 다양해진다.

05. ㄷ. [바로알기] 상동 염색체가 무작위적으로 배열되었다가 분리되면 여러 종류의 생식 세포가 형성된다. 그 결과 다양한 유전자 조합이 만들어질 수 있다.

06. 2가 염색체를 형성할 때, 상동 염색체의 일부가 꼬이면서 대립 유전자가 교환되는 경우를 교차라고 한다. 이때 교차된 부분을 키아즈마라고 한다. 교차는 생식 세포의 유전자 조합이 더욱 다양해지는 중요한 과정으로 교차가 한 번 일어날 때마다 염색체를 구성하는 유전자 조합의 종류가 2 배씩 증가한다.

[유형 8-4] (가)는 S 기에 DNA 가 복제 된 후 2 번의 분열이 연속적으로 일어나는 생식 세포 분열을 나타내는 그래프이다.

(나)는 S 기에 DNA 가 복제된 후 1 번의 분열이 일어난 체세포 분열을 나타내는 그래프이다.

생식 세포 분열은 DNA 를 1 번 복제한 후 감수 1 분열 때 상동 염색체의 분리가 일어난 뒤 감수 2 분열 때 염색 분체의 분리가 일어나므로 총 4 개의 딸세포가 생성되며, 딸세포의 염색체 수와 DNA 의 양은 모두 모세포의 절반이다. 체세포 분열은 DNA 복제 후 1 번의 염색 분체의 분리가 일어나 2 개의 딸세포가 생성되며, 딸세포와 모세포의 염색체 수와 DNA 의 양은 동일하다.

07.

분열 장소	· 동물 : 온몸의 체세포 · 식물 : 생장점, 형성층	· 동물 : 정소, 난소 · 식물 : 꽃밥, 밑씨
분열 횟수	1 회	2 회
딸세포 수	2 개	4 개
상동 염색체의 접합	없음	감수 1 분열 전기에 2가 염색체 형성
염색체 수 변화	$2n \rightarrow 2n$ (변화 없음)	$2n \rightarrow n$ (반으로 감소)
DNA양 변화	모세포와 동일하다	모세포의 절반이다
특징	모세포와 딸세포의 핵상과 염색체 수가 같다	딸세포의 핵상은 모세포의 절반이다
의의	발생, 생장, 재생, 단세포 생물의 생식	생물 종의 염색체 수를 일정하게 유지하고, 자손의 유전적 다양성을 증가시킴

08. 생성된 딸세포의 핵상과 염색체 수가 모세포와 같으므로 체세포 분열에 해당한다.

창의력 & 토론마당 150~153쪽

01 (1) 완전히 핀 꽃은 생식 세포 분열이 이미 완료된 상태이기 때문이다.

(2) 세포 분열이 일어나는 것을 관찰할 수 없으며, 간기(G_0기)에 머물러 있다.

(3) 감수 1 분열에서는 상동 염색체가 분리되어 염색체 수가 반감된다. 감수 2 분열에서는 염색 분체가 분리되므로 염색체 수에 변화가 없다.

(4)

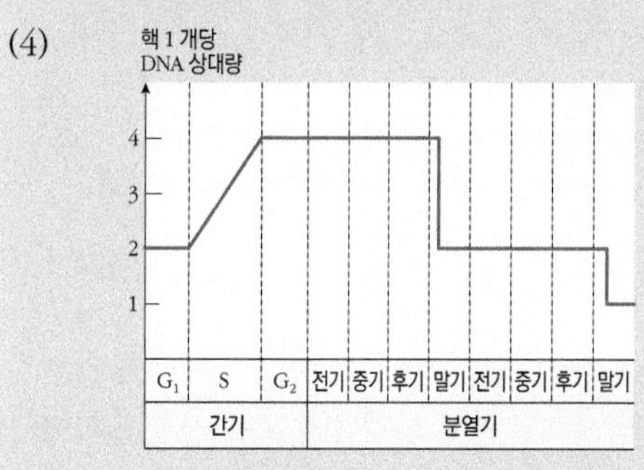

해설 (1) 꽃이 핀 경우에는 생식 세포 분열이 끝나 꽃가루가 이미 형성된 상태이므로 생식 세포 분열 과정을 관찰하기 위해서는 어린 꽃봉오리 속의 꽃밥을 사용해야 한다.

(2) 손톱으로 어린 꽃봉오리를 눌러 노란 물이 나오면 감수 분열이 끝난 것으로 더 어린 꽃봉오리를 채취하여 실험해야 한다.

(3) 감수 1 분열은 상동 염색체끼리 접합하여 2가 염색체를 형성했다가 분리되므로 염색체 수는 $2n \rightarrow n$ 으로 반감된다. 감수 2 분열은 염색 분체의 분리로 염색체 수는 $n \rightarrow n$ 으로 변화가 없다.

02 답 : ④, ⑤

이유 : ④, 수정란의 초기 분열을 난할이라고 한다. 난할은 체세포 분열 과정으로, 염색체 수의 변화 없이 세포의 수를 늘리고 조직과 기관을 형성하면서 하나의 완전한 개체가 된다.

⑤, 아버지의 염색체 수 절반과 어머니의 염색체 수 절반을 물려받았기 때문에 아버지와 염색체 구성이 동일하지 않다.

해설 정자와 난자에 들어있는 염색체의 수는 각각 n 이다. 정자와 난자가 수정하면 $2n$ 이 되며, 수정란은 체세포 분열 과정을 거쳐 세포 수를 늘리고 조직과 기관을 형성하면서 하나의 완전한 개체가 된다. 이렇게 태어난 아기는 체세포 분열 과정을 통해 세포 수를 늘리며 몸집을 크게 하여 성장하게 된다.

03 다른 종과 교배를 하게 되면 다른 특징을 가지는 자손이 만들어지므로 같은 식물을 복제해야한다.

해설 다른 식물 A 와 교배를 한다면, 원하는 식물 이외에 A 식물의 특징들이 다음 세대에서 함께 나타나게 된다. 따라서 자신이 원하는 특징만을 가지는 식물을 얻기 위해서는 같은 식물을 서로 교배시켜야한다.

04 (1) 유전자의 수가 같고, 종의 계통이 근접하기 때문이다.
(2) 생식 세포를 만드는 과정에서 부계와 모계로부터 받은 염색체가 다르기 때문에 접합이 이루어지지 않기 때문이다.
(3) 꽃가루와 난세포가 생식 세포의 기능이 없고, 생식 세포 분열 시 상동 염색체가 3 개이기 때문에 정상적인 분열이 일어나지 않는다.

해설 (2) 감수분열 전기에 상동 염색체는 각각 접합하여 2가 염색체를 형성한다. 잡종 동물들의 경우 모계에서 받은 염색체와 부계에서 받은 염색체가 너무 달라서 상동 염색체로 서로 인식하지 못해 접합이 일어나지 않는다. 그러므로 염색체가 무작위로 분리되어 생식 능력이 없는 비정상적인 생식 세포가 만들어진다. 잡종으로 태어난 개체들은 유전적 이상으로 결함을 가지고 태어나기도하고, 부모에 비해 수명도 짧은 편이다. 하지만 드물게 번식을 하는 개체도 있다.
(3) 수박은 씨앗이 생기지 않아도 과실은 발육할 수 있는 성질이 있어 씨 없는 열매가 크게 자랄 수 있다. 하지만 3 배체의 수박은 상동 염색체가 3 개이기 때문에 상동 염색체의 접합이 없는 체세포 분열은 정상적으로 일어나지만 생식 세포 분열 중 2가 염색체를 형성하는 감수 1 분열이 정상적으로 일어나지 않는다.

스스로 실력 높이기 154~161쪽

01. 2가 염색체(4분 염색체) **02.** ②
03. (1) X (2) O (3) O **04.** ④
05. (1) 2 (2) 2 (3) ㉠ 8 ㉡ 2
06. ③, ⑤ **07.** ④ **08.** ⑤ **09.** ⑤
10. ① **11.** ⑤
12. A : $2n = 46$ B : $n = 23$ C : $2n = 46$ D : $2n = 46$
13. ③ **14.** ②
15. B : ⓑ, C : ⓒ, D : ⓐ **16.** ①
17. ③ **18.** ④ **19.** ④ **20.** ②
21. ⑤ **22.** ③ **23.** ① **24.** ②
25. ④ **26.** ② **27.~ 30.** (해설 참조)

02. 문제에 제시된 그림에서 상동 염색체가 서로 접합하고 있으며 핵막이 사라지며 중심체가 나타난 것으로 감수 1 분열의 전기의 모습인 것을 알 수 있다.

03. (1) [바로알기] 생식 세포 분열을 할 때 DNA 의 복제는 감수 1 분열이 시작되기 전 간기의 S기에서 한 번 일어나며 감수 2분열은 간기 없이 바로 시작된다.
(2) 감수 1 분열 시 상동 염색체의 분리가 일어난다. 각 상동 염색체는 서로 다른 염색체이므로 염색체의 수가 반감된다.
(3) 감수 2 분열에서는 염색 분체가 분리되는 것이므로 염색체 수의 변화가 없다.

04. ④ D 시기는 감수 2 분열의 후기로, 이 시기에는 교차가 일어나지 않는다. 교차는 감수 1 분열의 전기에서 일어난다.
[바로알기] ① A 시기는 감수 1 분열의 전기에 해당한다. DNA 의 복제는 간기의 S 기에 일어난다.
② B 시기는 감수 1 분열 전기로 DNA가 복제되어 염색 분체 상태이므로 DNA 양은 감수 2 분열의 말기 상태(염색 분체가 분리된 상태)인 F 시기의 4 배이다.
③ C 시기의 염색체는 자매 염색 분체 2 개로 이루어진 상태이므로 염색 분체의 개수가 염색체의 개수보다 2 배 더 많다.
⑤ DNA 복제는 S 기에 한 번 일어난다. 감수 2 분열은 감수 1 분열이 끝난 이후 DNA 의 복제 없이 바로 시작된다.

05. (3) S 기에 DNA 의 복제가 일어나므로 감수 1 분열 중기에는 DNA 상대량은 G_1 기의 두 배인 8 이되고, 감수 1 분열 말기에 세포질 분열이 일어나 DNA 상대량은 절반인 4 가 된다. 이후 감수 2 분열 말기에 핵분열이 일어나면서 다시 DNA 상대량은 반감되어 2 가 된다.

06. ③ 형성된 생식 세포의 염색체 수는 모세포의 절반이므로 수정에 의한 수정란의 염색체 수는 모세포와 같아진다.
⑤ 식물 세포에서 생식 세포는 꽃밥과 밑씨에서 형성된다.
[바로알기] ① 분열 결과로 세포가 생장하는 것은 체세포 분열이다. 생식 세포 분열은 결과로 생식 세포를 형성한다.
② 2 회의 연속적인 분열로 4 개의 딸세포가 형성된다.
④ 감수 2 분열 과정에서는 염색체 수의 변화가 없다.

07. ㄱ. (다)에서 크기가 다른 염색체가 같은 색(하늘색)으로 표현되어 있으므로 이 염색체가 성염색체라는 것을 알 수 있다. 따라서 XY 로 구성된 수컷임을 알 수 있다.
ㄴ. [바로알기] ㉠은 상동 염색체로 감수 1 분열 전기에 2가 염색체로 합쳐졌다가 후기에 분리된다. 감수 2 분열에는 염색 분체의 분리가 일어난다.
ㄷ. (가)는 생식 세포 분열의 결과로 형성된 딸세포이다.

08. ㄱ. [바로알기] (가)는 체세포 분열의 중기, (나)는 생식 세포 분열 중 감수 1 분열의 중기의 모습이다.
ㄴ. 난할은 체세포 분열의 일종이므로 (가)와 같은 분열을 한다.

ㄷ. (나)의 핵상은 $2n = 4$ 이다. 생식 세포 분열의 결과로 염색체 수와 DNA 양이 모두 반으로 줄어들기 때문에 딸세포의 핵상은 $n = 2$ 가 된다.

09. ㄱ. [바로알기] 교차는 상동 염색체 사이에 유전 물질의 교환 현상으로 새로운 유전자 조합이 만들어지는 이점이 있다. 교차가 일어난다고 해서 비정상적인 세포가 되는 것은 아니다.
ㄴ. ㉠에서 교차가 일어나지 않으면 생식 세포는 (A, B), (a, b) 두 가지가 만들어진다.
ㄷ. 그림은 교차가 1회 일어난 경우 (A, B), (A, b),(a, B), (a, b)의 네 가지 유전자 조합이 나타난다는 것을 보여 준다. 교차가 일어나지 않았을 때 두 가지이었으므로, 교차가 1번 일어날 때마다 유전자 조합의 종류는 2배가 된다.

10. ① 체세포 분열이나 생식 세포 분열은 모두 간기의 S 기에 DNA 복제가 1회 일어난다.
[바로알기] ② 체세포 분열은 1 회 분열을 하지만, 생식 세포 분열은 연속적으로 2 번의 분열이 일어난다.
③ 체세포 분열은 염색 분체의 분리가 일어나고, 생식 세포 분열은 감수 1 분열 때 상동 염색체가 분리된 후 감수 2 분열 때 염색 분체가 분리된다.
④ 체세포 분열 결과로는 2 개의 딸세포가 생성된다.
⑤ 생식 세포 분열의 결과로는 핵상과 염색체의 수가 모두 절반으로 감소한다.

11. ㄱ. [바로알기] 형성층과 생장점은 체세포 분열이 일어나는 장소이다. 문제의 그래프는 생식 세포 분열을 나타내는 것이다. ㄴ. Ⅰ 시기는 감수 1 분열 중기로 2가 염색체가 세포 적도면에 배열된다.
ㄷ. 감수 1분열에서 상동 염색체의 분리가 일어났으므로 ($2n \rightarrow n$), Ⅱ 시기의 세포는 핵상이 n이다.

12. A 는 성인 남성으로 $2n = 46$ 의 핵상을 가진다. B 는 성인 남성의 생식 세포 분열 결과로 생성된 정자(생식 세포)이므로 핵상은 체세포의 절반인 $n = 23$ 이다. C 는 수정된 이후의 수정란이고, D 는 수정란이 체세포 분열을 통하여 형성된 하나의 개체로 핵상은 모두 $2n = 46$ 이다.

13. ㉠은 생식 세포 분열, ㉡은 수정, ㉢은 체세포 분열을 의미한다.
ㄷ. [바로알기] ㉢은 수정란이 하나의 개체가 되는 체세포 분열 과정으로 세포의 수가 늘어나서 생장하게 된다. 다양한 유전자 조합이 나타나는 과정은 ㉠ 생식 세포가 형성되는 과정과 ㉡ 수정이 일어나는 과정이다.

14. B → C 과정에서 상동 염색체가 분리되므로 핵상, 염색체 수, DNA 양은 모두 C 가 B 의 절반이다.

15. C → D 과정에서는 염색 분체가 분리되므로 C 와 D 의 핵상은 모두 n 이지만, DNA 양은 D 가 C 의 절반이다. 따라서 ⓐ 는 D, ⓑ 는 B, ⓒ 는 C 에 해당한다.

16. (가)는 생식 세포 분열, (나)는 체세포 분열이다.
ㄱ. (가) 과정이 일어날 때 상동 염색체가 분리되어 핵상은 $2n \rightarrow n$ 으로 변한다.
ㄴ. [바로알기] (나)는 체세포 분열로 체세포 분열은 1 번의 분열만 일어난다. 2 번의 분열이 연속적으로 일어나는 것은 (가) 생식 세포 분열이다.
ㄷ. [바로알기] (가)에서 나타난 딸세포의 염색체 수는 3 개이다. (나) 에서 나타난 딸세포의 염색체 수는 6 개이다.

17. Ⅰ - G_1기, Ⅱ - S 기, Ⅲ - 감수 1분열 전기,
Ⅳ - 감수 1 분열 말기(세포질 분열기 포함)
Ⅴ - 감수 2 분열 말기
㉠ - 간기, ㉡ - 감수 1 분열 말기,
㉢ - 감수 1 분열 전기, ㉣ - 감수 1 분열 중기

18. ㄱ. [바로알기] Ⅱ시기는 DNA 가 복제되는 S 기이다. S 기에는 DNA 의 양은 2 배로 늘어나지만, 핵상은 $2n$ 으로 변함이 없다.
ㄴ. ㉢의 세포는 감수 1 분열의 전기로 2가 염색체가 형성된다. 또한 2가 염색체를 형성하면서 교차가 일어나기도 하는데 이들은 체세포 분열 과정에서는 볼 수 없다.
ㄷ. (가)는 생식 세포 분열의 과정으로 세대를 거듭하여도 염색체 수와 DNA의 양을 유지하는데 의의가 있다.

19. ㄱ. [바로알기] (가)는 체세포 분열, (나)는 생식 세포 분열이다. 체세포 분열의 결과로 생긴 딸세포 ㉠의 핵상은 모세포와 같은 $2n = 4$ 이다. 반면 생식 세포 분열의 결과로 생긴 딸세포 ㉡ 의 핵상은 $n = 2$ 이다.
ㄴ. 이 동물의 성염색체는 XY이므로 수컷이며, (나) 과정인 생식 세포 분열로 정자가 만들어진다.
ㄷ. (가) 체세포 분열 과정에서 염색 분체가 분리되어 만들어진 딸세포에는 X 염색체와 Y 염색체가 모두 존재한다.

20. ② 문제의 모식도는 감수 분열을 나타낸 것으로, 감수 분열의 결과 생식 세포(꽃가루, 난세포, 정자, 난자)가 만들어진다.
[바로알기] ① 정자와 난자가 만들어질 때 일어나는 분열이다.
③ 감수 분열 과정을 통해 생성된 딸세포의 염색체 수는 모세포의 절반이다.
④ 생장하기 위한 분열은 체세포 분열이다.
⑤ 염색체의 수가 줄어드는 시기는 (다)로 상동 염색체가 분리되는 감수 1분열 후기이다.

21. ⑤ (라) → (마) 과정은 염색 분체가 분리되어 생식 세포가 만들어지는 감수 2분열 말기 과정으로 세포 1개당 염색체의 수는 변함없고, DNA 양은 절반으로 줄어든다.
[바로알기] ① A 와 B 는 상동 염색체로 대립 유전자의 위치는 같지만 각각 부계와 모계로부터 물려받은 것이므로 유전자 구성은 다르다.
② A_1 과 A_2 는 자매 염색 분체로 유전자 구성이 동일하다.

유전자의 교환이 일어나는 경우를 교차라고 하는데, 교차는 2가 염색체가 형성되면서 상동 염색체 사이에서 일어난다.
③ (가)와 염색체 복제가 일어난 (나)의 세포에서 염색체는 모두 4 개로 같다.
④ (다) → (라)의 과정은 2가 염색체 형성 후 상동 염색체가 분리되는 과정이다. 이때 세포 1개당 염색체의 수와 DNA 의 양은 모두 절반으로 줄어든다.

22. ㄱ. [바로알기] 이 동물은 1 번의 체세포 분열이 일어난 뒤, 1 번의 생식 세포 분열이 일어났다.
ㄴ. [바로알기] I 시기에서는 체세포 분열 결과로 모세포와 같은 $2n$ 의 염색체로 이루어진 세포로 구성된다. 반면 II 시기에서는 감수 1 분열 후 상동 염색체가 분리되어 자매 염색 분체로 이루어진 염색체로 구성된 세포로 구성된다. 따라서 II 시기에서 관찰되는 염색체 수는 I 시기의 절반이고, 모양도 다르다.
ㄷ. II 시기 이후 염색 분체의 분리가 일어나 세포 1개당 DNA 양이 반감된 생식 세포가 형성된다.

23. ㉠, ㉡, ㉢ 의 각 시기의 세포는 다음과 같다. (단, ㉢의 시기에는 상동 염색체가 세포의 극으로 끌려가는 후기도 해당된다.)

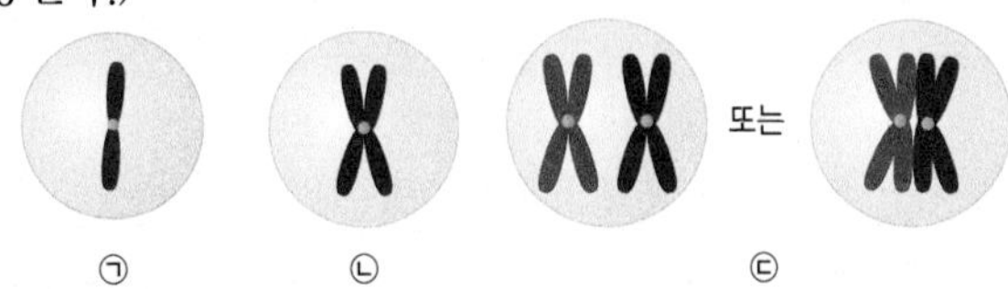

ㄱ. 염색체의 수가 2 개이고, 핵 1 개당 DNA 의 상대량이 4 이므로 2 개의 염색 분체로 이루어진 염색체가 2 개 있는 경우로 감수 1 분열 전기에 2가 염색체가 형성되는 시기가 해당된다.(㉢ 시기는 감수 1 분열의 전기부터 후기까지 모두 해당된다.) 이 시기에는 교차가 일어날 수 있다.
ㄴ. [바로알기] ㉠ ~ ㉢ 을 순서대로 나열하면 ㉢ → ㉡ → ㉠ 이다.
ㄷ. [바로알기] ㉢ → ㉡ 으로 가는 과정은 상동 염색체가 분리되는 감수 1 분열의 과정이고, ㉡ → ㉠ 의 과정은 염색 분체가 분리되는 감수 2 분열의 과정이다.

24. (나) 그래프를 바탕으로 M_1 기에서 ㉠과 ㉡의 각 시기에서 볼 수 있는 세포의 모습을 나타내면 아래와 같다.

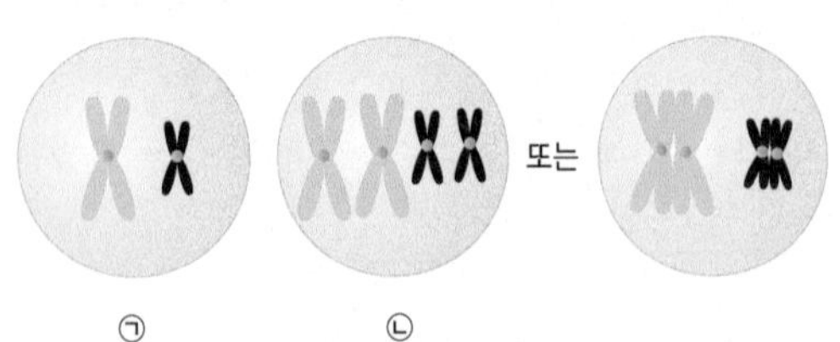

따라서 ㉠ 시기는 생식 세포 분열 중 감수 1 분열 말기이고, ㉡ 시기는 감수 1 분열의 전기, 중기 그리고 후기의 시기가 모두 해당된다.
ㄱ. [바로알기] ㉠ 시기는 감수 1 분열 말기이다. 감수 1 분열 후에 생성되는 딸세포는 2 개이다.
ㄴ. A 시기는 M 기와 S 기의 사이에 있으므로 G_1 기에 해당한다. ㉠ 시기는 감수 1 분열 이후로 DNA 가 복제되기 전인 A 시기와 DNA 양이 같다.
ㄷ. [바로알기] M_2 기는 감수 2 분열을 하는 시기로 이 시기에는 교차가 일어나지 않아 유전자 교환이 일어나지 않는다.

25. ㄱ. A 시기는 DNA 가 복제된 후 상동 염색체가 분리되기 전이므로 핵상은 $2n$ 이다. D 시기는 수정이 일어난 이후이므로 생식 세포가 결합하여 $2n$ 을 형성하였다. 따라서 모두 $2n$ 으로 핵상이 같다.
ㄴ, ㄷ. [바로알기] C 시기는 생식 세포 분열 중 감수 2 분열의 말기와 분열기에 해당하는 시기이다. 이후 D 시기에서 DNA 의 양이 2 배가 되었으므로 D 시기에 수정이 일어난 것을 알 수 있다. 이때는 생식 세포의 결합으로 DNA 의 양이 늘어난 것으로, DNA 의 복제가 일어난 것은 아니다.

26. A 는 핵 1 개당 DNA 의 상대량이 가장 적으므로 생식 세포 분열이 모두 끝난 뒤 형성된 딸세포, B 는 세포 1 개당 염색체 수와 핵 1 개당 DNA 상대량이 가장 많은 감수 1분열(말기 이전), C 는 염색체 수와 DNA 상대량이 반감된 감수 2 분열(말기 이전)에 해당한다.
ㄴ. 따라서 생식 세포 분열은 B → C → A 의 순서로 진행된다.
[바로알기] ㄱ. C 시기는 이미 상동 염색체가 분리된 후의 세포이다.
ㄷ. 이 동물의 핵상은 $2n = 4$ 이므로 B 시기에는 아직 상동 염색체가 분리되지 않았다는 것을 알 수 있다. 따라서 B 시기에는 4 개의 염색체와 8 개의 염색 분체로 구성된다. C 시기는 상동 염색체가 분리된 이후이므로 2 개의 염색체와 4 개의 염색 분체로 구성된다. B 와 C 의 세포 1 개당 염색 분체 수를 염색체 수로 나눈 값은 모두 2 로 같다.

· B 의 세포 1 개당 $\dfrac{\text{염색 분체 수}}{\text{염색체 수}} = \dfrac{8}{4} = 2$

· C 의 세포 1 개당 $\dfrac{\text{염색 분체 수}}{\text{염색체 수}} = \dfrac{4}{2} = 2$

ㄹ. A 시기의 세포는 생식 세포 분열이 끝난 뒤의 세포이다. 그러므로 더 이상 분열하지 않는다.

27. 답 공통점 :
- 염색체는 2 개의 자매 염색 분체로 이루어져 있다.
- 세포의 적도판에 배열되어 있다.

차이점 : 체세포 분열을 하는 세포의 염색체는 자매 염색 분체가 유전적으로 동일하지만, 생식 세포 분열을 하는 세포에서는 교차가 일어났기 때문에 자매 염색 분체의 유전적 구조가 다르다. 또한 체세포 분열 과정의 중기에서는 상동 염색체가 있어 핵상이 $2n$ 이지만, 감수 2 분열의 중기에서는 상동 염색체가 없어 핵상이 n 으로 나타난다.

28. 답 감수 1분열 전기에 상동 염색체가 서로 붙어 2가 염색체를 만들 때 유전자 교환이 일어나 교차가 일어날 수 있다. 감수 1 분열이 일어난 후 상동 염색체의 쌍이 각각 다른 세포로 나누어진다. 그러므로 감수 2 분열에서는 상동

염색체가 없기 때문에 교차가 일어날 수 있는 염색체 쌍을 이루지 못하여 교차가 일어나지 않는다.

29. 답 감수 분열 결과 염색체 수와 DNA 양의 절반인 생식 세포가 형성된다. 염색체 수가 반감된 생식 세포는 수정되어 수정란을 형성하므로 염색체 수가 모세포와 같아진다. 그러므로 세대를 거듭하더라도 생물의 염색체 수와 DNA 양이 일정하게 유지되고, 자손의 유전적 다양성이 증가할 수 있게 된다.

30. 답 감수 1 분열에 교차가 일어나게 되면 새로운 유전자 조합을 가진 생식 세포가 만들어진다. 또한 감수 1 분열 중기 때 상동 염색체가 세포 중앙에 무작위로 배열되어 사람이 만들 수 있는 생식 세포의 종류는 총 2^{23} 가지 이다. 이 후 암수의 생식 세포의 수정이 일어날 때, 수정으로 생길 수 있는 수정란의 종류는 $2^{23} \times 2^{23}$ 가지 이므로 부모와 다를 뿐만 아니라 유전적으로 매우 다양한 자손들이 태어날 수 있다.

9강. 생식과 발생

개념 확인 162~167쪽

1. 자궁 **2.** ㉠ 4, ㉡ 1
3. 여포기, 배란기, 황체기, 월경기 **4.** 포배

확인+ 162~167쪽

1. 황체 **2.** 세정관
3. (1) X (2) O (3) O **4.** ⑤

3. (1) [바로알기] 여포자극호르몬은 뇌하수체 전엽에서 분비되어 에스트로젠의 분비를 촉진하여 여포의 생장과 난자의 성숙을 촉진하는 역할을 한다.

개념 다지기 168~169쪽

01. ③ **02.** (1) O (2) X (3) O **03.** ②
04. ⑤ **05.** ④ **06.** ③
07. (1) O (2) X (3) O **08.** ③

01. ③ 정자가 부정소의 관을 지나며 일시적으로 저장되며 이동성과 수정할 수 있는 능력을 가지게 된다.
① 음낭은 체온보다 약 2 ℃ 정도 낮아 정소의 온도를 낮춘다.
② 정낭은 분비샘에 속하며 좌우 한 쌍이 있으며 정액의 60 %를 만든다.
④ 전립샘은 작은 관을 통해 분비샘에서 생산한 생산물을 요도로 보낸다.
⑤ 수란관은 여성의 생식 기관의 일부로 자궁의 양쪽에 뻗어있다. 수란관 안에는 섬모가 있어 난자의 이동을 도우며 수정이 일어나는 장소이기도 하다.

02. (2) [바로알기] 난자는 운동성이 없으며, 수란관의 섬모에 의해 이동을 한다. 반면, 정자는 꼬리를 이용해 스스로 움직일 수 있는 운동성이 있으며, 정자의 미토콘드리아에서 꼬리를 움직이는 데 필요한 에너지를 생산한다.

03. ㄱ. [바로알기] 생식원 세포는 체세포 분열을 통해 정원세포를 만든다.
ㄴ. 제1 난모세포는 감수 1 분열을 하여 제2 난모세포로 분열한다. 따라서 염색체의 수는 반감이 된다.
ㄷ. [바로알기] 여성은 태아 시기에 생식원 세포가 체세포 분열을 통해 난원세포를 만들고, 난원세포는 출생 전 제1 난모세포가 되며 이 상태로 출생한다.

04. 황체형성호르몬(LH)는 여포가 파열하여 배란이 일어나도록 촉진시키며, 배란이 된 후에는 여포자극호르몬(FSH)과 함께 여포를 황체로 변화시키는 작용을 한다.

05. ④ [바로알기] 배란된 난자가 수정되지 않으면 황체가 급격히 퇴화되어 프로게스테론의 분비량이 감소하고 월경이 일어나게 된다.
① 여포기에는 뇌하수체 전엽에서 여포자극호르몬(FSH)이 분비되어 여포와 난자가 성숙하게 된다.
② 배란기에는 에스트로젠 농도가 증가하여 황체 형성 호르몬(LH)의 분비가 촉진된다.
③ 배란 후 황체기 때 여포는 황체로 변한다.
⑤ 황체가 퇴화하면 프로게스테론의 분비가 감소하여 자궁 내벽의 모세 혈관이 파열되어 출혈이 생기는데, 이를 월경이라고 한다.

06. ㄱ. [바로알기] 배란 후 프로게스테론의 분비량이 증가하고 기초 체온은 높아진다.
ㄴ. [바로알기] 월경 시작 후 약 2 주일 경인 배란기에 수정 가능성이 가장 높다.
ㄷ. 황체형성호르몬(LH)의 분비량이 증가하면 배란이 일어나게 된다.

07. (1) 난할은 체세포 분열의 일종이므로 염색체 수의 변화가 없다.
(2) [바로알기] 난할은 할구가 성장하는 시기가 없기 때문에 분열 속도가 매우 빠르며, 분열 순서와 방향이 정해져 있다.
(3) 난할이 거듭될수록 할구의 수는 증가하고, 할구의 크기가 작아진다.

08. 태반은 모체와 태아 사이에 물질 교환이 이루어지는 장소로, 착상 후 모체의 자궁 내벽 사이에 혈관이 발달하여 형성된다. 또한 태반 호르몬(HCG)을 분비하여 황체의 퇴화를 막아, 황체에서 계속 프로게스테론과 에스트로젠을 분비할 수 있게 한다.

유형 익히기 & 하브루타 170~173쪽

[유형 9-1] (1) O (2) X (3) O (4) X (5) O

01. ㉠ 음낭 ㉡ 세정관

02. (1) 부정소, 수정관, 요도
(2) 나팔관, 수란관, 자궁, 질

[유형 9-2] (가) : ㅁ (나) : ㄱ

03. (1) X (2) X (3) O (4) O **04.** ②

[유형 9-3] (1) ① C, 에스트로젠
② A, 여포자극호르몬(FSH)
③ B, 황체형성호르몬(LH)
④ D, 프로게스테론
(2) A → C → B → D

05. 2월 26일 **06.** ③

[유형 9-4] (1) ㄴ, ㄷ (2) ①, ④, ⑤

07. ②, ④

08. ㉠ 확산 ㉡ 섞이지 않는다

[유형 9-1]

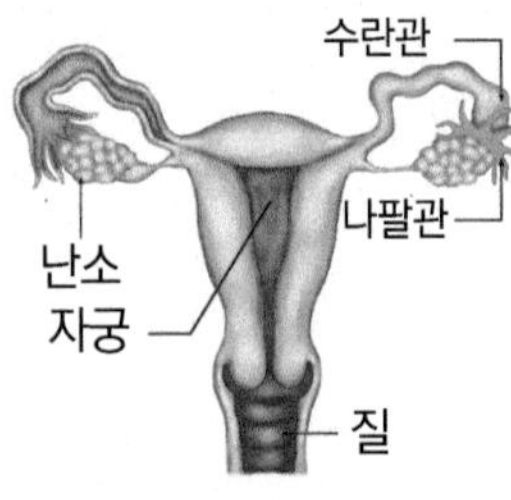

(1) A 는 수란관으로 수정이 일어나는 장소로 난소와 자궁을 연결하는 관이다. 난자를 자궁으로 이동시키며, 수란관의 상단부에서 난자와 정자가 만나 수정이 일어난다.

(2), (3) B 는 난소로 난자를 형성하고 여성 호르몬을 분비하는 장소이다. 자궁 옆 좌우에 1 쌍이 있으며 사춘기 이후부터 난소 속의 여포에서 난자를 형성하여 양쪽 난소에서 번갈아가며 난자를 배출한다.

(4) C 는 자궁으로 수정란이 착상하고 태아가 자라는 곳으로 두꺼운 근육층으로 형성되어 있다. 자궁은 신축성이 좋아 임신이 되면 부피가 약 40 배 늘어나 태아가 자랄 수 있다.

(5) D 는 질로 정자를 받아들이는 통로이며, 분만 시 태아가 외부로 나오는 통로이다.

01. ㉠ 정소는 음낭으로 싸여 있으며 1 쌍으로 구성된다. 음낭은 체온보다 약 2 ℃ 가 낮아 정소의 온도를 낮춰주는 역할을 한다.

㉡ 세정관은 정소 안에 돌돌 감기고 엉켜있는 가느다란 관으로, 세정관의 내벽에서 정자가 생성된다. 세정관의 길이는 약 200 m 로 매우 길어서 한꺼번에 많은 정자가 생성된다.

02. (1) 정자는 정소에서 생성되어 부정소에서 일시적으로 저장됨과 동시에 운동 능력과 수정 능력을 갖게된다. 그 후 요도를 통해 몸 밖으로 배출된다. 정낭과 전립샘, 요도구샘, 쿠퍼샘 등은 정액 물질을 분비하는 곳으로 정자의 이동 통로는 아니다.

(2) 난자는 난소에서 생성되어 나팔관을 지나 배란이 된다. 그 후 수란관 내부의 섬모의 운동으로 난자가 이동하며 이 과정에서 수정이 일어날 수도 있다. 이후 자궁을 지나 이동 통로인 질을 통해 몸 밖으로 배출된다.

[유형 9-2]

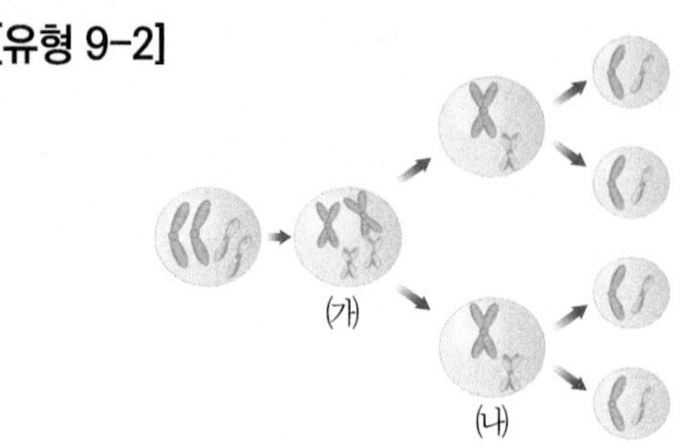

(가)는 제1 정모세포, (나)는 제2 정모세포를 나타낸 것이다. 정원세포에서 제1 정모세포로 되는 과정은 사춘기에 일어난다. 사춘기 이후 테스토스테론의 분비의 증가로 정원세포는 DNA 를 복제하여 제1 정모세포가 된다. 이후 감수 1 분열을 통해 제1 정모세포는 제2 정모세포가 되며 DNA 양과 염색체 수가 반감된다.

03. (1) **[바로알기]** 남성은 태아 시기에 생식원 세포($2n$)가 체세포 분열을 통해 정원세포($2n$)를 만든 상태로 태어나 정원세포는 체세포 분열을 통해 수를 늘린다.

(2) **[바로알기]** 정자의 경우 1 개의 제1 정모세포에서 4 개의 정자가 생성되지만, 난자의 경우 1 개의 제1 난모세포에서 1 개의 난자를 생성한다.

(3) 정자는 세포질이 균등하게 분열되어 생성되지만, 난자 형성 과정에서 세포질이 불균등하게 분열하여 극체가 만들어진다. 극체는 세포질의 대부분을 잃고 만들어지는 작은 세포로 수정에 참여하지 못하고 퇴화된다.

(4) 여성은 난소 속의 여포에 제1 난모세포가 감수 1 분열 전기 상태에서 분열을 멈춘 상태로 태어난다.

04. 감수 1 분열 시기에 염색체의 수는 반감된다. 감수 1 분열은 제1 난모세포(정모세포)가 제2 난모세포(정모세포)로 분열할 때 일어난다.

[유형 9-3] (1) · 여포자극호르몬 : 에스트로젠의 분비를 촉진시키며 여포의 생장과 난자의 성숙을 촉진한다.

· 에스트로젠 : 여포자극호르몬을 억제하고 황체형성호르몬을 촉진시켜 자궁 내벽을 두껍게 발달시킨다.

· 황체형성호르몬 : 프로게스테론의 분비를 촉진시키며 성숙한 여포를 파열시켜 배란을 유도한다.

· 프로게스테론 : 여포자극호르몬과 황체형성호르몬을 억제시켜 자궁 내벽을 두껍게 유지하며, 임신을 유지하게 한다.

(2) 뇌하수체 전엽에서 FSH 가 분비되면 에스트로젠의 분비를 촉진하여 여포를 성숙시키면서 생식 주기가 시작된다.(A) → 난소의 여포에서 에스트로젠이 분비되어 FSH 의 분비를 억제하고 LH 분비를 촉진한다.(C) → LH 는 배란을 촉진하며, 배란 후 여포는 황체로 변한다.(B) → 황체에서 프로게스테론이 분비되어 FSH 와 LH 의 분비를 억제한다.(D)

05. 이 여성의 생식 주기는 30 일이므로 월경을 시작한 1 월 27 일로부터 30 일 뒤인 2 월 26 일에 다음 월경이 시작된다.

06. 배란기 때에 뇌하수체 전엽에서 황체형성호르몬(LH)이 분비되어 성숙한 여포를 파열시켜 배란을 유도한다. 배란 전에는 에스트로젠에 의해 자궁 내벽이 두꺼워 지고 배란 후에는 프로게스테론이 분비되어 자궁 내벽을 더욱 두껍게 유지하므로 (다) 시기에 배란이 일어난 것을 알 수 있다. (라) 시기는 자궁벽이 허물어져 두께가 점점 감소하므로 월경이 일어난 것을 알 수 있다.

[유형 9-4] (1) ㄱ. [바로알기] 수정은 수란관의 상단부에서 일어난다.
ㄴ. 배란은 월경 시작일로부터 약 14 일(2 주)째에 일어나며, 착상은 수정 후 약 1 주일 후에 일어난다. 따라서, 배란 후 바로 수정이 일어난다면, 월경 시작일로부터 약 3 주 뒤 착상이 일어나게 된다.
ㄷ. 난할은 수정란 초기에 일어나는 체세포 분열의 일종으로 수정란은 난할을 하면서 수란관의 섬모 운동에 의해 자궁으로 이동한다.

(2) 난할은 체세포 분열의 일종으로 할구의 DNA 양과 염색체 수, 기관이 형성되지 않은 상태의 세포 덩어리인 '배' 의 크기는 변함이 없다. 하지만 분열이 일어나므로 할구의 수는 증가하고, 할구의 크기와 세포질의 양도 점점 작아지게 된다.

07. 혈구와 세균은 크기가 커서 태반 내 모세혈관의 벽을 통과할 수 없기 때문에 모체에서 태아로 이동할 수 없다.

08. 모체와 태아의 혈관은 직접 연결되어 있지 않기 때문에 확산에 의해 물질이 이동하며, 혈액이 서로 섞이지 않는다.

창의력 & 토론마당 174~177쪽

01

(1) 생식 세포의 형성 과정에서 생식 세포는 염색체 수가 반으로 줄어든다($2n \rightarrow n$). 유성 생식의 경우 부계와 모계로부터 유전자가 포함된 염색체를 절반씩(n) 물려받아 $2n$ 이 되고, 유전 형질이 부모 개체와 다르게 조합된다. 따라서 생식 세포의 염색체 수를 반감시켜 생물이 대를 거듭하여도 염색체의 수가 일정하게 유지되고, 유전적으로 다양성이 증가하게 된다.

(2) 정원세포가 체세포 분열을 거치면서 적정한 수의 세포로 늘어난다. 체세포 분열 과정으로 수를 늘린 정원세포는 제1 정모세포가 되고, 제1 정모세포는 2 단계로 연속되는 감수 분열을 통하여 4 개의 정자를 생산한다. 하지만 난자는 감수 1 분열과 감수 2 분열을 거쳐 생성된 3 개의 제2 극체가 모두 1 개의 난자에게 발생에 필요한 양분과 세포질을 넘겨준 채 퇴화하게 된다. 따라서 난자는 1 개의 난모세포에서 1 개의 난자만 형성된다.

02

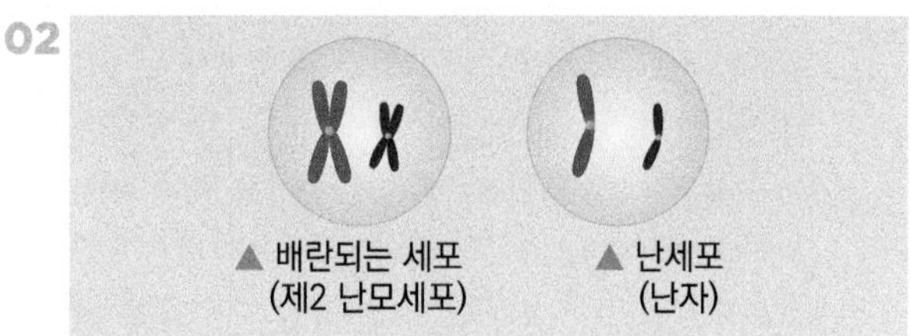

해설 난원세포가 감수 분열 간기에서 DNA 가 복제되어 제1 난모세포는 2 개의 염색 분체를 지닌 염색체를 가진다. 감수 1 분열 결과로 형성된 제2 난모세포(배란되는 세포)와 제1 극체가 형성되며, 이때 상동 염색체가 분리되어 염색체 수는 반감한다. 제2 난모세포가 감수 2 분열을 한 결과 난세포와 제2 극체를 형성하며, 이때 염색 분체가 분리되므로 염색체 수는 변하지 않은 채 DNA 양만 반감하게 된다.

03

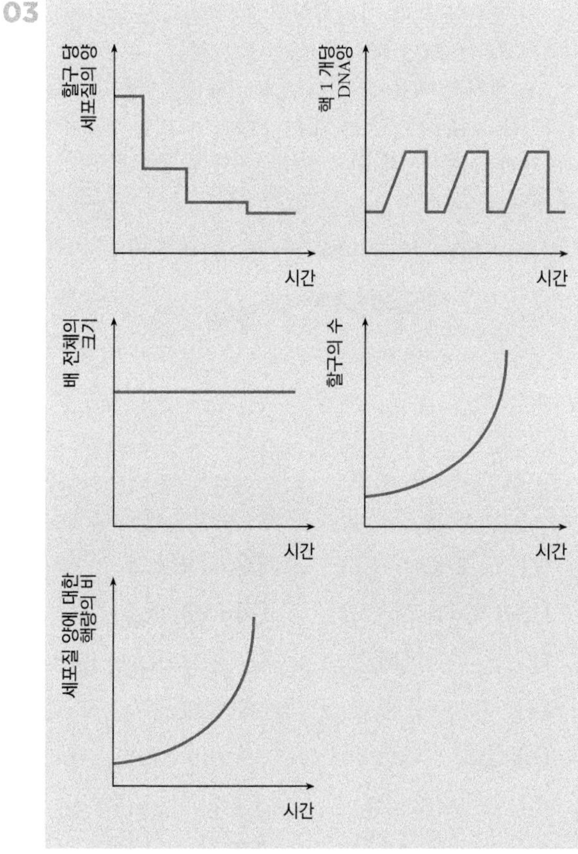

해설 · 난할은 체세포 분열이지만, 세포가 분열한 후 분리되지 않고 세포의 성장기가 없기 때문에 난할이 진행될수록 세포의 수는 증가하고, 할구의 크기는 점점 작아진다.

· 배 전체의 크기는 수정란의 크기와 같다.

· 할구의 수 그래프를 그릴 때, 1 개의 수정란이 난할을 1 번 하면 2 개, 2 번 하면 4 개, 3 번 하면 8 개로 2^n개의 세포가 생기므로 곡선 형태로 증가하게 그려야 한다.

· 세포질의 양은 $\frac{1}{2}$, $\frac{1}{4}$, $\frac{1}{8}$ … $\frac{1}{2^n}$ 배로 줄어들지만 핵의 양은 일정하므로 세포질 양에 대한 핵량의 비는 2, 4, 8 … 2^n배로 증가하는 그래프로 그려야 한다.

04 (1) (나), 정자의 머리 끝에 있는 첨체에서 난자의 투명대를 녹이는 효소가 분비된다.

(2) 수정된 직후에 다른 정자의 수정을 막기 위해 난자의 투명대의 성질이 변한다. 투명대의 성질이 변하지 않고 여러 마리의 정자가 수정되면 염색체의 수 이상으로 발생이 중지된다.

해설 (1) 첨체는 정자의 가장 앞부분에 위치한 세포 소기관이다. 정자의 머리 부분은 대부분이 핵으로 이루어져 있으며 핵을 감싸는 것과 같은 모양으로 첨체가 씌워져 있다. 정자가 난자에 접근한 뒤, 난자 안으로 침입하기 위해서는 난자를 둘러싸고 있는 당단백질의 막을 뚫어야 하는데, 이 역할을 수행하는 것이 첨체에 들어있는 단백질 분해 효소이다. 난자를 둘러싸는 막에 도착하면 첨체 반응이 일어난다. 첨체 반응은 정자의 꼬리 운동에 의해 가속화되어 결국 첨체가 열리게 된다. 첨체가 열리면 효소가 방출되어 난자의 세포막을 녹이고 정자의 핵을 그 안으로 들여보낸다. 정자의 중편은 다량의 미토콘드리아가 존재하여 ATP 를 생성하여 정자가 움직이는데 필요한 에너지를 공급한다.

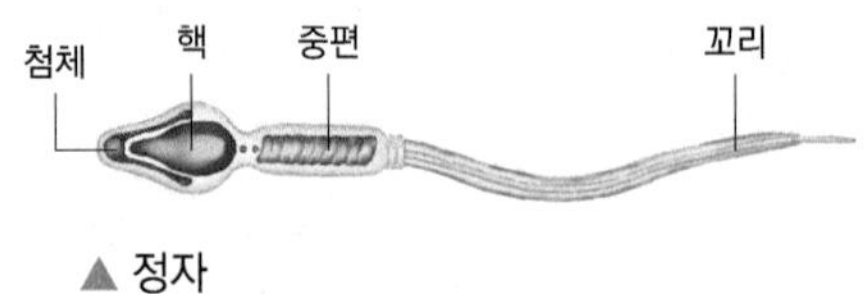

▲ 정자

스스로 실력 높이기 178~185쪽

01. E, 부정소 **02.** F, 정소
03. (마), 질 **04.** (다), 난소
05. ⑤ **06.** ⑤ **07.** (1) O (2) O (3) X
08. (1) X (2) X (3) X (4) O (5) O
09. ① **10.** ③ **11.** ㄱ, ㄹ
12. (1) 90 (2) 20 **13.** ① **14.** ④
15. ② **16.** ⑤ **17.** ⑤ **18.** 6
19. ㅁ, ㅂ **20.** ㄱ, ㄴ, ㄹ **21.** ③
22. (1) (가) (2) (나) (3) (라) (4) (다)
23. (1) A (2) E **24.** ③ **25.** ②
26. ③ **27.** (해설 참조) **28.** ⑤
29.~ 30. (해설 참조)

01. 부정소는 정자가 일시적으로 저장되며 이동성과 수정할 수 있는 능력을 가지게 되는 장소이다.

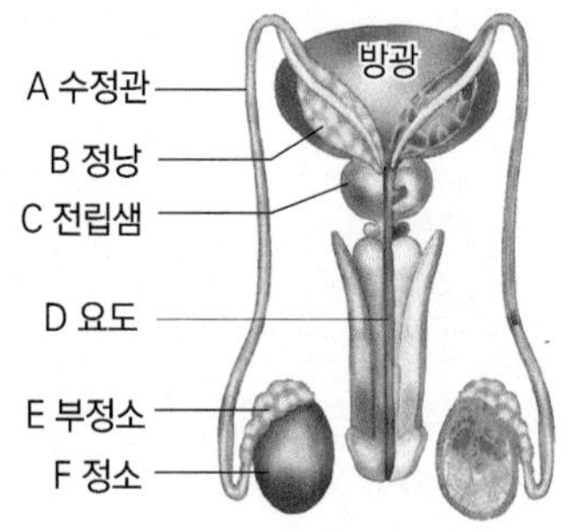

02. 정소는 정자를 형성하고 남성호르몬(테스토스테론)을 분비하는 장소로 음낭 속에 좌우 1쌍이 들어있다. 정자는 정소 안에 돌돌 감긴 세정관에서 형성된다.

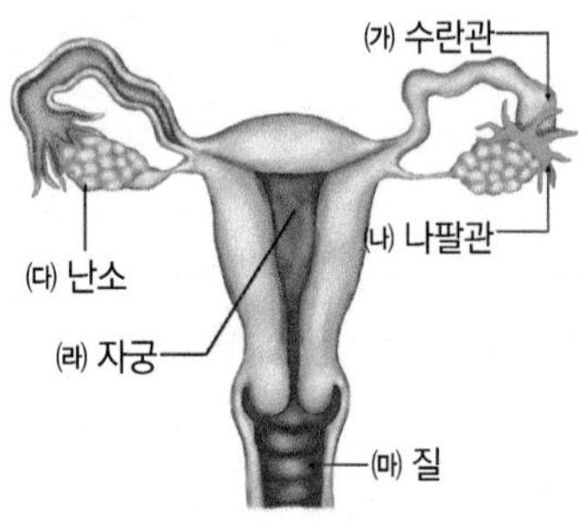

03. 질은 정자가 들어오고, 출산 시 태아가 나가는 통로이다. 질에서는 산성 물질이 분비되어 체내에 유해한 균의 생장을 억제한다.

04. 난소는 난자를 형성하고 여성호르몬(에스트로젠, 프로게스테론)을 분비하는 장소로 자궁 옆 좌우에 1 쌍이 있다. 사춘기 이후 난소의 여포에서 난자를 형성하여 약 28 일을 주기로 좌우 난소에서 번갈아가며 난자를 배출한다.

05. ⑤ [바로알기] 수란관은 난자의 이동을 도우며 정자가 난자가 있는 곳까지 이동하는 통로로 수정이 일어나는 곳이다. 제2 난모세포 상태로 배란된 난자는 정자가 침투하는 자극에 의해 감수 2 분열을 완료하여 성숙한 난자가 된다. 수정되지 않은 난자는 감수 2 분열이 진행되지 않은 미숙한 상태로 자궁으로 이동하게 된다.

06. 난자의 형성 과정에서 극체는 세포질이 불균등하게 분열되어 생성된 것이다.

07. (3) [바로알기] 난할은 체세포 분열의 일종으로 염색체의 수의 변화가 없고 딸세포와 모세포의 DNA 양이 같다.

08. (1) [바로알기] 수정란의 발생에 필요한 초기 영양분을 저장하고 있는 것은 난자다. 따라서 난자는 정자보다 크기가 크다.
(2) [바로알기] 정자 A 와 난자 B 는 생식 세포 분열에 의해 형성된다.
(3) [바로알기] 정자의 머리만 난자 안으로 들어가 수정란이 형성되므로 수정란의 크기와 난자의 크기는 크게 다르지 않다.

(4) D 에서 F 로의 과정은 수정란의 세포 분열인 난할로 세포의 생장 없이 이루어지므로 세포 하나의 크기는 점점 작아진다.
(5) C 에서 G 는 체세포 분열이 일어나 발생하는 것으로 G 의 세포 하나에 들어 있는 염색체 수와 수정란의 염색체 수는 같다.

09. 정자와 난자의 DNA 양은 같고 난자는 정자보다 세포질양이 훨씬 더 많다. 수정란의 세포질양은 대부분 난자로부터 온 것이고, DNA 양은 정핵(n)과 난핵(n)이 융합하였으므로 정자와 난자의 2 배($2n$)가 된다. 이후 난할이 거듭하여 일어나면서 2 세포가 될 때 세포의 DNA 양은 수정란의 2 배로 증가하고, 4 세포기가 될때 또 2 배가 증가하게 된다. 하지만 난할이 일어날 때는 세포의 생장이 일어나지는 않으므로 배의 세포질의 총량에는 변함이 없다. 따라서 난할이 계속될수록 배의 DNA 양은 배를 구성하는 세포 수에 비례하여 증가하지만 세포질양은 수정란과 동일하다.

10. 여성은 사춘기에서 폐경기까지 약 28 일을 주기로 난자가 하나씩 성숙하여 배란되는데, 이를 생식 주기라고 한다. 여성의 생식 주기는 여포기 → 배란기 → 황체기 → 월경기 순서로 진행된다.

11. ㄱ. A 는 정낭으로 정자의 운동에 필요한 영양 물질과 완충 물질을 분비하는 정액의 대부분(60 %)을 만든다.
ㄴ. [바로알기] B 는 전립샘으로 염기성 정액 성분을 만들어 질 안의 산성을 중화시키는 물질을 분비한다.
ㄷ. [바로알기] C 는 부정소로 정자가 임시로 저장되는 곳으로 정자의 운동성과 수정 능력을 갖추는 곳이다.
ㄹ. D 는 정소로 정소 내부의 세정관에서 생식 세포 분열에 의해 정자가 만들어진다. 또한 남성호르몬인 테스토스테론을 생성하고 분비한다.

12. (1) 수정란이 2 개의 할구로 나누어지는 2 세포기가 되면 세포질량은 절반으로 줄어 180 g 이 된다. 4 세포기가 되면 세포질량은 수정란의 $\frac{1}{4}$ 로 줄어들어 90 g 이 된다.
(2) 수정란의 DNA 양이 5 mg 이므로, 4 개의 할구로 늘어나면 DNA 의 총량은 20 mg 이 된다.

13. ㄱ. 감수 1 분열 시기에 상동 염색체가 분리되어 염색체 수가 반감된다.
ㄴ. 제1 난모세포가 제2 극체가 되는 과정에서 상동 염색체의 분리가 1 번 일어나 염색체 수가 반감된다.
ㄷ. [바로알기] 제1 극체와 제2 극체의 염색체 수는 모두 n 으로 같다.
ㄹ. [바로알기] Ⅲ 단계에 해당하는 세포에는 제2 난모세포와 제1 극체가 있다.

14. ④ 수정($2n$)은 난할 과정을 거치는데 이 과정은 체세포 분열이므로 분열이 거듭되어도 염색체 수는 변하지 않는다. 따라서 포배 안쪽 세포와 줄기세포는 각각 수정란과 같은 $2n$ 의 염색체 수를 갖는다.
[바로알기] ① 정자는 운동성을 확보하기 위해서 세포질이 거의 없다. 하지만 난자는 초기 발생 과정에서 필요한 양분을 가지고 있기 때문에 세포질의 양이 많다. 수정란은 난자가 정자의 핵만 받아들인 것이기 때문에 수정란이 가지는 세포질의 양이 정자보다 많다.
② 난자는 감수 분열에 의해 형성된 것이므로 염색체 수는 n 이다. 하지만 줄기 세포는 정자(n)와 난자(n)가 수정한 수정란($2n$)의 체세포 분열로 만들어진 것이므로 염색체 수는 $2n$ 이다.
③ 수정란의 분열 시 염색체 수 뿐만 아니라 DNA 양도 변하지 않는다. 즉, 줄기 세포는 수정란이 가지는 유전자와 같은 유전자를 갖는다.
⑤ 난할은 세포 생장기 없이 빠르게 일어나므로 난할이 진행됨에 따라 딸세포(할구) 1 개당 세포질의 양은 감소한다. 그러나 DNA 양은 변하지 않고 수정란과 같다.

15. ② [바로알기] 난할하는 동안 세포질의 양은 늘어나지 않고 할구의 수만 늘어나므로 각 할구 당 세포질의 양은 점점 줄어들게 된다.
① 난할은 세포의 성장기가 없어 분열 속도가 빠르다.
③ 난할은 체세포 분열이므로 염색체 수의 변화가 없다.
④ 난할 과정 동안 세포질의 양은 늘어나지 않고 할구의 수만 늘어나므로 할구의 크기는 점점 작아진다.
⑤ 수정란은 두 번 세로로 분열하여 4 세포기가 된 다음 가로로 분열하여 8 세포기가 된다. 이처럼 난할은 분열 순서와 방향이 정해져 있다.

16. ㄱ. 기초 체온이 급격히 올라간 14 일 경에 배란이 일어나는 것을 알 수 있다.
ㄴ. [바로알기] 기초 체온은 프로게스테론이 분비되는 동안 높게 유지된다. 이후 프로게스테론의 분비량이 감소하게 되면 체온은 낮아진다.
ㄷ. 고온기는 배란 후 자궁벽이 발달하는 황체기에 해당하므로 임신 가능성이 크다.

17. ㄱ. [바로알기] 태아의 외부 생식기는 임신 7 주경부터 형성되기 시작한다. 따라서 6 주에는 태아의 성별을 구별하기 어려우며 임신 9 주부터 태아의 성별이 뚜렷하게 구별이 가능하다.
ㄴ. 임신 3 개월 이내에 태아의 대부분의 기관이 형성되기 시작한다.
ㄷ. 임신 2 개월에는 태아의 대부분의 기관이 형성되기 시작하는 시기로 이 시기에 약물을 복용하면 태아에게 영향을 주어 기형아를 출산할 위험이 높다. 특히 임신 5 ~ 6 주 사이에 기형을 유발하는 물질에 노출이 되면 이 시기에 발달이 집중적으로 일어나고 있는 눈, 귀, 손, 발에 기형이 나타날 확률이 높다.

18. 이 여성은 생식 주기가 4 주이며, 6 주경에 배란이 일

어났고, 그 이후 호르몬 (라) 프로게스테론의 농도가 매우 높게 유지되므로 수정 및 임신이 되었다는 사실을 알 수 있다.

19. (가)는 황체형성호르몬(LH), (나)는 여포자극호르몬(FSH), (다)는 에스트로젠, (라)는 프로게스테론이다.
ㄱ. [바로알기] 배란은 LH 의 농도가 높을 때 일어나므로, 2 주와 6 주에 각각 일어나 총 2 번의 배란이 일어난 것을 알 수 있다.
ㄴ. [바로알기] 프로게스테론 (라)는 FSH와 LH를 억제한다.
ㄷ. [바로알기] 월경은 프로게스테론의 농도가 감소하여 자궁 내벽이 허물어지면서 일어난다.
ㄹ. [바로알기] 8 주경은 임신 초기 상태이므로 여포의 성숙은 억제되고, 황체에서 에스트로젠과 프로게스테론을 모두 분비한다.
ㅁ. 에스트로젠 (다)는 황체형성호르몬의 분비를 촉진시켜 배란을 유도한다. 제시된 그래프에서 에스트로젠의 농도가 감소하는 시기에 황체형성호르몬의 농도가 최대가 되어 배란이 일어나고 있다.
ㅂ. 자궁 내벽의 두께를 두껍게 유지하는 프로게스테론의 농도가 감소하면 자궁 내벽이 허물어지는 월경이 일어난다.

20. ㄱ. 혈액형은 유전자에 의해 결정된다. 모체와 태아의 유전자 조성은 다르기 때문에 모체와 태아의 혈액형은 같을 수도 있지만 다를 수도 있다.
ㄴ. 기체는 분압차에 의한 확산에 의해 이동하는데 이산화탄소는 태아에서 모체 쪽으로 이동하므로 태아의 이산화 탄소 분압이 모체보다 더 높다.
ㄷ. [바로알기] 세균과 혈구는 크기가 크기 때문에 태반을 통하여 태아 쪽으로 이동할 수 없다.
ㄹ. 모체 혈액에 존재하는 항체는 태반을 통하여 태아 쪽으로 이동이 가능하다. 따라서 태아가 태어나더라도 이 항체가 몸에 존재하므로 특정 병에 대해 일정 기간 동안 면역성을 가질 수 있다.

21. ㄱ. 프로게스테론은 난소의 황체에서 분비되는 호르몬이므로 황체가 퇴화하면 프로게스테론의 분비량이 줄어든다.
ㄴ. [바로알기] 여포에서 분비되는 에스트로젠은 여포자극호르몬의 분비를 억제하며 황체형성호르몬의 분비는 촉진하여 배란을 유도한다.
ㄷ. 프로게스테론은 여포자극호르몬의 분비를 억제하여 여포의 성숙을 방지하며, 자궁벽을 두껍게 유지하는 기능을 한다.

22. (가)는 월경기, (나)는 여포기, (다)는 배란기, (라)는 황체기이다.
(1) 배란된 난자가 수정되지 않으면 황체는 급격하게 퇴화하며, 황체가 퇴화하면 프로게스테론의 분비가 감소하여 자궁 내벽의 모세 혈관이 파열된다. 이 시기를 월경기라고 한다.
(2) 여포에서 에스트로젠을 분비하여 자궁 내벽이 발달되는 시기는 여포기이다. 이 시기에 여포와 난자가 성숙한다.
(3) 배란후 여포는 황체로 변한 뒤 황체에서 프로게스테론이 분비된다. 이 시기를 황체기라고 한다. 프로게스테론은 자궁 내벽을 더욱 두껍게 발달·유지시키고, 뇌하수체에 작용하여 여포자극호르몬과 황체형성호르몬의 분비를 억제하여 새로운 난자의 성숙과 배란을 막는다. 이 시기에 착상이 일어나면 자궁 내벽은 두껍게 유지가 된다.
(4) 에스트로젠의 농도가 증가하여 뇌하수체에 작용해 황체형성호르몬의 분비가 촉진되며, 황체형성호르몬의 분비가 최대로 된 후 여포가 파열되어 성숙한 난자가 배출된다. 이 시기를 배란기라고 한다. 난자가 배란될 때 정자와 접촉하면 수란관의 상단부에서 수정이 일어난다.

23. 에스트로젠과 프로게스테론이 주성분인 피임약을 먹게 되면 에스트로젠에 의해 여포자극호르몬(FSH)의 분비가 억제되어 새로운 여포가 성숙되지 않는다. 또한 프로게스테론은 황체형성호르몬(LH)의 분비를 억제하여 배란을 막는다. 따라서 월경이 시작된 직후부터 피임약을 복용하면 난소 내 여포는 성숙하지 못한 A 의 상태를 유지하게 된다. 또한 에스트로젠은 자궁 내벽을 두껍게 만들며, 프로게스테론은 자궁 내벽이 두꺼운 상태를 유지할 수 있도록 하므로 3 주째 피임약을 복용했을 때는 자궁 내벽이 최대로 두꺼워져있는 상태이다. 인위적으로 에스트로젠과 프로게스테론의 농도가 높아지므로 난소의 상태가 A 일지라도 자궁 내벽의 두께는 D 가 아닌 두껍게 발달된 E 의 상태이다.

24. ㄱ. [바로알기] 배란이 일어날 때 급격히 증가하는 호르몬 X 는 황체형성호르몬(LH)이다. 황체형성호르몬은 성숙한 여포를 파열시켜 배란이 일어나도록 돕는다. 황체형성호르몬은 뇌하수체 전엽에서 분비되는 호르몬이다.
ㄴ. [바로알기] 체온 상승을 유발하는 호르몬은 프로게스테론이다.
ㄷ. 여성 (가)는 배란 이후 형성된 황체가 퇴화하지 않는 것으로보아 임신이 된 상태이며, (나)는 황체가 퇴화되고 있기 때문에 임신이 되지 않았다는 것을 알 수 있다. 28 일경에 여성 (가)의 황체는 유지되며, (나)의 황체는 퇴화하였으므로 황체에서 분비되는 프로게스테론의 혈중 농도는 (가)가 (나)보다 높게 나타난다.

25. ㄱ. [바로알기] (가) 는 세정관의 단면을 나타낸 것으로, 세정관 내부의 정자는 운동 능력이 없다. 정자는 부정소에 일시적으로 저장되면서 운동성을 가지게 되며, 여성 생식기에서 최종적으로 수정 능력을 가지게 된다.
ㄴ. 레이디히세포는 세정관 사이의 결합 조직에 있는 세포로 테스토스테론(남성호르몬)을 만든다.
ㄷ. [바로알기] A 는 여포(제1 난모세포)이며, B 는 배란되기 전의 성숙한 여포이다. A 에서의 핵상은 $2n$ 이며 B 에서의 핵상은 n 이다. 이 과정에서는 여포자극호르몬이 관여하여 여포의 생장과 난자의 성숙을 촉진하는 작용을 한다. 황체형성호르몬은 성숙한 여포를 파열시켜 배란을 유도하는 작용을 한다.

26. ① A 는 여포 안의 제1 난모세포이다. 여성은 태아 시기부터 생식 세포 분열을 시작하여 제1 난모세포가 감수 1

분열 전기에 멈춘 상태로 태어난다.
② B 는 배란되는 난자 안의 제2 난모세포이다. 여성은 사춘기 이후 여포자극호르몬(FSH)에 의해 여포 중 하나의 생식 세포 분열이 재시작되어 감수 2 분열 중기 상태의 제2 난모세포를 배란한다. 배란된 제2 난모세포는 정자와 수정이 될 경우에 생식 세포 분열을 완성시킨다.
③ [바로알기] 정자 형성 과정에서 성염색체 X 와 Y 는 서로 상동 염색체로 간주한다. Y 염색체의 크기가 더 작지만 Y 염색체의 양끝에 X 염색체의 상동 부위가 존재하며 생식 세포 분열을 할때 서로 쌍을 이루어 상동 염색체와 같이 접합한다.
④ 여포자극호르몬(FSH)은 난소에 작용하여 에스트로젠의 분비를 촉진하며 여포를 자극하여 여포의 생장과 난자의 성숙을 촉진한다. 황체형성호르몬(LH)은 프로게스테론의 분비를 촉진하여 성숙한 여포를 파열시켜 배란이 일어나도록 한다.
⑤ 정자는 사춘기 때부터 세정관 내벽에서 만들어지기 시작하여 생식 세포 분열을 통해 평생 동안 형성된다.

27. 답 1. 정자가 여성의 질 속을 통과할 때 많은 수의 정자가 죽기 때문이다.
2. 난자의 투명대를 녹이기 위해서는 여러 개의 정자에서 분비되는 가수 분해 효소가 필요하기 때문이다.

28. ㄱ. [바로알기] A 시기에는 뇌하수체에서 분비되는 황체형성호르몬(LH)에 의해 성숙한 여포가 터지면서 배란이 일어난다.
ㄴ. B 시기에는 배란 후 여포가 황체로 변하고 황체에서 프로게스테론의 분비가 증가한다. 프로게스테론에 의해 D 의 조절이 이루어져 뇌하수체에서 여포자극호르몬(FSH)과 황체형성호르몬(LH)의 분비는 억제된다.
ㄷ. 프로게스테론은 배란 이후 황체로부터 분비량이 증가하므로, 여포가 성숙하는 여포기에는 프로게스테론의 분비량이 증가하지 않는다.

29. 답 난소가 제대로 발달하지 않아 에스트로젠과 프로게스테론이 비정상적으로 분비된다. 프로게스테론은 여포자극호르몬과 황체형성호르몬의 분비를 억제하는 역할을 하는데, 이 작용이 제대로 일어나지 않아 여포자극호르몬이 비정상적으로 많이 분비된다.
해설 터너 증후군의 여성은 에스트로젠이 분비되지 않아 2 차 성징이 나타나지 않거나 미약하게 일어나 성적 발달이 일어나지 않는다. 따라서 월경을 하지 않고 유방이 자라지 않으며, 체모가 자라지 않는다.

30. 답 1. 에스트로젠이 작용한 후 프로게스테론의 효과가 커진다.
2. 자궁 내벽이 충분이 두꺼울 때에만 착상이 가능하다.
해설 실험군 C 의 결과로 에스트로젠을 먼저 투여하여 자궁 내벽이 두꺼워진 다음 프로게스테론을 투여하여 두꺼워진 자궁 내벽을 유지시킬 때 배아가 착상할 수 있다.

10강. 유전의 원리

개념 확인 186~189쪽

1. (1) 형질 (2) 이형 접합 (잡종)
2. (1) X (2) O
3. 검정 교배 **4.** 중간 유전

2. (1) [바로알기] 순종인 한 쌍을 대립 형질끼리 교배시켰을 때, F_1 에서 발현되는 형질은 우성이다.

확인+ 186~189쪽

1. 염색체설 **2.** 1 : 2 : 1
3. (1) O (2) X **4.** (1) X (2) O

3. (1) 우열의 원리와 분리의 법칙은 단성 잡종 교배이며, 독립의 법칙은 양성 잡종 교배이다.
(2) [바로알기] 독립의 법칙에서 잡종 2 대(F_2)의 표현형의 비는 9 : 3 : 3 : 1 이다.

4. (1) [바로알기] 불완전 우성에서는 우열의 원리가 적용되지 않는다.

개념 다지기 190~191쪽

01. ② **02.** ④
03. (1) ㅂ (2) ㄱ (3) ㄴ (4) ㄹ
04. ㉮ : Rr, ㉯ : rr **05.** ④ **06.** ④
07. 1350 **08.** 연관 유전

01. ② 서로 다른 대립 형질을 가지는 순종의 두 개체를 교배했을 때 자손 1대에서 표현형으로 나타나지 않는 잠재된 형질을 열성이라고 한다.
① 순종의 대립 형질을 교배하였을 때, 자손 1 대에서 표현되는 형질을 우성이라고 한다.
③ 겉으로 나타나는 형질을 표현형이라고 한다.
④, ⑤ 형질을 나타내는 유전자가 서로 같으면 순종(동형 접합), 그렇지 않으면 잡종(이형 접합)이라고 한다.

02. ④ 완두는 염색체 수가 적고 대립 형질이 분명하기 때문에 형질의 비교가 용이하다.

04. 검정 교배는 표현형이 우성인 개체의 순종, 잡종을 확인하기 위한 교배 방법이다. 잡종 1 대에 우성과 열성이 모두 나타난 것으로 보아 F_1 의 ㉮는 우성 이형 접합(잡종), ㉯는 열성 동형 접합(순종)임을 알 수 있다.

05. 염색체 안에 유전자 R 과 Y 가 서로 상인 연관되어 있다. 돌연변이와 교차는 고려하지 않으므로 R 과 y, r 과 Y 는 함께 유전될 수 없다.

06. 서로 독립되어 있는 경우 유전자형이 만들어지는 경우는 대립 유전자^2 × 대립 유전자^2…이다(예 Aa → 2^2, AaBbCc → $2^2 \times 2^2 \times 2^2 = 64$). 따라서 AaBb 의 경우 유전자형이 만들어질 수 있는 전체 경우의 수는 $2^2 \times 2^2 = 16$ 가지이며, 그 중 AABb 가 나올 경우의 수는 생식 세포가 AB 와 Ab가 각각 모계와 부계에서 전달되는 2 가지 경우이다. 따라서 확률은 $\frac{2}{16} \rightarrow \frac{1}{8}$ 이 된다.

	AB	Ab	aB	ab
AB	AABB	AABb	AaBB	AaBb
Ab	AABb	AAbb	AaBb	Aabb
aB	AaBB	AaBb	aaBB	aaBb
ab	AaBb	Aabb	aaBb	aabb

07. 독립의 법칙에 의해 둥글고 황색 : 둥글고 녹색 : 주름지고 황색 : 주름지고 녹색의 비율이 9 : 3 : 3 : 1 로 나타나기 때문에 주름지고 황색의 완두가 나타나는 확률은 $\frac{3}{16}$ 이다. 따라서 $7200 \times \frac{3}{16} = 1350$ 개가 된다.

유형 익히기 & 하브루타 192~195쪽

[유형 10-1] (1) O (2) X (3) X
01. ①
02. (1) 유전 (2) 대립 형질 (3) 멘델의 법칙
[유형 10-2] (1) O (2) X (3) X (4) O (5) X
03. Rr **04.** RR, Rr, rr
[유형 10-3] ④
05. ① **06.** ②
[유형 10-4] (1) X (2) X (3) O (4) O
07. 연관 **08.** (1) 불완전 우성
(2) ㉠ 상인 연관 ㉡ 상반 연관 (3) 교차

[유형 10-1] 서턴은 멘델의 법칙을 바탕으로 염색체설을 발표하였다. 멘델의 이론과 서턴의 염색체설 모두 생물은 그 특징을 담고 있는 유전 물질이 쌍으로 존재하며 이는 부모로부터 각각 하나씩 물려받는다고 주장하였다.
(1) 멘델은 쌍으로 존재하는 대립 유전 인자는 생식 세포 형성 과정 시 분리되므로 생식 세포에는 유전 인자가 하나만 있다고 주장하였다.
(2) [바로알기] 처음으로 염색체라는 단어를 사용한 사람은 서턴이다. 따라서 ㉠은 대립 유전 인자를 ㉡은 상동 염색체를 의미한다.
(3) [바로알기] 수정 과정을 통해 다시 합쳐진 유전 인자는 부모로부터 각각 유전되기 때문에 모세포와 같을 수도 있고 다를 수도 있다.

01. ① [바로알기] 대립 형질이란 완두의 색이 녹색과 황색인 것처럼 하나의 형질에서 서로 대립(비교) 관계에 있는 것을 의미한다. 키가 큰 완두의 대립 형질은 키가 작은 완두, 매끈한 콩깍지의 대립 형질은 잘록한 콩깍지가 되기 때문에 완두의 키가 큰 것과 콩깍지가 매끈한 것은 서로 다른 대립 형질이 된다.

02. (1) 부모의 형질이 자손에게 전해지는 현상을 유전이라고 한다.
(2) 하나의 형질에서 서로 대립 관계에 있는 형질을 대립 형질이라고 한다.
(3) 1865 년 멘델은 유전 물질이 항상 쌍으로 존재하며, 이는 부모로부터 하나씩 물려받기 때문이라는 멘델 법칙을 발표했다.

[유형 10-2] (1) 순종의 둥근 완두와 주름진 완두를 교배시켜 얻은 잡종 1 대(F_1)에서 나온 둥근 완두를 자가 수분시켜 생식 세포의 비를 비교, 분석한다.
(2) [바로알기] 순종의 둥근 완두와 순종의 주름진 완두를 교배하여 얻은 완두가 둥근 형질을 띄는 것으로 보아 둥근 형질이 우성 형질인 것을 알 수 있다.
(3) [바로알기] 잡종 1 대(F_1)는 어버이(P)로부터 생식 세포로 R 과 r 을 받기 때문에 이형 접합(잡종)이다.
(4) 대립 형질을 가진 순종의 우성과 열성의 개체끼리 교배하였을 때 우성 형질만 표현이 되는 것을 우열의 원리라고 한다.
(5) [바로알기] 생식 세포 형성 시 한 쌍의 대립 유전자가 분리되어 서로 다른 생식 세포로 들어가 잡종 2 대(F_2)에서 표현형이 일정한 비율로 나타나는 것을 분리의 법칙이라고 한다.

03. 어버이(P)의 둥근 완두와 주름진 완두를 교배시키면 유전자 R 과 r 을 갖는 생식 세포가 각각 수정되어 잡종 1 대(F_1)에서는 모두 둥근 완두(Rr)의 이형 접합만 나타난다.

04. 잡종 1 대(F_1)에서 만들어지는 생식 세포는 R 과 r 이다. 따라서 각각의 생식 세포에 의해 만들어지는 유전자형은 RR, Rr, rr 총 3 가지이다.

[유형 10-3] ㄱ. 잡종 1 대(F_1)를 자가 수분한 결과 잡종 2 대(F_2)에서 모든 표현형이 나왔으므로 잡종 1 대(F_1)는 RrYy 이형 접합(잡종)이다.
ㄴ. [바로알기] 잡종 1 대(F_1)를 자가 수분한 결과 잡종 2 대(F_2)의 표현형이 9 : 3 : 3 : 1 인 것으로 보아 R 과 Y 는 서로 독립되어 있음을 확인할 수 있다.
ㄷ. 잡종 1 대(F_1)의 자가 수분 결과로 만들어지는 생식 세포는 분리의 법칙에 의해 RY, Ry, rY, ry 총 4 가지이다.
ㄹ. 각각의 대립 형질의 유전자가 독립되어 있는 경우 유전

자형이 만들어지는 경우는 대립 유전자^2×대립 유전자^2…이다. 따라서 AaBb 의 경우 유전자형이 만들어질 수 있는 전체 경우의 수는 $2^2 \times 2^2 = 16$ 가지이다. 잡종 1 대(F_1)의 유전자형은 RrYy 이므로 F_2 에서 RrYy 가 나타날 수 있는 경우는 각각 부계와 모계로부터 받는 생식 세포가 RY × ry 또는 Ry × rY 로 4 가지이다. 따라서 확률은 $\frac{4}{16} \rightarrow \frac{1}{4}$(= 25 %)이 된다.

05.

	RY	Ry
RY	RRYY	RRYy
Ry	RRYy	RRyy

RRYy 에서 나올 수 있는 생식 세포는 RY, Ry 두 가지이다. 이를 자가 교배시키면 결과는 위와 같다. 따라서 둥글고 황색(R_Y_) : 둥글고 녹색(R_yy)이 3 : 1 의 비율로 나타난다.

06. AaBB 에서 나올 수 있는 생식 세포는 AB, aB 두 가지이다. 이를 검정 교배하면 결과는 아래 표와 같다.

	AB	aB
ab	AaBb	aaBb

따라서 A_B_ : aaB_ 의 비율이 1 : 1 로 나타나며 이는 우성인 부모 개체의 생식 세포의 비와 일치하는 것을 알 수 있다.

[유형 10-4] (1) [바로알기] 분꽃 색깔에 우열이 원리가 성립하기 위해서는 잡종 1 대(F_1)에서 붉은색(R)과 흰색(W) 중 우성인 유전자의 형질이 발현해야 한다. 그러나 기존의 붉은색(R)과 흰색(W) 형질과는 전혀 다른 분홍색(RW) 형질이 나타난 것으로 보아 우열의 원리를 따르지 않는 중간 유전이다.
(2) [바로알기] 분꽃의 꽃잎 색깔 유전은 우열의 원리를 적용시킬 수는 없지만 부모 형질의 중간형을 띠는 것으로 보아 부모의 유전자가 생식 세포 형성 시 다른 세포로 나뉘어 들어가는 분리의 법칙은 적용됨을 알 수 있다.
(3) 붉은 꽃(RR)과 분홍 꽃(RW)을 교배하였을 때 나타나는 유전자형은 RR : RW = 1 : 1 이다. 따라서 붉은 꽃이 나타날 확률은 50 % 이다.
(4) 붉은색(R)과 흰색(W)을 교배한 결과 중간 형질이 나타나는 중간 유전은 두 유전자 사이의 우열 관계가 확실하게 구분되지 않아 생기는 불완전 우성 때문이다.

07. 여러 개의 유전자가 동일 염색체에 위치하고 있어 분열 시 함께 유전되는 현상을 연관 유전이라고 한다.

08. (1) 중간 유전이 일어나는 이유는 서로 다른 두 대립 유전자가 우열이 분명하지 않은 불완전 우성이 나타나기 때문이다.
(2) 유전자가 서로 연관되어 있는 경우에 우성 유전자 혹은 열성 유전자끼리 연관된 경우(예 AB, ab)를 상인 연관, 우성과 열성의 유전자가 같이 연관된 경우(예 Ab, aB)를 상반 연관이라고 한다.
(3) 감수분열 시 상동 염색체가 접합하여 2가 염색체를 형성할 때 상동 염색체의 염색 분체 일부가 교환되는 것을 교차라고 한다.

창의력 & 토론마당 196~199쪽

01 (1) · 혼합 이론에 해당할 수 있는 예 : 중간 유전, 다인자 유전, 복대립 유전 (자세한 예 해설 참조)
· 멘델 이론에 해당할 수 있는 예 : 완두의 형질 유전, 쥐의 털 색 유전, 색맹, 미맹 등
(2) 둥근 콩과 주름진 콩의 완두를 교배하면 잡종 1 대(F_1)에서 중간 형질이 아닌 대립 유전자 중 우성인 형질이 표현형으로 나타나게 된다. 혼합 이론으로 생각할 수 있는 사람의 키를 가지고 정리해 보면 키 큰 아버지와 키가 작은 어머니가 만나 태어난 자식은 중간 키를 나타내야 한다. 그러나 실제 키 유전을 살펴보면 키가 큰 부모 사이에서 작은 키를 가진 자손이 태어나기도 하며 반대로 키가 작은 부모 사이에서 키가 큰 자손이 태어나기도 한다. 이를 완두의 잡종 1 대(F_1)의 표현형을 바탕으로 정리하면 큰 키 유전 인자와 작은 키 유전 인자가 우성, 열성 관계에 의한 유전 인자 발현 여부에 따라 표현형이 바뀌는 것이라고 설명할 수 있다.

해설 혼합 이론은 멘델의 유전 법칙 이후로 더이상 인정되지 않는 이론이다. 쉽게 혼합 이론이라고 생각할 수 있는 예로는 중간 유전, 다인자 유전, 복대립 유전처럼 우열 관계가 명확하게 나눠지지 않는 것들이 있다. 이들은 모두 우성 인자와 열성 인자의 우열 관계가 명확하게 구분지어지지 않거나 혹은 3 개 이상의 대립 유전자가 관여하여 많은 경우의 수를 나타낸다.
· 중간 유전의 예 : 금어초의 꽃 색깔, 분꽃의 꽃 색깔, 팔로미노 말의 털 색깔 등
· 복대립 유전의 예 : ABO 식 혈액형, 초파리의 눈 색깔 유전 등
· 다인자 유전의 예 : 키 유전, 피부색 유전 등

02 (1) 상위 유전은 비대립 유전자와의 상호작용으로 하나의 유전자가 다른 유전자의 활동을 억제하는 것이다. 비대립 유전자인 색소 침착 유전자의 발현 여부에 따라 털의 색깔이 결정되므로 상위 유전자라고 할 수 있다.
(2) BbCc, Bbcc, bbCc, bbcc

해설 (2) 순종 털색깔 유전자(BB, bb)와 색소 침착 유전자의 열성 순종 조합(cc)인 경우 순종의 흰색 쥐가 되며 유전자형은 BBcc, bbcc 두 가지이다. 이를 검은색 쥐(색소 침착 유전자의 열성 순종 조합이 아닌 경

우(CC, Cc)와 검은색 털 유전자(bb)의 조합) bbCC 또는 bbCc와 교배하면 4가지 유전자형이 생긴다.

① bbCC × BBcc → BbCc

	Bc
bC	BbCc

② bbCC × bbcc → bbCc

	bc
bC	bbCc

③ bbCc × BBcc → BbCc, Bbcc

	Bc
bC	BbCc
bc	Bbcc

④ bbCc × bbcc
→ bbCc, bbcc

	bc
bC	bbCc
bc	bbcc

03 (1) A : ffgg B : FfGG C : FfGg D : FFGg
(2) 50 % (3) 25 %

해설 (1) A ~ D의 생식 세포는 FG, Fg, fG, fg에 포함되며, 이를 열성 생식 세포 fg와 교배하는 검정 교배를 하므로 퍼넷 사각형을 이용하여 쉽게 F_1 의 유전자형을 찾을 수 있다.

· A 의 F_1 검정 교배 결과

	FG	Fg	fG	fg
fg	FfGg	Ffgg	ffGg	ffgg
개체수	0	0	0	400

A 는 수축하고 황색 콩깍지만 나왔으므로 f 와 g 의 생식 세포만 형성한다는 것을 알 수 있다. 따라서 A 의 유전자형은 ffgg 이다.

· B 의 F_1 검정 교배 결과

	FG	Fg	fG	fg
fg	FfGg	Ffgg	ffGg	ffgg
개체수	200	0	200	0

A 와 동일한 방식으로 유전자형을 분석하면 위의 표와 같다. 따라서 B 는 생식 세포로 FG 와 fG 를 가지고 있으며 유전자형은 FfGG 이다.

· C 의 F_1 검정 교배 결과

	FG	Fg	fG	fg
fg	FfGg	Ffgg	ffGg	ffgg
개체수	50	50	50	50

C 는 생식 세포로 FG, Fg, fG, fg 를 모두 가지고 있으며 유전자형은 FfGg 이다.

· D 의 F_1 검정 교배 결과

	FG	Fg	fG	fg
fg	FfGg	Ffgg	ffGg	ffgg
개체수	200	200	0	0

D 는 생식 세포로 FG 와 Fg 를 가지고 있으며 유전자형은 FFGg 이다.

(2) ㉠의 유전자형은 C의 검정 교배 결과에서 ffGg 이다. 이를 검정 교배할 경우 나오는 F_2 의 유전자형은 다음 표와 같다.

	fG	fg
fg	ffGg	ffgg

따라서 ㉠과 동일한 유전자형을 가지는 자손은 50 % 이다.

(3) FfGg 의 유전자형인 C 와 FFGg 인 유전자형 D 를 교배하여 나타나는 자손형의 비는 아래 표와 같다.

	FG	Fg	fG	fg
FG	FFGG	FFGg	FfGG	FfGg
Fg	FFGg	FFgg	FfGg	Ffgg

태어난 자손 8 중 동형 접합은 2이므로 확률은 25 % 이다.

04 (1) (가)는 A와 D가 상반 연관, (나)는 A와 D가 상인 연관되어 있고 B는 두 경우 모두 독립되어 있다.

A a
d D
B b
(가)의 유전자형

A a
D d
B b
(나)의 유전자형

(2) $\frac{1}{16}$

해설 (1) (가)와 (나)를 각각 자가 교배시켜 유전자 A 와 B, B 와 D, A 와 D가 독립되어 있는지 연관되어 있는지를 확인해야 한다. 독립된 유전자를 자가 교배시키면 자손의 표현형의 비가 9 : 3 : 3 : 1 의 비율로 나타나며, 상인 연관된 유전자는 3 : 1, 상반 연관된 유전자는 2 : 1 : 1 의 비율로 나타난다.

· P1 의 자가 교배 결과

① A_B_ : A_bb : aaB_ : aabb = 225 : 75 : 75 : 25 임을 알 수 있다. 따라서 A 와 B 는 9 : 3 : 3 : 1 로 독립되어 있다.

② B_D_ : B_dd : bbD_ : bbdd = 225 : 75 : 75 : 25 임을 알 수 있다. 따라서 B 와 D 는 9 : 3 : 3 : 1 로 독립되어 있다.

③ A_D_ : A_dd : aaD_ : aadd = 200 : 100 : 100 : 0 임을 알 수 있다. 따라서 A 와 D 는 서로 상반 연관(우성과 열성이 연관)되어 있다.

· P2 의 자가 교배 결과

① A_B_ : A_bb : aaB_ : aabb = 225 : 75 : 75 : 25 임을 알 수 있다. 따라서 A 와 B 는 9 : 3 : 3 : 1 로 독립되어 있다.

② B_D_ : B_dd : bbD_ : bbdd = 225 : 75 : 75 : 25 임을 알 수 있다. 따라서 B 와 D 는 9 : 3 : 3 : 1 로 독립되어 있다.

③ A_D_ : A_dd : aaD_ : aadd = 300 : 0 : 0 : 100 임을 알 수 있다. 따라서 A 와 D 는 서로 상인 연관(우성끼리 열성끼리 연관)되어 있다.

(2) 생식 세포를 구성할 때 (가)는 Ad, aD가 함께 이동하며, (나)는 AD, ad 가 같이 이동한다. 따라서
P1 의 생식 세포 : ABd, Abd, aBD, abD
P2 의 생식 세포 : ABD, AbD, aBd, abd 이다.
여기서 P1과 P2를 교배하여 잡종 1 대를 얻을 때,
A_bbdd 가 될 확률 = bb의 확률 × A_dd의 확률이다.
여기서 bb 가 될 확률은 P1 이 Abd, abD 일 때 P2가 AbD, abd 인 경우이므로 전체 4×4 = 16가지 경우 중 2×2 = 4 가지에 해당하므로 $\frac{1}{4}$ 이다.
같은 방법으로 A_dd 가 될 확률은 P1(Ad) × P2(ad)로 $\frac{1}{4}$ 이다. 따라서 A_bbdd 가 될 확률은 $\frac{1}{4} \times \frac{1}{4} = \frac{1}{16}$ 이다.

스스로 실력 높이기 200~205쪽

1. ㄹ	2. ㄷ	3. ㅂ	4. ㅇ
5. ②	6. (1) O (2) O		
7. 검정 교배	8. (1) X (2) X (3) O		9. ②
10. (1) O (2) X (3) O		11. ⑤	12. ③
13. ④	14. 100	15. ①, ④	16. ①
17. ④	18. ⑤	19. ④	20. ②
21. ⑤	22. ④	23. ⑤	24. ①
25. ③	26. ⑤	27. ②	28. ③
29. (1) AaBBDdRR, AaBbDdRr (2) aaBbDDrr			
30. $\frac{1}{12}$			

05. 완두는 한 세대의 길이가 짧기 때문에 단시간에 다른 생물에 비하여 많은 개체의 비교가 가능했으며, 어버이와 자손을 관찰하기 용이했다.

06. (1) 대립 유전자는 서로 다른 상동 염색체에 있으므로 감수 1분열 시 나누어지며, 생식 세포 형성 시 각기 다른 생식 세포로 들어간다.
(2) 순종의 우성 형질과 순종의 잡종 형질을 교배하여 잡종 1대(F_1)을 얻고, F_1을 자기 수분하면 F_2에서 우성 형질과 열성 형질이 3:1의 비율로 나타난다. 이것이 분리의 법칙이다.

07. 표현형이 우성인 개체가 순종인지 잡종인지 확인하기 위해서는 열성 순종인 개체와 교배하는 검정 교배를 하는데, 순종인 경우 F_1이 모두 우성으로 나타나나 잡종인 경우 F_1에서 우성 : 열성의 비율이 1 : 1 로 나타난다.

08. (1) [바로알기] ㉠의 유전자형은 RrYy 로 이형 접합이다.
(2) [바로알기] 잡종 1 대(F_1)에서 나올 수 있는 생식 세포의 수는 RY, Ry, rY, ry 총 4 가지이다.
(3) 각각 대립 형질의 표현형의 비는 9 : 3 : 3 : 1 로 분리의 법칙에 따라 서로 독립적으로 유전된다.

09. 사람의 생식 세포의 염색체 수는 총 23 개(n = 23)이고, 한 염색체의 유전자는 연관되어 같이 움직이므로 연관군의 수는 23 개이다.

10. (1) 중간 유전은 대립 유전자 사이의 우열 관계가 불완전할 때 나타난다.
(2), (3) [바로알기] 붉은 꽃(RR)과 흰 꽃(WW)을 교배시킨 결과 잡종 1 대에서는 중간 유전에 의해 분홍 꽃(RW)이 나타난다. 잡종 2 대(F_2)의 표현형에 나타나는 꽃 색깔에서 세 가지 색깔이 모두 나타나는 것으로 보아 중간 유전 역시 분리의 법칙을 따라 순종과 잡종이 1 : 1 의 비로 나타나는 것을 알 수 있다.

11. ⑤ 한 개체에는 하나의 형질에 대한 유전 인자가 쌍으로 존재한다. → 멘델이 가정한 내용
① 대립 유전자의 위치는 상동 염색체 내에서 동일하다. → 모건의 주장
② 완두의 형질을 결정하는 유전 인자는 염색체에 존재한다. → 서턴의 주장
③ 개체가 가진 한 쌍의 유전 인자는 서로 분리되지 않는다. → 유전 인자는 분리된다고 주장
④ 쌍을 이룬 유전 인자가 다를 경우, 모두 표현형으로 나타난다. → 하나의 유전 인자만 발현된다고 주장

12. ㄱ. A와 T는 연관되지 않았으므로 독립적으로 유전되어 독립의 법칙을 따른다.
ㄴ. [바로알기] AaTt 를 자가 수분시켰을 때, A_T_ : A_tt : aaT_ : aatt 의 비율이 9 : 3 : 3 : 1 로 나타나기 때문에 열성 순종이 나올 수 있다.
ㄷ. 이 완두의 유전자형은 AATT, AaTT, aaTT, AATt, AaTt, aaTt, AAtt, Aatt, aatt 중 하나이며, 열성 순종(aatt)과 검정 교배시켜 나올 수 있는 유전자 형은 AaTt, aaTt, Aatt, aatt 4 가지이다.

13. ㄱ. [바로알기] (가)는 Rr 로 이형 접합(잡종)이지만 (나)는 rr 로 동형 접합(순종)이다.
ㄴ. (나)는 rr이므로 자가 교배 시 유전자형이 모두 rr이다.
ㄷ. 열성인 개체를 교배하여 얻은 자손의 표현형의 비는 ㉮의 생식 세포의 비와 동일하다.

14. D의 경우 열성 동형 접합(rryy)으로 전체 개체의 $\frac{1}{16}$ 의 비를 가진다.
$1600 \times \frac{1}{16} = 100$ 개체

15. ① 순종이 나타날 확률 : 16 개의 유전자형 중에서 RRYY, RRyy, rrYY, rryy 1개씩 총 4 가지가 가능하기 때문에 $\frac{4}{16}$, 즉, 25 % 의 확률이다.
④ 잡종 1 대와 유전자형이 같은 것(RrYy)이 나타날 확률 : 생식 세포 RY 와 ry 또는 Ry 와 rY 가 결합하는 4 가지 경우이다. 따라서 $\frac{4}{16}$, 즉 25 % 의 확률이다.

[바로알기] ② 잡종이 나타날 확률 : 순종을 제외한 $\frac{3}{4}$, 즉 75 % 의 확률이다.
③ 둥근 완두가 나타날 확률 : 둥근 완두 : 주름진 완두의 표현형의 비는 3 : 1 이기 때문에 $\frac{3}{4}$, 즉 75 % 의 확률이다.
⑤ 씨 색깔과 모양 모두 열성 유전자가 표현될 확률은 rryy 1 가지 즉, $\frac{1}{16}$ 이 된다.

16. 자손의 표현형의 비로 보아 ㉮는 상인 연관(A-B, a-b 연관), ㉯는 상반 연관(A-b, a-B 연관)임을 알 수 있다. 따라서 ㉮의 검정 교배, ㉯의 자가 교배, ㉮와 ㉯의 교배 결과는 다음과 같다.

	AB	ab
ab	AaBb	aabb

㉮의 검정 교배

	Ab	aB
Ab	AAbb	AaBb
aB	AaBb	aaBB

㉯의 자가 교배

㉮\㉯	Ab	aB
AB	AABb	AaBB
ab	Aabb	aaBb

㉮와 ㉯의 교배

ㄱ. A_bb 또는 aaB_ 가 나오지 않은 것으로 보아 ㉮는 상인 연관이다.
ㄴ. [바로알기] ㉯의 자가 교배 결과 동형 접합의 확률은 50 % 이다.
ㄷ. [바로알기] ㉮와 ㉯를 교배하여 얻을 수 있는 표현형은 A_B_, A_bb, aaB_ 총 3 가지이다.

17. ㄱ. 분꽃의 꽃 색깔 유전은 불완전 우성이기 때문에 중간 형질이 나타난다.
ㄴ. RR : RW : WW = 1 : 2 : 1 이므로 붉은 꽃이 나올 확률은 $\frac{1}{4}$ 이다. $540 \times \frac{1}{4} = 135$ 개이다.
ㄷ. [바로알기] 흰 꽃은 순종이기 때문에 자가 교배시키면 흰 꽃만 얻을 수 있다.

18. (가)의 유전자는 상인 연관(생식 세포 : AB, ab), (나)의 유전자는 상반 연관(생식 세포 : Ab, aB), (다)의 유전자는 독립(생식 세포 : AB, Ab, aB, ab)되어 있다.
(가) ~ (다)를 각각 자가 교배시키면 F_1 의 표현형은
(가) A_B_ : aabb = 3 : 1,
(나) A_B_ : A_bb : aaB_ : 2 : 1 : 1,
(다) A_B_ : A_bb : aaB_ : aabb = 9 : 3 : 3 : 1 이다.

19. 답 ④
해설 개체수의 비가 9 : 3 : 3 : 1 에 가깝게 나타난 것으로 보아 R 과 Y 는 독립되어 있는 것을 알 수 있다.
ㄱ. [바로알기] R 과 Y 는 같은 형질을 나타내는 것이 아니므로 대립 유전자의 다른 위치에 존재하고 있다.
ㄴ. F_1 은 유전자형이 RrYy 이며 생식 세포는 RY, Ry, rY, ry 4가지이다. 검정 교배하기 위해 rryy와 교배하면 유전자형이 RrYy, Rryy, rrYy, ttyy 4가지가 나오며, 이것은 F_1의 생식 세포의 가지수와 같다.
ㄷ. ㉠의 생식 세포는 RY, Ry, rY, ry, ㉡의 생식 세포는 rY, ry 이다. 퍼넷 테이블을 이용해 자손의 유전자형을 구해 보면 아래와 같다.

	RY	Ry	rY	ry
rY	RrYY	RrYy	rrYY	rrYy
ry	RrYy	Rryy	rrYy	rryy

따라서 잡종 : 순종의 비는 3 : 1 인 것을 확인할 수 있다.

20. 자가 교배 결과를 통해 각 유전자 사이의 관계를 알 수 있다.
① A_B_ : A_bb : aaB_ : aabb = 450 : 150 : 150 : 50 임을 알 수 있다. 따라서 A 와 B 는 9 : 3 : 3 : 1 로 독립되어 있다.
② B_D_ : B_dd : bbD_ : bbdd = 450 : 150 : 150 : 50 임을 알 수 있다. 따라서 B 와 D 는 9 : 3 : 3 : 1 로 독립되어 있다.
③ A_D_ : A_dd : aaD_ : aadd = 400 : 200 : 200 : 0 = 2 : 1 : 1 : 0 임을 알 수 있다. 따라서 A 와 D 는 서로 상반 연관되어 있다.

(이식물의 유전자형)

ㄱ. [바로알기] 대립 유전자 A 와 a, D 와 d 는 서로 상반 연관되어 있고, B 와 b 가 독립되어 있다.
ㄴ. 꽃가루(생식 세포)의 유전자형 종류는 ABd, Abd, aBD, abD 총 4 가지이다.
ㄷ. [바로알기] A 와 d, D 와 a 유전자가 서로 연관되어 있기 때문에 표현형이 A_B_D_ 인 F_1 개체의 유전자형은 AaB_Dd가 되어야 하므로 AaBbDd, AaBBDd 2 가지이다.

21. 붉은 눈 유전자를 X^R 흰 눈 유전자를 X^r 이라고 하면, X^R은 X^r에 대해 우성이다. F_1 에서 모든 수컷 초파리는 흰 눈이므로 P 의 암컷 유전자가 X^rX^r 이 되어야 하며, 모든 암컷 초파리가 붉은 눈이기 때문에 P 의 수컷 유전자는 X^RY 가 되어야 한다.

$P \times P \rightarrow F_1$

	X^r	X^r
X^R	X^RX^r	X^RX^r
Y	X^rY	X^rY

$F_1 \times F_1 \rightarrow F_2$

	X^R	X^r
X^r	X^RX^r	X^rX^r
Y	X^RY	X^rY

(F_2 붉은눈 암컷×흰눈 수컷→F_3)

	X^R	X^r
X^r	X^RX^r	X^rX^r
Y	X^RY	X^rY

(F_2 흰눈 암컷×흰눈 수컷→F_3)

	X^r	X^r
X^r	X^rX^r	X^rX^r
Y	X^rY	X^rY

ㄱ. F_1 에서 암컷 초파리의 유전자형은 X^RX^r 인 이형 접합이 만들어진다.

ㄴ. [바로알기] F_1 의 암컷은 암컷끼리, 수컷은 수컷끼리 같은 유전자형을 보이기 때문에 만들어지는 생식 세포는 위와 같이 정해진다. 그 결과 암컷과 수컷을 교배시키면 F_2 의 초파리 유전자형은 X^RX^r, X^rX^r, X^RY, X^rY 로 4 가지이다.

ㄷ. 먼저 F_2 의 붉은 눈 암컷 초파리와 흰 눈 수컷 초파리를 교배하면 붉은 눈 초파리와 흰 눈 초파리가 암수 각각 한 개씩 생성된다. 그리고 흰 눈 암컷 초파리와 흰 눈 수컷 초파리를 교배하면 암수 모두 흰 눈 초파리만 나타난다. 그러므로 F_3 에서의 눈 색깔 유전을 비교하면 암컷과 수컷이 모두 각각 흰 눈 : 붉은 눈 초파리의 비율이 3 : 1 로 나타난다.

22. 자가 교배 결과를 통해 각 유전자 사이의 관계를 알 수 있다.

① A_B_ : A_bb : aaB_ : aabb = 450 : 150 : 150 : 50 임을 알 수 있다. 따라서 A 와 B 는 9 : 3 : 3 : 1 로 독립되어 있다.

② B_D_ : B_dd : bbD_ : bbdd = 450 : 150 : 150 : 50 임을 알 수 있다. 따라서 B 와 D 는 9 : 3 : 3 : 1 로 독립되어 있다.

③ A_D_ : A_dd : aaD_ : aadd = 600 : 0 : 0 : 200 임을 알 수 있다. 따라서 A 와 D 는 서로 상인 연관되어 있다.

이 식물의 유전자형은 다음과 같다.

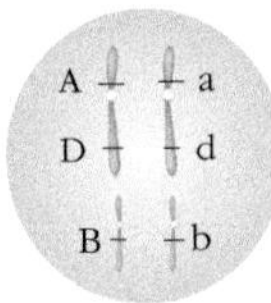

ㄱ. [바로알기] ① 의 비례식을 통해 A 와 B 가 독립되어 있는 것을 알 수 있다.

ㄴ. A 와 D 는 상인연관, B 는 독립되어 있기 때문에 ㉠은 AABBDD, AABbDD 총 2 가지 유전자형이 가능하다.

ㄷ. ㉡과 ㉢의 교배는 검정 교배이다. 따라서 나올 수 있는 유전자형은 우성인 부모 개체의 생식 세포 경우의 수와 동일하다. 우성인 부모 개체의 생식 세포는 ABD, AbD, aBd, abd 로 총 4 가지이다.

23. ㄱ. F_1 을 자가 교배시킨 결과 얻은 자손의 표현형의 비 G_L_ : ggll 가 3 : 1 로 나타났으므로 서로 상인 연관되어 있다는 것을 알 수 있다. (G와 L 연관, g와 l 연관)

ㄴ. 독립의 법칙은 서로 다른 형질을 결정하는 유전자가 다른 염색체에 존재할 때만 성립하기 때문에 연관 유전에서는 이 법칙을 적용시킬 수 없다.

ㄷ. F_1 을 검정 교배(ggll 과 교배)하여 얻을 수 있는 유전자형은 GgLl 과 ggll 로 2 가지이다.

	GL	gl
gl	GgLl	ggll

[24~25] 잡종 1 대(F_1)에서 회색 몸 · 정상 날개가 나온 것으로 보아 G 와 L 은 g 와 l 에 대해 우성이다. 또한 잡종 2 대(F_2)에서 회색 몸 · 흔적 날개, 검은 몸 · 정상 날개가 나오지 않았으며, 회색 몸 · 정상 날개 : 검은 몸 · 흔적 날개의 비가 3 : 1 인 것으로 보아 G 와 L 이 서로 상인 연관되어 있음을 알 수 있다. (G와 L 연관, g와 l 연관)

24. GL 과 gl 은 서로 연관되어 있기 때문에 G_L_(GGLL 또는 GgLl) × ggll 을 교배하여 얻은 자손형은 GgLl 과 ggll 만이 나타날 수 있다. 따라서 회색 몸 · 흔적 날개의 형질인 G_ll 은 나타날 수 없고, 확률은 0 이 된다.

25. ㄱ. [바로알기] 몸 색깔 유전자와 날개 모양 유전자는 서로 상인 연관되어 있다.

ㄴ. [바로알기] 잡종 1 대(F_1)에서 한 가지 형질만 나온 것으로 보아 어버이(P)의 유전자형은 GGLL 동형 접합이다.

ㄷ. G와 L 연관, g와 l 연관이므로 F_1을 자기 교배시킨 F_2(잡종 2대)의 G_L_ 유전자형은 GGLL, GgLl 2가지 이다.

26. 검정 교배(ppvv와 교배)에 의한 자손(F_1)의 표현형에 따른 비로 보아 (가)는 P 와 V 가 독립되어 있고 (나)는 P 와 V 가 상인 연관, (다)는 P 와 v 가 상반 연관되어 있다.

(가) P와 V 독립

	PV	Pv	pV	pv
pv	PpVv	Ppvv	ppVv	ppvv
(비)	1	1	1	1

(나) P와 V 상인 연관

	PV	pv
pv	PpVv	ppvv
(비)	1	1

(다) P와 V 상반 연관

	Pv	pV
pv	Ppvv	ppVv
(비)	1	1

ㄱ. 초파리 (가)는 모든 유전자형을 나타내기 때문에 P 와 V 가 독립되어 있다.

ㄴ. 초파리 (나)를 자가 교배하면 PpVv, PPVV, ppvv 3 종류의 유전자형이 만들어진다.

ㄷ. 초파리 (나)와 (다)를 교배하면 다음과 같은 유전자형이 나타난다. 따라서 자주색 눈 · 흔적 날개(ppvv)는 나올 수 없다.

(다) \ (나)	PV	pv
Pv	PPVv (붉은 눈 · 정상 날개)	Ppvv (붉은 눈 · 흔적 날개)
pV	PpVV (붉은 눈 · 정상 날개)	ppVv (자주색 눈 · 정상 날개)

27. bbCc 를 자가 교배한 결과는 아래 표와 같다.

	bC	bc
bC	bbCC	bbCc
bc	bbCc	bbcc

따라서 유전자형은 bbCC, bbCc, bbcc 로 3 가지이다.

28. ㉠ 회색이 나타나려면 유전자 B와 C가 포함되어야 하며, ㉡ 흰색이 나타나려면 C 가 포함되면 안되고 cc 가 포함되어야 한다. ㉢ 갈색이 나타나려면 bb 와 C가 유전자 형에 포함되어야 한다.

ㄱ. ㉠이 나올 수 있는 유전자형의 수는 BBCC, BBCc, BbCC, BbCc 4 가지, ㉡이 나올 수 있는 유전자 수는 BBcc, Bbcc, bbcc 3 가지로 총 7 가지이다.

ㄴ. BbCc인 암수를 교배하여(자기 교배) F_1을 얻었을 때 B_C_ (회색): B_cc(흰색) : bbC_(갈색) : bbcc(흰색) = 9 : 3 : 3 : 1 로 나타나므로 ㉠ 회색 : ㉡ 흰색 : ㉢ 갈색 = 9 : 4 : 3 인 것이다. 따라서 B, b 와 C, c 는 서로 독립되어 있다.

ㄷ. **[바로알기]** ㉠의 유전자형인 BBCC, BBCc, BbCC, BbCc 와 ㉢의 유전자형인 bbCC, bbCc 를 교배시킨 결과 나타날 수 있는 전체 유전자형 중에 흰색 털을 나타내는 유전자형은 Bbcc, bbcc 2 가지이므로 확률은 $\frac{1}{4}$ 이 된다.

㉢ \ ㉠	BC	Bc	bC	bc
bC	BbCC	BbCc	bbCC	bbCc
bc	BbCc	Bbcc	bbCc	bbcc

[29 ~ 30] P1 에서 A 와 d 가 연관(상반 연관)되어 있으므로 상동 염색체의 같은 자리에 있는 a와 D도 연관되어 있는 것이다. 자가 교배시켜 얻은 잡종 1 대(F_1)에서 A, a 와 D, d 에 의해 나타날 수 있는 표현형의 종류는 AaDd, AAdd, aaDD 3 가지이다.

	Ad	aD
Ad	AAdd	AaDd
aD	AaDd	aaDD

P1 을 자가 교배시켜 얻은 자손(F_1)의 표현형이 6 가지(= 3 ×2가지)라고 했으므로 B, b 와 R, r 에 의해 나타나는 표현형의 종류는 2 가지이다. 따라서 P1 에서 B 와 R 이 상인 연관되어 있음을 알 수 있다.(양성 잡종 교배에서 독립은 4가지, 상인 연관 2가지, 상반 연관 3가지 표현형이 나타난다.)
P1 과 P2 를 교배하여 얻은 잡종 1 대(F_1)에서 표현형의 종류가 9 가지(= 3×3가지)라고 했으므로 B, b 와 R, r 에 의해 나타나는 표현형의 종류는 3 가지이다, 따라서 P2에서는 B와 r이 상반 연관되어 있음을 알 수 있다.

29. (1) ㉠ P1 은 A 와 D 는 상반 연관, B 와 R 은 상인 연관되어 있기 때문에 A_B_D_R_ 이 나올 수 있는 유전자형은 A, d, B, R 을 모두 포함해야 하고, a와 D를 같이 포함해야 하고, b와 r이 동시에 없거나 동시에 포함해야 한다.

	ABdR	Abdr	aBDR	abDr
ABdR	AABBddRR	AABbddRr	AaBBDdRR	AaBbDdRr
Abdr	AABbddRr	AAbbddrr	AaBbDdRr	AabbDdrr
aBDR	AaBBDdRR	AaBbDdRr	aaBBDDRR	aaBbDDRr
abDr	AaBbDdRr	AabbbDdrr	aaBbDDRr	aabbDDrr

이런 경우는 AaBBDdRR, AaBbDdRr 두 가지이다.
(2) ㉡ P2 는 A 와 D, B 와 R 모두 상반 연관이기 때문에 P1과 P2를 교배했을 때 aaB_D_rr 이 나올 수 있는 유전자형은 aaBbDDrr 만 가능하다.

P2 \ P1	ABdR	Abdr	aBDR	abDr
ABdr				
AbdR				
aBDr			aaBBDDRr	aaBbDDrr
abDR			aaBbDDRR	aabbDDRr

30. ㉠에서 표현형이 A_B_D_R_ 인 개체의 유전자형은 AaBBDdRR 이거나 AaBbDdRr 이고, 전자와 후자의 비는 1 : 2 이다.
유전자형이 AaBBDdRR인 경우는 표현형이 aabbD_rr 인 F_2 자손이 태어날 수 없다. (bb가 나타날 수 없다.)
F_2의 유전자 형이 aabbD_rr 이기 위해서는 ㉠, ㉡에서 생식세포가 ab_r 형태를 가져야 한다. ㉠에서는 이런 형태의 생식 세포는 abDr 이 유일하다.
㉠의 유전자형이 AaBbDdRr 일 때 abDr 인 생식 세포가 형성될 확률은 AaBbDdRr이 선택되어질 확률인 $\frac{2}{3}$ 와 생식 세포 abDr 이 생성될 확률인 $\frac{1}{4}$ 를 곱한 $\frac{1}{6}$ 이다.
㉡에서 표현형이 aaB_D_rr 인 개체의 유전자형은 aaBbDDrr 뿐이며 이 개체에서 유전자형이 abDr 인 생식 세포가 형성될 확률은 $\frac{1}{2}$ 이다. (aBDr, abDr 중 하나이다.)
그러므로 ㉠에서 표현형이 A_B_D_R_ 인 개체와 ㉡에서 표현형이 aaB_D_rr 인 개체 사이에서 태어난 자손의 표현형이 aabbD_rr 일 확률은 $\frac{1}{6} \times \frac{1}{2} = \frac{1}{12}$이다.

11강. 사람의 유전

개념 확인 206~209쪽

1. ① 길다 ② 적다 ③ 임의 교배 ④ 환경 ⑤ 많다
2. (1) O (2) X **3.** 보인자 **4.** 다인자 유전

2. (2) **[바로알기]** 유전 현상에 관여하는 대립 유전자는 3 개 이상이지만, 각 개체는 멘델의 법칙을 따라 2 개의 대립 유전자만 가진다.

확인+ 206~209쪽

1. (1) 쌍둥이 연구 (2) 집단 조사 **2.** 복대립 유전
3. (1) ㉠ XX ㉡ XY (2) 반성 유전 (3) 보인자
4. (1) X (2) O

4. (1) **[바로알기]** 많은 수의 대립 유전자가 관여하고 환경의 영향을 받기 때문에 멘델 법칙에 따른 대립 형질의 우성과 열성을 판단하기는 어렵다.

개념 다지기 210~211쪽

01. ⑤ **02.** ② **03.** (1) ㄱ (2) ㄷ (3) ㅁ
04. ①, ②, ④ **05.** ③ **06.** ②
07. ④ **08.** ④

01. 사람의 경우 선택적 교배를 하기 때문에 연구의 목적으로 임의 교배를 진행 할 수 없다.

02. ① 집단 조사 : 집단에서 나타나는 유전자의 빈도를 조사 후 조사된 데이터를 바탕으로 유전 양상을 조사한다.
③ 쌍둥이 연구 : 형질의 차이가 유전적 이유인지 환경에 의한 이유인지를 조사하는데 중요한 연구이다.
④ 가계도 조사 : 특정 유전 형질이 한 가계 안에서 어떻게 나타내는지를 조사한다.
⑤ 염색체 및 유전자 연구 : 핵형 분석을 통해 여러 가지 유전병의 원인을 밝혀 낸다.

04. ③, ⑤ [바로알기] 피부색, 몸무게, 키, 지문 형태, 지능 등과 같은 유전 현상은 다인자 유전으로 다양한 대립 유전자가 유전에 관여하기 때문에 연속적인 변이의 양상을 보인다.

05. ③ [바로알기] 귓속털 과다증은 형질 발현에 관여하는 유전자가 Y 염색체 위에 있는 대표적인 한성 유전이다.
① 남성의 경우 성염색체가 XY인데, X와 Y가 각각 하나씩이므로 X와 Y 염색체에 결함이 생기면 이를 대체할 염색체가 없으므로 표현형으로 나타나 보인자가 존재하기 않는다.
② 혈우병 여성은 X'X' 유전자형을 가지며 대부분 태아 때 사망한다.
④ 형질을 결정하는 대립 유전자가 성염색체 상에 존재할 때 성염색체에 의한 유전이라고 한다.
⑤ 사람의 경우 여성은 XX, 남성은 XY의 유전자 형을 가진다.

06. ①, ④ 번은 정상이며, ③, ⑤ 은 색맹이다.
하나의 X 염색체에만 색맹 유전 인자를 가지고 있는 ② X'X 가 보인자이다.

07. ④ 다인자 유전은 여러 쌍의 대립 유전자가 유전 현상에 관여한다.
[바로알기] ① 다인자 유전은 많은 대립 유전자가 존재하고, 환경의 영향을 받기 때문에 멘델의 법칙으로 설명할 수 없다.
② 다인자 유전은 환경의 요소뿐만 아니라 유전의 영향도 받는다.
③ 피부색 유전은 다인자 유전 중 하나로서 연속적 변이 양상을 보인다.
⑤ 다인자 유전은 유전자 및 환경의 영향을 모두 받기 때문에 작은 단위의 가계도 분석으로는 유전 현상을 분석하기 어렵다.

08. ④ [바로알기] 복대립 유전은 단일 인자 유전 양상을 따르기 때문에 형질 발현에 관여하는 대립 유전자는 3 개 이상일지라도 각 개체가 가지는 대립 유전자는 2 개이다.

유형 익히기 & 하브루타 212~215쪽

[유형 11-1] (1) ㉢ (2) ㉠ (3) ㉣ (4) ㉡
01. ③ **02.** ㄴ
[유형 11-2] (1) X (2) O (3) X
03. ㉠ Aa ㉡ aa **04.** A, B, AB, O
[유형 11-3] ④
05. ④ **06.** (1) O (2) O (3) X
[유형 11-4] (1) O (2) O (3) O (4) X
07. 다인자 유전
08. (1) 정규 분포 곡선 (2) 다인자 유전 (3) 7

[유형 11-1] ① 가계도 조사 : 특정 유전 형질이 한 가계 안에서 어떻게 나타나는지의 여부를 조사하여 그림으로 나타낸 것으로 여러 세대에 걸쳐 나타난 유전 형질의 정보를 조사하여 태어날 자손의 형질을 예측할 수 있다.
② 쌍둥이 연구 : 형질의 차이가 유전적 이유인지 환경에 의한 획득 형질인지를 조사하는데 중요한 연구이다. 일란성 쌍둥이의 경우 유전자 구성이 동일하기 때문에 환경의 영향으로 나타난 표현형의 차이를 비교, 분석하는데 유용하다. 이란성 쌍둥이의 경우 유전자 구성이 서로 다르므로 유전적 요인과 환경적 요인을 동시에 연구하는데 이용된다.
③ 집단 조사 : 집단에서 나타나는 유전자의 빈도를 조사한 뒤, 통계 처리하여 유전자 빈도를 알아낼 수 있다.
④ 염색체 연구 : 한 생물이 갖는 고유한 염색체의 수, 모양, 크기를 분석하여 여러 가지 유전병의 원인을 밝혀낼 수 있다.

01. ③ [바로알기] 1란성 쌍둥이는 한 개의 수정란이 발생 초기에 둘로 갈라져서 각각 다른 개체로 자란 것으로 1 개의 난자와 1 개의 정자가 수정된 것이다. 이들은 2란성 쌍둥이와 달리 서로 동일한 유전자형을 가지기 때문에 표현형이 유전적 차이인지 환경적 차이인지 연구하는데 중요한 자료가 된다.

02. ㄱ. [바로알기] 가계도 조사는 여러 세대에 걸쳐 나타난 유전 형질의 정보를 조사하여 태어날 자손의 형질을 예측할 수 있다는 특징을 가지고 있다.
ㄴ. 핵형 분석을 통해 염색체 수, 모양, 크기에 대한 돌연변이를 조사할 수 있다.
ㄷ. [바로알기] 형질의 차이가 환경의 영향으로 나타난 것인지 알아보기 위해서는 유전자의 구성이 동일한 1란성 쌍둥이가 더 적합하다.

[유형 11-2] 가계도에 유전자형을 표시하면 다음과 같다.

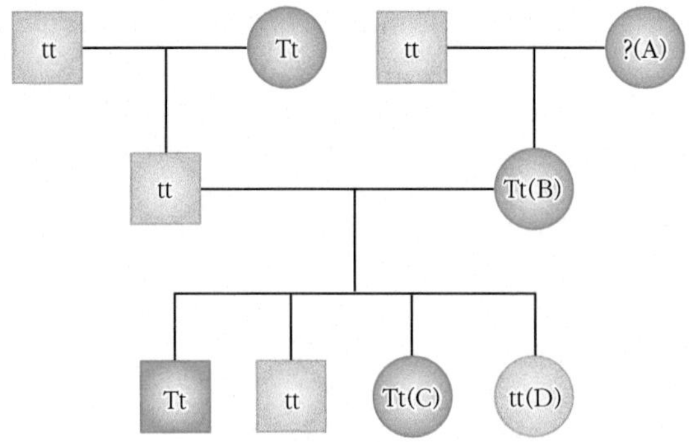

(1) [바로알기] 열성 동형 접합과 우성인 A 가 결합하여 우성의 자손 B 가 나왔기 때문에 B 는 아버지로부터 열성 유전자를 받은 이형 접합(Tt)이다. 그러나 A 는 열성 유전자를 포함한 이형 접합인지 동형 접합인지 알 수 없다.
(2) B 와 C 모두 정상인 유전자와 미맹 사이에서 태어난 자손이기 때문에 열성 유전자를 포함한 우성이다. 따라서 두 인자는 Tt 우성, 이형 접합이다.
(3) [바로알기] 미맹 유전은 단일 대립 유전으로 멘델의 법칙으로 설명 가능하다.

03. 가계도에 유전자형을 표시하면 다음과 같다.

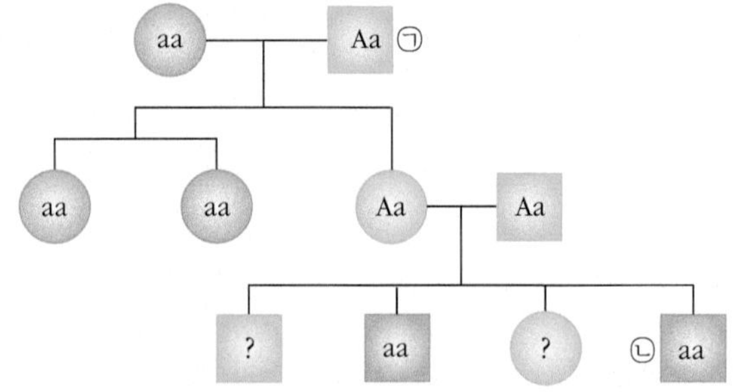

가계도에서 초록색 유전형이 포함된 2대를 보면 ㉡은 부모와 다른 유전 형질이 나타났다. 때문에 붉은색 유전자형은 열성 동형 접합 aa이 되며, ㉡의 부모 유전형은 모두 우성 이형 접합 Aa 라는 것을 알 수 있다.

04. 혈액형의 퍼넷 테이블을 그리면 다음과 같다.

	A	O
B	AB	BO
O	AO	OO

혈액형은 복대립 유전으로 단일 인자 유전을 따른다. 부모님은 모두 이형 접합이기 때문에 어머니 AO, 아버지 BO 의 유전자형을 가지는 것을 알 수 있다. 따라서 위의 퍼넷 사각형을 바탕으로 모든 종류의 혈액형을 갖는 자손이 태어날 수 있음을 알 수 있다.

[유형 11-3] 가계도에 유전자형을 표시하면 다음과 같다. 성염색체에 존재하는 이 유전병은 여성에게서도 나타나므로 X 염색체 위에 존재한다는 것을 알 수 있다.

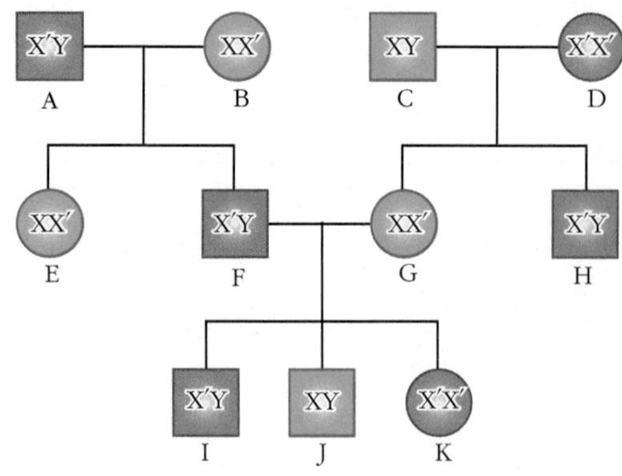

④ [바로알기] 여자에게서도 유전병이 나타나는 것으로 보아 X 염색체 상에 존재하고 있는 반성 유전임을 알 수 있다.
① 유전병이 있는 남자 A 와 정상인 여자 B 사이에서 유전병인 아들 F 와 정상인 딸 E 가 모두 나타났기 때문에 A 는 X′Y, B 는 XX′ 으로 이형 접합이다.
② E 는 A 로부터 유전병 유전자 X′ 과 B 로부터 정상 유전자 X 를 받았으며, G 는 C 로부터 정상의 X 유전자와 D로부터 유전병 유전자 X′ 을 받았으므로 E 와 G 는 XX′ 보인자이다.
③ I 의 유전병 유전자 X′ 는 G 로부터 전달되었으며, G 는 C 로부터 정상 유전자 X 와 D 로부터 유전병 유전자 X′ 을 받았음을 알 수 있다.
⑤ J 는 정상 남자 XY 이기 때문에 보인자인 여자와 결혼하여 태어날 자식은 XX, XX′, XY, X′Y 4가지이고, 그 중 유전병이 나타나는 유전자형은 X′Y 1 가지이다. 따라서 유전병 확률은 25%(1/4)이다.

05. 가계도에 유전자형을 표시하면 다음과 같다.

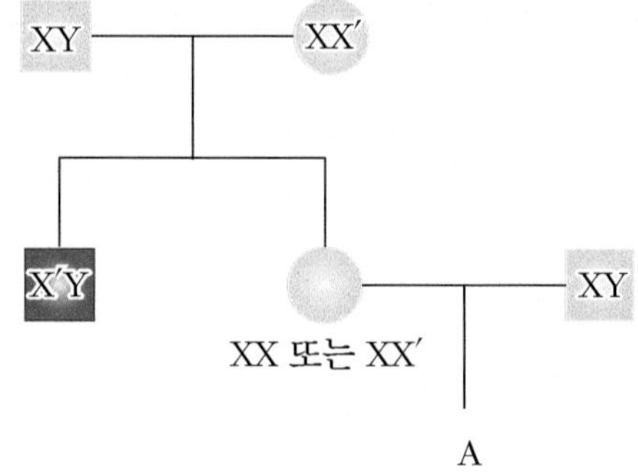

정상인 아버지 아래에서 유전병인 아들이 태어났기 때문에 이 유전병 염색체는 X 염색체에 있는 것을 알 수 있다. 가계도를 분석해 보면 A 의 어머니의 유전자형은 XX 또는 XX′ 으로 보인자 XX′일 확률은 $\frac{1}{2}$ 이다. 정상인 아버지(XY)와 보인자 어머니(XX') 사이에서 태어난 자식들의 유전자형은 XX, XX', XY, X'Y 이고, 이중 X'Y만 유전병이므로 유전병인 A 가 태어날 확률은 $\frac{1}{4}$ 이다. 따라서 A 에서 유전병이 나타날 확률은 $\frac{1}{2} \times \frac{1}{4} = \frac{1}{8}$ 이 된다.

06. (1) 여성은 보인자가 존재하지만 남성의 경우 정상과

색맹만 존재하기 때문에 남성의 발현 빈도가 더 높다. (2) 유전병 유전자가 X 염색체에 있는 것을 반성 유전, Y 염색체에 있는 것을 한성 유전이라고 한다.
(3) [바로알기] 한성 유전의 경우 유전병 염색체가 Y 염색체에 의해 전달되는 것을 말하는데, 아들의 Y 염색체는 아버지로부터만 받을 수 있기 때문에 정상인 아버지에게서는 유전병을 가진 아들이 태어날 수 없다.

[유형 11-4] (1) 다인자 유전의 경우 표현형이 연속적인 변이로 나타나며, 표현형의 개체 수가 중간값에 많이 모여 있기 때문에 그래프로 그리면 정규 분포 곡선을 그린다.
(2) 피부색, 지능, 키, 지문 등은 대표적인 다인자 유전에 해당한다.
(3) 다인자 유전은 유전적 영향보다 환경의 영향을 더 많이 받아 유전적 표현형보다 많은 표현형이 나타난다.
(4) [바로알기] 검정 교배 결과는 생식 세포의 수와 동일하기 때문에 표현형은 총 8 가지이다

07. 여러 쌍의 대립 유전자와 환경적인 요소가 복합적으로 작용하여 형질이 결정되는 유전 방식을 다인자 유전이라 한다. 다인자 유전은 우성과 열성의 분리가 뚜렷하지 않아 멘델의 법칙을 거의 따르지 않으며 표현형이 연속적인 변이의 양상을 보이게 된다.

08. (1) 다인자 유전은 그래프로 그리면 연속적 모양을 띄는 정규 분포 곡선을 그린다.
(2) 키, 몸무게, 지능 등과 같이 다양한 표현형을 나타내며, 환경의 영향을 많이 받는 유전을 다인자 유전이라고 한다.
(3) AaBbCc 의 유전자형을 가진 부모 사이에서 태어날 수 있는 자손의 피부색을 검게 만드는 대립 유전자의 수는 6 개이며 표현형은 7 가지이다.

창의력 & 토론마당 216~219쪽

01

(1) 열성 동형 접합인 경우엔 고지대에서 생존이 어렵지만, 보인자로 유전 형질만 가지고 있는 우성 이형 접합의 경우에는 말라리아가 자주 발생하는 아프리카에서 생존에 유리하여 도태되지 않기 때문이다.

(2) 열성 유전에 의해 미맹이나 낫모양 적혈구 빈혈증 등이 나타나므로 일반적으로 열성 인자를 가지는 것이 나쁜 것이라는 잘못된 인식을 가지고 있다. 낫모양 적혈구 빈혈증은 열성 형질에 의해 나타나는 유전병이지만 자연 상태에서 도태되지 않는다. 그 이유는 말라리아와 같은 일부 질환이 낫모양 적혈구 빈혈증으로 인해 감염되지 않아 생존률이 오히려 올라가기 때문이다. 상염색체 유전에서도 마찬가지로 부모에게서 나오지 않은 형질이 자손에게서 나타났을 때 열성이라고 표현할 뿐이다. 예를 들어 다지증이나 갈라진 턱의 경우에는 우성 인자를 가지고 있을 때 유전되므로 우성과 열성 인자 중 어떤 인자가 좋고 나쁘다고 말할 수 없다.

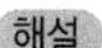
해설

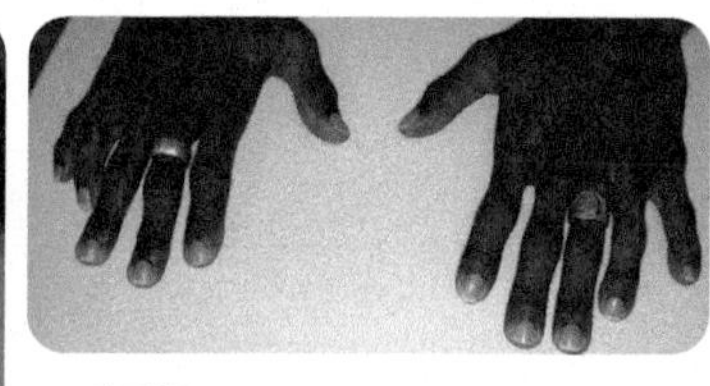

▲ 다지증
◀ 갈라진 턱

02

(1) ① Cis-AB × AA → AB 형, A 형
② Cis-AB × BO → AB 형, B 형, O 형
③ Cis-AB × AB → AB 형, A 형, B 형
④ Cis-AB × OO → AB 형, O 형

(2) Cis-AB 의 유전자형을 보면 weak A 와 weak B 도 존재하는 것을 알 수 있다. 만약 Cis-AB(weak A)의 경우라면 혈액형 검사에서 B 형을 띠게 된다. 따라서 부모가 모두 Cis-AB(weak A)를 띄고 있다면, B 형인 부모 사이에서 Cis-AB 가 태어나게 된다.

해설 (1) 각각의 경우를 퍼넷 사각형으로 그리면 아래와 같다.

① Cis-AB × AA

	Cis-AB	O
A	Cis-AB-A	AO

② Cis-AB × BO

	Cis-AB	O
B	Cis-AB-B	BO
O	Cis-AB	OO

③ Cis-AB × AB

	Cis-AB	O
A	Cis-AB-A	AO
B	Cis-AB-B	BO

④ Cis-AB × OO

	Cis-AB	O
O	Cis-AB	OO

03 (1) ㉠ XO : 0 개, ㉡ XXX : 2 개

(2) 가능하다. 여성의 경우 모자이크 현상에 의해 몸 전체에 활성화 되어 있는 X 염색체의 수가 모두 다르다. 일란성 쌍둥이일지라도, 보인자의 경우라면 연관 유전병 인자가 포함된 X 염색체 활성 빈도에 따라 서로 다르게 나타날 수 있다.

해설 (1) 바소체의 개수는 전체 X 염색체의 수에서 정상으로 남아있는 1 개를 뺀 값이다.

04 (1) XX 염색체를 가진 남성의 경우 Y 염색체의 일부가 X 염색체 위에 존재할 때 XX 염색체를 가진 남성이 나타난다.

(2) 〈예시 답안 1〉 XX 염색체를 가진 남성의 경우에 SRY 염색체를 가지고 있기 때문에 무정자증의 남성으로 발현된다. 따라서 정자의 생성만 되지 않을 뿐 남성 호르몬의 발현 여부를 결정하는 고환은 발달하기 때문에 SRY 염색체 상에 유전병 결정 인자가 있는 경우 한성 유전이 일어날 수 있다.

〈예시 답안 2〉 XX 염색체를 가진 남성의 경우에는 SRY 염색체를 가지고 있기 때문에 남성으로 표현되기는 하지만 Y 염색체 유전병 연관 유전자들이 SRY 염색체 위에 존재하지 않는 경우엔 발현되지 않는다.

해설 (2) 현재 국내에 보고된 사례는 1 건으로 지속적인 연구가 진행중이다.

스스로 실력 높이기 220~225쪽

1. 집단 조사 2. ①, ②, ⑤ 3. 3
4. 복대립 유전 5. AO
6. X'X', XX', X'Y, XY
7. (1) O (2) X (3) X
8. (1) O (2) O (3) X
9. 한성 유전 10. 다인자 유전 11. ③
12. (1) ㉡ (2) ㉠, ㉣ (3) ㉠ (4) ㉡ (5) ㉠ (6) ㉠
13. ① 14. ① 15. AO, BO 16. ①
17. 50 18. ③ 19. ④ 20. ③ 21. ④
22. ④ 23. ③ 24. ④ 25. ④ 26. ⑤
27. ① 28. ④ 29. AA 30. $\frac{1}{8}$ (12.5%)

01. 집단에서 나타나는 유전자의 빈도를 조사하여 통계 처리하는 방법은 집단 조사이다.

02. 몸무게와 지능 외에도 피부색과 키 등은 대표적인 다인자 유전으로 환경의 영향과 유전의 영향을 모두 받는다.

03. 미맹(t)은 상염색체 유전이다. 엄마의 미맹 유전자형이 tt 이기 때문에 3 번과 4 번은 t 유전자를 가지고 있다. 따라서 2, 3, 4 번은 확실히 미맹 유전자를 가지고 있지만 1 번의 유전자형은 TT인지 Tt 인지 알 수 없다. (3명)

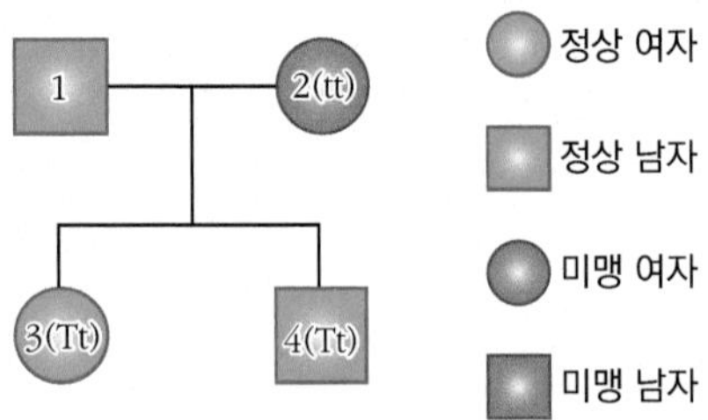

04. 복대립 유전의 경우 하나의 유전자 자리에 관여하는 대립 인자가 3 개 이상이지만 발현되는 유전자는 2 개이다.

05. AB 형 자식에서 아버지가 가지고 있지 않은 A 유전자가 나오기 위해서는 어머니가 A 유전자를 가지고 있어야 한다. 또한 OO 형인 자식이 태어나기 위해서는 부모로부터 모두 O 유전자를 받아야 하기 때문에 어머니 혈액형의 유전자형은 AO 가 되어야 한다.

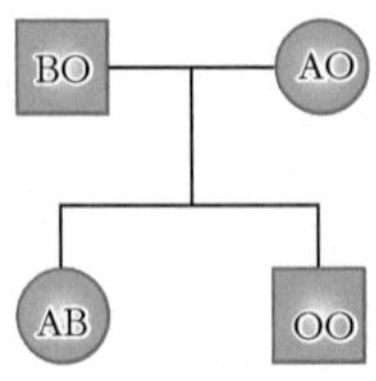

06. 퍼넷 테이블을 통해 간단히 확인할 수 있다.

	X	X′
X′	XX′	X′X′
Y	XY	X′Y

07. (1) 남자는 색맹 유전자가 하나만 있어도(X'Y) 색맹이 된다.
(2) [바로알기] 귓볼의 모양은 상염색체 유전이며, 색맹은 성염색체 유전이다.
(3) [바로알기] 딸의 경우 아버지(XY)에게서 정상 유전자를 받아 정상(보인자 XX')이며, 아들은 어머니(X'X')에게서 색맹 유전자를 받아 색맹(X'Y)이 된다.

08. (1) 색맹과 혈우병과 같은 성염색체에 의한 유전은 남자의 경우 보인자가 나타나지 않기 때문에 여성에 비해 발현 빈도가 더 높다.
(2) 성염색체에 의한 유전은 형질이 표현형으로 나타나는 비율이 성별에 따라 다르다.
(3) [바로알기] 형질을 결정하는 유전자가 Y 염색체 위에 있는 것은 한성 유전이다.

09. 한성 유전은 Y 염색체에 있는 유전자에 의한 유전으로 남성에게서만 나타나는 유전이다.

10. 여러 쌍의 대립 유전자와 환경적인 요소가 복합적으로 작용하여 형질이 결정되는 유전 방식을 다인자 유전이라고 한다. 다인자 유전은 우성과 열성의 분리가 뚜렷하지 않아 멘델의 법칙을 거의 따르지 않으며 표현형이 연속적인 변이의 양상을 보이게 된다.

11. ③ [바로알기] 사람은 한 세대가 길기 때문에 연구에 오랜 시간이 필요하다.

13.

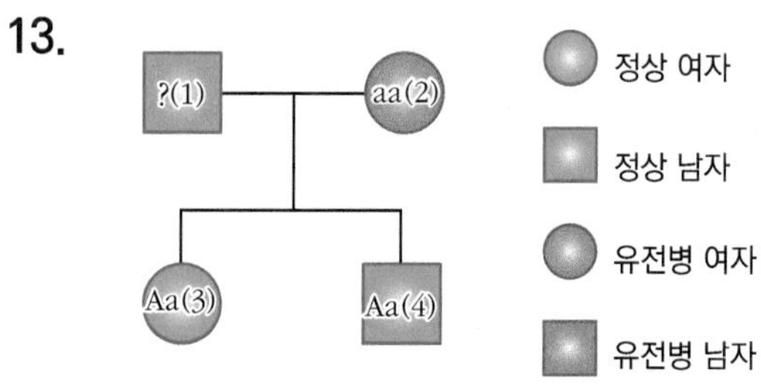

ㄱ. 유전병 어머니에게서 정상 아들이 태어났기 때문에 상염색체 유전이다.
ㄴ. [바로알기] 아버지의 유전자형은 알 수 없다.
ㄷ. [바로알기] 결혼한 부인이 우성 이형 접합자(Aa)일 확률 $\frac{1}{2}$ 이고, 태어난 자손(AA, Aa, Aa, aa)이 열성 동형 접합(aa - 유전병)이 나올 확률이 $\frac{1}{4}$ 이다. 따라서 자손이 유전병에 걸릴 확률은 두 경우의 곱인 $\frac{1}{8}$ (12.5%)이 된다.

14.

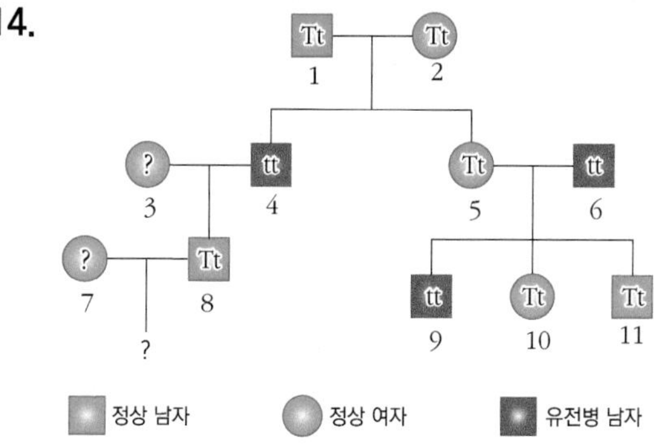

ㄱ. 2, 5 는 모두 우성 이형 접합자이다.
ㄴ. [바로알기] 유전자형을 알 수 없는 사람은 2명(3, 7)이다.
ㄷ. [바로알기] 7 (TT, Tt ; 정상)이 미맹 유전자를 가질 확률이 $\frac{1}{2}$ 이며 자녀가 유전병(tt)일 확률은 $\frac{1}{4}$ 이다. 또한 딸이 태어날 확률이 $\frac{1}{2}$ 이므로 미맹인 딸이 태어날 확률은 $\frac{1}{2}\times\frac{1}{4}\times\frac{1}{2}=\frac{1}{16}$ (12.5%)이 된다.

15. 부모의 유전자형은 AO, BO 이며, 바뀌어도 무관하다.

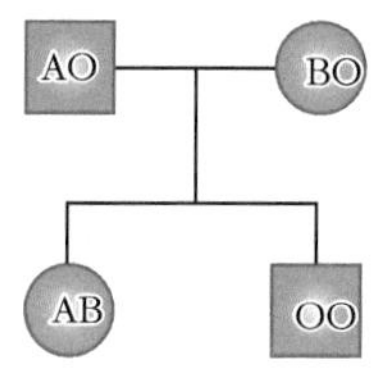

16. 할머니, 할아버지의 혈액형이 아버지에게로 유전되므로 할아버지는 할머니가 가지고 있지 않은 B 유전자를 가지고 있어야 한다. 유정이가 O형(OO)이므로 아버지는 BO, BB 모두 가능하다.

17. 색맹은 대표적인 성염색체 유전이다. 어머니가 보인자(XX')이며 아버지는 XY 이므로 A(아들)의 유전자형은 XY 이거나 X'Y 이므로 색맹일 확률은 50 % 이다.

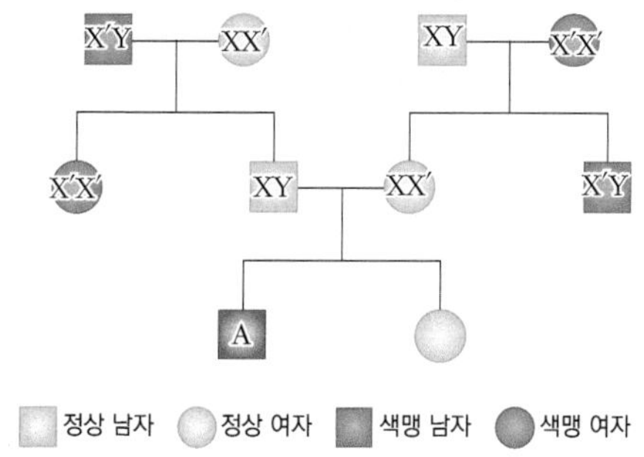

18. ㄱ. 가계도에서 보인자는 1, 6 번 2명이다.
ㄴ. 유전병 어머니에게서 유전병 아들이 나왔기 때문에 성염색체 유전(X 염색체 유전)임을 알 수 있다.
ㄷ. [바로알기] 아버지로부터 정상 유전자 X 를 받기 때문에 색맹 딸이 나올 수 없다.

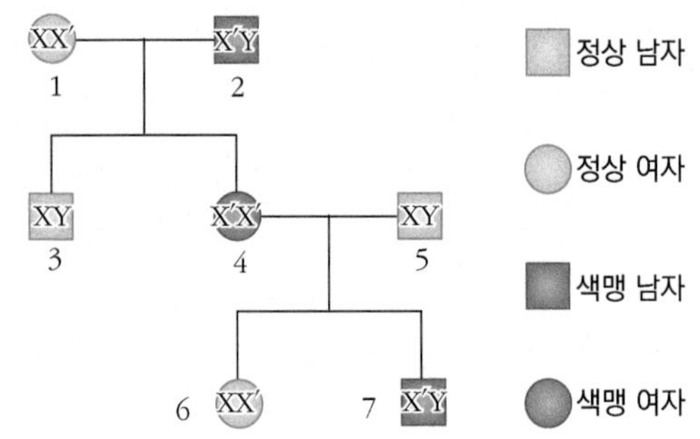

19.

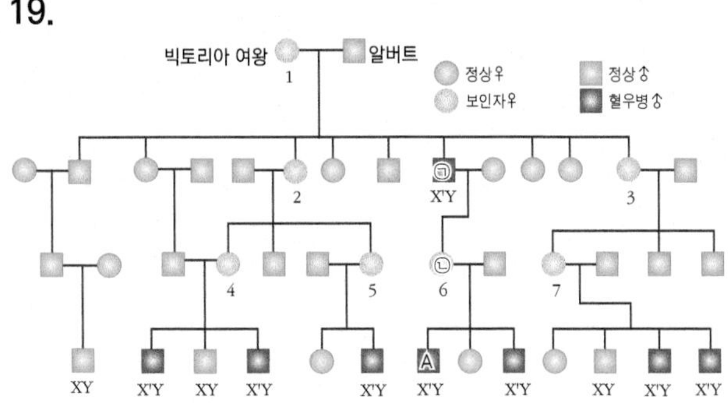

ㄱ. [바로알기] 자녀 중 혈우병 아들(X'Y)이 있는 경우 정상 어머니는 보인자(XX')이다. 남자는 보인자가 없다. 7은 보인자이므로 3으로부터 혈우병 유전자 X' 를 물려받았다. 4, 5 는 보인자이므로 2로부터 혈우병 유전자 X'를 물려받았다. 확실하게 알 수 있는 보인자는 총 7 명이다.

ㄴ. 혈우병 유전 인자는 X' 로 나타내며 X 염색체 위에 있다.

ㄷ. A 의 혈우병 유전자는 빅토리아 여왕(XX') → ㉠(X'Y) → ㉡(X'X) 순서로 유전되었다.

20.

보조개는 남녀 같은 비율로 나타나는 상염색체에 의한 유전이다. 보조개 유전자 A는 a에 대하여 완전 우성이며, 유전자형이 AA, Aa 인 경우 보조개가 나타난다.

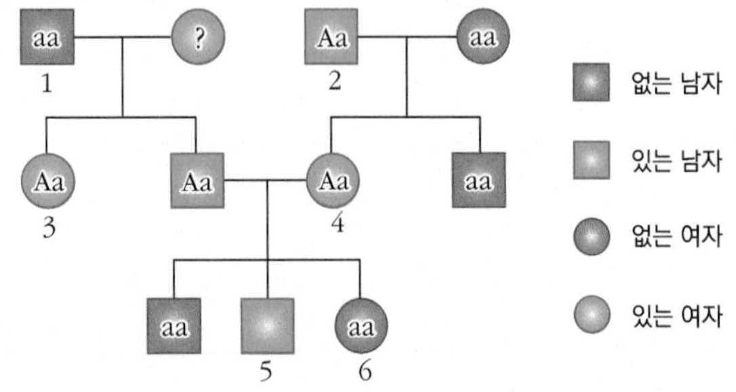

ㄱ. 3, 4 는 a 유전자(보조개가 나타나지 않는 유전자)를 가지는 보인자이다.

ㄴ. 4 번 보조개 어머니에게서 열성 동형 접합(aa)인 아들과 딸이 모두 나왔기 때문에 상염색체 유전이다.

ㄷ. [바로알기] 보조개가 있는 남자의 보조개 유전자가 이형 접합(Aa)일 확률 $\frac{1}{2}$ 이고, 남자가 Aa일 때 6 번과 결혼하여 열성 동형 접합(aa)인 자손이 나올 확률이 $\frac{1}{2}$ 이 된다. 따라서 태어난 아이가 보조개가 없을 확률은 $\frac{1}{2} \times \frac{1}{2} = \frac{1}{4}$ (25%) 이 된다.

21.

ㄱ. 성염색체에 의한 유전의 대표적인 특징이다.

ㄴ. 아버지의 정상 X 유전자를 받기 때문에 딸은 정상 또는 보인자가 된다.

ㄷ. [바로알기] 부모가 모두 정상인데 유전병인 아들이 태어난 것으로 보아 어머니의 유전자형은 보인자이다. 이때 어머니(XX')와 아버지(XY) 사이에서 태어난 자녀의 유전자형은 XX, XY, XX', X'Y 중 하나인데, 이중 X'Y만 유전병이므로 동생이 유전병에 걸릴 확률은 $\frac{1}{4}$(25 %) 이다.

22.

X'Y
1
2
XX'
?
3
XX'
5
XY
6
X'X'
7
XY
8
A
B

색맹 남자 | 정상 남자
색맹 여자 | 정상 여자

색맹 유전자는 성염색체 X 위에 존재하며, (나)의 발생 과정으로 보아 이 둘은 2란성 쌍둥이로 유전자의 구성이 서로 다르다.

ㄱ. 7 번에서 색맹인 딸이 나왔기 때문에 아버지인 ? 는 X'Y 로 색맹이다.

ㄴ. [바로알기] 3 번의 경우 보인자이지만 1 번의 유전자형은 알 수 없다.

ㄷ. 6과 7 사이에서 자녀의 유전자형은 XX', X'Y이며 자녀 1명이 색맹일 확률은 $\frac{1}{2}$이다. A, B는 2란성 쌍둥이이고, 서로 다른 유전자를 가지므로 A, B 모두 색맹일 확률은 $\frac{1}{2} \times \frac{1}{2} = \frac{1}{4}$ (25%)이다.

23.

혀말기 유전자는 남녀 관계없이 유전되므로 혀말기 유전자는 상염색체 위에 존재한다. 혀말기가 되는 형질(R)이 혀말기가 안되는 형질(r)에 대해서 완전 우성이다. RR은 혀말기 가능, Rr은 보인자(혀말기 가능), rr은 혀말기 불가능 유전자형이다.

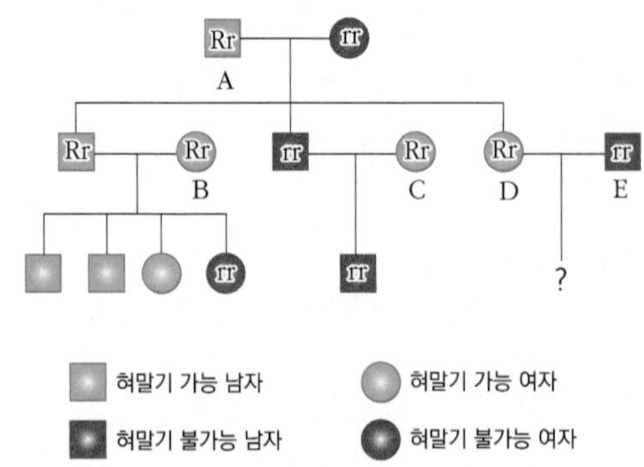

ㄱ. 정상인 아버지에게서 열성(rr : 혀말기 불가능)인 딸이 태어났기 때문에 상염색체 유전이다. 성염색체 유전인 경우 정상인 아버지에게서 열성인 딸이 태어날 수 없다.

ㄴ. A, B, C 는 모두 우성 이형 접합자이다.

ㄷ. [바로알기] D(Rr) 과 E(rr) 사이에서 나올 수 있는 자손

의 유전자 형은 Rr, rr 이므로 열성 동형 접합(rr)인 자손이 태어날 확률은 50 % 이다.

24. 색맹은 성염색체 유전이고, 혈액형은 상염색체 유전이다.

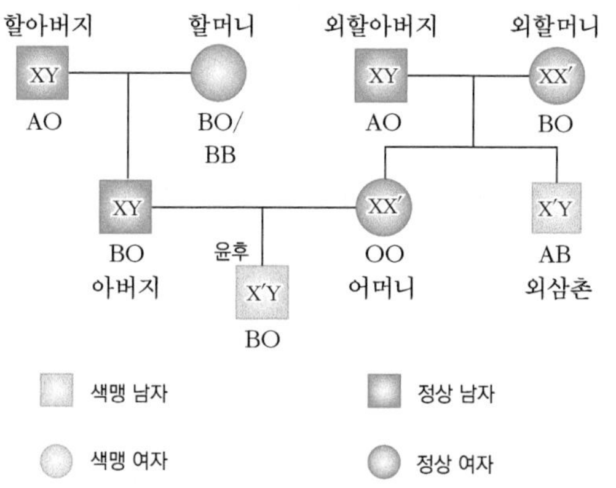

ㄱ. [바로알기] 윤후 아버지의 혈액형인 경우 할아버지로부터 O 유전자를 받고 할머니로부터 B 유전자를 받아야 B 형이 될 수 있으므로 BO 이형 접합이 된다.
ㄴ. 윤후의 외할머니는 BO, 외할아버지는 AO 의 유전자형을 가지고 있어야 O 형과 AB 형이 태어날 수 있다.
ㄷ. BO, X′Y 가 OO, XX′ 과 결합하면 BO, X′Y 가 태어날 수 있다.

	B	O
O	BO	OO

	X	X′
X′	XX′	X′X′
Y	XY	X′Y

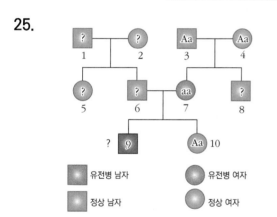

25.

④ 7 번에게서 열성 유전자를 받기 때문에 10 번 여자는 유전병 유전자(a)를 가지게 된다.
[바로알기] ① 3 번 정상 아버지에게서 7 번 유전병인 딸이 태어났기 때문에 상염색체 유전이다.
② 3, 4 번 정상 부모 아래서 유전병인 딸이 태어났기 때문에 3, 4 는 우성 이형 접합자이다.
③ 9 번 남자가 유전병(aa)일 확률은 6 번이 이형 접합(Aa)일 확률 $\frac{1}{2}$ 과 9 번이 열성 동형 접합(aa)일 확률 $\frac{1}{2}$을 곱한 $\frac{1}{4}$(25 %)이 된다. 따라서 유전병이라고 할 수 없다.
⑤ 6번과 7번 사이에 자식이 태어날 때 6 번이 이형 접합일 확률 $\frac{1}{2}$ 과 유전병에 걸릴 확률(열성 동형 접합 aa일 확률) $\frac{1}{2}$ 을 곱한 $\frac{1}{4}$(25 %)이 된다.

26.

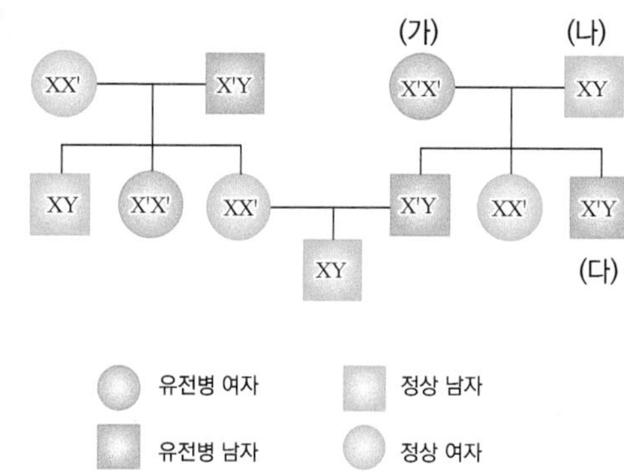

ㄱ. 유전병인 어머니에게서 유전병의 아들이 태어났으며, 정상인 아버지에게서 정상인 딸이 태어났기 때문에 성염색체 유전이다.
ㄴ. (가)와 (나) 사이에서 유전병의 자손이 태어날 확률은 아들이 태어날 확률과 동일하기 때문에 50 % 이다. 아버지가 정상이므로 아들은 모두 X′Y로 유전병이고, 딸은 보인자로 정상이다.
ㄷ. (다)의 경우 아버지에게서 Y 염색체를 받기 때문에 유전병 염색체인 X′ 는 (가) 어머니에게서 받은 것이다.

[27~28] 혈액형과 유전병 ㉠, ㉡의 유전자가 모두 하나의 상염색체에 연관되어 있기 때문에 가계도를 분석하면 다음과 같다. ㉠ 유전자를 H 라고 하고, ㉡ 유전자를 T 라고 했을 때, 1, 2 가 포함된 가계도를 보면 ㉠ 유전병이 있는 부모에게서 ㉠ 유전병이 없는 자식이 태어났기 때문에 ㉠은 우성일 때 유전병에 걸리는 것을 알 수 있다. 3 번이 포함된 가계도에서는 아버지가 ㉡ 유전병이 나타났으나 자손은 정상인 것으로 보아 ㉡은 열성 동형 접합일 때 유전병에 걸리는 것을 알 수 있다. 아래와 같이 유전자형을 쓸 수 있다.

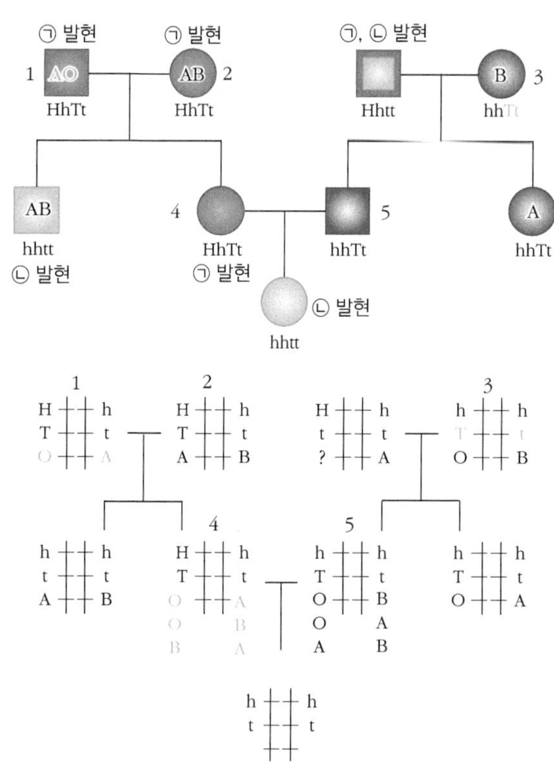

27. 5의 ㉠, ㉡ 유전병 유전자형은 설명을 참고할 때 hhTt 이다. 1, 4 에 있어 혈액형 유전자형이 이형 접합이므로 1 은 AO이며, 4 는 AO, BO, AB 중 하나이고, 5는 AO, BO, AB 중 하나이다.

28. 어머니의 유전자형은 HT/ht, 아버지의 유전자형은 hT/ht가 된다. 따라서 퍼넷 사각형으로 유전자형을 표시하면 아래와 같다.

	HT	ht
hT	Hh/TT	hh/Tt
ht	Hh/Tt	hh/tt

따라서, ㉡ 유전병에 걸릴 확률(tt 유전자를 포함하는 경우) $\frac{1}{4}$이고, 딸일 확률 $\frac{1}{2}$이므로(상염색체 유전) ㉡ 유전병에 걸린 딸일 확률은 $\frac{1}{4} \times \frac{1}{2} = \frac{1}{8}$이다.

[29~30] 딸 5 번이 ㉠ 유전병을 나타내고 있으나 아버지는 정상, 부모와 다른 형질을 나타내므로 ㉠ 유전병은 상염색체 열성 유전임을 알 수 있다. ㉡ 유전병을 상염색체로 놓고 가계도를 그릴 때 1 ~ 4 의 R 의 개수와 r 의 개수의 합을 같게 할 수 없다. 따라서 ㉡ 유전병은 아래와 같이 성염색체 열성 유전임을 알 수 있다.

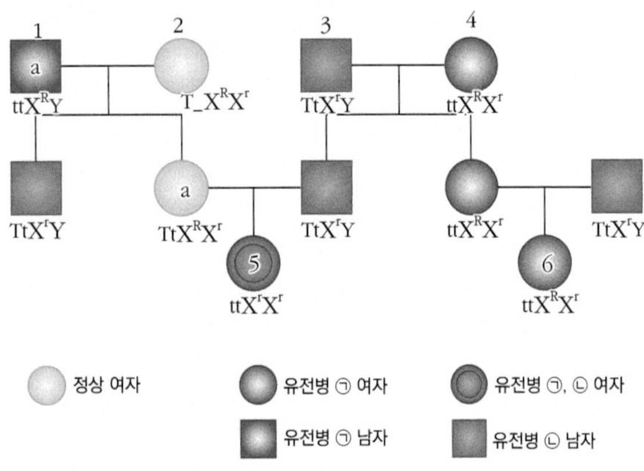

29. ㉢을 나타내는 열성 대립 유전자를 a 라고 하면, 1 에서만 발현되기 때문에 1 은 R 과 a 가 연관된(같이 움직인다. 이런 경우 상동 염색체의 같은 자리에 있는 r 과 A도 연관된다.) X 염색체를 가진다. 이 X 염색체는 1 과 2 의 딸에게 전달되지만 그의 딸인 5 는 X^r 유전자를 가지므로 전달되지 않았다. 또한 5 의 아버지에게서 ㉢ 유전병이 발현되지 않았으므로 R 유전자를 가지고 있지 않기 때문에 5 번의 경우 부모 모두에게서 $X_A{}^r$ 유전자를 받아 ㉢ 유전병을 나타내는 유전자형은 AA 가 된다.

30. 아버지의 유전자형은 TtrY, 어머니의 유전자형은 ttRr로 표시하자. 퍼넷 사각형으로 유전자형을 표시하면 아래와 같다. 이때 Y는 남동생이 된다.

	Tr	TY	tr	tY
tR	TtRr	TtRY	ttRr	ttRY
tr	Ttrr	TtrY	ttrr	ttrY

따라서 ㉠, ㉡ 유전병에 모두 걸린 여동생이 태어날 확률은 $\frac{1}{8}$ (12.5%)이다.

12강. 사람의 돌연변이

개념 확인 226~229쪽

1. 이수성 돌연변이 **2.** ①, ②, ④
3. 유전자 돌연변이 **4.** 융모막 검사

확인+ 226~229쪽

1. (1) 다운 증후군 (2) 터너 증후군
(3) 클라인펠터 증후군 **2.** (1) 역위 (2) 전좌
3. (1) 낫모양 적혈구 빈혈증 (2) 알비노(백색증)
4. (1) O (2) O

개념 다지기 230~231쪽

01. ⑤ **02.** ④ **03.** (1) ㄷ (2) ㄱ (3) ㄴ (4) ㄹ
04. ⑤ **05.** ⑤ **06.** 알비노(백색증)
07. ⑤ **08.** 바이러스 벡터

01. ⑤ **[바로알기]** 배수성 돌연변이는 기존 염색체 수의 배수로($2n \rightarrow 3n$, $4n$, $6n$ …) 증가하는 돌연변이로 일반적으로 동물에게는 나타나지 않고 식물에서만 나타나며 인위적으로도 만들 수 있다.

02. ④ **[바로알기]** 윌리암스 증후군은 7 번 염색체 결실로 염색체 구조 이상으로 나타나는 돌연변이이다.

04. ⑤ 고양이 울음 증후군은 5번 염색체의 짧은 팔이 일부 결실되어 나타난다.
[바로알기] ① 페닐케톤뇨증은 유전자 돌연변이로 페닐알라닌 하이드록실라제 효소를 암호화하는 유전자에 돌연변이가 생긴 것이다.
② 윌리암스 증후군은 7 번 염색체의 일부가 결실되어 나타난다.
③ 만성 골수 백혈병은 9 번 염색체와 22 번 염색체의 전좌로 나타난다.
④ 에드워드 증후군은 18 번 염색체가 3 개 존재하는 이수성 돌연변이이다.

05. ⑤ **[바로알기]** 만성 골수 백혈병은 9 번과 22 번 염색체의 전좌로 일어나는 염색체 구조 이상 돌연변이이다.

07. ⑤ **[바로알기]** 신생아 검사를 통해 질병의 확대를 막을

수 있는 대표적 유전자 돌연변이는 페닐케톤뇨증이다. 신생아 시기에 일정 기간 식이요법을 통해 지적 장애로의 발전을 예방할 수 있다.
터너 증후군은 성염색체인 X 염색체가 1 개 존재하는 돌연변이로 성장 호르몬 치료를 통해 성장 장애를 호전시킬 수는 있지만 신생아 검사를 통해 질병의 확대를 막을 수는 없다.

08. 정상 유전자를 바이러스 벡터에 삽입한다. 바이러스 벡터를 몸속에 직접 주입하여 잘못된 유전자의 기능을 대신하거나 잘못된 유전자를 대치하여 치료한다.

유형 익히기 & 하브루타 232~235쪽

[유형 12-1] ①
01. ①
02. (1) 21 (2) XXY (3) 배수성 돌연변이
[유형 12-2] (가) ㄴ (나) ㄷ (다) ㄹ (라) ㄱ
03. ⑤ **04.** 전좌, 만성 골수 백혈병
[유형 12-3] ②
05. (1) ㄱ (2) ㄹ (3) ㄴ
06. (1) O (2) X (3) O
[유형 12-4] (1) X (2) X (3) O
07. 신생아 검사 **08.** ㄱ, ㄴ, ㄷ

[유형 12-1] ① [바로알기] 생식 세포 분열 결과 만들어진 생식 세포에서 정상인 생식 세포의 수와 비정상인 생식 세포의 수의 비가 1 : 1 로 나타났기 때문에 감수 2 분열에서 염색 분체의 비분리가 일어났음을 알 수 있다. 감수 1 분열에서 비분리가 일어나면 모든 생식 세포에서 염색체 수의 이상이 생긴다.

01. ① [바로알기] 클라인펠터 증후군은 성염색체 비분리로 나타나는 돌연변이이다. 핵형은 $2n + 1 = 44 +$ XXY 를 나타내며, $2n - 1 = 44 +$ XO 는 터너 증후군의 핵형이다.

02. (1) 다운 증후군은 21 번 상염색체의 비분리로 인한 염색체 수 이상 돌연변이이다.
(2) 클라인펠터 증후군은 성염색체 수가 1 개 더 많은 이수성 돌연변이로 $2n + 1 = 44 +$ XXY 이다.
(3) 염색체의 수가 통상 개체의 배수로 되어 있는 돌연변이를 배수성 돌연변이, 염색체의 수가 1 개 이상 많거나 적은 경우를 이수성 돌연변이라고 한다.

[유형 12-2] (가) D 유전자가 결실되어 유전자의 길이가 짧아지기 때문에 결실에 해당한다.
(나) C 와 D 의 유전자가 서로 뒤바뀌어 있는 역위에 해당한다. 역위의 경우 염색체 전체 길이에는 변화가 없다.
(다) 파란 염색체의 D, E 유전자와 녹색 염색체의 I 유전자가 서로 바뀌어 존재하는 전좌에 해당한다. 특히 (다) 의 경우는 전좌 중에서도 비상동 염색체 사이에서 전좌가 일어난 상호 전좌이다.
(라) C 유전자가 반복되어 있는 중복에 해당한다.

03. ⑤ 염색체 구조가 변하는 경우는 중복, 역위, 결실, 전좌가 있다. 사람의 경우 대표적인 구조 돌연변이에는 고양이 울음 증후군, 윌리암스 증후군, 만성 골수 백혈병이 있다.

04. 9 번 염색체의 D, E 유전자와 22 번 염색체의 I 유전자가 서로 바뀌었기 때문에 전좌이다. 이때 나타날 수 있는 유전병은 만성 골수 백혈병이다.

[유형 12-3] ① 상염색체 열성 유전으로 멘델의 법칙을 따라 유전된다.
② [바로알기] 겸형 적혈구 빈혈증은 유전자 염기 서열의 돌연변이로 염색체의 크기나 모양, 수의 이상이 아니기 때문에 핵형 검사를 통해 확인할 수 없다.
③ 6 번째 아미노산 서열이 글루탐산에서 발린으로 바뀌었다.
④ 돌연변이 헤모글로빈은 적혈구의 모양을 낫모양으로 변하게 한다.
⑤ 변형된 헤모글로빈은 산소와 결합하지 못해 악성 빈혈을 유발한다.

05. (1) 페닐케톤뇨증 : 선천성 효소계 장애에 의하여 단백질의 대사 장애를 일으키는 정신지체의 특수한 형태이다. 필수 아미노산의 하나인 페닐알라닌에서 비필수 아미노산인 타이로신으로의 산화를 촉진하는 효소가 선천적으로 결여되어 있기 때문에 혈중에 페닐알라닌이 증가하고 오줌 속에 페닐케톤인 페닐피루브산이 배출된다.
(2) 헌팅턴 무도병 : 사람의 4 번 염색체의 유전자 이상으로 발병하며, 무도성 무정위 운동(손발이 춤추듯 마음대로 움직이는 운동)과 인지 및 정서 장애를 일으킨다.
(3) 낭포성 섬유증 : 점액 분비선의 기능에 결함이 생겨 점액 중에 이상 당단백질이 존재하는 돌연변이로 이상 단백질이 점액에 이상 점성을 생기게 한다.

06. (1) 유전자 돌연변이는 DNA 의 구조의 이상으로 생기는 돌연변이로 멘델의 법칙을 따른다.
(2) [바로알기] 모든 유전자 돌연변이가 우성으로 유전되지는 않는다. 낫모양 적혈구 빈혈증, 페닐케톤뇨증, 알비노(백색증), 낭포성 섬유증은 상염색체 열성 유전이고, 헌팅턴 무도병은 상염색체 우성 유전이다.
(3) 낫모양 적혈구 빈혈증은 유전자 서열의 돌연변이로 헤모글로빈을 생성하는 아미노산 배열에 이상이 생겨 발현한다.

[유형 12-4] (1) [바로알기] 핵형 분석을 통해서는 성별과 염색체 수, 구조의 이상만 확인 가능하다. 혈액형은 적혈구의 항원, 항체 반응으로 검사한다.

(2) **[바로알기]** 검사에 사용되는 태아의 세포는 양수에 소량 들어 있는 태아의 피부세포(체세포)이다.
(3) 다운 증후군과 터너 증후군의 경우 염색체 수에 이상이 생긴 돌연변이이므로 핵형 분석을 통해 확인할 수 있다.

07. 신생아 검사는 태어난 즉시 시행 하는 검사로 간단한 검사를 통해 유전병을 진단할 수 있다. 페닐케톤뇨증이 확인되면 페닐알라닌의 섭취를 제한하는 일정 기간 동안의 식이요법을 통해 지적 장애를 예방할 수 있다.

08. 태아 시기에 시행할 수 있는 검사는 양수 검사, 융모막 검사, 초음파 검사가 있다. 초음파 검사는 초음파 영상을 통하여 태아의 외형적 기형을 조기 진단하며, 양수 검사는 양수를 채취하고 배양하여 그 속에 들어 있는 조직 세포의 DNA 와 유전적 이상 여부를 검사한다. 융모막 검사는 작은 융모 조직을 떼어내 유전적 결함을 알아내는 검사이다.

창의력 & 토론마당 236~239쪽

01

(1) ⓐ : 2, ⓑ : 0, ⓒ : 2, ⓓ : 1
(2) ㉠ : III, ㉡ : II, ㉢ : I , ㉣ : IV

해설 I 와 II는 감수 1 분열 이전 세포이므로 6 개의 염색체를 가지며, III 와 IV 는 감수 1 분열 이후 세포이므로 절반의 염색체를 가진다. I 가 II가 되는 과정에서 DNA 양이 2 배로 증가하므로 각 유전자의 DNA 상대량은 2 이다. 이것을 통해 ㉡ 이 II 이고 ㉢ 이 I 임을 알 수 있다. ㉡ 이 가지는 h 의 DNA 상대량이 2 이므로 ⓓ 는 1 이다. ㉢ 이 가지는 T 가 0 이고 t 가 1 이므로, ⓑ 는 0 이고, ⓒ 는 2 이다.

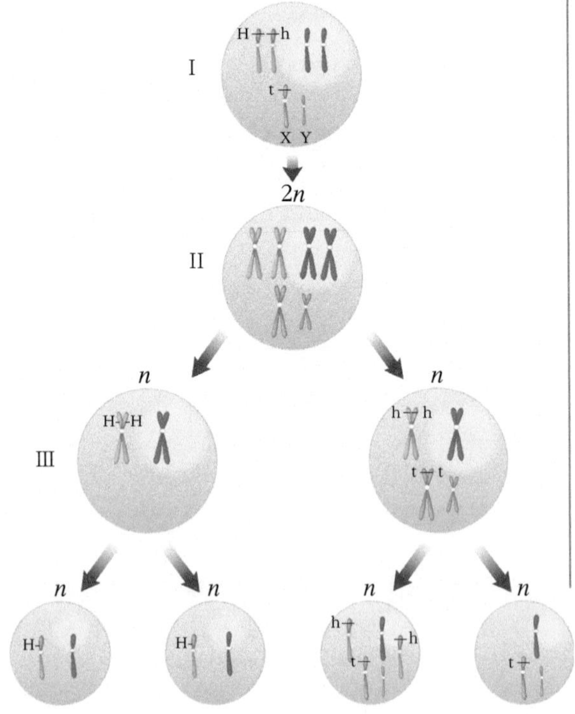

㉢ 의 T 와 t 를 보면 $2n$ 의 핵형에서도 1 개만 존재하는 것으로 보아 성염색체이고, t 는 X 염색체 위에 존재하는 것을 알 수 있다. 감수 1 분열에서 성염색체 비분리가 일어나므로 III 은 n = 2 또는 n = 4 가 되어야 한다. 이때, ㉣ 이 가지는 염색체 수는 3 이므로 III 에 해당되지 않는다. 그러므로 III 은 ㉠, ⓐ 는 2 가 되며, ㉣ 은 IV 에 해당한다. 감수 1 분열에서 성염색체의 비분리가 일어났기 때문에 III 는 성염색체가 없으며, IV 의 모세포에 X, Y 염색체가 모두 존재한다. 감수 2 분열에서는 상염색체 비분리가 일어났고, ㉣ 에서 h 의 DNA 량이 0 이므로 IV 는 h 를 가지지 않으며, IV 와 함께 형성된 세포가 2 개의 h 를 가지게 된다.

02

(1) 해설 참조
(2) 낫모양 적혈구 빈혈증과 말라리아

해설 (1) 돌연변이가 형성되더라도 개체는 단시간에 도태되지 않는다. 유전적 부동(개체군 내 한 세대에서 다음 세대로 유전자가 유전될 빈도의 변화가 무작위로 일어나는 현상)에 의해 유해한 돌연변이들은 생식력을 잃게 되는 것이다. 때문에 드물게 발생하는 이로운 돌연변이(beneficial mutation)들이 개체군 속에서 형성되기 위해서는 오랜 시간이 필요하다.
(2) 낫모양(겸형) 적혈구 빈혈증은 유전자 이상에 따른 헤모글로빈 단백질의 아미노산 서열 중 하나가 정상의 것과 다르게 변이하여 적혈구가 낫모양으로 변한다. 이것은 악성 빈혈을 유발하는 유전병이다. 그러나 이 유전적 이상은 보인자인 경우에 말라리아 원충에 대해 강한 저항력을 보인다. 겸형 적혈구의 막은 물질의 투과성이 비정상적이어서 적혈구 내에 농축된 칼륨 이온이 세포 밖으로 빠져 나가므로 병원충이 대사적 장애를 받기 때문이다. 따라서 말라리아가 유행하는 지역에서는 겸형 적혈구 빈혈증의 보인자인 경우 생존에 유리하다.

03

(1) 생화학적 검사, 포르피린증은 헤모글로빈이 정상적으로 합성되지 않아 생기는 유전자 단위의 이상으로, 핵형 분석을 통해 확인할 수 없다. 핵형 분석은 염색체 수, 크기 등의 이상을 확인하는 방법이다.
(2) 사람은 많은 염색체를 가지고 있고 하나의 염색체 안에 많은 유전자를 가지고 있으므로 교차 과정에서 일어나는 작은 변화에도 표현형에 큰 영향을 줄 수 있다.

해설 (1) 포르피린증은 겸형 적혈구 빈혈증, 페닐케톤뇨증 등과 같이 유전자 서열에 이상이 생기는 것으로 정상적인 헤모글로빈이 만들어지지 못하는 유전병이다. 따라서 염색체 크기, 수, 모양의 이상을 확인하는 핵형 분석으로는 유전병을 진단할 수 없다.

(2) 부모는 각각 23 쌍의 염색체를 가지고 있는데, 생식 세포를 만드는 감수분열 과정을 통해 자손에게 절반만 유전된다. 감수분열 과정에서 각각의 염색체 마다 둘 중 하나가 선택되는데, 이때 가능한 조합은 2^{23} 가지이다. 또한 상동 염색체끼리 접합할 때, 염색체 일부를 교환하는 교차와 재조합까지 일어나게 되면 실제 돌연변이가 일어날 수 있는 경우의 수는 매우 많다.

04 (1) 〈예시 1〉 기존 사용 방법(유전자 추가), 기존에 사용되는 유전자 추가 방법은 자신의 유전자에 끼워 넣는 방법이므로 기존의 유전자에는 이상이 생기지 않는다.

〈예시 2〉 현재 사용 방법(유전자 수리), 원하는 유전자를 대상으로 유전자 가위를 이용해 잘라내고 유전자를 대체하는 방법이다. 때문에 지놈이 잘못된 위치에 들어가 유전자의 길이가 길어지는 돌연변이를 막을 수 있다.

(2) 본인의 의견을 자유롭게 적어보자.

스스로 실력 높이기 240~245쪽

1. 다운 증후군		**2.** 배수성 돌연변이	
3. 역위		**4.** 상호 전좌	
5. (1) X (2) X (3) O			
6. (1) 멘델 (2) 알비노(백색증) (3) 유전자			
7. 융모막	**8.** 초음파 검사		
9. 가계도 검사		**10.** ㄱ, ㄴ, ㄹ, ㅂ	
11. ④	**12.** ③	**13.** ㄱ	**14.** ②
15. ②	**16.** ㄱ, ㄹ, ㅁ, ㅂ		**17.** ①
18. ④	**19.** ②, ⑤	**20.** ①, ⑤	**21.** ⑤
22. ⑤	**23.** ④	**24.** ⑤	**25.** ③
26. ①	**27.** (해설 참조)		**28.** ⑤
29. (해설 참조)		**30.** ⑤	

04. 전좌 중 비상동 염색체 사이에서 전좌가 일어난 것을 상호 전좌라고 한다.

05. (1) [바로알기] 유전자 돌연변이 중 체세포 돌연변이는 유전되지 않으며 생식 세포 돌연변이만 다음 세대로 전달된다.
(2) [바로알기] 유전자 돌연변이는 DNA 염기 서열이 변하여 생긴 돌연변이이므로 염색체의 전체적인 모양에는 변화가 생기지 않는다. 따라서 핵형 분석을 통해서는 확인할 수 없다.
(3) 낫모양 적혈구 빈혈증의 경우 헤모글로빈 단백질의 아미노산 서열이 글루탐산에서 발린으로 변형되어 발생한다.

06. (1) 유전자 돌연변이는 상염색체 유전이며 우열의 성질을 가지고 있어 멘델의 법칙에 따라 다음 세대로 전달된다. (단, 생식 세포 돌연변이일 경우)

07. 융모막은 태아의 발생 과정에서 태아를 감싸던 막으로 태아와 유전자 구성이 거의 비슷하여 핵형 분석에 사용된다.

08. 초음파 검사를 통해 태아의 외형적 기형을 확인할 수 있다.

09. 가계도 분석을 통하여 부모가 특정 유전병에 대한 열성 대립 유전자를 가지고 있는지 확인한다.

10. 핵형 분석을 통해 확인할 수 있는 돌연변이는 염색체 수 돌연변이와 염색체 구조의 돌연변이이다. 페닐케톤뇨증과 헌팅턴 무도병과 같은 유전자 돌연변이의 경우 염색체 자체의 구조에는 변화가 생기지 않기 때문에 핵형 분석을 통해서는 확인하기 어렵다.

11. ④ 감수 1 분열시 일어난 상동염색체 비분리로 인하여 ㉡ 의 정자는 XY 의 생식 세포를 모두 갖고 ㉠ 의 정자는 0 개의 생식 세포를 갖게 된다. 따라서 ㉠ 이 정상 난자 X 와 수정되면 XO 의 터너 증후군이 나타나며, XY 의 생식 세포를 가진 ㉡이 정상 난자 X 와 수정되면 XXY 의 클라인펠터 증후군이 나타난다.

12. 다운 증후군 : $2n + 1 = 45 + XX(XY)$,
터너 증후군 : $2n - 1 = 44 + XO$,
클라인펠터 증후군 : $2n + 1 = 45 + XXY$

13. ㄱ.역위의 경우 염색체의 일부분이 뒤바뀌어 있는 경우 또는 염색체의 한쪽 끝이 끊어져 거꾸로 결합하는 것을 말한다. 따라서 역위의 경우 위치만 변하기 때문에 결실, 전좌, 중복 등과 달리 유전자의 길이에는 변화가 생기지 않는다.

14. ② [바로알기] 유전자 돌연변이에 의해 생기는 유선병이며 우열의 성질을 지니고 있어 멘델의 우열의 법칙을 따른다. 낫모양 적혈구 빈혈증과 페닐케톤뇨증은 열성 유전으로 유전되지만 헌팅턴 무도병은 우성 유전으로 유전된다.

15. ㄱ. [바로알기] ㉠의 핵상은 n, ㉡의 핵상은 $n - 1$이다.
ㄷ. [바로알기] 생성된 생식 세포의 염색체 핵형 중 정상인 생식 세포와 비정상인 생식 세포의 비가 1 : 1 이므로 감수 2 분열에서 비분리가 일어난 것을 알 수 있다.

16. ㄱ. 알비노, ㄹ 낭포성 섬유증, ㅁ 페닐케톤뇨증, ㅂ 헌팅턴 무도병은 유전자 돌연변이로 핵형 분석을 통해 확인이 어렵다.

17. ㄱ. 난자 ㉠은 상염체가 한쌍이고, X염색체가 정상 정자와 같으므로 상염색체 분리가 일어나지 않은 것이고, 난자 ㉡은 성염색체가 없는 것으로 보아 성염색체가 분리되지 않고 다른 쪽 난자로 모두 쏠린 것임을 알 수 있다.

ㄴ. [바로알기] 난자 ㉡과 정자가 수정되면 $2n-1=44+$ XO 의 핵형을 가진 터너 증후군의 아이가 태어난다.
ㄷ. [바로알기] 난자 ㉠ 과 정자가 수정되어 에드워드 증후군이 태어났다면 비분리는 18 번 상염색체에서 일어난 것이다.

18. ④ 융모막 검사를 통한 핵형 분석은 태아의 성별 식별이 가능하다.
[바로알기] ① 외형적 기형을 알 수 있는 검사는 초음파 검사이다.
② 융모막은 태아의 세포를 포함하고 있기 때문에 핵형뿐만 아니라 유전자 검사도 가능하다.
③ 융모막은 태아를 감싸던 막으로 태아와 유전자 구성이 거의 동일하다.
⑤ 핵형 분석으로 유전자 이상을 확인할 수 없다.

19. ② 골수 세포는 환자 본인의 것을 사용한다.
⑤ 바이러스를 세포에 주입하기 위해 바이러스 벡터를 이용한다.
[바로알기] ① 치환된 체세포는 수명이 한정되어 있다.
③ 삽입된 유전자는 자손에게 유전되지 않는다.
④ 면역 거부 반응에 의해 백혈병 등의 부작용이 일어나기도 한다.

20. 답 ①다운 증후군은 21번 염색체가 3개 존재하므로 핵형은 $2n+1=45+$ XX(XY) 이다.
⑤ 가계도 검사를 통해 부모의 유전병 열성 인자에 대한 보인자 여부를 확인할 수 있다.
[바로알기] ② 5 번 염색체의 결실에 의한 유전병은 고양이 울음 증후군이며, 만성 골수 백혈병은 9 번과 22 번 염색체 사이의 전좌에 의해 일어난다.
③ 낫모양 적혈구 빈혈증은 헤모글로빈의 β사슬의 6 번째 아미노산인 글루탐산이 발린으로 바뀌어 일어난다.
④ 양수는 태아의 세포를 포함하고 있기 때문에 핵형뿐만 아니라 유전자 검사도 가능하다.

21. ㄱ. 감수 1 분열에 상동 염색체 비분리가 일어나 오른쪽 세포로는 성염색체가 이동하지 않아 DNA 양은 ㉠이 ㉡보다 많다.
ㄴ. ㉡ 정자에는 성염색체가 없으므로 X 염색체가 존재하지 않는다.
ㄷ. 성염색체에서만 비분리가 일어났기 때문에 상염색체의 수는 $2n=44$ 로 동일하다.

22. ㄱ. ㉠ 정자의 경우 상동 염색체 분리 과정(감수 1분열)에서 X 염색체와 Y염색체가 분리되지 않고 모두 존재하므로 핵상은 $2n$ 이며, ㉠ 정자가 감수 2분열 시 염색 분체가 분리된 모습이 ㉡ 정자이므로 핵상은 $2n$ 이다. ㉢은 X 염색체만 있는 모습이므로 핵상은 n 이다.
ㄴ. 감수분열이 정상적으로 일어난 경우 ㉢의 생식 세포를 관찰할 수 있다.
ㄷ. ㉡ 의 경우 성염색체 비분리로 인하여 X 염색체와 Y 염색체가 모두 존재하기 때문에 정상인 난자와 수정하게 되면 핵형이 $2n+1=45+$ XXY 인 클라인펠터 증후군이 나타나게 된다. 이와 같이 기본 염색체 수 보다 1 개 이상 많거나 부족한 수의 염색체를 가지는 돌연변이를 이수성 돌연변이라고 한다.

23. ㄱ. 상동 염색체 1쌍이 비분리되어 A에는 3개의 염색체(6개의 염색 분체) B에는 5개의 염색체(10개의 염색 분체)가 있다. (A : $n-1$, B : $n+1$, C : $n-1$, D : $n-1$)
ㄴ. [바로알기] B 의 염색 분체의 수는 10, C 의 염색 분체의 수는 감수 분열이 진행되었으므로 6 의 절반인 3 이 된다. 따라서 B 의 DNA 의 양은 C 보다 3 배 이상 많은 것을 알 수 있다.
ㄷ. D 의 난자가 n 인 정자와 수정할 경우 태어나는 자손의 핵형은 난자($n-1=3$)와 정자($n=4$)가 결합하기 때문에 $2n-1=7$이 된다.

24. ㄱ. 아들은 어머니로부터 2 개의 aa 를 받았다. 이는 염색 분체의 비분리로 감수 2 분열에서 일어난 것이다
ㄴ. 아들은 어머니로부터 유전병 대립 유전자 한 쌍을 모두 받았으므로 어머니로부터 23 + X 인 난자를 받았다.
ㄷ. 아들은 어머니로부터 24 개의 염색체를 받았는데도 전체 염색체 수가 $2n=46$ 으로 정상이다. 따라서 아버지로부터 21 + Y 인 정자를 받은 것을 알 수 있다.

25. (가)는 성염색체의 크기가 다르므로 아버지, (나)는 성염색체의 크기가 같은 어머니의 생식 세포 분열 과정이다.
ㄱ. [바로알기] A 와 B 는 감수 1 분열에서 비분리가 일어났으므로 A 는 $n=24$, B 는 $n=22$ 가 된다. C 와 D 는 감수 2 분열에서 비분리가 일어났으므로 C 는 $n=24$, D 는 $n=22$ 가 된다.
ㄴ. [바로알기] B 는 성염색체가 없으며, C 의 유전자형은 $n=22+X'X'$ 가 된다. 따라서 B 와 C 의 수정으로 태어나는 아이는 $2n=44+X'X'$ 로 모두 색맹이다.
ㄷ. 성염색체 이외의 모든 염색체는 정상 분리되었으므로 B 와 D 에는 상염색체만 각각 22 개씩 동일하게 존재한다.

26. 답 ①
해설 ㄱ. 정상과 비정상인 생식 세포의 비가 1 : 1 이므로 감수 2 분열에서 염색 분체의 비분리가 일어났다.
ㄴ. [바로알기] A는 감수 1분열에서 상동염색체가 분리되어 $n=23$(성염색체 포함)이고, B는 $n=24$(성염색체 포함)이므로 B의 염색체 수가 더 많다.
ㄷ. [바로알기] C 의 염색체 수는 $n-1=22$이고, 정상 난자와 수정하면 $2n-1=45$(성염색체 포함)인데, 비분리된 염색체가 성염색체인지 상염색체인지 알 수 없다. 성염색체의 비분리가 일어났다면 터너증후군이 된다.

27. 답 정상 가족 구성원인 아버지와 형, 누나의 유전자의 양을 비교해 보면 유전자의 양이 여성에게서 2 배로 나타나는 것으로 보아 대립 유전자는 성염색체(X 염색체) 위에 있음을 알 수 있다.

해설 민호는 X 유전자를 2 개 가진 클라인펠터 증후군이다.

28.

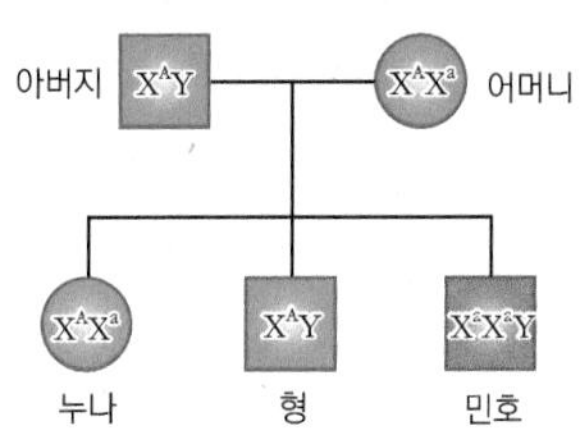

ㄱ. 부모에게서 없는 형질이 자손에게서 나타났기 때문에 A 는 a 에 대해 우성이다.

ㄴ, ㄷ. 형이 가지는 대립 유전자 A 는 어머니에게서 유래했기 때문에 어머니는 대립 유전자 A 를 가진다는 것을 알 수 있다. 대립 유전자는 X 염색체 위에 존재하는데 아버지에게서 민호가 받을 수 있는 유전자는 Y 이다. 따라서 어머니에게서 비분리된 2 개의 X^a 를 받은 것을 알 수 있다. 따라서 어머니의 유전자형은 X^AX^a 로 보인자이다.

29. 답

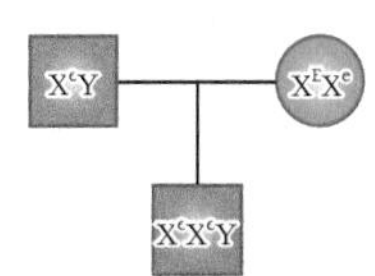

해설 수정 전 비분리가 일어났으므로 정자의 유전자형은 XY 이고, 난자의 유전자형은 정상이므로 X 이다. e 는 X 염색체 위에 존재하고 e 의 DNA 상대량이 아버지 : 아들 = 1 : 2 이므로 아버지의 유전자형에는 X^e 가, 철수의 유전자형에는 X^eX^e 가 포함된다.

30. ㄱ. 아버지의 정자 형성 시 비분리가 일어나 어머니에게서 X^e 를, 아버지에게서 X^eY 를 받게 되므로 상염색체는 정상인 22 가 되며, 성염색체는 X^eX^eY 가 된다.

ㄴ. 아들은 클라인펠터 증후군으로 정소와 유방이 함께 발달하여 성장 호르몬의 치료가 필요하다.

ㄷ. 감수 2 분열에서 비분리가 일어났다면 염색 분체가 한쪽으로 쏠려 아들은 XYY 또는 XXX 의 성염색체를 가진다.

13강. Project 2

서술 246~247쪽

01

남자는 자궁이 없어서 스스로 아이를 낳을 수는 없다. 그러므로 처음은 여자와 같은 방식으로 체세포를 이용해 인공 난자를 만들어 체외 수정란을 만든 후 대리모 여성에게 착상시켜 자신과 동일한 유전적 정보를 가진 아이를 만들어낼 수 있을지도 모른다.

02

수정란은 정자와 난자의 유전정보가 합쳐짐에 따라 한 사람으로 성장해 나가기에 충분한 유전적 정보를 포함하고 있으며, 유전정보가 완벽하게 갖춰진 수정란은 시간이 지남에 따라 계속적인 세포 분열을 통해 점차적으로 독립적인 생명체로 자라난다. 하지만 정자와 난자는 수정하지 않은 독립된 상태에선 새로운 생명체를 탄생시킬 수 없기 때문에 하나의 생명체로 볼 수 없다.

탐구-1 248~249쪽

야생형 초파리와 돌연변이 초파리의 비교

[탐구 결과]

〈 예시 답안 〉

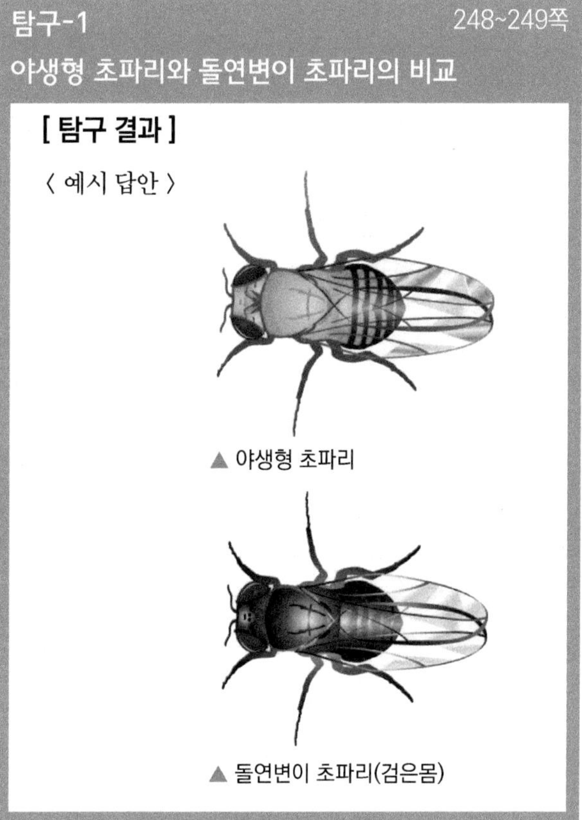
▲ 야생형 초파리

▲ 돌연변이 초파리(검은몸)

[탐구 문제]

1. 다양한 표현형이 나타날 수 있으며, 환경 변화에 대한 적응력이 향상되는 장점을 가질 수 있다. 그러나 돌연변이가 생기는 위치에 따라 외형적 차이 뿐만 아니라 세포 사멸, 유전병, 암과 같이 생명에 영향을 끼치는 위험이 발생할 수도 있다.

2. 생식 세포에 일어난 돌연변이만 자손에게 유전된다.

3. 2 개 이상의 대립 유전자가 존재할 수 있다. 사람의 경우 대립 유전자의 개수가 3 개 이상인 경우 복대립 유전이라고 한다. 대립 유전자의 경우가 많더라도 개체는 2 가지의 대립 유전자만 나타난다.

4. 단성 잡종 교배를 시행한다.

2. 해설 유전자나 염색체의 변화에 의해 부모에게 없던 새로운 형질이 나타나는 현상을 돌연변이라고 한다. 돌연변이는 유전자 이상에 의해 나타나는 유전자 돌연변이와 유전자를 담고 있는 염색체 이상에 의해 나타나는 염색체 돌연변이가 있다. 돌연변이 중 생식 세포에 일어난 돌연변이만 자손에게 유전된다.

3. 해설 초파리의 대립 유전자의 개수는 모두 3 개 이상이다. 초파리의 유전자 위치 중 w 의 대립 유전자는 현재까지 밝혀진 것이 총 77604 개이고, b 는 583 개, se 는 34 개, vg 는 50 개, cu 는 677 개, toy 가 11 개, sn 는 182 개의 대립 유전자를 가지고 있는 것으로 조사되었다.

4. 해설 단성 잡종 교배란 한 쌍의 대립 유전자에 차이가 있는 양친 사이의 교배를 말한다. 단성 잡종 교배는 멘델의 우열의 원리와 분리의 법칙을 설명할 수 있다. 사실상 두 개체가 여러 형질에서 차이가 있을 수 있으나 조사 대상은 한 쌍의 대립유전자에만 국한된다.

탐구-2 초파리 거대 침샘 염색체의 관찰

250~251쪽

[실험 과정 이해하기]

1. 동물 세포인 초파리는 세포벽을 가지고 있지 않아 외부와의 농도 차이에 의해 세포가 파괴될 수 있다. 체액의 농도와 외부 농도와의 차이에 의해 물이 유충의 세포에 과다하게 유입되어 유충의 세포막이 터지는 것을 방지하기 위해 동일한 농도의 식염수에 담가준다.

2. 세포를 에탄올과 아세트산 혼합액인 아세트올세인에 넣게 되면 세포가 분열하지 않는 상태로 고정이 가능하다. 또한 DNA 를 가지고 있어 전기적으로 (-) 극을 띠고 있는 핵은 아세트올세인 용액을 떨어뜨리면 붉은색을 띠는 (+) 이온이 (-) 전하를 띠고 있는 핵으로만 끌려가 핵이 염색이 된 것처럼 보이게 한다.

[탐구 결과]

1. 〈 예시 답안 〉

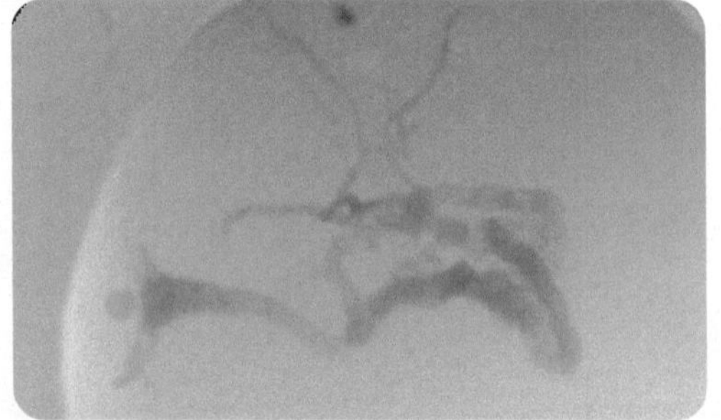

▲ 저배율 관찰

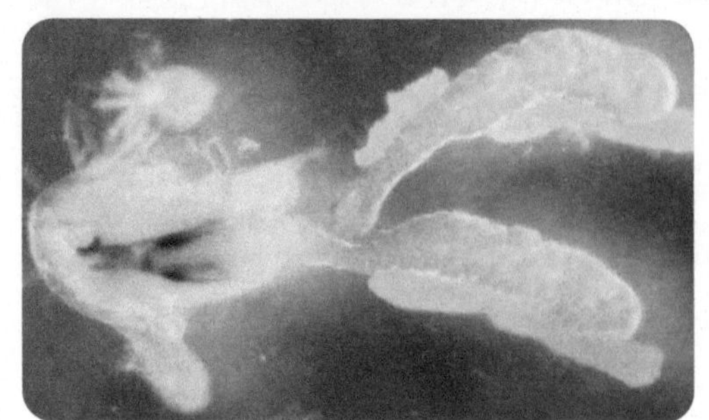

▲ 고배율 관찰

2. 서로 결합된 다사염색체 구조를 보인다.

[탐구 문제]

침샘 염색체가 들어 있는 침샘 세포는 핵분열은 일어나지 않고 핵 내의 염색체만 계속적으로 복제가 이루어지는 다사상(polytene)구조로 되어 세포 자체가 거대한 구조를 나타낸다. 그러므로 각각의 침샘 염색체는 동일 개체의 생식 세포 염색체의 1000 배 이상의 DNA 를 함유하고 있으며, 그 크기도 일반 염색체보다 100 배나 커서 광학현미경으로도 쉽게 관찰할 수 있다.

[탐구 결과]

2. 해설 유충의 많은 세포들은 세포질 분열없이 염색체 분열만 하여 다사 염색체(polytene chromosome)를 형성한다. 대표적인 조직이 침샘으로, 세포질 분열이 없이 염색체만 분열하여 각 염색체에 대하여 2 개가 아니라 $2^{10} = 1024$ 개의 복제된 염색체가 존재하여 다사 염색체를 형성한다. 각 상동 염색체는 서로 결합하여 하나의 염색체처럼 보이며, 모든 동원체끼리 붙어 있다. 또한 침샘 염색체는 위치에 따라 일정한 형태의 밴드를 형성하고 있다. 가끔 밴드가 없이 부풀어 있는 혹 같은 부분이 관찰되기도 하는데 이러한 부분은 전사가 일어나고 있는 부분이다.

[탐구 문제]

1. 해설 침샘 염색체는 특징적인 고유의 띠가 일정한 위치에 있으며, 이와 같은 띠의 위치는 염색체상의 특정 유전자의 위치와 밀접한 관련이 있다.

특목고, 영재교육원 대비서 **아이앤아이**

창의력과학의 결정판, 단계별 과학 영재 대비서 **세페이드**

세페이드 시리즈

창의력과학의 결정판, 단계별 과학 영재 대비서

단계	과정	과목	대상
1F	중등 기초	물리학(상,하) 화학(상,하)	중학교 과학을 처음 접하는 사람 / 과학을 차근차근 배우고 싶은 사람 / 창의력을 키우고 싶은 사람
2F	중등 완성	물리학(상,하) 화학(상,하) 생명과학(상,하) 지구과학(상,하)	중학교 과학을 완성하고 싶은 사람 / 중등 수준 창의력을 숙달하고 싶은 사람
3F	고등 I	물리학(상,하) 화학(상,하) 생명과학(상,하) 지구과학(상,하)	고등학교 과학 I을 완성하고 싶은 사람 / 고등 수준 창의력을 키우고 싶은 사람
4F	고등 II	물리학(상,하) 화학(상,하) 생명과학 (상,하) 생명과학(영재학교편) 지구과학 (영재학교편,심화편)	고등학교 과학 II을 완성하고 싶은 사람 / 고등 수준 창의력을 숙달하고 싶은 사람
5F	영재과학고 대비 파이널	물리학 · 화학 생명과학 · 지구과학	고급 문제, 심화 문제, 융합 문제를 통한 각 시험과 대회를 대비하고자 하는 사람

세페이드 모의고사	내신 + 심화 + 기출, 시험대비 최종점검 / 창의적 문제 해결력 강화
세페이드 고등 통합과학	고1 내신 기본서
세페이드 고등학교 물리학 I (상,하)	고등학교 물리 I (2권) 내신 + 심화

* 무한상상의 〈세페이드 과학 시리즈〉는 국내 최초로 중고등과정의 과학의 전부와 과학 창의력 문제의 전부를 1F [중등기초] - 2F [중등완성] - 3F [영재학교 I] - 4F [영재학교 II] - 실전 문제 풀이 의 5단계로 구성하였습니다. 창의력과학 세페이드시리즈와 함께 이제 편안하게 과학 공부를 즐길 수 있습니다. https://sangsangedu.ac

창의력과학

세페이드

시리즈

무한상상

무한상상 교재 활용법

무한상상은 상상이 현실이 되는 차별화된 창의교육을 만들어갑니다.

아이앤아이 시리즈

특목고, 영재교육원 대비서

	아이앤아이 영재들의 수학여행		아이앤아이 꾸러미	아이앤아이 꾸러미 120제	아이앤아이 꾸러미 48제	아이앤아이 꾸러미 과학대회	창의력과학 아이앤아이 I&I
	수학 (단계별 영재교육)		수학, 과학	수학, 과학	수학, 과학	과학	과학
6세~초1	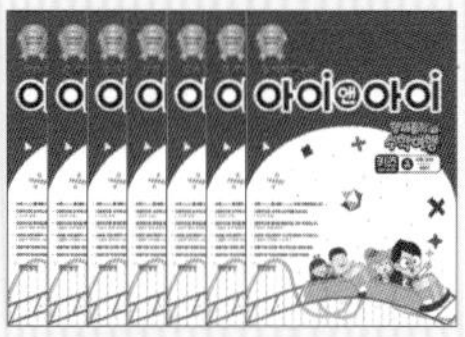	수, 연산, 도형, 측정, 규칙, 문제해결력, 워크북 (7권)					
초 1~3		수와 연산, 도형, 측정, 규칙, 자료와 가능성, 문제해결력, 워크북 (7권)		 수학, 과학 (2권)	 수학, 과학 (2권)		
초 3~5		수와 연산, 도형, 측정, 규칙, 자료와 가능성, 문제해결력 (6권)				 과학토론 대회, 과학산출물 대회, 발명품 대회 등 대회 출전 노하우	
초 4~6		수와 연산, 도형, 측정, 규칙, 자료와 가능성, 문제해결력 (6권)					
초 6		수와 연산, 도형, 측정, 규칙, 자료와 가능성, 문제해결력 (6권)		 수학, 과학 (2권)	 수학, 과학 (2권)		
중등						 과학토론 대회, 과학산출물 대회, 발명품 대회 등 대회 출전 노하우	 물리학(상,하), 화학(상,하), 생명과학(상,하), 지구과학(상,하) (8권)
고등							